Anatomie

und

Physiologie der Holzpflanzen.

Anatomie

und

Physiologie der Holzpflanzen.

Dargestellt

in der

Entstehungsweise und im Entwickelungsverlaufe

der

Einzelzelle, der Zellsysteme, der Pflanzenglieder

und der

Gesammtpflanze

von

Dr. Theodor Hartig,

Herzogl. Braunschw. Oberforstrathe und Professor a. D.

Mit 113 in den Text gedruckten Originalfiguren und 6 lithographirten Tafeln.

Berlin.

Verlag von Julius Springer.

1878.

ISBN-13: 978-3-642-89800-6 e-ISBN-13: 978-3-642-91657-1
DOI: 10.1007/978-3-642-91657-1

Vorwort

Grundlage und Stütze des rationellen Betriebes aller producirenden Gewerbe ist die Bekanntschaft mit den Bedingungen des Lebens und des Gedeihens, mit den Vorgängen des Entstehens und der Fortpflanzung, der Ernährung und des Wachsthums, der Reproduktion und der Krankheitserscheinungen, ist die physiologische Erkenntniss der Lebenserscheinungen, besonders derjenigen lebenden Wesen, die Gegenstand der Pflanzen- und der Thierzucht sind.

Die für den Waldbau zur Zeit bestehenden Lehrsätze sind grösstentheils Ergebniss der Praxis des Forstwirthschaftsbetriebes; sie lehren uns, wie wir säen und pflanzen, wie wir das Erzogene beschützen und benutzen müssen, um erfahrungsmässig eines guten Erfolges gewärtig sein zu dürfen. Allein diese Erfahrungssätze, aus denen der heutige Forstwirthschaftsbetrieb sich aufgebaut hat, haften an der Scholle, von der sie erhoben wurden, sie lassen uns im Stich unter anderen, noch nicht erprobten Standorts, Bestandes- und Verbrauchsverhältnissen, sie gewähren nie die Sicherheit, dass eine Betriebshandlung unbedingt die Beste ist, dass dem erfahrungsmässig guten Erfolge nicht ein noch unbekannter besserer oder bester Erfolg zur Seite steht. Grössere Sicherheit bester Erfolge forstwirthschaftlicher Handlungsweise kann allein entspringen der Bekanntschaft mit den Lebenserscheinungen unserer Zöglinge (Biologie), die ihrerseits sich gründet auf die Bekanntschaft mit dem Bestande (Chemie) und mit dem Baue (Anatomie, Histologie) der Werkstätten, in und durch welche die Lebensthätigkeit sich vollzieht, wie die Werkthätigkeit einer Uhr nur erkannt werden kann aus Bestand und Bau ihres Räder-, Feder- und Kettenwerkes.

Die Nothwendigkeit wissenschaftlicher Begründung forstwirthschaftlicher Erfahrungssätze hat in neuester Zeit allgemeine Anerkennung gefunden und ist durch die Fürsorge der leitenden Behörden fast aller deutschen Länder ein Versuchswesen in's Leben getreten, das jedoch, soweit dessen Organisation mir bekannt geworden ist, mehr dem Wie als dem Warum der Erscheinungen sich zuneigt. In der von mir hierorts im Jahre 1838 errichteten forstlichen Versuchsanstalt habe ich vorzugsweise das Warum der Erfolge durch eingehende Versuche an lebenden Bäumen zu ergründen gesucht und hoffe ich den Vorständen neuerer forstlicher Versuchsanstalten und den Arbeitern an diesen, durch Mittheilung der von mir erlangten Resultate und der aus diesen geschöpften Ansichten manche Fingerzeige zur Förderung des forstlichen Versuchswesens geben zu können. Es erfordert eine vieljährige, im Umgange mit der lebenden Pflanze gesammelte Erfahrung, um aus dem Wie der Versuchsergebnisse das Warum herleiten zu können, und ist es keineswegs als ein Mangel in der Organisation neuerer Versuchsanstalten zu betrachten, wenn deren junge Arbeitskräfte vorläufig auf das Wie der Erfolge hingewiesen werden, bis ein reiches Material von Bausteinen geschaffen ist zur Herleitung des Warum aus dem Wie.

Versuche sollen Prüfsteine sein ihnen vorhergegangener, wissenschaftlicher Gedanken, erheischen daher die Bekanntschaft mit dem jeweiligen Standpunkte der Wissenschaft, auf die sie sich beziehen. Von Glück begünstigt kann man auch auf fremder Wildbahn einen guten Schuss thun; der Wald-, Wild- und Wechselkundige ist dagegen des guten Erfolges seiner Bestrebungen sicher, wenn nicht aussergewöhnliche Hindernisse ihm entgegentreten. So verhält es sich auch auf der Jagd nach wissenschaftlichen Errungenschaften und die Phrase:

> „Fraget die Bäume! Besser als alle Bücherweisheit werden sie euch sagen, wie sie behandelt sein wollen“

würde voll berechtigt sein, wenn die Baumsprache so rasch und leicht zu erlernen wäre, dass wir der in der Literatur aufgespeicherten Erfahrungen unserer Vorgänger und Mitarbeiter, dass wir der Bücherweisheit entbehren könnten. Funfzig Jahre habe ich selbst dem Studium dieser schwierigen Sprache gewidmet, ohne mehr als die Wurzeln derselben erfasst zu haben, obgleich ich meinen Mitarbeitern gegenüber vom Glück vielfach begünstigt wurde, wie wir Jäger sagen „einen guten Anlauf gehabt habe“. Zellschlauch und Schlauchsaft, Siebfaser und Zellfaser, Klebermehl und Gerbmehl, die Entwickelungsgeschichte des Zellkernes, der Zellwandung und der Mehlkörper, der permanenten Mutterzellen des Bastgewebes und des Korkes, der Oberhaut- und der Spaltdrüsen, meine Arbeiten über Saftbewegung, Reservestoffe, Zellenmetamorphose und Reproduktionserscheinungen berechtigen mich zu diesem Ausspruch.

Nicht wenig hat zu diesen Erfolgen der Umstand beigetragen, dass ich der Erste gewesen bin, welcher chemische Reagentien bei mikroskopischen Untersuchungen verwendete, ein in neuerer Zeit allgemein adoptirtes Verfahren, über welches noch Schleiden das Verdammungsurtheil aussprechen zu müssen glaubte. Vielleicht hat auch das Bestreben körperlicher Darstellung in Wort und Bild einen nicht unwesentlichen Antheil.

Es fehlt der forstlichen Literatur nicht an Versuchen, die Pflanzenphysiologie dem Bedürfniss des Forstwesens entsprechend zu bearbeiten. Dahin gehören:

Hundeshagen, Anatomie, Chemismus und Physiologie der Pflanzen. Tübingen 1829.

Reum, Pflanzenphysiologie. 2. Aufl. Leipzig 1835.

Schacht, Der Baum. Berlin 1853.

Nördlinger, Deutsche Forstbotanik. Stuttgart 1874.

G. L. Hartig, Lehrbuch für Förster. 11. Auflage. 1877. 1. Band: Luft-, Boden- und Pflanzenkunde von Th. Hartig.

Die erstgenannten beiden Schriften stammen aus einer Zeit, in welcher das Material zum Aufbau pflanzenphysiologischer Wissenschaft ein noch sehr karges und mangelhaftes war, in der man die Mängel an Erfahrung zu verstecken suchte unter einem Schwall gelehrt klingender, philosophischer Phrasen, deren Sinn — oder Unsinn — oft vom Urheber selbst nicht verstanden war. (s. die Einleitung zu Reum, Pflanzenphysiologie, 1835!!)

Die Schrift von Schacht ist für den Forstwirth eine trefflich ausgestattete Unterhaltungslektüre, sie setzt aber zu Viel voraus, ist in Allem zu oberflächlich, um dem Unkundigen einen Einblick in die Lebensthätigkeit des Baumes geben zu können.

Das Nördlinger'sche Werk beschäftigt sich mehr mit beschreibender als mit physiologischer Botanik.

Im physiologischen Theile des ersten Bandes 11. Auflage meines Lehrbuches für Förster sind zwar die wichtigsten meiner Erfahrungen über Baumleben zusammengestellt, es fehlte mir aber der nöthige Raum zur wissenschaftlichen Begründung meiner Ansichten, wie zur Aufstellung einer vollständigen

Entwickelungsgeschichte der Holzpflanzen, die allein einen sicheren Einblick in die Lebensthätigkeit derselben zu gewähren vermag.

Das vorliegende Werk ist Ergebniss 50jähriger sorgfältiger Studien der lebenden Holzpflanze, zu denen zuerst der Berliner Thiergarten, dann die vor 40 Jahren hierorts von mir angelegte forstliche Versuchsanstalt das Material lieferte. Die Ergebnisse dieser Studien sind theils in kleineren, selbstständigen Abhandlungen, theils in Zeitschriften veröffentlicht und habe ich dem Schluss dieses Werkes ein Verzeichniss dieser Arbeiten beigegeben, um auf sie in der Kürze verweisen zu können, wo eine nähere Begründung der von mir hier ausgesprochenen Ansichten dem Leser erwünscht sein sollte.

Vom Einfachen zum Zusammengesetzten fortschreitend habe ich das Werk in vier Hauptabtheilungen zerfällt, in die Lehre von der Einzelzelle, von den Zellensystemen, von den Pflanzengliedern und von der Gesammtpflanze. Die beiden ersten Abtheilungen behandeln den histologischen, die dritte und vierte Abtheilung den biologischen Theil der Lehre.

Mit Ausnahme einiger der wichtigsten Fragen im Gebiete physiologischer Wissenschaft musste ich es unterlassen den meinigen entgegenstehende Ansichten zu besprechen. Es ist nicht Unkenntniss oder Missachtung derselben, sondern die diesem Buche gesteckten räumlichen Grenzen sind es, welche mich hierzu bestimmten. Wer eine historische Entwickelung des heutigen Standpunktes physiologischer Wissenschaft bedarf, findet ein reiches Material in den Lehrbüchern von Sprengel, Meyen, Unger, Hoffmeister.

Inhaltsverzeichniss.

Fünftes Kapitel.

Zweite Abtheilung.

Von den Zellensystemen.

Erstes Kapitel.

Zweites Kapitel.

Dritte Abtheilung.

Entwickelungsgeschichte der Pflanzenglieder.

(Rumpf und Glieder.)

Erstes Kapitel.

Zweites Kapitel.

Drittes Kapitel.

Viertes Kapitel.

Fünftes Kapitel.

Vierte Abtheilung.

Entwickelungsgeschichte der Gesammtpflanze.

Erstes Kapitel.

Zweites Kapitel.

Drittes Kapitel.

Einleitung.

Das Wesen aller Dinge spricht sich aus in den Unterschieden ihrer Beschaffenheiten und ihrer Eigenschaften.

Astronomie und Mineralogie, beschreibende Botanik und beschreibende Zoologie beschäftigen sich mit den Unterschieden in der Beschaffenheit der Naturkörper; Physik, Chemie und Physiologie behandeln die Eigenschaften (Kräfte) derselben, selbstverständlich nicht ohne für die wissenschaftliche Darstellung unvermeidbare Uebergriffe der Wissenszweige in einander.

Physik und Chemie behandeln die Eigenschaften der todten Körperwelt, das todte Thier, die todte Pflanze eingeschlossen. Gegenstand physiologischer Wissenschaft sind die Eigenschaften der lebenden Körperwelt.

Der wesentlichste, allgemeinste Unterschied des Todten vom Lebendigen liegt in der Trägheit, das heisst in der Unfähigkeit aller todten Materie durch sich selbst sich zu bewegen, sich zu verändern. Jede Bewegung, jede Veränderung kann nur hervorgerufen werden durch die Einwirkung mindestens einer zweiten fremden Kraft. Die Büchsenkugel bedarf der Schwerkraft um zu fallen, des Stosses, um in anderer Richtung sich zu bewegen, der Wärme, um zu schmelzen, der Säure, um sich zu lösen, des Sauerstoffs der Luft, um zu verkalken; ohne Einwirkung dieser Kräfte oder Stoffe bleibt sie in Ewigkeit unbewegt und unverändert.

Unter gleichen äusseren Einflüssen ist das Resultat dieser Wechselwirkungen unfehlbar dasselbe. Das beweist die Genauigkeit astronomischer Messungen und Berechnungen; das beweisen die Leistungen des Thermometer, Barometer, Psychrometer, Compass, das beweisen Telegraphie und Photographie, die Stabilität der Kristallformen und das Formelwesen chemischer Verbindungen und Scheidungen.

Aus der Gesetzmässigkeit und Unfehlbarkeit der Wechselwirkungen des Todten hat man erschlossen, dass die Kräfte Eigenschaften des Stoffes und an diesen gebunden seien; dass es Stoffe ohne die ihnen eigenthümlichen Kräfte nicht gebe, dass es aber auch keine, an Stoffliches nicht gebundene, keine körperlosen Kräfte gebe.

Man hat diese Anschauungsweise der Verhältnisse zwischen Stoff und Kraft materialistisch genannt. In ihrer Anwendung auf die Stoffe der todten Körperwelt, einschliesslich der todten Thiere und der todten Pflanzen, kann man sie den wissenschaftlich berechtigten Materialismus nennen, wenn uns auch die Bekanntschaft mit den materiellen Trägern vieler dieser Kräfte zur Zeit noch fehlt.

Gestützt auf die Thatsache, dass das Lebendige aus Stoffen der todten Körperwelt sich aufbaut, dass durch die Aufnahme der todten Baustoffe in die Werkstatt des Lebendigen die naturgesetzlichen Eigenschaften (Kräfte) der Materie nicht erlöschen, oder eine Aenderung erleiden können, ist man in neuester Zeit noch einen Schritt weiter gegangen, zu der Annahme: dass auch im lebendigen Organismus keine anderen Kräfte thätig sind als die des todten Stoffs. Man kann diese Gleichstellung des lebenden Organismus und der Maschine mit dem Namen Universalmaterialismus von Dem unterscheiden, was ich den wissenschaftlich berechtigten Materialismus nannte.

Seit Liebig das geflügelte Wort sprach: „Die Lebenskraft ist ein Popanz", das heisst, ein Ding, das nur in der Einbildung besteht, ist diese Annahme selbst unter den Physiologen der Neuzeit zur Herrschaft gelangt, gegenüber einem Vitalismus, der im Lebendigen die Mitwirkung einer selbstthätigen, körperlosen Sonderkraft, einer Lebenskraft annimmt. Die naheliegenden Consequenzen des Universalmaterialismus sind es, welchen der Ruf nach „Umkehr der Wissenschaft" galt, gewiss mit Unrecht, denn nicht Umkehr, sondern Fortschritt der Wissenschaft ist es, durch welchen bestehende Irrlehren sich beseitigen lassen.

Man kann vollkommen damit einverstanden sein, dass auch im lebenden Organismus alle Bewegung und Veränderung von den Eigenschaften der Materie ausgeht, dass auch hier keine anderen als die Kräfte des Stoffs in der Werkstatt des Lebendigen arbeiten; es schliesst dies keineswegs die Annahme aus: dass neben diesen stofflichen Kräften eine schaffende, ordnende und leitende Kraft gewissermassen als Werkmeister über den arbeitenden Gesellen steht, dessen Aufgabe es ist, die in Hunderten verschiedener Werkstätten desselben Thieres, derselben Pflanze gleichzeitig sich vollziehenden verschiedenartigen Bewegungen und Veränderungen einem einigen Zwecke, dem naturgesetzlichen Entwickelungsverlaufe des Gesammtorganismus dienstbar zu machen, in denselben Werkstätten verschieden zur Zeit der Sprossung, der Blüthe, der Frucht- und der Samenbildung.

Die eigenen Ansichten über das Verhalten von Stoff und Kraft im lebendigen Organismus kann ich erst in der vierten Abtheilung dieser Schrift vortragen, (S. Leben und Lebenskraft) nachdem ich im Vorhergehenden dem Leser das Material zur selbstständigen Beurtheilung unterbreitet habe, mich hier darauf beschränkend, den

Einfluss anzudeuten, den der Universalmaterialismus auf Forschung und auf Lehre gehabt hat. Ist es wahr, dass im Lebendigen nur die Kräfte der Materie walten, dann giebt es keine der Physik und Chemie ebenbürtig zur Seite stehende physiologische Wissenschaft, was man so genannt hat, ist ein angewandter Zweig Ersterer; dann muss jede Lebenserscheinung in den Lehrsätzen der Mathematik, der Physik, der Chemie ihre Erklärung finden, es kommt nur darauf an, den erklärenden Lehrsatz aufzufinden, zu erforschen. Von dieser Basis aus hat sich die Forschung in der neuesten Zeit immer mehr von der Pflanze ab und den Lehrbüchern jener Grundwissenschaften zugewendet. Wo die Pflanze einer solchen Behandlung gegenüber sich widerspenstig zeigte, da hat man sie in die Zwangsjacke irgend eines erwählten Lehrsatzes gesteckt und wo auch solcher nicht sich darbieten wollte, durch sinnreich erdachte Fremdwörter, wie „Lokalisirung und Differenzirung, Tension, Nutation und Appression, Heliotropismus und Geotropismus" den Glorienschein wissenschaftlicher Erkenntniss über Dinge ausgegossen, die noch heute völlig unerklärt dastehen.

Den Pflanzenphysiologen wird nicht mit Unrecht der Vorwurf gemacht, sie seien im Erfolg ihrer Bestrebungen weit hinter ihren Mitarbeitern im Gebiet der Physik und Chemie zurückgeblieben.

Nur zum Theil ist das der, seit Meyen und Mohl in Bezug auf die Gefässpflanzen veränderten Forschungsrichtung zuzuschreiben. Es sind vielmehr die weit grösseren Schwierigkeiten, welche dem Forscher auf dem Gebiete der Physiologie entgegentreten. Physiker und Chemiker haben es nur mit einer, im Vergleich zum Artenreichthum der lebenden Körperwelt verschwindend geringen Menge von Elementen und Verbindungen derselben zu thun, die sich zur Erforschung ihrer Eigenschaften und Beschaffenheiten leicht und mit Sicherheit in genügend grosser Menge gewinnen lassen, während ein weitgreifender Partikularismus der lebenden Körperwelt die Arbeit nicht allein vervielfacht, sondern auch erschwert durch die Zersplitterung eines jeden Gesammtorganismus in eine grosse Zahl mikroskopisch-kleiner Werkstätten. Die erschwerenden Umstände physiologischer Studien liegen aber vorzugsweise darin, dass, einer Unfehlbarkeit der Wechselwirkungen des Todten gegenüber, im Lebendigen dieselben Wechselwirkungen unter scheinbar gleichen äussern Einflüssen Verschiedenartiges, verschiedene Wechselwirkungen unter verschiedenen äussern Einflüssen Gleichartiges bilden. Im Fortschritt vom Bekannten zum Unbekannten gewährt die Unfehlbarkeit der Wechselwirkungen des Todten eine fast mathematische Sicherheit.

Es hat aber auch die Pflanzenphysiologie weit grössere Schwierigkeiten zu überwinden, als die Physiologie des Thierreichs. Die Nährstoffe des Thierkörpers sind schon vor der Aufnahme in den Thierkörper der eingehendsten Untersuchung zugänglich; wir wissen augenfällig, wie sie aufgenommen, wie und wo sie verarbeitet werden; die Agentien der Nahrungsumbildung, Speichel, Magensaft, Galle werden in besonderen Organen abgesondert und sind der unmittelbaren Untersuchung zugänglich. Im Thierkörper ist fast jeder einzelnen Lebensverrichtung ein besonderes, der eingehendsten Untersuchung zugängliches Organ angewiesen. Im Pflanzenkörper dagegen müssen wir die Pflanzennahrung erschliessen aus der chemischen Analyse der Pflanzenstoffe, und erst das Vorkommen dieser Stoffe in der Umgebung der Pflanze giebt uns Aufschluss über die Art der Nahrungsaufnahme. Im Pflanzenkörper ist die mikroskopisch-kleine Zelle Mund und Magen, Herz und Lunge, Gefäss und Muskel zugleich. In den meisten Fällen giebt uns die Pflanze nur Fingerzeige in Bezug auf Bewegung und Veränderung, welche die Stoffe im Innern derselben bis zur endlichen Fixirung erleiden. Gegenüber den vom Thierforscher ergründeten Thatsachen, sind es in den wichtigsten Lebensverrichtungen der Pflanze nur Indicienbeweise, die wir zu gewinnen vermögen. Indicien sind aber verschiedener Deutung unterworfen, und erklärt sich hieraus, dass nicht selten unter den bewährtesten Autoritäten über denselben Gegenstand die verschiedenartigsten Ansichten bestehen; ein Umstand, der sicher nicht dazu beiträgt, physiologischer Wissenschaft eine hohe Rangstufe zu gewinnen.

Endlich ist nicht ausser Acht zu lassen, dass durch die geringe Grösse der Werkstätten der Fortschritt pflanzenphysiologischer Wissenschaft wesentlich an die Verbesserung der Mikroskope gebunden ist, die erst seit Meyen auf eine Stufe der Leistungsfähigkeit erhoben wurden, die einen Einblick in die Organisation der Zelle gestattete. In dem seither verflossenen kaum fünfzigjährigen Zeitraume lag den Forschern eine solche Fülle von Arbeit vor, dass jeder derselben mit den erwählten Vorlagen zu sehr beschäftigt war, um sich mit den Forschungsergebnissen seiner Mitarbeiter eingehend beschäftigen zu können, mit Ausschluss der von Schleiden in's Leben gerufenen Controverse über geschlechtliche Bedeutung der Befruchtungswerkzeuge, die viele Jahre hindurch den fast einzigen Gegenstand mikroskopischer Untersuchungen bildete. Trotzdem liegt ein reichliches Material von trefflichen Bausteinen aufgehäuft, seiner Verwendung durch einen Baumeister harrend. Nicht als die Arbeit eines solchen, sondern als die eines erfahrenen Werkführers bitte ich die nachfolgenden Mittheilungen aufzunehmen.

Erste Abtheilung.

Entwickelungsgeschichte der Pflanzenzelle. Zellenlehre.

Erstes Kapitel.

Wesen der Pflanzenzelle.

§ 1. Thiere und Pflanzen stimmen darin überein, dass ihr Körper entweder nur aus einer Zelle besteht, oder aus einer Mehrzahl, oder aus einer unzählbaren Menge von Zellen zusammengesetzt ist, die, wenigstens in ihren jüngeren, oberirdischen Theilen von einer Oberhaut eingeschlossen sind.

Zellen sind mikroskopisch kleine, von einer festen Aussenwandung umschlossene Räume (Bläschen), deren Inneres, wenigstens ursprünglich, erfüllt ist mit einem zarthäutigen, schlauchförmig geschlossenen Organe, dem Zellschlauche, der von seinem Inhalte an Säften, Zellkernen, Mehlkörpern etc. strotzend erfüllt, den vorzugsweise lebensthätigen Bestandtheil der Zelle bildet, zur Zellwandung sich verhaltend ähnlich dem Verhalten der Schnecke zum Schneckengehäuse, dem Inhalte des Eies zur Eischale, dem werdenden Schmetterlinge zur Puppenhaut.

Durchschneidet man kräftig gewachsene junge Triebe der Eiche, Buche, Esche, Kiefer rechtwinklich zu deren Längenachse, glättet man die Querflächen mit einem scharfen Rasiermesser, bringt man möglichst dünne Querschnitte, mit Wasser angefeuchtet, auf ein Täfelchen von weissem Glase, richtet man Letzteres gegen den Himmel oder gegen Lampenlicht, dann zeigt schon das einfache Vergrösserungsglas die Unterschiede zwischen Mark und Rinde einerseits, zwischen Holz und Bast andererseits, so weit diese an Querschnitten unterscheidbar sind. Ein mehr oder weniger kreisförmiges Mittelfeld aus dünnwandigen, grösseren Zellen (Mark) ist umstellt von einer concentrischen Schicht dickwandiger, im Querschnitt kleinerer Zellen (Faserbündelkreis), die ihrerseits umgeben sind von dünnwandigen, grösseren Zellen, deren Inhalt meist lebhaft grün gefärbt ist. Bei genauerer Unterscheidung erkennt man im Faserbündelkreise viele, vom Mark nach der Rinde gradlinig verlaufende Streifen (Markstrahlen), in jedem Faserbündel einen dem Marke zugewendeten Theil aus dickwandigen, engräumigen Zellen (Holzkörper), und einen der Rinde zugewendeten Theil aus dünnwandigen, weiträumigen Zellen (Bastkörper). Taf. III, Fig. 5—7. Taf. I, Fig. 1. 2. 3.

Mark und Rinde bilden das Zellgewebe im engeren Wortsinne (Parenchym), Holz und Bast bilden das Fasergewebe der Pflanzen (Prosenchym).

Nach den verschiedenen Lebensverrichtungen unterscheide ich: schaffende, leitende und schützende Zellen.

Zu den schaffenden zähle ich alle Zellen, in denen, neben einer auf den eigenen Bedarf beschränkten Säfteleitung, ein Zellschlauch die Verarbeitung der Nährstoffe des Pflanzenkörpers zu Bildungssäften, wie deren Verwendung auf Neubildung fester Pflanzenstoffe vollzieht. Es gehören dahin alle Zellen in ihrem jugendlichsten Zustande bis zu ihrer eigenen Vollendung. Bis zu ihrem Tode fortdauernd gehören dahin die Zellen des Markes und der Rinde, des Siebfasergewebes der Bastschichten, der Markstrahlen und die Zellfasern des Holzkörpers. Es gehören dahin die Zellen des Pflanzenfleisches der Blätter, Blüthen und der Früchte.

Zu den leitenden gehören diejenigen Zellen, in denen der Zellschlauch zu einer zweiten, innersten Zellwandung sich umgebildet hat, denen daher ein Zellschlauch fehlt. Sie dienen allein der Leitung flüssiger Stoffe aus der Wurzel in die Blätter und bilden den grössten Theil der Faserbündel des Holzkörpers in Wurzel, Stamm, Blattstiel, Blättern, Blüthen, Früchten.

Zu den schützenden Zellen zähle ich die weder einen Zellschlauch führenden noch säfteleitenden Zellen des Korkgewebes, der Bastbündelfasern und die Oberhaut.

Das, was ich in der Entwickelungsgeschichte der Einzelzelle zunächst vortragen werde, bezieht sich auf die schaffende Zelle, da deren Bau und Bestand der ursprüngliche aller Zellen ist.

Jede einzelne schaffende Zelle ist eine Werkstatt, in welcher die Vorgänge der Nahrungsaufnahme, der Verähnlichung aufgenommener Nahrung und dadurch das Wachsthum und die Zellenmehrung durch Selbsttheilung sich vollziehen.

Ausserhalb der Zelle besteht keine Lebensthätigkeit. Jede Lebensthätigkeit erheischt das Vorhandensein mindestens einer Zelle, in welcher und durch welche sie in Wirkung tritt. Besteht die Pflanze oder das Thier aus einer Mehrzahl zum Gesammtorganismus verbundener Zellen, dann ist die Lebensthätigkeit jeder einzelnen Zelle den Entwickelungsgesetzen des Gesammtorganismus eingeordnet, der sich vergleichen lässt mit einer grossen Gewehrfabrik, in der jeder einzelne Gewehrtheil in besonderen Werkstätten unter der Leitung besonderer Werkmeister von den Gesellen angefertigt wird, die aber sämmtlich einer bestehenden Oberleitung des Geschäfts gehorchen müssen, wenn die verschiedenen Gewehrtheile zu einander passen und ineinandergreifen sollen. Wie aus dem Ungehorsam gegen die Gesetze der Oberleitung in der Gewehrfabrik unbrauchbare oder mangelhafte Leistungen, so gehen im Gesammtorganismus daraus die verschiedenartigen Krankheitszustände hervor. Wie in der Maschine die Vernichtung eines einzelnen Gliedes derselben den Stillstand des ganzen Getriebes zur Folge haben kann, so kann auch im lebendigen Organismus das Aufhören einer auf den Gesammtorganismus hinwirkenden Lebensverrichtung das Aufhören aller Uebrigen, den Tod zur Folge haben.

Zweites Kapitel.

Entstehung der Zelle.

§ 2. Der Wahrspruch „corpora non agunt nisi fluida“ gilt auch für die Lebensthätigkeit der organischen Körperwelt. Der Zutritt wässriger Flüssigkeit ist die erste Bedingung organischen Lebens, mithin auch des Entstehens organischer Körper. Nun wissen wir, dass unser Erdkörper lange Zeit in einem Zustande sich befunden haben muss, in welchem hohe Hitzegrade das Wasser des Dunstkreises von seiner Oberfläche fern hielten, das Dasein organischer Wesen daher unmöglich war. Erst bei einem gewissen Abkühlungsgrade der Erdrinde konnten die Wasserdünste der Luft sich verdichten und in flüssiger Form auf die Erdoberfläche sich niederschlagen; erst von da ab konnten lebende Wesen den Erdkörper bevölkern, und zwar ursprünglich nur solche des Pflanzenreichs, da nur Pflanzen von anorganischen Stoffen und auch heute nur von diesen sich zu ernähren vermögen (A. 3), während die Thiere nur von organischem Stoff sich ernähren können. Diese erste, dem Thierleben vorausgegangene Pflanzenwelt bestand wahrscheinlich nur aus Zellenpflanzen des Wassers, deren kurze Lebensdauer und rasche Zersetzung die Ursache gewesen sein mag, dass, im Verhältniss zum Pflanzenreichthum der Kohlenperiode, so geringe Ueberreste in den ältesten Anthracitlagern der Grauwacke-Thonschiefer sich erhalten haben. Dass demohnerachtet der Reichthum und die Ueppigkeit des Pflanzenwuchses schon dieser ersten Periode sehr gross gewesen sein müssen, darf man folgern aus dem Reichthum des Thierlebens, den uns schon der Bergkalk aufbewahrt hat, dem ein entsprechender Reichthum an Pflanzen-Producten vorhergegangen sein muss, vorausgesetzt, dass auch diese niederen Thierarten nur von organischem Stoff sich zu nähren vermögen.

Wenn unser Erdkörper ursprünglich und wahrscheinlich lange Zeit hindurch dem organischen Leben nicht zugänglich war, dann muss nothwendig ein erster Schöpfungsakt stattgefunden haben, durch den die erste Zelle, oder eine Mehrzahl erster Zellen aus anorganischen Stoffen der todten Körperwelt sich bildeten oder gebildet wurden. Es ist sogar ein zweiter Schöpfungsakt mit Wahrscheinlichkeit anzunehmen, da aus eben angedeuteten Gründen die ersten Thiere und die ersten Pflanzen nicht gleichzeitig nebeneinander bestehen konnten.

Muss man aber eine einmalige, erste Schöpfung unbedingt, muss man einen zweiten Schöpfungsakt als wahrscheinlich annehmen, dann steht selbstverständlich der Annahme einer noch häufigern Wiederholung derselben Nichts entgegen, auch nicht der Umstand, dass in der Neuzeit, und vielleicht seit Jahrtausenden Schöpfungsakte nicht mehr stattgefunden haben, alles Lebendige erfahrungsmässig einem vorgebildeten Mutterkörper meist gleicher Art entstammt.

Jedes Thier, jede Pflanze der Jetztzeit ist anfänglich eine einfache, mikroskopisch kleine Zelle, ohne irgend ein Kennzeichen ihrer verschiedenartigen, allein von der Abstammung, von den Beschaffenheiten und Eigenschaften des Mutterthiers, der Mutterpflanze abhängigen Fortbildung. Ob die Zellen eines ersten oder mehrerer aufeinanderfolgender Schöpfungsakte ursprünglich mit verschiedener Entwickelungsfähigkeit begabt waren (Genesis), ob sie sämmtlich mit derselben Entwickelungsfähigkeit niedrigsten Grades geschaffen wurden, erst im Verlauf undenkbar langer Zeit „in unfühlbaren Uebergängen“ ein höheres Entwickelungsvermögen erlangten (Lamarck-Darwin), das wissen wir nicht; unzweifelhafte Thatsachen liegen bis jetzt weder der einen noch der anderen Anschauungsweise zum Grunde. Wenn letztere in der Neuzeit zur Herrschaft gelangte, so erklärt sich dies zum Theil aus ihrer Befreundung mit dem modernen Universalmaterialismus, zum Theil aber auch aus dem Enthusiasmus, mit welchem geistreiche Gedanken Aufnahme finden, wenn Scheingründe in's hellste Licht gestellt, entgegenstehende Gründe theils unbeachtet bleiben, theils in Schatten gestellt werden.

Mögen mehrere, oder mag nur ein Schöpfungsakt stattgefunden haben; mag das Geschaffene ursprünglich mit gleicher, niedrigster, oder mit verschiedenartiger Entwickelungsfähigkeit begabt gewesen sein, so viel steht fest, dass eine Fortdauer solcher Schöpfungsakte, eine Entstehung lebender Wesen aus unorganischen Stoffen, in der Neuzeit durch die sorgfältigsten Forschungen nicht nachgewiesen werden konnte, dass es nachgewiesene Beobachtungsfehler waren, auf denen, noch im Anfange unseres Jahrhunderts, eine entgegengesetzte Ansicht, die Fortdauer freithätigen Werdens (generatio originaria, aequivoca) fusste.

Dagegen nehmen die Pflanzenphysiologen der Neuzeit an: dass im Innern des belebten Organismus, im Innern der Einzelzelle, ein Entstehen selbstständig belebter, mit allen Eigenschaften des Lebendigen, mit Ernährungs-, Verähnlichungs-, Selbsttheilungs- und dadurch Vermehrungs-Vermögen ausgestatteter Körper: des Zellkernes, des Stärkemehls, der Zelle selbst, aus einem Urschleim (Cytoblastem, Protoplasma), zu den normalen Lebensverrichtungen der Zelle gehöre. Wie ich erst später ausführlich begründen werde, vermag ich mich dieser Ansicht nicht anzuschliessen, in der Ueberzeugung: dass jeder in sich abgeschlossene, mit selbstständigen Lebensverrichtungen begabte Organismus, wohin ohne Zweifel auch der Zellkern, das Stärkemehl etc. gehören, Theilungsprodukt eines vorgebildeten Mutterkörpers ist. Aber auch die Lehre vom Urschleime und seiner Gestaltung durch Anhäufung (aggregatio), die früher als unterscheidendes Merkmal allein dem Mineralreiche zugeschrieben wurde (Kristallisation), entspricht nicht ganz dem Begriff einer Urzeugung, insofern es nicht anorganische, sondern bereits zu Organischem verarbeitete, wenn auch noch formlose Stoffe sind, die sich zu Organisirtem gestalten sollen.

Dagegen lässt sich die Entstehung lebender Wesen niederer Bildung aus organisirten Zersetzungsprodukten abgestorbener Thiere oder Pflanzen nachweisen. Schon in einer Schrift aus dem Jahre 1833 (A. 1) habe ich gezeigt, dass die Zellwände und Mehlkörper abgestorbener Bäume oder abgestorbener Theile lebender Bäume, unter entsprechendem Einfluss von Wärme, Feuchtigkeit und Luft, zunächst in ihre molekularen Theile zerfallen (Verjauchung); dass diese molekularen Theile, trotz ihrer geringen, 0,001 Millimeter nicht übersteigenden Grösse, durch das Uebereinstimmende in Grösse und Kugelform immer noch als organisirte Körper zu betrachten, dass sie befähigt seien, unmittelbar in die niedrigsten Formen der Pilzbildung sich umzubilden und zu beleben, ohne die Mitwirkung vorgebildeter lebender Keime, womit selbstverständlich die Entwickelung und Fortpflanzung von Keimen nicht ausgeschlossen ist, wenn solche in der sich zersetzenden Substanz vorhanden waren, oder von Aussen derselben zugeführt wurden, wie solches die diesen Gegenstand umfassenden Arbeiten meines Sohnes Robert dargethan haben.

Offenbar steht diese Entstehungsweise der Fortpflanzung durch Keime aus einem vorgebildeten Mutterkörper (generatio ex ovo) näher, als die zweifelhafte Entstehung aus einem Urschleime (generatio protoplasmatica),*) da es doch

*) Der freithätigen Zeugung (generatio originaria, spontanea, aequivoca) zähle ich nur diejenigen Fälle zu, in denen, wie beim ersten Schöpfungsakte, lebende Organismen aus unorganischem Stoffe entstanden.

immerhin organisirte Theile eines vorgebildeten Mutterkörpers sind, die sich neu beleben, wenn sie auch in Bezug auf letzteren abgestorben sind und, nach ihrer Wiederbelebung, einer anderen, niedrigen Entwickelungsstufe anheimfallen (generatio metamorphica). Lässt sich letztere in gewissem Sinne der Fortpflanzung unterordnen, lässt sich nachweisen: dass jeder in sich abgeschlossene, selbstthätig belebte Organismus, dass auch der Zellkern, die Mehlkörper, jede den Gesammtorganismus zusammensetzende Zelle, Theilungsprodukte vorgebildeter Mutterkörper sind, dass also ein Urschleim auch im Innern der Thiere und Pflanzen nicht existirt, dann gehört die Entstehung organisirter Körper aus unorganischem Stoffe (generatio originaria) einer längst verschwundenen Zeit an, dann entspringt in der Jetztzeit jede Vermehrung organisirter Wesen der Selbsttheilung vorgebildeter Mutterkörper.

Die Werkstatt, in der nicht allein diese, sondern alle Lebenserscheinungen der Pflanze in erster Hand sich vollziehen, ist die Zelle. Um das Zellenleben verstehen zu können, müssen wir zuerst den Bau der Zelle in deren allgemeinstem Begriffe betrachten.

Drittes Kapitel.

Bau und Bestandtheile der fertigen Pflanzenzelle.

§ 3. Zellen, im allgemeinsten Wortsinne, sind meist mikroskopisch kleine, theils blasen-, theils schlauchförmige Hohlkörper, bestehend aus einer mehr oder weniger dicken, in sich geschlossenen Aussenwandung, welche bis auf eine äusserst zarte, nicht allein Flüssigkeiten, sondern auch Gase durchlassende äussere Grenzhaut, von Kanälen durchsetzt ist, deren Fortsetzung in die Kanäle der Nachbarzellen dem Austausch der Flüssigkeiten und der Saftbewegung dient.

Im jugendlichen Zustande aller Zellen, fortdauernd in den meisten Zellen der Rinde und der rindeartigen Pflanzentheile, des Bastes, der Zellfasern etc. zeigt sich das Innere der Hohlkörper erfüllt durch ein zarthäutiges, schlauchartig geschlossenes Organ, durch den Zellschlauch (Ptychodeschlauch, Primordialschlauch), dessen Ueberfüllung mit Säften (Turgescenz, turgor vitae) die elastische Schlauchhaut der inneren Wandungsfläche bis in die Kanäle hinein dicht anpresst.

Der Zellschlauch besteht aus zwei ineinandergeschachtelten, völlig geschlossenen Schlauchhäuten, deren innere nicht viel kleiner ist, als die äussere. Den Raum zwischen den beiden Schlauchhäuten habe ich den Schlauch-

Fig. 1.

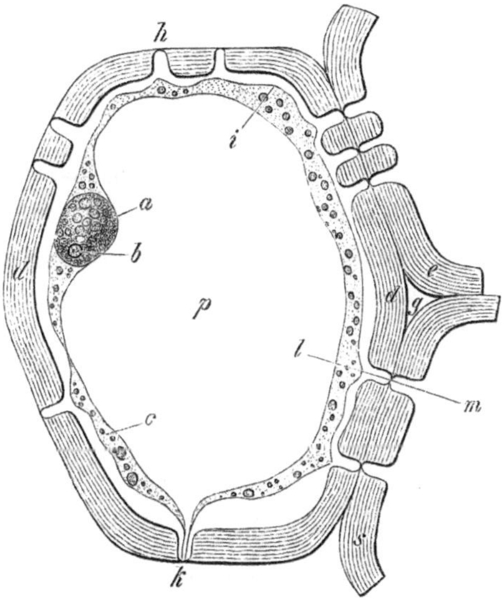

Durchschnitt einer Markzelle von Taxodium distichum. *a* Zellkern, *b* Kernkörperchen im Zellkern. *c* Zellschlauch. *d* Zellwandung. *e* und *f* Zellwände zweier Nachbarzellen. *g* Intercellularlücke. *h* Tipfelkanal. *i* Aeussere Schlauchhaut. *k* Tipfelkanal, dessen äussere Grenzhaut mit der äusseren Schlauchhaut verwachsen ist. *l* und *m* Korrespondirende Tipfelkanäle zweier Nachbarzellen. *p* Innenraum der Zelle, Durchm. 0,05 Millim.

raum, den von beiden Schlauchhäuten umschlossenen, meist weit grösseren Raum hingegen habe ich den Innenraum der Zelle genannt.

Beide Räume sind mit Säften verschiedener Art strotzend erfüllt.

Der Saft des Innenraums ist stets wasserklar, häufig, besonders in den Zellen der Blumenblätter und der Früchte blau, roth, gelb, braun gefärbt, stets frei von organisirten Körnern und Bläschen, mitunter kristallinische Ausscheidungen enthaltend. Der Saft des Schlauchraums hingegen ist nie gefärbt, aber getrübt durch eine grosse Menge der kleinsten, stabförmig verlängerten Körper, deren Dasein nur unter den günstigsten Beleuchtungsverhältnissen und bei sehr starker Vergrösserung im strömenden Schlauchsafte erkennbar ist. Ich habe diese kleinsten Körper Schlauchsaftkörper genannt. Ausser ihnen enthält der Schlauchsaft einen, selten einige, verhältnissmässig grosse, kugelige Körper, Zellkern (nucleus), genannt, neben einer grösseren Anzahl kleinerer fester Körper, die entweder Grünmehl oder Stärkemehl, Klebermehl oder Gerbmehl sein können, denen sich häufig kleine, kugelrunde, zarthäutige

Bläschen beigesellen (Schlauchsaftbläschen, gewöhnlich Zellsaftbläschen genannt), die, wenn sie doppelhäutig sind, in ihrem Schlauchraume Farbstoffkörper führen (A. 7.) Eine besondere Eigenschaft des Schlauchsaftes ist seine strömende Bewegung, erkennbar an der Ortsveränderung der ihm beigemengten festen Körper.

Fig. 1 stellt die optische Durchschnittsfläche einer dickwandigen Zelle in sehr starker Vergrösserung dar. Der Zellwandung *d* sind Wandungstheile zweier anliegender Zellen *e* und *f* hinzugezeichnet, theils um das Aufeinanderstossen der Tipfelkanäle je zweier Nachbarzellen *l*, *m* und deren Verschluss durch eine zarte Grenzhaut, theils um die prismatischen Lücken *g* zu zeigen, welche da zwischen den Zellen offen bleiben, wo drei Nachbarzellen aufeinanderstossen, indem hier der Druck, welchen eine Mehrzahl im beschränkten Raume sich vergrössernde Zellen aufeinander ausüben, am geringsten ist. Zwischenräume dieser Art heissen Intercellular-Gänge und dienen zur Ableitung gas- und dunstförmiger Ausscheidungen der Zellen. Durch zarte Linien in der Durchschnittsfläche der Zellwandungen habe ich deren Zusammensetzung aus sogenannten Ablagerungsschichten angedeutet.

Im Innern der Zellwandung lagert der Zellschlauch, dessen äussere Schlauchhaut (*i*) in der lebensthätigen Zelle der inneren Wandungsfläche dicht angepresst ist, so dass sie selbst die Tipfelkanäle auskleidet und an deren Ende der äusseren Grenzhaut der Zellwandung adhärirt (*k*), vielleicht mit letzterer wirklich verwachsen ist. Grösserer Deutlichkeit der Darstellung wegen habe ich jedoch in Fig. 1 die äussere Schlauchhaut nicht der Zellwandung anliegend, sondern um etwas abgehoben gezeichnet, wie solches die optische Querschnittsfläche zu erkennen giebt, wenn durch Anwendung wasserentziehender Flüssigkeiten, z. B. durch Zuckerwasser, die Spannung des Zellschlauchs vermindert und ein Zusammenziehen desselben bewirkt wird. Ich bemerke ein- für allemal, dass überall, wo ich in nachfolgenden Figuren den Zellschlauch von der Zellwandung zurückgetreten dargestellt habe, solches der deutlicheren Darstellung wegen geschehen ist.

Seit ich im Jahre 1842 zuerst auf das Vorhandensein des Zellschlauches aufmerksam machte (A. 4), hat das Vorhandensein der äusseren Schlauchhaut *i* allgemeine Anerkennung gefunden. Die Schärfe der Grenzlinie, mit der sie von der Zellwandung sich abhebt, macht ihr Vorhandensein unzweifelhaft. Dagegen hat das Vorhandensein der inneren Schlauchhaut und somit die häutige Grenze zwischen Schlauchraum und Innenraum der Zelle noch keine Anerkennung gefunden, obgleich ihre scharfe Begrenzung überall erkennbar ist, wo ein grosser Zellkern (*a b*) sie nach Innen emporhebt. Da die Lage des Zellkerns eine veränderliche in derselben Zelle ist, da in jeder

Stellung des wandständigen Zellkerns die innere häutige Begrenzung desselben, wie sie Fig. 1 darstellt, erkennbar ist, muss auch die innere häutige Begrenzung eine fortlaufende, schlauchförmig geschlossene sein. Es sind allein optische Verhältnisse, welche die Beobachtung der inneren Schlauchhaut in grösserer Entfernung vom Zellkern erschweren. Da in dem wirklichen Durchschnitt der Zellen der Zellschlauch zu einer unförmlichen Masse zusammenfällt, ist es nur die optische Querfläche unverletzter Zellen, welche eine richtige Ansicht des Zellschlauchs gestattet. In der optischen Querfläche muss das Bild der inneren Grenzhaut undeutlich werden, durch den, in derselben Gesichtslinie lagernden Inhalt des Schlauchraums. In der Entwickelungsgeschichte des Zellkerns werde ich den Ursprung auch der inneren Schlauchhaut nachweisen und in der Lehre vom Schlauchsaft (Protoplasma) zeigen, dass die behauptete Abwesenheit einer inneren Schlauchhaut zu Annahmen führt, die mit den allgemeinsten physikalischen Gesetzen in Widerspruch stehen.*)

In den von den beiden Schlauchhäuten begrenzten Schlauchraum habe ich bei a b einen Zellkern und ausserdem eine Mehrzahl kleinerer und grösserer kugeliger Körper eingezeichnet, die ich mit dem gemeinschaftlichen Namen Mehlkörper bezeichnete.

Die den Schlauchsaft erfüllenden stabförmigen Schlauchsaftkörper sind zu klein, als dass sie sich in der Figur anders als durch graue Schattirung des Schlauchraums andeuten lassen.

Der körperlichen Versinnlichung des Baues der Zellwandung dienen nachfolgende Bilder.

---

*) Wenn man eine unverletzte Nitella-Zelle, rechtwinklig zur Längenachse, im Wasser des Objektträgers einer 300maligen Linear-Vergrösserung unterwirft, dann zeigt genaue Einstellung des Instruments auf die optische Querfläche der Längenansicht nicht allein eine scharfe Begrenzung des strömenden Schlauchsafts durch die innere Schlauchhaut, sondern auch eine Hebung und Senkung, eine unregelmässige Wellenbewegung derselben durch die ungleiche Grösse der unter ihr hinströmenden Mehlkörper. Auf den ersten Blick frappirt es, einzelne Schlauchsaftkörner aus dem Hauptstrome sich absondern, und, über die innere Stromgrenze hinaus, scheinbar in den Innenraum der Zelle hineintreten zu sehen. Dass hier eine optische Täuschung stattfindet, lässt sich an zwei ineinandergesteckten Probirgläschen zeigen, deren Zwischenraum eine Flüssigkeit enthält, der kleinkörniges Mehl oder dergleichen beigemengt ist. Setzt man die Flüssigkeit und deren Inhalt durch Erwärmen über der Spirituslampe in Bewegung, dann erkennt man, dass es die bei je schwächerer Vergrösserung in um so tieferer Senkrechte sichtbar bleibenden Körner sind, welche, von der Seite gesehen, scheinbar über die innere Scheidewand hinaustreten. Die Spitze der Wurzelhaare von Hydrocharis zeigt die innere Schlauchhaut mehr oder weniger hoch aufwärts in sackförmiger Isolirung dadurch, dass sich eine Mehrzahl verhältnissmässig grosser, einhäutiger Saftblasen von ihr abschnüren, die durch den strömenden Schlauchsaft in rotirende Bewegung gesetzt werden, ohne den Raum zwischen innerer und äusserer Schlauchhaut zu verlassen.

Die Wände vielflächiger, geschlossener Holzkästchen denke man sich von Aussen nach Innen vielmal durchbohrt, die Aussenfläche sowie die Innenfläche der Wandung eines jeden Kästchens mit einem Ueberzuge dünnen Papieres der Art überklebt, dass die äussere Papierbekleidung sich glatt über die Bohrlöcher hinzieht, die innere Bekleidung hingegen auch in die Bohrkanäle (Tipfelkanäle) ununterbrochen sich fortsetzt, und am äussersten Ende jedes Bohrkanals mit dem äusseren Ueberzuge zu einer einfachen Schliesshaut sich vereint.

Diese polyedrischen Holzkästchen denke man sich so geformt, dass eine Mehrzahl derselben sich zu einem, bis auf die mehr oder weniger weiten, an den Kanten der Kästchen offen bleibenden Zwischenräume (Intercellular-Räume), zu einem, dem Seifenschaum oder der Bienenwabe ähnlichen Zellgewebe zusammenstellen lassen; über dessen Formen- und Stellungsgesetze ich im zweiten Abschnitte sprechen werde.

Eine vielsagende Eigenthümlichkeit in den Stellungsgesetzen der Bohrkanäle ist es, dass zwischen je zwei Nachbarzellen gleicher Art jeder Bohrkanal der einen Zelle in einen Bohrkanal der Nachbarzelle sich fortsetzt (Correspondenz der Tipfelkanäle (Fig. 1), so dass jeder, je zweien Nachbarzellen gemeinschaftliche Doppelkanal, mehr oder weniger in seiner Mitte nur durch die für Flüssigkeiten permeable Schlusshaut abgesperrt ist. Wir werden später sehen, welchen Werth diese Thatsache nicht allein für die Entwickelungsgeschichte der Zellwandung, sondern auch für die Erkenntniss der Wege des Saftumtausches besitzt. Dieser so complicirte Apparat würde zwecklos sein, wenn die Pflanzensäfte nicht von Raum zu Raum durch die Tipfelkanäle fortgeleitet werden, sondern, wie man in neuerer Zeit anzunehmen geneigt ist, die Saftbewegung in der Cellulosewandung sich vollzieht.

In unserem Bilde entspricht die Holzwandung der Kästchen dem Wandungsstoff (Cellulose) der Zelle, der äussere und der innere Papierüberzug entsprechen den beiden Schlauchhäuten desjenigen Zellschlauches, aus dessen körnigem Inhalte die Cellulosewandung sich bildete. Noch in der fertigen einwandigen Zelle sind die Unterschiede zwischen Holzwandung und Ueberzug erkennbar durch deren entgegengesetztes Verhalten zu Schwefelsäure und zu Salpetersäure. Erstere quillt in Schwefelsäure auf, wird dann durch Jodlösung blau gefärbt, bei längerer Einwirkung der Schwefelsäure in Zucker umgebildet, durch Salpetersäure hingegen, ohne Veränderung ihrer Grösse und Form in das explodirende Pyroxylin umgebildet. Der Ueberzug hingegen wird durch Schwefelsäure räumlich nicht verändert, nach deren Einwirkung von Jodlösung braun gefärbt, dagegen von Salpetersäure aufgelöst.

Erst später kann ich nachweisen, dass die Cellulosewandung immer und überall aus einem geschichteten Spiralbande besteht, dessen Windungsränder in der geschlossenen Zellwand dicht aneinander liegen, bis auf die, stets zwischen den Windungen liegenden Tipfelkanäle, dass die Spiralfaserbildung auf einem mehr oder weniger weiten Auseinandertreten der Wandungsränder des Cellulosebandes beruht.

Viertes Kapitel.

Entwickelungsgeschichte der Pflanzenzelle.

Die Zelle entwickelt sich entweder aus dem Zellkern oder durch Selbsttheilung.

Der Zellkern entwickelt sich aus dem Kernkörperchen oder durch Selbsttheilung.

Das Kernkörperchen vermehrt sich durch Selbsttheilung.

Der Zellkern ist daher die Werkstatt, in welcher das in ihr eingeschlossene Kernkörperchen zum Zellkern, aus welcher die Zelle sich bildet.

I. Der Zellkern (Nucleus).

1) Beschaffenheit und Eigenschaften desselben.

§ 4. Alle mit dem Geschäft der Verarbeitung von Nährstoffen betraute Zellen höherer Pflanzen: die mit einem Zellschlauche ausgestatteten Zellen des Markes, der Rinde und des Bastes, mark-, rinde und bastartiger Zellensysteme der Blätter, Blüthen, Früchte und Sämereien, enthalten im Schlauchraume ihres Zellschlauchs einen (selten einige) verhältnissmässig grossen, kugeligen Körper, den Zellkern, wie ihn Fig. 1 bei a b darstellt. Im fertigen, compacten und scharf begrenzten Zustande liegt seine, bei verschiedenen Pflanzen- und Zellen-Arten verschiedene Grösse zwischen 0,025 und 0,01 Millimeter im Durchmesser. Unter allen Umständen ist der Zellkern farblos, mattweis, getrübt. Sein Gewicht ist grösser als das des Wassers, in dem er sich etwas weniger rasch als Stärkemehlkörner annähernd gleicher Grösse niederschlägt. Seine Masse ist dicht, ohne Innenraum und zeigt im Pressschieber einen gewissen Grad von Elasticität. Seine chemische Constitution ist unbekannt, wird auch wohl unerforscht bleiben, da es unmöglich ist, Zellkerne in einer für die Elementaranalyse genügenden Menge zu isoliren. Aus dem Verhalten des Zellkerns zu chemischen Reagentien dürfen wir aber schliessen, dass seine Substanz in die Reihe der stickstoffhaltigen Kohlenstoffhydrate gehört.

Durch Behandlung mit Farbstofflösungen, besonders durch Abkochung kernhaltiger Zellen in einer Lösung von karminsaurem Ammoniak, gewinnt man eine nähere Einsicht in die Strukturverhältnisse des Zellkerns. Man erkennt, dass die Hauptmasse des Zellkerns zusammengesetzt ist aus einer grossen Zahl, ungefähr 0,001 Millimeter im Durchmesser haltender Kügelchen, die in

Fig. 2. Fig. 3. Fig. 4. Fig. 5. Fig. 6.

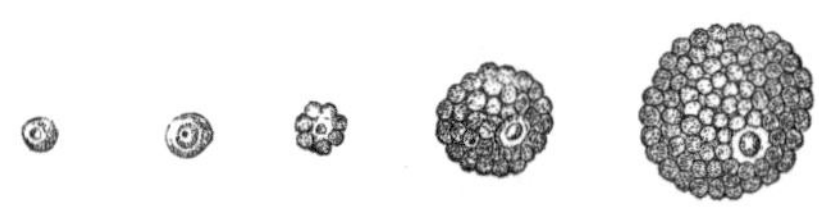

Fig. 2 Jugendlicher Zellkern (Kernkörperchen). Fig. 3 Junger Zellkern mit centralem Kern. Fig 4 Junger Zellkern mit entstehenden Kernstoffkörperchen. Fig. 5 Junger Zellkern mit Kernkörpern und Kernstoffkörperchen. Fig. 6 Fertiger Zellkern.

vielen Fällen durch gegenseitigen Druck polyedrische Form angenommen haben Fig. 5, 6. Es deutet diese gepresste Form der Kügelchen auf das Vorhandensein einer Hüllhaut des Zellenkerns, die sich überall da zu erkennen giebt, wo eine Erweiterung des Zellkerns zum Zellschlauche eintritt (Fig. 8, 9). Im Innern des Zellkerns erkennt man auch ohne Färbung einen, die Kernstoffkörper (granula) in Grösse wenig übertreffenden kugeligen Körper, der durch eine schmale, lichtere Umgebung, durch schärfere Umrisse und kugelige Form (A. 11. Taf. 1—3. B. V Taf. XVIII Fig. 1—3) von den übrigen körnigen Körpern des Zellkernes sich auszeichnet (Fig. 6, 8 a). Es ist dies das Kernkörperchen (Nucleolus), das zu einem neuen Zellkern sich entwickelt, wenn aus dem Zellkern ein Zellschlauch entsteht. Die Reihenfolge der mit dieser Entwickelung verbundenen Veränderungen habe ich in den Fig. 2—6 dargestellt. Ursprünglich ein einfaches Kügelchen, dessen geringe Grösse jeden Einblick in wahrscheinlich bestehende Strukturverhältnisse versagt, erkennt man weiterhin bei zunehmender Grösse die Bildung eines centralen Kügelchens (Fig. 2, 3), dessen Umgebung in eine Mehrzahl von Kügelchen sich theilt (Fig. 4), ähnlich dem Furchungsprocesse der thierischen Eizelle. Mit fortschreitender Vergrösserung des jungen Zellkernes vermehrt sich die Zahl der Kernstoffkörper, in der Umgebung des zum neuen Kernkörperchen heranwachsenden Centralkörpers durch Selbsttheilung (Fig. 5), worauf jedes Theilkörperchen durch Nahrungsaufnahme und Verähnlichung (Ingestion und Assimilation) zur normalen Grösse des Mutterkernes heranwächst, dadurch die Vergrösserung, das Wachsen des ganzen Zellkernes vermittelnd, bis letztere seine normale Grösse, seine Reife erlangt hat (Fig. 6).

Eine sehr beachtenswerthe Eigenschaft des Zellkerns ist dessen Vermögen der Farbenaufspeicherung. Ich habe diesen Ausdruck gewählt, weil der Zellkern, selbst in einer in hohem Grade verdünnten, wässerigen Farbstofflösung nach einiger Zeit eine tiefdunkle Farbe erhält und von ihr bis in sein Innerstes gefärbt ist. Ich habe daraus gefolgert, dass der Zellkern die Farbstofflösung nicht allein aufnehme, sondern durch sich hindurchgehen lasse, der durchgehenden Lösung den Farbstoff entziehe und in sich aufspeichere. Ich habe ferner die Vermuthung ausgesprochen, dass der Zellkern zu den Bildungssäften des Schlauchraumes der lebensthätigen Zelle in gleicher Weise sich verhalte, dadurch den Stoff beziehe zu seiner eigenen Fortbildung und Wiedererzeugung aus dem Kernkörperchen, in gewisser Hinsicht daher mit dem Magen der Thiere sich vergleichen lasse. Man hat dagegen den Einwand erhoben, dass auch das Protoplasma die Eigenschaft der Farbenspeicherung besitze. Allein dies ist nur wahr, wenn freies Protoplasma aus zerschnittenen Zellen mit der Farbstofflösung in unmittelbare Berührung tritt, und selbst dann nur in beschränktem Maasse. In unverletzten Zellen färbt sich nur der Zellkern und kein anderer Zellentheil und das ist selbst dann der Fall, wenn die Stellung des Zellkerns eine centrale ist (Fig. 13), in welchem Falle der Farbstoff die Protoplasma- (Schlauchsaft-) Ströme der Länge nach durchwandern muss, um zum Zellkerne zu gelangen. In den Staubfadenhaaren der Tradescantia virginica sind die Räume Fig. 13 p, p mit einem tiefblauen Zellsaft erfüllt, Schlauchsaft und Zellkern sind überall ungefärbt auch in der unmittelbaren Umgebung des Zellkern und in den zartesten von ihm aus zum äusseren Schlauchraume ziehenden Kanälen. Behandelt man die Zellen mit absolutem Alkohol, dann zieht sich der blaue Farbstoff zu kleinen Kügelchen zusammen. Zellkern und Schlauchsaft bleiben auch dann noch ungefärbt. Lässt man nun Wasser zu den Zellen treten, dann lösen sich die Kügelchen wieder auf, durch die zerrissenen Schlauchhäute gelangt die Farbstofflösung in unmittelbare Berührung mit dem Zellkerne, der sich nun erst, und nur er, sehr rasch blau färbt.

2) Theilung des Zellkerns im jugendlichsten Zellgewebe.

§ 5. An der Basis der jüngsten Blätter, im Knospenwärzchen, in den jungen Mutterzellen des Blumenstaubs vollzieht sich die Zellentheilung in anderer Weise als in den, in ihrer Entwickelung weiter vorgeschrittenen aber noch theilungsfähigen Zellen der wachsenden Triebe, Blätter und der jüngsten Holz- und Bastfasern. In Karsten's botanischen Untersuchungen habe ich hierüber Taf. XVIII die Abbildungen zu den betreffenden Untersuchungen in strenger Darstellung gegeben und muss mich hier darauf beschränken, das Allgemeine aus dem Besonderen schematisch zusammenzustellen.

Im jüngsten Zellgewebe der genannten Pflanzentheile sind die noch sehr kleinen Zellen ganz mit einer körnigen Masse erfüllt, in der, mehr oder weniger in der Mitte, ein kugeliger Körper durch einen hellen Saum sich zu erkennen giebt. Letzterer entspricht ebenso dem Kernkörperchen eines Zellkernes, wie die ihn einschliessenden Körnchen von molekularer Grösse den Kernstoffkörperchen, wie die einschliessende Wandung der Hüllhaut des Zellkernes entsprechen. Auch ist das Verhalten der ganzen Zelle zu Säuren, Alkalien, Farbstoffen und Jodlösung dem des Zellkernes entsprechend. Ich nehme daher keinen Anstand auszusprechen, dass wir es hier in der That mit einem Zellkern zu thun haben, dessen vergleichsweise bedeutende Grösse den ganzen Zellraum ausfüllt. Aus diesem Grunde habe ich ihn mit dem Namen „Füllkern“ belegt (Fig. 7).

Fig. 7.

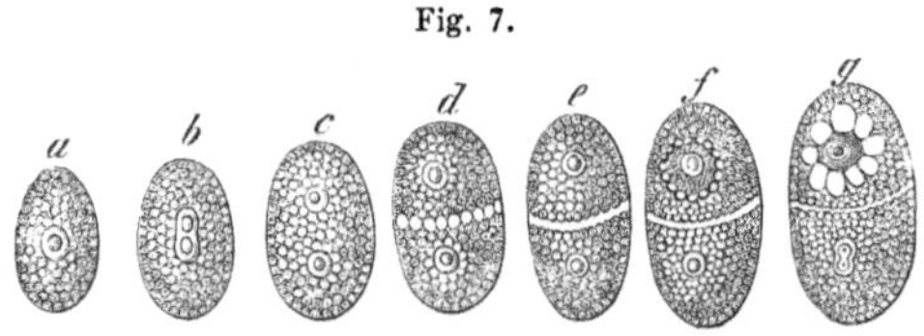

a Füllkern mit Kernkörperchen. *b* Theilung des Kernkörperchens. *c* Füllkern mit zwei Kernkörperchen. *d* Entstehung der Theilungszone durch eine Bläschenschicht. *e* Vollendete Theilung des Füllkerns in zwei Tochter-Füllkerne. *f* Aussonderung eines normalen Zellkerns aus der körnigen Masse des Füllkerns. *g* Entstehung eines Zellschlauches aus dem normalen Zellkerne.

Die erste Veränderung, die sich in solchen Zellen zu erkennen giebt, betrifft das ursprünglich einfache Kernkörperchen, dessen beginnende Selbsttheilung sich in einer bisquitförmigen Verlängerung zu erkennen giebt (b), mit der gleichzeitig der das Kernkörperchen charakterisirende Lichtsaum sich erweitert.

Weiterhin sieht man die beiden Hälften des ursprünglichen Kernkörperchens, abgerundet und vom Lichtsaume umgeben, in der Richtung der Längenachse auseinandergetreten (c). Ich vermag diesen Vorgang nicht anders zu deuten als dadurch, dass die, mit dem sich theilenden Kernkörperchen in derselben Querfläche der Zelle liegenden Kernstoffkörperchen eine raschere Vermehrung durch Selbsttheilung erleiden, als alle übrigen Kernstoffkörper des Füllkerns, dadurch zwischen die beiden Tochter-Kernkörperchen sich einschiebend.

In der Querflächenebene, in welcher früher das Kernkörperchen stand, tritt nun eine Klärung der Kernstoffkörper zu Bläschen ein, wahrscheinlich durch Aufsaugung von Zellsaft in ihr, wegen geringer Grösse des Objekts uns unbekanntes Innere (*d*).

Hat diese stets einfache Bläschenschicht sich gebildet, dann werden die sich gegenseitig berührenden Wände derselben resorbirt, während die Bläschenwände, welche mit den Kernstoffkörpern in Berührung stehen, beiderseits zu einer Hüllhaut unter einander verschmelzen. Im vorliegenden Falle lässt sich Letzteres allerdings nicht erkennen. Man sieht nicht mehr, als dass an die Stelle der Bläschenschicht eine Theilungsschicht (*e*) tritt, mit der die Theilung des Füllkerns in zwei Tochter-Füllkerne vollzogen ist. Später werde ich aber Fälle nachweisen, in denen diese Art der Entstehung von Hüllhäuten ganzer Zellgewebe unzweifelhaft sich erkennen lässt. Es ist das besonders deutlich bei Entstehung der Blätter durch Abspaltung und bei Entstehung geschlossener Knospenhüllen (Salix, Magnolia) durch Ausspaltung.

Die Theilung der Füllkernzelle in vorbeschriebener Weise wiederholt sich mehreremale, ohne dass eine andere Veränderung des Füllkerns bemerkbar wird. Erst in den ältesten, auf diesem Wege gebildeten Tochterzellen tritt eine zweite Veränderung darin auf, dass in einiger Entfernung vom Kernkörperchen und zu Letzterem concentrisch eine kugelmantelförmige Schicht von Bläschen sich zeigt (*f*), durch deren Verschmelzung in derselben Weise wie in der Trennungsschicht, ein normaler Zellkern aus der kernigen Masse des Füllkerns sich ausscheidet.

Von diesem Zellkern aus entwickelt sich dann durch Physalidebildung in der weiterhin zu erläuternden und durch die Abbildungen Fig. 8—13 dargestellten Weise ein normaler Zellschlauch (*g*), in welchem, wie wir weiterhin sehen werden, der Theilungsvorgang ein durchaus anderer ist.

II. Der Zellschlauch (Ptychodeschlauch, Primordialschlauch).

1) Entstehung, Beschaffenheit und Eigenschaften.

§ 6. Hat der Zellkern den Zustand seiner vollen Ausbildung und Grösse erlangt, dann erleidet er eine Reihenfolge eigenthümlicher Veränderungen, durch die aus ihm der Zellschlauch hervorgeht.

Entweder nur ein oder gleichzeitig eine Mehrzahl der an der Hüllhaut gelagerten Kernstoffkörper (granula) verwandeln sich durch Aufnahme von Pflanzensaft in ihr Inneres zu wasserklaren Bläschen (Physalide) (Fig. 8, 11, *p*), unter gleichzeitiger Erweiterung der Hüllhaut des Zellkerns in dem Maasse, als die Vergrösserung des Raumes durch die Saftblasen dies erfordert (Fig. 8, 9, 10 *p. p*).

Betrachten wir zuerst den am häufigsten vorkommenden Fall, in welchem nur ein Kernstoffkörper im Innern des Zellkerns durch Aufnahme von Pflanzensaft zur Saftblase sich entwickelt. Fig. 8 zeigt den früheren Zustand der Veränderungen, die dadurch der Zellkern erleidet. Das Kernkörperchen (*a*) befindet sich noch in seinem einfachen Zustande, die dasselbe umgebenden Kernstoffkörner zeigen noch die gedrängte, polyedrische Form. Dagegen haben sich die in der Umgebung der sich erweiternden Saftblase befindlichen Kernstoffkörper gelockert, vereinzelt und in der sie umgebenden Flüssigkeit zur Kugelform sich abgerundet. Fig. 9 zeigt einen weiter vorgeschrittenen Zustand des zum Zellschlauche sich umbildenden Zellkerns. Die Saftblase hat sich bedeutend vergrössert. Die Kernstoffkörper haben sich vom Kernkörperchen

Fig. 8.

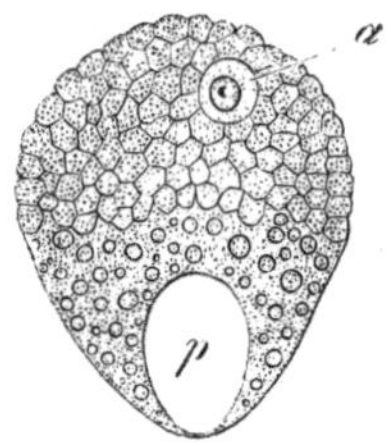

Ein Zellkern, zum Zellschlauch sich entwickelnd. *a* Kernkörperchen. *p* Saftblase, umgeben von den gelockerten und abgerundeten Kernstoffkörperchen.

Fig. 9

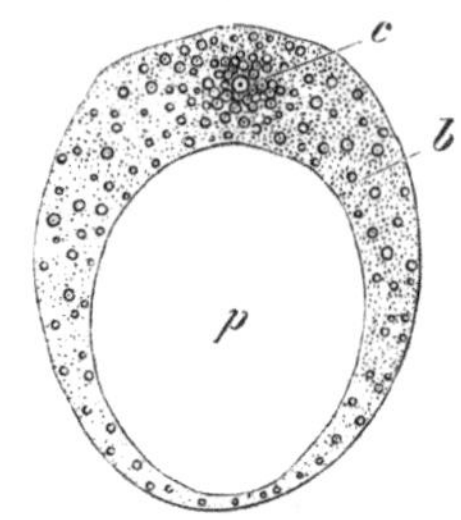

Weitere Entwickelungsstufe von Fig. 8. *c* Das Kernkörperchen ist zum Kranzkörperchen geworden. *b* Die Kernstoffkörper haben sich im Schlauchraum vertheilt. *p* Die Saftblase wächst zum Innenraum der Zelle heran.

Fig. 10.

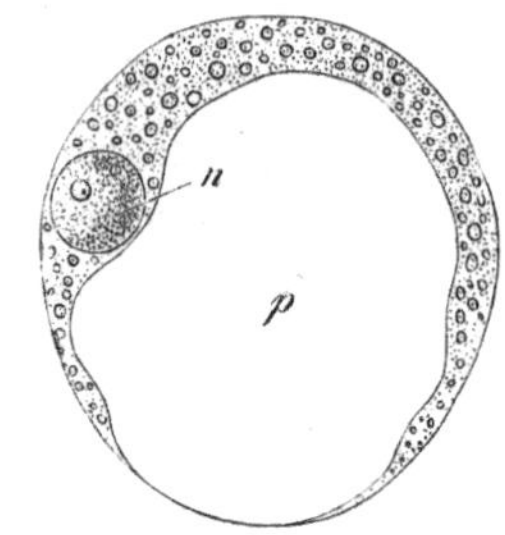

Der fertige Zellschlauch mit dem aus dem Kernkörperchen herangewachsenen Zellkerne *n*.

getrennt und in dem, von der Blasenhaut und von der Hüllhaut des Zellkerns begrenzten, künftigen Schlauchraume zerstreut. Das Kernkörperchen (*c*) ist in seiner Entwickelung zu einem neuen Zellkerne bis zur Form des Kranzkörperchens (Fig. 5) vorgeschritten. Fig. 10, das Endresultat dieser Veränderungen, den Zellschlauch, wie in Fig. 1 *i*, *c* darstellend, denke man sich im Verhältniss zu Fig. 8 um mehr als das Zehnfache grösser, das Kernkörperchen (Fig. 8 *a*) in der Fig. 2—6 dargestellten Weise zu einem neuen Zellkern (Fig. 10 *n*) ausgebildet, sämmtliche Kernstoffkörper ausser Verbindung getreten und abgerundet, die ursprüngliche Hüllhaut des Zellkerns zur Aussenhaut des Zellschlauchs, die Haut des Saftbläschens zur inneren Schlauchhaut erweitert, um sich alle Zwischenstufen der Umbildung des Zellkerns in den Zellschlauch zu versinnlichen.

Der Zellkern ist in diesem Falle der Umbildung zum Zellschlauche stets ein seitenständiger (Fig. 1).

Gleichzeitige Entwickelung einer Mehrzahl von wandständigen Kernstoffkörpern zu Saftbläschen findet in der Regel erst dann statt, wenn das später geschilderte Geschäft der Zellenmehrung durch Zellentheilung und die Ausbildung der Zellwandung vollendet sind. Die Figuren 11 und 12 stellen diesen Fall im anfänglichen und in einem der Vollendung nahen Zustande dar, wobei zu beachten, dass auch hier Fig. 12 im Verhältniss zu Fig. 11 um das Mehrfache grösser gedacht werden muss. Die Mehrzahl der gleichzeitig sich bildenden, gleichzeitig sich vergrössernden Saftblasen hat zur Folge, dass, während bei Entwickelung nur eines Blasenraums der ganze frei gewordene, in der Flüssigkeit des Schlauchraums vertheilte Reichthum an Kernstoffkörpern und der Zellkern nach der äusseren Schlauchhaut hingedrängt wird (Fig. 1, 9, 10), in diesem zweiten Falle Räume auch zwischen den Saftblasen verbleiben (Fig. 12), die von dem körnerführenden Schlauchsaft erfüllt sind,

Fig. 11.

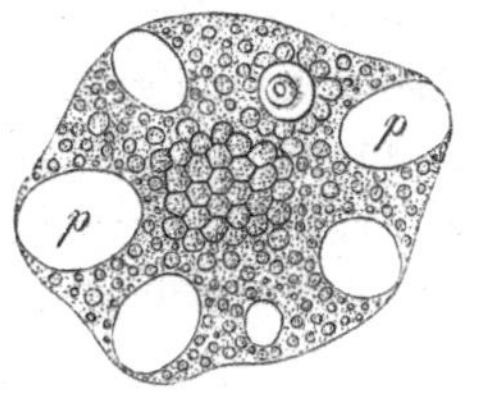

Fig. 12.

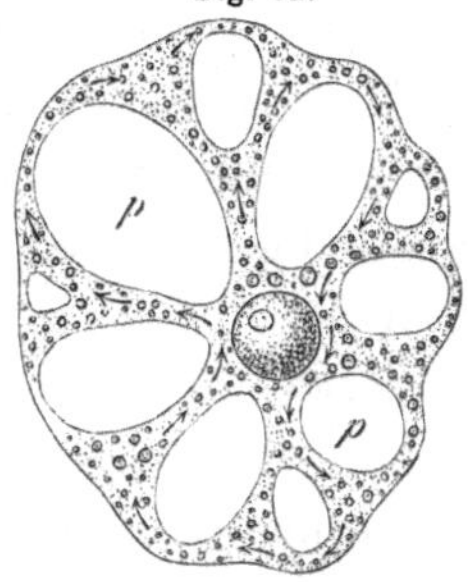

Fig. 13.

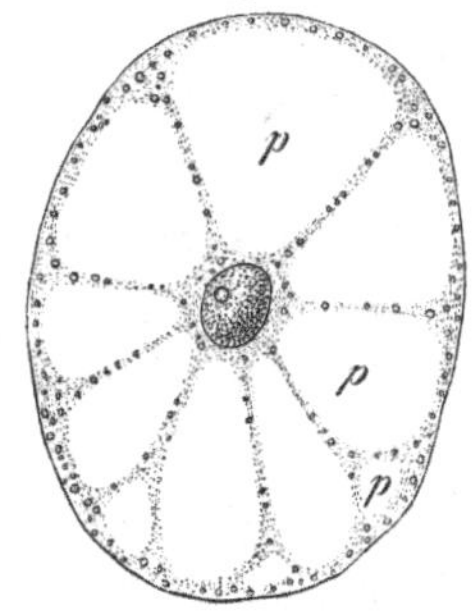

Entwickelung des Zellschlauchs mit centralem Zellkerne. In Fig. 11 zeigt der vergrösserte Zellkern zahlreiche Saftbläschen *p*, zwischen ihnen die Kernstoffkörperchen und das Kernkörperchen. Fig. 12. Das Kernkörperchen ist zum neuen centralen Zellkerne herangewachsen, umgeben von den Saftblasen, die von einander getrennt sind durch körnerreichen Saft. Fig. 13. Die Saftblasen *p* füllen den Innenraum der Zelle aus. Ihre Wandungen sind resorbirt mit Ausschluss eines Systems von Kanälen, in welchen der körnige Schlauchsaft von der Peripherie zum Zellkerne und zurück strömen kann.

Räume, die um so mehr verengt und endlich auf ein System intercellularer Kanäle beschränkt werden (Fig. 13), je mehr die Saftblasen sich erweitern. Werden die sich berührenden Wände der Saftblasen resorbirt unter Verwachsen der Ränder aller, mit benachbarten Saftblasen nicht in Berührung stehender, nicht resorbirter Häute — ein Vorgang, der allerdings hier der unmittelbaren Beobachtung sich entzieht, der aber bei der Entstehung wirklicher Poren in vorher geschlossenen Doppelwandungen (Querscheidewände der Gliedröhren), wie bei vielen Reproduktions-Vorgängen leicht zu verfolgen ist (s. auch B. III, 21, Taf. IV, Fig. IV 2), dann entsteht im Innern des Zellschlauchs ein System zarter, sich verzweigender Kanäle, das eine offene Verbindung zwischen dem peripherischen Schlauchraume und einem Schlauchraum unterhält, der mit seinem körnerführenden Schlauchsafte den Zellkern umspült, der, in diesem Falle wenigstens, sehr häufig in die Mitte des Schlauchraums und der Zelle selbst gedrängt ist, dort wie die Kreuzspinne in ihrem Netze zu hängen scheint (Fig. 13). Der Vergleich der Figuren 8, 9, 10 mit den Figuren 11, 12, 13 wird diesen Unterschied in der Entwickelung des Zellkerns zum Zellschlauche veranschaulichen.

Die Häute des in sich geschlossenen Zellschlauchs sind vollkommen wasserklar, stets und überall von gleicher, nicht mehr messbarer Dicke, in der Aufsicht aber mit kleinsten kreisförmigen Stellen abweichender Lichtbrechung besetzt, von denen es mir zweifelhaft ist, ob sie von kleinen, mit der Haut verwebten Körnchen, oder von beutelförmigen Aus- und Einsackungen der Haut herrühren. Ein hoher Grad von Elasticität des Bestandes der Schlauchhaut giebt sich zu erkennen in dem Streben nach Zusammenziehung, das aber in der lebensthätigen Zelle überwunden wird von der Kraft, mit welcher der Zellschlauch Flüssigkeit in sich aufzusaugen bestrebt ist. Es entspringt, wie in einer mit Flüssigkeit überfüllten, geschlossenen Thierblase daraus eine Spannkraft, ein Strotzen (Turgescens — turgor vitae) des Zellschlauchs, dem es zuzuschreiben, dass Letzterer der inneren Zellwandfläche dicht angepresst ist, bis durch Tödtung der Zelle das Streben nach Wasseraufsaugung aufgehoben wird, das der Haut selbst zuständige Streben nach Zusammenziehung sich geltend machen kann, mitunter bis zur Wiederherstellung der Form und Grösse des Zellkerns, aus dem der Zellschlauch entstanden ist.

Es liegt sehr nahe, die Spannkraft des Zellschlauchs herzuleiten aus endosmotischer Thätigkeit desselben auf Grund der Annahme: dass die Eigenflüssigkeit jeder Zelle stets consistenter sei, als die ihr zugehende Flüssigkeit. Dass auch in der schaffenden Zelle Zu- und Abgang von Flüssigkeiten stattfindet, beweist die allgemeine Saftbewegung im Pflanzenkörper und das sehr beschränkte Vorhandensein von intercellularen Räumen. Dass jede Zelle aus der durch sie hindurchgehenden Flüssigkeit die, zu ihrer eigenen Fortbildung und zur Produktion von Reservestoffen nöthigen Bildungsstoffe abscheidet und in sich zurückbehält, ist unzweifelhaft. Dass hierdurch, mehr noch durch Umbildung und Lösung vorgebildeter Reservestoffe in Gummi, Zucker, Eiweiss etc. die Eigenflüssigkeit der Zelle consistenter werden könne, als die von ihr aufzunehmende Flüssigkeit, dass hieraus dem Zellschlauche auf endosmotischem Wege eine Zugkraft erwachsen könne, die um so höher ist, je grösser der Dichtigkeitsunterschied zwischen Aussen- und Innenflüssigkeit, darf man als sehr wahrscheinlich annehmen für alle Fälle, in denen die Differenz der Dichtigkeit eine grosse ist, wie sie zwischen den Säften der äusseren Wurzelzellen und dem Bodenwasser, zwischen den Säften der Blattzellen und den luftförmigen Flüssigkeiten der Atmosphäre besteht. Anders verhält sich dies in Bezug auf die tiefer liegenden Zellen grösserer Gewebemassen, deren jede ihren Flüssigkeitsbedarf nicht von Aussen, sondern von ihren Nachbarzellen zu beziehen vermag. Nichts berechtigt zu der Annahme einer so erheblichen Dichtigkeitsdifferenz der Säfte benachbarter, gleichwerthiger Zellen grösserer Gewebemassen, nachdem ich nachgewiesen habe, dass, selbst in sehr entfernten Gliedern gleichwerthiger Gewebemassen, der Dichtigkeitsunterschied des Zellsafts 1—2 % nicht übersteigt. Leider ist es mir noch nicht gelungen, ein Verfahren zu ersinnen, aus dem sich die Geschwindigkeit der Bewegung des aus den Blättern in die tieferen Pflanzentheile zurückkehrenden Bildungssafts auch nur annähernd entnehmen lässt. Die von mir berechnete Geschwindigkeit der Bewegung des aufsteigenden Safts aus Verdunstungsmenge und Grösse der leitenden Querfläche gewährt in vorliegender Frage keinen Aufschluss.

Es besteht aber die Annahme: dass auch das tiefer liegende Zellgewebe seinen Bedarf an Bildungssäften, d. h. an Nährstoffen, die in den Blättern oder in blattartigen Pflanzentheilen bereits zu organischen Stoffen verarbeitet wurden und auf dem Rückwege in die tieferen Pflanzentheile begriffen sind, vermöge einer ihm eigenthümlichen Zugkraft, sich aneigne. Diese Zugkraft könnte doch nur eine endosmotische sein, durch welche die leichtere Flüssigkeit in die schwerere, an Lösungen reichere aufgenommen wird. Die Zelle im Zustande des Wachsens und in dem der Reservestoffbildung bedarf des Zuganges von Bildungssäften am nöthigsten, um fortdauernd aus ihnen die zu festen Neubildungen nöthigen Stoffe abzuscheiden, wodurch in der arbeitenden Zelle die ihr zugehenden Bildungssäfte der in ihnen enthaltenen Lösungen beraubt werden, der Zellsaft daher nicht reicher an gelösten Stoffen sein kann, als der ihr zugehende Bildungssaft, wie solches die endosmotische Zugkraft und obige Annahme voraussetzen müsste. Will man Lebenserscheinungen in die Zwangsjacke physikalischer oder chemischer Gesetze stecken, dann suche man wenigstens Gesetze solcher Art aufzufinden, die mit unzweifelhaften Thatsachen der Bewegungen und Veränderungen im lebenden Organismus nicht in Widerspruch stehen. Lassen sich solche Gesetze nicht auffinden, dann ist dem Fortschritt der Wissenschaft offenes Eingeständniss der Unkenntniss fördersamer, als ein System von Trugschlüssen auf falscher Grundlage.

Bei der Unmöglichkeit, Schlauchhäute in einer für die chemische Elementaranalyse genügende Menge rein darzustellen, wissen wir nichts über deren chemische Constitution. Ich habe aber gezeigt, dass deren Substanz, bei Behandlung mit Schwefelsäure und mit Salpetersäure, ein dem Holzstoff (Cellulose) entgegengesetztes Verhalten zeigt, dass sie in Schwefelsäure unverändert bleibt unter Umständen der Einwirkung, die den Holzstoff zum Aufquellen und endlich zur Auflösung bringen, während in Salpetersäure der Hautstoff sich rasch auflöst, der Zellstoff keine räumlichen Veränderungen erleidet und in Pyroxylin (Schiessfaser) verwandelt wird. Bei Behandlung mit Schwefelsäure färbt Jodlösung den Hautstoff nicht blau, sondern braun. Man könnte hieraus auf einen Gehalt an Stickstoff schliessen.

2) Bewegung des Schlauchsafts.

§ 7. Die im Saft des Schlauchraums enthaltenen festen, körnigen Körper sind es, durch deren Ortsveränderung eine strömende Bewegung des Schlauchsafts optisch erkennbar wird. Durch die bei mikroskopischer Betrachtung stattfindende, starke Vergrösserung scheinbar sehr rasch, übersteigt die Bewegung in Wirklichkeit nicht die Geschwindigkeit der Spitze des Stundenzeigers einer Damenuhr; in der grossen Mehrzahl der Fälle ist sie viel langsamer, so dass sie der unmittelbaren Wahrnehmung auch bei starker Vergrösserung entschwindet und nur erschlossen werden kann aus den Veränderungen der Stellung des Zellkerns im Schlauchraume aller Zellen, die noch im Theilungsgeschäft stehen.

Ueberall wo der Zellschlauch nur einen Innenraum besitzt, der Zellkern also ein wandständiger ist (Fig. 1), da zeigt sich die Saftbewegung als ein im Schlauchraum auf- und absteigender, in sich selbst zurückkehrender Kreislauf nicht selten spiraliger Richtung. Die Zertheilung des Schlauchsafts in eine Mehrzahl mehr oder minder mächtiger, unter sich durch Seitenströme verbundener, auf- und absteigender Saftströme möchte ich erklären aus der Adhäsion beider Schlauchhäute, die überall eine Strombildung zur Folge haben muss, wo die Menge des Schlauchsaftes keine so grosse ist, dass die beiden Schlauchhäute durch sie überall von einander gehalten werden. Da nach dieser Annahme die seitliche Begrenzung der Saftströme keine feste ist, erklärt sie zugleich die Veränderung in der Stromrichtung, das Erlöschen der Saftströme in bisheriger, das Auftreten derselben in neuen Richtungen. Die grossen Zellen der Characeen, besonders der Gattung Nitella, der Wurzelhaare von Hydrocharis, der Knollen von Ranunculus ficaria, der jüngsten Triebwurzeln von Pinus liefern für diese einfachste Saftbewegung dem Beobachter das lehrreichste Material.

Wo der innere Zellraum in eine Mehrzahl vereinzelter Zellsafträume zertheilt ist (Fig. 11—13 p.), da zeigt sich neben der Saftströmung im äusseren Schlauchraume eine solche auch in den nach Innen erweiterten Schlauchräumen zwischen den einzelnen Zellsaftblasen und zwar in den verschiedensten Richtungen von Aussen nach Innen und entgegengesetzt. Ist in einem solchen Falle der Zellkern ein centraler, dann sieht man den Schlauchsaft aus dem äusseren Schlauchraume in die Schlauchräume zwischen den einzelnen Zellsaftblasen eingehen, in der Umgebung des Zellkerns umkehren und in einem anderen Schlauchraume zum peripherischen Raume zurückkehren. So lange die einzelnen Zellsaftblasen getrennt neben einander liegen, ist auch zwischen ihnen eine veränderte Richtung der Saftströme möglich, deren scheinbares Aussetzen und Eintreten dann stattfindet, wenn die Veränderung der Stromrichtung in der Gesichtslinie liegt, je nachdem Letztere dem Brennpunkte der angewendeten starken Vergrösserung sich entzieht oder in diesen hineintritt. Diese Veränderlichkeit in der Stromrichtung hört auf, wenn, durch Resorption und Verwachsung der Resorptionsränder nicht resorbirter Schlauchtheile, aus den Zellsaftblasen ein Kanalsystem sich gebildet hat, ähnlich den Intercellularkanälen des Zellengewebes. In den Knollen von Ranunculus ficaria, wenn im Frühjahre die Lösung des Stärkemehls vollendet ist, habe ich den aussergewöhnlichen Fall einer, innerhalb desselben intracellularen Kanales entgegengesetzten Saftströmung beobachtet. Die Zelle der Staubfädenhaare von Tradescantia, die grossen Haare der Cucurbitaceen, die Wurzelknollen von Ranunculus ficaria enthalten lehrreiches Material für diese complicirtere Schlauchsaftbewegung. Besonders beachtenswerth sind die Wurzelhaare an Hydrocharis durch Theile der inneren Schlauchhaut, die sich an der Spitze der Wurzelhaare abschnüren und dann als kugelrunde grosse Blasen durch den strömenden Schlauchsaft in wälzende Bewegung gesetzt werden.

Die Ursachen dieser Bewegung sind uns zur Zeit noch völlig unbekannt; man wird aber wohl nicht sehr fehlen, mit der Annahme: dass sie in naher Beziehung stehe zur Bewegung des Gesammtsaftes der Pflanze. In unseren Holzpflanzen wären es dann die, in den Blättern aus Rohstoffen der Ernährung bereiteten Bildungssäfte, die auf ihrem Rückwege in die tieferen Pflanzentheile denjenigen Zellen zugeführt werden, in denen Neubildungen unter Vermittelung des Zellkerns durch weitere Verarbeitung jener Bildungssäfte stattfinden sollen, und zwar in der nach Zellenart, Zellenstand und Jahreszeit verschiedenen Weise. Ich habe gezeigt, dass der Zellkern Vermittler aller dieser Neubildungen sei und ist es mir wahrscheinlich, dass die Bewegung des Schlauchsafts in der Einzelzelle den Zweck hat, den Zellkern mit neuen Bildungssäften fortdauernd in Berührung zu erhalten, aus denen er die für die eigene Fortbildung nöthigen Stoffe mit Auswahl entnimmt, in ähnlicher Weise, wie dies auch den Saugwurzeln und deren Verhalten zu den im Bodenwasser gelösten Stoffen zugeschrieben werden muss.

Allseitig umgeben vom Schlauchraum kann der innere Zellraum seinen Saftgehalt, und mit diesem die in ihm gelösten Stoffe, nicht anders als aus dem Schlauchsafte beziehen. Die nur im Zellraumsafte, nie im Schlauchsafte auftretenden Farbstofflösungen sprechen für stoffliche Umbildungen des Saftgehaltes auch dieser Räume. Dagegen deutet Nichts auf eine strömende Bewegung des Zellsafts. Aeusserst kleine Kristallausscheidungen, die der inneren Saftblasenwand, wie es scheint, nur schwach adhäriren, zeigen nie eine Fortbewegung oder ein Flottiren. Vielleicht ist der innere Zellraum nicht mehr als ein Reservoir für ausgeschiedene Stoffe.

Die sehr langgestreckten in Rinde und Mark, zum Theil auch in den Bastschichten vertheilten, untereinander durch Queräste in offener Verbindung stehenden Milchsaft- oder Lebenssaft-Gefässe (Fig. 14) zeigen ebenfalls ein lebhaftes Strömen des in ihnen reichlich enthaltenen Milchsafts. Man nahm eine Zeitlang an, dass die Milchsaftgefässe durch die ganze Pflanze hindurch untereinander in offener Verbindung ständen, ihr Saftgehalt von den Wurzelspitzen bis zu den Blattspitzen einem grossen Kreislauf unterworfen sei, und schrieb diesen Gefässen und dem in ihnen enthaltenen, oft gefärbten Safte eine hervorragende allgemeine Bedeutung für das Pflanzenleben zu, ohne zu berücksichtigen, dass die Milchsaftgefässe nur in einer verhältnissmässig geringen

Fig. 14.

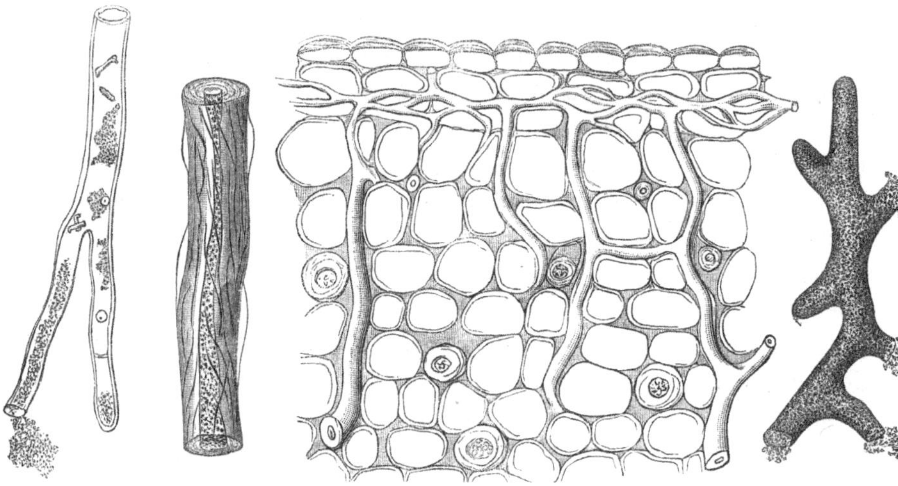

c d a b

a Querschnitt aus der Rinde von Euphorbia nervifolia, um den Verlauf und die Verästelung der Lebenssaftgefässe zu zeigen. *b* Zellschlauch mit Schlauchsaft und jungem Lebenssaftgefäss. *c* Junges Lebenssaftgefäss mit Zellkernen, Mehlkörpern und Schlauchsaftkörnern. *d* Altes Lebenssaftgefäss mit verdickten Wänden.

Zahl von Pflanzenarten (Euphorbien, Cacteen, Papaveraceen, Acerineen etc.) vorkommen, und schon aus diesem Grunde keine allgemeine, physiologische Bedeutung haben können. In neuerer Zeit habe ich dann auch nachgewiesen, dass die Strömung des Safts in den Milchsaftgefässen keineswegs eine in derselben Richtung continuirliche, sondern stossweise in kurzen Zeiträumen wechselnde sei. Zwischen $^1/_3$ und $2^1/_2$ Minuten entfernten Pausen gänzlicher Stockung der Saftströmung beginnt Letztere äusserst langsam, steigert sich bis zur Mitte der Pause zu einer für das Mikroskop grossen Geschwindigkeit von durchschnittlich $^1/_3$ Mmtr. in der Minute, der dann eine langsam sich vermindernde Geschwindigkeit bis zur nächsten Pause folgt, nach deren Ablauf erneute Strömung, aber in einer der vorhergehenden entgegengesetzten Richtung eintritt (B. III, 44).

Ich darf jedoch nicht unerwähnt lassen, dass bei Chelidonium, Acer und Rhus, auf die sich obige Beobachtungen beziehen, der Milchsaft nicht in den verästelten Milchsaftgefässen der Rinde, sondern in den gegliederten Siebröhren des Bastes enthalten ist. Für die Untersuchung geeignete Blattpflanzen mit ächten Milchsaftgefässen konnte ich damals nicht auffinden und habe seitdem diesen Gegenstand nicht weiter verfolgt. Es liegen mir aber Gründe für die Annahme vor, dass in allen Fällen die Milchsaftgefässe der Abscheidung

Fig 15.

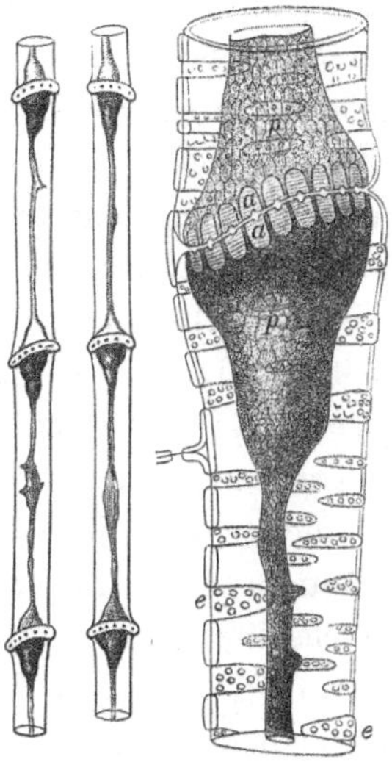

Gliedröhren des Siebfasergewebes aus Acer *a* bei 150maliger Vergrösserung. *b* Gliedwechsel bei 400maliger Vergrösserung, In der Mitte eines jeden Gliedes ist der, der Zellwandung wie überall dicht anliegende Zellschlauch contrahirt.

eigenthümlicher Pflanzenstoffe dienen, unter denen Kautschuk, Opium, Lactucarium die Bekanntesten sind.

3) Protoplasma.

§ 8. Als ich im Jahre 1842 den Zellschlauch in die Wissenschaft eingeführt, denselben als den zuerst gebildeten, lebensthätigen Zellentheil bezeichnet hatte, war es Mohl, der nicht allein sein Vorhandensein, sondern auch seine Primogenitur bestätigte, und den von mir ursprünglich gewählten Namen „Ptychodeschlauch“ in „Primordialschlauch“ veränderte*). Mohl's Angaben weichen darin von den meinigen ab, dass er das Vor-

*) Einen Grund für diese Namenänderung hat v. Mohl nie angegeben. Es war damals Mode, von mir in die Wissenschaft eingeführte und benannte Dinge umzutaufen. In der Literatur hiess es dann „Mohl's Primordialschlauch, Mohl's Protoplasma, Mohl's Gitterzellen etc.“, ohne dass Mohl mehr als die unerbetene Gevatterschaft zuständig war. In der beschreibenden Naturwissenschaft gilt als Regel, dass eine Cassation vom Entdecker gegebener Namen nur dann zulässig ist, wenn sie bereits früher vergeben, oder sprachwidrig sind.

handensein nur einer, und zwar der äusseren Schlauchhaut anerkannte und bei dieser Ansicht beharrte, auch nachdem ich in einer Schrift „Leben der Pflanzenzelle 1844“ auf die Duplicatur des Zellschlauchs, auf die Sonderung des stets wasserklaren, oft gefärbten Zellsafts von einem stets getrübten, ungefärbten, körnerführenden Schlauchsafte durch eine zweite, innere Schlauchhaut aufmerksam gemacht hatte. Abgesehen von jeder unmittelbaren Beobachtung dieser zweiten Schlauchhaut, die in den Wurzelhaaren von Hydrocharis, in den Staubfädenhaaren von Tradescentia, in den Zellen von Nitella, wie in jeder Zelle da zu sehen ist, wo ein grosser Zellkern die innere Schlauchhaut nach dem Innenraum der Zelle aufhebt (Fig. 1 *a—b*), hätte, zur Anerkennung des Vorhandenseins einer zweiten innern, den Schlauchsaft vom Zellsaft trennenden Haut, die Thatsache führen müssen: dass nach allgemeinen Naturgesetzen zwei, unzweifelhaft wässerige Flüssigkeiten verschiedener Consistenz, Färbung, Bestand, in demselben Raum fortdauernd nicht getrennt sich erhalten können; dass eine entgegengesetzt strömende Fortbewegung des einen der Säfte in dem Anderen für die Dauer unmöglich ist; dass die Annahme: es werde der verhältnissmässig schwere Zellkern durch die zartesten Ströme fliessenden Schlauchsafts, in Mitte des Zellraums, wie die Spinne in ihrem Netze festgehalten (Fig. 13), ohne das Vorhandensein einer den Saftstrom einschliessenden, ihn von dem Zellsaft trennenden, häutigen Umgebung, den einfachsten Gesetzen der Schwerkraft und der Diffusion in's Gesicht schlägt.

Dem ohnerachtet hat das Vorhandensein einer inneren Schlauchhaut, deren Entstehen aus den Kernstoffkörpern des Zellkerns im Vorhergehenden nachgewiesen ist (Fig. 8—12), noch keine Anerkennung gefunden. Es hat sich statt dessen eine Zellenbildungs-Hypothese entwickelt, deren Grundzüge folgende sind.

In ihrem jugendlichsten Zustande sind die sehr dünnwandigen Zellen dicht erfüllt mit einem soliden, kleinkörnigen Körper, dem Protoplasma, in dessen Mitte der Zellkern lagert. Im Verlauf des Zellenwachsthums scheiden aus dem Protoplasma Wassertropfen aus (Fig. 11, 12 *p*), merkwürdiger Weise Vacuolen genannt, die anfänglich den Zellkern umgeben, später untereinander meist zu einem grossen Zellsaftraume verschmelzen, so dass der Protoplasmakörper mit dem Zellkerne an die Zellwandung gedrängt wird (Fig. 10), in anderen Fällen der Zellkern zwischen einer Mehrzahl bleibender Safträume eine centrale Stellung erhält (Fig. 12, 13). Da, wo der Protoplasmakörper der Zellwandung anliegt, erstarrt dessen Aussenschicht zu einem hautähnlichen Gebilde, zu dem, was ich die äussere Schlauchhaut genannt habe. Durch Aufnahme von mehr oder weniger wässeriger Flüssigkeit wird der Protoplasmakörper mehr oder weniger dünnflüssig und zeigt dann häufig strömende Fortbewegung. Die Stoffe, durch welche sich die Zellwandung verdickt (Cellulose), bilden sich im Protoplasmakörper, sie müssen daher, durch die äussere Erstarrungsschicht desselben (äussere Schlauchhaut) hindurch, nach aussen abgeschieden werden, um durch „Ablagerungsschichten" die Zellwandung zu verdicken. Die Zellenmehrung erfolgt durch freithätige Theilung des Protoplasmakörpers der vorgebildeten Mutterzellen in zwei oder mehrere Portionen, deren jede sich zuerst durch eine Erstarrungsschicht (äussere Schlauchhaut), dann durch eine Zellwandung nach aussen abschliesst, nachdem das Material für Letztere aus dem Protoplasma im flüssigen Zustande abgeschieden und durch die Erstarrungsschicht hindurch nach aussen abgesondert wurde. Unter fortdauernder Aussonderung flüssiger Cellulose zur Verdickung der Zellwandung in Ablagerungsschichten, entstehen dann im vakuolisirten Protoplasma, durch „Differenzirung" bis daher gemengter Stoffe: Zellkern, Mehlkörper, Saftbläschen, unter denen der Zellkern nicht mehr als eine Laune der hier unterstellten Urzeugung ist, da ihm irgend eine physiologische Wirksamkeit von Seiten der Protoplasmatiker nicht zugestanden wird.

Abgesehen von den bereits angedeuteten Widersprüchen dieser Anschauungsweise, gegenüber den einfachsten physikalischen Grundlehren, deren Nichtberücksichtigung man am wenigsten erwarten sollte von den Vertretern des Universalmaterialismus; abgesehen von dem Umstande, dass die Protoplasmatiker für das Innere der lebenden Zelle eine Entstehungsweise unzweifelhaft organisirter, selbstthätiger, einer eigenartigen Fortbildung durch Assimilation und einer Vermehrung durch Selbsttheilung unterworfener Gebilde, des Zellkern, der Mehle, der Zelle selbst annehmen, die ausserhalb der Zelle wenigstens in der Jetztzeit nicht nachweisbar ist; abgesehen von der Unwahrscheinlichkeit einer, der Kristallisation des Todten verwandten Entstehungsweise dieser Gebilde, durch Zusammentritt vorgebildeter Theile derselben (Apposition), ist man, der Protoplasmahypothese gegenüber, zu den Fragen berechtigt: wie es nach allgemeinen Naturgesetzen, oder auf der Grundlage unzweifelhafter Thatsachen möglicherweise geschehen könne:

1) Dass die, der nassen Zellwandung stets dicht angepresste, äussere Protoplasmaschicht zu einer Hautschicht erstarren kann, ohne mit der Luft in Berührung zu stehen, ohne auch in ihren tiefer liegenden Bestandtheilen zu coaguliren, während auf der Grenze mit dem ausgeschiedenen Wassertropfen — mit der Vacuolenflüssigkeit eine Hautschicht des Protoplasma sich nicht bildet.

2) Dass eine und dieselbe Substanz, unter gleichen äusseren und inneren Einflüssen, in verschiedenen Zeiträumen Wasser in sich aufnimmt oder solches nach Aussen abgiebt, je nach Bedarf oder Belieben.

3) Dass die im Protoplasma abgeschiedene Celluloseflüssigkeit durch die Erstarrungsschicht nur nach einer und zwar nach derjenigen Seite hin ausgeschieden wird, die durch ihre Nachbarschaft und durch den Druck, den der Zellschlauch auf letztere unzweifelhaft ausübt, am wenigsten hierzu geeignet erscheint.

4) Dass die ausgeschiedene Celluloseflüssigkeit in dem Trennungsraum zwischen je zweien Tochterkörpern des Protoplasma nicht zusammenfliesst, nicht zu einer, den beiden Nachbarzellen gemeinschaftlichen Scheidewand erhärtet.

5) Woher die von der Cellulose optisch und chemisch sich unterscheidenden Grenzhäute abstammen, die sowohl die einfache, wie jede der ineinandergeschachtelten Zellwandungen bekleiden. (Nach meiner Darstellung die Häute desjenigen Zellschlauchs, aus dessen Schlauchsaftkörpern das Celluloseband erwuchs.)

6) Wie es geschieht, dass die Tipfelkanäle und die Räume zwischen den Spiralfasern vom flüssigen Cellulosestoff frei bleiben (Lokalisirung!!).

7) Auf welche Weise die Schliesshäute der Tipfelkanäle entstehen.

8) Wie die Correspondenz der Tipfelkanäle benachbarter Zellwandungen zu erklären sei.

9) Woher die Schichtenbildung derselben Zellwandung stamme (Differenzirung!!).

10) Wie die Spiralwindungen, wie der Wechsel in der Windungsrichtung eingeschachtelter Cellulosebänder sich bilden.

Allen diesen, den Bildungsverlauf und den Bau der Zellwandung betreffenden Fragen stehen die Protoplasmatiker völlig rathlos gegenüber, während unter Mitwirkung einer zweiten, inneren Schlauchhaut, mit deren Anerkennung allerdings die ganze Protoplasmahypothese in sich zusammenbricht, die Lösung derselben auf einem Wege sich ergiebt, der, so viele Hindernisse unmittelbarer Wahrnehmung auf ihm noch zu beseitigen sind, doch den Vorzug besitzt, dass er den Wanderer nicht zu Annahmen zwingt, die mit den allgemeinsten Naturgesetzen in Widerspruch stehen.

Während nach dem von mir Vorgetragenen der Zellkern Vater aller organisirten Körper, der Zelle selbst und ihres Inhalts ist, das Kernkörperchen zu einem neuen Zellkerne erwächst, die Hüllhaut des Zellkerns und ein (oder einige) Kernstoffkörper desselben den doppelhäutigen Zellschlauch bilden, in dessen Schlauchraum die Mehrzahl der organisirten Kernstoffkörper, durch Aufnahme und Verähnlichung von Nährstoffen wachsend, durch Selbsttheilung sich vermehrend, die verschiedenartigen Mehlkörper bilden, während nach meiner Meinung der Schlauchsaft (Protoplasma) nichts Anderes ist, als der Bildungssaft, aus welchem jene organisirten Gebilde ihre Nährstoffe beziehen, in denen sie wachsen und sich mehren, verlegen die Protoplasmatiker alle jene organisatorischen Bildungsvorgänge in die Substanz des problematischen Protoplasma. Der Zellkern selbst ist ihnen nicht mehr als ein „Differenzirungsprodukt des Protoplasma", wohin sie auch die Wandungen und Häute der Zelle, das Grünmehl und Stärkemehl, Klebermehl und Gerbmehl zählen. Wie die Kristalle der unorganischen Körperwelt aus einer Mutterlauge, so sollen alle diese Gebilde aus dem Protoplasma durch Apposition entstehen. Insofern es nun unzweifelhaft organisirte, selbstthätig belebte Körper sind, welche sich auf diesem Wege aus der formlos gedachten Masse des Protoplasma bilden sollen, würde hier ein Akt der Urzeugung vorliegen, dem der Name „Protoplasma" (Urbildungsstoff, Urschleim) entspricht.

Diese Anschauungsweise widerlegt aber auf's Bestimmteste der Entwickelungsverlauf jener organisirten Körper bis auf wenige das Grünmehl betreffende Fälle, dessen körnige Bildung nicht überall nachweisbar ist. Auch vom Stärkemehl ist mir wenigstens ein Fall aus dem Holze und Marke von Serjania bekannt, in welchem es als amorpher Ueberzug grosser Kristalle gefunden wird. Beim Gerbmehl in Bast und Rinde ist die Verschmelzung vorgebildeter, organisirter, stärkemehlförmiger Körper, wie sie in Holz und Mark allein vorkommen, zu amorphen, den Zellraum füllenden Massen unmittelbar nachweisbar, und vermuthe ich, dass auch beim amorphen Grünmehle und Stärkemehle ähnliche Verhältnisse bestehen. Dagegen ist es mir an geeigneten Objekten stets gelungen, die Entwickelung des Zellkerns aus dem Kernkörperchen, der Mehle aus den Kernstoffkörpern, des Zellschlauchs aus dem Zellkerne durch alle Entwickelungszustände hindurch zu verfolgen und mich vollständig zu überzeugen, dass der Bau des fertigen Gebildes immer und überall den Gedanken an ein Werden und Wachsen durch Apposition ausschliesst.

Dass die Lehre vom Protoplasma, in der ich den wichtigsten Hemmschuh jeder gedeihlichen Fortbildung der Lehre vom Zellenleben erkenne, entstehen und allgemeine Verbreitung finden konnte, mag hauptsächlich dem Umstande zuzuschreiben sein, dass bei derartigen Untersuchungen der Entwickelungsverlauf nicht unmittelbar vor dem Auge des Beobachters sich vollzieht, wie das der Fall ist beim Keimen des Samenkorns, bei der Ausbildung der Frucht, dass man ihn vielmehr zusammenstellen muss aus den verschiedenen Entwickelungszuständen, wobei es denn nicht allein auf richtige Beobachtung, sondern auch auf die historisch richtige Zusammenstellung der beobachteten Zustände ankommt. Roma und Amor, aus denselben Typen zusammengesetzt, bezeichnen sehr verschiedene Begriffe. Der Zellkern, meiner Lesart nach in seinem fertigen Zustande ein scharf begrenzter, compakter Körper (Fig. 6) zerstreut die ihn constituirenden Kernstoffkörper in den Schlauchraum (Fig. 9) und erneuert sich durch das Kernkörperchen aus Fig. 9 *c* zu Fig. 10 *n*. Die Protoplasmatiker hingegen halten den Zustand der Zertheilung des Zellkerns (Fig. 9 *c*) für den Zustand des Werdens, des Zusammentrittes seiner Bestandtheile aus dem Schlauchraume (Protoplasmakörper) zu einem neuen Zellkerne und kommen dadurch zu einer der meinigen entgegengesetzten Lesart, zur Urzeugung aus formlosem Stoffe und zum Wachsen durch Apposition, während nach meiner Ueberzeugung alles Organisirte, selbst die zarteste Schlauchhaut Theilungsprodukt ist eines vorgebildeten, organisirten Muttergebildes, während, wenn nicht alle, doch die Mehrzahl der organischen, nicht organisirten Stoffe, Auflösungsprodukte vorgebildeter organisirter Stoffe sind.

Sehr wohl weiss ich, dass ich hiermit einen Sturm gegen mich heraufrufe. Allein um einen Kuchen zu backen, muss man die dazu nöthigen Eier zerbrechen. Hat man diese als unfruchtbar erkannt, dann liegt schon im Zerbrechen das Verdienst, nutzloses Brüten verhindert, auf Beschaffung fruchtbarer Eier hingewirkt zu haben.

III. Die Zellwandung.

Wie die Schale des Vogeleies den Dotter, so umschliesst den zarthäutigen, lebensthätigen Zellschlauch der fertigen Pflanzenzelle eine in sich geschlossene, härtere und dickere Hülle, die Zellwandung, deren wesentlichster Zweck es ist, dem aus unzählbaren Weichtheilen (Zellschläuchen) sich aufbauenden Pflanzenkörper Festigkeit und Haltung zu geben. Nur an der Aussengrenze der Wandung durch eine zarte Schliesshaut abgesperrte Kanäle, welche die Zellwandung durchsetzen und mit gleichgebildeten Kanälen der Nachbarzellen communiciren, vermitteln die Verbindung der Zellschläuche unter sich und den Uebergang der Pflanzensäfte von Zelle zu Zelle. Ich darf in dieser Beziehung auf das zurückweisen, was ich bereits Seite 11 im dritten Kapitel dieses Abschnittes gesagt und durch Fig. 1 veranschaulicht habe. Bei freier Entwickelung stets von kugliger Form, erhält die Zellwandung, und mit ihr die Zelle, vielflächige Gestalt in Folge des gegenseitigen Druckes, welchen die Zellen auf einander ausüben, wenn sie in geschlossenen Räumen sich vermehren und vergrössern. Auch hierüber habe ich schon Seite 12 gesprochen.

1) Beschaffenheit und Eigenschaften der fertigen Zellwandung.

Die Zellwandung ist entweder eine einfache, oder sie ist aus mehreren ineinandergeschachtelten Zellwänden zusammengesetzt, unter denen die innere stets die jüngere ist.

Jede einzelne Zellwandung besteht aus einem spiralig aufgerollten Cellulose-

Bande (Astathe), dessen Windungsränder meist dicht aneinander liegen und nur da spaltförmig auseinander treten, wo ein Tipfelkanal sie durchsetzt.

Jedes Celluloseband ist dem vorgebildeten und dem nachfolgenden entgegengesetzt gewunden, wo mehrere Cellulose-Wände ineinander geschachtelt sind.

Das Celluloseband besteht aus einer grösseren oder geringeren Zahl von Schichtungslamellen, deren jede aus Primitivfasern zusammengesetzt ist, die sich in Primitivkügelchen zertheilen lassen.

Die Elementaranalyse ergiebt für die Cellulose (Zellstoff, besser: Wandungsstoff, Holzstoff, da das Holz vorzugsweise aus Cellulose besteht) 45 % Kohlenstoff, 42 % Sauerstoff, 6 % Wasserstoff, sie ist also ein sogenanntes Kohlenstoff-Hydrat, da Sauerstoff und Wasserstoff im Verhältniss der Wasserbildung mit dem Kohlenstoff verbunden sind.

Durch Einwirkung von Schwefelsäure quillt die Cellulose anfänglich auf und wird schliesslich zu Gummi und zu Zucker umgewandelt und aufgelöst. Im Zustande der Quellung durch Schwefelsäure wird die Cellulose durch Jodlösung wie Stärkemehl blau gefärbt.

Einwirkung von Salpetersäure hat eine Aufquellung und Formänderung des Cellulosebandes nicht zur Folge, verwandelt dasselbe aber in Pyroxylin, d. h. in eine explodirende Substanz, die bekannter ist unter dem Namen Schiessbaumwolle (A. 8). Die Lösung des Pyroxylin in Aether, später mit dem Namen Collodium belegt, machte ich zuerst in einem Artikel der Leipziger Zeitung (Jahrgang 1846 oder 1847) bekannt.

Ausser der Bedeutung des Wandungsstoffs als Festigungsmittel des Pflanzengerüstes besitzt derselbe in einigen Fällen auch die Bedeutung eines Reservestoffes der Pflanzenernährung, so in dem Samenkorn der Palmen (vegetabilisches Elfenbein), dessen sehr dickwandige Zellen im Keimungsprocesse grösstentheils aufgelöst und auf Ernährung des Keims verwendet werden. Gleiches habe ich auch für den Samen von Tropaeolum nachgewiesen (A. 11, Taf. IV, Fig. 6). Wahrscheinlich giebt es noch viele Samenarten, in denen die Zellwandung gleiche Bedeutung besitzt. Das bedeutende Mindergewicht des Sommerholzes unserer Waldbäume erklärt sich nicht zur Genüge aus der Verwendung der körnigen Reservestoffe auf Neubildungen und könnte möglicherweise auch hier ein Theil des Wandungsstoffs gelöst und auf Zellenbildung verwendet werden.

Das Celluloseband bildet nicht den alleinigen Bestand der fertigen Zellwandung. Beide Grenzflächen desselben sind bekleidet mit einer äusserst dünnen Haut, die von der inneren Grenzfläche aus auch in die Tipfelkanäle eingeht und, sich am Grunde derselben mit der äusseren Grenzhaut verbindend, dort die Schliesshaut des Tipfelkanals bildet. Dem Ursprunge, wie dem Stoffe und der Bildung nach gleichbedeutende Häute sind es, die im Ring- oder Spiralgefässe zu ausgebreiteteren, ringförmigen oder spiralig verlaufenden Flächen untereinander vereint, den Zusammenhang der aus Zellstoff bestehenden Fäden oder Bänder des Spiralgefässes vermitteln. Die leisesten Uebergangsformen bestätigen, dass das Ring- oder Spiralgefäss von der geschlossenen Holz- oder Bastfaser nur darin sich unterscheidet, dass in Letzteren die Ränder eines breiten, spiralig gewundenen Cellulosebandes bis auf die Tipfelflächen dicht aneinander liegen, in der Spiral- oder Ring-Zelle durch Verwachsung grösserer Hautflächen die Cellulosebildung auf schmälere Ringe oder Bänder beschränkt ist.

Die Schliesshäute der Tipfelkanäle und der sogenannten Spaltöffnungen sind mit den Verbindungshäuten der Spiral- und Ringfasern gleichen Ursprungs und gleicher Bildung. Sie alle stimmen aber auch auf's genaueste überein mit den Häuten des Zellschlauches und werde ich weiterhin nachweisen, dass sie in der That nichts Anderes sind.

Ueber die optischen und chemischen Unterschiede der Grenzhäute fertiger Zellwände habe ich bereits bei der Betrachtung des Zellschlauches Seite 21 gesprochen. Zarte Querschnitte aus Holz, mit Schwefelsäure auf der Objektplatte behandelt, erhalten ihre Grenzhäute unverändert, während gleichzeitiger Quellung und endlicher Lösung der Cellulose. Jodlösung färbt die quellende Cellulose blau, die Grenzhäute braun. Querschnitte aus demselben Holze mit Salpetersäure behandelt, zeigen keine optisch erkennbare Veränderung der Cellulose, während die Grenzhäute durch die Säure aufgelöst werden. Es beruht darauf das Schulze'sche Macerationsverfahren. Beide Reagentien besitzen daher auf Cellulose und Grenzhaut entgegengesetzte Wirkungen, durch welche die Unterschiede beider in den meisten Fällen leicht erkannt werden.

Ob das Zerfallen der Zellgewebe durch die Behandlung mit Salpetersäure in die einzelnen Zellen auf einer Lösung der Grenzhäute, ob es auf der Lösung eines die Grenzhäute verbindenden Zwischenkittes (Intercellular-Substanz) beruht, wage ich bis jetzt nicht zu sagen. Für Letzteres spricht der Umstand, dass Pyroxylin aus Nadelholz, wenn man dasselbe auf der Objektplatte unter Deckglas in Aether auflöst, einen zarthäutigen Rückstand hinterlässt, in dem man Zahl, Stellung, Grösse der Tipfel noch erkennen kann. Gegen das Vorhandensein eines Bindemittels benachbarter Zellen spricht dagegen, abgesehen von der Festigkeit des Zusammenhangs, das scheinbar gänzliche Verschwinden einer mittleren Trennungslinie zwischen je zweien Nachbarzellen.

Wo mehrere ineinandergeschachtelte Zellwände vorkommen, besitzen alle den vorstehend geschilderten Bau, jedes spiralig verlaufende, aus Schichtungslamellen zusammengesetzte Celluloseband ist mit einer inneren und einer äusseren Grenzhaut bekleidet, von denen die innere sich in die Tipfelkanäle hinein fortsetzt. Der Tipfelkanal der ältesten, äussersten Zellwandung setzt sich dann durch alle jüngeren Wandungen hindurch bis zum Innenraum der Zelle ununterbrochen fort, verschmilzt aber in den jüngeren Wandungen nicht selten mit benachbarten Tipfelkanälen. Ein Unterschied der ineinandergeschachtelten Zellwände besteht darin, dass die Windungsrichtung des Cellulosebandes jeder Wandung eine der Windungsrichtung ihrer Nachbarwände entgegengesetzte ist. Ausserdem erleidet die älteste, äusserste Zellwandung, ausser einer Verringerung ihrer ursprünglichen Dicke, auch eine Veränderung ihres Verhaltens zu Reagentien und eine Verschmelzung mit den sie berührenden Theilen der Wände benachbarter Zellen, so dass eine mittlere Trennungslinie zwischen den primitiven Wandungen je zweier fertiger Nachbarzellen optisch nicht mehr nachweisbar ist, und nur noch erschlossen werden kann aus der bleibenden Trennung der Primitivwandungen im Umfange der intercellularen Räume und anderer Lücken des Zellgewebes, wie in den Räumen des Nadelholztipfels.

Das Vorstehende werde ich nun näher begründen in nachfolgender

2) Entwickelungsgeschichte der Zellwandung.

Wir haben im Vorhergehenden gesehen:

Wie das Kernkörperchen des Zellkernes durch Selbsttheilung sich ververdoppelt.

Wie aus jedem Tochter-Kernkörperchen ein neuer Zellkern heranwächst.

Wie aus dem Zellkerne der Zellschlauch entsteht,

und bleibt mir nur noch nachzuweisen:

Wie aus dem Zellschlauche die primitive Zellwandung sich bildet, mit Berücksichtigung der Regeneration des Zellschlauches und der Verschiedenheiten im Baue der Zellwandung.

Die Entwickelung der primitiven Zellwandung lässt sich in drei Abschnitten darstellen:

a) Die Regeneration des Zellschlauches im Innenraume des vorgebildeten Zellschlauches.

b) Die Verwachsung der beiden Schlauchhäute, zur Verhinderung der Cellulose-Ablagerung an Tipfelflächen, wie zwischen den Spiral- und Ring-Bändern.

c) Die Cellulose-Bildung.

a) Entstehung eines zweiten (secundären) Zellschlauches im Innenraume des primitiven Schlauches, durch Einstülpung der inneren Schlauchhaut des Letzteren mit dem secundären Zellkerne in den Innenraum des primitiven Schlauches.

§ 10. Wenn in einem jugendlichen, der Zellenmehrung und dem Wachsthume noch unterworfenen Pflanzentheile der Zellschlauch einen gewissen Grad seiner Ausbildung erreicht hat, früher oder später, je nach Geschwindigkeit oder Trägheit des Wuchses, dann bildet sich eine sackförmige Einstülpung nur der inneren Schlauchhaut in den Zellraum, in die der wandständige Zellkern hineintritt. Fig. 16. Welches die Kraft ist, durch die diese Einstülpung veranlasst

Fig. 16.

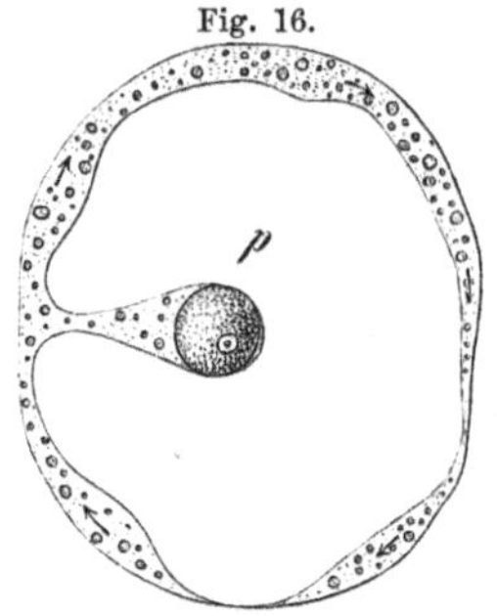

Zellschlauch, dessen Zellkern behufs Bildung einer neuen Schlauchzelle durch sackförmige Einstülpung der inneren Schlauchhaut in den Zellraum eingetreten ist.

wird, das wissen wir nicht, man kann nur die Vermuthung aussprechen, dass es ein in der Umgebung des wandständigen Zellkernes gesteigerter Andrang des strömenden Schlauchsaftes sei, der die Einstülpung bewirkt. Völlig rathlos stehen wir vor der Thatsache, dass, bei jeder erneuten Theilung der Zellen ein- und derselben Zellreihe, der Zellkern, nach erfolgter Theilung, die nothwendig eine Stellung der beiden Tochterkerne in der Achse ihrer Mutterzelle zur Folge haben muss, jeder der beiden Tochter-Zellkerne, zur Wiederholung des Theilungsvorganges in derselben Zellenreihe, in die Mitte der Seitenwandung zurückkehren muss, um von dort aus eine erneute, zur Längenachse der Zellenreihe rechtwinklige Abschnürung zu vermitteln. Erst später kann ich hierüber ausführlicher sprechen.

In derselben Weise wie aus dem ersten Zellkerne ein erster Zellschlauch, so entsteht aus dem zweiten Zellkerne ein zweiter, dem ersten eingeschachtelter Zellschlauch, während der erste Zellschlauch mit seinem Inhalte an körnigen Körpern zur ersten Zellwandung, Fig. 1 *d*, sich ausbildet.

b) Gegenseitiges Verwachsen der beiden Schlauchhäute des ersten Zellschlauches.

§ 11. Die fertige Zellwandung besteht aus den Ablagerungsschichten eines Holzstoffes (Cellulose), Fig. 1 *f*, und aus den beiden sehr zarten, mit den innersten und äussersten Schichten des Holzstoffes innig verwachsenen Grenzhäuten (Seite 14), über deren entgegengesetztes Verhalten zu Schwefelsäure, Salpetersäure und Jod ich bereits gesprochen habe (Seite 34). Meiner Ueberzeugung nach sind es die Schlauchhäute des ersten Zellschlauches, welche als Grenzhäute der fertigen Zellwandung sich erhalten, während die von ihnen begrenzten Holzschichten dem Inhalte des ersten Zellschlauches entstammen.

Nun zeigt sich die Zellwandung ganz allgemein unterbrochen, theils durch mehr oder weniger weite Kanäle, theils durch ringförmig oder spiralig verlaufende Flächen, in deren Bereiche nur die Grenzhäute der Zellwandung den Verschluss bilden, jede Holzstoffablagerung fehlt. Es entsteht hier die Frage, wie dies, örtlich nach bestimmten Stellungs- und Formgesetzen beschränkte Aussetzen der Holzschichten zu erklären sei?

In Bezug auf diese Frage kann man annehmen, dass schon vor dem Eintreten der Holzbildung aus den Körnern des ersten Zellschlauches, ein gegenseitiges Verwachsen der beiden Schlauchhäute in Stellung, Grösse und Verlauf der künftigen Tipfelstellen sich vollzieht, dem zu Folge eine Holzbildung an diesen Stellen nicht stattfinden kann, weil dazu der nöthige Raum fehlt. Es ist mir bis jetzt nicht geglückt, diesen Vorgang an Zellen höherer Pflanzen unmittelbar zu beobachten. In einem so jugendlichen Alter sind diese Zellen noch zu klein, die Zellwände zu dünn und zu weich, um einen Einblick in solche Veränderungen zu gestatten; dass aber ein Verwachsen früher getrennter Schlauchhäute wirklich stattfinden kann, selbst durch bereits völlig ausgebildete Zellwände hindurch, das zeigen einige Wasseralgen sehr deutlich in dem Verlaufe der Copulation.

Im Frühjahre bedeckt sich die Oberfläche der stehenden Gewässer mit grünen Rasen langer, aus Einzelzellen zusammengesetzter Wasserfäden, unter denen gewisse Arten häufig sind, die sich durch eine sehr eigenthümliche Fortpflanzung auszeichnen. Wenn die Zeit derselben herannaht, legen sich je zwei und zwei dieser Zellenfäden nebeneinander (Fig. 17 *a b*), worauf, ziemlich genau in der Mitte je zweier Zellen der Nachbarfäden, an den zugewendeten Seiten derselben hügelförmige Auswüchse der Zellwandung entstehen (Fig. 17 *c d*), die im Fortwachsen sich gegenseitig treffen, an den Berührungsflächen sich abplatten, *e f*, und, untereinander verwachsend, eine leitersprossenähnliche Verbindung der beiden, bisher getrennten Pflänzchen bilden, wie dies Fig. 17 *e*—*k* veranschaulicht. An dieser gegenseitigen Verwachsung nehmen nun auch die Zellschläuche der betreffenden Zellenpaare Theil, wie solches in der Reihenfolge der Zellen von oben nach unten dargestellt ist, *e f* — *g h*, und zwar unter Resorption der, die leitersprossenähnliche Verbindung unterbrechenden Querscheidewände. Ist dadurch eine offene Verbindung jedes vereinten Zellenpaares hergestellt, dann verwachsen auch die Zellschläuche je zweier Zellen im Leitersprossenraume untereinander und bilden nun durch Resorption der Berührungsflächen auch der Schlauchhäute einen Zwillingsschlauch, dessen in *b* lagernder Theil durch Contraction des in *a* lagernden Theiles zu letzterem hinübergezogen wird, woselbst beide Theile zu der eiförmigen Dauerspore (*s p*) sich fortbilden, aus der, meist erst im nächsten Frühjahre eine neue Pflanze erwächst, nachdem die todten Zellwandungen verfault sind. Wie im Verhalten des Pollenschlauches getrennt geschlechtiger Pflanzen zum Keimsacke des Pflanzeneies, so haben wir auch hier einen der seltenen Fälle, in denen Bestandtheile verschiedener Pflanzen zu einander in Wechselwirkung treten.

Fig. 17.

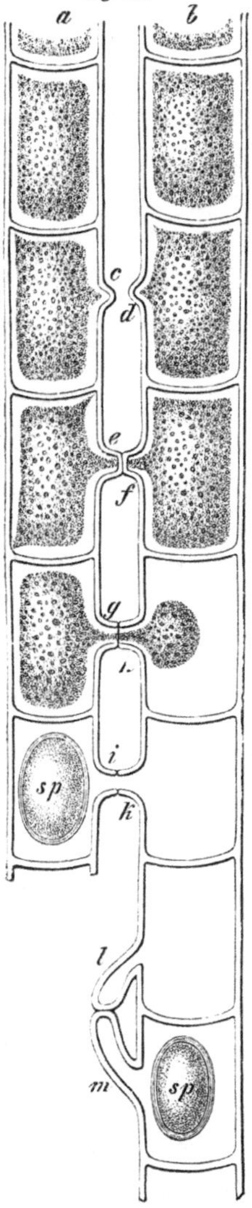

Copulation zweier Zygnemeen-Fäden *a* und *b*, *c* und *d*: hügelförmige Auswüchse der benachbarten Zellen, die aufeinanderstossen *e f*, sich abplatten und untereinander verwachsen. Nach Resorption der Querwände *g h* und *i k* verwachsen auch die Zellschläuche des Zellenpaares zu einem Zwillingsschlauch, der in das Innere einer Zelle hineingezogen und zur Spore *s p* umgewandelt wird. An isolirten Fäden findet Copulation zuweilen zwischen je zwei Nachbarzellen desselben Fadens statt *l m*.

Zu geeigneter Zeit lässt sich im Wasser der Objektplatte der rasche Uebertritt des Schlauches in *b* nach *a* unmittelbar beobachten, wie denn überhaupt bei der für das Mikroskop bedeutenden Grösse dieser Pflänzchen (Zygnemeae spec.), der ganze Vorgang leicht und sicher sich verfolgen lässt.*)

Das ist nun allerdings nicht der Fall bei der Bildung correspondirender Tipfelkanäle, schon aus dem Grunde nicht, weil wir es hier mit weit kleineren, durch Schnitt oder Maceration aus ihrer Verbindung gelösten, sehr jungen und weichen Pflanzentheilen zu thun haben. Immerhin bietet aber sowohl der fertige Tipfel, wie dessen Entwickelungsfolge, besonders aber die auf anderem Wege unerklärbare Correspondenz der Tipfelkanäle benachbarter Zellwände so viele und wichtige Fingerzeige auf einen, der Copulation der Zygnemeen analogen Vorgang, dass eine Hinweisung auf Letztere ich mir gestatten zu dürfen glaube.

---

*) Ich bemerke zu Fig. 17 ausdrücklich, dass sie aus dem Gedächtniss gezeichnet ist, da mir Material zu natürlichen Vorlagen augenblicklich fehlt, dass daher in Einzelheiten, die mit dem geschilderten Vorgange nicht in unmittelbarer Beziehung stehen, möglicherweise Ungenauigkeiten bestehen können. Aus dem Umstande, dass, wenigstens vorherrschend, die eine Pflanze gebend, die andere empfangend und sporenbildend ist, könnte man auf einen Unterschied der Geschlechter schliessen. Dem widerspricht aber die Thatsache, dass an isolirten Fäden die Copulation sich häufig zwischen je zwei Nachbarzellen desselben Fadens vollzieht, wie solches Fig. 17 (*l m*) andeutet.

Der vorstehend ausgesprochenen Annahme: dass die Vereinigung der beiden Schlauchhäute zu Tipfelstellen, Spiral- oder Ringflächen schon vor der Wandbildung aus Cellulose-Mehl erfolge, stehen jedoch einige Bedenken entgegen. Im jugendlichsten Zustande selbst grosser Zellen, wie sie die Grenze zwischen Holz und Bast unterer Stammtheile üppig wachsender Nadelhölzer liefert, z. B. Pinus Strobus, vermag ich keine Spur von Tipfelbildung aufzufinden. Auch ist, da die grossen Nadelholztipfel auf der den Markstrahlen zugewendeten Seite stehen, wenn man die ausserordentlich geringe Tiefe der Querschnittsfläche aller sehr jungen Holz- und Bastfasern in Betracht zieht anfänglich auf der Markstrahlseite derselben kein Raum für die Entwickelung umfänglicher Tipfelflächen. Erst im Alter der jungen Holzfaser von ein bis zwei Tagen, wenn die den Markstrahlen zugewendeten Seiten der jungen Holzfasern zu bedeutenderer Flächengrösse herangewachsen sind (die letzten Holzfasern jeder Jahreslage erleiden eine solche Vergrösserung ihrer Seitenflächen nicht, in Folge dessen stehen an ihnen die Holztipfel auf den dem Marke zugewendeten Faserseiten), treten die ersten Spuren der Tipfelbildung in der Form einfacher Kreise auf, Fig. 18, nachdem die Zellwandung bereits zu messbarer Dicke herangewachsen ist. Liegt hier keine optische Täuschung vor, dann würde sich der Vorgang der Tipfelbildung der Copulation der Zygnemeen noch näher stellen, beide mit einer Resorption vorgebildeter Wandungsschichten verbunden sein. Wie ich später zeigen werde, ist diese Annahme unvermeidbar bei der Correspondenz der Tipfelkanäle zwischen den metamorphischen Gliedröhren (S. daselbst) und den sie umgebenden Holzfasern. Es würde diese Annahme auch der Correspondenz der Tipfelkanäle nicht entgegenstehen, der Thatsache, dass in den allermeisten Fällen die Tipfelkanäle der Zellen in Tipfelkanäle der Nachbarzellen sich fortsetzen, wie dies die Figuren 1 *l m*, 19 darstellen. Bei allen Spiral- und Ring-Gefässen findet eine solche Correspondenz allerdings nicht statt, sie findet sich auch nicht an den der Oberhaut anliegenden Wänden der Oberhautzellen, und muss man für sie eine selbstständige Verwachsung der Schlauchhäute derselben Zelle annehmen.

Die Ansicht, dass es von Zelle zu Zelle strömender Saft sei, welcher die Ablagerung von Zellstoff im Bereiche der Tipfelkanäle verhindere, entbehrt jeder thatsächlichen Begründung. Sie ist unvereinbar mit der Thatsache, dass das Innere der Tipfelkanäle bekleidet ist mit einer Haut abweichenden chemischen Bestandes, deren Abstammung aus der ursprünglichen Schlauchhaut nachweisbar ist. Sie ist unvereinbar mit der Thatsache, dass Tipfelkanäle auch an denjenigen Wänden von Oberhautzellen vorkommen, die der Oberhaut anliegen, unvereinbar mit der bei verschiedenen Pflanzen und bei verschiedenen Zellenarten naturgesetzlich verschiedenen Zahl, Stellung, Grösse und Bau der Tipfelkanäle, abgesehen von dem Umstande, dass grade im jugendlichsten Zustande der Zellen eine Saftbewegung nicht, am allerwenigsten eine lebhafte Saftbewegung von Zelle zu Zelle nachweisbar ist. Der Ausdruck „Lokalisirung“ erklärt nichts, ist nicht mehr als der Name für eine unerklärte Thatsache, und sollte am allerwenigsten von Denen gebraucht werden, die jede Lebenserscheinung allein auf die Gesetze der todten Körperwelt begründet halten.

Fig. 18.

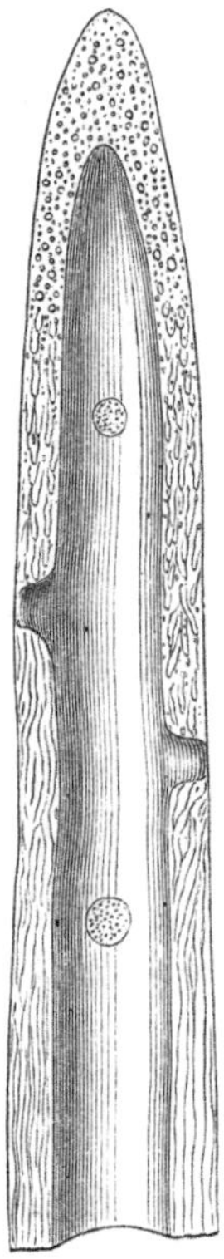

Schematische Darstellung der Spitze einer jungen Nadelholz-Holzfaser in den ersten Stadien der Vereinigung beider Schlauchhäute zu Tipfelkanälen, deren man zwei in der Aufsicht, zwei im Durchschnitt sieht. Die Spitze zeigt zwischen den beiden Schlauchhäuten die Cellulosekörper noch körnig und getrennt. Weiter unten sieht man deren Verwachsung zu Fasern u. Schichtungslamellen.

Fig. 19.

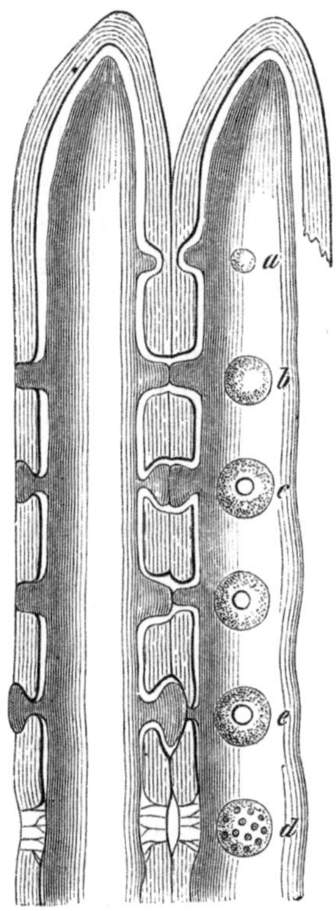

Verschiedenheit gegenseitiger Verwachsung der Schlauchhäute zweier benachbarter Nadelholz-Holzfasern *a b c e* und Siebfasern des Bastes *d*. Ansicht der dadurch gebildeten Tipfel im Durchschnitt, daneben in gleicher Höhe in der Aufsicht.

c) Umbildung der Kernstoffkörper des ersten Zellkernes zu Wandungsmehl (Cellulosemehl), Verwachsen derselben zur Zellwandung.

§ 12. Mag nun die Verwachsung der beiden Schlauchhäute des ersten Zellschlauches zur Schliesshaut des Tipfels, oder zu der, die Ringe oder Spiralen der Faser verbindenden Schlichthaut vor oder nach dem Beginne der Wandbildung geschehen, jedenfalls fällt sie in eine sehr frühe Periode der Zellenbildung.

Nachdem das Kernkörperchen des ersten Zellkernes, Fig. 8 *a*, zum zweiten Zellkern, Fig. 10 *n*, herangewachsen ist, nachdem dieser zweite Zellkern nach dem Innenraume des Zellschlauches sich abgeschnürt hat, Fig. 16 p, um dort einen neuen, zweiten Zellschlauch zu bilden, sind es die, im Schlauchraume des ersten Zellschlauches zerstreuten Kernstoffkörper des ersten Zellkernes, Fig. 9 *b*, welche, durch Selbsttheilung sich vermehrend, durch Aufnahme und Verähnlichung flüssigen Schlauchsaftes sich vergrössernd, das Material für den Aufbau der festen Zellwandung liefern. Es geschieht derselbe durch gegenseitiges Verwachsen der, in genügender Zahl vermehrten, zu grösserem Umfange herangewachsenen Körner. Die schematische Zeichnung, Fig. 18, von oben nach unten verfolgt, mag die hier einschlagenden Veränderungen veranschaulichen.

Selten bietet sich der Vorgang der Verwachsung unmittelbarer Beobachtung dar. Einen solchen Fall habe ich Taf. II, Fig. 47, 48, meiner Entwickelungsgeschichte des Pflanzenkeimes mitgetheilt. Ich reproducire die dort mitgetheilte Figur 20. Sie stellt die Bildung einer secundären Zellwandung im Innern der primären in sofern schematisch dar, als in der Spitze der Faser, bei *a*, der secundäre Zellschlauch noch mit formlosem Schlauchsafte erfüllt ist, in welchem bei *b* bestimmt geformtes Cellulosemehl erkennbar wird, dessen gegenseitige Verwachsung, und zwar unter Reduktion der Dicke primärer Zellwand von *z* abwärts nach *d* hin wiederzugeben versucht ist.

Häufiger sind die Fälle, in denen im fertigen Zellgewebe die verschiedenen Zustände der Wandbildung aus dem im Schlauchsafte enstehenden Wandungsmehle sich in verschiedenen, mitunter sogar in derselben Zelle erhalten haben. Dahin ge-

Fig. 20.

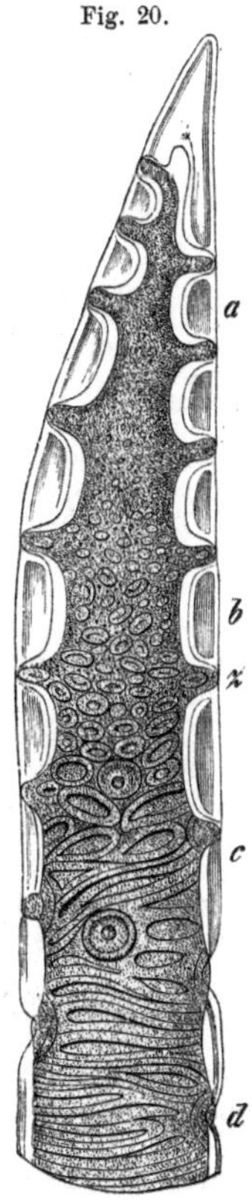

Schematische Darstellung der Entwickelung einer zweiten Zellwandung im Innern der Fichten-Holzfaser.

Fig. 21.

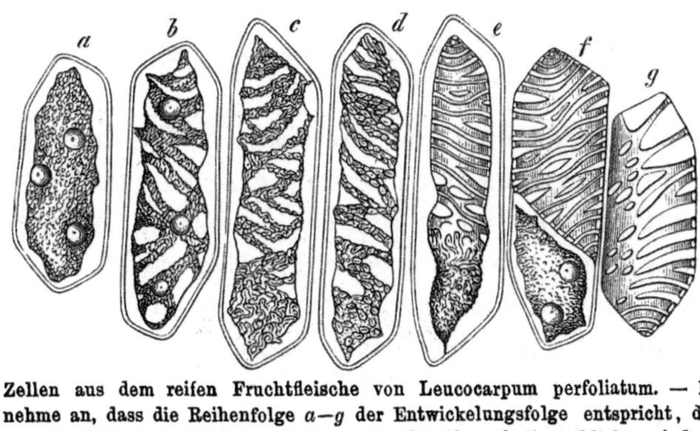

Zellen aus dem reifen Fruchtfleische von Leucocarpum perfoliatum. — Ich nehme an, dass die Reihenfolge *a—g* der Entwickelungsfolge entspricht, dass die Zellen *a—d* bei eingetretener Fruchtreife unfertig geblieben sind.

hört besonders das Zellgewebe aus der reifen Frucht von Leucocarpum (Mimulus) perfoliatum, das ich schon S. 148 meiner Entwickelungsgeschichte des Pflanzenkeims abgebildet habe (Fig. 21).

In vielen hartschaligen Früchten oder Sämereien findet man häufig verholzte Zellen, in deren Wandungen die Cellulosekörper unverbunden sind. So in der Samenschale von Pinus Cembra (Fig. 22). Die Zellwände an der Basis der Kelchblätter vom Erodium zeigen eine körnige Bildung, mitunter zur kristallinischen Form hinneigend (Fig. 23).

Fig. 22.

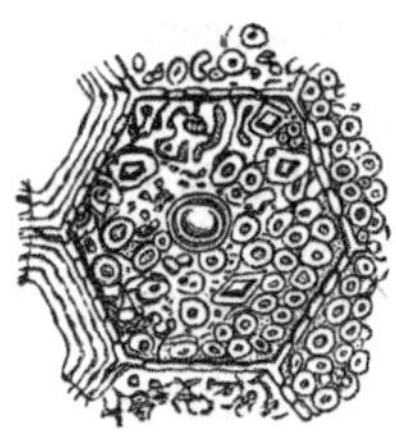

Zelle aus der Samenschale von Pinus Cembra.

Fig. 23.

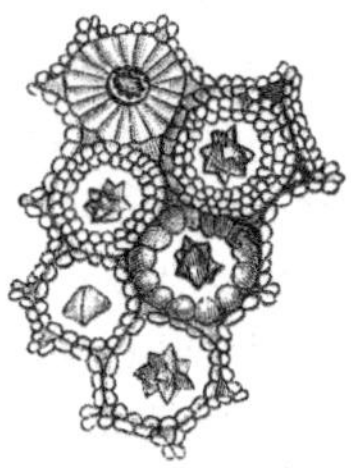

Zellen von der Basis der Kelchblätter von Erodium.

Ausgezeichnet ist in dieser Hinsicht das in dünnen Blättchen bandförmig sich lösende Korkgewebe an den oberen Stammtheilen der Birken besonders dadurch, dass in der Altersfolge der Korkschichten der Entwickelungsverlauf einer spiraligen Wandbildung zu jeder Zeit auf's überzeugendste sich zu erkennen giebt.

Fig. 24.

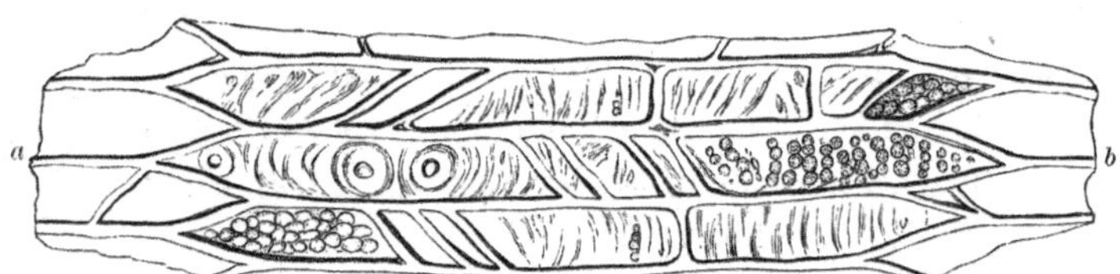

Korkzellen aus dem bandförmig sich lösenden Birken-Kork. Die Richtung von *a* nach *b* liegt im Querschnitt des Stammes.

An jungen Trieben ist das unter der zerrissenen Oberhaut lagernde, radial geordnete Korkgewebe normaler Bildung; jede einzelne auch der ältesten, äussersten Korkzellen enthält aber im Innern des bleibenden Zellschlauches einen grossen Klumpen wasserklaren, roth gefärbten Gerbmehles, das durch Eisenchlorid-Chlorcalcium schwarzblau gefärbt wird und durch Anwendung dieses Reagens eine körnige Zusammensetzung erkennen lässt. Bei kräftigem Wuchse schon an 3—4jährigen Trieben lösen sich die ältesten, äussersten Korkschichten in der Form dünner Querbänder von den tiefer liegenden jüngeren Korklagen, die sich fortdauernd auf der inneren Grenze des Korkgewebes und der permanenten Mutterzellen desselben erneuern.

Es vollzieht sich diese Ablösung dadurch, dass, im schichtenweisen Wechsel, die Zellen mehrerer Korkschichten absterben, nachdem deren ursprünglich gerbmehlartiger Inhalt in eine harzartige, weisse Substanz sich umgebildet hat, die durch Aether sowohl wie durch Alkohol vollständig aufgelöst wird, während das ursprüngliche Gerbmehl dadurch nicht gelöst wird.

Auf dieser Umbildung, auf dem Absterben der harzbildenden Zellen und auf dem steigenden Umfange des Triebes beruht die freiwillige Ablösung der äussersten Korkschichten.

Ganz anders verhält sich die Umbildung der ursprünglichen Gerbmehlklumpen in den zwischen den Harzzellen lagernden, sich bandförmig ablösenden Korkzellschichten. Es wachsen dieselben zu einer bedeutenden, im Umfange des Triebes gestreckten Länge heran, und greifen mit ihren zugespitzten Enden so ineinander, dass sie einem liegenden Fasergewebe ähnlich werden. Mit ihrer Vergrösserung erweitert sich auch ihr Zellschlauch, und dessen

Fig. 25.

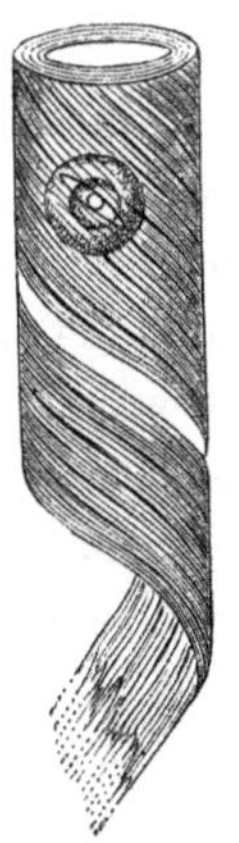

Schematische Darstellung eines Stückes Nadelholzfaser, um die Auflösung derselben in ein Spiralband, die des Spiralbandes in Primitiv-Fasern und Primitiv-Kügelchen anzudeuten.

Fig. 26.

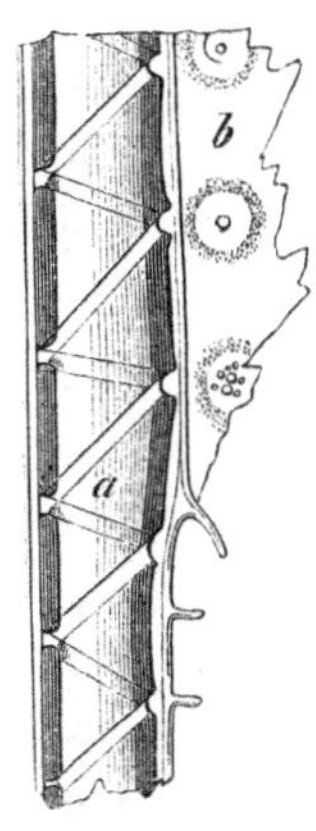

a Contraction des Cellulosebandes einiger Braunkohlenhölzer.
b Fetzen der primitiven Faserwandung mit drei contrahirten Tipfelstellen.

Fig. 27.

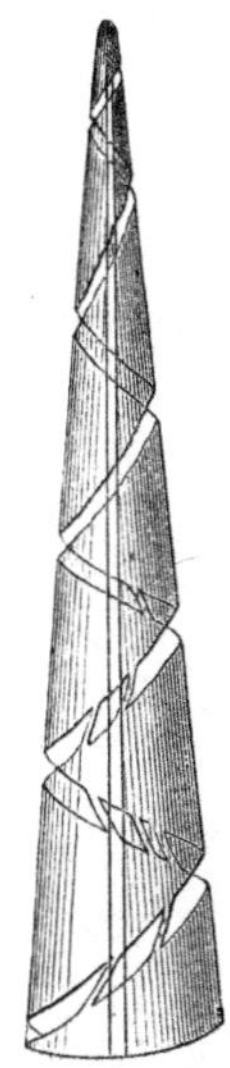

Haar von der Spitze des enthülsten Haferkorns.

körniger Inhalt. Unzweifelhaft aus dem körnigen Inhalte der Gerbmehlklumpen entstanden, entwickelt sich nun im Schlauchraume eine secundäre Zellwandung, deren spiralige Bildung genau dieselbe ist, wie ich sie an Leucocarpum nachgewiesen habe. Ein Stückchen der dünnsten Birken-Bandborke in Wasser unter Deckglas gebracht, zeigt diese Spiralbildung ohne Weiteres auf's deutlichste. Steigt man mit der Untersuchung in tiefer liegende, jüngere Korkschichten hinab, dann gelangt man zu solchen, in denen die molekularen Körner noch im Schlauchraume vertheilt sind, diesen gleichmässig erfüllend. Man erkennt in den leisesten Uebergängen das Zusammentreten dieser Körner zu Spiralbändern der verschiedensten Form und Zusammensetzung und selbst in den fertigen Spiralbändern ist die körnige Zusammensetzung schon bei 300maliger Linearvergrösserung und bei guter Beleuchtung noch sehr leicht erkennbar.

Wo die Zellwandung in einiger Dicke sich herausgebildet hat, da erkennt man auf Durchschnitten, selbst schon bei mässiger Vergrösserung eine schichtenweise Zusammensetzung, wie sie im Holzschnitte Fig. 1 *d e* dargestellt ist. Man nimmt an, dass diese Schichtenbildung vom Zellschlauch aus wirklich successive vor sich gehe (Ablagerungsschichten), so dass die innersten Schichten die jüngsten sind. Ich bin nicht dieser Ansicht, meine vielmehr, dass die Schichten e i n e r Zellwand gleichzeitig entstehen und die steigende Dicke auf dem Wachsthume der jungen Schichten beruht, deren jede aus neben einander lagernden Primitivfasern besteht, die sich zusammensetzen aus den kleinsten organischen Elementen der Cellulose-Wandung, aus Primitivkügelchen, wie dies Fig. 18 und 25 andeutet. Dass diese Zusammensetzung der Cellulose-Wandung allgemein ist, davon kann man sich überzeugen, wenn man Holzfasern der verschiedensten Art durch Behandlung mit Salpetersäure in Pyroxylin verwandelt und letzteres in Aether auflöst, ich verweise in dieser Beziehung auf A. 8.

Fig. 28.

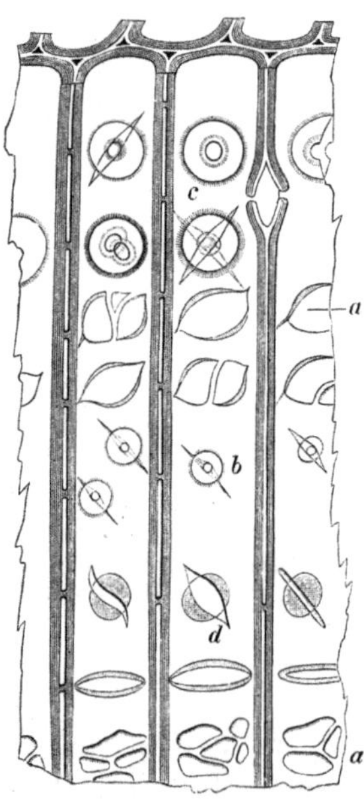

Musterkarte verschiedener Tipfelung der Nadelhölzer. *a a* **Grosse Markstrahl-Tipfel.** *b d* **Kleine einfache Tipfel.** *c* **Grosse Hoftipfel.**

Die Ablagerungsschichten sind um den Innenraum zu einem Spiralbande zusammengelegt, dessen Windungsränder sich so eng berühren, dass man nur ausnahmsweise, und in Folge auf chemischem Wege bewirkter Veränderungen der räumlichen Verhältnisse Ansichten erhält, welche für die Allgemeinheit dieser Bildung sprechen. Dahin gehören manche Braunkohlenhölzer, in denen das Celluloseband so stark contrahirt ist, dass dadurch Spiralfasern ähnliche Bildungen entstehen, wie dies Figur 26 zeigt; oder die Haare an der Spitze des enthülsten Haferkorns (Hafergrütze) nach Behandlung mit verdünnter Schwefelsäure. Figur 27.

Die Allgemeinheit der spiraligen Anordnung des Astathebandes folgere ich aus der Allgemeinheit eines augenlidförmigen Schrägspaltes, der an genügend verdickten Zellwandungen die Tipfelstellen der verschiedensten Art überragt, wie dies Figur 28 bei *b*, *c*, *d*, andeutet. Ich kann dies nur in der Weise erklären, dass da, wo die Zellwand von einem Tipfel durchsetzt wird, die Windungsränder des Cellulosebandes auseinander gehalten sind. Die Form und die Stellung des augenlidförmigen Spaltes, wie auch der Umstand, dass da, wo zwei Wandungen ineinander geschachtelt sind, deren Windungsverlauf, wie wir später sehen werden, stets ein entgegengesetzter ist, der augenlidförmige Spalt ein gekreuzter ist, wie die nebenstehende Figur unter *c* andeutet, entsprechen durchaus dieser Annahme.

3) Verschiedenheiten im Bau der Zellwand.

a) Die Tipfelbildung.

§ 13. Die Tipfel, deren Entstehung und allgemeinen Bau wir bereits in Vorstehendem kennen gelernt haben, sind nicht überall von gleicher Form und Bildung, sondern in verschiedenen Zellenarten verschieden. Die wesentlichsten Verschiedenheiten habe ich in Fig. 29 schematisch dargestellt.

Fig. 29.

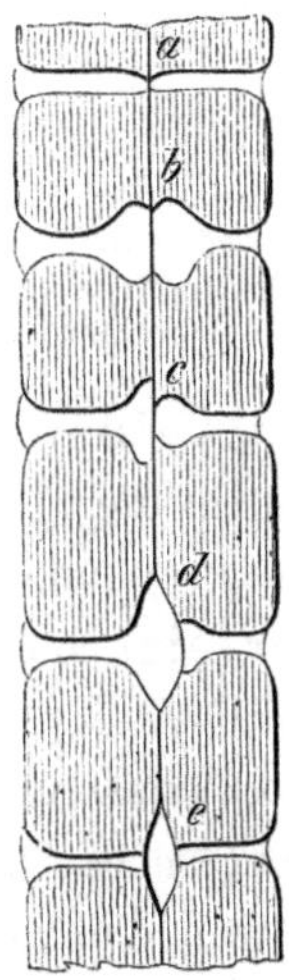

Schematische Darstellung der verschiedenen Tipfelformen. *a* Cylindrische Tipfel. *b* Stempelförmige Tipfel bei gleicher Form und Grösse der beiden correspondirenden Tipfel. *c* Stempelförmige Tipfel bei verschiedener Form und Grösse derselben. *d* Gehöfter Tipfel. *e* Gehöfter Tipfel nach Mohl.

Die einfachste und am häufigsten vorkommende Form der Tipfel und Tipfelkanäle ist die gleichräumig cylindrische (*a*). Eine Abänderung dieser Form besteht darin, dass der Tipfelkanal nach der äusseren Wandungsgrenze hin sich stempelförmig erweitert, in welchem Falle die Stempelräume der beiden correspondirenden Tipfelkanäle entweder von gleicher Grösse und Form (*b*) oder von ungleicher Grösse und Form sind (*c*). In diesen drei Fällen liegt die Schliesshaut zwischen den beiden correspondirenden Tipfelkanälen genau in der allgemeinen Aussengrenze der Zellwandung. Ueber das Vorhandensein der für Flüssigkeiten, und wie ich gezeigt habe, auch für Gase durchlässigen Schliesshäute besteht so viel ich weiss, nirgends ein Zweifel.

Anders verhält sich dies in Bezug auf die sogenannten Hoftipfel (Fig. 29 *d*), die, meinen Beobachtungen nach, nur darin von den stempelräumigen

Tipfeln sich unterscheiden, dass von je zwei correspondirenden Tipfelkanälen der eine seinen Stempelraum über die Grenze der Zellwand hinaus erweitert hat, dort einen linsenförmigen Raum bildend, während der zweite kürzere und engere Kanal dem Linsenraume aufstösst, dort aber ebenso wie in den vor-

Fig. 30 a.

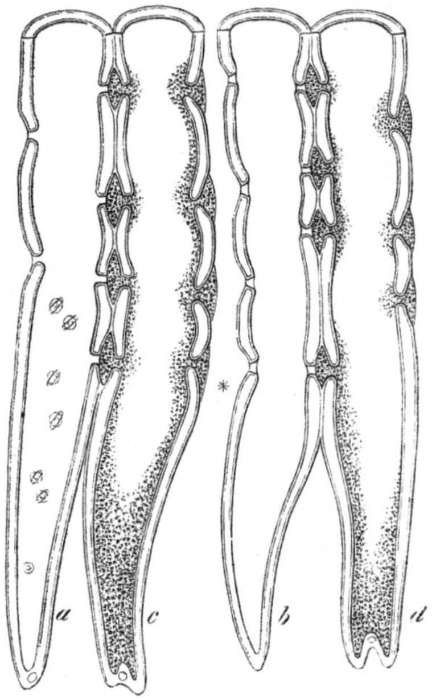

Fig. 30 b.

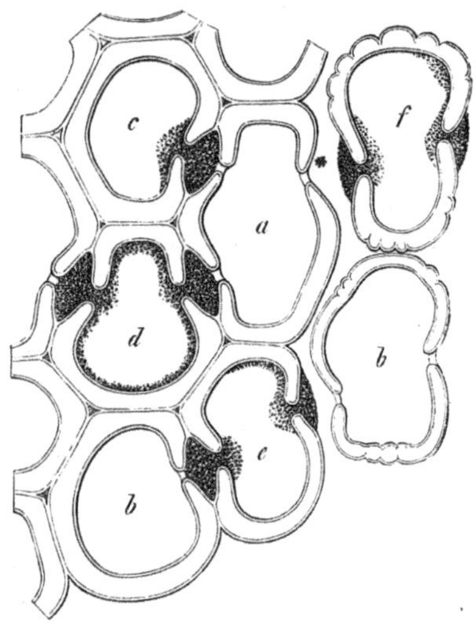

Nadelholzfasern eines Holzstückes, in dessen oberer Schnittfläche eine körnige Karminlösung gewaltsam eingepresst worden ist. Nur in den oben geöffneten Fasern *c* und *d* findet sich der Karmin und ist von diesen aus zwar in die Tipfelräume, aber nicht in die Nachbarfasern *a* und *b* eingedrungen, wodurch bewiesen ist, dass der Linsenraum einseitig geschlossen ist. Fig. 30 a Längenschnitt. Fig. 30 b Querschnitt.

genannten Fällen durch eine Schliesshaut gesperrt ist. Mohl und seine Schüler behaupten dagegen, dass der Linsenraum des Nadelholztipfels beiderseits geschlossen (*e*), Schleiden und Schacht: dass er durch Resorption der Schliesshaut beiderseits offen sei. Beide Ansichten habe ich dadurch widerlegt, dass ich körnigen Karmin in Wasser suspendirt unter hohem Druck in die Schnittfläche grossfaseriger Nadelholzstücke einführte. Fig. 30 zeigt, dass die dunklen Karminkörnchen stets nur einseitig in den Linsenraum eingedrungen waren, und diesen dicht erfüllt hatten, in keinem Falle aus dem erfüllten Linsenraume in die benachbarte Faser eingedrungen waren. Die Entscheidung ist von Wichtigkeit in Bezug auf Saftbewegung.

Die grossen Hoftipfel des Nadelholzes gewähren einen Blick auf die Entwickelungsweise derselben. Im jugendlichsten Zustande der Fasern zeichnen sie sich in der Aufsicht als einfache Kreisflächen von abweichendem gekörneltem Ansehn aus (Fig. 31 unter *a*). Erst einige Tage nach Abschnürung der

Faserzelle, sieht man einen schmalen Doppelring um die gekörnelte Fläche, der allmälig breiter wird, bis dessen innerer Rand endlich auf den geringen Durchmesser verengt wird, der ihm für immer verbleibt. Die Kreise unter

Fig. 31.

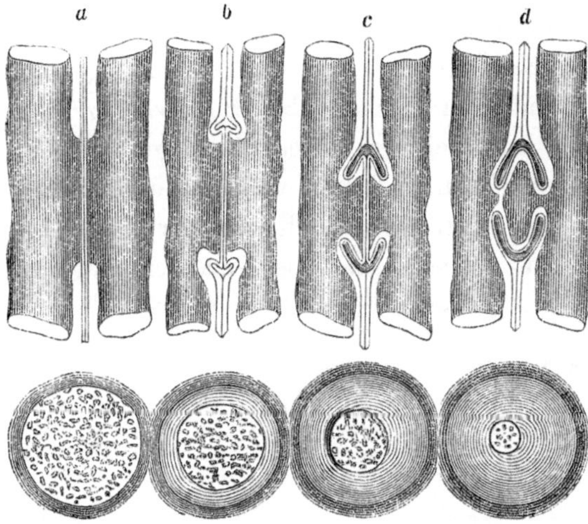

Siehe die nachstehenden Erläuterungen.

b, *c*, *d* mögen dies versinnlichen. Es beruht dieser Vorgang auf einer doppelten Einfaltung der primären Zellwandung nach Aussen (*b*), die sich allmälig erweitert (*c*) und ungefähr am dritten Tage nach Abschnürung der Faserzelle so weit genähert ist, dass nur der kleine Raum des mittleren Tipfels als Oeffnung verbleibt. Bis dahin bleiben die Nachbarfasern durch die mittlere Scheidewand von einander getrennt, erst dann erweitert sich der Zellschlauch einer der beiden Fasern in das Innere des Linsenraums, füllt diesen aus und verdrängt die mittlere Scheidewand*) an die Eingangsöffnung der entgegengesetzten Tipfelpforte (Fig. *d*).

In der Region des Holzkörpers, des Markes und der Rinde sind alle Tipfel einfach, sie bestehen nur aus e i n e m von Zellraum zu Zellraum verlaufenden Kanale, der in seiner Mitte von der Schliesshaut unterbrochen ist. (Fig. 1, 19 *a*—*e* und 29). In der Region des Bastes hingegen, und zwar in den dünnwandigen Fasern und Röhren desselben,

---

* Leider ist im Holzschnitte Fig. 31 *d* diese Scheidewand nicht gezeichnet, wie erst während des Druckes bemerkt wurde.

verlaufen von einem kleinen Linsenraume aus eine Mehrzahl häutiger Tipfelkanäle nach dem Zellschlauche hin, wodurch der Tipfel von der Aufsicht ein siebförmiges Ansehen erhält, wie dies Figur 34 in Aufsicht und Durchschnitt darstellt. Ich belegte diese Tipfelform daher mit dem Namen Siebtipfel, Siebporen, eine Benennung, die später durch v. Mohl in „Gitterporen" abgeändert worden ist.

Eine eigenthümliche, so viel ich weiss, nur den Arten der Gattung Pinus im weitern Sinne (Pinaster, Taeda, Cembra, Strobus) eigenthümliche Tipfelform findet sich in den mittleren Markstrahlzellen, zwischen diesen und den anliegenden Holzfasern, ausgezeichnet durch die ungewöhnliche Grösse der, fast die ganze Breite der Wandungsfläche einnehmenden Schliesshäute. Wie die nachstehende Fig. 32 zeigt, greifen die Ränder dieser, durch Punktirung bezeichneten Schliesshautflächen *h*, *m*, über einander, entsprechend der Aufsicht auf den ungewöhnlich grossen Windungsspalt des Cellulosebandes. Fig. 33

Fig. 32.

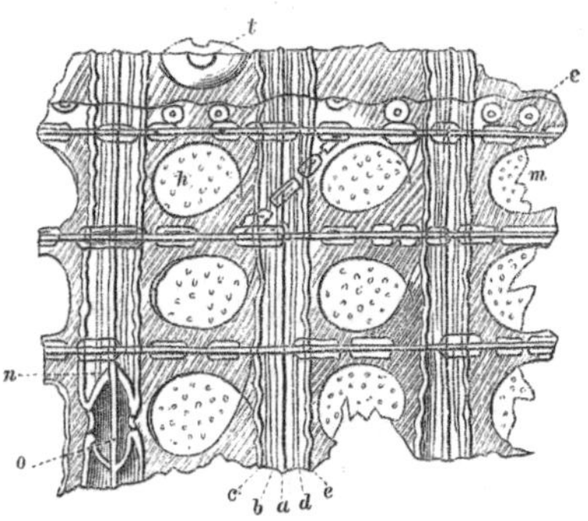

Radialer Längsschnitt aus dem Holze der Schwarzkiefer, um die grossen Schliesshautflächen in den mittleren Stockwerken der Markstrahlen *h*, *m* zu zeigen, während in den oberen und unteren Stockwerken die Zellen mit kleinen Hoftipfeln besetzt sind.

Fig. 33.

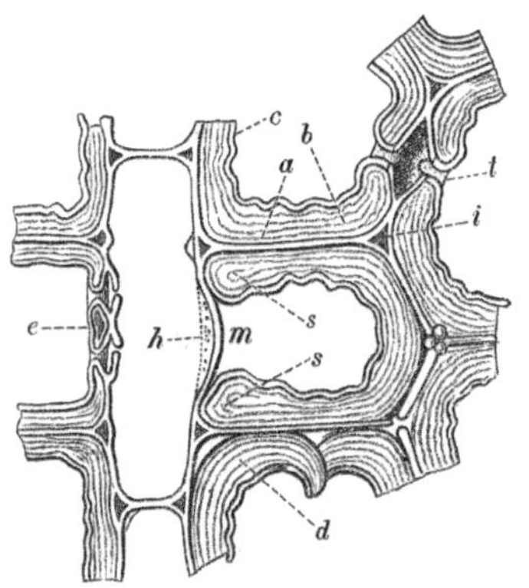

Querschnitt zu nebenstehender Figur 32. Der nur aus Primärwandung bestehenden Markstrahlzelle *b* schliesst sich die aus Primär- und Secundär-Wandung bestehende Holzfaser *m* an. Die Schliesshaut der grossen Markstrahlpoore ist nur ihrer Lage nach neben *h* durch eine Punktlinie angedeutet.

zeigt den entsprechenden Durchschnitt einer Markstrahlzelle des Kiefernholzes (*h*) und der dieser anliegenden Holzfaser. Die Schliesshaut, durch welche der Innenraum der Holzfaser (*s*) vom Innenraum der Markstrahlzelle so abgeschlossen, ist durch eine punktirte Linie angedeutet. Da das Vorkommen dieser Tipfelbildung ein so beschränktes ist, ihre physiologische Bedeutung daher keine erhebliche sein kann, erwähne ich ihrer hier nicht weiter, verweise aber auf meine Arbeiten (B. III, 55 und B. VII, 1).

Den Unterschied zwischen einwandigen und zweiwandigen Zellen erkennt man sehr bestimmt da, wo beide nebeneinander liegen. Das ist überall der Fall, wo für immer einwandige Markstrahlzellen an zweiwandigen Holzfasern vorüberstreichen. Fig. 33 zeigt einen Querschnitt aus dem Holze von Pinus Laricio. In den mittleren Stockwerken der Markstrahlen von Pinus überhaupt sind die Holzfasern von den anliegenden Markstrahlzellen durch ungewöhnlich grosse Schliesshautflächen geschieden (*h—m*). In den oberen und unteren Stockwerken hingegen stehen linsenräumige Tipfel sehr geringer Grösse (*e*), aber von demselben Baue, wie die grossen linsenräumigen Tipfel benachbarter Holzfasern (*t*). Der Querschnitt durch solche linsenförmige Tipfel der Markstrahlen zeigt, dass sie nur auf der Holzfaserseite von einer secundären Zellwandung bekleidet sind, die der Markstrahlzelle fehlt.

Wenn die secundäre Zellwandung aus einem spiralig gewundenen Cellulosebande (Astatheband) besteht, dann muss jeder dünne Querschnitt, unter Einwirkung expandirender Reagentien (Schwefelsäure) eine abgeschlossene Unterbrechung des Zusammenhanges der sogenannten Ablagerungsschichten erkennen lassen. Dass dies in der That der Fall ist, zeigt Fig. 33 unten bei *d*.

In der Region des Holzkörpers, des Markes und der Rinde sind alle Tipfel einfach, sie bestehen nur aus einem von Zellraum zu Zellraum verlaufenden Kanale, der in seiner Mitte von der Schliesshaut unterbrochen ist (Fig. 1, 19 und 29). In der Region des Bastes hingegen und zwar in den dünnwandigen Fasern und Röhren desselben verlaufen von einem kleinen Linsenraum aus eine Mehrzahl häutiger Tipfelkanäle nach dem Zellschlauche hin, wodurch der Tipfel in der Aufsicht ein siebförmiges Ansehen erhält, wie dies Fig. 19 *d* und Fig. 34 in Aufsicht und Durchschnitt darstellt. Ich belegte diese Tipfelform daher mit dem Namen Siebtipfel, Siebporen, eine Benennung, die später durch v. Mohl in Gitterporen abgeändert wurde, unter dem Vorwande, dass das Wort Sieb auf eine Durchbrechung der Wandung hindeute, während auch hier, wie im einfachen Tipfel, Verschluss durch eine Schliesshaut bestehe. Der nahe liegende Einwand, dass das Wort „Gitter" nicht weniger eine Durchbrechung bezeichne, wie das Wort „Sieb", dass dagegen diese Tipfelform mehr einem Siebe, als einem Gitter ähnlich sehe, hat denn auch dem von mir gewählten Namen das Bürgerrecht verliehen.

Die physiologische Bedeutung des Siebtipfels ist noch unbekannt. Sicher steht er mit der seitlichen Verbreitung der Pflanzensäfte, wahrscheinlich mit der abweichenden Beschaffenheit des im Siebfasergewebe abwärts sinkenden Bildungssaftes in Beziehung. Anatomisch wichtig ist er mir für die Entwickelungsgeschichte der Jahresringe des Holzes und des Bastes geworden, durch die Möglichkeit einer Unterscheidung der zuletzt gebildeten Holz- und

Bastfasern nach vollendetem Jahreswuchse, einer Erkenntniss des Vorhandenseins und der Thätigkeit permanenter Mutterzellen für Holz und Bast.

Fig. 34.

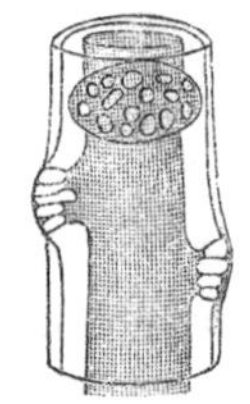

Siebfaser des Bastes, schematisch, um den Siebtipfel in der Aufsicht und von der Seite gesehen zu zeigen.

Vollständige Resorption der Schliesshäute findet regelmässig statt zwischen den einzelnen Gliedern der Gliedröhren (Holzröhren) im Holzkörper der Laubhölzer, wie im Siebfasergewebe derselben. In Sphagnum-Blättern sind die Oberhautzellen dadurch nach Aussen geöffnet. In einer Zellenform des Faserbündels der Kiefernadeln zeigen die Querscheidewände eine Mehrzahl kreisrunder Tipfel, denen ebenfalls die Schliesshaut fehlt.

b) Die Gliedröhrenwandung*) (Holz- und Baströhren, Gefässe, getipfelte Holzgefässe).

§ 14. Die jüngsten, noch in der Entwickelung stehenden Holz- und Bast-Schichten bestehen allein aus einfachen langgestreckten Faserzellen. Wenige Tage nach dem Entstehen derselben werden bei den Laubhölzern die Zwischenwände einer Mehrzahl vorgebildeter, untereinander stehender Faserzellen resorbirt; es entstehen dadurch in dem Fasergewebe Lücken, die sich

Fig. 35.

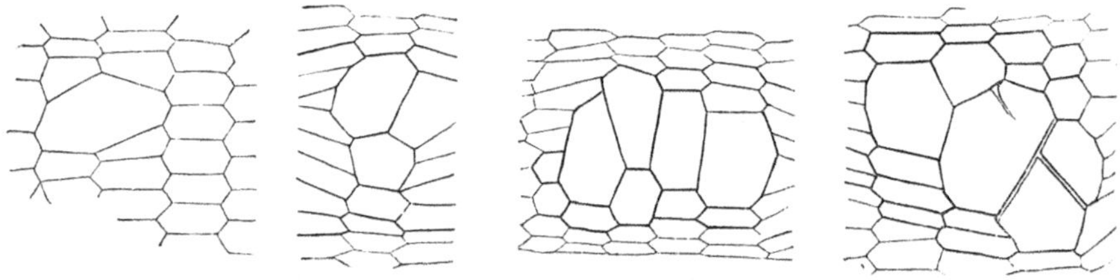

Entstehung und Fortbildung der Resorptions-Lücken im centralen Fasergewebe von Populus scrotina zur endlichen Bildung der weiträumigen Röhrenglieder.

mit den anschwellenden Gliedern einer oder mehrerer Nachbarfasern ausfüllen, nachdem Letztere durch Bildung von Querwänden zu Zellenreihen geworden sind (Fig. 36). Diese Anschwellung der Faserglieder, in der Regel vom Wechsel je zweier übereinanderstehender, durch schräge Scheidewände ge-

*) Wenn ich diejenigen Organe, die ich in meinen früheren Schriften mit dem Namen „Röhren" belegte, hier das erstemal Gliedröhren nenne, so geschieht dies, weil dieser Name ein den Charakter ganz bestimmt bezeichnender ist, da kein anderes Elementarorgan des Pflanzenkörpers aus mehreren, untereinander communicirenden Gliedern besteht. Die früher üblichen Benennungen „Holzgefässe, punktirte oder getipfelte Gefässe" sind am wenigsten bezeichnend, da die verschiedenartigsten Elementarorgane: Spiralgefässe, Milchsaftgefässe, Harzgefässe diesen Namen erhalten haben.

trennter Faserzellen ausgehend (Fig. 36 *a*), von dort nach oben und unten sich fortsetzend, erfüllt die Lücken mit senkrechten Reihen sehr weiträumiger Zellen, die in sofern ein zusammengehörendes Ganzes bilden, als ihre Endglieder die Form und Grösse der vorgebildeten Fasern behalten, denen dann

Fig. 36

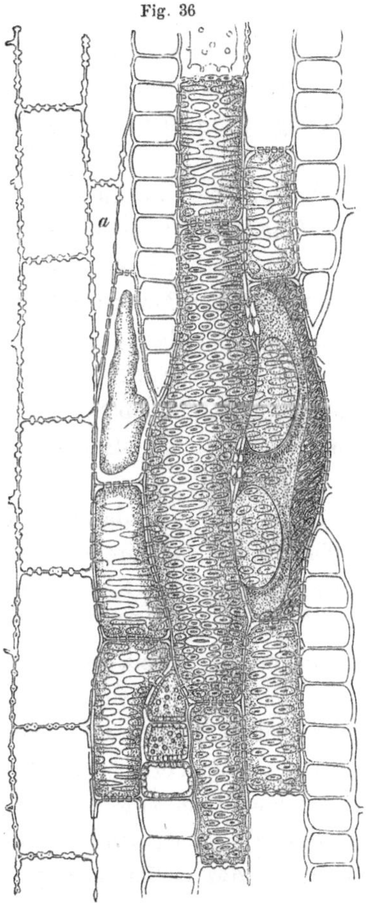

Tangentaler Längenschnitt. Füllung der Resorptions-Lücken mit den getipfelten Gliedern der Holzröhren.

Fig. 37.

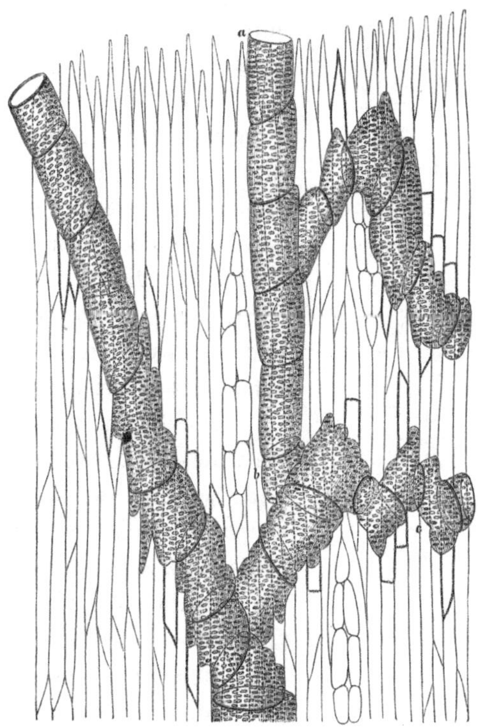

Metamorphische Bildung von Gliedröhren im jungen Zellgewebe der Stecklinge.

die Glieder anderer, über- und unterstehender Fasern sich anschliessen (Fig. 38). Jedes einzelne dieser Organe, zusammengesetzt aus 30—40 Gliedern, erreicht in einigen Holzarten die Länge von einem Centimeter, selten mehr.

Einen trefflichen Beleg für die metamorphische Bildung der Gliedröhre erhält man, wenn man Stecklinge z. B. der Weide im Boden zum Treiben bringt und bald nach dem Ausschlage der Knospen entrindet. In der neugebildeten Holzschicht sieht man zu beiden Seiten der Knospenbasis Stränge aus

Fig. 38.

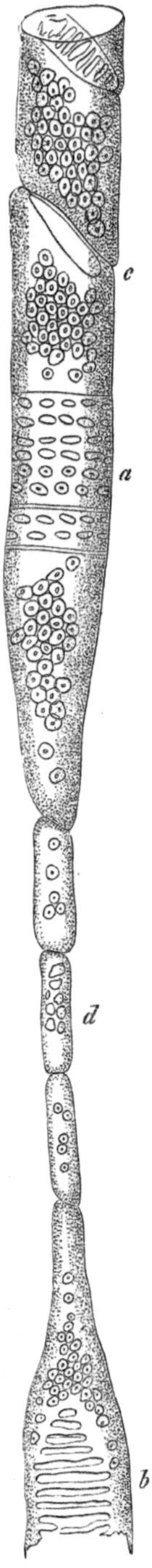

Fertige Gliedröhre aus Laubholz mit *a* Markstrahltipfeln, *b* leiterförmigen Querscheidewänden (Buche), *c* einfach durchbrochenen Querscheidewänden, *d* Endglieder.

Röhrengliedern entstehen, wie dies die vorstehende Figur 37 darstellt, in der theilweise mehrere Cambialfasern zu einem Röhrenglied verwachsen sind, anderentheils von einer Cambialfaser Theile, auf der Abbildung durch stärkere Linien bezeichnet, nicht in die Metamorphose eingehen. Es ist erklärlich, wie man bei oberflächlicher Betrachtung diese Bildungen für Knospenwurzeln halten konnte, die, von dem Zellgewebe ausgehend, im Cambium sich abwärts senken, um durch ihre Vereinigung den Jahrring zu bilden (Du Petit Touars).

Nebenstehend gebe ich die schematische Darstellung der fertigen Gliedröhre des Holzes bei *d* die Glieder in ihrer ursprünglichen Weite, bei *a* und *b* metamorphisch erweitert. Besonders die erweiterten Glieder sind auf der Markstrahlseite reichlich besetzt mit gedrängt stehenden spiralig geordneten Hoftipfeln, die da, wo Markstrahlen der Gliedröhre anliegen, durch einfache in horizontale Reihen gestellte Tipfel ersetzt sind, die viel Aehnlichkeit haben mit den mittleren Markstrahltipfeln des Kiefernholzes.

Eine Eigenthümlichkeit dieser Organe besteht darin, dass die Querscheidewände jeder Gliedfaser wirklich durchbrochen sind, so dass der Innenraum aller zu derselben Röhre vereinten Grossglieder ein gemeinschaftlicher ist. Die Durchbrechung besteht vorherrschend nur aus einem grossen, der Weite des Gliedes nahe gleichen Loche (z. B. bei der Eiche, *c* der nebenstehenden Figur). In anderen Fällen ist es eine Mehrzahl langer und schmaler, untereinander gestellter Löcher, aus denen die Durchbrechung besteht, die dann Leitersprossen ähnlich ist (z. B. bei der Buche bei *b* der nebenstehenden Abbildung). Seltener ist eine Mehrzahl runder Oeffnungen vorhanden.

Der linsenräumig getipfelten, primären, folgt, wie bei der fertigen einfachen Holzfaser, eine aus dem secundären Zellschlauche ohne Regeneration des letzteren entstandene, secundäre Zellwandung, die nicht selten (Tilia, Ulmus B. I. Seite 140) aus einem deutlich erkennbaren Spiralbande zusammengesetzt ist. Die ohne Zweifel metamorphische Entstehungsweise der Gliedröhren macht letztere zu einem der wichtigsten Gegenstände eingehender Studien des Bildungsverlaufes, namentlich in Bezug auf die auch hier bestehende Correspondenz der

Tipfelkanäle, indem sie den Beweis liefert, dass die Copulation der Zellschläuche nicht an den jugendlichsten Zustand der Zellwände gebunden ist; dass sie auch noch im vorgeschrittenen Alter der primären Zellwand stattfinden kann.

Die physiologische Bedeutung auch der Gliedröhren ist noch wenig erforscht. Sie führen im ausgebildeten Zustande keinen Zellschlauch und keine tropfbaren, sondern nur gasförmige Flüssigkeiten. Wollte man sagen, dass sie zur Ableitung derselben bestimmt seien, so würde dagegen mit Recht der Einwand zu erheben sein, dass allen Nadelhölzern diese Organe fehlen. Bei einigen tropischen Holzarten füllt sich das Innere der Gliedröhren im Bereich des Kernholzes mit harzigen Stoffen, so beim Guajak-Holze. Man könnte daraus auf eine Verwandtschaft mit den Harzgängen der Nadelhölzer schliessen. Es ist mir aber keine einheimische Laubholzart bekannt, in deren Gliedröhren ähnliche Ablagerungen vorkommen. Vielleicht besitzt die in sie eingeschlossene grosse Luftmenge irgend einen Einfluss auf Hebung des aufsteigenden Baumsaftes. Es lassen sich aber hiergegen dieselben Einwendungen erheben wie gegen die ableitende Funktion.

Bei einer nicht geringen Zahl von Laubhölzern, bei der Eiche, Esche, Ulme, Akazie, Maulbeere erweitern sich die Schliesshäute der Gliedröhrentipfel blasenförmig in den Innenraum der Röhrenglieder, in älteren Stammtheilen im zwei- bis dreijährigen, in jungen Stammtheilen im fünf- bis achtjährigen Alter der Gliedröhren. Diese Blasen, gewöhnlich **Tillen** genannt, füllen mitunter den ganzen Innenraum der Röhrenglieder aus und werden auch durch eigene Tipfelbildung zellähnlich. Ein in ihrer Nähe lagernder, brauner, harz-

Fig. 39.

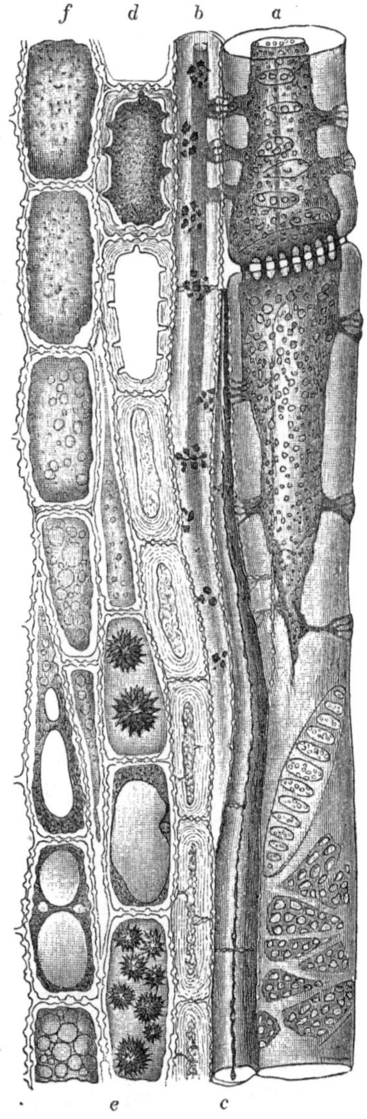

Gruppe aus dem Bastgewebe der Populus serotina. *a* Siebröhre. *b* Siebfaser. *c* Dickwandige Bastfaser. *d* Dickwandige Zellfaser. *e* Dickwandige, kristallführende Zellfaser. *f* Schlauchsaftführende Zellfaser.

artiger Stoff scheint von ihnen ausgesondert zu sein und mit der Verkernung des Holzes in Beziehung zu stehen, wenigstens sind die oben genannten Holzarten ohne Ausnahme solche, die ein dunkler gefärbtes Kernholz bilden. In den Tillen junger Holzröhren habe ich bisweilen auch Stärkekörner gefunden.

Fig. 40.

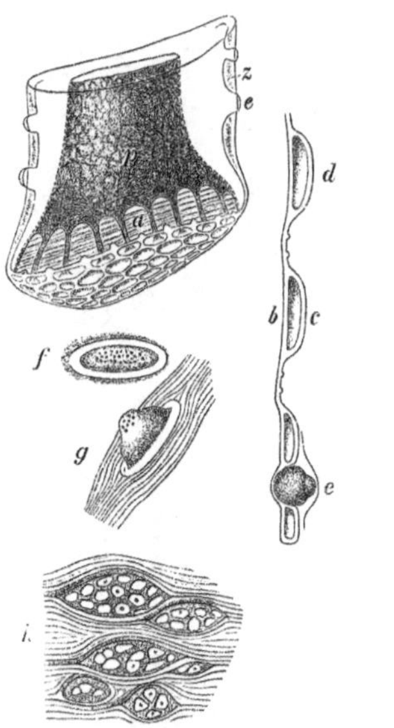

p Netzförmige Durchbrechung der Querscheidewände einer Siebröhre. *a* Celluloseschichten. *z—e* Ansicht des Längendurchschnitts der Röhrenwandung. *f—e* Desgleichen. *f—h* Aufsicht auf die siebförmige Tipfelung der Seitenwandung. Vergl. auch Figur 15.

Eine Gliedröhre des Bastes zeigt die vorstehende Abbildung Fig. 39 unter *a*, sie unterscheidet sich von den Gliedröhren des Holzes nicht allein durch die siebförmige Tipfelung, sondern auch durch den Mangel der secundären Wandung und durch die damit in Beziehung stehende geringe Dicke und Härte der primären Wandung, die nur da eine durch Ablagerungsschichten verstärkte ist, wo Röhrenglieder mit ihren Querwänden sich berühren.

Die Scheidewände der Gliedröhren sind zweifach verschiedener Art, entweder nahe rechtwinkelig zur Längenachse des Röhrengliedes, mit netzförmiger Durchbrechung, durch welche hindurch die Zellschläuche in wahrscheinlich offener Verbindung stehen, oder sie sind zur Längenachse des Röhrengliedes schräg gestellt, ohne Celluloseschichten und, wie der untere Theil der Figur 39 *a* zeigt, mit quer gestellten Siebtipfeln besetzt, deren Form und Stellung an die leiterförmige Durchbrechung der Gliedröhren des Holzes erinnert.

Fig. 40 zeigt unter *a* die netzförmige Durchbrechung der Querwand, bei *b—e* die Längenansicht, bei *f—h* die Aufsicht auf die siebförmige Tipfelung der Seitenwandung.

c) Die Spiralfaserwandung.

§ 15. Die dem Marke der Holzpflanzen zunächst stehenden, meist sehr langgestreckten, faserförmigen Organe sind wohl zu unterscheiden von den weiträumigen, aus einer Mehrzahl von Gliedern zusammengesetzten Röhren des Holzkörpers mit durchbrochenen Querscheidewänden, die zwar auch nicht selten spiralige Form ihrer Wandungen besitzen, stets aber sekundärer Bildung sind, während die ächten Spiralgefässe des Markcylinders untereinander nicht in offener Verbindung stehen, nur aus einem Gliede bestehen und elementarer Entstehung sind. Sie unterscheiden sich dadurch von den Tipfelfasern, dass ihre Schliesshäute nicht auf kleine, rundliche Flächen beschränkt sind, sondern in grösseren, entweder ringförmigen oder spiraligen Flächen um die Wandung verlaufen (Fig. 41 *a b*). Bildet sich später zwischen den Verwachsungsflächen Cellulose, so wird dadurch die Wandung in ringförmige oder spiralig fortlaufende Verdickungen zerlegt, die durch die zwischenliegenden Schliesshautflächen untereinander verbunden sind. Ist der fadenförmige bis bandförmige Wandungstheil ein spiralig um den Innenraum der Faser verlaufender, dann zerreissen, bei gewaltsamem Auseinanderzerren spiralfaserhaltiger Pflanzentheile, z. B. des Blattstiels von Plantago, die verbindenden, äusserst zarten Schliesshäute und lässt sich dann der Wandungstheil zu einem Faden ausziehen. Zwischen den Ringen oder den Spiralwandungen des verdickten Wandungstheils kommen nicht selten Verbindungsäste vor, durch welche die Wandung ein getipfeltes Ansehen erhält (Fig. 41 *c*). In der That ist in solchen Fällen die Spiralfaser von mancher getipfelten Holzfaser anatomisch nicht mehr unterschieden.

Fig. 41.

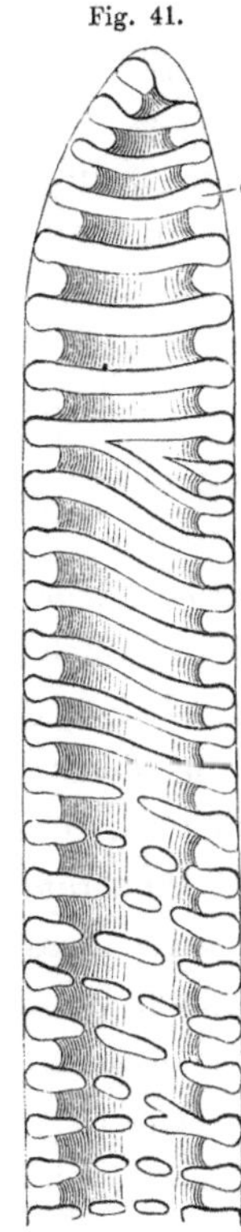

Schematische Darstellung einer Spiralfaser, um den Uebergang vom Ringgefäss (*a*) zum einfachen Spiralgefäss (*b*) und zum Tipfelgefäss (*c*) zu veranschaulichen.

Ein spiralig in mehr oder weniger weite Windungen gelegter Draht, aussen und innen von zweien mit ihm verwachsenen Schlauchhäuten bekleidet, die sich an der Aussengrenze der Spirale in den Schliesshautflächen vereinen, giebt das körperliche Bild der Spiralfaserwandung, das zum Bilde der Ringfaserwandung wird, wenn man sich die Spirale in Ringe zerlegt denkt.

Die grosse Mannigfaltigkeit im Baue der Spiralfaserwandung, durch deren Auflösung in Ringe oder in Ringstücke, durch Faser- oder Bandform des Wandungstheils derselben, sowie durch gegenseitige Verwachsungen, führte zu der Annahme einer Metamorphose der Spiralfasern, einer Veränderung der Wandung im Verlauf ihrer Ausbildung. In dem Sinne, dass aus einem Ringgefäss ein Spiralgefäss, aus diesem ein Treppengefäss oder ein Netzgefäss etc. werden könne, ist dies nicht richtig. Die Anlage zu dem, was ein Elementarorgan dieser Art später werden wird, ist schon in dem frühesten Alter desselben erkennbar.

Die physiologische Bedeutung der Spiralgefässe ist noch sehr wenig erforscht. Das frühe Auftreten derselben, ihr Standort zunächst dem Marke, ihr Eingehen vom Stengel aus in die Blätter, Blüthen, Früchte, das Uebergewicht, welches sie in den vom Stengel entfernteren Verästelungen der

Gefässbündel über andere Elementarorgane erlangen, spricht für das Bestehen eigenthümlicher Verrichtungen. Welches diese Eigenthümlichkeiten sind, ist bis jetzt unerforscht. Das Uebergewicht der Schliesshautflächen gegenüber denen anderer Elementarorgane spricht für einen lebhafteren Austausch von Flüssigkeiten. In der Jugend führen auch die Spiralfasern einen Zellschlauch, im Alter verschwindet derselbe, aber nicht durch Umbildung in eine zweite innere Zellwandung, wie dies bei den Holzfasern der Fall ist, sondern durch Resorption.

d) Die Bastfaserwandung.

§ 16. Zwischen den Siebfasern des Bastkörpers bilden sich Gruppen von Faserzellen, deren jede durch aussergewöhnliche Dickwandigkeit der Fasern sich auszeichnet. Es sind dies diejenigen Organe, welche nach Zerstörung aller übrigen Zellen den technisch wichtigen Flachs, Hanf, Bast liefern. Es ist mir bis jetzt nicht gelungen, Tipfel und Tipfelkanäle in den Wänden dieser Fasern aufzufinden, da aber auch diese Fasern ursprüngliche einfache Siebfasern, als solche siebförmig getipfelt waren, da es der secundäre Zellschlauch ist, der sich im Innern der primitiven Faserwandung zu einer, bis fast zur Verdrängung des Innenraums reichenden Wandungsdicke entwickelt, wird man annehmen müssen, dass nur der secundären Wandung die Tipfel und Tipfelkanäle wirklich fehlen, die siebförmige Tipfelung der Primärwandung der Beobachtung sich entzieht. (Siehe die Beschreibung der Abbildungen zu Taf. I II III.)

Die ungewöhnliche, bis nahe zur Verdrängung des Innenraums reichende Dickwandigkeit der Bastfasern, die Vereinigung einer Mehrzahl derselben zu Reihen oder Bündeln deutet darauf hin, dass die Bastfasern vorzugsweise dazu bestimmt sind, dem sehr zarthäutigen Siebfasergewebe zur Stütze zu dienen.

e) Die Kristallkammerwandung.

§ 17. In einzelnen Grenzfasern der Bastbündel entwickelt sich der Zellschlauch nicht zu einer zweiten mächtigen Wandung, sondern schnürt sich zu niedrigen Kammern ab, in deren Raum ein grosser Kristall aus oxalsaurem Kalk sich ausscheidet (Fig. 42).

f) Die Zellfaserwandung.

§ 18. Eine Metamorphose der ursprünglich einfachen und einkammerigen Faserzelle, sowohl des Holz- als des Bastkörpers besteht darin, dass der Zellschlauch durch Abschnürung in eine Mehrzahl von Kammern sich theilt, deren jede mit einer eigenen Zellwandung sich umgiebt. Im Holze einfach, im Baste siebförmig getipfelt, sind diese Zellfasern an beiden Orten Magazine für Reservestoffe; die nebenstehenden Figuren zeigen den Abschnürungsverlauf in der Nummerfolge 1, 2, 3. Diese Organe sind vielfach umgetauft und mit den Namen Holzparenchym, septirte Fasern etc. belegt worden.

Fig. 42.

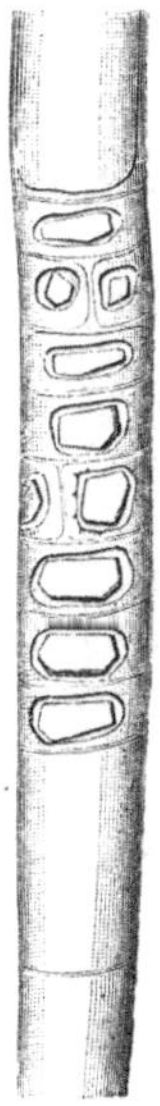

Stück einer Bastfaser mit eingelagerten Kristallzellen, deren Vorkommen in den Randfasern der Bastbündel Taf. II zeigt. Vergl. noch Taf. III, Fig. 14 oben *t*.

Fig. 43.

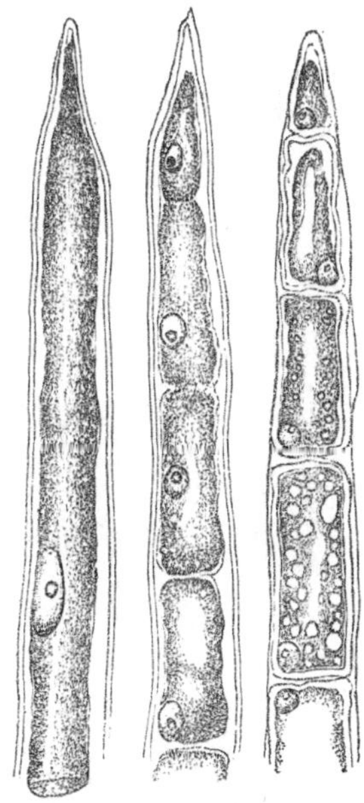

1 2 3

Zur Entwickelung der Zellfaser. In der einfachen Cambialfaser (1), wenige Tage nach deren Abschnürung theilt sich der Zellkern in so viele Tochterkerne, als Einschachtelungszellen entstehen sollen. Nachdem die Tochterkerne sich in Schlauchräume der Cambialfaser vertheilt haben, bildet sich um jeden derselben ein Zellschlauch, der zu einer Wandung erwächst (2), während ein tertiärer Zellkern zum secundären Zellschlauche wird.

g) Die Milchsaftgefässwandung.

§ 19. In der grünen Rinde bis zur Oberhaut vertheilt, zum Theil auch im Baste und im Marke finden sich bei einer nicht sehr grossen Zahl von Pflanzenfamilien, bei den Euphorbien, Cacteen, Papaveraceen sehr langgestreckte, schlauchförmige, unter einander durch Queräste verbundene Organe, Milchsaftgefässe genannt, weil in ihnen ein consistenter, meist milchfarbiger, bei Chelidonium gelber, bei Sanguinaria rother Saft sich strömend bewegt Auch in der Wandung dieser Organe, die mir Secretionsorgane zu sein scheinen, habe ich Tipfel und Tipfelkanäle bis jetzt nicht auffinden können. In der Jugend so zarthäutig, dass sie der Beobachtung leicht entschwinden, vermehrt sich die Wandungsdicke mit zunehmendem Alter der Gefässe, wie dies die Figuren *b*, *c*, *d* andeuten.

Fig. 43 a.

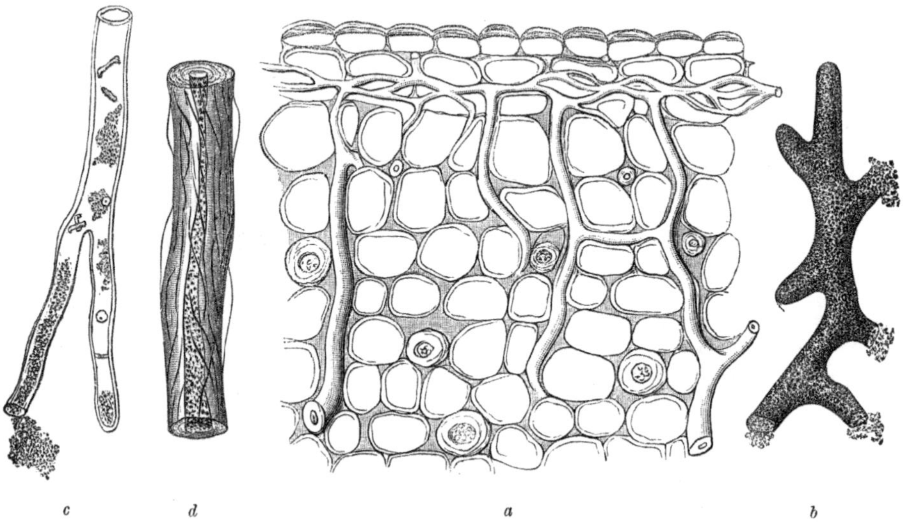

a Querschnitt aus der Rinde von Euphorbia neriifolia, um den Verlauf und die Verästelung der Lebenssaftgefässe zu zeigen. *b* Zellschlauch mit Schlauchsaft und jungem Lebenssaftgefäss. *c* Junges Lebenssaftgefäss mit Zellkernen, Mehlkörnern und Schlauchsaftkörnern. *d* Altes Lebenssaftgefäss mit verdickten Wänden.

h) Die Korkzellenwandung.

§ 20. Vorherrschend schon im Herbst des ersten Jahres zerreisst an den jungen Trieben der Holzpflanzen die Cuticula und löst sich in Hautfetzen ab (Populus, Cerasus etc.). Ehe dies geschieht, ist in den der Oberhaut unmittelbar anliegenden Zellen eine Theilung des Zellschlauchs eingetreten, die sich stets nur an der innersten Tochterzelle erneuert. Es geht daraus ein radial geordnetes Zellgewebe hervor, in dessen Zellen der Zellschlauch meist resorbirt wird, die Zellwandung einfach und dünn bleibt. Den Wänden dieser Korkzellen fehlt die Tipfelung, und steht dieser Mangel sicher in Beziehung zu dem Widerstande, den der fertige, luftführende Kork dem Eindringen von Feuchtigkeit leistet. Das Korkzellgewebe hat für die lebende Pflanze und für die Glasflasche gleiche Bedeutung. In beiden Fällen soll es das Durchlassen tropfbarer oder dunstförmiger Flüssigkeit so wie deren Eindringen von Aussen nach Innen verhindern. Daher ist die Korkbildung stets ein Vorläufer natürlich eintretender Wundflächen durch Abfall der Oberhaut, durch Absterben der ältesten Bastschichten und deren Uebergang zur Borke, bei der Lenticellen-Vertiefung, so wie da, wo durch den Abfall der Blätter oder Früchte die Pflanze nach Aussen geöffnet sein würde. In der den meisten Korkzellen fehlenden Tipfelung liegt hierdurch ein nicht zu unterschätzender Fingerzeig auf die Bedeutung der Tipfel und deren für Flüssigkeiten und Gase durchlässigen Schliesshäute. Es liegt darin ferner ein Fingerzeig auf die Nothwendigkeit des Verschlusses der sogenannten Spaltöffnungen durch Schliesshäute. Der Abschluss der Pflanze nach Aussen durch Korkbildung würde überflüssig sein, wenn durch unzählbare Mengen von Spalten in allen jungen Pflanzengliedern die Aussenluft überall freien Eingang zur Pflanze besässe.

Fig. 44.

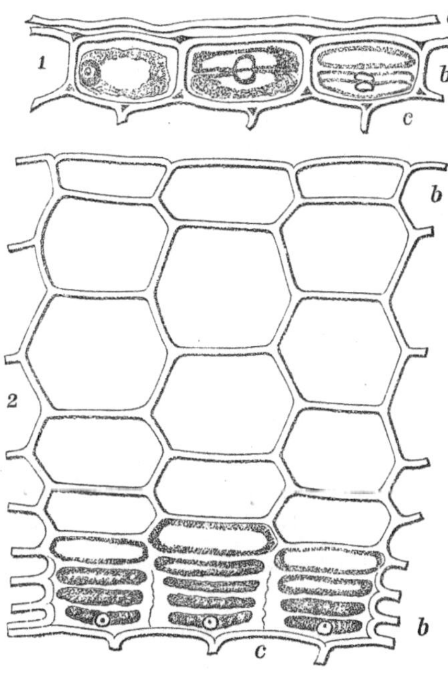

Fig. 1. Cuticula und Oberhautzellen im Augenblick der Zerreissung und Ablösung Ersterer (*a*), der beginnenden Korkbildung in Letzterer durch Theilung des Zellschlauchs (*b*). Fig. 2. Die Cuticula (Fig. 1 *a*) ist abgestossen und verloren gegangen. Die zuerst abgeschnürten Korkzellen (Fig. 2 *b*) sind ausgewachsen und bilden den Kork, dessen reproductive Schicht bei einigen Pflanzen (Korkeiche, Korkrüster) ein rasches Nachwachsen der hinweggenommenen Korklagen vermittelt, natürlich nur dann, wenn die reproductive Schicht dem Baume verbleibt.

i) Die Collenchym-Wandung.

§ 21. An Querschnitten 2—4jähriger Triebe der meisten Holzpflanzen erkennt man auf der Grenze zwischen Korkgewebe und grüner Rinde eine Schicht einwandiger Zellen, deren weit von einander entfernte Schläuche eingebettet erscheinen in eine gleichartige „sulzige Masse“. Mohl hielt die Schläuche für die Zellen selbst und, indem er die äusserst zarten Grenzhäute nicht erkannte, durch welche zwischen je zweien Schlauchhäuten die sulzige Masse getrennt ist, hielt er letztere für eine zwischen den Zellen (Schläuchen) lagernde „Intercellularsubstanz“. Indess ist im Collenchym der Holzpflanzen unter Anwendung entsprechender Reagentien eine, die sogenannte Intercellularsubstanz trennende, wenn auch äusserst zarte Grenzhaut und selbst die Schichtenbildung in jeder dem betreffenden Zellschlauche angehörenden Zellwandung stets nachweisbar, so dass auch hier, wie Fig. 45 zeigt, eine Zellenbildung besteht, die von den gewöhnlichen einwandigen Zellen nicht verschieden ist. In manchen Zellenpflanzen, z. B. in den Fucoideen verschwinden allerdings die Grenzhäute selbst der sorgfältigsten Beobachtung, die Correspondenz der Tipfelkanäle beweist aber auch hier den normalen Bau der einfachen Zellwandung (A. 7, Taf. II, Fig. 9, 10) und wenn ich (A. 7, Taf. I, Fig. 45) im Collenchym von Spinacia die Grenzhaut als ein Ausscheidungsprodukt darstellte, so muss ich dies hier berichtigen, indem ich die Tropfenbildung innerhalb der Zellwandung einer optischen Täuschung zuschreibe, veranlasst durch die Zerreissung der Grenzhaut in Folge einer Quellung der Wandungsschichten.

Fig. 45.

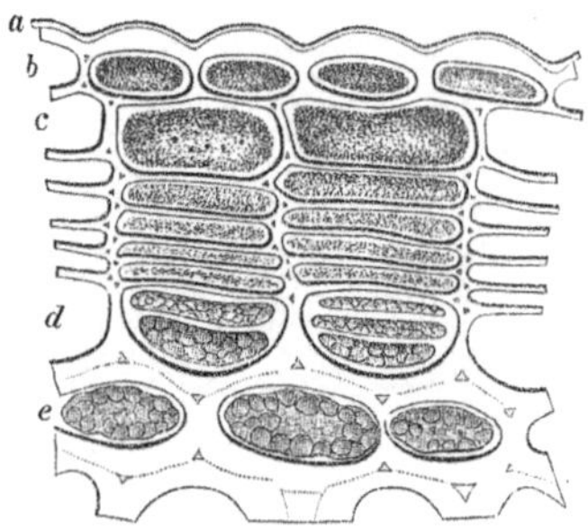

a Oberhaut. *b* Epidermiszellen. *c* Junges Korkgewebe. *d* Reproductionsschicht des Korkgewebes. *e* Collenchym. Mohl's sulzige Intercellularsubstanz. Der Raum zwischen je zwei Zellschläuchen ist hier durch zarte Linien, immer aber noch schärfer in zwei Hälften getrennt, als in der Wirklichkeit sich zeigt. Auch insofern ist die Abbildung schematisch, als Oberhäutchen und Oberhautzellen (*ab*) gleichzeitig mit Korkgewebe nicht vorkommen können.

k) Die Bassorinwandung.

§ 22. In den Oberhautzellen vieler Sämereien, der Quitte, vieler Labiaten, in besonderen Rindezellen der Tannen, in Rinde und Bast der Linden und der Rüstern, in grossen, langgestreckten Zellen der Cakteen verwandeln sich die Celluloseschichten der Zellwandung in eine, schon in kaltem Wasser mächtig aufquellende, aber nicht sich auflösende Substanz, den Pflanzenschleim (Bassorin).

l) Die Steinzellenwandung.

§ 23. In der Rinde vieler Holzarten finden sich vielarmige äusserst dickwandige Zellen von aussergewöhnlicher Härte. Sie sind es, die der Rinde der Rothbuche, Birke etc. den hohen Härtegrad verleihen. Es ist ein aussergewöhnlich hoher Kieselerdegehalt, der sich in einigen tropischen Hölzern bis zur Unverbrennbarkeit dieser Zellen steigert, dem sie ihre aussergewöhnliche Härte verdankt.

m) Die Oberhaut, Cuticula.

§ 24. Mit dem Namen Epidermis bezeichnet man die äusserste oder die äussersten Zellenlagen aller jüngeren, noch nicht zu Kork, Collenchym oder Borke umgewandelten oder ersetzten Zellen, so weit diese, durch abweichende Form, Grösse, Bildung, Inhalt, vom tiefer liegenden Zellgewebe sich unterscheiden. Eine, die äusserste Zellenlage bedeckende, gemeinschaftliche Hautschicht heisst das Oberhäutchen (Cuticula). Letzteres wird nicht als ein selbstständiger Organismus, sondern als ein Ausscheidungs-Produkt der Oberhautzellen nach Aussen betrachtet, obschon dieser Anschauungsweise schon der Umstand widerspricht, dass an allen jungen, rasch sich verdickenden Pflanzentheilen durch Zellentheilung die Zahl der Umfangszellen sich rasch vermehrt; die jüngsten, eben abgeschnürten Tochterzellen neben den alten Mutterzellen lagern. Dem zu Folge müsste die Excretion der Cuticula über Letzteren viel weiter vorgeschritten sein als über Ersteren. Das ist aber nie und nirgends der Fall. Im Umfange desselben Querschnitts ist die Dicke und Bildung des Oberhäutchens immer und überall genau dieselbe.

Ein zweiter, unbeachtet gebliebener Fingerzeig auf die Natur der Cuticula liegt in der Abplattung der Wände ihrer Aussenfläche, die immer und überall eine Wechselwirkung von Druck und Gegendruck voraussetzt. Die Körperform aller frei sich entwickelnden Pflanzenzellen ist, nach der Seite freier Entwickelung hin, stets eine rundliche oder walzige, wie dies die Aussenzellen und Haare aller jungen Wurzeltriebe, wie es jedes Zellgewebe eines jungen Rindekallus, jede isolirte Zelle saftreicher Früchte, jedes Saftbläschen des Schlauchraumes der Zellen zu erkennen giebt. Es ist die Turgescenz der lebenden Pflanzenzelle, die durch das Streben nach Wasseraufsaugung erzeugte Spannkraft derselben, welche die Kugelform oder, bei vorherrschendem Längenwuchs, die Haarform zur Folge hat. Wäre das junge Zellgewebe eines Pflanzentheils ursprünglich frei von einer dasselbe einschliessenden Cuticula, dann müssten die Aussenzellen desselben nach Aussen sich wölben in Folge des fehlenden Gegendrucks, ein durch Excretion gebildetes Oberhäutchen müsste über jeder Aussenzelle dieselbe gewölbte Form zeigen. Das ist nun thatsächlich nicht der Fall. Schon der Vorkeim und die frühesten Zustände des Keims zeigen vollständige Abplattung der Aussenwände aller Aussenzellen, die sich nur aus dem Gegendruck einer die Aussenzellen ursprünglich einschliessenden Cuticula erklären lässt.

Beobachtungen dieser Art waren es, die mich zuerst zu der Vermuthung führten, dass das, die äusserste Zellenlage nach Aussen begrenzende Oberhäutchen, wie jeder andere Zellenkörper, ein selbstständiger Organismus sei, und ist es mir dann häufig genug gelungen, das Oberhäutchen an den frühesten Zuständen des Pflanzenkeims durch wasserentziehende Reagentien (Zuckerwasser, Glycerin, Schwefelsäure) so zu isoliren, dass das contrahirte Zellgewebe des Keims, vom Oberhäutchen getrennt, im Innern des Letzteren wie in einer äusserst dünnhäutigen, wasserklaren Blase eingeschlossen lag.

Fig. 46.

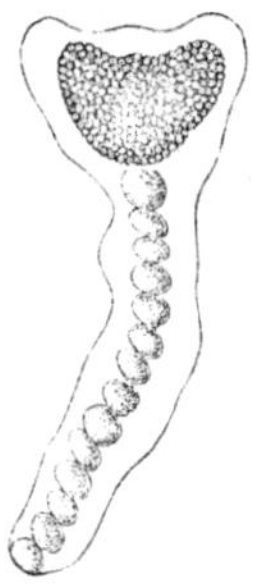

Embryo der Esche, von dem wie von dessen Keimträger durch Behandlung mit verdünnter Schwefelsäure das Oberhäutchen sich abgehoben hat.

In diesem frühesten Zustande fehlen dem Oberhäutchen nicht allein alle Spuren der später auftretenden sogenannten Spaltöffnungen, sondern auch jene leistenartigen Erhebungen der inneren Oberfläche, die an der älteren durch Maceration isolirten Cuticula vieler Pflanzen (Pinus, Betula, Narcissus, Agave etc.) den Verlauf der Oberhautzellen bezeichnen. (A. 5. Taf. 30, 28. 31.)

Aber nicht allein der embryonische Zustand der Pflanzen, sondern jeder jüngste, oberirdische Pflanzentheil auch älterer Pflanzen zeigt diesen einfachsten Zustand des Oberhäutchens. Unterwirft man die innersten Blätter keimender Zwiebeln von Allium, Amaryllis, Hyacinthus der Maceration, dann erhält man nach erfolgtem Auswaschen des zerstörten Zellgewebes, Schläuche aus wasserklarer Cuticula, deren tiefere, untere Theile — das Blatt wächst vorherrschend an seiner Basis, daher hier die jüngsten Theile zu suchen sind — ebenfalls keine Spuren von Leistenbildung oder von Spaltöffnungen erkennen lässt. Erst mit vorschreitendem Alter erleidet das ursprünglich überall gleichgebildete zarte Oberhäutchen durch die ihm anliegenden Oberhautzellen eine Reihenfolge von Veränderungen, aus der sowohl die Leisten, wie die sogenannten Spaltöffnungen hervorgehen.

Es ist nehmlich die Oberhaut der Blätter, besonders der unteren Blattseite, der jungen Triebe, aber auch der Früchte, der Fruchtknotenwände und selbst der Radicula des Embryo mancher Sämereien (Vicia etc.) mit eigenthümlichen Apparaten ausgestattet, deren Zahl auf den Quadratmillimeter 7—800 erreichen kann, bei den meisten Holzarten aber 25—50 nicht übersteigt. Es bestehen diese Apparate aus je zweien nierenförmigen Zellen, die mit ihrer concaven Seite einander zugewendet sind, so dass zwischen ihnen ein spaltförmiger Raum verbleibt, von dem man noch heute annimmt, dass er einen offenen Eingang in das Innere des Pflanzenkörpers bilde, so dass eine Mücke, wenn sie genügend klein wäre, durch den Spalt in die Pflanze hinein- und in den Intercellular-Räumen derselben unbehindert herumfliegen könnte, trotzdem, dass ich gegen diese Annahme die wichtigsten Einwendungen erhoben habe, und zwar:

1. Unmittelbarer Nachweis einer den Spalt verschliessenden gekörnelten Haut durch Maceration. In ihrem optischen, wie in ihrem chemischen Verhalten stimmt diese, auch an der verdicktesten Cuticula äusserst zart blei-

Fig. 47 1.

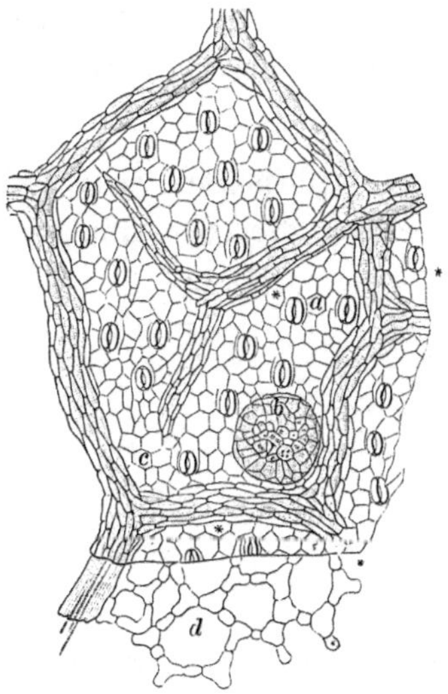

Vom Birkenblatte, eine einzelne, von Blattadern eingeschlossene Area, um die Zahl und Stellung der Spaltzellen zu zeigen. *b* Drüse. c Oberhautzellen. *d* Sternförmiges Zellgewebe.

Fig. 47 2.

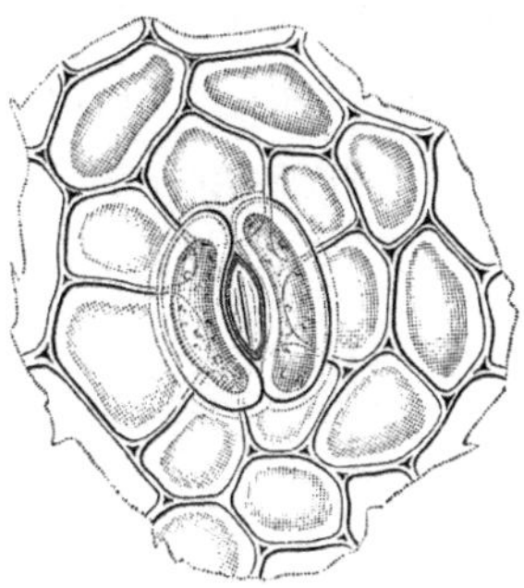

Eine einzelne Spaltdrüse in der Aufsicht.

bende Schliesshaut so sehr mit den Schliesshäuten der Zellwandung überein, dass mich dieser Umstand zuerst auf den Gedanken führte, es sei die Cuticula überhaupt die im Umfange ihrer durch Zellentheilung vermehrten Nachkommenschaft fortwachsende Wandung der ersten Zelle der Pflanze, er-

Fig. 48.

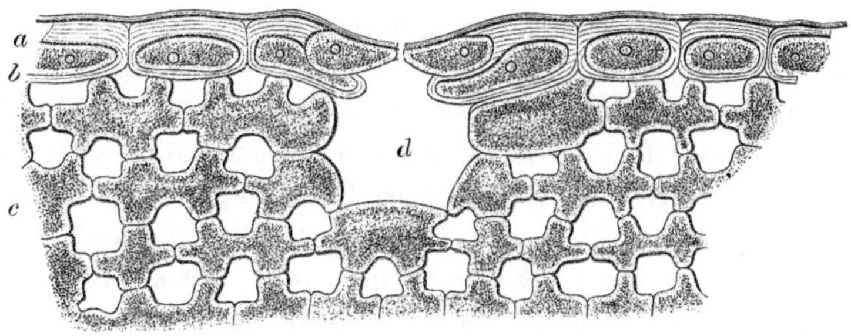

a Oberhaut. *b* Oberhautzellen. *c* Sternförmiges Zellgewebe der unteren Blattseite vom Birkenblatt.

nährt durch das ihr anliegende Zellgewebe von Innen her, wie der Embryo der Nadelhölzer von Aussen her ernährt wird durch die ihm aus dem einschliessenden Endosperm zugehenden Bildungssäfte (S. Abth. II. Der Keim; Abth. III. Das Samenkorn; Abth. IV. Die Keimung). Der Umstand, dass das Oberhäutchen im jugendlichsten Zustande keine Spaltflächen besitzt, dass diese, wie die Tipfel der Zellwandung erst später hervortreten, führt zur Vermuthung, dass die Entstehungsweise der Schliesshäute durch Hautverwachsung in beiden Fällen dieselbe ist (Seite 36).

2. Die fertige Cuticula vieler Pflanzen, der Nadelhölzer, vieler Liliaceen, der meisten immergrünen Laubhölzer zeigt deutlich drei Schichtungen, ganz

Fig. 49.

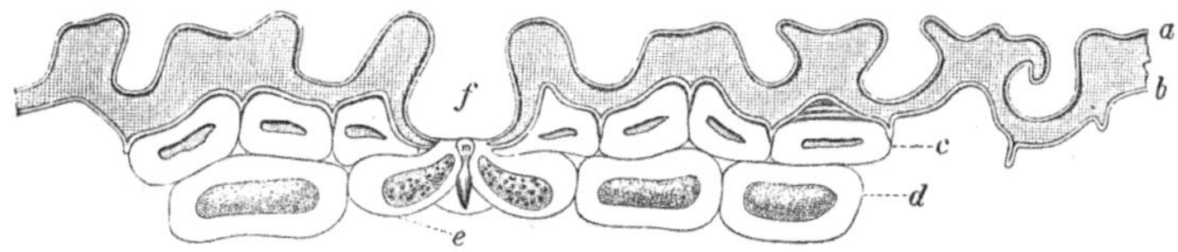

Epidermis von Taxus. *a b* Oberhaut. *c* Epidermiszellen. *d* Blattzellen. *e* Athemhöhle und Spaltdrüsen. *f.* Vorhof. Vergl. Fig. 91.

abgesehen von den Wandverdickungen der Oberhautzellen. Die mittlere dieser Schichten ist oft von bedeutender Dicke und wie die Celluloseschicht der Zellwandung deutlich und fortlaufend geschichtet. Nach Aussen und nach Innen ist diese Mittelschicht begrenzt von dünnen, aber doppelt contourirten Grenzschichten, deren häufig feinfaltiger Verlauf vom Verlauf der Schichtungslamellen der Mittelschicht abweicht (A. 5. Taf. 30, 31). Auch in dieser Richtung besteht viel Uebereinstimmendes zwischen fertiger Cuticula und fertiger Zellwandung.

3. Durch eine Reihenfolge von Versuchen habe ich nachgewiesen, dass die macerirten und ausgewaschenen, schlauchförmig geschlossenen Blätter verschiedener Liliaceen, wenn ihr Innenraum mit Zuckerwasser, Gummi- oder Salzlösungen gespeist wird, im Wasser dasselbe endosmotische Verhalten zeigen wie die Fischblase; dass der feinste Nadelstich, feiner als die scheinbaren Spaltöffnungen der Oberhaut, sofort den freien Erguss des Schlauchgehaltes in das umgebende Wasser zur Folge hat (B. III. 3. 4). Ich habe nachgewiesen, dass, wenn man einen Tropfen Stärkekleister mit einem Stück macerirter Cuticula überdeckt, selbst die so leicht permeable Jodlösung den Kleister erst dann färbt, wenn durch einen feineren Nadelstich dem Jod der Weg zum Kleister

geöffnet wird, auch wenn der Nadelstich kleiner ist als die scheinbaren Spaltöffnungen (A. 5 Schluss der Kupfererklärung zu Heft 4).

4. Die Lebensdauer der Cuticula ist eine sehr beschränkte. Bei der Mehrzahl unserer Holzarten verliert sie schon im Herbst des ersten Jahres die Fähigkeit durch eigenes Wachsthum sich dem erweiterten Umfange der Triebe anzuschliessen. Sie zerreisst und löst sich in wasserklaren Hautfetzen vom Triebe ab. Ehe dies geschieht, hat sich aber, wie ich Seite 58 gezeigt habe, in den Oberhautzellen eine in ihrem Verhalten zur Aussenluft die Cuticula ersetzende Korkzellenlage gebildet, die überall auch da entsteht, wo gewaltsame oder natürliche Verletzungen reproduktionsfähiger Pflanzentheile einen Abschluss derselben nach Aussen nöthig machen. Wenn wir sehen, mit welcher Sorgfalt die Pflanze dem Abfalle der Blätter, der Borkeschuppen, der Zweigabsprünge eine Korkschichtbildung auf dem umständlichen Wege der Zellenmetamorphose vorherschickt, dann ist es doch in hohem Grade unwahrscheinlich, dass in den Blättern, den thätigsten Organen des Pflanzenkörpers, der Aussenluft durch Tausende von Löchern freier Zutritt zum Innern des Pflanzenkörpers gestattet ist.

5. Wären die sogenannten Spaltöffnungen wirkliche Löcher in der Cuticula, dann müssten die Blätter zur atmosphärischen Feuchtigkeit sich ebenso verhalten, wie jeder andere poröse Körper. Ich werde aber zeigen, dass die Blätter unserer Holzpflanzen für jeden Aggregatzustand atmosphärischen Wassers unzugänglich sind.

6. Für das Studium der Entwickelungsgeschichte sind die jungen Blätter der Muscat-Hyacinthe dadurch ganz besonders geeignet, dass in ihnen jede der in Längsreihen geordneten Oberhautzellen eine Spaltdrüsen-Mutterzelle abschnürt, Spaltdrüsen und Oberhautzellen in jeder Zellenreihe alterniren, daher die Orte, wo Spaltdrüsen entstehen werden, schon vor deren Entstehung bestimmbar sind. Kocht man die jungen, noch im Längenwuchs stehenden Blätter $^1/_2$ Stunde in einer Lösung von Karmin-Ammoniak, zieht man darauf die Oberhaut von Oben nach Unten bis zur Blattbasis in Längsstreifen ab; breitet man Letztere, die Innenseite nach Oben gekehrt auf der Objekttafel aus, ersetzt man das Wasser der Objekttafel durch Glycerin, dann erhält man Präparate, an denen, häufig auf demselben Oberhautstreifen, alle Entwickelungsstufen der Spaltdrüsenbildung scharf hervortreten durch die tief rothe Färbung nur des Zellkernes und der Veränderungen desselben, wie ich solche nebenstehend, Fig. 50, dargestellt habe.

Es sind in dieser Figur drei nebeneinander verlaufende Reihen von Oberhautzellen abgebildet, die, wenn sie nach vorhergegangener Maceration gelöst sind, unter Wasser vermittelst eines weichen Pinsels von der Cuticula entfernt werden können, worauf dann unfern der Basis des Blattes die Cuticula als eine überall einfache, wasserklare Hautfläche sich zu erkennen giebt.

An den mit der Cuticula noch in Verbindung gebliebenen Oberhautzellen erkennt man den nachfolgend geschilderten Entwickelungsverlauf der

Spaltzellen,

auch Spaltdrüsen, Spaltöffnungen (stomata) genannt.

Die jüngsten Oberhautzellen enthaltem einen ihren Wänden dicht angelagerten Zellschlauch mit eingelagerten, durch die Abkochung in Karminlösung tief roth gefärbtem Zellkern (Fig. 50 *a*). In etwas älteren Zellen hat der Zellkern seinen früheren Stand annähernd in der Mitte des Zellschlauches verlassen, ist an das Ende des Zellschlauches getreten und lässt durch Farbenmangel die Vorbereitung zu einer Zweitheilung erkennen (Fig. *b*). Diese Zweitheilung des Zellkernes und zugleich des Zellschlauches ist in der Zelle *c* vollzogen und der Zellkern des Mutterschlauches in die Mitte des Letzteren zurückgewandert. In *d* haben die sich begrenzenden Schlauchflächen eine zur Längenachse der Zelle rechtwinkelige Lage angenommen. Erst nachdem dies geschehen ist, bilden Mutter- und Tochter-Schlauch aus sich selbst eine Zellwandung, die zwischen beiden als eine, die secundären Schläuche trennende Querwandung sich zu erkennen giebt (*e*). Es vollzieht sich diese Wandbildung unter den Seite 36 geschilderten Vorgängen. Während von hier ab der Zellschlauch der Mutterzelle unverändert bleibt, erleidet der Zellkern der Tochterzelle wiederum Zweitheilung (*e*). *f* zeigt den Entwickelungszustand, in welchem jede dieser Zellkernhälften einen neuen Zellschlauch aus sich entwickelt hat. Die jetzt noch durch Zellwände nicht voneinander getrennten Berührungsflächen der beiden symmetrischen Tochterschläuche liegen stets und genau in der Längenachse der Zellenreihe. Die von *f*, *g*, *h*, *i*, *k* abgeschnürten Tochterzellen zeigen die Veränderungen, welche die Zwillingszellen erleiden, theils durch Wandbildung um jede der Letzteren, mit der erst der zwischen ihnen liegende Raum scharfe Begrenzung

Fig. 50.

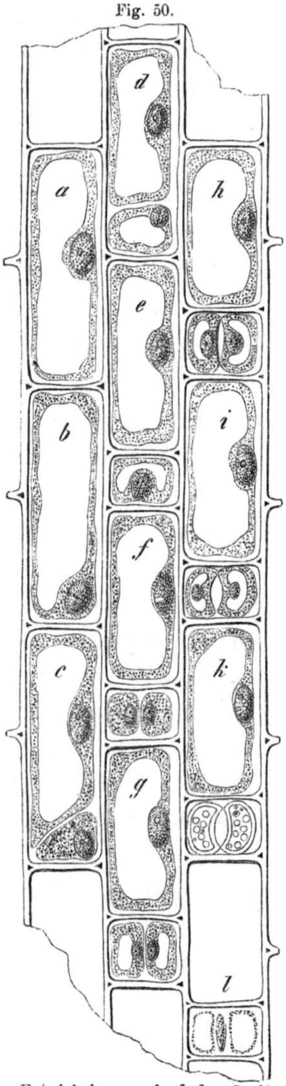

Entwickelungsverlauf der Spaltzellen im jungen Muscariblatt. (Siehe Text.)

und ausgeprägte Spindelform erhält, theils durch Zerfallen ihrer Zellkerne in Mehlkörper geringer Grösse (unter *k*).

Da, wo durch den Pinsel die Oberhautzellen von der Cuticula entfernt wurden, zeigt Letztere keine Spur einer Durchbrechung. Erst nach Vollendung der Spaltzellen bleibt nach Entfernung derselben auf der Cuticula eine Zeichnung zurück, die in Form und Grösse dem Raume zwischen den beiden Spaltzellen entspricht (unter *l*), die besonders da als eine beutelförmige Erweiterung der Cuticula nach Innen sich zu erkennen giebt, wo die scheinbare Spaltöffnung in einer Vertiefung der Cuticula liegt.

Der herrschenden Excretionshypothese entgegen steht die Auffassung Wiegand's (Intercellularsubstanz und Cuticula 1850), nach welcher die Cuticula nicht von den Oberhautzellen ausgesondert wird, sondern den Aussenwänden der Oberhautzellen selbst entstammt. Es mag genügen, gegen diese Anschauungsweise nur des Umstandes zu erwähnen, dass in jeder Pflanzenzelle mit Tipfelkanälen Letztere stets bis an die Aussengrenze der ältesten, äussersten Celluloseschichten hinausreichen. Es giebt aber Pflanzen, in denen auch die Aussenwandung der Oberhautzellen mit Tipfelkanälen durchsetzt ist. So bei Pinus sylvestris (A. 5, Taf. 29 Fig. 3.), bei Cycas revoluta (Schleiden Bd. I Fig. 100) Narcyssus (A. 5 Taf. 31 Fig. 2), Arbutus (Wiegand Taf. II Fig. 83). In allen diesen Fällen erlöschen die Tipfelkanäle an der Innengrenze der Cuticula!

Dies sind die Gründe, welche mich bestimmten, sowohl die Excretions- als die Umbildungs-Hypothese in Zweifel zu ziehen. Sorgfältiges Studium des Entwickelungsverlaufes führte mich zur Erkenntniss, dass es die Wandung der ersten Zelle, der Urzelle des pflanzlichen Individuums sei, welche sich, ernährt von den ihrer inneren Fläche anliegenden Oberhautzellen, bis zu einem gewissen Alter der oberirdischen Pflanzentheile lebendig und fortwachsend erhalte, auch darin mit der Zellwandung übereinstimmend, dass zwischen zweien dünnen Grenzhäuten eine mehr oder weniger dicke, geschichtete, der Celluloseschicht vergleichbare Mittelschicht lagert, in der sich, durch gegenseitige Vereinigung der Grenzhäute, im Bereich der scheinbaren Spaltöffnungen Schliesshäute bilden, die für die Cuticularwanduug genau dasselbe sind, was die Schliesshaut des Tipfelkanals für die Wandung der Binnenzelle ist.

Gegen diese, schon in meinen Beiträgen zur Entwickelungsgeschichte der Pflanzenzelle 1843 S. 19 vorgetragene Lehre vom Ursprunge der Cuticula hatte zunächst Schleiden den Einwurf erhoben: dass einer inhaltslosen Membran das Vermögen zu wachsen, Stoffe abzusondern und durch sich selbst sich fortzubilden nicht zugeschrieben werden könne. Allein wenn es unbestreitbar ist, dass die Cuticula des Nadelholzkeims diese Befähigung besitzt, durch Bildungssäfte die ihr von Aussen her das umgebende Endosperm liefert, dann ist es doch mehr als wahrscheinlich, dass sie ernährt und im Wachsthum erhalten werden könne durch die Lebensthätigkeit der ihrer Innengrenze anliegenden Oberhautzellen. Das Jahrzehente hindurch fortdauernde Wachsthum der langgestreckten Birken-Bastborkezellen, eine reiche Fundgrube der mannigfaltigsten physiologischen Betrachtungen, kann seine Bildungssäfte ebenfalls nur von Aussen her beziehen.

Begründeter ist dagegen der Vorwurf Wiegands, dass ich die cuticulare Urzelle nur als Grundlage der Bildung annehme und dieser eine die Verdickung bewirkende Absonderung von Cuticularstoff nach Aussen zuschreibe (Wiegand, Intercellularsubstanz 1850 S. 79). Allein schon im 4. Hefte meines grösseren forstbotanischen Werkes (A. 5 1845) habe ich Letzteres widerrufen und die Cuticula, auch im fertigen Zustande grösster Verdickung, dargestellt als einen, schon ursprünglich in sich abgeschlossenen, durch inneren Zuwachs sich verdickenden Pflanzentheil (A. 5 Taf. 31 Fig. 5. Wiegand müssen diese Arbeiten bei Herausgabe seiner Schrift unbekannt gewesen sein). Ich gebe Seite 64 Fig. 49 einen Theil dieser Abbildung aus der Spitze des Taxus-Blattes, um an dem Durchschnitt der völlig isolirten Cuticula den Unterschied zu zeigen, welcher zwischen der, wie es scheint, strukturlosen Mittelschicht derselben und den beiden doppelt contourirten und gefalteten Grenzhäuten *a b* besteht.

Allerdings sind diese Unterschiede nur in Fällen starker Verdickung der Cuticula optisch nachweisbar. Im jugendlichen Zustande und bei vielen Pflanzen für immer erscheint die Cuticula nur als eine dünne, doppelt contourirte Hautfläche, die nur ausnahmsweise schon bis zur Samenreife am Keime von Vicia, Phaseolus, Juglans zu bedeutender Dicke heranwächst.

Immer und überall ist die Lebensdauer der Cuticula eine beschränkte. Am kürzesten ist sie über der Wurzelspitze des Keimes reifer Sämereien. Sie wird hier schon in dem Zeitraume aufgelöst, der zwischen dem Hervorbrechen des Würzelchens aus dem keimenden Samenkorne und dem Heranwachsen desselben zu einer Länge von $1/2$—1 Centimeter liegt, um später an Wurzeln nie wieder aufzutreten. Diese Nacktheit aller älter als embryonischen Wurzeln ist eine bedeutungsvolle für den Ernährungsprocess. An den Blättern erhält sich die Cuticula bis zu deren Absterben lebendig und fortwachsend, sie kann am Blatte einer Agave hundertjähriges Alter erreichen. An den Trieben der meisten unserer Holzarten stirbt die Cuticula schon im Herbste des ersten Jahres, zerreisst und blättert ab, nachdem sich in den unterliegenden Oberhautzellen die Grundlage eines die Cuticula ersetzenden Korkgewebes gebildet hat. Bei einigen Holzarten ist die Lebensdauer der Cuticula auch an Trieben eine längere, so z. B. an Acer striatum.

n) Die Oberhaut des Blumenstaubes.

Der Blumenstaub der höheren Gefässpflanzen (pollen) besteht aus mikroskopisch kleinen Kügelchen, deren jedes als eine isolirte Zelle zu betrachten ist, eingeschlossen in eine Oberhaut (Exine), die man als die Primärwandung der Pollenzelle betrachten darf, während eine unter ihr liegende Wandungsschicht, von oft bedeutender Dicke, der secundären Cellulose-Wandung entspringt. In dieser Letzteren liegt dann der spiralig gewundene Zellschlauch, der mit seinem meist wachsharten körnigen Inhalte zum Pollenschlauche auswächst.

Dieser, das Pollenkorn mit einer Einzelzelle in Parallele stellenden Anschauungsweise entgegen, betrachtete Mohl die Aussenwandung ursprünglich aus einer grossen Zahl kleiner Zellen zusammengesetzt, die durch einen von der Zelle nach Aussen abgeschiedenen Stoff untereinander verbunden sind. Meyen nahm bis 1835 die Entstehung der Oberhaut aus den äussersten Verdickungsschichten der Aussenzellen an, betrachtete sie später aber (1837) wie auch Schleiden und Unger (1855) als Aussonderungsprodukt. Die neuen Lehrbücher sprechen über diesen Gegenstand sehr reservirt.

Fig 51.

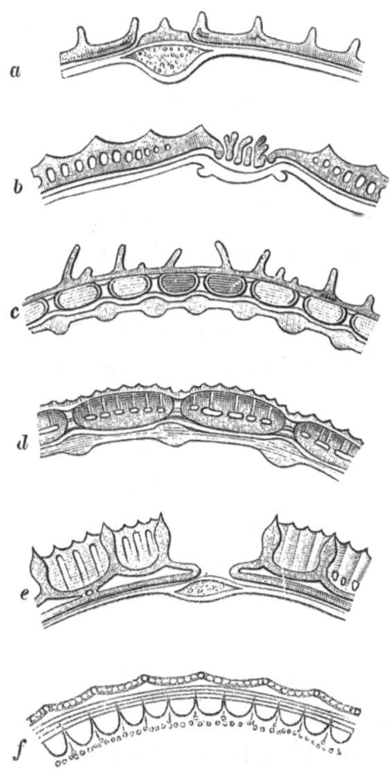

Durchschnitt der Zellwandung des Blumenstaubs. *a* Von Cucurbita mit solidem Deckel der Schlauchpforte. *b* Von Scabiosa mit vieltheiligem Deckel der Schlauchpforte. *c* Von Malva mit vollendeter Sonderung der Oberhaut in Exine, Intexine und Intine. *d* Von Mirabilis. Die zellige Intexine mit Tipfelkanälen. *e* Von Cichorium. Palisadenbildung der Exine. *f* Von Canna mit perliger Exine.

Es ist einer der kühnsten Gedanken unserer Zeit, die mit mathematischer Regelmässigkeit gebildete Armatur vieler Pollenkörner, bestehend aus Stacheln, Palisaden, Leisten, Durchbrechungen, Fallthüren etc. — ich habe eine Uebersicht der wichtigeren Verschiedenheiten dieser oft hoch über die Oberfläche des Pollenkornes hinausragenden Zierrathe gegeben in H. Karstens bot. Untersuchungen vom Jahre 1867 Taf. I, Fig. 8—28 — der freien Ausscheidung eines Bildungsstoffs auf die Oberfläche des ursprünglich glatten Pollenkorns zuzuschreiben. Durch die Entwickelungsfolge des Pollenkorns habe ich ebendaselbst Taf. XVIII, Fig. 2 *a*—*z* nachgewiesen, dass alle die verschiedenen, bei jeder Pollenart naturgesetzlich gleichen Umbildungen der ursprünglich glatten Oberhaut sich im Innern derselben vollziehen, unter fortdauerndem Wachsthum dieser ältesten, äussersten Wandungsformation, die ich, ihrer Bedeutung nach, der Oberhaut über Blättern und Trieben gleichstelle. Ueber Blättern und Trieben ist es die Primärwandung der Urzelle des pflanzlichen Individuums; über dem Pollenkorne ist es die Primärwandung der einzelnen Pollenzelle, welche zur Oberhaut sich fortbildet. Hier wie dort und wie in constituirenden Zellen finden Durchbrechungen der festeren Oberhautflächen statt, die nur von einer Schliesshaut nach Aussen abgeschlossen sind, am Pollenkorn dem Durchlass des Pollenschlauchs, an der Oberhaut der Verdunstung, an der constituirenden Zelle dem Durchlass der Pflanzensäfte dienen.

Das Weitere über Bau und Bedeutung des Pollen gehört einem folgenden Theile dieser Schrift an. Einer sehr auffallenden Erscheinung am Pollenkorne nur derjenigen Nadelhölzer, deren weibliche Blumen im Gipfel der Bäume sich entwickeln, zu denen der, an der tieferen Beastung sich bildende Blumenstaub emporsteigen muss, um die weibliche Blume zu befruchten, will ich hier noch erwähnen. Bis ungefähr 14 Tage vor dem Stäuben zeigt das kugelrunde Pollenkorn nichts Aussergewöhnliches. Erst dann erweitert sich die Oberhaut des Korns auf zweien gegenüberliegenden Stellen desselben zu grossen Lufträumen, von denen jeder ungefähr bis $1/3$ der Grösse des Korns sich erweitert. Durch die Bildung dieser mit Luft erfüllten Säcke wird das Gewicht des Korns verringert und kann dasselbe nun, dem aufsteigenden Luftstrome folgend, wie ein kleiner Luftballon in die Region der weiblichen Blüthen emporsteigen. So bei allen Tannen, Fichten, Kiefern. Bei der Hemloktanne (Tsuja), stehen männliche und weibliche Blüthen auf denselben Zweigen beisammen, ihr fehlen auch die Pollensäcke.

Man hat, zu Gunsten der Oberhautbildung durch Excretion, die Möglichkeit innneren Wachsthums derselben bestritten. Bei der, im Verhältniss zum Korne bedeutenden Grösse der Luftsäcke, bei der Derbheit und Dicke der sie umschliessenden Oberhaut muss ich annehmen, dass ein Flächenwachsthum letzterer durch Intussusception noch in der Periode der Sackbildung stattfindet, zu einer Zeit also, in welcher die Oberhaut auf beiden Seiten von Luft begrenzt ist.

Die Bestimmung der in den Säcken enthaltenen Luftart, durch Isolirung derselben im pneumatischen Apparate der Luftpumpe, wäre nicht unmöglich, bei der grossen Menge, in der der Blumenstaub der genannten Zapfenbäume in reichen Blüthejahren mit Leichtigkeit sich völlig rein gewinnen lässt. Der mit der Bildung der Luftsäcke in naher Beziehung stehende sogenannte Schwefelregen zeigt, wie gross die Menge des Blumenstaubes in manchen Jahren ist.

4) Die Umbildung des zweiten Zellschlauches zur Zellwandung.

§ 26. Mit der Ausbildung des ersten Zellschlauchs zur fertigen Zellwandung, mit der Entwickelung eines neuen Zellschlauchs im Innern der ersten Zellwandung (Fig. 1), haben die meisten Zellen des Markes und der Rinde, der Markstrahlen und der Zellfasern, der Siebfasern und der Siebröhren des Bastes ihre eigene Vollendung erreicht. Sie dienen fortan der Bereitung und Aufbewahrung von Reservestoffen, von Stärkemehl, Klebermehl, Gerbmehl, Inulin, je nach Verschiedenheit der Pflanzenart, der Zellensysteme, denen sie angehören, alljährlich oder in kürzeren Vegetationsperioden die Neubildung und Wiederauflösung derselben unter Mitwirkung des Zellkerns vermittelnd.

Die bis ins höchste Alter der Rothbuche lebendig bleibende grüne Rinde derselben lehrt, dass diese, in gesetzlichem Wechsel stehende Thätigkeit solcher Zellen mehr als hundert Jahre hindurch sich ungeschwächt erhalten kann, dass sogar die Befähigung solcher Zellen zu Selbsttheilung und Wachsthum der Tochterzellen bis zur normalen Grösse der Mutterzellen nicht erlischt; es könnte anderen Falles die grüne Rinde der Rothbuche, der Hainbuche, der Weisstannen nicht unaufgerissen bleiben. Die Zellen mancher Sämereien erhalten sich noch längere Zeit, wenn auch nicht lebensthätig, doch lebendig. Aus unzweifelhaft älter als 30jährigen Sarothamnus-Samen habe ich selbst kräftige Pflanzen gezogen. Mumien-Weizen soll Jahrtausende seine Keimkraft sich erhalten haben.

Indess ist diese lange Dauer der Lebensthätigkeit doch immer eine Ausnahme von der Regel. Die Zellen der Blätter, Blüthen, Früchte, sterben mit den Pflanzentheilen, denen sie angehören, die Zellen der Rinde und des Markes nach einem oder einigen Jahren, die dünnwandigen Zellen des Siebfasergewebes der Bastschichten sterben mit dem Uebergang Letzterer zur Borke.

Im Bereich des Holzkörpers sind es die Markstrahlzellen und die Zellfasern, in deren primitiven Wandungen der Zellschlauch sich erhält, die Neubildung und Wiederauflösung der Reservestoffe, während mehrerer, selbst vieler Jahre wiederholend. In den ächten, einhäusigen Holzfasern hingegen, wie in der Gliederröhre verwandelt sich der Zellschlauch schon nach wenigen Wochen in eine zweite, der ersten eingeschachtelte Zellwandung, unter Reduktion der ersten Zellwandung auf eine sehr geringe Dicke. Dasselbe ist der Fall in den Bastfasern des Siebfasergewebes.

v. Mohl erklärte den Mangel eines Zellschlauchs in Holzfasern und Gliedröhren aus einer Resorption des Ersteren, und diesem Umstande ist es wohl vorzugsweise zuzuschreiben, dass noch heute der Bau der Holzfaserwandung, die Zusammensetzung derselben aus zweien ineinandergeschachtelten Wandungen verkannt ist.

Im jugendlichsten Zustande, so lange der Zellschlauch im Innern der primären Zellwandung noch vorhanden, ist die Holzfaserwandung von der Fig. 1 gegebenen Darstellung des Querschnitts nicht wesentlich verschieden; die einfache, geschichtete Zellwandung *d—e* umschliesst einen Zellkern (*a*) enthaltenden Zellschlauch (*c*). Schneidet man dagegen aus fertigem Holze gross- und weitfasriger Holzarten sehr zarte Querscheiben — am Besten aus üppig gewachsenem Holze von Pinus Strobus, dann sieht man, wie die primäre Wandung auf eine sehr geringe Dicke geschwunden und an der Stelle des secundären Zellschlauchs (Fig. 1 *c*) eine secundäre Zellwandung der Primärwandung dicht angelagert ist.

Netzt man solche Querschnitte auf der Objekttafel mit einem Tropfen nahe concentrirter Schwefelsäure, dann quillt die secundäre Zellwandung anfänglich mächtig auf und löst sich schliesslich in der Flüssigkeit, die primitive Zellwandung hingegen erleidet weder Volumerweiterung noch Lösung, sie wird zu einer schwarz gefärbten, kohligen Schicht, in der man die Intercellulargänge, die einfachen Tipfel und die linsenräumigen Tipfel der primären Zellwandung noch deutlich zu erkennen vermag.

Fig. 52.

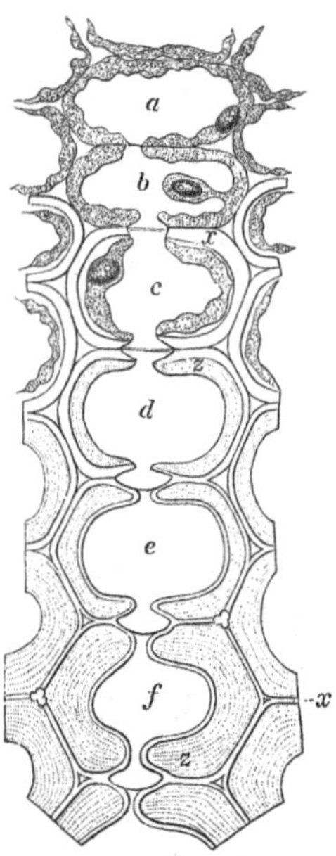

Schematische Darstellung der Entwickelungsfolge einer Holzfaser im Querschnitt. Siehe die nebenstehende Erklärung.

Diesen Vorgang der Bildung einer zweiten, inneren Zellwandung aus dem zweiten Zellschlauche, unter Reduktion der ersten Zellwandung auf geringe Dicke, stellt Fig. 52 schematisch dar. Der Querschnitt *a* zeigt die junge Holzfaser im Schlauchzustande, unmittelbar nach der Abschnürung von ihrer Mutterzelle; *b* zeigt denselben Zustand nach der Einstülpung des Zellkerns wie in Fig. 16 und nach Verwachsung der beiden Schlauchhäute zur künftigen Tipfelstelle. In *c* hat der erste Zellschlauch zu einer ersten Zellwandung (*x*) sich ausgebildet, der eingestülpte Zellkern hat einen zweiten eingeschachtelten Zellschlauch gebildet, der in *d*, *e*, *f*, unter fortschreitender Reduktion der primären Zellwandung *x* zu geringer Mächtigkeit, eine zweite innerste Zellwand bildet (*z*), deren Dicke die der reducirten Zellwandung bedeutend übersteigt.

Den Verlauf der Umbildung des zweiten Zellschlauchs in die zweite Zellwandung, beobachtet an jungen Holzfasern der untersten Stammtheile kräftig wachsender Stämme von Pinus Strobus, habe ich in den Figuren 53—56 dargestellt.

Fig. 53 ist der Zellkern des secundären Zellschlauchs, nachdem sein Kernkörperchen durch Selbsttheilung zu einer Mehrzahl von Kernkörperchen geworden (*z*), er selbst an beiden Enden zu einem mit körnigen Körpern erfüllten Schlauche ausgewachsen ist. Unter zunehmendem Dickewachsthum dieses Schlauches übersteigt dessen Längenwachsthum die Länge des Raumes

Fig. 56. Fig. 55. Fig. 54. Fig. 53.

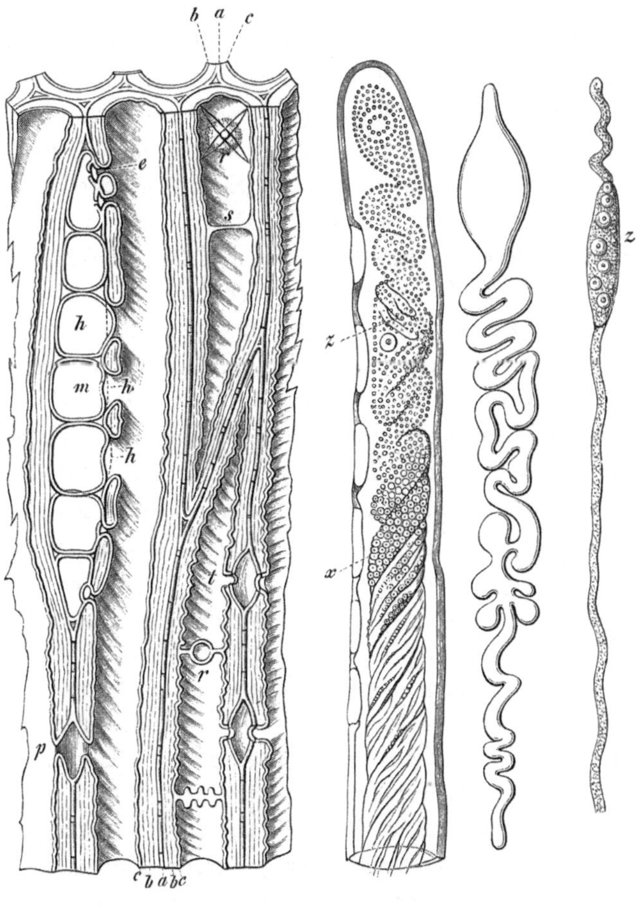

Fig. 53. Zellkern des sekundären Zellschlauches mit durch Theilung vermehrten Kernkörperchen und einer Verlängerung nach beiden Seiten.

Fig. 54. Fortschreitende Vergrösserung im beschränkten Raume der primitiven Wandung zwängt den Schlauch in Falten, die hier nur in Umrissen angegeben sind.

Fig. 55. Der in der Entwickelung zur sekundären Zellwand weiter vorgeschrittene Zellschlauch, in dem man oben noch die Entstehung aus molekularen Körnern erkennt, hat sich in dem unteren Theile schon in die Spiralstellung des Astathebandes geordnet.

Fig. 56. Tangentaler Längenschnitt aus dem fertigen Holze von Pinus Strobus. Die primäre Zellwand allein stellt sich dar in den Wänden der Markstrahlen *m h*, in deren obersten die ihr angehörenden Hoftipfel zu Tage liegen, während sie nach der Seite der Holzfaser hin (*e*) von dicker Cellulose-Wandung umgeben sind. Die Entwickelung einer dritten Zellwandung muss man folgern aus dem Umstande, dass die Querwände *r s* sich nicht in die zweite Wandung fortsetzen.

der primitiven Zellwandung um das Vielfache, dem zu Folge der Schlauch sich in Falten legen muss (Fig. 54, 55), die weiterhin eine genau spiralige Lage annehmen (*x*). Schon jetzt erkennt man bestimmt eine reihenweise Anordnung der molekularen Körnchen des Schlauchsafts (*z*—*x*), die in den Reihen zur Primitivfaser untereinander verwachsen. Durch gegenseitige schichtenweise Verwachsung der Primitivfasern zu Schichtungslamellen und durch Flächenverwachsung Letzterer geht daraus das spiralig gewundene Cellulose-Band (Astatheband) hervor, dessen, unter *x* der Abbildung gelegene Theile die Zusammensetzung aus Primitivfasern hier und da noch deutlich erkennen lässt. Seite 43 habe ich nachgewiesen, dass dieser spiralige Bau der einfach und geschlossen erscheinenden Holzfaserwandung durch die Zusammensetzung des spiraligen Cellulosebandes aus Schichtungslamellen und dieser aus Primitivfasern sich auch an der fertigen Holzfaser wiederauffinden lässt.

Während der Entwickelung des zweiten Zellschlauchs zur zweiten Zellwandung erleidet auch die Primärwandung der Holzfaser noch eine wesentliche Veränderung darin, dass im Umkreise der ursprünglich einfachen Tipfelflächen ein gesteigertes Flächenwachsthum der Primärwandung eintritt. Dies örtlich beschränkte Flächenwachsthum hat eine Einfaltung der Primärwandung zur Folge, deren Ringfalten nach Innen die kreisförmigen Tipfelflächen überwachsen, dadurch den Linsenraum des Nadelholztipfels bildend und festigend. Fig. 31 *a*—*d* veranschaulicht diesen Vorgang. Bei *a* sehen wir noch die einfachen, durch gegenseitige Verwachsung der beiden Schlauchhäute des primitiven Zellschlauchs entstandene, cellulosefreie Schliesshaut, rechts daneben die Aufsicht auf die schmal gerandete Schliesshaut des jugendlichen Tipfels. Neben *b*, *c*, *d* ist die zunehmende Einfaltung der die Tipfelfläche umgebenden Wandung dargestellt, mit deren Zunahme die frei bleibende kreisförmige Schliesshaut des Tipfels kleiner wird, wie solches die nebenstehende Aufsicht auf die Tipfelkreise darstellt. Vollständige Ueberwachsung der Schliesshaut findet nie statt.

Auch die secundäre Zellwandung ist auf der Innen- und Aussenfläche durch die mit ihr verwachsenen Schlauchhäute des secundären Zellschlauchs begrenzt. Da nun die Tipfelkanäle der primären Zellwandung immer und überall in die Tipfelkanäle der secundären Zellwandung sich fortsetzen, so wird man diese Thatsache kaum anders erklären können, als mit der Annahme, dass, wie die cellulosefreie Schliesshaut der Primärwandung durch die gegenseitige Verwachsung der beiden Schlauchhäute entsteht, derselbe Vorgang nicht allein in der secundären Zellwandung sich wiederholt, sondern gleichzeitig auch zwischen den Schliesshäuten des secundären Zellschlauchs und denen der primären Zellwandung sich vollzieht, nachdem durch die Spannkraft des secundären Zellschlauchs die Schlauchhäute des Letzteren in die Tipfelkanäle der Primärwandung hineingepresst wurden.

An einfachen Tipfeln findet eine Einfaltung der Primärwandung nach Innen zur Bildung eines Linsenraumes nicht statt; selbst da, wo sehr kleine Linsenräume zwischen benachbarten Zellwandungen vorhanden sind, wie z. B. an Holzröhren und auf der dem Marke zugewendeten Seite der Nadelholzfaser lässt sich Einfaltung nicht erkennen. Sie zeigt sich auch nicht an der grossen Schliesshautfläche derjenigen Nadelhölzer von Pinus, die den mittleren Stockwerken der Markstrahlen anliegen.

5) Die Umbildung eines dritten Zellschlauches zu einer dritten Zellwandung.

§ 27. Bei einer nicht geringen Zahl von Holzarten, besonders unter den Nadelhölzern ist die innerste Grenze der secundären Zellwandung auf Querschnitten durch eine Doppellinie gezeichnet, die dann einen welligen, von den sogenannten Ablagerungsschichten des Cellulosebandes abweichenden Verlauf zeigen, welcher spiralige Faltung einer innersten Grenzschicht entspricht, wie ihn der Längenschnitt aus dem Holze von Strobus zeigt (Fig. 56 *t*). Weit bestimmer tritt die Selbstständigkeit der tertiären Zellwandung in den Holzfasern von Taxus baccata auf, woselbst ihr allein die weitläuftige Spiral- und Ringfaltung angehört, die den Innenraum der Holzfaser ziert. Jeder Zweifel an der Selbstständigkeit dieser tertiären Formation schwindet aber da, wo, wie bei Strobus (Fig. 56), und bei vielen Cypressen (Juniperus) einzelne Holzfasern sich in Zellfasern umgebildet haben (Fig. 56 *s. r*). Die Querscheidewände dieser Zellfasern gehören hier zweifellos nur der innersten, gefalteten Formation an, die secundäre Cellulosewandung (*b b*) ist durchaus unbetheiligt bei der Bildung dieser Querscheidewände, die unzweifelhaft der Tertiärformation angehören und späterer Entstehung sein müssen, als das Celluloseband, welches auch hier den Hauptbestandtheil der Zellwandung bildet.

Fig. 53.

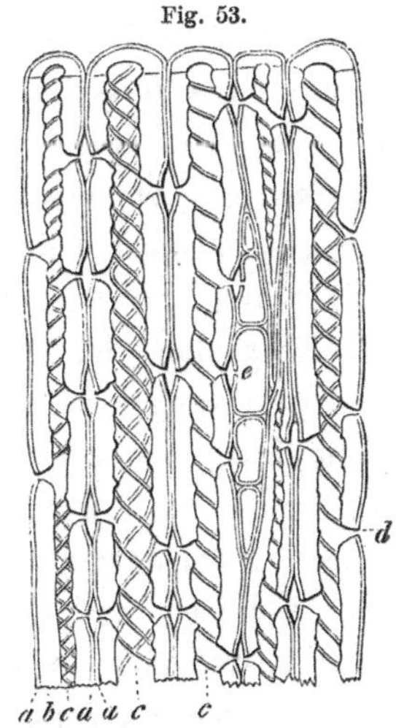

Tangentaler Längenschnitt aus dem Holze von Taxus baccata. *a* erste, *b* zweite, *c* dritte Wandung.

Im Holze der Schwarzpappel kommen hier und da kleine Fasercomplexe vor, in deren Fasern die tertiäre Faserwandung ungewöhnlich dick ist, so dass durch ihre Aufquellung in Schwefelsäure der Innenraum der Faser mehr oder weniger, zuweilen ganz verdrängt wird.

Auch in den Gliedröhren einiger Laubhölzer, z. B. der Linde, beruht die Verschiedenheit spiraliger Bildung derselben Wandung auf dem Hinzutreten einer tertiären Formation.

In der fertigen Faserzelle unterscheidet sich die tertiäre Wandung von der secundären auch durch ihr abweichendes Verhalten zu chemischen Reagentien. Sie quillt in Schwefelsäure nicht bemerkbar auf und wird nach Behandlung mit Schwefelsäure durch Jod nicht blau, sondern braun gefärbt, verhält sich also zu diesen Reagentien nahe wie die primäre Zellwand der fertigen Holzfaser.

6) Die Entwickelung einer grösseren Zahl ineinander geschachtelter Zellwandungen.

§ 28. Die Entwickelung von mehr als drei ineinander geschachtelten Zellwandungen ist jeden Falles keine häufig vorkommende. Ich kenne sie bis jetzt nur aus Palmenhölzern, aus den Schleimzellen einiger Cacteen (Bot. Ztg. 1855, p. 185) und aus einigen zu steinharten Concrementen verdickten parenchymatischen Zellen. Es bietet diese Wandbildung aber so viele wichtige Fingerzeige, dass ich ihrer nicht unerwähnt lassen kann.

In dem Holze einer Palme, das häufig zu Regenschirmen und Spazierstöcken hierorts verarbeitet wird, bestehen die Faserbündel zum Theil aus sehr grossen bastfaserartigen Organen, deren Wände bis auf einen sehr kleinen Innenraum verdickt sind, von welchem Tipfelkanäle auslaufen, die mit den Tipfelkanälen der Nachbarfasern correspondiren. Schon bei einer geringen Vergrösserung erkennt man auf dem Querschnitte der Fasern 3—5 Schichtungs-Complexe, die durch wellige Linien in concentrischen Kreisen voneinander getrennt sind, während die primitive Zellwandung allein, wie gewöhnlich, durch gegenseitigen Druck der Organe in die polyedrische Form gepresst ist.

Längen- und Querschnitte aus diesen dickwandigen Fasern, unter Deckglas zuerst mit Salpetersäure, dann mit verdünnter Kalilauge behandelt*), lockern den Zusammenhang der Formationen und geben Ansichten, aus denen ich die körperliche Darstellung Fig. 59 zusammengestellt habe. Man erkennt an jeder der einzelnen aus sogenannten Ablagerungsschichten zusammengesetzten Formationen a^1—a^4 eine innere und eine äussere Grenzhaut, von denen die innere *p* etwas dicker und wellig gestaltet, die äussere zarter und mehr gestreckt ist. In der primitiven Zellwandung *o* lässt sich, wie überall, Schichtenbildung nicht mehr erkennen. Von einem auch hier noch erhaltenen Zellschlauche aus, sieht man die innere häutige Auskleidung der Tipfelkanäle, die in der Längenansicht viel höher sind, als in der Ansicht des Querschnitts, im contrahirten Zustande nach der primitiven Zellwandung hin waagerecht ver-

* In der Bot. Zeitung 1855, S. 464, habe ich die Art der Behandlung dieser Objekte näher beschrieben.

laufen und, am Ein- und Ausgange einer jeden Formation trichterförmig erweitert, in die häutige Begrenzung Letzterer sich fortsetzend.

Isolirt werden die Fasern durch Erwärmung in Salpetersäure und chlorsaurem Kali. Behandelt man die isolirten Fasern mit schwacher Kalilauge, dann erhält man Ansichten, wie sie Fig. 60 giebt. Im vorgenannten Falle hatte bei der

Fig. 58.

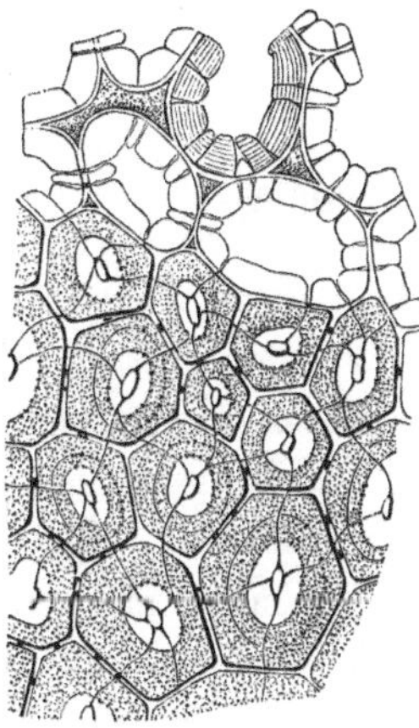

Fig. 59.

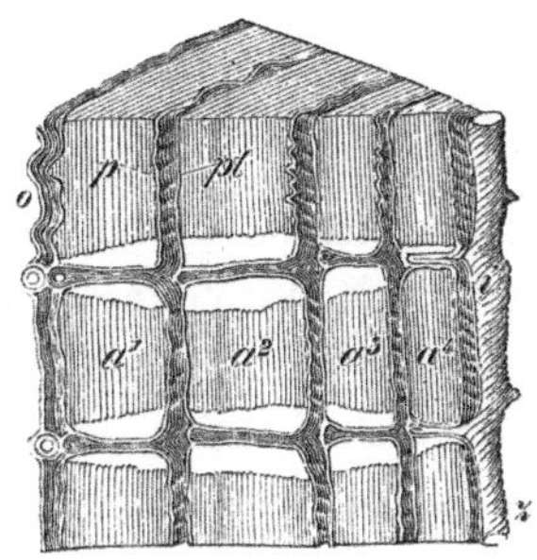

Fig. 60.

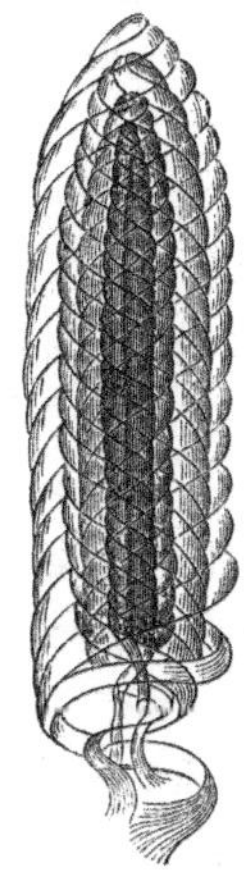

Siehe die nachstehenden Erläuterungen.

schwächeren Wirkung der Salpetersäure der die Schichtungscomplexe begrenzende häutige Bestand der Zellwand sich erhalten und das Celluloseband in seiner normalen Form erhalten. In diesem Falle hatte die energische Wirkung der Salpetersäure den häutigen Bestand der Wandungscomplexe aufgelöst, und das Celluloseband jeder Formation dadurch von der fesselnden Hülle befreit, in Folge dessen dann die spiraligen Windungen jedes Cellulosebandes erkennbar werden. Wo Zerreissungen der Fasern stattgefunden haben, erkennt man sehr häufig die Lösung des Cellulosebandes in Primitivfasern und dieses in Primitivkügelchen.

An solchen Objekten erkennt man mit grosser Deutlichkeit, dass das Celluloseband einer jeden Wandungsformation in einer dem Bande der vorher und der nachher gebildeten Formation entgegengesetzten Richtung gewunden ist. Es scheint dies allgemein zu sein und erklärt sich daraus auch die nicht selten auftretende Kreuzung zweier augenlidförmigen Spalten des linsenräumigen Nadelholztipfels Fig. 28, von denen der eine einer jüngeren, der zweite einer älteren Formation angehört.

Die Ursache dieser wechselnden Windungsrichtungen an aufeinanderfolgenden Wandungsformationen derselben Zelle möchte ich zurückführen auf die Entstehung der jüngeren Formationen innerhalb einer älteren, durch Einstülpung der inneren Haut des Zellschlauchs in den Zellraum. Zeichnet man um einen durchsichtigen Schlauch eine fortlaufende Spirale, stülpt man den Schlauch ein- oder mehreremale in sich selbst ein, so zeigt jede Einstülpung eine der vorhergehenden entgegengesetzte Windungsrichtung.

Ob die gigantischen, bis auf einen kleinen Innenraum verdickten, reich von Tipfelkanälen durchzogenen, massenweise beisammenstehenden Steinzellen in der grünen Rinde der Birken, Buchen, Hainbuchen hierher gehören, vermag ich zur Zeit noch nicht anzugeben, es fehlt mir noch ein eingehendes Studium der Entwickelungsgeschichte.

7) Weitere Veränderungen der Zellwandung.

§ 29. Bereits vorhergehend habe ich erwähnt und durch Fig. 52 bildlich erläutert, dass die primitive Zellwandung, ursprünglich von grösserer Dicke, im Verlauf der Entwickelung der zweiten Zellwandung auf sehr geringe Dicke reducirt werde, wahrscheinlich durch Verminderung ihres Wassergehaltes und durch dichteres Aneinanderlegen der sie constituirenden Moleküle. Sie erleidet hierbei aber auch eine Veränderung in Bezug auf ihr Verhalten zu chemischen Reagentien. Sie wird nicht mehr, wie die jüngeren Wandungen, durch Einwirkung verdünnter Schwefelsäure in Gummi und Zucker verwandelt, durch concentrirtere Säuren nicht mehr expandirt, sondern zu dunkelbraun gefärbten Schichten verkohlt. Bis auf die intercellulären Räume und die linsenförmigen Tipfelräume verschwindet die Grenzlinie zwischen je zweien aneinanderliegenden Fasern in der grossen Mehrzahl der Fälle gänzlich. Es scheint hier in der That eine wirkliche Verschmelzung der beiden Primitivwände stattzufinden, ohne dass sich ein verbindender Zwischenkitt optisch erkennen lässt. Es ist daher nicht auffallend, dass die vereinten Primitivwände benachbarter Fasern lange Zeit als ein gemeinschaftlicher Zwischenkitt, als eine Intercellular-Substanz betrachtet wurden, durch welche die Holz- und Bastfasern unter einander verbunden und gefestigt sind.

Eine weitere Veränderung erleidet die Zellwandung erst bei dem Uebergang des Splintholzes in das Kernholz durch Infiltration gelöster Harze, Gummiharze, Farbstoffe, 6—12 Jahre nach dem Entstehen der Holzfasern. Wo die infiltrirten Stoffe gefärbt sind, erhält dadurch das Kernholz eine mehr oder weniger dunkle Färbung, dem Splintholz gegenüber grössere Härte und längere Dauer. Die Kernholz bildenden Stoffe können nicht in den Holzfasern und Gliedröhren gebildet sein, da diese Organe keinen Zellschlauch führen; sie müssen beim Aufsteigen der, aus gelösten Reservestoffen wiederhergestellten secundären Bildungssäfte in den leitenden Holzfasern zurückgehalten werden und von deren Innenraum aus die Holzfaserwandung durchdringen. Es bestätigt dies die Thatsache, dass im schwarzen Ebenholze die secundäre Zellwandung häufig gefärbt ist neben der noch farblosen Primärwandung; es bestätigt dies ferner der Umstand, dass die nicht leitenden, Reservestoff speichernden Zellfasern auch mitten im Kernholze farblos bleiben. Im Kernholze vieler exotischer Laubhölzer füllt sich auch der Innenraum der Holzfasern und der Gliedröhren mehr oder weniger mit jenen Kernholz bildenden Stoffen, zum Theil nur einen Wandbelag bildend, worauf sich die Annahme „inkrustirender Stoffe“ beschränken dürfte. Die Behauptung, dass im Kienholz sehr harzreichen Nadelholzes die Holzfaser selbst in Harz sich umbilde, vermag ich nicht zu bestätigen.

In unsern heimischen Laubhölzern sind es in Wasser unlösliche, gefärbte Stoffe (Xylochrom), welche das Kernholz der Eichen, Akazien, Rüstern, Obstbäume etc. färben. Viele andere Holzarten, Linden, Ahorne, Rosskastanien, Buchen zeigen eine abweichende Kernholzfärbung nicht. Bei Cytisus (Deutsch-Ebenholz) tritt die schwarze Färbung des Kernholzes nur in Folge krankhaften Zustandes der Aststutze ein. Bei den heimischen Nadelhölzern färbt sich das Kernholz von Pinus, Larix, Cembra unter Harzansammlung, bei Abies, Picea, Strobus bleibt es ungefärbt.

In der Rinde einiger exotischer Holzarten erleiden die Wände der Steinzellen eine wirkliche Versteinerung, so dass diese Zellen selbst andauerndem Glühen widerstehen. Vielleicht steht hiermit der ungewöhnliche Härtegrad in Beziehung, den die Steinzellen in der Rinde der Birken, Buchen, Hainbuchen erlangen.

8) Die Intercellularsubstanz.

§ 30. Besonders unter den Zellenpflanzen giebt es Arten, Gattungen, selbst ganze Familien, deren Zellschläuche in aussergewöhnlich und bleibend dicke Primitivwandungen gebettet sind, während die äusseren Grenzhäute derselben so zart sind, dass sie in einigen Fällen der Beobachtung sich entziehen. In solchen Fällen scheint es dann, als seien die Zellschläuche in einen gemeinschaftlichen Teig gebettet, der als intercellularer angesehen wurde, indem man den Zellschlauch als Zelle, den Teig — Mirbel's „sulzige Masse“ als Ausscheidungsprodukt dieser Zelle betrachtete. In meinen „Beiträgen“ habe ich solche Fälle aus Ulva latissima, Tremella Nostoc, Sphaerococcus crispus (Lichen Carraghen der Apotheken), Laminaria, Polytrichum abgebildet, da ich in diesen Bildungen einen wichtigen Beleg zu finden glaubte für die damals von mir aufgestellte Bildungsweise der Zellwandungen durch Ausscheidung. Indess, da in der Mehrzahl dieser Fälle eine gegenseitige Verbindung der Zellschläuche durch correspondirende Tipfelkanäle in normaler Weise, wie im Zellgewebe der Gefässpflanzen besteht, da der Entwickelungsverlauf dieser Zellen kein anderer ist als in Letzteren, da auch in den höheren

Gefässpflanzen unter dem Kork eine Gewebeschicht vorhanden ist, Collenchym genannt, die dem Zellgewebe der vorstehend genannten Pflanzenarten sehr nahe steht, in der sich aber die, die Primitivwandungen der Nachbarzellen trennenden Grenzhäute zwar schwierig aber mit Sicherheit erkennen lassen, bin ich später zu dem Schlusse gelangt, dass auch in den genannten Zellenpflanzen eine durch Ausscheidung zwischen die Zellen ergossene Intercellularsubstanz nicht besteht, dass es entweder optische Hindernisse sind, die dem Erkennen einer die benachbarten Primitivwandungen trennenden Grenzhaut entgegenstehen, oder dass diese Grenzhaut im Verlauf der Zellgewebe-Ausbildung zerstört wird.

Dass zwischen Holz- und Bastfasern die Primärwandungen, wo sie sich nachbarlich berühren, unter einander verschmelzen, so dass eine mittlere Trennungslinie nicht mehr nachweisbar ist, dass diese Trennung nur im Umfange der Intercellularräume und der linsenräumigen Tipfel sich erhält, habe ich schon vorhergehend erwähnt. Allerdings zeigen sich die kleinen Intercellularräume des Holzes mitunter ausgefüllt, bisweilen in eigenthümlichen kleeblattähnlichen Formen (Fig. 33), da aber das Verschmelzen der benachbarten aneinanderliegenden Primärwandungen einen erweichten Zustand derselben bedingt, konnte es wohl sein, dass die Ausfüllungsmasse der Intercellularräume des Holzes der erweichten Substanz der Primärwände angehört, die durch den gegenseitigen Druck, den die Holzfasern aufeinander ausüben, in den intercellularen Raum hineingepresst wurde.

Gern gestehe ich, dass es mir, trotz aller Bemühungen nicht gelungen ist, eine klare Einsicht in die hier obwaltenden Verhältnisse zu erlangen, dass mir aber das Bestehen einer Intercellularsubstanz durch Ausscheidung in diesem Falle mindestens unwahrscheinlich ist.

Aus dem, was ich weiterhin über Zellenmehrung durch Zellentheilung sagen werde, geht hervor, dass zwischen den Tochterzellen je zweier Mutterzellen die Wandung Letzterer verbleibt und mit dem Heranwachsen der Nachkommenschaft aller Tochterzellen zur Grösse der Mutterzellen im Umfange der Ersteren zu immer dünner werdenden Zellbeuteln erweitert werden. Die letzten Stengelglieder des Blumenkohls, sehr weich gekocht und mit Zusatz von Jodlösung unter Deckglas zerdrückt, zeigen sehr schön das Zerfallen des Zellgewebes in grössere und kleinere Zellencomplexe, von denen jeder von einer gemeinschaftlichen Cellulose-Schicht eingeschlossen ist (das Weitere in meinen Beiträgen 1844 S. 30). Hier haben wir also eine intercellulare Substanz, die wahrscheinlich resorbirt wird, von der aber möglicherweise Rückstände, vielleicht des häutigen Bestandes der Mutterzellenwandung, zwischen den Zellen sich erhalten können.

9) Ptychode, Astathe, Eustathe.

§ 30. Das vorstehend über Entwickelung und Bau der Zellwandung Vorgetragene weicht wesentlich von Dem ab, was ich in meiner Arbeit: Leben der Pflanzenzelle, Berlin, Foerstner 1844, darüber gesagt habe und bin ich meinen Lesern Rechenschaft schuldig in Bezug auf die Veränderung meiner früheren Anschauungsweise.

Nachdem ich den Zellschlauch und dessen Zusammensetzung aus zweien ineinandergeschachtelten Schlauchhäuten erkannt und in die Wissenschaft unter dem Namen Ptychodeschlauch eingeführt, die innere Schlauchhaut mit dem Namen Ptychode, die äussere Schlauchhaut mit dem Namen Ptychoide belegt und erkannt hatte, dass die Cellulosewandung zwischen den beiden Schlauchhäuten aus der Körner führenden Flüssigkeit des Schlauchraumes sich aufbaue, während die beiden Schlauchhäute in einer äusseren und inneren häutigen Bekleidung der Celluloseschichten (Ablagerungsschichten) sich erhalten, führte mich die Untersuchung dickwandiger Holz- und Bastfasern, in denen mehrere ineinandergeschachtelte Cellulosewände die Zellwandung bilden, zu der Wahrnehmung, dass die Grenzhäute jeder einzelnen Wandungsschicht im Verlauf der Tipfelkanäle untereinander verschmelzen (Leben der Pflanzenzelle Taf. I Fig. 52 *p—r*). Es entsprang aus dieser, an sich richtigen Beobachtung die irrige Annahme: dass die Regeneration des Zellschlauches im Innern eines bereits vorgebildeten Schichten-Complexes der Cellulosewand auf einer Spaltung der inneren Grenzhaut des jüngsten Schichtungs-Complexes beruhe. Diese Annahme fand ihre Berichtigung in dem von mir selbst gebrachten Nachweis, dass die Regeneration des Zellschlauches auf Einstülpung beruhe (Seite 36 Fig. 16). Es waren mir ferner damals die Veränderungen noch unbekannt, welche das, was ich heute primäre Zellwandung nenne, in Verlauf seiner Fortbildung erleidet. Die erst im höheren Zellenalter auftretenden, physikalischen und chemischen Unterschiede dieser äussersten Zellwandungsschichten von den tiefer liegenden, besonders deren Unempfindlichkeit gegen die Einwirkung von Schwefelsäure, die scheinbare Gemeinschaftlichkeit derselben zwischen den Berührungsflächen je zweier Nachbarfasern durch das Verschwinden einer mittleren Trennungslinie, verbunden mit der damals noch herrschenden Annahme einer die Zellen verkittenden Intercellularsubstanz führte mich zu der Annahme, dass diese mittlere, auf der Objektplatte selbst durch concentrirte Schwefelsäure nicht quellbare Trennungsschicht zwischen den Wänden je zweier benachbarten Holz- oder Bastfasern späteren Entstehens, also jünger sei, als die durch Schwefelsäure quellbaren, tiefer liegenden Celluloseschichten. Nie und nirgends habe ich gesagt, dass im Bereich Letzterer die äusseren Ablagerungsschichten jünger seien als die inneren. Nachdem ich durch fortgesetzte Erforschung der jugendlichsten Zustände des Zellenkörpers erkannt hatte, dass der früheste Zustand dieser scheinbaren Zwischensubstanz von dem aller später sich bildenden Schichtungen nicht verschieden ist, gelangte ich bald zu der hier vorgetragenen Lehre, nach welcher die Eustathe, d. h. die beständige Wandungsschicht, so genannt wegen der ihr im Alter fehlenden Quellbarkeit in Schwefelsäure, nichts weiter ist als eine primäre, in ihrer Dicke reducirte und chemisch veränderte Zellwandung; während die Astathe, d. h. die unbeständige Wandungsschicht, so genannt mit Bezug auf ihre Quellbarkeit in Schwefelsäure, zusammenfällt mit dem, was ich vorhergehend als secundäre Zellwand beschrieben habe, die nicht selten aus mehreren Schichtungscomplexen besteht, deren jeder aus zweien Grenzhäuten und aus den zwischen ihnen liegenden Schichtungslamellen (Ablagerungsschichten) zusammengesetzt ist.

Die Ptychode, Faltenhaut hingegen, der ich diesen Namen beigelegt hatte, der spiraligen oder ringförmigen Faltungen wegen, durch die sich dieser innerste Wandungstheil von allen vorgebildeten häufig, z. B. bei Taxus, unterscheidet, habe ich jetzt als ein tertiäres, jüngstes Glied eines Formenwechsels in der Bildung der Zellwand erkannt.

Ptychode, Astathe, Eustathe betrachte ich also jetzt als drei ineinandergeschachtelte Formationsglieder derselben Zellwandung, unter denen die Eustathe die älteste, äusserste ist; jede derselben ursprünglich gleicher Entstehung und Bildung.

IV. Theilung der Wandungszelle.

Seite 17 haben wir den Theilungsverlauf kennen gelernt, wie er sich in sehr jugendlichem Zellgewebe vollzieht. Die Figuren 7 *a—g* erläutern die Beschreibung. In allen weiter entwickelten Zellen, nachdem der erste Zellschlauch zu einer ersten Zellwandung geworden ist, ein zweiter Zellschlauch sich gebildet hat, vollzieht sich die Zweitheilung dieses Letzteren in etwas abweichender Weise.

1) Vorgang der Schlauchtheilung.

§ 31. Jede Samenpflanze entstammt dem Zellkerne eines Mutterkörpers gleicher Art, nachdem Ersterer zu selbstständiger Fortbildung befähigt wurde durch den Vorgang der Befruchtung.

Aus dem befruchteten Zellkerne bildet sich die erste Zelle einer neuen Pflanze in der Seite 19 und durch die Figuren 8 – 13 dargestellten Weise.

Durch die Theilung dieser ersten Mutterzelle jeder Samenpflanze in Tochterzellen, der Tochterzellen in Enkelzellen u. s. f. vergrössert sich die

Zellenzahl der Pflanze; durch das Heranwachsen aller Tochterzellen zur Grösse der Mutterzellen oder darüber hinaus, wächst die Pflanze.

Die Theilung ist meist eine Zweitheilung; nur bei Entstehung der secundären Markstrahlen, bei Bildung der Zellfasern, bei manchen Reproduktionserscheinungen höherer Pflanzen und bei der Sporenbildung vieler niederen Gewächse ist sie eine gleichzeitig mehrfache in derselben Zelle.

Seite 36 haben wir die Entwickelung der Pflanzenzelle bis zu dem Zustande kennen gelernt, in welchem, zur Bildung eines secundären Zellschlauches, der Zellkern des primären Zellschlauches innerhalb einer Einstülpung der inneren Schlauchhaut in den Innenraum des Zellraumes getreten ist. Fig. 16.

Wo von diesem Zustande aus eine Theilung des Zellschlauches in zwei Tochterschläuche stattfinden soll, da setzt sich die Einstülpung der inneren Schlauchhaut bis zur entgegengesetzten Schlauchgrenze fort, oder — wohl richtiger — sie vollzieht sich von allen Punkten einer Querfläche der inneren Schlauchhaut aus so, als wenn man durch eine umgelegte Schlinge einen aufgeblasenen Darm zusammenzieht und endlich in zwei Hälften abschnürt, wobei die Abschnürungsränder beiderseits zu geschlossenen Hautschichten verschmelzen (B. III 21. Fig. IV 2).

Das der Beobachtung unmittelbar sich Darbietende ist: dass der ursprünglich peripherische Schlauchraum mit seinem Inhalte, in einer bestimmten, den Innenraum des Schlauches in zwei mehr oder weniger gleich grosse Hälften theilenden Abschnürungsfläche nach Innen sich erweitert und dass der bis dahin wandständige Zellkern (Fig. 61 a) in diesen Abschnürungsraum eingeht, daselbst in einer meist genau centralen Stellung verbleibend, wie dies Fig. 61 *b* darstellt.

Fig. 61.

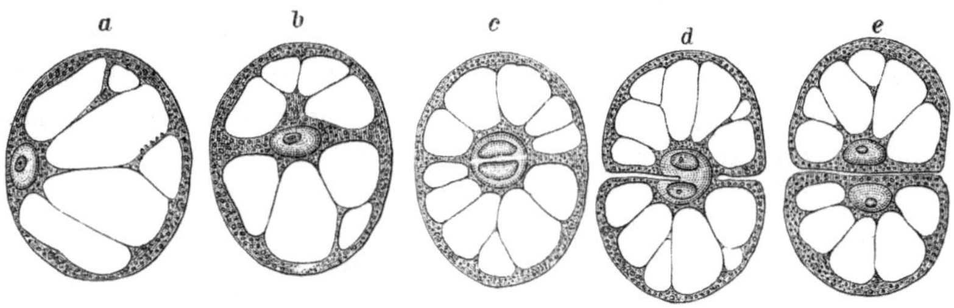

Vorgang der Zweitheilung des Zellschlauches in zwei Tochterschläuche. Der Zellkern in *a* tritt in die Mitte der Zelle, erleidet dort eine Zweitheilung (*c*), worauf die äussere Schlauchhaut zwischen den beiden Tochterkernen sich abschnürt. *d*, *e*.

Da der Zellkern seiner Grösse und Beschaffenheit nach durch sich selbst sich nicht zu bewegen vermag, so beweist dessen ganz allgemein stattfindende Ortsveränderung, dass eine Strömung des Schlauchsaftes auch da stattfinden muss, wo sie der unmittelbaren Beobachtung sich entzieht.

In dieser Stellung erleidet nun der Zellkern eine Zweitheilung, die sich in derselben Weise vollzieht, wie die Theilung des Füllkernes (Fig. 7 *a—g*). In seiner mittleren Durchschnittsfläche und stets in der Richtung des Abschnürungsraumes der Schlauchzelle klärte sich eine einfache Schicht von Kernstoffkörperchen zu Saftbläschen, die bei der Färbung aller übrigen Theile des Zellkernes in Karminlösung durch Farbenmangel sehr bestimmt unterscheidbar sind.

Nachdem, wahrscheinlich in derselben Weise wie im Füllkerne, die Zweitheilung des Zellkernes sich vollzogen hat, die Zellkernhälften etwas weiter auseinandergetreten sind, erleidet, nun erst, auch die Aussenhaut des Zellschlauches eine Einschnürung, und zwar in demselben Abschnürungsraume, den vorhergehend die innere Schlauchhaut bildete. Die Vollendung dieser zweiten Abschnürung und die Verschmelzung durch ihre Abschnürungs-Ränder *d e* beiderseits zu einer geschlossenen Schlauchhaut zwischen den beiden Zellkernhälften stellt nun zwei vollständig ausgestattete Tochterschläuche dar, deren Zellkernhälften, nachdem sie sich zu normalen Zellkernen ausgebildet haben, durch Einstülpung in den Zellraum einen neuen Zellschlauch bilden, während jeder der vorgebildeten Tochterschläuche in geschilderter Weise zu einer primären Zellwandung sich ausbildet. (Fig. 16.)

Die aus den eingestülpten Zellkernen sich entwickelnden Zellschläuche sind es alsdann, die einer oder mehreren nachfolgenden Theilungen in vorbeschriebener Weise unterworfen sind, bis die Periode der Zellentheilung vorüber ist, und die Zellenfestigung durch Bildung secundärer und tertiärer Wandbildung an deren Stelle tritt.

So einfach wie ich den Theilungsvorgang in Vorstehendem darstellte, verhält er sich allerdings nicht. Ohne Ueberschreitung der Grenzen, die ich meinen Mittheilungen in dieser Schrift gesteckt habe, durfte ich auf Verschiedenes nicht eingehen, was ich in meinen speciellen Arbeiten, zuletzt in Karsten's Bot. Untersuchungen vom Jahre 1867 gesagt und gezeichnet habe und erlaube mir dorthin zu verweisen.

2) Theilungsrichtung.

§ 32. Die Theilung ist eine verschiedene nach der Lage der Flächen, in der sie sich vollzieht.

Vollzieht sich die Theilung nur rechtwinkelig zur Längenachse der Mutterzelle, dann geht aus Letzterer der Zellenfaden hervor. Findet die Theilung fortdauernd und gleichläufig mit der Längenachse der Zellen statt, schneiden sich die der Längenachse gleichläufigen Theilungsflächen untereinander, dann entsteht dadurch die Zellenfläche. Tritt hierzu eine dritte

Theilungsrichtung rechtwinkelig zur Längenachse der Zellen, so entsteht dadurch der Zellenkörper. Eine vierte Theilungsrichtung, diagonal zur Längenachse der Zelle verwandelt die ursprünglich parenchymatische Zelle in die Faserzelle.

3) Tempo der Theilung.

§ 33. Die Zellentheilung wiederholt sich in um so kürzeren Zeiträumen, je jünger die Zellen sind. Da nun jede Tochterzelle eines gewissen Zeitraumes bedarf, um zur Grösse der Mutterzellen heranzuwachsen, so werden in den jüngsten, wachsenden Pflanzentheilen die Zellen nie ihre volle Grösse erreichen können; sie werden um so kleiner bleiben in dem Maasse, als das Tempo der Zellentheilung ein rascheres ist als das Tempo des Zellenwachsthums.

Die Mutterzelle eines künftigen Zellenfadens theilt sich zunächst, rechtwinkelig zu ihrer Längenachse, in zwei Tochterzellen gleichen Alters. Durch fortgesetzte Theilung der Tochter- und Enkelzellen in derselben Richtung entsteht der Zellenfaden, dessen Endzellen die jüngsten und einer immer rascher sich wiederholenden Selbsttheilung unterworfen sind, als die Zellen in der Mitte des Zellenfadens, deren Theilungsfähigkeit in einem gewissen Alter aufhört, während sie in den beiderseitigen Endgliedern der Zellenreihe sich noch fortsetzt, um so rascher sich wiederholend, je näher die Zellen den beiden Enden der Zellenreihe stehen. Durch das Erlöschen der Theilungsfähigkeit in den ältesten, mittleren Zellen der Zellenreihe bildet sich hier eine Reihe ausgewachsener Zellen, von der aus Zellentheilung und Wachsthum des Zellenfadens nach beiden Enden des Zellenfadens hin sich fortsetzt und zwar um so rascher, je näher die Zellen dem Ende des Zellfadens sind.

Hierauf beruht das Wachsen der Pflanzen in entgegengesetzter Richtung.

Nimmt man an, der Zeitraum, den die neu gebildete Tochterzelle bedarf, um zur Grösse und Vollendung der Mutterzelle sich auszubilden, sei ein 10 oder 20 Mal längerer als der Zeitraum, in welchem die Theilung der jüngsten Mutterzellen an den Enden des Zellfadens sich wiederholt, nehmen wir ferner an, Letzterer verlängere sich in dem Maasse als die Zellen mit noch fortdauernder Theilungsfähigkeit den Zellen mit erloschener Theilungsfähigkeit näher stehen, so folgt daraus, dass von beiden Enden des Zellfadens einzig nicht allein die Grösse, sondern auch die Ausbildung der Zellen in dem Grade zunehmen muss, als der Zeitraum der Theilungswiederkehr dem Zeitraum des Zellenwachsthums und der Zellenausbildung sich nähert.

Abgesehen von den eintretenden Umbildungen der vorgebildeten Zellen kann man die Spitzen noch freier Triebe auch höherer Pflanzen als ein Aggregat von Zellfäden betrachten, für welches dasselbe gilt, was ich in Bezug auf den einzelnen Zellenfaden gesagt habe. Die jüngsten Zellen sowohl des aufsteigenden wie des absteigenden Knospenwärzchens wachsender Triebe sind ausserordentlich klein und unvollkommen entwickelt, in Folge der hier sich am raschesten wiederholenden Theilung. Je tiefer nach Innen, um so grösser und um so weiter ausgebildet sind auch diejenigen Zellen, in denen noch Zellentheilung stattfindet. Bei Darstellung der Theilungsvorgänge müssen beide Fälle gesondert werden. Den ersten dieser Fälle, die Zweitheilung im jugendlichsten Zellgewebe habe ich bereits Seite 17 besprochen.

4) Theilung permanenter Mutterzellen.

Die Regel, dass, bis zum Erlöschen der Theilungsfähigkeit, beide Tochterzellen einer erneuten Theilung fähig sind, erleidet einige Ausnahmen und zwar im Korkgewebe und auf der Grenze zwischen Holz- und Bastkörper, woselbst stets nur ein, und zwar derselbe Zellschlauch wiederholter Theilung unterworfen ist, während die von ihm abgeschnürte Tochterzelle sich nicht mehr theilt. Ich habe in diesen Fällen von permanenten Mutterzellen und sterilen Tochterzellen gesprochen. Es ist das zur Querfläche der stammartigen Baumtheile radial geordnete Zell- und Fasergewebe, welches in dieser Weise sich vergrössert.

Zellentheilung im Korkgewebe.

§ 34. Die erste Zellenlage unter der Oberhaut besteht an jungen, 1—3jährigen Trieben aus einfachen, parenchymatischen Zellen, deren jede einen zellkernführenden Zellschlauch gewöhnlicher Bildung enthält. Ehe in Folge der zunehmenden Dicke des Triebes und des aufhörenden Flächezuwachses der Oberhaut Letzterer zerreisst und in todten Fetzen abblättert, ist in den ihr anliegenden Oberhautzellen (Epidermis - Zellen, epidermoidale Zellen) eine sich mehrere Male wiederholende Selbsttheilung der Zellschläuche eingetreten, deren Theilungsrichtung der Aussenfläche des Triebes gleichlaufend ist. Aus diesen Tochterschläuchen der Epidermiszellen entsteht unter Resorption der Mutterzellenwandung ein in radiale Reihen geordnetes Zellgewebe aus primitiven Wandungen, in welchem, nach erfolgter Resorption der Zellschläuche und des Saftgehaltes, die Leitungsfähigkeit für Flüssigkeiten sowohl wie für Gase erlöscht, vielleicht in Folge fehlender Tipfelung seiner Wände.

Dies Zellgewebe, Korkgewebe genannt, weil es uns die unter dem Namen Kork bekannte, leichte, luftführende, für tropfbare wie für luftförmige Flüssigkeiten undurchdringliche Substanz liefert, hat für die Pflanze dieselbe Bedeutung wie für die verkorkte Flasche und ersetzt daher die das Eindringen äusserer Flüssigkeiten in das Innere des Pflanzenkörpers, wie die freie Verdunstung innerer Flüssigkeit verhindernde Oberhaut erst dann, wenn Letztere abgestorben, zerrissen und abgeblättert ist. Diese Funktion des Korkgewebes spricht sich auch darin aus, dass es überall durch Metamorphose vorgebildeter Organe da entsteht, wo abgestorbene Pflanzentheile ausser Funktion treten, z. B. zwischen den absterbenden Borkeschichten der älteren Rinde (Eiche, Kiefer), auf der künftigen Blattstiel- oder Fruchtnarbe, vor Abfall der Blätter oder Früchte; über dem bleibenden Zellgewebe solcher Triebe, deren letzte Internodien abortiren, eine Seitenknospe an die Stelle der Endknospe tritt; am Grunde der Lenticellen und bei vielen Reproduktions-Erscheinungen.

Der Theilungsvorgang im Korkgewebe unterscheidet sich von dem des parenchymatischen Zellgewebes wesentlich darin, dass allein die innerste, jüngste Zelle (Fig. 62) einer erneuten Zweitheilung unterworfen ist, während alle von ihr nach Aussen abgeschnürten Tochterzellen eine zweite Theilung nicht mehr erleiden. Die innerste jüngste Zelle, oder vielmehr den innersten jüngsten Zellschlauch habe ich daher die „permanente" Mutterzelle genannt, im Gegensatze zu den von ihr abgeschnürten „sterilen" Tochterzellen.

In den älteren Tochterzellen ist der Zellschlauch verschwunden, wahrscheinlich durch Resorption, da von einer Ausbildung desselben in eine secundäre Zellwandung, wie sie die Holzfaserwandung zeigt, keine Spur erkennbar ist.

Aus der Lage der permanenten Mutterzelle an der innersten Grenze der Korkschichten, von denen bei den Korkeichen alljährlich eine Jahresschicht gebildet wird, erklärt sich die Thatsache periodisch sich wiederholender Korknutzung, wenn beim Abschneiden des Korkes die innersten Schichten desselben dem Baume erhalten bleiben.

Es ist mir nicht gelungen, eine bestimmte Ansicht darüber zu gewinnen, ob die Theilungs-

Fig. 62.

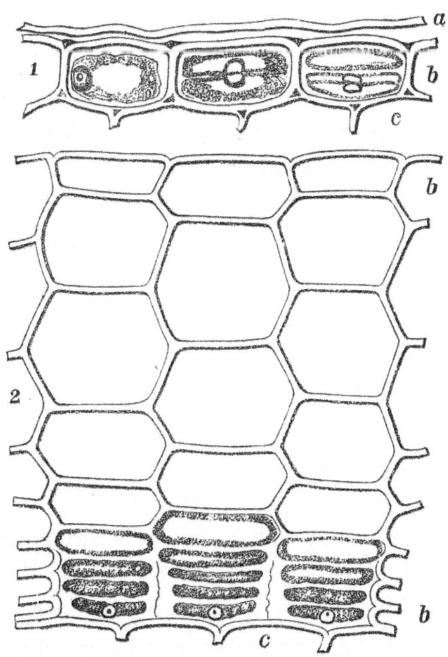

Fig. 1. Cuticula und Oberhautzellen im Augenblick der Zerreissung und Ablösung Ersterer (*a*), der beginnenden Korkbildung in Letzterer durch Theilung des Zellschlauchs (*b*). Fig. 2. Die Cuticula (Fig. 1 *a*) ist abgestossen und verloren gegangen. Die zuerst abgeschnürten Korkzellen (Fig. 2 *b*) sind ausgewachsen und bilden den Kork, dessen reproductive Schicht bei einigen Pflanzen (Korkeiche, Korkrüster) ein rasches Nachwachsen der hinweggenommenen Korklagen vermittelt, natürlich nur dann, wenn die reproductive Schicht dem Baume verbleibt.

fähigkeit sich ausnahmslos auf die innerste jüngste Zelle beschränkt, ob sie sich nicht erstreckt auch auf die jüngsten Tochterschläuche, so lange diese noch keine Zellwandung in ihrem Umfange gebildet haben.

5) Theilung cambialer Zellen auf der Grenze zwischen Holz und Bast.

§ 35. Während im parenchymatischen Zellgewebe der Blattbasis, des Knospenwärzchens, der Pollen-Mutterzelle etc., die Zellentheilung mit Zellenwachsthum zusammenfällt, ist dies im cambialen Fasergewebe älterer Baumtheile nur in sehr beschränktem Maasse und nur in einer der drei Zellen-Dimensionen der Fall. Die Länge und Breite der jüngsten Holz- und Bastzellen ist dieselbe, die diese Zellen auch später beibehalten und nur in der Tiefe erleiden dieselben eine mehrfache Vergrösserung im Verlauf ihrer Fortbildung. Hierzu tritt nun noch der Umstand, dass die auf der Grenze zwischen Holz- und Bastkörper stehenden Mutterzellen für jeden Faser-Radius allein und in Permanenz das Theilungsgeschäft verrichten, die nach der Holz- und Bastseite hin von ihnen abgeschnürten Tochterzellen nicht mehr theilungsfähig sind, während im parenchymatischen Zellgewebe jede der beiden durch Zweitheilung entstandenen Tochterzellen bis zum Alter der Zellenfestigung einer erneuten Zweitheilung unterworfen sind.

Taf. II stellt den Querschnitt aus dem Holze und Baste der Spätling-Pappel (Populus serotina m.) zur Winterszeit dar. Die Zellenschicht *a* enthält die zuletzt gebildeten Fasern des Holzkörpers, die Zellenschicht *b* enthält die zuletzt gebildeten Fasern des Bastkörpers, von denen die dem Holze anliegenden die jüngsten sind. Beide sind vollkommen ausgebildet, die letzte Holzfaser mit Secundärwandung und ohne Zellschlauch, die ihr benachbarten letzten Bastfasern nur aus Primärwandung bestehend, aber, wie alle älteren mit Zellschlauch, den ich in die Zeichnung nicht aufgenommen habe, der besseren Uebersicht wegen. Die letzten Holz- und die letzten Bastfasern unterscheiden sich von den vorgebildeten durch geringe Tiefe in der Richtung des Radius, so wie dadurch, dass die Tipfel nicht, wie gewöhnlich, auf der den Markstrahlen, sondern auf der dem Mark und der Rinde zugewendeten Seite stehen. Die Siebtipfel der jüngsten Bastfasern sind bei Laubhölzern noch nicht vollständig ausgebildet. Günstiger für die Beobachtung verhält sich in dieser Hinsicht das Winterholz von Taxus baccata.

Nicht zwischen, sondern aus den jüngsten Holzfasern (*a*) und aus den jüngsten Bastfasern (*b*) entwickelt sich nun bei unseren einheimischen Holzarten alljährlich, ein neuer Holzring und ein neuer Bastring, wie im Korkgewebe aus permanenten Mutterzellen mit dem Unterschiede, dass auf der Grenze zwischen Holz und Bast für jeden Faserradius deren zwei vorhanden sind. Mit der Rückenseite fortdauernd aneinanderliegend, schnüren diese beiden permanenten Mutterzellen alljährlich eine gewisse Anzahl steriler Tochterzellen von ihrer Bauchseite ab, die Mutterzellen des Bastkörpers also nach Aussen hin zum Bastringe, die Mutterzellen des Holzkörpers nach Innen zum Jahresringe des Holzkörpers.

Man wird sich diesen Vorgang versinnlichen, wenn man sich zwei beiderseits offene Röhren wie die Läufe einer Doppelflinte mit einander verbunden und mit einem ihrer Enden in Seifenwasser gestellt denkt. Ein anhaltender Luftstoss in das entgegengesetzte Ende des Doppelrohres wird in der Flüssigkeit zwei Reihen von Luftblasen in entgegengesetzter Richtung entwickeln, die man sich in der Flüssigkeit bleibend denken muss. Die beiden in der Flüssigkeit stehenden Oeffnungen des Doppelrohres repräsentiren die beiden permanenten Mutterzellen, die von ihnen ausgegangenen beiden Blasenreihen repräsentiren den Jahreszuwachs einerseits an Holzfasern, andererseits an Bastfasern desselben Faserradius der Querfläche. Die den beiden permanenten Mutterzellen zunächst stehenden Faserzellen sind die zuletzt gebildeten, die entferntesten sind die ältesten, zuerst gebildeten. Denkt man sich den Luftstrom aus dem Doppelrohr nach Jahresfrist erneut, dann werden zwischen den vorjährigen zwei neue Jahreslagen des Holzes und des Bastes sich einschieben und so fort in jedem folgenden Jahre, unter Verdrängung der beiden permanenten Mutterzellen für Holz- und Bastkörper (oder des Doppelrohres im Bilde) nach Aussen.

Durch die ausgebildete, einfache Tipfelung der äussersten Holzfaser, der die innerste, siebförmig getipfelte Bastfaser sich anschliesst, lässt sich nachweisen, dass auch in der permanenten Mutterzelle des Holzkörpers im Winterholze der Zellschlauch zu einer secundären Zellwandung sich ausbildet. Es muss daher in jedem Frühjahre Letztere wieder in den Zustand des Zellschlauches zurückschreiten, um das Geschäft der Selbsttheilung verrichten zu können. Die unmittelbare Wahrnehmung bestätigt, dass solches der Fall ist. In Bezug auf die Mutterzelle des Bastkörpers ist eine rückschreitende Veränderung nicht nothwendig, da in ihr der Zellschlauch permanent ist.

Fig. 63 zeigt den Querschnitt aus Holz und Bast derselben Pappelart, wie Taf. II, aber in der letzten Hälfte des Mai, also zur Zeit lebhafter Entwickelung der Jahresringe. Bei *a* liegt die Grenze des vorjährigen Holzringes, erkennbar an dem Vorhandensein einer secundären Zellwandung; bei *b* liegt die innere Grenze des vorjährigen Bastringes, erkennbar nur an der geringen Tiefe der ältesten Siebfaser. Alles, was zwischen *a* und *b* gezeichnet ist, sind Neubildungen an Holz- und an Bastfasern des Maimonats. Die Grenze zwischen Holz- und Bastkörper liegt zwischen *c* und *d*. Sie ist auf Querschnitten nicht näher zu bestimmen, daher meine Annahme: dass auch hier die Zellenmehrung durch Zellentheilung auf ein Paar im Radius der Querfläche hintereinander liegender permanenter Mutterzellen beschränkt ist, deren innere die sterilen Tochterzellen für den Holzkörper, deren äussere die sterilen Tochterzellen für den neuen Bastkörper abschnürt, kaum mehr ist als eine Uebertragung meiner Beobachtungen vom Korkgewebe auf das Cambialgewebe, unter dem schon für Ersteres erwähnten Vorbehalte: dass die jüngsten Tochterzellen für Holz und Bast vielleicht noch theilungsfähig sind.

Fig. 63.

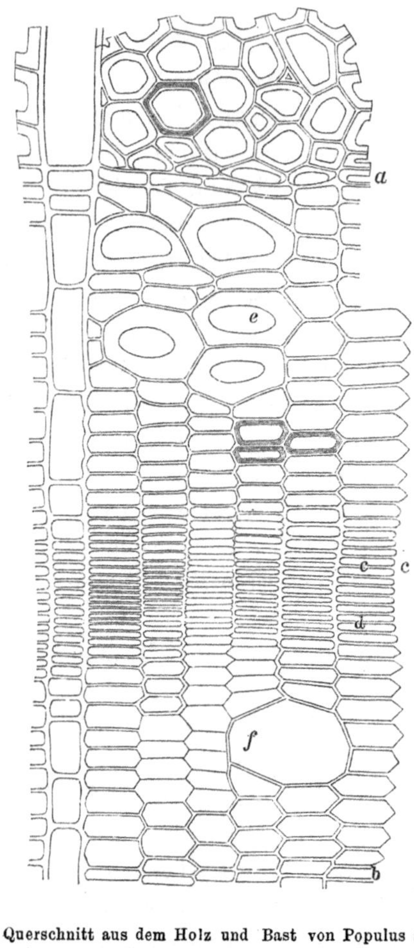

Querschnitt aus dem Holz und Bast von Populus serotina zeigt in Umrissen zwischen *a* und *b* denjenigen Theil neuen Holz- und Bastgewebes, der sich bis Ende Mai zwischen den letzten Fasern des vorhergegangenen Jahres, also zwischen *h* und *b* Taf. II gebildet hat. Zwischen *c* und *a* liegt das neue Holzgewebe, zwischen *d* und *b* das neue Bastgewebe. Wo die Grenze zwischen Holz und Bast zwischen *c* und *d* liegt, ist nicht zu bestimmen, da die in diesem Raume liegenden Cambialfasern völlig gleichgebildet sind.

Hiernach beschränkt sich der Unterschied in der Zellenmehrung des Kork- und des Cambialgewebes darauf, dass in Ersterem eine Mutterzelle wiederholt sämmtliche Tochterzellen desselben Zellenradius nach Aussen abschnürt, während im Cambialgewebe zwei, demselben Zellenradius angehörende, fortdauernd gewissermaassen mit dem Rücken aneinander liegende Mutterzellen, die innere nach Innen, die äussere nach Aussen, die Tochterzellen für Holz und für Bast von sich abschnüren.

Die Abschnürungsrichtung liegt vorherrschend rechtwinkelig zum Radius der Querfläche und nur da tritt eine radiale Abschnürungsrichtung ein, wo bei zunehmender Dicke der Schaft- oder Asttheile eine, Letzterer entsprechende Vermehrung der Faserradien stattfinden muss.

Der Theilungsvorgang selbst ist von dem Seite 82 zu den Figuren 61 geschilderten in allem Wesentlichen nicht verschieden. Er beginnt mit der Abschnürung der inneren Schlauchhaut und dem Eintreten des Zellkernes in den Abschnürungsraum, worauf dann, nach eingetretener Selbsttheilung des Zellkernes auch die äussere Schlauchhaut zwischen den beiden Zellkern-Hälften sich abschnürt. Die Fortbildung der so entstandenen beiden Tochterschläuche zu Tochterzellen erfolgt dann in der Seite 40 zu Fig. 18 geschilderten Weise.

In allen älteren, einem Längezuwachs nicht mehr unterworfenen Baumtheilen erfolgt die Abschnürung der Tochterzellen, ohne nachfolgende Veränderung der Länge und Breite und nur in deren Tiefe erleiden sie eine, die ursprünglich geringe Tiefe um das Mehrfache übersteigende Vergrösserung (Fig. 63). In allen einjährigen noch nicht ausgewachsenen Trieben hingegen vergrössert sich auch die Länge der jüngsten Tochterzellen um so mehr, als die Triebtheile noch einem grösseren Längenzuwachse unterworfen sind.

In allen unseren heimischen Holzarten sind die jüngsten Holzfasern (Fig. 63 *c—d*), so lange ein Unterschied in der Tipfelung nicht erkennbar ist, in Nichts von einander unterschieden. Der Unterschied der Holz- und der Bastfasern in der Tipfelung, in der Umbildung des Zellschlauches der Holzfasern zu einer secundären Zellwandung, die in den Bastfasern nicht stattfindet, mit Ausnahme der dickwandigen Bastbündelfasern, treten erst später hervor, sind aber allgemein. Andere Umbildungen hingegen: die Abschnürung des Zellschlauches junger Faserzellen in eine Mehrzahl von Kammern, theils zur Grundlage neuer (secundärer) Markstrahlen, theils zu Zellfasern; die Resorption der Scheidewände einer Mehrzahl ursprünglich einfacher Holz- oder Bastfasern, gefolgt von einer Umbildung der die Lücke begrenzenden Fasern zur gemeinschaftlichen Wandung der Gliedröhren im Holz (Fig. 63 *e*) und im Bast (Siebröhren, Fig. 63 *f*); die Entstehung von Harzgängen in den Zapfenbäumen sind nicht allgemein, sondern in ihrem Vorkommen, in Form, Stellung, Bildung beschränkt auf gewisse Pflanzenarten und in diesen auf gewisse Zellencomplexe.

Alle diese und eine grosse Zahl anderer, den Reproduktionserscheinungen angehörender Zellenwandlungen gehören einer Metamorphosenlehre des Zellenkörpers an, auf die ich später zurückkommen werde.

V. Wachsthum der Zellwandung.

§ 36. Die Vermehrung der Zellenzahl des Pflanzenkörpers durch Theilung vorgebildeter Mutterzellen ist nothwendig mit verminderter Grösse der Tochterzellen verbunden. Die Pflanze oder der Pflanzentheil wächst erst dadurch, dass die Tochterzellen bis zur Grösse der Mutterzellen oder darüber hinaus sich vergrössern. Abgesehen von jeder Verdickung vergrössert sich dadurch die Wandungsfläche der jungen Tochterzelle bis zu ihrer Vollendung um das zwei- bis vierfache. Vom ersten Auftreten der Zellwandung bis zu deren Vollendung kann jener Flächenzuwachs nicht auf Dehnung beruhen, da gleichzeitig die Zellwandung auch an Dicke zunimmt.

Hier tritt nun die Frage an uns heran: wie dieser Flächenzuwachs sich vollzieht? ob durch Aufnahme von Bildungssäften in die Räume zwischen die festen Bestandtheile der jungen, wachsenden Zellwandung und deren Festigung daselbst zu neuen Wandungstheilen, oder durch Ernährung, Wachsthum und Selbsttheilung vorgebildeter Wandungstheile aus Bildungssäften des Zellschlauchs, also aus einer fortdauernden Lebensthätigkeit der Cellulosekörper, auch nach ihrer Vereinigung zur Zellwandung. Die Protoplasmatiker werden sich wahrscheinlich auch hier für Neubildungen zwischen den vorgebildeten, festen Zusammensetzungstheilen der jungen Zellwandung aussprechen, es wäre das jeden Falles consequent. Mir ist es dagegen wahrscheinlicher — denn nur von Wahrscheinlichkeiten kann man sprechen, wo jede sinnliche Wahrnehmung versagt ist — dass die Cellulosekörper des Schlauchsafts, auch nach ihrer Vereinigung zur Zellwandung, vielleicht erst die molekularen Zusammensetzungtheile derselben, das Vermögen behalten, Bildungssäfte aus dem Zellschlauche in sich aufzunehmen, diese sich zu verähnlichen, dadurch zu wachsen und durch Selbsttheilung sich zu vermehren. Die Thatsachen des Wachsens und der zunehmenden Festigkeit der Zellwandung erklären sich auf diesem Wege mindestens eben so geläufig, als aus protoplasmatischer Neubildung organisirter Körper. Wären die Neubildungen von Zellkernen, Mehlkörpern, Zellschläuchen unzweifelhafte Thatsachen, dann würden die beiden Meinungen immer noch gleichberechtigt nebeneinander stehen, da aber, wie ich nachgewiesen habe und weiterhin nachweisen werde, die Protoplasma-Hypothese aller thatsächlichen Begründung entbehrt, da meine Ansicht durch die Thatsachen gestützt wird, dass Zellkern und Mehlkörper, Zelle und Pflanze durch Selbsttheilung sich mehren, durch Aufnahme und Verähnlichung fremder Stoffe wachsen, so tritt der Uebertragung dieser Thatsachen auch auf die organisirten Zusammensetzungstheile der Zellwandung die grössere Wahrscheinlichkeit zur Seite.

Fünftes Kapitel.

Die Verrichtungen der fertigen Zelle.

Wenn die Zelle ihren eigenen Aufbau vollendet hat, tritt zu den bisherigen Verrichtungen der Aufnahme und Verarbeitung von Nährstoffen, sowie der Säfteleitung die Bereitung von Reservestoffen, von Sekreten und Exkreten, hinzu, der allein ich in diesem ersten Abschnitte eine Stelle anweise, da nur in Bezug auf sie die Einzelzelle selbstständig wirkt, während für die erstgenannten Verrichtungen ein Zusammenwirken vieler, oft weit von einander entfernter Zellen nothwendig ist, daher das Verständniss dieser Zellenthätigkeit Bekanntschaft mit den zusammengesetzten Theilen des Pflanzenkörpers und mit dem Zusammenwirken derselben erfordert, die erst aus den nachfolgenden Abschnitten sich ergeben kann.

I. Von den Reservestoffen.

Reservestoffe nenne ich alle, durch die Thätigkeit der Blätter bereits zu Bildungssäften verarbeiteten Nährstoffe der Pflanzen, die entweder im Pflanzensaft gelöst enthalten sind, oder unter Vermittlung des Zellkerns, aus den Kernstoffkörpern desselben zu organisirten Körpern verschiedener Art gefestigt wurden, um den in einer vorhergegangenen Vegetationsperiode bereiteten Bildungssaft auf eine nachfolgende Vegetationsperiode zu übertragen.

a) Entstehung der Reservestoffe.

§ 37. Schon vorhergehend habe ich gezeigt, dass bei der Entwickelung des Zellkerns zum Zellschlauche (Seite 19) die grosse Mehrzahl der Kernstoffkörperchen des Ersteren frei werden und sich in der Flüssigkeit des Schlauchraumes vertheilen; dass sie aus dieser Flüssigkeit sich ernähren, wachsen und durch Selbsttheilung sich vermehren, je nach Verschiedenheit des Standorts und des Alters der Zelle zu verschiedenartigen körnigen Körpern, zu Wandungsmehl, zu Stärkemehl, Grünmehl, Klebermehl, Gerbmehl, Inulin, die ich mit dem Sammelnamen Mehlkörper belegte.

Alle diese verschiedenartigen Mehlkörper sind ursprünglich Kernstoffkörper eines Zellkerns gewesen und als solche aus dem Kernkörperchen eines vorgebildeten Zellkerns durch Theilung entstanden (Seite 16).

Nur mit Vorbehalt darf man sagen: dass die Natur des Mehlkörpers von der Natur der Zelle bestimmt ist, in der er sich bildet. Wir haben gesehen, dass die Kernstoffkörper des ersten Zellkerns in jeder neuen Zelle sich zu Wandungsmehl entwickeln, dass da, wo eine zweite, dritte Zellwandung der ersten sich einschachtelt, diese Verwendung der Kernstoffkörper sich eben so oft in derselben Weise wiederholt. In anderen Zellen gleicher Art werden die Kernstoffkörper schon des zweiten Zellkerns zu Grünmehl oder zu Stärkemehl oder zu Klebermehl; es können sich gleichzeitig verschiedenartige Mehle aus derselben Generation von Kernstoffkörpern bilden; es können sogar Mehlkörper in solche anderer Art sich umbilden, wie das sehr häufig geschieht zwischen Grünmehl und Stärkemehl, zwischen Stärkemehl und Klebermehl. Auch ist, wie ich später zeigen werde, die Bildung, Wiederauflösung, Verwendung und Neubildung von Reservestoffen in derselben Zelle an naturgesetzliche, von äusseren Einflüssen mehr oder weniger unabhängige Vegetationsperioden gebunden.

Man darf hieraus schliessen, dass es nicht allein die Eigenartigkeit der Zelle und des Zellenlebens ist, welche die Zeit und Art der Reservestoffbildung bestimmt, dass die Lebensthätigkeit einer jeden Einzelzelle auch in dieser Richtung einer ordnenden und leitenden Kraft des Gesammtorganismus unterthan ist, die sich wie der Werkmeister einer Fabrik zu den arbeitenden und schaffenden Kräften derselben verhält.

Die verschiedenartigen Reservestoffe habe ich geordnet in

organisirte: Wandungs-, Grün-, Stärke-, Kleber-, Gerb-, Inulin-Mehle und in

formlose: Zucker-, Gummi-, Schleim-, Eiweiss-, Fett-, Säuren-, Salz-, Alkalien-, Farbstoff-Arten,

und bin in Bezug auf die Entstehung Letzterer der Ansicht, dass sie Lösungs- und Umbildungsprodukte Ersterer sind. Für viele und zwar für die wichtigsten derselben lässt sich dies mit Bestimmtheit nachweisen.

b) Bedeutung der Reservestoffe.

§ 38. Im Thierkörper sind die Organe zur Verdauung von Rohstoffen der Ernährung bleibend. Von der Geburt bis zum Tode zu jeder Zeit verarbeitet das gesunde Thier die aufgenommenen Nahrungsstoffe unwillkührlich. Anders verhält sich dies bei den höher entwickelten Pflanzen. Hier sind es die Blätter und blattartigen Körpertheile, in denen die erste, nothwendige Bearbeitung der aufgenommenen Rohstoffe der Ernährung sich vollzieht. Diese Pflanzentheile sind aber bei der grossen Mehrzahl der Pflanzen hinfällig und erlangen, nach eingetretener Wiedererzeugung, erst auf einer gewissen Stufe ihrer Ausbildung das Vermögen, Rohstoffe in Bildungsstoffe umzuwandeln. Das Blatt der aus dem Samenkorne erwachsenden Sämlingpflanze wird erst mit seiner vollen Entfaltung assimilationsfähig. Pflanzen aus dem Samen von Vicia oder Phaseolus bis zu einer Höhe von 15—20 Centimeter herangewachsen, sterben nach 4—8 Wochen, ohne sich weiter fortzubilden, wenn man sie vor der völligen Entwickelung ihrer ältesten Blätter der Samenlappen beraubt, sie wachsen fort, wenn die Hinwegnahme ihrer Samenlappen nach völliger Entfaltung ihrer untersten Blätter geschieht. Bis dahin sind es die in den Samenlappen aufgespeicherten, zu Mehlkörpern verschiedener Art gefesteten, von der Mutterpflanze zu Bildungsstoff verarbeiteten Rohstoffe der Ernährung, welche der noch nicht assimilationsfähigen Samenpflanze das Material für ihr Wachsthum liefern, nachdem sie aus dem gefesteten Zustande der Mehlkörper in den des Bildungssafts zurückgeschritten sind.

Die Sämlingspflanze verhält sich zu den im Samenkorn aufgespeicherten Reservestoffen, wie sich der Keim des thierischen Eies zu der ihm beigegebenen Eiflüssigkeit verhält. Hier wie dort dienen die Reservestoffe dazu, den Embryo bis zu derjenigen Stufe eigener Ausbildung zu ernähren, auf der er das Vermögen erlangt hat, aus Rohstoffen der Aussenwelt sich zu ernähren und fortzubilden.

Wie die Sämlingspflanze zum Samenkorne, so verhält sich die Zwiebel-, Knollen- und Rübenpflanze zur laublosen Zwiebel, Knolle, Rübe; es ist in Letzterer eine Summe von Reservestoffen durch die Mutterpflanze aufgespeichert, die bestimmt und mehr als ausreichend ist, die aus ihr sich entwickelnde junge Pflanze bis zum Eintritt eigener Ernährungsfähigkeit aus Rohstoffen der Aussenwelt fortzubilden.

Genau ebenso verhält sich die sommergrüne Holzpflanze zu den in den bleibenden Theilen der Zweige, Aeste, des Stammes und der Wurzel aufgespeicherten Reservestoffen, aus denen alljährlich nicht allein die ersten assimilationsfähigen Blätter, sondern auch die neuen Triebe sich ernähren, an denen diese Blätter erwachsen. Es ist selbstverständlich, dass, wenn die Reservestoffe sommergrüner Holzpflanzen alljährlich auf Trieb- und Blattbildung, selbst auf einen Theil des peripherischen Zuwachses der älteren Baumtheile verwendet werden, alljährlich auch eine Neubildung von Reservestoffen für die Frühperiode des nächsten Jahres stattfinden muss. Es gründet sich hierauf die von mir hingestellte Eintheilung des Jahres in Vegetationsperioden.

Bei den immergrünen Laub- und Nadelhölzern gehen die Werkzeuge der Aufnahme und Verarbeitung von Rohstoften nie verloren. Werden auch in ihnen alljährlich Reservestoffe gebildet und verwendet, wenn auch nicht in der Menge, wie in sommergrünen Baumhölzern, so muss man dies wohl äusseren, klimatischen Einflüssen zuschreiben, die der Blattthätigkeit in Verarbeitung von Rohstoffen während der Frühperiode der Triebbildung hindernd entgegenstehen.

In Nachfolgendem werde ich zeigen, wie in der Pflanzenzelle die Reservestoffe entstehen, welche Artverschiedenheiten derselben bestehen und wie sie in den Zustand des Bildungssaftes zurückschreiten. In meiner Entwickelungsgeschichte des Pflanzenkeimes, Leipzig, 1858, A. Foerstner, habe ich über diesen Gegenstand ausführlicher gesprochen.

c) Verschiedenheit der Reservestoffe.

§ 39. Seite 94 habe ich die Reservestoffe in organisirte und in organische, nicht organisirte eingetheilt.

Nach ihrer physiologischen Bedeutung lassen sich die organisirten Reservestoffe, die ich mit dem gemeinschaftlichen Namen Mehlkörper bezeichne, in drei Gruppen bringen:

1) Constituirendes Mehl; Mehlkörper, aus denen die Zellwandung sich aufbaut; Wandungsmehl, Cellulosemehl, Holzmehl.

2) Assimilirendes Mehl; Mehlkörper, die bei der Verarbeitung von Rohstoffen der Ernährung zu Bildungssaft mitwirkend sind: Grünmehl, Chlorophyllmehl.

3) Reserve-Mehle; Mehlkörper, deren einziger Zweck es ist, Bildungssäfte zu festigen und in fester Form auf künftige Vegetations-Perioden der Pflanze zu übertragen; Stärkemehl, Inulin, Gerbmehl, Klebermehl.

a. Die organisirten Reservestoffe (Mehlkörper).

1) Constituirendes Mehl, Wandungsmehl (Cellulosemehl).

§ 40. Wenn der befruchtete Zellkern des Keimsäckchens oder der Zellkern irgend einer Tochterzelle durch Blasenbildung zum Zellschlauche sich fortgebildet hat (Seite 20 und Fig. 8—10), treten die dadurch frei gewordenen Kernstoffkörper dieses ersten Zellkerns in den Schlauchraum, ernähren sich dort aus dem Bildungssafte desselben, wachsen und vermehren sich durch Selbsttheilung, bis die Menge und Grösse derselben den Schlauchraum so weit erfüllt, dass eine gegenseitige Verwachsung der Körnchen zu Primitivfasern und die Ordnung dieser zu Schichtungslamellen eintreten kann, wie solches schon Seite 40 erörtert und durch Fig. 18 erläutert wurde. Ueber die spiralige Lage des auf diese Weise entstandenen Cellulosebandes, dessen Schichtungslamellen meiner Meinung nach gleichzeitiger Entstehung sind, wenn sie auch, im Verlauf der Wandverdickung, sich durch Mehrung und Wachsthum der constituirenden Einzelhäute zu vergrössern vermögen, habe ich Seite 43 zu den Figuren 25—27 die nöthigen Erläuterungen gegeben (Vgl. A. 11, Taf. II, Fig. 45, 46).

Welche stoffliche Veränderungen die Kernstoffkörper des ersten Zellkerns auf dem Wege ihrer Umbildung zu Cellulosekörpern erleiden, ist eine offene Frage. Dass solche Veränderungen hierbei eintreten, zeigt die Verschiedenheit mikroskopisch-chemischer Reaktionen auf die Substanz der Kernstoffkörper und der Cellulose (Seite 17 und 33).

Die naturgesetzliche Eigenartigkeit der Wandbildung, ihre Tipfel-, Spiral- und Ringbildung; die Ordnung der Schichtungslamellen zu einem gemeinschaftlichen Cellulosebande auch in der scheinbar geschlossenen Zellwandung; der Wechsel in der Windungsrichtung dieser Spiralen da, wo mehrere Zellwandungen ineinander geschachtelt sind, S. 76, Fig. 58—60) sollte wohl jeden Gedanken an eine Aussonderung und Ablagerung flüssigen Cellulosestoffs aufheben.

Dass ich auch das Cellulosemehl zu den Reservestoffen stelle, gründet sich auf die Thatsache, dass in manchen Sämereien (Palmensame, Tropaeolum) die Cellulose, selbst nach ihrem Zusammentritt zur Zellwandung, im Keimungsprocess aufgelöst und als Reservestoff wirklich verwendet wird.

2) Assimilirendes Mehl, Grünmehl, Chlorophyllmehl.

§ 41. In den dem Lichte zugänglichen Zellen der meisten Pflanzen, in denen der Blätter und blattartigen Pflanzentheile, der Rinden junger Triebe und Früchte findet sich im Zellschlauche der fertigen Wandungszellen ein unter Lichtwirkung grün gefärbter körniger Körper, der den Namen Chlorophyll-(Blattgrün)-Körper erhalten hat, weil er Träger des grünen Farbstoffes der Gewächse ist, der nur selten ohne diesen Träger sich findet, so im Holze junger Triebe von Philadelphus, Fagus, Carpinus, Pyrus.

Ursprung des Grünmehles. Wenn aus dem ersten Zellkerne ein erster Zellschlauch, aus diesem eine erste Zellwandung entstanden ist, wenn aus dem zweiten Zellkerne im Innern der ersten Zellwandung ein neuer Zellschlauch sich gebildet hat, dann sind es die Kernstoffkörper dieses zweiten Zellkernes, die (in Holz- und Bastzellen auf Bildung einer zweiten, eingeschachtelten Cellulosewandung verwendet) im parenchymatischen Zellgewebe der Blätter und der Rinde von einander getrennt bleibend, sich aus dem sie umgebenden Schlauchsafte ernähren, wachsen und bis zu einer Zahl durch Selbsttheilung sich vermehren, in der sie einen sogenannten Wandbelag der äusseren Schlauchhaut bilden. Eine Vermehrung und Vergrösserung der Körner bis zur Verdrängung des Innenraums der Zelle, wie solche der Stärkemehlzelle eigenthümlich ist, findet in der Grünmehl bildenden Zelle selten statt. Es ist meist nur eine einfache Schicht, in der sich die Grünmehlkörner im Schlauchraume aneinander legen und selbst diese ist häufig unterbrochen.

Von allen anderen Mehlen unterscheidet sich das Grünmehl auf den ersten Blick durch die grüne Farbe, die es unter Lichtwirkung erhält. Mitunter tritt diese Färbung schon ein, ehe noch die Kernstoffkörper des Zellkernes im Schlauchraume sich zerstreuen, ein trefflicher Beleg für die Abstammung des Grünmehls aus dem Zellkerne. Besonders das Fruchtfleisch von Vitis vinifera liefert hierfür sehr schöne Ansichten (A. 11, Taf. III, Fig. 1); auch die noch unreifen grünen Samenlappen der Bohne (Vicia Faba) sind beweiskräftig (A. 11, Taf. III, Fig. 57).

Der herrschenden Ansicht, dass das Grünmehl aus dem formlosen Protoplasma zusammentrete, vermag ich mich nicht anzuschliessen. In seinem ganzen Entwickelungsverlaufe, besonders aber in seinen mannigfaltigen Umbildungen erscheint das Grünmehl doch zu sehr als selbstthätiger, den anderen Mehlarten verwandter Organismus, als dass die Ansicht freithätigen Werdens durch Aggregation vorher getrennter Stofftheile sich rechtfertigen lässt.

Vermehrung des Grünmehles. Die Vermehrung der in Körnerform aus dem Zellkerne hervorgegangenen Grünmehlkörper bietet sehr viel Eigenthümliches. Die erste Veränderung, welche die, ursprünglich massig erscheinenden Körner (Fig. 64 *a* und *b*) im Schlauchraume der Fruchtzelle von Vitis erleiden, ist deren Umbildung zu kleinen Saftbläschen (Fig. 64 *c*) durch Aufnahme wasserklaren Schlauchsafts in ihr Inneres (Vacuolenbildung genannt). Es wird hierdurch der grüne Stoff des Kerns auf einen Theil des Umfanges der Saftblase gedrängt. In diesem Zustande erleiden die Saftblasen zum Theil eine Zwei- oder Dreitheilung (*d*). Weiterhin theilt sich der grüne Stoff in mehrere Ballen (*e*, *f*), worauf die äussere Hüllhaut des Saftbläschens platzt, die Ballen dadurch frei werden und sich in der umgebenden Flüssigkeit vertheilen, jeder derselben die von *a*—*f* dargestellte Entwickelungsfolge wiederholend (A. 11, Taf. III, Fig. 7 *a*—*f*).

Fig. 64.

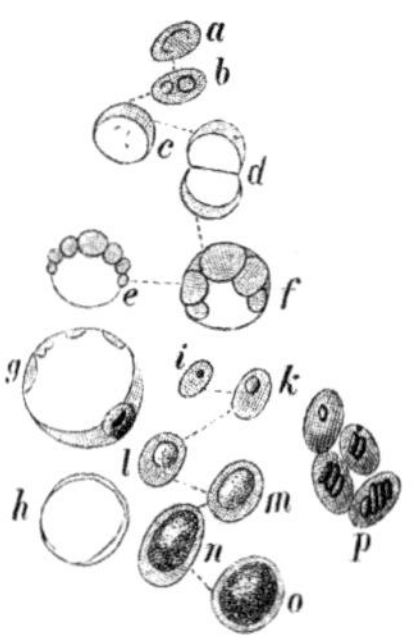

a—*f* und *h* Entwickelung der Grünmehlbläschen aus der Frucht von Vitis vinifera. *g* Grünmehlbläschen aus Conferve mit Stärkemehleinschluss. *i*—*p* Entwickelung des Stärkemehls im Grünmehl des Begonia-Blattes.

Nach dem Platzen der äusseren Haut und nachdem die jungen Grünmehlkörper von der inneren Bläschenhaut sich getrennt und im Schlauchsaft der Mutterzelle sich vertheilt haben, bleibt ein einhäutiges, mit wasserklarem Saft strotzend erfülltes Bläschen (Zellsaftbläschen) zurück (Fig. 64 *h*), den Beweis liefernd, dass auch hier, wie im Zellschlauche, zwei Schlauchhäute ineinander geschachtelt sind. Das Grünmehlbläschen ist ein nackter Zellschlauch im kleinsten Maassstabe.

Es geht aus diesem Entwickelungsverlaufe hervor, dass auch das Grünmehl, wenigstens in seinen früheren Zuständen ein hüllhäutiger, organisirter Körper ist, dessen geringe Grösse den Einblick in die entfernter liegenden Entwickelungsverhältnisse versagt. Die Verdrängung des Grünstoffs auf den Umfang des Saftbläschens in eine bestimmte schaalige Form spricht für das Vorhandensein einer zweiten inneren Haut, zwischen der und der Hüllhaut die Vorgänge in einer dem Zellschlauchinhalte ähnlichen Weise verlaufen mögen.

Einschaltend will ich hier darauf verweisen, dass einen ganz ähnlichen

Entwickelungsverlauf die Schönfarb-Bläschen (Euchrom-Bläschen) der Fruchtsäfte von Solanum nigrum, Lonicera, Asparagus, Rubus, Berberis zeigen, mit dem Unterschiede, dass hier die rothe, blaue, gelbe Farbe an die Stelle der grünen tritt und die Schönfarbkörper ihre Form auch nach dem Verschwinden der Hüllhaut des Bläschens nicht verändern (A. 7, Taf. 1, Fig. 13—18).

Form und Bestand des Grünmehles. Das fertige Grünmehl, wie es sich am häufigsten in Blättern und Rinden vorfindet, ist ein kugeliger oder linsenförmiger Körper, dessen Grösse 0,02 mm selten übersteigt, meist unter 0,01 mm zurück bleibt. Diese geringe Grösse ist die Ursache, dass wir mit der inneren Struktur des Grünmehles noch unbekannt sind; es erscheint dasselbe als ein solider Körper ohne Innenraum, aus einem wachsharten oder härteren Stoffe, der wenigstens ursprünglich von einer Hüllhaut begrenzt ist. Durch Aether, Alkohol, Säuren und Alkalien lässt sich der grüne Farbstoff dem festen Träger vollständig entziehen. Die nahe Verwandtschaft des Ersteren mit Indigo (C. 16 H. 10 N. 2 O. 2) lässt auf Stickstoffgehalt schliessen, der grüne Extrakt Chlorophyll) in einen blauen und einen gelben Farbstoff sich zerlegen, in Phyllocyan und Phylloxanthin. Auch das Grünmehl soll stickstoffhaltig sein (nach Mulder C. 18 H. 18 N. 2 O. 8). Es ist, so viel ich weiss, noch unbekannt, ob der gefundene Stickstoff dem Träger oder dem Farbstoff angehört. Angaben dieser Art sind mit grosser Vorsicht aufzunehmen, da es kaum möglich ist, Grünmehl in solchen Mengen so zu isoliren, als dies eine sichere chemische Analyse erheischt.

Der körnige Träger des Farbstoffes ist farblos, in seinem jugendlichsten Zustande farbenspeichernd, auch später auf Jodlösung mit brauner Farbe reagirend. Von allen übrigen Mehlarten unterscheidet er sich dadurch, dass er auch in siedendem Wasser in Form und Grösse unverändert bleibt. Auf der Objektplatte ist er auch gegen Säuren und Alkalien unempfindlich.

Es ist zur Zeit noch unbekannt, ob das Chlorophyll die Masse seines Trägers durchdringt, oder nur einen Ueberzug desselben bildet. Die Blasenbildung im Inneren der Grünmehlkörner (Fig. 64 *c*, *d*) spricht für die Annahme einer Durchdringung.

Formlose, protoplasmatische Zustände des Grünmehles sollen dem körnigen Zustande desselben vorhergehen, gewissermaassen die Mutterlauge desselben sein. Ich würde sie, wenn sie wirklich vorkommen, für einen Auflösungszustand vorgebildeten körnigen Grünmehles halten. Indess findet sich amorphes Chlorophyll in dem grün gefärbten Holze junger Zweige mehrerer Holzarten, wie Philadelphus, Fagus, Carpinus, Pyrus, dem es sich durch Aether-Alkohol entziehen lässt, ohne dass es mir bis daher gelungen ist, einen körnigen Träger des Farbstoffes im Bereich des Holzkörpers aufzufinden. Eine Mittheilung hierüber, der Forst- und Jagdzeitung übersendet, wird in Kurzem erscheinen.

Veränderungen des Grünmehles. Eine überraschende Veränderung erleiden die Grünfarb-Körner und Grünfarb-Bläschen dadurch, dass sich Stärkemehlkörner in ihnen entwickeln. In Grünfarbkörnern der Blätter vieler Pflanzen, des Fleisches unreifer Früchte und Sämereien zeigt die Behandlung mit Jodlösung alle Uebergangsstufen von einem verschwindend kleinen Kerne aus Stärkemehl bis zu einer Grösse des Letzteren, die nur einen schmalen grünen Saum übrig lässt (Fig. 64 *i—o*). In einigen Fällen verschwindet auch dieser Letztere. Meist ist es nur ein Stärkekorn, bisweilen sind es mehrere Körner, die in der Substanz des Grünmehls gleichzeitig heranwachsen (Fig. 64 *p*). Hierher gehört auch die Entwickelung des grossen Stärkemehls der Kartoffel-Frucht, das noch bis zu mehr als halber Grösse hin eine grüne Hülle zeigt (A. 7, Taf. I, Fig. 36 *a*-*l*. A. 11, Fig. 21 *a—f*). Auch in Grünfarb-Bläschen (Fig. 64 *c—f*) bildet sich nicht selten körniges Stärkemehl und sind es dann die Ballen, zu denen sich der grüne Inhalt des Schlauchraumes dieser Bläschen formt, von denen einer oder einige zu Stärkemehl sich umbilden (Fig. 64 g).

Vorherrschend ist die Stärkemehlbildung im Grünmehle eine vorübergehende durch Rückbildung in Grünmehl oder durch Umbildung des Stärkemehls in Klebermehl. Auch eine Hinneigung zur Gerbmehlbildung scheint hier stattzufinden, denn in den Blättern vieler Pflanzen, der meisten Nadelhölzer, der Eichen, Buchen, Pappeln, des Epheu, der Hülse (Ilex) wird das Grünmehl durch Eisensalze schwarz gefärbt (A. 11).

Umbildung in Gummi, Zucker, Gallerte, vegetabilische Säuren erleidet das Grünmehl unreifer Früchte, der noch grünen Aepfel, Pflaumen, Rübsen beim Reifen derselben. Das Grünmehl unreifer Hülsenfrüchte wird beim Reifen nicht allein verändert und gelöst, sondern auch resorbirt und auf Ernährung der eingeschlossenen Samenkörner verwendet. Es tritt hier die Bedeutung des Grünmehls als Reservestoff mit Bestimmtheit hervor. In einem Krankheitszustande der Blätter, Honigthau genannt, verwandelt sich das Grünmehl in Zucker.

Durch Mangel an Lichtwirkung geht dem Grünmehle die grüne Färbung verloren, Blätter und junge Triebe werden im Dunkeln bleichsüchtig (etiolement), färben sich aber im Sonnenlichte wieder grün. Das ist nicht der Fall bei gewissen, meist durch Cultur hervorgerufenen Abarten vieler Pflanzen, deren weissgescheckte Blätter ihre weisse Farbe neben der lebhaft grün gefärbten Blattfläche auch im Sonnenlicht sich erhalten. Hierher gehört auch die grosse, alljährlich sich mehrende Zahl der Pflanzen-Abarten mit rother, brauner, gelber Belaubung, die sich theilweise selbst durch Samen fortpflanzen lassen. Von der Aussaat des Samens der Blutbuche erhält man in der Regel 4—5 %, ich erhielt in einem Falle nahe 50 % wurzelächte Blutbuchen. Die normale Funktion der Blätter wird durch die Farbenänderung des Grünmehles nicht verändert. Blutbuchen wachsen eben so rasch und kräftig, wie Buchen mit schön gefärbtem Laube. Die Ursachen dieser Veränderungen in der Färbung des Grünmehles sind uns völlig unbekannt, wie denn überhaupt dieser Pflanzentheil bis jetzt am wenigsten einer eingehenden Forschung sich zu erfreuen gehabt hat.

Als hüllhäutiger, selbstthätiger Organismus giebt sich das Grünmehl besonders da zu erkennen, wo aus ihm eine normale Pflanzenzelle erwächst. Das Wassernetz unserer Teiche (Hydrodictyon reticulatum) besteht aus grossen Einzelzellen, deren je sechs untereinander netzartig zu einem Schlauche verbunden sind. Jede Einzelzelle des Schlauches enthält im Schlauchraume einen geschlossenen Beleg ziemlich grosser Grünmehlkörper, die zur Zeit der Fortpflanzung sich voneinander trennen, ungefähr eine Minute lang in lebhaft wimmelnde Bewegung gerathen, worauf je sechs dieser Grünmehlkörper noch innerhalb der Mutterzellen sich netzförmig untereinander verbinden. Den Winter hindurch im Wasser liegend, verfaulen die Wände der Mutterzellen des Netzschlauches, die jungen Netzschläuche werden frei und erwachsen im folgenden Frühjahr und Sommer zu der, bis über 10 cm steigenden Länge neuer Mutterschläuche (B. III, 1).

Mit dem Eintritt der Herbstfärbung sommergrünen Laubes wird das Grünmehl grösstentheils resorbirt. Die Blätter verlieren dadurch 10—16 % ihres Trockengewichts der Sommerzeit. Wahrscheinlich wird das gelöste Grünmehl den bleibenden Pflanzentheilen zugeführt und in diesen als Reservestoff für das kommende Jahr aufbewahrt. Unser Wissen ist in dieser Hinsicht noch sehr lückenhaft und wäre es wohl zu wünschen, dass ein Pflanzentheil, dem eine so hohe physiologische Bedeutung zugeschrieben wird, eine speciell ihm zugewendete Arbeitskraft fände.

Vorkommen und Lebensdauer des Grünmehles. Weit verbreitet ist das Grünmehl im parenchymatischen Zellgewebe aller dem Lichte zugänglichen Pflanzentheile; die grüne Farbe derselben stammt immer und überall von ihm her. In den Blättern sind vorzugsweise die dicht gelagerten Zellen der dem Lichte zugewendeten oberen Blattseite, in den jungen Trieben ist die unter Oberhaut oder Kork lagernde grüne Rinde seine Bildungsstätte. In den Blättern erhält sich das Grünmehl lebensthätig bis zum Absterben derselben, in sogenannt immergrünen Blättern daher 3—10 Jahre hindurch. Weit länger ist die Lebensdauer dieses Mehles in der grünen Rinde. In allen bis zum hohen Alter glattborkig bleibenden Holzarten, z. B. in der Rothbuchen- und Hainbuchenrinde kann die den Bast bedeckende grüne Rinde und in ihr das Grünmehl ein mehr als hundertjähriges Alter erreichen, selbstverständlich unter einer, dem Dickezuwachse des Baumes entsprechenden Zellenvermehrung.

Seltener findet sich Grünmehl auch in den Zellen des Markes und hier mitunter unter Verhältnissen, die der Annahme entgegenstehen, dass die grüne Farbe des Chlorophyll nur unter Lichtwirkung auftrete. Häufig tritt Grünmehl in den äusseren Schichten des Kelches und des Fruchtknotens, selten im Zellgewebe der Blumenblätter auf. In den meisten Sämereien gehört es dem jugendlichen Zustande sowohl des Keimes wie des Endosperm (grüne Erbsen, Bohnen), bildet sich dort später zu Stärkemehl oder Klebermehl um, und wird im Keimungsprocesse zum Theil wieder hergestellt (Grünwerden der vorher weissen Samenlappen beim Keimen). Auch in Samenkörnern, die in dicke, das Licht nicht durchlassende Früchte eingeschlossen sind, oder von denen der Boden die Lichtwirkung abschliesst, begrünt sich in einigen Fällen der Träger des Grünmehles; ich erinnere an die noch im Samenkorn eingeschlossenen Primärblätter des Pinienkornes, an die Samenlappen des zolltief im Boden liegenden keimenden Ahornsamens (A. II, Taf. 3, 4).

Physiologische Bedeutung des Grünmehles. Wenn man die Glasglocken pneumatischer Apparate mit kohlensäurehaltigem, oder auch nur mit gewöhnlichem Wasser füllt, frische, grüne Pflanzenblätter in das Wasser legt und die in der pneumatischen Wanne umgestürzte Glasglocke der Sonnenwirkung aussetzt, dann entwickeln sich aus den Blättern so bedeutende Mengen des reinsten Sauerstoffgases, dass dieselben, bei Abwesenheit von Wasserstoffgas einer Zerlegung von Kohlensäure in Sauerstoff und Kohlenstoff zugeschrieben werden können. Da aber die Menge des sich entwickelnden Sauerstoffes augenscheinlich grösser ist, als sie die in Wasser und Blättern enthaltene freie Kohlensäure zu liefern vermag, ist man zu der Annahme berechtigt, dass bei der Entbindung des Sauerstoffes die organische Kraft des Zellgewebes der Blätter mitwirkend ist.

Da etiolirte Blätter und überhaupt alle Grünmehl nicht führenden Pflanzentheile die Eigenschaft der Sauerstoffabscheidung nicht besitzen (?), ist man zu dem Schlusse gelangt, dass es das Grünmehl sei, dem die Kraft der Kohlensäurezerlegung und der Abscheidung von Sauerstoff auch aus anderen dem Grünmehl zugehenden Pflanzensäften zugeschrieben werden müsse.

Diese Annahme wird unterstützt durch die Thatsache, dass in Glashäusern und an Fenstern erzogene Pflanzen die an Grünmehl reiche Oberseite ihrer Blätter dem Lichte zuwenden, dass, wenn man am Fenster erzogene Topfpflanzen so stellt, dass die Unterseite ihrer Blätter dem Lichte zugewendet ist, diese durch sich selbst ihre Oberfläche dem Lichte wieder zuwenden; dass in unseren Dunkelschlägen bei zu grosser Beschattung des Wiederwuchses dieser eine kriechende Stellung annimmt, um die möglich grösste Blattfläche dem Lichte darbieten zu können.

Für alle im Lichte erwachsenden, Grünmehl bildenden Pflanzen nimmt man daher an, dass es das Grünmehl ist, durch welches die erste Umbildung der rohen Nährstoffe in organischen Bildungssaft, die Zerlegung der Kohlensäure, des Wassers und des Ammoniak in Kohlenstoff, Sauerstoff, Wasserstoff und Stickstoff vollzogen, deren Verbindung zu flüssigen stickstoffhaltigen Verbindungen oder zu Kohlenhydraten unter Lichtwirkung bewirkt wird. Welche Stelle hierbei dem auch in den Grünmehlzellen der Blätter vorhandenen Zellkerne zuzuschreiben sei, lässt sich nicht erkennen. Möglicherweise erstreckt sich dessen Thätigkeit nicht über die Grenzen der eigenen Zelle, während das Grünmehl für die Gesammtpflanze arbeitet.

Wie jene Umbildung anorganischer Rohstoffe zu organischem, den Zellkern ernährenden Bildungssaft sich vollzieht, das wissen wir nicht. Wir wissen nicht mehr, als dass die Pflanze ihren Kohlenstoffbedarf aus ihrer Umgebung und in der Form von Kohlensäure und kohlensaurem Ammoniak zu beziehen vermag, nachdem ich durch das Experiment nachgewiesen habe, dass Humusextrakte (humussaure Salze) von gesunden Pflanzenwurzeln nicht aufgenommen werden (A. 3 1840).

Ich habe nachgewiesen und komme in der Lehre von der Ernährung der Gesammtpflanze ausführlich darauf zurück, dass die Masse der jährlichen Neubildungen (des Zuwachses) der Pflanzen abhängig ist von dem Vorhandensein eines Belaubungsgrades, der eine für jede Holzart und Baumgrösse verschiedene Grösse nicht übersteigen, aber auch nicht untersinken darf, wenn die der Holzart, dem Holzalter und den Standortsverhältnissen entsprechende normale Grösse des jährlichen Zuwachses eintreten soll; dass mit Verminderung der Laubmenge unter eine gewisse, normale Grösse, die Menge des jährlichen Zuwachses im Verhältniss zu dieser Verminderung kleiner wird, gleichviel ob die Verminderung durch Entästung und Entlaubung oder durch Lichtentziehung (Uebergipfelung, Unterdrückung, Verdämmung) erfolgt.

Darf man hieraus schliessen, dass es die Blätter, und in den Blättern die Grünmehlkörper sind, welche das Geschäft der ersten Verarbeitung von Rohstoffen der Ernährung verrichten, so gilt dies doch nicht für alle Pflanzenarten, da es deren giebt, die nie Grünmehl bilden (Ophrys), nie mit dem Licht in Berührung kommen, wie die Trüffeln, Rhizomorphen und viele Fadenpilze, die selbst unter der lebhaftesten Beleuchtung nicht grün werden. Man hilft sich hier mit der Annahme, dass solche Pflanzen nicht von Rohstoffen der anorganischen Körperwelt, sondern von organischen Stoffen sich ernähren, daher der Lichtwirkung und des Grünmehles zur Bereitung organischer Verbindungen nicht bedürfen.

Ein Zusammenwirken von Licht und der organischen Kraft des Grünmehls erscheint nothwendig zur Zerlegung der Rohstoffe; welcher Antheil hierbei dem Lichte, welcher dem Grünmehl zuzuschreiben sei, wissen wir nicht. In der dunkelsten Nacht hört die Sauerstoffaushauchung der Blätter nicht gänzlich auf, wenn auch die Aussonderung unzersetzter Kohlensäure das Uebergewicht erhält. Selbst unter den höher entwickelten Pflanzenarten giebt es solche, die in starker Beschattung üppiger wachsen, als unter stärkerer Lichtwirkung, z. B. der Sauerklee. Dagegen sind die Blätter junger Keimpflanzen der Eiche, Feldbohne, Gartenbohne vor ihrer völligen Entfaltung, wenn auch lebhaft grün, dennoch nicht fähig, Rohstoffe der Ernährung in Bildungssäfte umzuwandeln (S. 94). Hier ist noch viel zu arbeiten.

Ein beachtenswerther Fingerzeig auf die Nothwendigkeit des Zusammenwirkens von Licht und organischer Kraft liegt in dem

Thränen der Blätter.

Ich habe nachgewiesen: dass Gräser und Kräuter, z. B. Leontodon, in Töpfen unter Glasglocken, also in vollkommen mit Feuchtigkeit gesättigter Luft erzogen, unter Lichtwirkung jene allbekannte, wenigstens einen grossen Theil des Thautropfens an den Spitzen der Gräser bildende, tropfenweise Ausscheidung wässriger Flüssigkeit nicht zeigen, die sofort eintritt, wenn der Topf mit der Pflanze unter Glocke, bei gleicher Temperatur der Aussenluft in einen dunklen Raum versetzt wird. Nimmt man an, dass die Umbildung der in die Blätter emporgestiegenen tropfbaren Flüssigkeit in Wassergas mit dem Assimilationsprocesse Hand in Hand geht, ohne Letzteren sich nicht vollziehen kann, dass die Assimilation in allen höher organisirten Pflanzen an Lichtwirkung gebunden ist, dann wäre der Wassertropfen an den Spitzen und Sägezähnen der Blätter ein mit flüssig gebliebenen Reservestoffen gemengter Rohsaft der Ernährung, der als solcher schon von den Enden des Blattgeäders ausgeschieden werden muss, weil er unter Lichtmangel seine Umwandlung in Bildungssaft nicht erleiden kann (B. III 24, B. II 1). In der That enthält die unter Glasglocken im dunklen Raume gesammelte, wässrige Ausscheidung der Blätter erhebliche Mengen organischer Substanz.

3) Reservemehle.

§ 42. Ich verstehe unter diesem Namen alle diejenigen Mehlarten, die weder unmittelbar zum Aufbau der Zellwand verwendet werden (Wandungsmehl), noch im fertigen Zustande selbstthätig in irgend eine Lebensverrichtung der Pflanze eingreifen (assimilirendes Mehl, Grünmehl), deren Bestimmung sich vielmehr darauf beschränkt, bereits vorhandene Bildungssäfte sich zu assimiliren, in sich zu festigen und in fester Form für nachfolgende Vegetationsperioden aufzubewahren, in denen sie verflüssigt und auf Neubildung von Zellen verwendet werden. Es gehören hierher das Stärkemehl, Inulin, Klebermehl und Gerbmehl.

a) Das Stärkemehl (Amylon).

Der Ursprung dieser Mehlart ist dem der vorgenannten Mehlarten gleich. Auch hier sind es die Kernstoffkörper des Zellkernes, welche nach der Umbildung des Letzteren zum Zellschlauche in dem Schlauchraume sich vertheilen, aus dem sie umgebenden Schlauchsafte sich ernähren, dadurch wachsen und durch Selbsttheilung sich vermehren. Auch hier sind die Fälle gar nicht selten, in denen der Ursprung der jungen Mehlkörner mit Bestimmtheit dadurch sich zu erkennen giebt, dass die noch nicht weit voneinander liegenden Kernstoffkörper innerhalb der wenig erweiterten Hüllhaut des Zellkernes durch Jodlösung blau gefärbt werden (A. 11, Taf. III Fig. 12*b*, 13*f*).

Fig. 65.

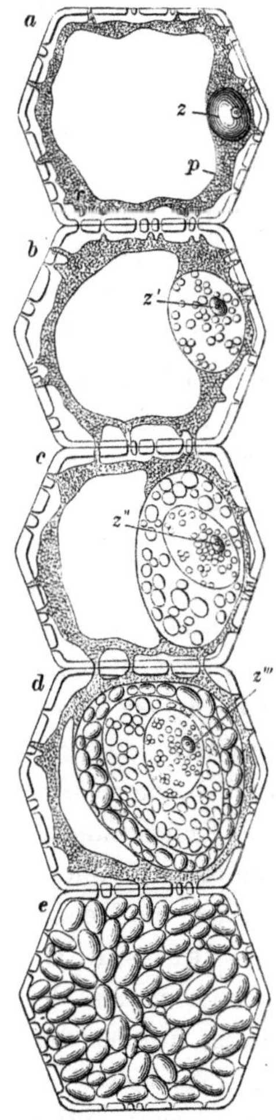

Entwickelungsfolge des Stärkemehlkornes. Siehe die nebenstehende Beschreibung.

Unterschieden ist aber das Stärkemehl, wie die nachfolgenden Reservemehle vom Grünmehle darin, dass seine Erzeugung nicht auf nur einen Zellkern und Zellschlauch, den zweiten in der Entwickelungsfolge der Pflanzenzelle beschränkt ist, dass vielmehr so viele Zellkern- und Schlauch-Generationen stärkemehlbildend nacheinander auftreten, bis der ganze Innenraum der Zelle mit Mehlkörnern erfüllt ist.

Die Vermehrung des Stärkemehles auf diesem Wege stellt Figur 65 schematisch dar.

In der mit *a* bezeichneten, getipfelten Wandungszelle bezeichnet *p* den Zellschlauch, *z* den Zellkern mit eingeschlossenem Kernkörperchen.

In der mit *b* bezeichneten Zelle hat die Zellhaut des Zellkernes durch Aufnahme von Schlauchsaft zu einer Blase sich erweitert, in welcher das Kernkörperchen *z* der Zelle *a* auf dem Wege seiner Fortbildung zu einem neuen Zellkerne sich schon bemerkbar vergrössert (*z'*) und in sich ein neues Kernkörperchen gebildet hat. Die Kernstoffkörper haben sich im Blasenraume vertheilt und reagiren jetzt schon auf Jodlösung mit blauer Farbe.

In Zelle *c* haben die Mehlkörner aus dem ersten Zellkerne sich bedeutend vergrössert, die aus dem zweiten Zellkerne (*z'*) stammenden sind noch klein und umgeben einen jungen, noch kleinen Zellkern (*z''*) aus dem Kernkörperchen des zweiten Zellkernes.

In der Zelle *d* umschliesst die aus dem zweiten Zellkerne entstandene Blase einen noch kleinen Zellkern dritter Generation (*z'''*) und die jüngsten, kleinsten Mehlkörper aus dem Zellkerne zweiter Generation, wobei in allen Fällen zu ergänzen ist, dass die jungen Zellkerne *z' z'' z'''* erst zu ihrer normalen Grösse (*z* in Zelle *a*) heranwachsen müssen, ehe sie zur Entwickelung der Blase, der jüngsten Mehlkörper und eines neuen Zellkernes aus dem Kernkörperchen schreiten. Die zunehmende Grösse der älteren Mehlgenerationen und deren Trennung durch die erweiterten Hüllhäute der Zellkerne, die zunehmende Verdrängung des Innenraumes der Zelle ist in der Abbildung angedeutet.

In *e* sind alle Mehlkörper, auch die der jüngsten Generationen, zu normaler Grösse herangewachsen und erfüllen den ganzen Zellraum. Die äussere Schlauchhaut lässt sich auch jetzt noch mit Bestimmtheit nachweisen. Seltener ist das der Fall auch in Bezug auf die zwischen den Mehlkörpern liegenden Häute. Sehr überzeugend ist das der Fall in der Wurzelknolle von Ranunculus ficaria zur Blüthezeit der Pflanze Ende April und Anfang Mai. Während der Blüthezeit löst sich das ziemlich grosse Stärkemehl der Wurzelknollen dieser Pflanze sehr ungleichmässig so, dass man gleichzeitig Knollen findet, in denen die Lösung des Mehles noch nicht begonnen hat, andere in denen sie vollendet ist, dazwischen alle Uebergangsstufen. Untersucht man Knollen, in denen die Lösung vollendet ist, dann zeigen mit sehr scharfem Messer geführte Querschnitte in der optischen Querfläche vom Schnitte n i c h t getroffener Zellen einen centralen Zellkern, von dem aus ein reiches System intracellularer Kanäle nach dem Umfange der Zelle verläuft. In diesem Kanalsystem findet ein sehr lebhaftes Hin- und Zurückströmen des, sehr kleine Körner führenden Schlauchsaftes statt, hier ganz ausnahmsweise mit einer schwankenden Bewegung der vom Saftstrome fortgeführten Körnchen verbunden, von denen man nicht selten zwei, scheinbar i n d e m s e l b e n K a n a l e sich begegnen und in entgegengesetzter Richtung sich voneinander entfernen sieht. Untersucht man in gleicher Weise Knollen, in denen das Mehl noch nicht vollständig gelöst ist, dann wird man häufig Zellen finden, in denen dasselbe System von Häuten und Kanälen neben noch ungelösten Mehlkörnern vorhanden ist. Hat man sich hierdurch die nöthige Lokalkenntniss erworben, dann wird man auch in Knollen, deren Stärkemehl noch nicht angegriffen ist, mit Sicherheit das Haut- und Kanalsystem nicht allein, sondern auch den Zellkern erkennen, wenn man sehr dünne Scheibenschnitte in reichlichem Wasser ausgewaschen und dadurch die freien Mehlkörner entfernt hat.

B a u u n d B e s t a n d des Stärkemehles sind leichter und sicherer zu erforschen, als der aller anderen Mehlarten, theils der bedeutenden Grösse wegen, zu der das Stärkemehl vieler Pflanzenarten heranwächst, theils durch die Leichtigkeit, mit der sich diese in kaltem Wasser unlösliche und keiner Veränderung unterworfene Mehlart in grösseren Mengen rein darstellen lässt.

Die grössten Stärkemehlkörner liefern die Wurzelknollen des indischen

Blumenrohrs (Canna), die Knollen und unreifen Früchte der Kartoffel, bis zu 0,01 mm. Von da abwärts finden sich bei verschiedenen Pflanzen alle Grössenabstufungen bis 0,002 mm hinab. Aber auch in Pflanzen und in Zellenarten mit sehr grossen Mehlkörnern findet man denselben sehr kleine Körner beigemengt.

Fig. 66.

Stärkemehl aus dem Milchsaft der Euphorbien.

Die Form des Stärkemehles ist wie die Grösse desselben eine jeder Pflanzenart zwar eigenthümliche, naturgesetzliche, innerhalb weiterer Grenzen aber veränderliche. Vorherrschend ist die Kugel-, Ei- und Linsenform, die aber bei vielen Pflanzenarten mehr oder weniger unregelmässig wird, durch Erweiterung der Hauptmasse in einer oder in mehreren Richtungen. Am meisten ist das der Fall am Stärkemehl im Milchsafte der Euphorbien, deren vorherrschende Stabform in die Form eines Schenkelknochens abändert durch wunderliche Verdickungen an den Enden der Stäbe (zuerst B. I, Taf. I, Fig. 19, dann A. II, Taf. III, Fig. 33, 34).

Formloses Stärkemehl als Ueberzug grosser Kristalle habe ich im Mark von Serjania gefunden. Die von Schleiden aufgeführten Fälle scheinen mir Kunstprodukte zu sein.

Ueber zusammengesetzte Körner werde ich erst später, nach Darstellung der Entwickelungsfolge sprechen.

Grössere Stärkemehlkörner zeigen sehr häufig concentrische Schichtenbildung um eine innere Höhlung (Kern), die sich oft in Spalten durch die Schichten hindurch mehr oder weniger weit fortsetzt. Wo die Höhlung eine excentrische ist, da sind dies auch die Schichtungen.

Fig. 67.

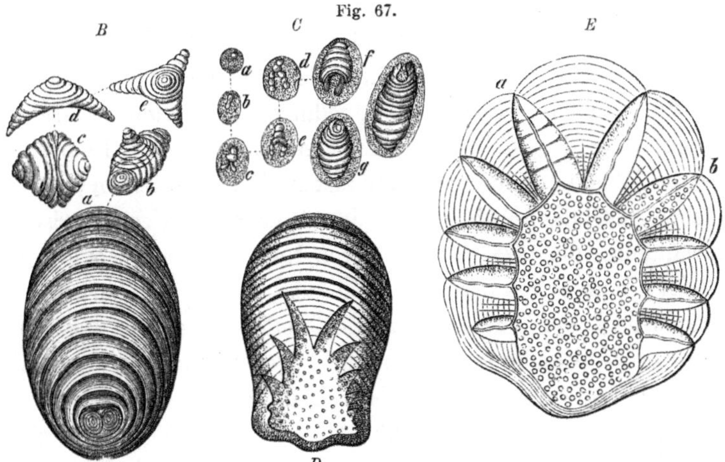

A Mehlkorn der Kartoffel. *B*, *b—c* desgl. mit excentrischer Schichtenbildung. *C* Entwickelungsfolge des Stärkemehles aus der Kartoffelfrucht. Die punktirte Umgebung bezeichnet die grüngefärbte Substanz, in welcher das Mehlkorn sich bildet. *D* Das Mehlkorn von Canna indica in reichlichem Wasser auf 30—40° C. erhitzt. *E* Dasselbe Mehlkorn auf 44—50° C. erhitzt.

Fig. 67 *A—C* zeigt das Stärkemehlkorn der Kartoffelknolle und die excentrischen Schichtungen desselben um einen fast bis an's Ende des Kornes gerückten „Kern".

Die wunderlichen Meinungen, einerseits von äusserer Umlagerung der jüngeren Schichten, andererseits von „Lokalisirung und Differenzirung, von Brechungsindex und Wasserhüllen, welche die unsichtbar kleinen Zusammensetzungstheile des Mehlkörpers in grösserer oder geringerer Mächtigkeit umgeben", sehr gelehrt klingende, mit der nöthigen Sicherheit vorgetragene, nicht der Forschung, sondern den Lehrbüchern der Physik entlehnte Phrasen entstellen unsere neuesten Lehrbücher, besitzen für die Erklärung des Stärkemehlbaues keinen grösseren Werth, als das philosophische Wortgeklingel einer früheren Zeit, und verlieren jede Bedeutung durch die Ergebnisse einer Untersuchungsreise, die ich vor zwei Jahren in den Sitzungsberichten der Wiener Akademie (VII 3) veröffentlichte, zur Beweisführung: dass das Stärkemehlkorn in jeder Hinsicht einer Wandungszelle zu vergleichen sei, dass die am unveränderten Mehlkorne erkennbaren Schichtungen aus Ballen hervorgehen, in die sich die Wandung des Mehlkornes legt, wenn dasselbe innerhalb einer räumlich beschränkten Hüllhaut sich vergrössert (A. II, Taf. III, Fig. 25, 30—32, 35).

Fig. 67 *D* stellt ein Mehlkorn aus dem Rhizom von Canna indica dar, in seiner natürlichen Form und Bildung vom Mehl der Kartoffel kaum zu unterscheiden, in der aber stets nur ein Theil der Mehlkörner die nachfolgend hervorgehobenen Veränderungen zu erkennen giebt, die fast in jedem Mehlkorne aus Canna sich zeigen.

Erhitzt man Canna-Mehl in reichlichem Wasser eines Kochröhrchens unter fortdauerndem Umschütteln auf 30—40° C., dann zeigt der Kern oder Nabelfleck sich zu einer sternförmigen Höhlung erweitert (*D*). Steigert man die Wärme auf 40—50° C., dann erweitert sich die sternförmige Höhlung nach oben (*E*), ehe noch eine bedeutende Quellung der festen Masse und eine Strukturveränderung der Schichten sich zu erkennen giebt. Eine Auskleidung des Raumes der Höhlung mit einer granulirten Haut wird schon jetzt erkennbar. Innerhalb einer mächtigen, wie jede andere Zellwandung concentrisch geschichteten Mehlwandung, die nach dem früheren Nabelfleck hin bedeutend an Dicke abnimmt, liegt ein grosser Innenraum, von dem aus in der Aufsicht zuckerhutförmige Räume nach der Aussengrenze der Mehlwandung hin verlaufen, an die Tipfelkanäle der Zellwandungen erinnernd. Der Umstand, dass an der Spitze dieser Kanäle die Quellung der Mehlschichten zurückgehalten ist, deutet auf das Vorhandensein einer äusseren Hüllhaut. Wie in jeder anderen einwandigen Zelle, ist der Innenraum und von diesem aus sind auch die Tipfelkanäle (nur unter *b* in die Zeichnung aufgenommen) mit den Häuten eines Zellschlauches ausgekleidet, der sich bei Maceration von den Mehlwänden ablöst und zurückzieht, dessen Körnchen sich bei Maceration beleben und zu selbstständig belebten, selbstthätig bewegten Gährungsorganismen umbilden, ehe noch die einschliessende Mehlwandung irgend eine Veränderung erkennen lässt. Ich habe über diesen vielsagenden Fall der Verjauchung und Wiederbelebung todter organischer Stoffe in einer besonderen Abhandlung gesprochen (B. VII 2).

In Bezug auf die mannigfaltigen Abweichungen, welche sich auf diesem Wege der Untersuchung im Baue der Wandung des Canna- und Kartoffelmehles zu erkennen geben; in Bezug auf die Verwandtschaft im Baue des Mehles der Getreidearten, der Hülsenfrüchte, der Knollen von Ranunculus ficaria muss ich auf die erwähnte Abhandlung in den Sitzungsberichten und auf die ihr beigegebenen Abbildungen verweisen, hier nur hervorhebend, dass ich im Mehlkorne einen Organismus erkenne, der der Pflanzenzelle in ihrem Baue und in ihrer Entwickelung sehr nahe verwandt ist, dass, wenn sich dies am unveränderten Mehlkorne nicht erkennen lässt, die Ursache hiervon in räumlichen Verhältnissen der Entwickelung ihrer Wandungen in einer nicht genügend nachgiebigen Grenzhaut liegt, die Ursache mannigfaltiger Einfaltungen und Einstülpungen ist. Das, was man den Nabelfleck des Stärkekornes zu nennen pflegt, ist eine durch Einstülpung des verdünnten Theiles der Mehlwandung gebildete Scheinöffnung.

Dagegen ist der chemische Bestand der Mehlwandung von dem der Cellulosewandung in vielen Dingen wesentlich unterschieden, wenn auch nicht in der elementaren Zusammensetzung, die für beide dieselbe zu sein scheint (C. 12 H. 10 O. 10). Ich mache jedoch darauf aufmerksam, dass die chemische Analyse bis daher die Feinheiten nicht aufzufinden vermochte, welche die untrennbare Beimengung von Hautstoff in beiden Fällen nothwendig zur Folge haben muss, da die mikrochemischen Reaktionen des Letzteren auf Verschiedenheit chemischer Zusammensetzung, namentlich auf Hinzutreten von Stickstoff hindeuten.

Ein wesentlicher Unterschied im Verhalten des Stärkemehles und der Cellulose liegt darin, dass Ersteres schon im unveränderten Zustande auf wässerige Jodlösung mit indigoblauer Farbe reagirt, während Letztere diese Reaktion erst nach Einwirkung von Schwefelsäure zeigt. Das Verhalten des Stärkemehles zu Jodlösung ist zugleich ein treffliches Erkennungszeichen für Stärke, wenn man nicht ausser Acht lässt, dass auch das Gerbmehl durch Jodlösung blau gefärbt wird, Stärkemehlkörner in Grünmehl sich zu bilden vermögen.

In kaltem Wasser ist das Stärkemehl wie das Grünmehl und Wandungsmehl unlöslich, erhält sich darinnen Monate lang unverändert und unterscheidet sich dadurch von Inulin, das in kaltem Wasser quillt, von Klebermehl und Gerbmehl, das darin sich auflöst.

In einem Mörser zerrieben, soll Stärkemehl in kaltem Wasser sich theilweise lösen. In trockener Wärme wird es in eine in Wasser lösliche Substanz (Brodrinde) verwandelt.

In heissem Wasser quillt das Stärkemehl, wenn die Wärme desselben 50^0 C. übersteigt. In kochendem Wasser steigert sich die Quellung bis zu dem unter dem Namen Kleister bekannten hohen Grade, ohne dass damit eine Lösung verbunden ist, die sich durch Einwirkung von Säuren, besonders durch längere Einwirkung verdünnter Schwefelsäure erzielen lässt, durch die die Stärke zunächst in Stärkegummi, dann in Stärkezucker oder in Oxalsäure umgewandelt wird. Dagegen verwandelt Salpetersäure das Stärkemehl ebenso wie die Cellulose in jene explodirende, Pyroxylin genannte Substanz. Verdünnte Lösungen von Alkalien wirken ebenfalls, wie verdünnte Säuren, lösend auf das Stärkemehl ein.

Auf $40-50^0$ erwärmte Speichelflüssigkeit soll einen Theil der Mehlschichten auflösen und ein Skelett von Schichten zurücklassen, aus dessen Unlöslichkeit im Speichel eine chemische Verschiedenheit zwischen ihm (Cellulose) und dem gelösten Theile der Schichtungen (Granulose) erschlossen wurde. Bei vollständiger „Extraktion" der gelösten Granulose sollen vom ursprünglichen Mehlgewicht nur 3—6 % Cellulose zurückbleiben, die von Jodlösung nicht mehr blau gefärbt werden, in heissem Wasser nicht mehr aufquellen. Auf 70^0 erwärmt soll die Speichelflüssigkeit völlige Lösung aller Mehltheile zur Folge haben. Diastase, organische Säuren, sehr verdünnte Salz- und Schwefelssäure sollen in ähnlicher Weise wie Speichel auf das Mehl einwirken.

Aus eigener Beobachtung vermag ich hiervon nur zu bestätigen, dass die Speichelflüssigkeit in jedem Korne ein langsam fortschreitendes Erlöschen der Reaktion auf Jodlösung zur Folge hat, der Art, dass Theile des Kornes noch tief blau gefärbt werden, während andere Theile farblos bleiben. Eine Strukturveränderung der scheinbaren Schichtungen vermag ich hierbei nicht aufzufinden, auch nicht im gequollenen Mehlkorne nach mehrstündiger Einwirkung einer auf 50^0 erwärmten Speichelflüssigkeit. Nach längerer Einwirkung derselben, vor völligem Zerfallen der Mehlwand zeigt sich allerdings mitunter eine Granulirung, die sich dann aber gleichmässig auf alle Schichtungslamellen erstreckt.

Da im unveränderten Mehlkorne die Quellungsfähigkeit der Schichtungslamellen von Innen nach Aussen gleichmässig zunimmt — ich schliesse das aus der von Aussen nach Innen zunehmenden Stärke der Tipfelkanäle (Fig. 67 *E*) — ein Unterschied hierin zwischen benachbarten Schichtungslamellen sich nicht zu erkennen giebt, da in ihm alle Lamellen durch Jodlösung gleichmässig blau gefärbt werden, kann der Unterschied zwischen Granulose und Cellulose kein ursprünglicher, er muss ein durch die genannten Reaktionen erzeugter sein. Ich habe diesem Gegenstande noch zu wenig Arbeit zugewendet, um darüber ein sicheres Urtheil fällen zu dürfen.

Das Stärkemehl ist schwerer als Wasser, es schlägt sich in demselben rasch nieder und beruht darauf seine Gewinnung im Grossen. Seine Substanz ist fest, wenig elastisch, unter Druck vom Rande aus sich spaltend, nicht wie das Klebermehl zerspringend, meist farblos, in grösseren Mengen mehlweiss. Nur bei Laurus fand ich im Samen Mehl von rosenrother Färbung. Sein Gehalt an feuerfesten Ascherückständen ist ein aussergewöhnlich geringer, meist unter 0,25 % vom Trockengewicht des Mehles.

Die Veränderungen, welche das Stärkemehl in der lebenden Pflanzenzelle erleidet, bestehen hauptsächlich in der Verflüssigung desselben im Zellsafte, verbunden mit einer Umbildung der Substanz in Diastase, Stärkegummi und Stärkezucker, nachdem dieser Verflüssigung ein Zerfallen der Stärkekörner in mehr oder weniger unregelmässige Bruchstücke vorhergegangen ist, das bisweilen abändert in eine unregelmässige Durchbohrung, als wenn Insektenlarven das Mehlkorn in verzweigten Gängen durchfressen hätten (A. 11, Taf. III, Fig. 15, 16). Im reifenden Samenkorne erkennt man aber noch andere Veränderungen in den Umbildungen der Stärkekörner, theils in Grünmehl, theils in Klebermehl, und muss ich durchaus bei der in meiner Entwickelungsgeschichte des Pflanzenkeimes ausgesprochenen Behauptung beharren: dass die Veränderungen, welche der Zelleninhalt der Samenlappen oder des Endosperm der Sämereien beim Reifen und beim Keimen in dieser Hinsicht erleidet, nicht auf Neubildung anderer, sondern auf einer Umwandlung vorgebildeter Mehlarten grösstentheils beruht. Die Samenlappen des unreifen Samens der Rothbuche, der Hasel, das Sameneiweiss der Nadelhölzer sind mit Stärkemehl erfüllt, noch zu einer Zeit, in der sie beinahe ausgewachsen sind. Bald darauf, nach eingetretener Samenreife ist das Stärkemehl verschwunden, an dessen Stelle Klebermehl getreten. Mit der grössten Sorgfalt habe ich alle Uebergangsstufen vom stärkehaltigen zum kleberhaltigen Zustande der Zellen verfolgt, nie einen Zustand der Lösung des vorgebildeten Stärkemehles beobachtet, der doch eintreten musste, um für die Neubildung von Klebermehl Platz zu schaffen. Allerdings könnte man hier die Einwendung machen, dass in derselben Zelle Lösung des Vorgebildeten und Neubildung des Nachfolgenden gleichzeitig nicht auf alle, sondern nur auf wenige Mehlkörper sich erstreckt und dadurch der Beobachtung sich entzieht; da aber diese Annahme aller thatsächlichen Grundlage entbehrt, da wir andererseits am Grünmehle selbst die Umbildung in Stärkemehl Schritt vor Schritt nachweisen können, so liegt die Annahme weit näher, dass auch das Klebermehl aus vorgebildetem Stärkemehl entstehe, wenn sich dies auch nicht unmittelbar erkennen lässt, in Folge der Leichtlöslichkeit des Letzteren im Wasser.

Ueberall (?) wo Stärkemehl in Zellen sich bildet, die der Lichtwirkung zugänglich sind, zeigt sich das junge Mehlkorn eingeschlossen in eine Hüllhaut, zwischen der und dem Stärkekorn eine grüne Substanz lagert, die um so reichlicher vorhanden ist, in je jugendlicherem Zustande das Stärkekorn sich befindet. Selbst das grosse Stärkekorn aus der Kartoffel f r u c h t besitzt diese grüne Umhüllung bis zu einem weit vorgeschrittenen Grade seiner eigenen Ausbildung (A. 11, Taf. III, Fig 21). Es wird wohl nicht gefehlt sein, wenn man diese Thatsache in nahe Beziehung bringt mit der Stärkebildung im Grünmehle der Blätter, Rinden, Früchte (Seite 98, Fig. 64). Geht man von hier aus einen Schritt weiter, so gelangt man leicht zu der Annahme, dass a l l e s Stärkemehl sich innerhalb einer ursprünglichen Hüllhaut entwickelt, die sich aber der Beobachtung da entzieht, wo Lichtmangel die grüne Färbung der einhüllenden Substanz verhindert, wie das in der Kartoffelknolle der Fall ist, deren Stärkekörner denen der Kartoffelfrucht in Grösse und Bau gleich sind, bis auf die in Letzteren schärfer gezeichneten Schichtungen. Für dies ursprüngliche Vorhandensein einer Hüllhaut spricht dann auch das häufige Vorkommen

componirten Stärkemehles,

d. h. solcher Stärkekörner, die aus mehreren, untereinander fest verbundenen Körnern zusammengesetzt sind, deren jedes aber eine selbstständige Entwickelung und Schichtenbildung erkennen lässt. Die Abbildung Fig. 68 zeigt Verschiedenheiten solcher Zusammensetzungen. Der Umstand, dass die Seiten der Vereinigung solcher Körner abgeplattet sind, beweist das ursprüngliche Vorhandensein einer ihnen gemeinschaftlichen Hüllhaut, die Abrundung der Körner nach Aussen beweist, dass die Abplattung der Verbindungsflächen nicht durch den Druck benachbarter Körnercomplexe entstanden sein kann.

Fig. 68.

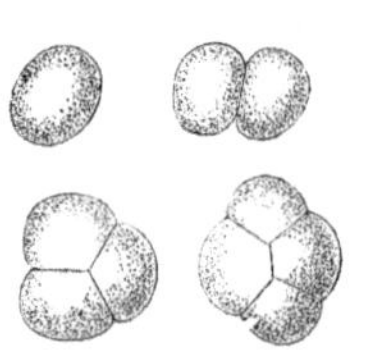

Componirtes Stärkemehl der Eiche.

Fig. 69.

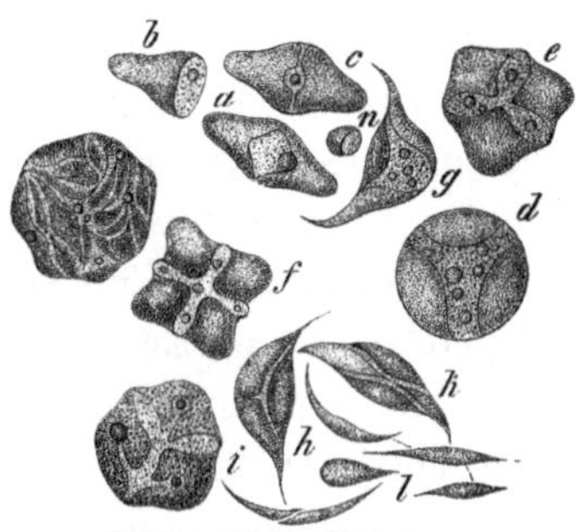

Stärkemehl des Haferkornes.

Ueber die aussergewöhnliche Zusammensetzung des Hafermehles, dessen letzte Zusammensetzungstheile mondsichelförmig gestaltet und von ausserordentlich geringer Grösse sind, wie über andere Abweichungen im Baue der Stärkekörner, siehe: A. 11, Taf. III, IV.

Vorkommen und Lebensdauer des Stärkemehls. Am weitesten verbreitet ist das Stärkemehl in den Sämereien der Gräser und der Hülsenfrüchte, aber auch die Samenlappen der Eichel, der Kastanie, der Rosskastanie, überhaupt aller nicht ölhaltigen Sämereien enthalten in grossem Uebergewicht Stärkemehl mit nur wenig beigemengtem Klebermehl oder Gerbmehl. In allen ölhaltigen Sämereien, in denen der Nüsse, Mandeln, Rüben, Lein, der meisten Laubholzarten und aller Nadelhölzer, mit Ausnahme einiger aussereuropäischer Arten (Araucaria, Salisburia) ist das Stärkemehl durch Klebermehl vertreten. Das Stärkemehl erfüllt die Zellen vieler Knollen (Kartoffel) und Scheinknollen (Ranunculus ficaria) und findet sich reichlich in den Wurzeln junger Holzpflanzen (Fagus, Aesculus). Im Holzkörper des Stammes, der Aeste und Zweige wie der Wurzeln sind es die Zellen des Markes, der Markstrahlen und der Zellfasern, welche Stärkemehl bereiten. In den Zellen der Wurzelrinde vertritt Stärkemehl das Grünmehl der Rindezelle über der Erde. Der Bast ist meist sehr arm an Stärkemehl. Dass es häufig im Grünmehl sich bilde, dass es in noch unreifen, später ölhaltigen Sämereien dem Klebermehl vorhergehe (Taxus, Corylus, Fagus), habe ich vorhergehend bereits erwähnt.

Als Reservestoff ist die Lebensdauer des Stärkemehls meist eine beschränkte, verschieden nach Dauer der Unthätigkeit, in welche die Pflanze oder der Pflanzentheil zwischen je zweien Vegetationsperioden verfällt. In Sämereien und Knollen ist es der Zeitraum zwischen Reifen und Keimen, den das Stärkemehl unverändert durchlebt. Wird dieser Zeitraum durch Verhinderung des Keimens widernatürlich verlängert, so verlängert sich damit auch die Lebensdauer des Mehls. Ich selbst habe aus 30jährigem Ginstersamen kräftige Pflanzen erzogen und wenn es wahr ist, dass man aus, den Mumiensärgen der ägyptischen Katakomben beigegebenen Weizenkörnern Pflanzen gezogen hat, dann lässt sich die Lebensdauer des Stärkemehls auf Tausende von Jahren verlängern. Indess verhalten sich nicht alle Samenarten in gleicher Weise. Wir wissen, dass Eicheln, Kastanien, Rosskastanien ihre Keimfähigkeit nur bis zum Frühjahre nach der Reife erhalten, wobei es allerdings unentschieden bleibt, ob das Erlöschen der Keimfähigkeit dem Keim oder dem Stärkemehl seiner Samenlappen zuzuschreiben ist.

Im Stamme, in Aesten, Wurzeln der Bäume liegt die Lebensdauer des Stärkemehls zwischen dessen Entstehung im Sommer oder Herbst und dessen Wiederauflösung im nachfolgenden Frühjahre oder Sommer. Weiterhin werde ich zeigen, dass Bildung und Auflösung nicht gleichzeitig in allen Baumtheilen sich vollzieht. Die Bildung beginnt in den tiefsten Baumtheilen, in der Wurzel, und setzt sich langsam nach oben hin fort, so dass sie in den Zweigen um Monate später eintritt, die Wiederauflösung dagegen beginnt im Frühjahre in den Zweigspitzen und setzt sich weit rascher nach unten hin fort, so dass die Lebensdauer des Stärkemehls in den Zweigspitzen eine weit kürzere ist, als in den Wurzeln.

Aus dem Umstande, dass zur Zeit der Lösung und der Verwendung des Stärkemehls auf Neubildung an Zellen in allen sich vergrössernden Baumtheilen das Kernholz der Bäume fortdauernd nicht unbeträchtliche Mengen von Stärkemehl besitzt, glaube ich folgern zu dürfen, dass in fruchtbaren Jahren eine den Bedarf des kommenden Jahres übersteigende Menge von Stärkemehl gebildet und in den tieferen Baumtheilen niedergelegt werde; dass der Ueberschuss an Stärke hier längere Zeit aufbewahrt werde und erst dann zur Verwendung komme, wenn in unfruchtbaren Jahren der nöthige Bedarf an Stärkemehl für das kommende Jahr nicht bereitet werden konnte. Der geringe Einfluss, den fruchtbare und unfruchtbare Jahre auf die jährliche Zuwachsgrösse älterer Waldbäume ausüben, scheint diese Annahme zu bestätigen.

Auch in jungen noch wachsenden Trieben bildet sich vorübergehend Stärkemehl, dessen sehr kurze Lebensdauer mit den Entwickelungszuständen der Einzelzelle in Beziehung zu stehen scheint.

Die physiologische Bedeutung des Stärkemehls beschränkt sich ganz auf dessen Funktion als Reservestoffe, besonders für den Cellulose-Antheil der Neubildungen. Eine allgemeinere Bedeutung besitzt das Stärkemehl als Nährstoff des thierischen Körpers, in dem es wie der Zucker als Fettbilder auftritt. Wie Cellulosemehl und Grünmehl in Heu, Klee und Futterlaub, wie das Klebermehl mit seinem Gehalt an Phosphor und Schwefel in den ölreichen Sämereien, so dient das Stärkemehl der trockenen Sämereien, der Wurzeln und Knollen dem Thierreiche als unentbehrlicher Nährstoff erster Hand.

b) Das Klebermehl (Aleuron).

Der Ursprung des Klebermehls ist von dem aller übrigen Mehlarten nicht verschieden. Auch hier sind es die aus dem Zellkern frei gewordenen und im Safte des Schlauchraumes sich vertheilenden Kernstoffkörper, aus denen das Klebermehl sich bildet, wie es scheint aber nie unmittelbar, sondern erst, nachdem die Kernstoffkörper in Grünmehl und Stärkemehl sich verwandelt haben. Die Allgemeinheit dieser in meiner Entwickelungsgeschichte des Pflanzenkeimes (A. 11) vielfach belegten Umbildungsfolge geht aus der Thatsache hervor, dass die, mit der Klebermehlbildung untrennbar verbundene Abscheidung fetter Oele stets den letzten Reifungszuständen der Sämereien angehört.

Ob eine Vermehrung des Klebermehls in der Weise stattfindet, wie ich sie für die übrigen Mehlarten nachgewiesen habe, ob diese nicht vielmehr allein in den dem Klebermehl vorhergegangenen Zuständen des Grünmehls oder Stärkemehls bestehe, ist zweifelhaft und um so schwieriger festzustellen, als die Löslichkeit des Klebermehls im Wasser des Objektträgers die Beobachtung in hohem Grade erschwert. Wie wäre es sonst möglich gewesen, dass ein so weit verbreiteter Körper bis zum Jahre 1855 gänzlich unbekannt bleiben konnte (B. III, 22). Vorläufig muss ich noch bei meiner Ansicht beharren, dass das Klebermehl Umwandlungsprodukt vorgebildeten Grünmehls oder Stärkemehles sei. Die frühesten Zustände des reifenden Samenkorns von Ricinus allein erregten mir bis jetzt Zweifel an der Allgemeinheit dieser Entstehungsweise (A. 11, Taf. IV, Fig. 1).

Bau und Bestand des Klebermehls. Befeuchtet man Querschnitte aus den Samenlappen oder aus dem Samenweiss ölhaltiger Sämereien der Nadelhölzer, der Nussfrüchte, der Mandeln und Rosinen, des Hanf und Lein, der meisten Baumhölzer (mit Ausschluss der Eichen, Kastanien, Rosskastanien) mit Oel, dann sieht man die Zellen dieser Pflanzentheile mehr oder weniger dicht erfüllt mit körnigen, fest begrenzten Körpern, die bei vielen Pflanzenarten in Form, Grösse und Lagerungsverhältnissen dem Särkemehl sehr nahe stehen, in den Sämereien einiger Pflanzenarten auch ohne gegenseitige Pressung eine polyedrische Gestalt besitzen. Umgeben von einer Hüllhaut, deren gekörnelte Struktur, optisches und chemisches Verhalten den Schlauchhäuten entspricht, zeigt der Bau des Korns nur selten eine concentrische Schichtungsfolge, wie sie dem Stärkekorn eigenthümlich ist, so z. B. in den Samenlappen von Paeonia (Pfeffer), während in allen von mir beobachteten Fällen die von der Hüllhaut umschlossene Substanz strukturlos erscheint, abgesehen von deren Zerfallen in kleine polyedrische Körper, da wo auch die Form des ganzen Kornes eine polyedrische ist (Paranuss A. 11, Taf. IV, Fig. 29 f. Vergl. umstehend Fig. 70 *D e—f*), abgesehen von dem Vorkommen polyedrischer, im Wasser des Objektträgers unlöslicher Aleuronkerne, die in einer in Wasser löslichen Aleuronmasse eingebettet sind (Ricinus [A. 11, Taf. IV, Fig. 27 *a—g*]. Vergl. umstehend Fig. 70 *B*).

Nicht selten zeichnet sich unter den Klebermehlkörnern jeder einzelnen Zelle ein einzelnes Korn durch überwiegende Grösse aus, z. B. bei Vitis, Corylus, Lupinus, das ausserdem durch besondere Einschlüsse von den übrigen kleinen Mehlkörnern sich unterscheidet. Ich habe solche Klebermehlkörner Solitaire genannt. (Vergl. umstehend Fig. 70 *A c*.)

Sehr eigenthümlich und bei keiner anderen Mehlart vorhanden sind Einschlüsse eigenthümlicher Form und abweichenden Bestandes, die sich innerhalb der Hüllhaut des Klebermehls vorfinden, theils dem Innern der Aleuronmasse eingebettet, theils am Rande derselben in einer Aussackung der Hüllhaut lagernd. Ich habe drei Verschiedenheiten dieser Einschlüsse unterschieden: Weisskerne, Kranzkörper und Kristalloide.

Die Weisskerne, unregelmässig knollige, stärkemehlähnliche Körper lagern meist am Rande der Aleuronmasse und sind in diese mehr oder weniger tief eingebettet (Fig. 70 *D a—f*) aus Bertholetia, (Fig. 70 *B* aus Ricinus), unterscheiden sich aber vom Stärkemehl durch gänzlich mangelnde Reaktion auf Jodlösung, von Inulin durch Leichtlöslichkeit in Essigsäure. Sie sind in Wasser unlöslich, quellen aber in salpetersaurem Quecksilberoxyd wie Stärkemehl auf.

Fig. 70.

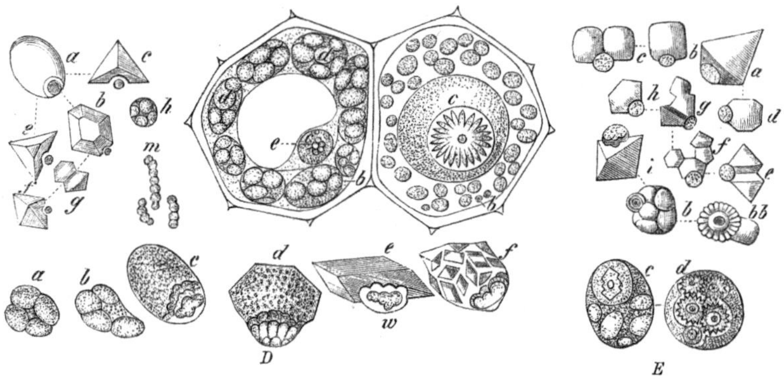

A Zwei Klebermehlzellen aus dem Rosinenkern. In der Zelle *e* ist in Folge noch nicht vollendeter Reife der Zellschlauch mit mehlhaltigen Brutbeuteln erfüllt, unter denen sich einer (*c*) als Zellkern zu erkennen giebt. Bei voller Reife ist Letzterer zum grossen Solitär *c* herangewachsen und von kleineren Klebermehlkörnern umgeben. *B* Klebermehl aus Ricinus *a*, in Oel gesehen *b—g*, nachdem die Aussenschicht gelöst wurde *h*, Weisskern *a—h*. *C* Componirtes Klebermehl aus einer Euphorbie (Pasquabil.), *c* Klebermehl aus Myristica moschata, *b* aus Croton curcas, *b b* aus Phyllanthus. *D* Klebermehl aus Bertholetia, *a—b* Weisskerne, *c—f* Lage der Weisskerne im kristallinischen Klebermehlkorne, *f* Zerfallen des Kristalles in kleinere Kristalle. *E c* Klebermehl aus Lupinus, *d* Klebermehl aus Conium.

Kranzkörper und Kristalloide sind hingegen vorherrschend nicht dem Rande, sondern dem Innern der Aleuronmasse eingebettet.

Kranzkörper habe ich Einschlüsse genannt, die in ihren ersten Entwickelungszuständen denen des Kernkörperchens im Zellkerne (Fig. 5, Seite 16) auffallend ähnlich sind, erst später durch eine Umhüllung mit spiessigen Kristallen ein sternähnliches Ansehen gewinnen, wie dies der Rosinenkern in grösster Ausbildung zeigt (Fig. 70 *A. c.*).

Kristalloide hingegen nannte ich diejenigen Einschlüsse, die einen organischen Ursprung nicht erkennen lassen, sondern, durch alle Zustände des Reifens und des Keimens hindurch in kristallinischer Form auftreten, aber durch ihre Unlöslichkeit in Wasser von den Kristallformen des Aleuron sich unterscheiden.

Nur ausnahmsweise besitzen alle Klebermehlkörner der Klebermehlzelle solche Einschlüsse, häufig nur diejenigen grösseren Körner, die ich mit dem Namen „Solitaire“ belegte.

In Bezug auf alles Weitere muss ich hier meine Leser auf die sehr eingehenden Mittheilungen und Darstellungen in meiner Entwickelungsgeschichte des Pflanzenkeimes verweisen.

Von allen übrigen Mehlarten unterscheidet sich das Klebermehl sehr bestimmt durch seine Leichtlöslichkeit schon im kalten Wasser des Objektträgers ohne vorhergehende Quellung, verbunden mit einer braungelben Färbung durch Jodlösung. Eisensalze färben das Klebermehl nicht schwarz, wodurch es sich von dem in Wasser löslichen Gerbmehl unterscheidet, das auch durch Jodlösung blau gefärbt wird.

Was den chemischen Bestand des Klebermehls betrifft, so wissen wir darüber bis jetzt nicht mehr, als dass das von mir rein dargestellte Mehl der Paranuss gegen 10 % Stickstoff enthält. Ueber den wahrscheinlichen Gehalt des Klebermehls an Schwefel und Phosphor liegen Bestimmungen noch nicht vor.

Der dem Klebermehle beigegebene Gehalt reifer Sämereien an fettem Oel stellt sich erst kurze Zeit vor dem Reifezustande ein und verschwindet spurlos schon in den ersten Stadien des Keimens.

Das Vorkommen körnigen Klebermehls scheint an solche Pflanzentheile gebunden zu sein, in denen fettes Oel an die Stelle der wassrigen Flüssigkeiten getreten, oder deren Wassergehalt ein so geringer ist, dass er der Bildung des in Wasser leichtlöslichen Klebermehls nicht entgegensteht. Daraus mag es sich erklären, dass in den Sämereien die Klebermehl- und Fettbildung Hand in Hand gehen, dass Erstere in den trockenen, stärkemehlreichen Sämereien häufiger nur in dem peripherischen Zellgewebe der Epidermis sich vollzieht, im tieferen Zellgewebe des Samens der Gräser und Hülsenfrüchte zwischen den überwiegenden Stärkemehlkörnern nicht allein in geringer Menge, sondern auch stets nur in äusserst kleinen Körnern aussergewöhnlicher Bildung sich vorfindet, meist stabförmig verlängert mit knotigen Verdickungen, wie Fig. 70, *Bm* aus dem Samen von Vicia Faba darstellt. Ob Klebermehl auch in anderen Reservemehl bildenden Zellen als in denen der Sämereien, ob es in den Reservestoffmagazinen des Markes und der Rinden, in Wurzel, Stamm und Zweigen, in Blättern und Früchten sich bilde, ist zur Zeit noch unbekannt und nur zu vermuthen auf Grund des Umstandes, dass der Frühjahrssaft junger Triebe und das Cambium, unzweifelhaft aus der Lösung von Reservestoffen innerer Baumtheile herstammend, wie die Keimflüssigkeit der Sämereien reich an Eiweissstoffen ist, die aus Klebermehl herstammen müssen, wenn sie nicht in formlosem Zustande den Magazinen anderer Reservestoffe beigegeben sind. In einigen Fällen glaube ich in Markstrahlzellen äusserst kleinkörniges Klebermehl gesehen zu haben, wage aber nicht, dies mit Sicherheit zu behaupten.

In Bezug auf die Lebensdauer des Klebermehls gilt dasselbe, was ich in dieser Hinsicht über das Stärkemehl gesagt habe. Aus 11jährigem Fichtensamen, dessen Endosperm nur Klebermehl enthält, habe ich noch zahlreiche, wenn auch schwächliche Pflanzen erzogen. Das ist aber auch wohl der extremste Fall dieser Art.

Die physiologische Bedeutung des Klebermehls ist die der Reservestoffe überhaupt. Man darf wohl annehmen, dass, wie den Aschebestandtheilen des Klebermehls, so den Eiweisstoffen, dem Phosphor und Schwefel des Klebermehls ein Kohlenstoff-Hydrat zur Grundlage diene und dass dies Letztere ebenso auf den Neubau von Zellen verwendet werde, wie das Kohlenhydrat der übrigen Mehlkörper. Etwas anders verhält es sich mit dem Gehalte des Stärkemehls an Eiweissstoffen, Phosphor und Schwefel, die, abgesehen von dem verschwindend geringen Bedarf zur Bildung des häutigen Bestandes der Pflanzenzelle, auf Zellenbau nicht verwendet werden, sondern, nach eingetretener Lösung des Klebermehls im Pflanzensafte diesem so lange beigemengt bleiben, bis sie auf erneute Klebermehlbildung wieder verwendet werden. Es ist eine durch zahlreiche chemische Analysen festgestellte Thatsache, dass im Wandungsstoff der Pflanzenzelle, ebenso wie im Stärkemehl, keiner der drei genannten Bestandtheile des Klebermehls für immer fixirt wird. Die jungen Blätter der Holzpflanzen, der Gräser, des Klees, im Frühjahre und bis in den Sommer so reich an Eiweissstoffen und dadurch als Futterlaub und Heu so nahrhaft für die Pflanzenfresser, enthalten im Herbst nur Spuren stickstoffhaltiger Bestandtheile. Die Behauptung, dass das sogenannte Protoplasma reich an Proteinverbindungen sei, steht auf sehr schwachen Füssen und würde, auch wenn sie sich bethätigen sollte, meiner Angabe nicht entgegenstehen, dass, da er dem Holzkörper mit Ausschluss der jugendlichsten Zustände der Holzfaser gänzlich fehlt, der Stickstoffgehalt den älteren Blättern schon zu einer Zeit entzogen wird, in der ihr Zellgewebe noch reichlich sogenanntes Protoplasma enthält.

Wenn nun hiernach Eiweissstoffe (Proteinverbindungen) Phosphor und Schwefel zum Aufbau der Pflanzenzelle nicht verwendet werden, wenn sie ausser ihrem Vorkommen als Klebermehl nur vorübergehend Bestandtheile des Pflanzensaftes sind, dann können sie für den Aufbau des Pflanzenkörpers keine andere als höchstens eine reaktive Bedeutung haben. Es muss die physiologische Bedeutung des Klebermehles und seiner Lösung im Pflanzensafte in Bezug auf seinen Gehalt an Eiweiss, Phosphor und Schwefel ausserhalb der Pflanze liegen.

Entgegen der früher herrschenden Ansicht einer Ernährung der Pflanzen durch Humuslösungen, also durch organische Stoffe, habe ich nachgewiesen, dass alle höher entwickelten Pflanzen sich allein aus anorganischen Stoffen zu ernähren vermögen (A. 3). Die Thiere hingegen vermögen nur aus organischem Stoff, unmittelbar oder mittelbar aus dem Pflanzenreich sich zu ernähren; denn wenn der Fuchs und die Eule von Feldmäusen sich ernähren, so sind es Letztere, die ihnen den Pflanzenstoff zuvor in Thierstoff umwandeln mussten. Durch ihr Verhalten zu anorganischen Stoffen der Körperwelt ist daher die Pflanze Vorläuferin und Vermittlerin des Thierlebens. Es ist das ihre wichtigste Bestimmung im grossen Haushalte des Naturlebens. Nun sind Eiweissstoffe, Phosphor und Schwefel eben so nothwendige Bedingungen der Entwickelung des Thierkörpers, wie Kohlenstoff, Sauerstoff, Wasserstoff und Salze verschiedener Art; die Pflanze muss auch die Elemente Ersterer in sich aufnehmen und zu organischem Stoffe verarbeiten, um ihre naturgesetzliche Verpflichtung gegen das Thierreich zu erfüllen. Das ist allerdings eine in der Jetztzeit verpönte teleologische Anschauungsweise, die ich mir aber nicht abzuschütteln vermag.

Dass in der Werkstatt des Zellenlebens der Lösung des Klebermehles eine Mitwirkung bei den mannigfaltigen chemischen Bildungen und Umbildungen zugeschrieben werden darf, erscheint mir naheliegend. Es beschränkt sich hierauf die physiologische Bedeutung des Klebermehles für die Pflanze selbst. Wie das Stärkemehl bestimmt ist, das Material für die Cellulosebildung von einer Vegetationsperiode auf eine nachfolgende Periode des Verbrauches, im kleinsten Raume und in fester Form zu übertragen, so vereint sich hiermit im Klebermehl die Bestimmung gleichartiger Uebertragung der Proteinverbindungen des Pflanzenkörpers.

c) Das Gerbmehl.

Zuerst in der zehnten Auflage meines Lehrbuches für Förster, Bd. I, Seite 219, Fig. 26 (1861), machte ich darauf aufmerksam, dass auch der Gerbstoff der Eiche den Winter hindurch in fester körniger Form solchen Zellen eingelagert sei, die in anderen Pflanzen Magazine der Reservestoffe körniger Bildung sind, dass diese körnigen Bildungen im Frühsafte der Pflanze sich auflösen, gleichzeitig und in derselben Weise wie das Stärkemehl, dass sie im trockenen Zustande durch Eisensalze lederbraun und erst durch Wasserzusatz blauschwarz gefärbt würden. Weitere Mittheilungen hierüber veröffentlichte ich in der Bot. Ztg. 1865, S. 53 und 237, sowie in einer besonderen Abhandlung über den Gerbstoff der Eiche vom Jahre 1869 (A. 14). Meine Angabe, dass die feste Form des Gerbstoffes eine selbstständige, dem Stärkemehl, Klebermehl etc. zur Seite zu stellende Mehlart sei, ist von Seite anderer Physiologen einer Prüfung bis jetzt nicht unterzogen worden, und die von einer Seite erhobene Einwendung, dass das Gerbmehlkorn von flüssigem Gerbstoff durchdrungenes Stärkemehl „sein könne“, eine durchaus willkührliche, gegenüber dem von mir geführten Nachweise: dass in den Gerbmehl bildenden Zellen bis zum frühesten Zustande derselben aufwärts, die Körner in kaltem Wasser ohne Quellungserscheinungen leicht löslich sind und von Eisensalzlösungen schwarz, zugleich aber auch durch Jodlösung wie Stärkemehl blau gefärbt werden. Die Löslichkeit des körnigen Gerbmehles im Wasser ist eine so überaus grosse, dass es nur unter besonderen Vorsichtsmassregeln gelingt, den körnigen Zustand dieser Mehlart sich zur Anschauung zu bringen, indem man berindete Wintertriebe der Eiche vollständig austrocknen lässt, die trockenen Reiser darauf mit ihrer unteren Schnittfläche in eine concentrirte Lösung von Eisenchlorür stellt und die Aufnahme dieser Flüssigkeit im Vacuum der Luftpumpe erzwingt. Zarte Querschnitte aus solchen Reisern auf der Objektplatte unter Wasser betrachtet, lassen dann den unveränderten Zustand des körnigen Gerbmehles und dessen Vertheilung in den verschiedenen Zellen und Zellensystemen erkennen, wie das Tafel I zeigt, woselbst die Gerbmehl führenden Zellen durch dunklere Färbung ihres Inhaltes unterschieden sind. In stärkerer Vergrösserung zeigt dies nebenstehende Abbildung, in welcher die Zellen mit dunkel gefärbtem Mehl die Gerbmehl führenden sind.

Fig. 71.

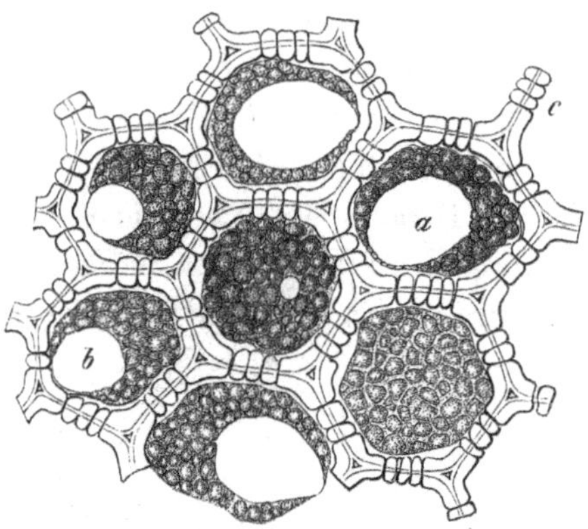

a Gerbmehlzelle aus dem Mark einjähriger Eichentriebe, deren Inhalt durch Eisenchlorür blauschwarz gefärbt wird, während der Stärkemehlgehalt benachbarter Zellen (*b*) ungefärbt bleibt.

Was den Ursprung des Gerbmehles betrifft, so ist es mir bis jetzt nicht gelungen, wie bei Stärkemehl durch dessen Reaktion auf Jodlösung, wie bei Grünmehl durch dessen Farbe, das Gerbmehl schon im Bereich des Zellkernes der Gerbmehl bildenden Zelle zu erkennen durch dessen Reaktion auf Eisensalze, wohl aber erkennt man diese Reaktion schon in denjenigen Zellen junger noch im Wachsthum stehender Triebe der Eiche, die durch ihren Standort innerhalb der verschiedenen Zellensysteme sich als Gerbmehlzellen erkennen lassen. Man darf daher wohl annehmen, dass, wenn nicht schon im Zellkerne die Kernstoffkörperchen desselben zu Gerbstoff sich umbilden, solches doch sehr bald nach deren Vertheilung im Schlauchraume geschieht. Da nun die beobachteten Fälle einer Umbildung der Kernstoffkörper zu Grünmehl- oder Stärkemehlkörpern schon im Bereich des Zellkernes zu den Ausnahmen gehören, da in der Mehrzahl der Fälle auch diese Umbildungen erst im Schlauchraume sich vollziehen, so darf man daraus schliessen, dass der Ursprung des Gerbmehles von dem des Grünmehles und des Stärkemehles im Wesentlichen nicht verschieden ist.

Ob eine Vermehrung des Gerbmehles durch Selbsttheilung wie beim Stärkemehl im Schlauchraume stattfindet, vermag ich nicht zu sagen.

Der Bau des Gerbmehles ist ein verschiedener innerhalb der Aussengrenze des Holzkörpers und ausserhalb derselben. Innerhalb dieser Grenze im Bereich des Holzes, der Markstrahlen und des Markes ist der Bau des Gerbmehles ein dem Stärkemehl durchaus ähnlicher. Wo, wie bei der Eiche, das Stärkemehl des grösseren Theiles der Markzellen und aller Zellfasern des Holzkörpers componirt ist, da ist auch das Gerbmehl in derselben Weise componirt, von gleicher Grösse und Form, so dass man annehmen darf, es sei auch der innere Bau dieses Mehles dem des Stärkemehles gleich oder ähnlich. Unter diesen Umständen ist es zu entschuldigen, wenn ich früher annahm, es entstehe das Gerbmehl aus einer Umbildung der Substanz vorgebildeten Stärkemehles, wie vorgebildetes Grünmehl in Stärkemehl sich umbilden kann. Erst die Beobachtung, dass die Reaktion der Eisensalze bis in das früheste Alter der Gerbmehl bildenden Zellen zurückreicht, überzeugte mich von dem Irrthümlichen dieser Meinung.

Fig. 72.

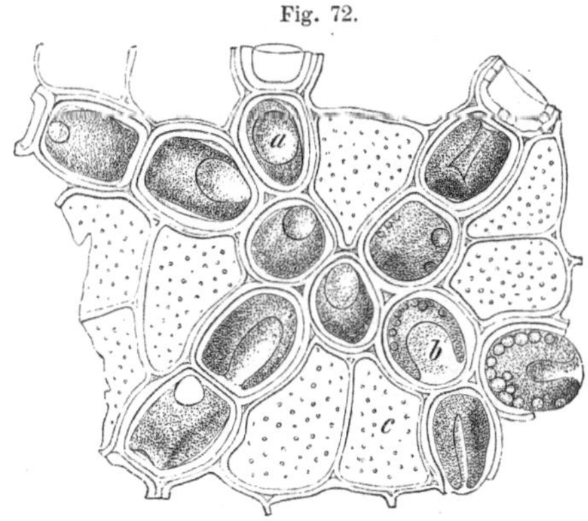

Massiger Zustand des Gerbmehles in Bast und Rinde der Eiche.

Diese auffallende Aehnlichkeit des Gerbmehles und des Stärkemehles der Eiche in benachbarten Zellen verschwindet nun aber gänzlich in denjenigen Gerbmehl bildenden Zellen, welche zwischen Holzkörper und Oberhaut lagern. Ueberall erscheint hier das Gerbmehl nicht körnig, sondern massig, den ganzen Zellraum erfüllend, bis auf eine innere eiförmige Höhlung, die dem Innenraume des von der amorphen Masse des Gerbstoffes erfüllten Schlauchraumes entspricht. Nur bisweilen liegen am Rande der Gerbstoffmasse einzelne Gerbmehlkörner, die auf Entstehung der Masse aus vorgebildeten Gerbmehlkörnern durch deren Verschmelzung hindeuten. Gesehen habe ich diesen, dem massigen Zustande vorhergegangenen, körnigen Zustand bei der Eiche bis jetzt nicht, es lassen sich aber alle Uebergangsstufen der Verschmelzung in der Rinde von Dammara erkennen.

Dieser Unterschied des Gerbmehles, gleichzeitig bestehend in den inneren und äusseren Regionen desselben Triebes, ist ein weiterer Beleg für die Selbstständigkeit des Gerbmehles als Reservestoff.

Was den **Bestand** des Gerbmehles betrifft, so wissen wir über diesen nicht mehr, als dass Letzteres ein fester, vorherrschend körniger und dem Stärkemehl ähnlicher Körper ist, dessen Lösung in reinem Wasser oder in Pflanzensaft einen eigenthümlichen Stoff, die Gerbsäure (Tannin), enthält, der die Eigenschaft besitzt, mit der Thierhaut sich zu Leder zu verbinden. Die

Gerbsäure lässt sich rein als ein farbloser, schuppiger Körper darstellen, der aus C. 18 H. 16 O. 12 = 50,94 % Kohlenstoff, 45,28 % Sauerstoff, 3,77 % Wasserstoff zusammengesetzt ist. Welches die übrigen Bestandtheile des Gerbmehles sind, wissen wir zur Zeit noch nicht. Durch Auswaschen in Oel habe ich das amorphe Gerbmehl der Eiche zwar in der für die Elementaranalyse erforderlichen Menge, aber nicht in genügender Reinheit darzustellen vermocht.

Fig. 73.

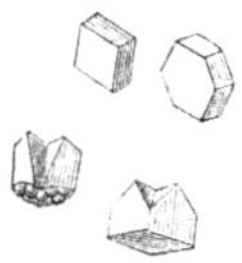

Krystalle in Gerbmehl führenden Zellen.

In welcher Beziehung eigenthümliche Kristallformen in der Nähe des Gerbmehles zu diesen stehen, ist mir noch nicht zur Erkenntniss gediehen.

Vom Stärkemehl, Grünmehl und Cellulosemehl unterscheidet sich das Gerbmehl durch seine Löslichkeit in kaltem Wasser, wie durch seine Reaktion auf die Salze schwerer Metalle mit schwarzblauer, grüner, rosenrother Farbe. Von dem gleichfalls in kaltem Wasser löslichen Klebermehle unterscheidet sich das Gerbmehl durch seine dem Stärkemehl gleiche Reaktion auf Jodlösung. Durch das fehlende Vermögen der Farbenspeicherung und durch die Löslichkeit in kaltem Wasser ist es vom Zellkerne und dessen körnigem Inhalte unterschieden.

Das Gerbmehl der äusseren Rindeschichten ist häufig gefärbt. In lebhaft grün gefärbten Rinden, z. B. von Negundo, in gelben Rinden, z. B. von Berberis, Salix daphnoides, Phylloclades, in roth gefärbten Rinden, z. B. von Cornus, ist das amorphe Gerbmehl Träger dieser Farben. Im Innern der Triebe ist das Gerbmehl stets ungefärbt.

Gerbstofflösungen der Eiche, der Werft- und der weissen Baumweide fällen Eisenlösungen überall mit schwarzblauer Farbe. Der Gerbstoff aus den Rinden von Fagus, Fraxinus, Pyrus, Salix daphnoides färben Eisensalzlösungen grün. (Weiteres hierüber in der Bot. Ztg. 1865 No. 7.)

Das Vorkommen des Gerbmehles ist ein sehr verbreitetes, es dürfte dasselbe keiner Holzart gänzlich fehlen, seine Menge ist aber in verschiedenen Holzarten eine sehr verschiedene. Eine der an Gerbmehl reichsten Holzarten ist die Eiche. Ungefähr ein Drittel der Zellen des Markes enthalten nur körniges Gerbmehl, und zwar in eigenthümlicher Vertheilung. Kugelförmige Komplexe Stärkemehl führender Markzellen sind umstellt von kugelmantelförmig geschlossenen Schichten Gerbmehl führender Zellen, so dass Gerbmehl- und Stärkemehlzellen sich unmittelbar berühren. Dieselbe eigenthümliche Vertheilung der Grünmehl und der amorphes Gerbmehl führenden Zellen zeigt auch die grüne Rinde. In den Samenlappen der Eichel sind ebenfalls Stärkemehlzellenkomplexe von Gerbmehlzellen eingeschlossen. In den Collenchym- und Oberhautzellen der Rinde führen alle Zellen amorphes Gerbmehl. Im Holzkörper bilden die Zellen der primären sowohl wie der sekundären Markstrahlen nur Gerbmehl, während die Zellfasern, auch wenn sie den Markstrahlzellen unmittelbar anliegen, stets nur Stärkemehl führen. Im Baste sind die Markstrahlzellen, die siebförmig getipfelten Zellfasern und die jungen Bastbündelfasern gerbmehlhaltig. Dass auch die jungen Blätter, Früchte und Gallwüchse vieler Pflanzen reich an Gerbstoff sind, ist bekannt. In den Blättern der meisten Nadelhölzer wird das Grünmehl durch Eisensalze schwarz gefärbt.

Die physiologische Bedeutung des Gerbmehls ist dieselbe wie die aller übrigen Reservestoffe. Es wird im Frühjahrsafte der Bäume aufgelöst, ohne seine Reaktion auf Eisensalzlösungen dadurch einzubüssen, im Sommer und Herbste jeden Falles in den zugewachsenen Baumtheilen neu gebildet. Was und wieviel vom Gerbmehlgehalt der Bäume im Winter, auf Neubildung von Zellen im darauffolgenden Jahre verwendet wird, welche Veränderungen die Gerbmehllösung hierbei erleidet, ob der Gerbsäuregehalt des Gerbmehles hierbei betheiligt ist, dafür fehlt mir zur Zeit noch eine lange Reihe nothwendiger Ermittelungen. Das in dieser Richtung ungenügende, in meiner Schrift über den Gerbstoff der Eiche (A. 14) enthaltene Material ist der Annahme einer jährlichen Consumtion des Wintermehles wenig günstig, insofern der Gerbstoffgehalt der Junirinden hinter dem der Winterrinden, der Gerbstoffgehalt der Blätter Ende September hinter dem der Maiblätter nur wenig zurücksteht. Es wird auch sehr schwer sein einen tieferen Blick in diese Verhältnisse zu erlangen, der Mitwirkung anderer Reservestoffe wegen.

d) Inulin.

In den Wurzelzellen mehrerer Compositen, in denen von Helianthus tuberosus, Inula Helenium, Dahlia, Cichorium, Taraxacum, ausserdem in den Wurzeln einiger Pflanzenarten anderer Familien, so viel ich weiss in keiner unserer Holzpflanzen, im Ganzen also doch nur wenig verbreitet, findet sich in der frischen, lebenden Zelle die Lösung eines Stoffes, der beim Austrocknen der Wurzeln zu einer amorphen, brüchigen, farblosen Substanz eintrocknet, längere Zeit in Glycerin oder Alkohol liegend zu kugeligen Körpern (Sphärokristallen) zusammentritt, die kristallartig aus concentrisch strahligen Theilen bestehen.

Die elementare Zusammensetzung dieses Stoffes ist genau gleich der des Stärkemehles, von dem er sich aber unterscheidet durch seine in kaltem Wasser geringe, in Wasser von 50° leichte und vollständige, mit Quellung nicht verbundene Lösbarkeit, wie durch den Mangel der Reaktion auf Jodlösung, wogegen das Inulin wie Stärkemehl unter Einwirkung von Salzsäure oder Schwefelsäure in einen dem Stärkegummi und Stärkezucker gleichen Stoff sich verwandelt.

Nur im sehr jugendlichen Zustande der Inulin bildenden Zellen sieht man in deren Schlauchraum sehr kleine kugelige Körner, die wahrscheinlich den

Kernstoffkörpern des Zellkernes entstammen, aber schon früh, und ehe sie eine der genaueren Erforschung genügende Grösse erlangen, sich im Schlauchsafte lösen. Wie es scheint findet sich von da ab das Inulin nur gelöst in der lebenden Zelle vor.

Dass auch das Inulin in die Reihe der Reservestoffe zu stellen ist, beweist sein ausschliessliches Vorkommen in Wurzelknollen und der Umstand, dass die aus ihnen erwachsenden neuen Sprossen keinem anderen Stoffe ihren Bedarf an Bildungssäften in entsprechender Menge entnehmen können.

b. Die organischen, nicht organisirten Reservestoffe.

§ 43. Der Wintersaft unserer Holzpflanzen, eben so wie der diesem gleichzustellende Frühsaft blutender Bäume enthält zu jeder Zeit eine nicht unbeträchtliche Menge von Pflanzenstoffen in Lösung, unter denen Gummi, Zucker, Eiweiss, Salzlösungen, Säuren und Alkalien die wichtigsten sind. Man glaubte hieraus folgern zu müssen, dass der Holzsaft schon im Aufsteigen eine Umbildung in die genannten Stoffe erleide, dass schon das Zellgewebe der Wurzeln und des Stammes hierzu befähigt sei. Ich kann erst später die Gründe darlegen, die mich dieser Ansicht entgegenzutreten und die Meinung auszusprechen veranlassten, dass die im Pflanzensafte gelösten organischen Stoffe entweder Bildungssäften angehören, die am Schluss einer Vegetationsperiode nicht mehr zu Reservestoffen fixirt wurden, oder einer Wiederauflösung vorgebildeter Reservestoffe im Pflanzensafte entstammen. Ersteren ist die Ursache des Gehaltes der Holzsäfte an organischen Stoffen zuzuschreiben, Letzteren entspringen die Stofflösungen reifender Früchte und keimender Sämereien.

Gegenüber den an bestimmte Zellenarten oder an bestimmte Gewebelücken gebundenen Absonderungen (Secrete) oder Aussonderungen (Excrete), wie wir Erstere im Milchsaft, im Schleim, Harz, Farbstoffen etc., Letztere im Gummi, Wachs, Honig, Kiesel- und Kalkkristallen kennen lernen werden, zähle ich zu den im Pflanzensaft gelösten Reservestoffen nur diejenigen Pflanzenstoffe, die mit den Wandersäften der Pflanze das Vermögen der Ortsveränderung besitzen. Die Chemie des Organischen hat deren eine grosse Menge unterschieden, von Vielen wissen wir aber noch nicht, ob sie der lebenden Pflanze angehören, oder ein Produkt künstlicher Veränderungen durch das Verfahren der Abscheidung und Gewinnung sind. Es mag daher genügen, diese Stoffe, in grössere Gruppen näher verwandter Arten zusammengestellt, nur im Allgemeinen zu betrachten.

Diese Gruppen lassen sich ordnen

in stickstofffreie,

in stickstoffhaltige Verbindungen von Kohlenstoff, Sauerstoff, Wasserstoff und

in Salzlösungen.

In die erste dieser Abtheilungen gehören: Zucker, Gummi, Dextrin, Gallert, Schleim und Pflanzensäuren.

1) Zucker

ist einer der verbreitetsten Pflanzenstoffe, mit Leichtigkeit erkennbar an seinem süssen Geschmack. Der Wintersaft vieler unserer Holzpflanzen enthält bedeutende Mengen Zucker, die in den Ahornen auf $3^1/_2$ % vom Saftgewichte steigen können. Der Schröpfsaft aus den Bastschichten unserer Laubhölzer enthält davon bis 30 %, nahe ebensoviel der Schlauchsaft des jugendlichen Fasergewebes der Bäume. Reich an Zucker sind die Säfte des Zuckerrohres, der Zuckerrüben, vieler reifer Früchte. Da Cellulose und Stärkemehl durch Einwirkung verdünnter Schwefelsäure in Gummi und Zucker sich umbilden lassen — eine heitere Aussicht für Waldbesitzer — ist es nicht unwahrscheinlich, dass auch in der lebenden Zelle der Zucker durch Einwirkung einer Säure, und zwar der Kohlensäure auf Stärkemehl sich bildet.

Beim Keimen deutet die reiche Entwickelung freier Kohlensäure darauf hin, ebenso wie der Reichthum unreifer Früchte an freien organischen Säuren, die nicht neutralisirt, sondern umgebildet werden, da die zu ihrer Neutralisation nothwendigen basischen Stoffe in entsprechender Menge sich nicht nachweisen lassen. Der Zuckergehalt reifender Sämereien des Mais, der Hülsenfrüchte mag in ähnlicher Weise vorübergehend sich bilden.

Als Zuckerarten unterscheidet man den R o h r z u c k e r des Zuckerrohres, der Zuckerrüben, des aufsteigenden Baumsafts, dessen elementarer Zusammensetzung nach Mulder die Formel $C_{12}\ H_9\ O_9 + {}^2(H\ O)$ entspricht, während die Formel für den T r a u b e n z u c k e r $C_{12}\ H_{12}\ O_{12} + {}^2(H\ O)$, die Formel für den F r u c h t z u c k e r $C_{12}\ H_{12}\ O_{12}$, für den M a n n a z u c k e r $C_{12}\ H_{14}\ O_{12}$ lautet. Letzterer, im Safte einer in Italien, Griechenland, Kleinasien wachsenden Eschenart (Fraxinus rotundifolia) enthalten, gehört, wie der E u c a l y p t u s - Z u c k e r und der S ü s s h o l z z u c k e r aus Glycyrrhiza glabra zu den unreineren Zuckerarten. Die genannten Zuckerarten unterscheiden sich durch ihre Kristallisationsfähigkeit und, wo diese besteht, durch die Verschiedenheit ihrer Kristallformen. Ich habe Zucker aus dem Holzsafte fast aller unserer grösseren Holzarten dargestellt. Eine reiche Sammlung derselben zeigt die verschiedensten Kristallformen. Am auffallendsten ist der Zucker aus den Cambialsäften der Kiefernarten durch die constante Form des Sphenoeder mit ausgebauchten Flächen.

Die physiologische Bedeutung des Zuckers ist eine verschiedene. In den Wandersäften ist er entweder ein im Herbste nicht bis auf Bildung organisirter Reservestoffe verwendeter, als Zuckerlösung überwinternder Reservestoff, oder als ein Auflösungsprodukt vorgebildeter organisirter Reservestoffe zu betrachten; in reifen Früchten ist er Secret, in den Nektarien Excret, im Honigthau der Blätter ein krankhaftes Umwandlungsprodukt des Grünmehles.

2) Gummi,

nach Mulder der Formel $C_{12}\ H_{20}\ O_{10}$ entsprechend, habe ich im Wintersafte der blutenden Juglandineen aufgefunden, aus dem es sich durch Zusatz von Alkohol als kristallhelle, wolkige Masse abscheidet. Ebenso lässt es sich aus dem Safte von Malva, Althaea, Symphytum und wahrscheinlich noch vieler Pflanzen durch Alkohol abscheiden. Da sich Gummi künstlich herstellen lässt durch Behandlung von Stärkemehl oder Cellulose mit verdünnter Schwefelsäure, darf man es als eine Uebergangsstufe dieser Pflanzenstoffe in Zucker betrachten, im Keimungsprocesse vermittelt durch freie Kohlensäure.

Mit dem Namen Gummi werden aber viele Pflanzenstoffe bezeichnet, die nichts Anderes sind als Krankheitsprodukte, so das Kirschgummi, das aus veralteten Wunden der Kirsch- und Pflaumenbäume hervorquillt, das arabische Gummi aus Acacia vera, das Traganthgummi aus Astragalus tragacantha. Letzteres, seiner Hauptmasse nach, vielleicht allein aus einem Haufwerk ziemlich grosser Zellen bestehend, liefert herrliche mikroskopische Präparate für die Demonstration der Zellwandung und deren häutiger Begrenzung.

Eingetrocknet ist das Gummi eine feste, spröde Masse von glasigem Bruch, farblos, meist aber durch fremde Beimengungen gelb oder bräunlich, schon in kaltem Wasser löslich, in Alkohol unlöslich, von 1,3 bis 1,5 spec. Gewicht. Seine Lösung in Wasser erhält sich Jahre hindurch unzersetzt und ist besonders dem Entomologen ein bekanntes Klebmittel. Auch am Mikroskoptische des Anatomen ist es häufig verwendet zur Mengung mit Blumenstaub, Stärkemehl, Pflanzenfasern, um aus dem eingetrockneten Magma die zartesten Querschnitte anzufertigen.

3) Dextrin.

Was unter diesem Namen in der Pflanzenchemie aufgeführt wird, ist eine Zwischenstufe der Umbildung von Gummi in Zucker. Man erhält Dextrin, wenn man Stärkemehl mit verdünnter Schwefelsäure erwärmt, vor Eintritt der

Bildung von Traubenzucker filtrirt und aus dem Filtrat das Dextrin durch Alkohol niederschlägt. Es spielt das Dextrin im Keimungsprocess eine wichtige Rolle und unterscheidet sich vom Traubenzucker darin, dass es in der Kälte auf essigsaures Kupferoxyd nicht reagirt, worin es mit Arabin, Milchzucker und Rohrzucker übereinstimmt. Ursprünglich wurde der Name „inneren Weichtheilen" des Stärkemehlkornes beigelegt. Nachdem das Nichtvorhandensein solcher Weichtheile erkannt, wurde der Name den, im Pflanzensafte gelösten, gummiähnlichen Stoffen beigelegt, die sich von den gummiartigen Excreten darin unterscheiden, dass nur sie durch Behandlung mit verdünnter Schwefelsäure in Traubenzucker sich umbilden.

4) Pflanzenschleim (Bassorin).

Man versteht darunter den schon in kaltem Wasser mächtig aufquellenden aber nicht sich auflösenden Theil einiger excreter Gummiarten, z. B. des Traganth, dann aber auch den Schleim, der sich auf der Aussenfläche im Wasser liegender Sämereien bildet, z. B. der Quittenkerne, des Leinsamens, des Flohsamens vieler Labiaten (Salvia, Lavendula, Thymus). In allen diesen Fällen gehört der Schleim nicht zu den Reservestoffen, denn er ist nichts Anderes als eine Modification des Wandungsstoffes der Markstrahl- oder der Oberhautzellen, die sich durch ungewöhnlich grosse Wassergier und Wasseraufnahmefähigkeit auszeichnet. Besonders die Schleimzellen des Samens der genannten Labiaten liefern prachtvolle Präparate ineinandergeschachtelter Zellwandungen verschiedener Bildung, wenn man dünne Schnitte aus der Samenschale in wasserhaltigen Glycerin unter Deckglas bringt, dann durch Zusatz von Wasser die verschiedenen, der Beobachtung günstigen Grade der Wasseraufsaugung und Quellung herstellt und festhält.

In Wasser unlösliche, aber schleimig aufquellende Stoffe liefern ferner Rinde und Mark der Rüster und der Linde, die kugeligen Bassorinzellen in der grünen Rinde der Edeltanne und die grossen weiträumigen Zellen im Stengel der Cakteen, besonders vom Cactus grandiflorus. Ich glaube, dass auch diese Schleime nicht als Bestandtheile von Wandersäften auftreten, daher auch nicht als Reservestoffe zu betrachten, sondern theils Modification der Zellwand, theils Secret sind.

Schleiden — ich glaube, er allein — belegt mit dem Namen Schleim die stickstoffhaltigen Bestandtheile der Pflanzen.

5) Pflanzengallert (Pectose ?)

soll ein farbloser, hornartiger, im Wasser gallertartig aufquellender, schliesslich darin sich auflösender Körper unreifer Früchte, der Orchis-Knollen (Salep), mehrerer Tangarten sein, nach Mulder der Formel C_{12} H_{16} O_{10} entsprechend. Ich bezweifle sehr, dass Pflanzengallert ein bestimmt unterschiedener Körper ist, halte ihn vielmehr für eine in Wasser löslich gewordene Abänderung des Pflanzenschleims und wie diesen dem Wandungsstoff der Zellen verwandt. Ob Gallertlösung in Wandersäften vorkommt, ist unbekannt. Ueberhaupt bedürfen die vorgenannten Pflanzenstoffe mit Ausschluss des Zuckers einer weit bestimmteren Charakteristik auf Grund specieller Arbeiten. Wie die Sache zur Zeit liegt, ist aus dem Bekannten kaum irgend ein Nutzen für die Pflanzenphysiologie zu ziehen. Die Arbeiter im Gebiet der Chemie des Organischen haben bis jetzt noch sehr wenig Rücksicht genommen auf die Veränderungen, welche die Pflanzensäfte im Verlauf ihrer natürlichen Fortbildung erleiden, obgleich reifende Früchte, reifende und keimende Sämereien, wachsende Triebe und Blätter in den sich folgenden Zuständen ihrer Entwickelung hierfür ein reiches Material darbieten. Ein Anlauf hierzu ist von den Arbeitern an landwirthschaftlichen Versuchsanstalten genommen, der Bausteine sind aber noch so wenige, es entbehren diese noch so sehr der gegenseitigen Beziehungen, dass es bis jetzt noch unmöglich ist, eine Entwickelungsgeschichte des Pflanzensafts daraus herzuleiten und diese in Beziehung zu bringen mit der Bildungsgeschichte einerseits der festen Reservestoffe, andererseits der Zellstoffe, für welche die Geschichte des Pflanzensafts ein unentbehrliches Bindeglied ist.

6) Pflanzensäure.

Kleesäure (C_2 O_3 + H O), Weinsäure (C_8 H_8 O_{10} + ^{2}[H O]), Apfelsäure (C_8 H_8 O_8 + ^{2}[H O]), Citronensäure (C_{12} H_5 O_{11} + ^{3}[H O]), Gerbsäure (C_{54} H_{19} O_{31} + ^{3}[H O]) sind sehr verbreitete Bestandtheile des Pflanzensaftes, theils frei, theils an organische oder anorganische Basen (Kalk, Talk, Kali) gebunden in ihm enthalten. Wie es scheint bilden sich die Säuren im Safte des inneren Zellraumes, denn überall wo sie mit Basen zu saftbeständigen Kristallen zusammentreten, ist hier ihre Bildungsstätte. Wie es scheint bildet nur die Kleesäure in Verbindung mit Kalk saftbeständige Kristalle und zwar in der, häufig zum nadelförmig zugespitzten Prisma abgeänderten Form des quadratischen Oktaeders. Letztere sieht man meist vereinzelt, die Prismen an ihrer Bildungsstätte in der Mehrzahl zu Bündeln vereint, die Rhaphidebündel genannt werden. Andere, dem rhomboedrischen Systeme angehörende, oft zu kugeligen Kristalldrüsen vereinte Kristalle (S. Fig. 39) scheinen nicht aus organischen, sondern aus unorganischen Säuren gebildet, hauptsächlich kohlensaurer und schwefelsaurer Kalk zu sein.

Die Stabilität der meisten, in der Pflanze vorkommenden, besonders in den Bastschichten sehr zahlreichen Kristalle scheint die Veranlassung zu der

Annahme gewesen zu sein, dass die im Pflanzensaft enthaltenen Säuren bestimmt sind, im Ueberschuss aufgenommene oder gebildete basische Körper zu neutralisiren und in fester Form aus dem Kreislauf des Pflanzensaftes abzuscheiden. Die Nothwendigkeit einer solchen Regulirung ist mir nicht recht einleuchtend. Man könnte wohl annehmen, dass auf einem sehr kalkreichen Boden die Pflanze mehr Kalk in sich aufnimmt, als sie auf ihre Neubildung an Zellen zu verwenden vermag, dass sie den Ueberschuss auf dem bezeichneten Wege beseitigen müsse, dann müssten aber auf einem kalkarmen Boden jene kristallinischen Aussonderungen fehlen, was meines Wissens nicht der Fall ist. Man darf aber auch wohl den Einwand erheben, dass, wenn die Pflanzenwurzeln mehr als ihren Bedarf an Kalk aus dem Boden aufnehmen können, dies doch auch in Bezug auf die übrigen löslichen Bodenbestandtheile der Fall sein würde; dass auf einem an Natron, Talk, Eisen überreichen Boden sich entsprechende Ablagerungsstätten auch für diese Stoffe finden müssten. Jedenfalls bedarf daher auch diese Annahme einer näheren Begründung.

Näher liegt es, auch den Pflanzensäuren eine Umbildung in Nährstoffe des Zellkernes zuzuschreiben. In den unreifen Früchten verschwindet die Säure nicht durch Neutralisation, sondern durch Umbildung in Zucker, dasselbe ist auch für die Gerbsäure nachgewiesen. Die keimende Eichel wird mit vollendeter Auflösung ihres Gehaltes an Gerbmehl süss und geniessbar freilich nicht zur Delikatesse für die menschliche Zunge.

7) Die Pflanzenfette

sind am verbreitetsten im Eiweiss oder in den Samenlappen solcher Sämereien, die Klebermehl enthalten, mit dem fettes Oel gleichzeitig auftritt und bei dessen Lösung im Keimungsprocess wieder verschwindet. Fettes Oel findet sich ferner in den Fruchtschalen einiger Pflanzen, z. B. des Oelbaumes (Baumöl), seltener in einigen Blättern, Wurzeln und Rinden. Flüchtige Oele finden sich in den Rinden und im Holzkörper der Nadelhölzer, gemengt mit trockenen Fetten (Harzen). Alle diese Fette finden sich wohl nie im Wandersafte der Pflanzen und sind daher in die Gruppe der abgesonderten Pflanzenstoffe (Secrete) zu stellen. S. Seite 136.

Die fetten sowohl wie die flüchtigen Oele zeichnen sich aus durch ihren hohen Gehalt an Kohlenstoff und Wasserstoff. Ersterer schwankt zwischen 75 und 83 Procent, Letzterer zwischen 10 und 13 Procent, während der Sauerstoffgehalt auf 5 bis 14 Gewichtsprocente herabsinkt. Ihr Gehalt an Stickstoff erreicht nicht 1 Procent.

Zu den stickstoffhaltigen Verbindungen der Pflanzenstoffe gehören:

die Proteinverbindungen,
die Diastase,
die Alkaloide,
die Farbstoffe und das sogenannte
Protoplasma.

8) Die Proteinverbindungen.

Erhitzt man Pflanzensäfte nahe zum Kochen, dann bildet sich ein flockiger Niederschlag, der sich durch das Filter von der Flüssigkeit trennen und auswaschen lässt, da er seine Löslichkeit in Wasser eingebüsst hat. Denselben Niederschlag erhält man bei gleicher Behandlung aus der Lösung von Klebermehl in Wasser. Wäscht man Mehl in einem leinenen Beutel so lange in Wasser aus, bis die Stärkemehlkörner grösstentheils entfernt sind, dann bleibt im Beutel eine klebrige, mit Stärkemehlresten und Zellwandbruchstücken verunreinigte Masse zurück, die vegetabilischer Kleber (Gluten vegetabile) genannt wird. Später unterschied man im Kleber zwei verschiedene Pflanzenstoffe, von denen der eine Pflanzenleim — Gluten im engeren Sinne, der zweite Pflanzeneiweiss — Albumen genannt wurde, beide darin unterschieden, dass Ersterer in kochendem Alkohol löslich, in Wasser unlöslich, Letzteres in Alkohol unlöslich, in Wasser löslich ist, bis es seine Löslichkeit durch Aufkochen verloren hat. Nur der Pflanzenleim ist klebrig und trocknet zu einer gelben durchscheinenden Masse ein. Das Eiweiss klebt nicht und trocknet zu einer weissen, grauen oder braunen, nicht durchscheinenden Masse ein. In diesem Sinne ist Alles Eiweiss, was aus filtrirten Pflanzensäften durch Aufkochen sich abscheidet. Es mögen in Wasser unlösliche Bestandtheile des Klebermehles sein, welche den Pflanzenleim bilden.

Mulder fand für Proteinverbindungen die Formel C 40 H 62 O 12 N 10 und unterschied nach dem Gehalt dieser Verbindungen an Schwefel und an Phosphor Eiweiss (10 Prot. + 2 S + 1 P), Faserstoff (10 Prot. + 1 S + 1 P), Käsestoff (10 Prot. + 1 S).

Ueber Unterschiede dieser Verschiedenheiten in Bezug auf deren physiologische Bedeutung ist uns bis jetzt Nichts bekannt. In Bezug auf die Gesammtheit dieser Verbindungen, die wohl sämmtlich aus der Lösung des Klebermehles herstammen, wenn sie nicht, wie der Zucker im Wintersaft der Bäume, Bildungssäften angehören, die am Schluss einer Vegetationsperiode auf organisirte Reservestoffe nicht mehr verwendet werden konnten, erlaube ich mir auf das zurückzuweisen, was ich Seite 123 über die physiologische Bedeutung des Klebermehles gesagt habe, hier nur hinzufügend: dass die Lösung der Proteinverbindung in Wasser oder Pflanzensaft das Stärkemehl eben so in Gummi und Zucker umbilden, wie dies künstlich durch Behandlung von Stärkemehl mit verdünnter Schwefelsäure erreicht wird. Die Lösung des Stärkemehles im Keimungsprocesse, sowie Umbildung in Gummi und Zucker beruht vielleicht allein auf der Einwirkung der voraufgehenden Klebermehllösung.

9) Diastase.

Wenn man angekeimte Sämereien zerstösst, das Zerstossene mit Wasser extrahirt, die hierbei sich bildende Lösung filtrirt und das wasserklare Filtrat bis zum Kochen erhitzt, scheidet das Eiweiss in Flocken aus. Nach Abscheidung derselben durch ein zweites Filtriren und durch Abdampfen des zweiten Filtrates erhält man einen, Diastase genannten, fade schmeckenden, fadenziehenden, in Wasser leicht, in kochendem Alkohol nicht löslichen bräunlichen Rückstand, der in hohem Grade das Vermögen besitzt, Stärkemehl in Gummi und dieses in Zucker umzubilden. Ohne Zweifel muss diesem Umbildungsprodukt, wahrscheinlich des Klebermehles, eine wichtige Rolle im Keimungsprocesse zugeschrieben werden, als Bestandtheil des Wandersaftes darf es wohl nur in Bezug auf den Keimungsprocess betrachtet werden.

10) Alkaloide.

Aus einer nicht geringen Zahl von Pflanzen scheidet die Chemie Stoffe, meist in kristallähnlicher Form, die das Vermögen besitzen, mit Säuren sich zu Salzen zu verbinden. Es gehören dahin das Chinin der Chinarinden, das Morphin des Opium, das Strychnin der Krähenaugen, das Daphnin des Seidelbastes, das Digitalin des Fingerhutes, das Solanin des Solanum dulcamara und der Kartoffelknollen, das Coniin im Schierling.

Die meisten Alkaloide zeichnen sich aus durch hohen zwischen 4 und 9 Procent betragenden Stickstoffgehalt, neben 65 bis 75 Procent Kohlenstoff, 6 bis 8 Procent Wasserstoff, 6 bis 23 Procent Sauerstoff.

Es ist noch nicht bekannt, ob diese und andere stickstoffhaltige, meist durch sehr energische, medicinische Wirkungen ausgezeichneten Alkaloide als Bestandtheile des Wandersaftes vorkommen, ob sie nicht vielmehr als auf gewisse Zellen und Gefässe beschränkte Secrete zu betrachten sind.

Ob das Salicin der Weidenrinde und das von mir aufgefundene, dem Salicin verwandte Coniferin der Nadelhölzer und das gleichfalls von mir aufgefundene Evonymin in der Rinde von Evonymus europaeus trotz des fehlenden (?) Stickstoffgehaltes hierherzustellen ist, müssen weitere Untersuchungen entscheiden.

11) Die Farbstoffe.

Da einige Farbstoffe, z. B. Indigo, Haematin, der reine Farbstoff des Grünmehles (nach Mulder, C 18 H 9 NO^8) ohne Zweifel stickstoffhaltig sind, will ich hier die Farbstoffe überhaupt besprechen, so weit ihnen physiologische Bedeutung zuzuschreiben ist.

Dass die grüne Farbe der Pflanzen nie in wasserklarer Lösung vorkommt, entweder an das körnige Grünmehl oder an kleine Saftbläschen gebunden ist, in deren Schlauchraume es sich schaalig, sichel- oder spindelförmig ablagert, darüber habe ich bereits beim Grünmehl (Seite 97) gesprochen, auch erwähnt, dass diese Ablagerungen besonders im Fruchtfleische vieler Pflanzen, z. B. Rubus, Lonicera, Asparagus blau, roth, gelb gefärbt sind (A. 7, Taf. I, Fig. 14—18) und durch Lösung der äusseren Schlauchhaut der Saftbläschen frei werden, in welchem Falle der Schlauchsaft der Zellen auch andere als grün gefärbte Farbstoffkörper enthält. Ich kenne diese Körper nur aus den Zellen solcher Früchte, die mit der Ernährung des Samenkornes nicht mehr in Beziehung stehen, daher ihnen physiologische Bedeutung nicht zugeschrieben werden kann. Eine allgemeinere Verbreitung derselben im parenchymatischen Zellgewebe von Neottia Nidus avis hat in neuerer Zeit Wiesner gefunden (Pringsheim Jahrbücher VIII. 4. S. 575. 1872).

Alle Farbstofflösungen sind dagegen nie im Schlauchsafte, sondern stets im Innenraume des Zellschlauches enthalten. Sie sind stets wasserklar, von rother, blauer, gelber Farbe in allen Mischungen ausser zu Grün und in allen Dichtigkeitsgraden. Unmittelbar sich berührende Zellen enthalten oft die verschiedensten Farben, wie dies besonders die bunten Blumenblätter zeigen, ein schöner Beweis der naturgesetzlichen Verschiedenheit in den Lebensverrichtungen selbst solcher Zellen, die in Bau, Bestand und äusseren Einflüssen durchaus dieselben sind, so weit wir dies zu erkennen vermögen. Es scheint hierin ferner ein Fingerzeig zu liegen, dass die Farbstofflösungen nicht zu dem Wandersafte gehören und richtiger zu den Secreten zu stellen sind. Ist das richtig, dann darf man daraus weiter folgern, dass meine Ansicht, es vollziehe sich der Säfteaustausch zwischen parenchymatischen Zellen nicht von Zellraum zu Zellraum, sondern von Schlauchraum zu Schlauchraum, die richtige ist, da es Systeme unzweifelhaft lebensthätigen Zellgewebes giebt, z. B. in noch wachsenden Blättern rother Färbung, in denen der Saft des Innenraumes aller parenchymatischen Zellen roth gefärbt ist.

Bei Aufstellung der Vacuolen-Protoplasma-Hypothese hat man die Frage ganz ausser Acht gelassen, wie sich aus dem stets ungefärbten Protoplasma die ursprünglich farbige Vacuolenflüssigkeit ausscheiden könne. Die stets haarscharfe Sonderung des gefärbten Vacuolen- und des ungefärbten Protoplasma-Saftes, z. B. in den Zellen der Staubfadenhaare von Tradescantia virginica, kann meines Erachtens nicht auf einfacher Saftausscheidung aus dem Protoplasma beruhen. Es setzt dies eine ursprüngliche Stoffverschiedenheit der Vacuolenflüssigkeit voraus, deren chemischer Bestand auf die aus dem Protoplasma zur Vergrösserung der Vacuole bezogenen Flüssigkeit verändernd einwirkt in Folge einer Lebensthätigkeit des Zellraumes, die eine andere ist, als die des Schlauchraumes und daher eine Trennung beider erheischt. Endlich wird noch

12) Das Protoplasma

zu den stickstoffhaltigen Bestandtheilen der Pflanzenzelle gezählt. So lange die sehr verschiedenartigen Bestandtheile dieses problematischen Stoffes nicht näher bestimmt sind, lässt sich darüber nicht mehr sagen, als das bereits Seite 27 Erwähnte.

13) Salze

ganz oder theilweise anorganischen oder organischen Bestandes sind ein sehr verbreiteter Bestandtheil der Wandersäfte, aus denen sie sich häufig in kristallinischer Form ausscheiden. Dem, was ich hierüber bereits Seite 128 (Säuren) sagte, habe ich hier nur hinzuzufügen, dass ausser den im Pflanzensafte gelösten Kalk- und Talk-, Kali-, Ammon- und Natron-Salzen, auch Eisen, Mangan, selten Kupfer, Blei und einige noch seltener vorkommende Metalle, endlich die schwer lösliche Kieselerde zu den Bestandtheilen des Pflanzensaftes gehören. Da, mit Ausschluss des, auch und vorzugsweise durch die Blätter aus der Luft bezogenen Ammoniak alle diese Salze nur durch die Wurzeln aus dem Boden in die Pflanze aufgenommen werden können, da sie andererseits Bestandtheile der fertigen Zelle sind, so müssen sie nothwendig den ganzen Lauf der Wandersäfte begleiten: von den Wurzeln aufwärts im Holzkörper bis zu den Blättern, von den Blättern im Bastkörper als Bestandtheile des Bildungssaftes abwärts bis zur Verwendung Letzterer auf Bildung von Reservestoffen; mit eintretender Lösung Letzterer im Frühsafte der Bäume ein zweitesmal aufwärts im Holzkörper zu den Blättern und abwärts aus diesen in Bast und Markstrahlen bis zum Ort ihrer endlichen Verwendung auf Neubildung von Zellen. Berücksichtigt man aber die bei vielen Holzarten (Nadelhölzer und weiche Laubhölzer) im Verhältniss zum Gewicht der jährlichen Neubildungen an Zellen geringe Menge der Reservestoffe, berücksichtigt man ferner, dass der Gehalt der körnigen Reservestoffe an Aschebestandtheilen ein geringer ist, im Vergleich zum Aschegehalte der Zellwandungen, dann gelangt man zu der naheliegenden Annahme: dass ein Theil des Salzgehaltes im aufsteigenden rohen Nahrungssafte von den leitenden Holzfasern zurückbehalten werde, dass auf dieser Aufnahme von Salzlösungen in die Zellwandung, wenigstens theilweise der Uebergang von Splintholz in Kernholz beruhe, nachdem die Energie der Saftbewegung bis zu einem gewissen Grade sich ermässigt hat.

Besondere Erwähnung verdient das Vorkommen phosphorsaurer Magnesia in den Cambialsäften der Baumhölzer. Entrindet man im Frühjahre, zur Zeit lebhaften peripherischen Holzzuwachses kräftig wachsende Schaftstücke (besonders der Nadelholzstämme), schabt man mitteist Glasscherben die jüngsten Holzfasern ab, presst man den Saft des Abgeschabten durch ein Seihtuch, kocht man das Ausgepresste aus zur Abscheidung des Eiweiss, filtrirt man hierauf die geklärte Flüssigkeit, dann liefert das Filtrat durch Zusatz von Ammoniak einen in Wasser unlöslichen, kristallinischen Niederschlag von phosphorsaurer Ammoniak-Magnesia. Es war mir bei diesen Untersuchungen besonders auffallend, dass auch auf kalkreichem, an Magnesia und Phosphorsäure armem Boden, die Magnesia nie durch Kalk vertreten war, von dem im Safte keine Spur sich nachweisen liess.

II. Von den Abscheidungen (Sekreten).

§ 44. Unter Abscheidungen verstehe ich diejenigen, formlosen Pflanzenstoffe, welche als Bestandtheile der Wandersäfte bis daher nicht nachgewiesen sind. Man findet sie nur in gewissen Pflanzenfamilien, Gattungen, Arten und dies deutet darauf hin, dass ihre physiologische Bedeutung keine allgemeine sein kann, dass diese vielmehr, wie die Bedeutung des Stickstoff, des Phosphor und des Schwefels, ausserhalb des pflanzlichen Organismus, namentlich in dessen Beziehungen zum Thierleben liegt.

Sekrete sind die Produkte theils gewöhnlicher Zellen, theils eigener Gefässe und verbleiben sie theils dem Innern derselben, theils werden sie von den bereitenden Organen in Lücken des Zellgewebes ausgeschieden, die dann mit dem Namen „Hälter, z. B. Terpentinhälter“ bezeichnet werden.

Zu den Sekreten gewöhnlicher Zellen zähle ich:

1) Die Farbstoffe des Innenraumes der Zellen von Blumenblättern, Früchten, Rinden, der Holzfasern und Gliedröhren meist tropischer Farbhölzer (Seite 132).

2) Die Harze in den Gliedröhren und Fasern tropischer Laubhölzer, z. B. des Guajakholzes.

3) Die fetten Oele in den Zellen klebermehlbildender Sämereien in der Zeit zwischen Samenreife und Keimung, in den Fruchtzellen einiger Pflanzen, z. B. des Oelbaums, in den Wurzeln von Cyperus esculentus.

4) Die schleimigen Stoffe in den Bassorinzellen der Tannenrinde, in

den Gefässen der Linde, Rüster, in den Zellen der Samenhäute vieler Pflanzen.

5) Die verschiedenartigen Abscheidungen der Drüsen und Drüsenhaare auf Blättern, Blüthen und Stengeln.

Zu den Sekreten eigenthümlicher Zellen gehören:

6) Die Milchsäfte mehrerer Pflanzenfamilien, der Euphorbien, Cakteen, Papaveraceen, Acerineen.

Der Milchsaft, Lebenssaft (Latex).

Der Milchsaft kommt in zwei sehr verschiedenen Organen vor. Bei den Euphorbien sind es ungegliederte, sehr langgestreckte, schlauchförmige Organe der Rinde und des Markes, in denen der Milchsaft strömend sich bewegt (Seite 26). Diese Milchsaftgefässe sind in der Nähe des Bastes sehr weiträumig und dickwandig, je weiter nach der Oberhaut hin, um so engräumiger und dünnwandiger, so dass sie in den äussersten Zellenlagen der Beobachtung leicht sich entziehen. Dass sie auch hier in reicher Verästelung vorhanden sind, zeigt das Hervorquellen von Milchsaft bei der oberflächlichsten Verwundung durch Nadelrisse. Die Hauptstämme dieser Milchsaftgefässe verlaufen parallel der Längenachse des Triebes oder der Blattadern und stehen nicht allein seitlich, sondern auch in zur Querfläche des Triebes radialer Richtung durch Queräste in offener Verbindung.

Bei den Papaveraceen hingegen, bei Ficus, Rhus ist der Lebenssaft in den gegliederten Siebröhren der Bastschichten enthalten, die bei Acer, Lactuca, Leontodon, Hieracium ausnahmsweise durch Seitenäste untereinander in offener Verbindung stehen. Bei den zuerst genannten Pflanzen habe ich seitliche Verbindungsäste der Milchröhren bis jetzt nicht auffinden können.

Ueber das abwechselnde Hin- und Herströmen der Säfte in den Milchsaft führenden Organen habe ich bereits Seite 26, ausführlicher in der Botanischen Zeitung (B. III, 44) berichtet.

Ueberall und immer sind die milchsaftführenden Organe mit einem Zellschlauche ausgestattet, dessen Schlauchraum jene eigenthümlichen, meist milchweissen, selten gelben (Chelidonium) oder rothen (Sanguinaria) Säfte enthält, die das Kautschuk (wahrscheinlich auch Gutta-Percha) Opium, Euphorbium, Laktukarium etc. liefern. So wichtig diese Stoffe für Medicin und Technik sind, lässt sich doch eine physiologische Bedeutung derselben bis jetzt nicht auffinden. Dass sie in den Milchsaft führenden Organen bereitet werden, dafür spricht das von mir schon im Jahre 1837 (B. I, Taf. 1, Fig. 19) nachgewiesene Vorkommen von Zellkernen und Stärkemehl in den meisten Milchsäften. Beachtenswerth ist der Umstand, dass die in Milchsaft gelösten oder Emulsion bildenden Stoffe in jeder Pflanzengattung sehr verschiedener Art sind.

Zu den in Hälter sich abscheidenden Stoffen gehören:

7) Die flüchtigen Oele und die Harze der Nadelhölzer, der Rinden, vieler Blätter und Früchte, das Wachs zeichnen sich sämmtlich durch Reichthum an Kohlenstoff aus (annähernd 80 %), zu dem Sauerstoff und Wasserstoff in nahe gleichen Mengen sich gesellt hat. In einigen flüchtigen Oelen, namentlich im Terpentin fehlt bei einem auf 88 % steigenden Kohlenstoffgehalt der Sauerstoff gänzlich, während die Zusammensetzung der fetten Oele 77,5 % Kohlenstoff, 11,5 % Wasserstoff, 11 % Sauerstoff; des Wachses 82 % Kohlenstoff, 13 % Wasserstoff, 5 % Sauerstoff; des Harzes (Colophon) 76 % Kohlenstoff, 11 % Wasserstoff, 13 % Sauerstoff ist.

Die meisten Pflanzenfette sind leichter als Wasser, in diesem unlöslich, geschmacklos und geruchlos, hinterlassen auf dem Papier Fettflecke, die wieder verschwinden, wenn sie von flüchtigen Oelen herrühren. In Alkohol und Aether sind sie löslich.

Die fetten Oele sind Abscheidungsprodukte einzelner Zellen in deren Inneres. Als gemeinschaftliches Sekret vieler Zellen in bestimmt geformte, von den Sekretionszellen umstellte Lücken des Zellgewebes sind die flüchtigen Oele und die Harze zu nennen, an denen besonders unsere Nadelhölzer sehr reich sind. In der grünen Rinde der meisten einheimischen Nadelhölzer erkennt schon das unbewaffnete Auge in bestimmten Abständen auf frischen Querschnitten rundliche Lücken (Taf. III Fig. 5 *b f*), aus denen klare Tropfen einer Flüssigkeit (Terpentin) von angenehmem Geruch hervorquellen. Diese Terpentinhälter erreichen schon an jungen Tannen (Abies) Erbsengrösse, im Gipfel alter Bäume die Grösse eines Taubeneies. Diese Zellgewebs-Lücken besitzen keine eigene Wandung. Eine grosse Zahl von Sekretionszellen in ihrer Umgebung unterscheiden sich von den Zellen der grünen Rinde nicht allein durch ihre viel geringere Grösse, sondern auch durch ihre zur Längenachse der Lücke concentrische Stellung. Von diesen, die meist etwas langgestreckt eiförmigen Lücken umgebenden, dicht aneinander schliessenden Zellen wird das flüssige Oel in die Lücken abgeschieden unter fortdauernder Vermehrung der Sekretionszellen durch Selbsttheilung.

Aehnliche Lücken, aber von sehr langstreckig cylindrischer Form und von sehr abweichendem Bau der sie einschliessenden Sekretionszellen (A. 5. Taf. 18, Fig. 2, 3, 11, 12) sind aus dem Holze und dem Markstrahlen unserer Zapfenbäume bekannt und werden Harzgänge genannt. Ihr Inhalt unterscheidet sich von dem der Terpentinhälter in der grünen Rinde durch einen weit grösseren Gehalt an, in Terpentin gelöstem Harz und an wässriger Flüssigkeit. Die Sekretionszellen der Harzgänge des Nadelholzes enthalten periodisch Stärkemehl, und lässt es sich mit Sicherheit erkennen, dass das Sekret aus einer

Umbildung und Lösung der Mehlkörper hervorgeht. Ich habe jedoch Anstand genommen, dies Mehl mit einem besonderen Namen (Harzmehl) zu belegen, wie das von anderer Seite geschehen ist, da ich in keiner Hinsicht einen Unterschied zwischen ihm und dem Stärkemehl der Samenlappen auffinden konnte.

Besonders die Arten der Gattung Kiefer (Pinus) bilden ein ausserordentlich harziges Kernholz (Kien, Speckkien), in welchem der Harzgehalt nicht auf die Harzgänge beschränkt ist, sondern sich auf die ganze Holzmasse ausgebreitet hat, so dass in manchen Fällen die Räume aller Holzfasern mit Harz in fester Form erfüllt sind. Dass in solchen Fällen das Harz aus einer Umbildung der inneren Wandungsschichten entstehe, vermag ich aus eigener Erfahrung nicht zu bestätigen, und vermuthe, dass das allerdings nicht seltene Vorkommen mit Harz erfüllter Spalträume des Nadelholzes, sogenannter Harzgallen, zu dieser Annahme die Veranlassung gegeben hat.

Wie es zugeht, dass im Kernholze auch die von den Harzgängen entfernteren Holzfasern sich mit Harz mehr oder weniger erfüllen können, vermag ich bis jetzt nicht zu sagen. Entweder muss das Harz diesen Holzfasern durch aufsteigenden Wandersaft zugeführt werden, oder es muss der noch in Terpentin verflüssigte Harzgehalt der Harzgefässe das Vermögen besitzen, sich von Letzteren aus in der Querfläche des Holzes zu verbreiten. Ersterem steht die geringe Leitungsfähigkeit des Kernholzes für aufsteigenden Pflanzensaft, Letzterem das Geschlossensein der Tipfel entgegen, insofern es unwahrscheinlich ist, dass die Schliesshäute der Tipfel für harzreiche Säfte durchlassend sind. Dass ein Wandern harzhaltiger Säfte möglich ist, dafür spricht der steigende Harzgehalt im Boden alternder Stöcke abgehauener Kiefern und die Speckkienbildung in den abgestorbenen Gipfelästen stehender Kiefern (Vogelkien). In neuester Zeit habe ich nachgewiesen, dass der Harzgehalt der Fichtenblockstücke auf Kosten des Harzgehaltes der oberen Schafttheile durch Abwelken der Stämme wesentlich erhöht wird.

Ueber die physiologische Bedeutung dieser Absonderungen lässt sich zur Zeit noch nicht mehr sagen, als dass die fetten Oele dem Klebermehl als Schutzmittel dienen mögen. Als Reservestoffe scheinen sie nicht zu dienen, dagegen spricht ihre Permanenz und fortschreitende Anhäufung. Indess ist hier Vieles noch näher zu erforschen.

III. Von den Aussonderungen (Exkreten).

§ 45. Im Tageslicht scheiden die Blätter und überhaupt alle grünen Pflanzentheile reines Sauerstoffgas, wahrscheinlich herstammend aus Zerlegung der Kohlensäure, nach Aussen ab. Zur Nachtzeit und im tiefen Schatten tritt Kohlensäureabscheidung an die Stelle des Sauerstoffes.

In mehr oder weniger trockener Luft entweicht das aufgestiegene Bodenwasser, so weit sein Wasserstoffgehalt nicht abgeschieden und als Nährstoff verwendet wird, den Blättern und den jungen Trieben in Dunst und Gasform. In völlig mit Wasserdunst gesättigter Luft entweicht das, als Transportmittel in Ueberschuss zu den Blättern emporsteigende Bodenwasser in Tropfenform und bildet einen Theil dessen, was man Thau nennt. Eine Abscheidung wässriger Flüssigkeit in innere Räume findet unter den heimischen Pflanzen, so viel ich weiss, nur bei Cucurbita statt, deren hohler Stengel mitunter bedeutende Wassermengen enthält.

Zu den Aussonderungen, die nur gewissen Pflanzenarten und Pflanzentheilen eigenthümlich sind, gehören der Zucker des Honigs der Nektarien und der Narben (der Honigthau der Blätter ist ein aus der Zersetzung des Grünmehls hervorgehendes Krankheitsprodukt und gehört als solches nicht hierher); das Wachs auf der Oberhaut der Wachspalme, der Reifweiden, der blauen Zwetsche, der Frucht von Myrica cerifera, der Blätter von einigen Birken- und Eller-Arten, vieler Nadelholzblätter, die Klebmittel der Knospendecken und der Spaltdrüsen; die meist oxalsauren Kalksalze der älteren Bastschichten und der Kristallkammerfasern; die kieselerdigen Aussonderungen der Schachtelhalme und der Gräser; die Riechstoffe der Blumen, mancher Früchte und Blätter.

Den Wurzeln schreibt man Aussonderungen zu, die auf das sie umgebende Erdreich zersetzend einwirken, dessen Lösung im Bodenwasser bewirken und zur Aufnahme in die Pflanze zubereiten sollen. Das bekannte Experiment, nach welchem glatt polirte Marmorplatten, einige Zoll hoch mit Gartenerde bedeckt, in welcher Pflanzen erzogen wurden, auf ihrer Oberfläche den Lauf der auf ihr hinwachsenden Wurzeln durch Corrosion der Politur erkennen liessen, nachdem die Platte von der Erde befreit und abgewaschen worden war, habe ich noch nicht einer Prüfung unterzogen.

Zu den Aussonderungen kann man auch den harzartigen Stoff zählen, der sich reichlich in der weissen, bandförmigen Korkborke der Birken findet, den Köhlern des Harzes wohl bekannt durch das lebhafte, nicht leicht erlöschende Flammfeuer dieser Borke, das sie besonders geeignet macht zum Anstecken der Meiler von unten durch einen engen Zündkanal. Schon Lowitz fand, dass, wen man „die Oberhaut der Birkenrinde" bis zum Braunwerden langsam erhitzt, die „wollige Vegetation" eines Stoffes sublimirt, der sich in Alkohol und Aether auflöst, den daher Berzelius (Lehrbuch der Chemie, B. III, 1, S. 507) unter dem Namen Betul, den flüchtigen Oelen anreiht. Allein dies Sublimat ist ein durch Erhitzung der Korkborke bereits veränderter

Zustand eines harzartigen Körpers, der sich der Bandborke durch Aether und Alkohol extrahiren lässt, nach Verdampfen des Lösungsmittels in rundlichen kristallinischen Körnern anschiesst, die sich besonders aus der Aetherlösung an den Glaswänden dendritisch gruppiren.

Im reinen Zustande ursprünglich farblos, schmilzt dieser harzartige Körper erst in einer Wärme von 225° C. unter Veränderung seiner Farbe in Theerbraun, worauf dann die Sublimation in langen, graden, wasserklaren, zu Büscheln gruppirten Spiessen eintritt. Sp. Gew. 1,23.

Dieser harzartige Körper, ich habe seinen natürlichen Zustand Betulacin genannt, besitzt ein besonderes physiologisches Interesse dadurch, dass sich seine Entstehung aus amorphem Gerbmehl mit Sicherheit nachweisen lässt. Die innersten, jüngsten Korkschichten führen in jeder ihrer Zellen einen sie fast ausfüllenden Klumpen karminrothen Gerbmehles, dessen Umbildung in Harz durch Verschwinden der rothen Färbung und durch Strukturveränderung, wie durch Aufhören der Eisenreaktion einerseits, andererseits durch die zunehmende Löslichkeit in Aether und Alkohol unverkennbar ist. Das Betulacin ist ferner von Bedeutung durch die Beziehungen, in denen es zur Spiralfaserbildung im Innern der Korkzellen steht (Seite 42).

Zweite Abtheilung.

Von den Zellensystemen.

Zellensystem nenne ich jede Verbindung gleichartiger Zellen, entweder für sich, oder begrenzt von Zellen anderer Art.

Die Glieder der Holzpflanze: Schaft und Wurzel, Aeste und Zweige, Knospen und Blätter, Blüthe und Frucht bestehen, jeder für sich aus einer Mehrzahl verschiedener Zellensysteme: aus Mark und Rinde, aus Holz und Bast, aus Markstrahlen und Aussengewebe (Epidermis), die sich aus einem gleichgebildeten Zellgewebe nach und nach herausbilden, das man mit dem Namen Grundgewebe (Parenchym) bezeichnen kann.

Jede Holzpflanze ist ursprünglich eine, durch den Akt der Befruchtung von einem Mutterkörper gleicher Art losgerissene, individualisirte Einzelzelle (Urzelle des Individuum), die, durch sich erneuernde Theilung zu Tochterzellen und Wachsthum Letzterer zur Grösse der Mutterzelle, zuerst zu einem Vorkeime sich ausbildet, an dessen Spitze die Endzelle zum Keime erwächst, dessen parenchymatisches Zellgewebe von einem Oberhäutchen umschlossen ist (siehe erste Abtheilung, S. 61). Unter fortdauerndem Wachsthum treten in dem Grundgewebe des Keimes zuerst die Gegensätze zwischen Zellgewebe und Fasergewebe auf durch Umbildung bestimmter Zellen in Fasern, es treten im Zellgewebe die Gegensätze zwischen Mark, Rinde, Oberhaut, im Fasergewebe die Gegensätze zwischen Faserbündel und Markstrahl, zwischen Holz- und Bastkörper auf.

Erstes Kapitel.

Entwickelungsfolge der Zellensysteme.

Die Buche blüht. Der Blumenstaub männlicher Blüthe hat die Narbe des Stempels weiblicher Blüthe erreicht, einen Pollenschlauch ausgesendet, der, im Zellgewebe des Griffels abwärts wachsend, in die Fruchtknotenhöhlung eindringt, dort den Eimund findet, bis zum Keimsäckchen des Pflanzeneies vordringt, in diesem durch den Akt der Befruchtung einen Zellkern des Schlauchsaftes zur selbstständigen Fortbildung befähigend. Das sind Vorgänge, die erst in der dritten Abtheilung dargelegt werden können. Wir beschränken uns hier auf Darstellung der Entstehung verschiedener Zellensysteme in historischer Folge.

1) Der Vorkeim (Keimträger).

§ 46. Aus dem im Keimsäckchen des Pflanzeneies befruchteten Zellkerne (siehe dritte Abtheilung) entsteht die erste Zelle der jungen Pflanze in der Seite 19 ff. geschilderten Weise.

Durch den, Seite 82—84 geschilderten Theilungsvorgang bildet sich entweder ein einzelner Zellenfaden — so bei den von mir untersuchten Kätzchenbäumen — Fig. 74 *A*, oder es findet, ausser der Zellentheilung rechtwinkelig

Fig. 74 *A*.

Fig. 74 *B*.

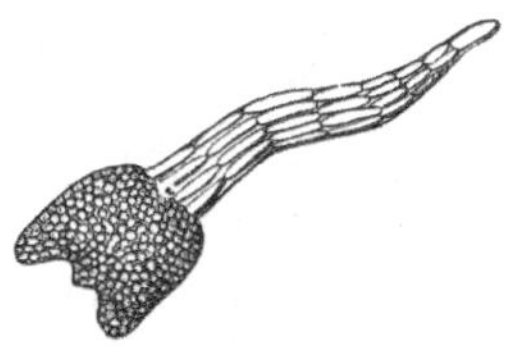

Fig. 74 *A* Keim der Eiche aus der Zeit, in welcher er noch aus gleichgebildetem parenchymatischen Zellgewebe besteht. Der Träger besteht aus nur einer Zellenreihe.
Fig. 74 *B* Keim von Tropaeolum an mehrzelligem Träger.

zur Längenachse der Zellen, noch eine Theilung parallel der Längenachse statt, in welchem Falle der Vorkeim zu einer Mehrzahl neben einander verlaufender Zellenreihen sich ausbildet, so z. B. bei Tropaeolum (Fig. 74 *B*). Bei den Nadelhölzern entwickelt sich nur eine, oder es entwickeln sich mehrere, meist drei befruchtete Zellen zu eiförmigen Zellenkörpern, Ersteres bei Taxus (A. 6, Taf. 1, Fig. 25—27), Letzteres bei den Abietineen (A. 5, Taf. 25, Fig. 13—26). Aus den Randzellen dieser Zellenkörper wachsen dann eine Mehrzahl langer Zellen in den Innenraum des Keimsäckchens (Fig. 77), von denen jede Einzelne befähigt ist, eine Keimzelle an ihrer Spitze abzuschnüren (Polyembryonie), deren jedoch in der Regel nur eine sich weiter zum Embryo ausbildet. Auch bei den Leguminosen habe ich Polyembryonie nachgewiesen (A. 11, Taf. I, Fig. 7).

In allen diesen Fällen verschiedener Vorkeimbildung ist es stets nur die Endzelle desselben, welche zu einem Anfangs kugeligen Zellenkörper sich fortbildet, aus dem allein die neue Pflanze hervorgeht.

Am einfachsten ist die Bildung des Vorkeimes bei den Laubhölzern. Bei der Eiche (Fig. 74 *A*) besteht derselbe aus einer einfachen Zellenreihe; bei der Kresse (Tropaeolum) ist er aus mehreren Zellenreihen zusammengesetzt (Fig. 74 *B*). In der grossen Mehrzahl dieser Fälle ist es allein die Endzelle des fertigen Trägers, die sich zum Keime (Embryo) fortbildet. Aber schon bei den Leguminosen findet eine Abweichung hiervon darin statt, dass eine Mehrzahl der Zellen des einfachen Keimträgers nach Aussen sich verästelt, kammförmig gestellte Vorkeimäste bildend, deren Endzellen zu einer Mehrzahl von Keimen sich ausbilden, von denen aber in der Regel nur einer zur Vollendung gelangt, die Mehrzahl früher oder später verkümmern. (Vgl. A. 11, Taf. I, Fig. 7.) Es ist dies ein Uebergang zu der bei den Nadelhölzern herrschenden Polyembryonie.

Bei den Eiben (Taxus) bildet sich aus dem befruchteten Zellkerne des Keimsäckchens ein eiförmiger, vielzelliger Vorkeim, dessen nach Innen gerichtete Randzellen zu einer Mehrzahl langer Schlauchzellen aus- und in den Innenraum des Keimsäckchens hineinwachsen. An der Spitze dieser Vorkeim-Fadenzellen entsteht durch Abschnürung ihrer Zellschläuche eine Mehrzahl von Keimen, denen auffallender Weise vorherrschend eine Mehrzahl von Vorkeim-Fadenzellen zur gemeinschaftlichen Basis werden (A. 6, Fig. 23—27).

Bei den Abietineen (Pinus) findet eine Abweichung hiervon insofern statt, dass nicht ein, sondern drei Vorkeimnester im Keimsäckchen sich bilden, deren Vorkeimfaserzellen gleichzeitig in den Innenraum des Keimsäckchens hineinwachsen; dass ferner jede einzelne dieser Faserzellen an ihrer Spitze wenigstens die Anlage zu einem Keime durch Abschnürung ihres Zellschlauches bildet, von denen jedoch, hier wie dort, in der Regel nur eine ihre Ausbildung zum fertigen Keime erreicht (A. 5, Taf. 25, Fig. 10—26).

Fig. 75 zeigt das offene Fruchtblatt des jungen Kieferzapfens, von Innen gesehen; und zwar das später zum Zapfenschuppen erwachsende Fruchtblatt mit den beiden, später zum Samen erwachsenden Eiern.

Fig. 76 entspricht dem Längendurchschnitte eines dieser Eier kurz nach eingetretener Bestäubung, aus der ein einzelnes Pollenkorn (*p*) in der Mitte des Kernwärzchens (*k*) sich festgesetzt und seinen Pollenschlauch (*s*) durch das Zellgewebe des Kernwärzchens hindurch, bis zum Keimsäckchen (Embryosack *z*) vorgeschickt hat, sich diesem anlegend und die Befruchtung vollziehend.

Ich habe bereits gesagt, dass das Keimsäckchen nichts anderes sei, als eine zu gigantischer Grösse herangewachsene Einzelzelle, bestehend aus einer Zellwandung und aus einem Zellschlauche, der Raum des Letzteren erfüllt

Fig. 75.

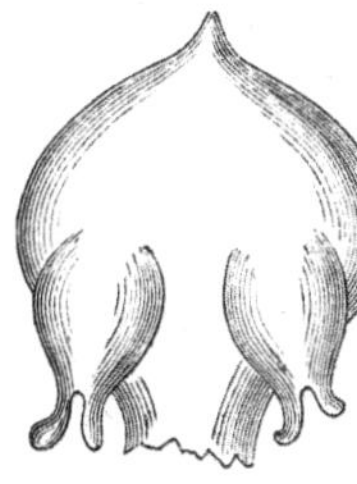

Das offene Fruchtblatt der Kiefer zur Zeit der Bestäubung, von Innen gesehen.

Fig. 76.

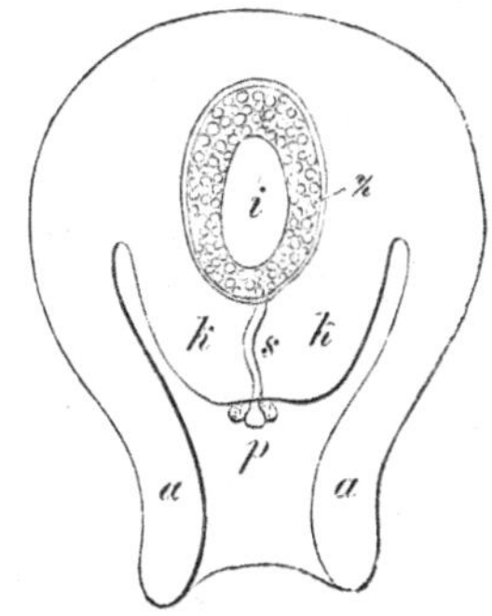

Eines der beiden Eier in der Mitte durchschnitten. *a a* Eingang zur Kernwarze. *k k* Die Kernwarze. Das Pollenkorn *p* hat einen Pollenschlauch *s* zum Keimsäckchen *i z* vorgesendet, in welchem *z* den Schlauchraum und dessen Inhalt, *i* den Innenraum der Keimzelle bedeutet.

mit einer aussergewöhnlich grossen Zahl von Zellkernen (*z*) unter denen, an dem dem Pollenschlauche zunächst liegenden Schlauchraume, drei Zellkerne zu selbstständigen, eiförmigen Zellenkörpern sich entwickeln (Fig. 77 *v*), während die Nachkommenschaft aller übrigen Zellkerne desselben Schlauchraumes ein zusammenhängendes Zellgewebe bildet, in dessen Zellen die Reservestoffe für den Keimungsprocess, Klebermehl und fettes Oel aufgespeichert werden. Dies mit dem künftigen Embryo ausser Verbindung bleibende Zellgewebe heisst Samenweiss, Endosperm (Fig. 77 *z*), im Gegensatz zu den Reservestoff bildenden ersten Blättern des Embryo, die dann Samenlappen, Cotyledonen genannt werden.

Der mit wasserklarer, körnerfreier Flüssigkeit erfüllte Innenraum des Keimsäckchens (Fig. 76 *i*) erhält sich geschlossen bis nach erfolgter Entwickelung der Zellkerne des Schlauchraumes zu Endosperm und Vorkeim-Zellennestern (Fig. 77). Gleichzeitig mit der eintretenden Verschmelzung Letzterer zu einem Zellenneste (Fig. 78 *v*) wird der dasselbe begrenzende Theil der inneren Schlauchhaut resorbirt. Es entsteht dadurch über den vereinten Vorkeim-Zellennestern ein freier Raum (Fig. 76, 77, 78 i), dessen ursprünglich eiförmige Gestalt (Fig. 76 *i*), durch die Entwickelung des Endospermgewebes in die Kegelform verengt wird (Fig. 77, 78 *i*).

In den Figuren 76, 77, 78 habe ich dieselben Theile des künftigen Kiefersamenkornes mit denselben Buchstaben bezeichnet, den Innenraum der Keimzelle (Keimsäckchen) mit *i*, den Schlauchraum derselben mit *z*, die Vorkeim-Zellennester mit *v*, das Kernwärzchen mit *k*, das Pollenkorn mit *p*, den Pollenschlauch mit *s*, die künftigen Samenhäute mit *a*.

Wenn die vereinten Vorkeim-Zellennester (Fig. 78 *v*) mit dem ursprünglichen Innenraum der Keimzelle in offene Verbindung getreten sind, dann

Fig. 77.

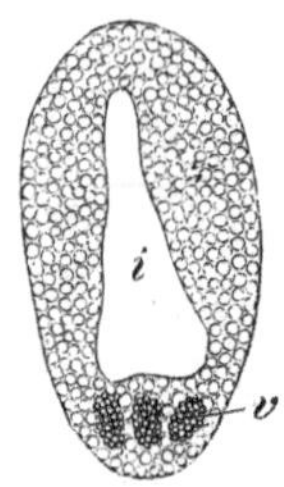

Keimsäckchen der Kiefer mit den drei Vorkeim-Zellennestern *v*.

Fig. 78.

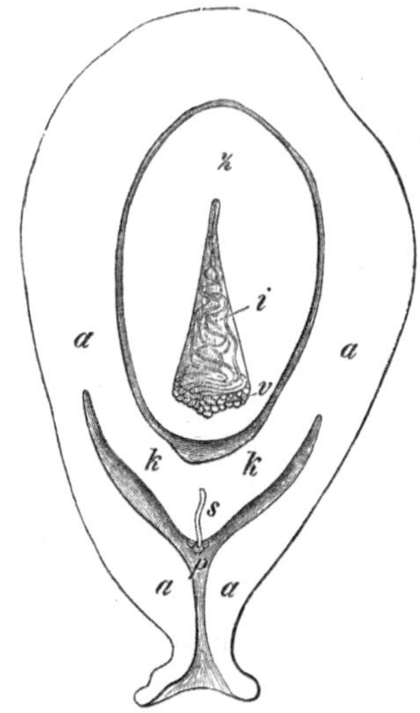

Durchschnitt durch das junge Samenkorn der Kiefer. *aa* Eingang zum Kernwärzchen *kk*, das Kernwärzchen mit dem Pollenschlauch *s*, *v* die drei Vorkeim-Zellennester mit den nach oben in den Innenraum des Keimsäckchens entwickelten Vorkeimschläuchen (*i*), *z* das künftige Samenweiss.

Fig. 79.

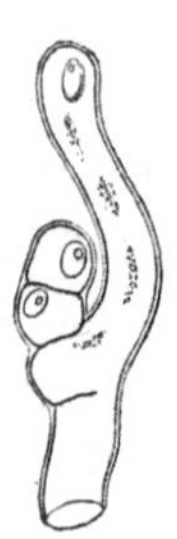

Fig. 80.

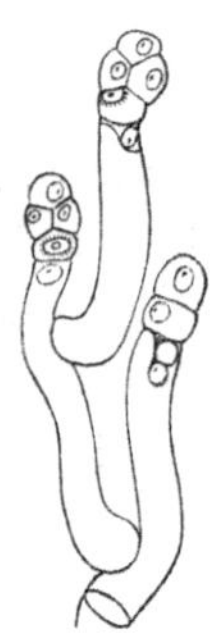

Fig. 81.

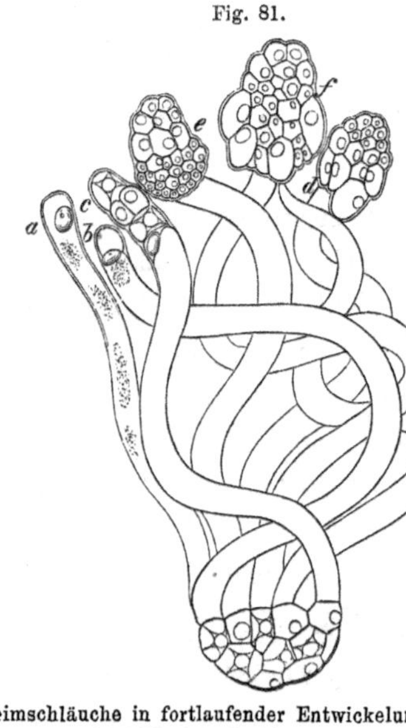

Entwickelung der Vorkeime auf der Spitze der Vorkeimschläuche in fortlaufender Entwickelungsfolge, von denen in der Regel nur einer zur Ausbildung gelangt.

wachsen die obersten, freiliegenden Zellen derselben zu langen Schläuchen aus und in den kegelförmigen Innenraum der Keimzelle hinauf, in deren beschränktem Raume zu Schlangenlinien gestaucht, wie das Fig. 78 *i* andeutet.

Fig. 81 stellt das Vorkeim-Zellennest (*v*) und die aus ihm sich entwickelnden Schlauchzellen vereinzelt dar. In der Regel besteht jeder Faden nur aus einer Zelle, die ihren, schon im Vorkeim-Zellenneste vorhandenen Zellkern bis zu seiner Spitze emporgehoben hat (Fig. 81 *a*). Ausnahmen hiervon, in denen schon vor vollendetem Längenwuchse der Fadenzelle eine Zellkern- und Zellentheilung, verbunden mit einer Vermehrung der Fadenzellen eintritt, habe ich in den Figuren 79 und 80 angedeutet.

Erst in der Spitze dieser Fadenzellen bilden sich nun durch Zellkern- und Zellentheilung, in der, Seite 82 dargestellten Weise, die Keime der Nadel-

Fig. 82.

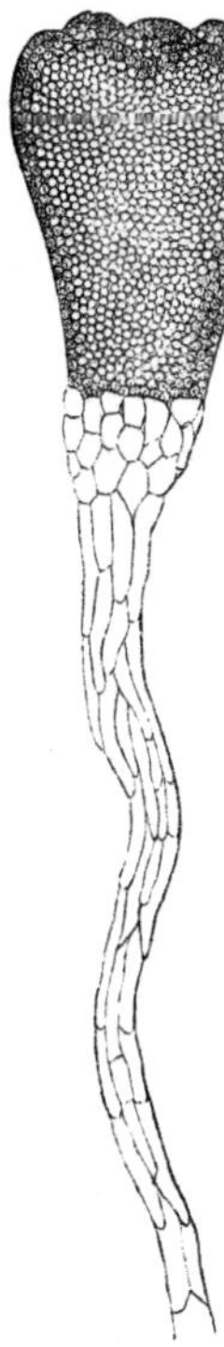

Weitere Entwickelung des Vorkeimes Fig. 81 *f*. Die ersten Andeutungen der Keimblätter um das centrale Wärzchen. In diesem Zustande besteht der Keim nur aus parenchymatischem Zellgewebe

Fig. 83.

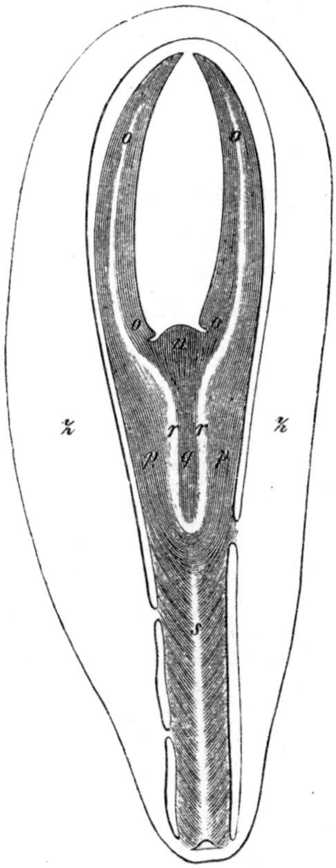

Der Theil von Fig. 78, welcher dort mit *Z* bezeichnet, ist zum Endosperm entwickelt, in welchem der Keim lose eingebettet ist. Mit diesem sind zwei Samenlappen mit *o*, das aufsteigende Knospenwärzchen mit *n*, das Würzelchen mit *q*, der Anhang zum Würzelchen mit *s*, der Verlauf der Faserbündel mit *r r* bezeichnet.

hölzer, deren Zellenmehrung und Wachsthum Fig. 81 *a—f* darstellt. Die meisten dieser Keime verkümmern früher oder später. In der Regel ist es nur e i n Keim, der bis zu der Fig. 82 und 83 dargestellten Entwickelung fortschreitet, in welchem Falle der ursprünglich einzellige Keimträger ein aus mehreren Zellenreihen zusammengesetzter Zellenstrang wird durch eine vom Keime ausgehende, von oben nach unten fortschreitende Zellenmehrung.

Pflanzen aus der Familie der Cypressen habe ich in dieser Richtung noch nicht untersucht. Keimbildung der Eiben (Taxus), S. 142 und *A C* Fig. 23.

2) Der Keim (Embryo).

§ 47. Der aus der Endzelle des Vorkeimes durch Zellenmehrung in dreifacher Theilungsrichtung sich bildende, kugelige Körper besteht, wie der Vorkeim, anfänglich nur aus gleichwerthigen Zellen parenchymatischer Bildung, eingeschlossen in ein äusserst zartes Oberhäutchen, das vom Keime aus auf den Vorkeim sich ununterbrochen fortsetzt. Durch längere Aufbewahrung in sehr verdünnten Lösungen von Schwefelsäure, Chlorzink-Jodkalium, salpetersaurem Quecksilberoxyd, wenn ich nicht irre, auch in Alkohol, zieht sich das Zellgewebe des Keimes und des Vorkeimes zusammen, trennt sich von dem Oberhäutchen, in dem dann das Zellgewebe wie in einem weiten geschlossenen Sacke liegt (Fig. 46).

Schon vor der Bildung des Keimes aus der Endzelle des Vorkeimes und bis zu sehr jungen Zuständen des Letzteren ist es mir geglückt, das Vorhandensein eines, das Zellgewebe einschliessenden Oberhäutchens zu erkennen. Es beruht hierauf die Annahme, dass das Oberhäutchen der Pflanzen nichts Anderes ist, als die Wandung der ersten, aus dem befruchteten Zellkerne entstandenen Urzelle des pflanzlichen Individuums, die, ernährt von den ihr anliegenden Tochterzellen desselben und bis zu mehrjährigem Alter des Pflanzentheiles fortwachsend, erst später eine zusammengesetzte Bildung erkennen lässt, wie sie die Abbildungen Fig. 48, 49 zeigen.

Die Möglichkeit der Ernährung einer schlauchlosen Zellwandung durch das, ihrer Innenseite anliegende, schlauchführende Zellgewebe, habe ich belegt mit der Thatsache: dass der Embryo aller endospermhaltigen Sämereien, z. B. der Nadelhölzer mit dem Endosperm nicht in fortdauernder organischer Verbindung steht, demohnerachtet aus ihm während des Keimens seine Bildungssäfte bezieht. Wenn der Nadelholzsame aus der Erde hervorbricht, steht sein Keim mit den übrigen Samentheilen nicht mehr in organischer Verbindung, seine Primärblätter liegen lose in dem sie einhüllenden Endosperm, dessen Gehalt an Reservestoffen (Klebermehl) noch wenig oder gar nicht vermindert ist. Erst kurz vor dem Abwerfen der Samenhülle (des Käppchens) ist das Zellgewebe des Endosperm seines Inhaltes an Reservestoffen beraubt, die, nach ihrer Rückbildung zu Bildungssaft, von den Primärblättern des Keimes von aussen aufgenommen sein müssen. Kann nun, so folgere ich, das mit einem schon hoch entwickelten Oberhäutchen ausgestattete Primärblatt Bildungssäfte von aussen her durch das Oberhäutchen hindurch in sich aufnehmen, so wird das Oberhäutchen noch viel leichter Bildungssäfte beziehen können aus den ihr anliegenden, arbeitenden Zellen, mit denen sie in organischer Verbindung steht.

Es besteht also der Holzpflanzenkeim schon in seinen frühesten Zuständen aus parenchymatischem Zellgewebe und aus einem dasselbe einschliessenden Oberhäutchen. In Bezug auf die Entwickelung der Oberhaut mag das genügen, was ich darüber Seite 60—68 gesagt und durch die Figuren 48—49 erläutert habe. Es bleiben uns hier also die Veränderungen zu schildern, welche das ursprünglich parenchymatische Zellgewebe erleidet.

a) Der parenchymatische Zustand des Pflanzenkeimes.

§ 48. Jede aus dem Akt der Befruchtung hervorgehende Pflanze besteht ursprünglich aus einer einfachen Zelle (Punkt).

Ich habe bereits gesagt: dass alle Zellenmehrung der Pflanzen auf Theilung vorgebildeter Mutterzellen in Tochterzellen, dass alles Wachsen der Pflanzen auf Vergrösserung der Tochterzellen beruhe.

Vollzieht sich die Zellentheilung stets in ein und derselben Richtung, dann geht aus der ersten Mutterzelle der Zellenfaden hervor (Linie, Keimträger der höheren Pflanzen, Haare, Luft- und Wasser-Algen).

Vollzieht sich die Zellentheilung fortdauernd in zweien sich kreuzenden Richtungen derselben Theilungsebene, dann entsteht daraus die Zellenfläche der Ulven und der einfachsten Blattbildungen.

Tritt obigen Theilungsrichtungen noch eine dritte, parallel zur Theilungsebene sich vollziehende Theilung hinzu, dann entsteht daraus der Zellenkörper.

Punkt, Linie, Fläche, Körper entsprechen nicht allein den verschiedenen Zuständen der Entwickelung höherer Pflanzengebilde, sondern auch der vollendeten Gestaltung verschieden hochgebildeter Pflanzen, vom einzelligen Hefepilz zum Pilzfaden, zur Ulve, zur Gefässpflanze, vom Samenkorn zum Stengel, zum Blatt und zur Frucht emporsteigend.

Das Vermögen durch Selbsttheilung sich zu mehren, besteht, abgesehen von Reproduktions-Vorgängen, bei allen höher entwickelten Pflanzen nur im jugendlichen Zustande der Zelle und erlischt mit vollendeter Ausbildung derselben. Es ist um so grösser, es wiederholt sich in um so kürzeren Zeiträumen, je jünger die Zelle ist. Ich habe dies das Tempo der Zellentheilung genannt.

Im einfachen Zellenfaden sind selbstverständlich die Endzellen desselben die jüngsten. Die ersten Nachkommen der Mutterzelle, aus welcher der Zellenfaden entstanden ist, sind die ältesten, in ihrer Ausbildung am meisten vorgeschrittenen oder vollendeten. Sie werden mehr oder weniger die Mitte des Zellfadens einnehmen, je nachdem das Tempo der Zellentheilung an beiden Enden des Zellenfadens gleich oder verschieden ist. Von diesen, in der Entwickelung am meisten vorgeschrittenen oder vollendeten Zellen aus steigert sich das Tempo der Zellentheilung allmählich nach beiden Zellfadenenden hin und erreicht sein Maximum in den letzten, jüngsten Zellen der einfachen Zellenreihe.

Das Heranwachsen der Tochterzellen zur Grösse der Mutterzelle oder darüber hinaus erfordert einen gewissen Zeitraum. Ist dieser Zeitraum ein längerer als das Tempo der Zellentheilung, das heisst: tritt erneute Zweitheilung ein, ehe die Zelle ausgewachsen ist, dann kann die Zelle nie zu ihrer endlichen Grösse heranwachsen; ist hingegen das Theilungstempo länger als der Zeitraum, den die Zelle für ihre volle Ausbildung bedarf, dann erst kann Letztere sich vollziehen, es erlischt damit die Theilungsfähigkeit der Zellen, die dann zwischen den Endzellen des Fadens einen fertigen, nicht mehr zuwachsfähigen Stamm bilden, während der Längezuwachs des Zellfadens an den beiden Enden der Zellenreihe sich fortsetzt.

Aus diesen Wachsthumsgesetzen des einfachen Zellfadens erklärt sich:

1) Der Längezuwachs des Fadens in entgegengesetzter Richtung, ohne dass man nöthig hat, zu polaren Gegensätzen oder zu einer Zugkraft der Erde und der Sonne, Geotropismus und Heliotropismus, seine Zuflucht zu nehmen.

2) Die Beschränkung des Längezuwachses auf die beiden Enden des Zellenfadens.

3) Das Entstehen eines nicht mehr zuwachsfähigen Stammes zwischen den Enden des Zellfadens und die Vollendung der Zellen desselben.

4) Die, bis zur Vollendung des Längezuwachses der Pflanze stets geringe Grösse ihrer Endzellen.

Tritt nun im Zellfaden zu der Quertheilung eine Längstheilung, dann vermehrt sich die Zahl der Zellfäden, es entsteht bei fortgesetzter Längstheilung ein Bündel nebeneinander liegender, gleichwerthiger Zellfäden, deren Innerste die ältesten, deren Aeusserste die jüngsten sind. Das Theilungsgeschäft der innersten Zellenreihen muss früher erlöschen, nicht allein weil sie die älteren sind, sondern auch, weil es im Innern des Bündels an Raum gebricht für das

Wachsen der Tochterzellen zur Grösse der Mutterzellen, in Folge der Verbindung, in welcher die Zellenreihen anfänglich untereinander stehen durch die erst später resorbirten Wände der Mutterzellen. Unter fortgesetztem Längezuwachs an den beiden Enden des Zellreihenbündels ist daher dessen Dickezuwachs wesentlich ein auf den Umfang des Bündels beschränkter und erklärt sich daraus die im Allgemeinen concentrische Schichtenstellung der Zellreihen. Die Längentheilung der Zellenreihen ist hier eine zweifach verschiedene, rechtwinkelig sich kreuzende. Theilung in tangentaler Richtung vermehrt die Zahl der concentrisch verlaufenden Zellreihenschichten, Theilung in radialer Richtung vermehrt die Zellrenzahl jeder Zellreihenschicht im Verhältniss zum grösseren Umfange jeder nachgebildeten Zellreihenschicht. Es steht diese Vermehrung vielleicht in Beziehung zu der Thatsache, dass bei gleicher Zellengrösse die Zellen jeder concentrischen Schicht parenchymatischen Zellgewebes mit den Zellen der vor- und nachgebildeten Schichtungen nicht allein, sondern auch mit den Nachbarzellen derselben Zellenschichtung im Verbande liegen, wie dies aus dem Umstande hervorgeht, dass Querschnitte, tangentale und radiale Längenschnitte bei gleicher Grösse der parenchymatischen Zellen stets eine Zellenordnung zeigen, in welcher jeder Zellendurchschnitt von sechs Nachbarzellen begrenzt ist, von denen je zwei die beiden Längsseiten, zwei den Boden und die Decke der Zelle begrenzen. Die Körperform jeder einzelnen, von ihren vierzehn Nachbarzellen vollständig gedrückten Zelle ist hiernach die einer sechsseitigen Doppelpyramide mit beiderseits entscheitelten Spitzen. Eine genügende Erklärung des Ursächlichen der Stellungsgesetze des parenchymatischen Zellgewebes habe ich noch nicht gefunden. (S. Taf. III, Fig. 6, 7 *ab*.)

Die in Vorstehendem entwickelten Stellungsgesetze parenchymatischen Zellgewebes finden nun volle Anwendung auf die frühesten Zustände des Embryo der Holzpflanzen.

Denkt man sich Stamm und Pfahlwurzel einer jungen Holzpflanze zusammengesetzt aus einer grossen Zahl nebeneinander stehender Zellenreihen, dann entspricht der Verein aller jüngsten Endzellen derselben bis zu einer gewissen Tiefe einwärts dem, was wir an der jungen Holzpflanze das aufsteigende und das absteigende Knospenwärzchen (gemmula ascendens und descendens) nennen. Der Verein aller älteren, aber noch theilungsfähigen Zellen des Complexes entspricht den noch zuwachsfähigen Theilen junger, wachsender Triebe, der Verein aller noch älteren, fertigen Zellen entspricht den ausgebildeten Stamm- und Wurzeltheilen der Pflanze.

Dem Längezuwachs der vereinten Zellenreihen nach oben und nach unten entspricht ein Dickezuwachs derselben durch Längstheilung der vorgebildeten Zellenreihen, die in den centralen Reihen zuerst erlischt, deren Tempo vom Mittelpunkt der Querfläche nach der Aussengrenze derselben hin ein gesteigertes ist, und zwar in zweifacher Richtung, theils in der Richtung des Radius der Querfläche, theils, rechtwinkelig zum Radius, in der Richtung des Umfanges der Querfläche. Auf der zuletzt bezeichneten Theilungsrichtung beruht der Dickezuwachs des Zellenkörpers durch Mehrung der Zellenreihen im Radius der Querfläche, der radialen Theilungsrichtung entspringt die Zellenmehrung in der Richtung der Peripherie, der Umfangzuwachs.

b) Entstehung des cambialen Zellgewebes.

§ 49. In den frühesten Zuständen besteht der Zellenkörper des meist kugeligen Pflanzenkeimes aus gleichwerthigen, parenchymatischen Zellen, deren Anordnung eine concentrische ist, der Art, dass die Zellenreihen eines jeden Ringes mit den Zellenreihen der benachbarten Ringe im Verbande liegen. Diese Zellenordnung ist eine bleibende im Mark und in der grünen Rinde. Ich habe sie die peripherische Zellenordnung genannt. (Taf. III, Fig. 4, 6, 7 *a*.)

Die erste der in diesem Zellgewebe eintretenden Veränderungen bezieht sich noch nicht auf Formänderung der Zellen, sondern allein auf veränderte Zellenordnung. Zwischen den, als Mark und als Rindekörper fortdauernd peripherisch geordneten Zellen zeigt der Querschnitt des Keimkörpers eine ringförmige, ununterbrochene Zellenschicht, die nur durch die radiale Anordnung ihrer Zellen von den durch sie getrennten Mark- und Rindezellen unterschieden ist.

Ich nenne diese Zwischenschicht „System des cambialen Zellgewebes", wohl zu unterscheiden von dem erst später auftretenden System des cambialen Fasergewebes. (Taf. III, Fig. 4 *r*.)

Sehr wahrscheinlich fällt das, was ich cambiales Zellgewebe nenne, mit dem zusammen, was Schacht „Verdickungsring" genannt hat. Schacht bezeichnet mit diesem Namen aber auch das zwischen Holz und Bast befindliche, cambiale Fasergewebe älterer Baumtheile, und hat darin entschieden Unrecht, da, wie wir sehen werden, Letzteres aus Ersterem erst durch diagonale Abschnürung hervorgeht (Schacht, der Baum, S. 26—31). Auf das beschränkt, was ich „cambiales Zellgewebe" nenne, hat Schacht's Verdickungsring nur eine sehr kurze, auf die frühesten Zustände des Keimes und des Knospenwärzchens beschränkte Dauer.

Körperlich gedacht, bildet das cambiale Zellgewebe einen Hohlcylinder, der unter dem aufsteigenden Knospenwärzchen offen bleibt, vor dem absteigenden Knospenwärzchen hingegen sich zum Vollcylinder zusammenzieht und zuspitzt. Die innere Grenze des Hohlcylinders setzt sich in das Mark, die äussere Grenze setzt sich in das Zellgewebe der Rinde fort. Mark und Rindegewebe gehen nur im aufsteigenden Knospenwärzchen in einander über.

Die Entwickelung der radial geordneten Zellenschicht zwischen den ursprünglich peripherisch geordneten Zellen von Schritt zu Schritt zu verfolgen ist mir allerdings noch nicht gelungen, es liegen mir aber vereinzelte Beobachtungen vor, aus denen sich die Annahme herleitet: dass es eine einzelne, ungefähr in der Mitte zwischen Centrum und Aussengrenze des Querschnitts liegende Zellenschicht des peripherisch geordneten Zellgewebes ist, deren Zellen gleichzeitig eine Längentheilung erleiden, und zwar rechtwinkelig zum Radius der Grundfläche des Keimkörpers; dass die daraus hervorgegangenen beiden Tochterzellen in derselben Theilungsrichtung sich sehr rasch vervielfältigen, vielleicht unter demselben Gesetz der Beschränkung des Theilungsvorganges auf permanente Mutterzellen, von denen ich schon Seite 86 und 88 gesprochen habe, in welchem Falle auch hier die innersten und die äussersten Zellen der radial geordneten Zellenschicht, die zuerst abgeschnürten, daher ältesten und in der Entwickelung am weitesten vorgeschrittenen sein werden.

c) Umbildung des cambialen Zellgewebes in Fasergewebe.

§ 50. Hat das cambiale Zellgewebe seine Ausbildung erreicht, ein Zustand des Pflanzenkeimes, der in allen Fällen früher eintritt, als die ersten Spuren einer Blattausscheidung am Keime bemerkbar werden, dann erst beginnt in ihm eine Reihenfolge von Metamorphosen der cambialen Zellen, durch die ein Fasergewebe der Pflanze in Gegensatz tritt zu dem bisher allein den Pflanzenkeim bildenden Zellengewebe.

Fig. 84.

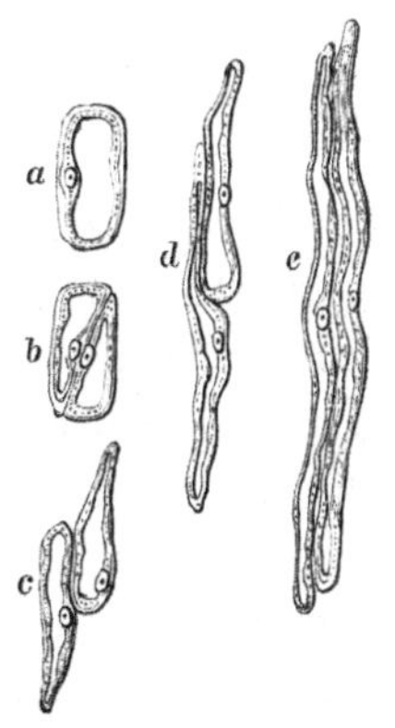

Darstellung der diagonalen Längstheilung des cambialen Zellgewebes zur Faserbildung in fortlaufender Entwickelungsfolge von *a* bis *e*.

Die Faser entsteht aus der cambialen Zelle durch diagonale Abschnürung.

So lange die Abschnürungen parallel oder rechtwinkelig zur Längenachse der vorgebildeten Zellen sich vollziehen, ist und bleibt das Zellgewebe parenchymatisch; in jeder Zellenreihe stehen die Querscheidewände rechtwinkelig zur Längenachse der Zellen. Die diagonale Abschnürung hingegen hat eine, zur Längenachse der Zellen schräge Lage der Querscheidewände, Zuspitzung und Ineinandergreifen der Enden dieser Zellen zur Folge, die nun, durch ihre in der Folge meist sehr lang gestreckte Form den Namen Fasern erhalten, deren Verein das Fasergewebe (Prosenchym) bildet.

Wenn man aus dem Knospenkegel irgend einer grossknospigen Holzart, z. B. der Schwarzkiefer, Rothbuche, Eiche, möglichst dünne Querschnitte anfertigt, und diese auf der Objekttafel in die Reihenfolge von oben nach unten ordnet, dann zeigen die Querschnitte aus dem Gipfel des Knospenwärzchens nur gleichwerthiges, peripherisch geordnetes Zellgewebe (Taf. III, Fig. 4 *a*), dem, noch im Bereich des Knospenwärzchens, die das Mark von der Rinde trennende Schicht radial geordneter cambialer Zellen folgt (Taf. III, Fig. 4 *r*).

Um Weniges tiefer erkennt man unfern der Aussengrenze des cambialen Zellgewebes Bündel abweichend gebildeter Zellendurchschnitte, in concentrischer Ordnung weit von einander entfernt (Taf. III, Fig. 5, 6). In den tieferen Querschnitten vergrössern sich diese Bündel, bis sie endlich eine Grösse erreicht haben und dadurch so nahe aneinander getreten sind, dass zwischen ihnen nur schmale Streifen des cambialen Zellgewebes übrig geblieben sind (Taf. III, Fig. 7).

Fig. 85.

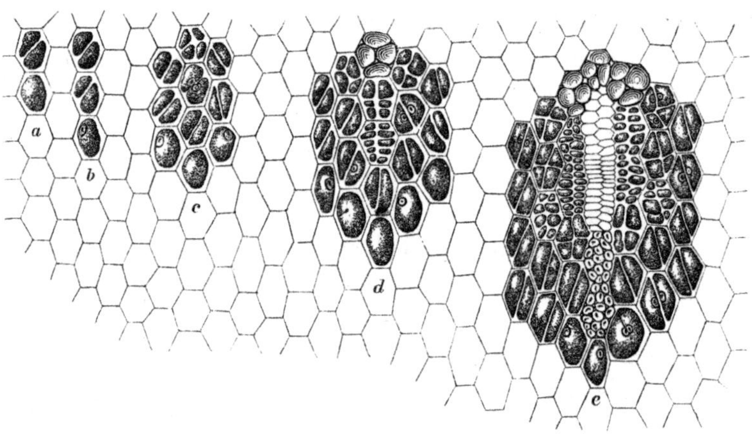

Darstellung der diagonalen Theilung der Cambialzellen zu Cambialfasern, wie dies die vorhergehende Figur andeutet und der darauf beruhenden Vergrösserung der Faserbündel von *a* bis *e*. Man muss hierbei die leeren Zellen zwischen den einzelnen Bündeln mit Schläuchen sich erfüllt denken, die noch keine Theilung erlitten haben, wie dies die Zellen *a b c* zeigen.

Fig. 85 zeigt die Entwickelungsfolge der sich vergrössernden Faserbündel *a—e*. Das cambiale Zellgewebe habe ich hier nur mit einfachen Linien angedeutet. Jede Zelle dieses Gewebes enthält einen Zellkern führenden Zellschlauch, ich habe aber auch diesen in die Zeichnung nicht aufgenommen, um die Faserbündel und deren Vergrösserung mehr hervortreten zu lassen. Endlich muss man sich den Raum zwischen je zweien Faserbündeln viel grösser und aus einer um so grösseren Zahl von Zellenradien bestehend denken, je jünger und daher kleiner die Faserbündel sind. Die Faserbündel *a—e* sind den Veränderungen entsprechend zu betrachten, die ein und dasselbe Faserbündel im Verlauf seiner Entwickelung erleidet.

---

*) Die hier dargestellte Entwickelungsfolge ist schematisch, Taf. III, Fig. 12, 13, 14 dagegen möglich genau dem mikroskopischen Bilde nachgezeichnet. S. die Erklärung der Tafeln.

In Fig. 85 *a—e* habe ich der untersten, über den Buchstaben stehenden Zelle einen noch ungetheilten Zellschlauch eingezeichnet, wie solchen jede cambiale Zelle enthält.

Ueber *a* ist die zweite Zelle durch Schrägtheilung ihres Schlauches verdoppelt.

Den Verlauf dieser Schrägtheilung in der Längenansicht zeigt Fig. 84 *a—e*. Auch hier sind die um die Tochterschläuche in der Seite 32 u. f. dargestellten Weise sich bildenden Zellwände nur durch einfache Linien angedeutet.

Fig. 85 *b* haben zwei Schläuche desselben Zellenradius sich verdoppelt; über *c* hat sich diese Schlauchverdoppelung auf die beiden benachbarten Zellenradien, über *d* jederseits auf zwei, über *e* jederseits auf drei Nachbarradien fortgepflanzt, während gleichzeitig auch in der Richtung des Radius die Schlauchtheilung sich fortsetzt.

Es erweitert sich daher jedes Faserbündel nicht durch Hinzutreten neuer, sondern durch Selbsttheilung vorgebildeter Zellen, deren Töchter durch veränderte Theilungsrichtung nicht mehr Zellen, sondern Fasern werden.

Jedes Faserbündel erweitert sich in dieser Weise bis zur Beschränkung des cambialen Zellgewebes auf die Breite der primitiven Markstrahlen, wie diese beispielsweise Taf. III, Fig. 13 zwischen den beiden unteren Faserbündeln darstellt.

Aber auch das Zellgewebe der primitiven Markstrahlen erhält sich nicht unverändert als cambiales Zellgewebe. Letzteres erleidet auch hier eine wesentliche Umbildung, denn die Stellungsgesetze des fertigen Markstrahlgewebes sind durchaus verschieden von denen des cambialen Zellgewebes. Die Zellenform und Zellenordnung des Markstrahlgewebes entspricht in den allermeisten Fällen weit mehr einem System liegender Fasern, als einem Systeme parenchymatischer Zellen, selbst in Bezug auf die zur Längenachse der Markstrahlzellen schräge Lage der Querscheidewände. Hiervon ausgehend könnte man die Vermuthung aussprechen: dass bis zur Herausbildung des Gegensatzes zwischen Holz und Bast, im Bereich der primitiven Markstrahlen die Metamorphose des cambialen Zellgewebes in derselben Weise sich vollziehe, wie im Bereich der Faserbündel, mit dem Unterschiede, dass im künftigen Markstrahlgewebe die Umbildung in radialer Richtung erfolgt. Nach Eintreten des Gegensatzes zwischen Holz und Bast beruht die Fortbildung des Markstrahlgewebes unzweifelhaft auf Tochterzellenbildung aus vorgebildeten Mutterzellen gleicher Art.

Mit der Umbildung des cambialen Zellgewebes zu Faserzellen im Bereich des Faserbündelkreises ist aber die Reihenfolge der Metamorphosen noch keineswegs geschlossen. Schon sehr frühe, lange vorher, ehe die Faserbündel durch peripherischen Zuwachs an Fasern ihre endliche Breite erlangt und zu einem nur durch das Markstrahlgewebe unterbrochenen Bündelkreise sich geschlossen haben, womit selbstverständlich der seitliche Zuwachs an Längenfasern aufhört, erleiden die innersten, ältesten Fasern eine erneute Zweitheilung (*c* oben), die sich auf die dem ersten Faserradius benachbarten Faserradien fortsetzt (*d*, *e*). Diese Vierling-Tochterfasern bilden sehr früh eine Spiralfaserwandung, wie ich dies in den obersten, innersten, das Mark begrenzenden Zellen der Bündel *d* und *e* angedeutet habe. In den tiefer liegenden, jüngeren Fasern wiederholt sich die Theilung mehreremale und zwar stets in einer zum Radius der Querfläche des Bündels rechtwinkeligen Theilungsrichtung, aus der ein radial geordnetes Fasergewebe hervorgeht, dessen Fasern mit denen der radialen Nachbarreihen im Verbande liegen, eine Stellung, die eine bleibende ist, und im fertigen Faserbündel erkennbar bleibt, wo nicht die spätere Entstehung weiträumiger Gliedröhren die radiale Ordnung mehr oder weniger stört.

d) Entstehung des Gegensatzes zwischen Holz- und Bastkörper.

§ 51. Wenn die Zellen aller ursprünglichen Zellenradien sich durch Schrägtheilung zu Fasern umgebildet und verdoppelt haben, die peripherische, auf Zellenmetamorphose beruhende Vergrösserung der Faserbündel, auch nach Aussen und Innen ihre Endschaft erreicht hat, tritt in den Faserbündeln ein Gegensatz in der Entwickelungsrichtung der Fasermehrung dadurch ein, dass in einer, im Allgemeinen dem Mittelpunkte des Querschnittes concentrischen Faserschicht, für jeden Faserradius ein Paar permanenter Mutterfasern (Seite 88) sich bildet, von dem hinfort alle Fasermehrung durch Fasertheilung, alle Vergrösserung der Faserbündel ausgeht. Es ist mir nicht unwahrscheinlich, dass dieser Gegensatz in der Entwickelungsrichtung schon im cambialen Zellgewebe besteht. Die innere, dem Marke zugekehrte permanente Mutterfaser schnürt fortdauernd nach Innen, die der Rinde zugewendete Mutterfaser schnürt fortdauernd nach Aussen Tochterfasern ab, deren Abschnürungsfläche eine dem Umfange des Bündelkreises parallele ist, mit Ausnahme der Fälle, in denen der erweiterte Umfang des Bündelkreises eine Vermehrung der Faserradien erheischt durch radiale Abschnürung des Mutterfasernpaares.

Das nachfolgende körperliche Bild mag diesen Vorgang versinnlichen.

Man denke sich eine kreisrunde Holzscheibe, umgeben von einer cylindermantelförmigen, im höchsten Grade dehnbaren und verschiebbaren Substanz, Erstere dem Holzkörper, Letztere dem Bastkörper eines Baumstammes entsprechend. Die Höhe der Gesammtscheibe denke man sich gleich der Holzfaserlänge, die Fasern derselben in radialer Anordnung, jede äusserste Faser des Holzkörpers und die innerste Faser des Bastkörpers, wie die Läufe einer Doppelflinte untereinander bleibend verbunden zu dem, was ich die permanenten Mutterfasern des Holzes und des Bastes genannt habe. Es entspricht dies Bild dem Zustande der Holzpflanze im Spätherbste, Winter und Vorfrühling. In den oberen Baumtheilen Anfang Mai, in den tieferen Baumtheilen etwas später beginnt der Dickezuwachs der Bäume dadurch, dass für jeden Faserradius der Querfläche, die innere Mutterfaser für den neuen Holzring nach Innen, die äussere Mutterfaser für den Bastring nach Aussen, durch Längentheilung ihrer selbst in tangentaler Richtung und in wiederholter Folge von sich abschnüren, so, dass zu jeder Zeit die jüngsten Tochterfasern zunächst den permanenten Mutterfasern, die ältesten Tochterfasern des Holzkörpers jeder Jahreslage am weitesten nach Innen, des Bastkörpers jeder Jahreslage am weitesten nach Aussen stehen, jeder äussere Holzring und jeder innere Bastring die jüngeren sind. Da die Neubildungen an Holz und an Bast alljährlich sich um einen festen, vorgebildeten Holzkörper anlegen, kann der geschilderte Zuwachsgang sich nicht vollziehen, ohne eine alljährlich sich erneuernde Verschiebung der Grenze zwischen Holz und Bast und aller daselbst lagernden permanenten Mutterfasern von Innen nach Aussen um die Breite des jährlichen Holzringes.

Dem geschilderten Zuwachsgange des Fasergewebes entspringt eine Schichtenstellung desselben sowohl im Holz- als im Bastkörper.

Der Zuwachs des Fasergewebes in Jahreslagen erhält sich, soweit mir bekannt ist, im Holzkörper aller europäischen Holzarten für immer erkennbar durch die geringe Tiefe der in jedem Jahre zuletzt gebildeten Holzfasern (Taf. II, Fig. 1 *h*), durch die Stellung der Tipfel auf der dem Marke zugekehrten Seite der Fasern, bei den Nadelhölzern auch durch aussergewöhnliche Dickwandigkeit und Engräumigkeit derselben, auf die man die Unterscheidung vom „Herbstholz“ gegründet hat, die aber bei den Laubhölzern hinfällig ist. Im Baste hingegen lassen sich Jahresschichten mit Sicherheit nicht erkennen, wo in demselben Jahre mehrere Bastbündellagen gebildet werden. Den tropischen Laubholzbäumen hingegen fehlt auch im Holzkörper die Jahrringbildung. Vierzehn verschiedene Laubholzarten aus dem tropischen Amerika, die ich in stärkeren Scheitstücken vom verstorbenen Gerstäcker zum Geschenk erhielt, zeigen keine Spur von Jahresringen, während europäische Holzarten, die in die Tropenländer übersiedelt wurden, ihre naturgesetzliche Ringbildung nicht einbüssten. Ueber das abnorme Aussetzen des Dickezuwachses und mit diesem der Jahresringbildung an laubarmen und an stark übergipfelten Pflanzen kann ich erst später sprechen.

Durch den Gegensatz in der Entwickelungsrichtung der Fasern scheiden sich Holzkörper und Bastkörper der Faserbündel. Die nach beiden Richtungen von den permanenten Mutterfasern abgeschnürten Tochterfasern sind ursprünglich, wie die Mutterfasern eines jeden Faserradius, gleicher Grösse und gleicher Bildung. Erst einige Tage nach der Abschnürung tritt ein weiterer Unterschied in der einfachen Tipfelung der Holzfasern, gegenüber der siebförmigen Tipfelung der Bastfasern ein. Alle übrigen Unterschiede im Fasersysteme des Holzes und in dem des Bastes sind späterer Entstehung durch Metamorphose.

Das Cambialfasergewebe.

Eine Folge des geschilderten Entwickelungsganges, des Einschiebens der neuen Holz- und Bastringe zwischen die älteren, vorgebildeten ist es, dass die ältesten Jahresschichten des Holzes zunächst dem Marke, die ältesten Jahresschichten des Bastes zunächst der Rinde liegen, Erstere von Innen nach Aussen, Letztere von Aussen nach Innen um ein Jahr jünger werden, die jüngsten Holz- und Bastlagen mit ihren jüngsten Fasern stets den permanenten Mutterfasern sich anschliessen. Während der Bildung neuer Holz- und Bastfasern, im Klima der Meeresebenen Deutschlands von Anfang Mai bis Ende September, ist eine scharfe Grenze zwischen Holz und Bast nicht erkennbar in Folge der vollständigen Gleichheit der jungen Holz- und Bastfasern mit den zwischen ihnen liegenden permanenten Mutterfasern. Es zeigt sich hier eine ringförmige Schicht äusserst zarthäutiger, in der Richtung des Radius sehr schmaler Fasern (Fig. 63 *c d* Seite 90), auf die man den Namen „Cambium“, Cambialschicht übertragen hat.

Veranlasst durch die Leichtlöslichkeit des Bastes vom Holze im Frühjahre glaubten die älteren Pflanzen-Anatomen an eine wirklich eintretende Trennung beider zur Zeit der Neubildungen an Holz- und Bastfasern. Sie nahmen an, dass zwischen Holz- und Bastkörper im Frühjahre ein mit formlosen Bildungssäften erfüllter Raum entstehe, dass aus diesem Bildungssafte die neuen Fasern und Zellen wie Kristalle aus einer Mutterlauge anschössen. Diesen freien Bildungssaft nannte Duhamel „Cambium“ (1758). Dupetit-Thouars erweiterte diese Theorie 1815 dahin, dass es Wurzeln der Winterknospen seien, die in die cambiale Flüssigkeit hinabwachsen und in den tieferen Stammtheilen zu Holz- und Bastschichten sich vereinen (Vergl. S. 51, Fig. 37). Seit Meyen (1837) hat man erkannt, dass eine Trennung des Bastes vom Holzkörper zu keiner Zeit eintritt, dass das Cambium Duhamels nichts Anderes ist, als die reichliche Säftemasse des jüngsten, zwischen Holz und Bast sich bildenden, leicht zerreissenden Zellgewebes*). Allein bis in die neueste Zeit betrachtet man dies jugendliche

*) Es ist auch Dieses Gegenstand gemeinschaftlicher Untersuchungen von Meyen und mir, selbst an demselben Mikroskope, gewesen.

Zellgewebe als ein eigenartiges und hat ihm den Namen „Procambium" gegeben. Aus diesem, die Verbindung zwischen Holz und Bast (Xylem und Phloëm Nägeli's) unterhaltenden Zellgewebe sollen sich erst, einerseits die Holzfasern, andererseits die Bastfasern bilden. In Bezug auf unsere Holzpflanzen ist dies gewiss nicht richtig. Die von den permanenten Mutterfasern nach Innen und nach Aussen abgeschnürten Tochterfasern sind, bis auf ihre sehr geringe Tiefe (Fig. 63 *cd*) in Grösse, Form und Stellung schon nach vollendeter Abschnürung von den fertigen Holz- und Bastfasern nur durch die noch mangelnde Tipfelung, durch das Vorhandensein eines Zellschlauches, so wie durch geringe Dicke der primären Zellwandung unterschieden, und nur im wachsenden Triebe einer Längenvergrösserung unterworfen.

Dass diese meine Angabe richtig ist, lässt sich nur erkennen zur Zeit vollendeten Dickezuwachses, also den ganzen Winter hindurch. Während dieser Zeit sind auch die jüngsten Holzfasern des Jahresringes vollständig verholzt (Taf. II, Fig. 1 *h*), ihre Tiefe hat nur wenig sich vergrössert, ihre Tipfel stehen auf der, der Rinde zugewendeten Faserseite, während in den älteren Holzfasern die Stellung der linsenräumigen Tipfel stets eine seitliche ist. Diese Unterschiede in Tipfelstellung und Fasertiefe der zuletzt gebildeten Holzfasern lassen die Grenze der einzelnen Jahreslagen auch da erkennen, wo sie nicht durch gedrängtere Stellung der weiträumigen Gliedröhren des Laubholzes erkennbar ist. Diese Unterschiede der zuletzt gebildeten von den früher gebildeten Holzfasern sind daher für Zuwachsberechnungen an Holzarten, deren Gliedröhren gleichmässig durch den ganzen Holzring vertheilt sind, wie das bei Buchen, Hainbuchen, Pappeln, Erlen der Fall ist, oder an Nadelhölzern, denen die Gliedröhren gänzlich fehlen, für den Forstmann von grosser Wichtigkeit, daher ich die zuletzt gebildeten Holzfasern jeder einzelnen Jahresschicht mit dem Namen Breitfasern belegt habe, im Gegensatz zu den älteren Rundfasern, deren Breite der Tiefe gleich oder nahe gleich ist.

Diesen Breitfasern des fertigen Holzkörpers schliessen sich nun im Spätherbst und Winter dünnwandige Fasern des Bastgewebes unmittelbar an, deren Reife die siebförmige Tipfelung zu erkennen giebt. Die Zwischenlagerung eines „Procambium" ist in keinem Falle zu erkennen. Sehr instruktiv ist in dieser Hinsicht Taxus, durch die Regelmässigkeit des Wechsels einzeiliger Reihen dickwandiger Bastfasern mit drei Reihen dünnwandiger Siebfasern (A. 5, Taf. 9, Fig. 4—6).

Dies sind die Gründe, welche mich bestimmten, das alljährlich sich erneuernde jugendliche Fasergewebe zwischen Holz und Bast „cambiales Fasergewebe" zu nennen, im Gegensatze zu dem, was ich cambiales Zellgewebe nenne, das nur einmal im jugendlichsten Zustande des einjährigen Triebes als

Vorläufer des cambialen Fasergewebes und dann nie wieder sich bildet (Seite 52).

Die alljährlich sich vollziehende Erneuerung des cambialen Fasergewebes geschieht dadurch, dass die jüngsten, äussersten Holzfasern durch Rückbildung der sekundären Cellulosewandung in den Zustand des Zellschlauches sich verjüngen. Die jüngsten, innersten Bastfasern bedürfen einer Verjüngung nicht, da sie einer Verholzung, einer Umbildung ihres Schlauches in eine sekundäre Cellulosewand nicht unterworfen sind, sondern im cambialen Zustande überwintern.

In neuester Zeit hat Dr. K. Sanio (Pringsheim, Jahrbücher für wissenschaftliche Botanik 1873, IX, 1, p. 50), die Vermuthung ausgesprochen, dass nicht zwei, sondern nur eine permanente Mutterfaser auf der Grenze zwischen dem Cambium des Holz- und des Bastkörpers sich vorfinde, dass diese permanente Mutterfaser nach Aussen Tochterfasern für den Bast, nach Innen für den Holzkörper alternirend abschnüre. Eine Widerlegung dieser Annahme — denn nur als solche stellt Sanio selbst den Gegenstand dar — würde mich hier zu weit führen und muss ich mich auf die Bemerkung beschränken: dass der Ursprung constant so verschiedener Elementarorgane aus demselben Mutterkörper, wie Holz- und Bastfasern in Tipfelbildung, Wandungsdicke, Permanenz des Zellschlauches es sind, sehr unwahrscheinlich ist, und gewichtigere Beweise erfordert, als Sanio beigebracht hat.

a) Umbildung des cambialen Fasergewebes in verschiedenartige Elementarorgane.

§ 52. Wenn in der Ringschicht cambialen Zellgewebes die Cambialzellen in Cambialfasern durch diagonale Abschnürung sich umgebildet haben (Seite 152, Fig. 85), wenn dadurch ein, bis auf die primitiven Markstrahlen geschlossener, das Mark und die Rinde trennender Bündelkreis entstanden ist (Taf. III, Fig. 5 und 7), wenn in den Faserbündeln des Bündelkreises eine zur Längenachse des jungen Triebes concentrische Schichtung permanenter Mutterfasern aufgetreten ist, dann sind die von diesen Mutterfasern in entgegengesetzter Richtung abgeschnürten, radial geordneten Tochterfasern ursprünglich und so lange gleicher Bildung, bis die hervortretende Tipfelbildung, einfach an den nach Innen, siebförmig an den nach Aussen abgeschnürten Tochterfasern, den Gegensatz zwischen Holz- und Bastfasern auch an den einzelnen Elementarorganen erkennen lässt.

Das von der inneren Mutterfaser nach Innen, das von der äusseren Mutterfaser nach Aussen abgeschnürte, radial geordnete Fasergewebe des Holzes und des Bastes erleidet nun theilweise im Verlauf seiner Fortbildung verschiedenartige Abänderungen, die sich, abgesehen von der schon sehr früh auftretenden Spiralfaserbildung der innersten, das Mark begrenzenden Fasern, die den späteren Holzlagen und dem Basttheile der Faserbündel gänzlich fehlt*), in vier systembildende Hauptgruppen einordnen lassen, in einfache Fasern, in Zellfasern, in sekundäre Markstrahlen, in Gliedröhren und in die Harzgänge des Nadelholzes.

Die einfachen Fasern

bilden sowohl im Holz als im Bast die Grundlage, in die alle übrigen Organformen nach bestimmten Gesetzen sich vertheilen. Ihre Anordnung ist überall eine radiale und als solche erkennbar, wo nicht ungleiche Weite der Nachbarfasern, das Zwischentreten weiträumiger Gliedröhren, Gänge oder Lücken die normale Anordnung gestört hat. Sie sind einkammerig, d. h. sie besitzen nur einen Innenraum. Im Bereich des Holzkörpers bildet sich ihr Zellschlauch in eine dicke sekundäre Zellwandung aus, daher den einfachen Holzfasern der Zellschlauch fehlt. Im Bereich des Bastkörpers hingegen ist die Fortbildung der einfachen Faser eine verschiedene, je nachdem der Zellschlauch sich erhält, die Zellwandung einfach, daher dünn bleibt, in der die siebförmige Tipfelung leicht erkennbar ist, oder der Zellschlauch, wie im Holze, zu einer zweiten sehr dickwandigen Wandung sich ausbildet, durch welche die siebförmige Tipfelung in der Regel der Beobachtung sich entzieht. Im ersten Falle ist die Anordnung der Siebfasern, wie die der Holzfasern im Holzkörper, eine radiale, im letzteren Falle ist die Stellung der Bastbündelfasern vorherrschend eine ungeordnete und zwar dadurch, dass die in hohem Grade sich verlängernden Fasern jedes Bündels mit ihren Enden zwischen die Enden der über- und der unterständigen Faserbündel gleicher Bildung hineinwachsen. Es giebt aber Holzarten, in deren Bastschichten die Stellung der Siebfasern auch nach deren Umbildung zu sekundären, dickwandigen Bastbündelfasern eine radial-peripherische bleibt, in ausgezeichneter Weise bei Vitis, in deren Bast die Bastbündel nur durch die Markstrahlen unterbrochen sind; unter den Nadelhölzern bei Taxus.

Schon sehr früh tritt, von der äusseren Grenze des Gesammtbündels aus, ein Strang dickwandiger Bastfasern in das grüne Zellgewebe der Rinde (Taf. II, *p b*). In Form, Grösse, Beschaffenheit und Ordnung gleichen die Fasern dieser Bündel denen der später in jeder Jahreslage des Bastes entstehenden

* Wohl kommen im Holze auch der späteren Jahreslagen spiralige Bildungen häufig vor, so in Cactus, Taxus, in den Gliedröhren vieler Laubhölzer, sie gehören aber sämmtlich einer sekundären mitunter erst einer tertiären Zellwandung an (Taxus), während in den ächten Spiralfasern des Markcylinders die Spirale der primitiven Wandung angehört.

Bastbündel. Ich habe Erstere, die im Verlauf der Rindeerweiterung sich in peripherischer Richtung gabelförmig theilen und mehren, „primitive Bastfaserbündel“ genannt, im Gegensatz zu den sekundären Bastbündeln späterer Bildung innerhalb des Bastkörpers. Auch diese Letzteren sind einer gabelförmigen Theilung und Wiedervereinigung in peripherischer Richtung unterworfen, wie man sich an jedem Stückchen Lindenbast leicht überzeugen kann.

Die Zellfasern.

Sowohl im Holze als im Baste erleidet ein Theil der ursprünglich einfachen Fasern eine Veränderung darin, dass ihr Zellschlauch in eine Mehrzahl von Kammern rechtwinkelig zur Längenachse der Faser sich abschnürt, worauf dann jeder Schlauchtheil zu einer dünnen Zellwandung sich ausbildet, unter Entwickelung eines neuen Zellschlauches im Innern jeder Kammer in der Seite 56 dargestellten Weise.

Diese Zellfasern, über die ich Seite 56 gesprochen habe, sind Werkstätten der Reservestoffbildung sowohl im Holz als im Baste. Die gemeinschaftliche Faserwandung sowohl, wie die Wandung der Kammern verdicken sich nicht.

Im Holzkörper treten die Zellfasern theilweise mit Gliedröhren zu Bündeln zusammen, theilweise ordnen sie sich zu peripherisch verlaufenden Schichten, die bei den europäischen Laubhölzern meist mehr oder weniger verschoben und unterbrochen (Taf. I, Fig. III *p*), bei den tropischen Laubhölzern oft so regelmässig verlaufen und in so regelmässige Abstände geordnet sind, dass man sie bei nicht sehr sorgfältiger Untersuchung leicht für Jahrringgrenzen hält. Im Bastkörper schliessen sich die Siebzellfasern vereinzelt den Siebröhren an. Ausserdem sind es vereinzelte langstreckige Fasern an der Grenze der Bastbündelfasern, die sich in eine sehr grosse Zahl von Kammern getheilt haben, deren jede einen verhältnissmässig grossen rhomboedrischen Kristall enthält, daher ich ihnen den Namen Kristallkammerfasern gegeben habe. (Seite 57, Fig. 42, Taf. II, Fig. 1 *sb*.)

Die Zellfasern entstehen, unabhängig von Veränderungen der permanenten Mutterfasern, früher oder später aus den sterilen Tochterfasern, so lange diese noch mit einem Zellschlauch ausgestattet sind, durch Abschnürung des Letzteren in mehr oder weniger Kammern. Es giebt zwei- bis achtkammerige Zellfasern. Bei den Ahornen kommen sogar nur einkammerige Zellfasern vor, die sich dadurch hierherstellen, dass ihr stärkemehlbildender Zellschlauch sich erhält, sich nicht in eine zweite, innerste Zellwandung umbildet. Wenn eine Mehrzahl in der Richtung des Radius hintereinander- in der Richtung der Tangente nebeneinanderliegende Tochterfasern diese Umbildung erleiden, geht daraus die Schichtenstellung der Zellfasern hervor (Schicht-Zellfasern). Wo es vereinzelte

Fasern sind, die sich zu Zellfasern umbilden, geschieht dies bei den Laubhölzern hauptsächlich in der Nachbarschaft der Gliedröhren, mit denen sie dann zu Gliedröhrenbündeln sich zusammenstellen, über deren Verschiedenheit ich Seite 177 sprechen werde.

Die Gliedröhren der Laubhölzer.

In Bezug auf die Entwickelungsgeschichte dieser Organe mag das genügen, was ich Seite 50 der ersten Abtheilung darüber gesagt habe. Systembildend sind sie nür in sofern, als sie mit Zellfasern beisammenstehend die Gliedröhrenbündel bilden, über deren Verschiedenheit bei verschiedenen Laubholzarten Seite 177 dieser Abtheilung das Nöthige gesagt ist.

Die Harzgänge des Nadelholzes.

Wie die Gliedröhren der Laubhölzer, entstehen auch die Harzgänge der Zapfenbäume erst später in den vorgebildeten Cambialfaserschichten des Holzes, zum Theil auch der Markstrahlen (Fichte) unter Resorption vorgebildeter Faserzellen und einer Umbildung der Nachbarfasern zu eigenthümlich getipfelten, Harz bildenden Zellen, in denen ein von Stärkemehl nicht zu unterscheidendes Mehl Vorläufer des Harzes ist, das sich, verflüssigt durch Terpentin und wässrigen Pflanzensaft, aus ihnen in den Raum des Harzganges ergiesst. Systembildend kann man auch diese, einer eigenen Wandung entbehrenden Organe nicht nennen, da sie in den Jahreslagen des Holzes vereinzelt und in unregelmässiger Vertheilung vorkommen.

Die Zellgänge des Laubholzes.

Bei den Betulaceen und einigen anderen Laubhölzern bilden sich im Holze senkrecht verlaufende Gänge, die an Borkenkäfergänge (Xyloterus) erinnern. Diese Gänge, von 1—2 mm Durchmesser, sind erfüllt mit einem grosszelligen, dickwandigen Zellgewebe, dessen Bedeutung mir fremd ist, da die Gänge zu selten sind, um als Reservestoffhalter Bedeutung zu besitzen. Die Verbindung der Zellen unter sich ist die des Parenchym.

Die sekundären Markstrahlen

entstehen in gleicher Weise, wie die Zellfasern durch Abschnürung des Zellschlauches einer Cambialfaser in eine Mehrzahl übereinanderstehender Kammern (S. 57, Fig. 43), die in gewöhnlicher Weise zu einer schlauchhaltigen Wandungszelle sich fortbilden. Es findet hier aber den Zellfasern gegenüber der wichtige

Unterschied statt, dass es die permanenten Mutterfasern selbst sind, in denen die Septirung eintritt, so dass in deren Radius die Faserbildung für immer erlischt, ebensoviele permanente Mutterzellen des Markstrahlgewebes an deren Stelle treten. Bei den Holzarten mit breiten viellagerigen Markstrahlen (Eiche, Buche), deren Höhe die Faserlänge oft um das Mehrfache übersteigt, erklärt sich die langsam wachsende Höhe und Breite der sekundären Markstrahlen dadurch, dass alljährlich permanente Mutterfasern in der Umgebung des Markstrahles dieselbe Umbildung zu Markstrahlgewebe erleiden, ein Vorgang, der sich besonders an dem mit Holzfasern durchsetzten Markstrahlgewebe von Carpinus sicher verfolgen lässt.

Die Mutterzellen für das Markstrahlgewebe sind in der Richtung des Radius der Querschnittfläche des Stammes eben so klein, wie die Mutterzellen für das Fasergewebe, und ist es mir noch nicht gelungen, eine Erklärung zu finden für die bedeutende Verlängerung, welche die Markstrahl-Mutterzellen in der Richtung der Markstrahlachse in vielen Holzarten, z. B. im Fichtenholze, erleiden, da eine Verlängerung der Markstrahlzellen nach dem Marke hin unmöglich, da sie um das Vielfache grösser ist, als die Vergrösserung aller sie begrenzenden Fasern in der Richtung des Radius der Stamm-Querfläche. Für die Annahme einer Resorption ursprünglich vorhandener Querscheidewände fehlt mir zur Zeit noch jedes Indicium.

f) Die Umbildungen in Mark und Rinde.

§ 53. sind weit seltener als die des Fasergewebes. Im Zellgewebe des Markes beschränken sie sich auf das Vorkommen von Milchsaftgefässen, Schleimgängen und Bastfaserbündeln, in der Rinde kann man Korkgewebe und Collenchym zu den metamorphischen Gebilden zählen, insofern beide nicht ursprünglich und auch nicht allgemeinen Vorkommens sind. Dahingegen gehören dahin die Milchsaft, Schleim und Terpentin führenden Gefässe, die, in einer beschränkten Menge von Pflanzen vorkommend, in mannichfaltigen Formen die grüne Rinde durchsetzen.

Zweites Kapitel.

Die fertigen Zellensysteme.

Der kurzen Darstellung des Entwickelungsverlaufes der Zellensysteme lasse ich die nähere Betrachtung der fertigen Systeme folgen.

An der jungen Holzpflanze unterscheiden wir zunächst einen aufsteigenden, in der Luft sich entwickelnden Theil (Schaft) (Fig. 86 *a c*) und einen absteigenden, im Boden sich entwickelnden Theil (Wurzel) (*cb*). Die Spitze des Schaftes endet in einer, von schuppigen oder blattähnlichen, die Grundlage des nächstjährigen Triebes umgebenden Organen gebildeten Endknospe (Terminalknospe), während die Spitze der Wurzel ohne blättrige Einhüllung fingerförmig sich abschliesst. Vom Schafte sowohl, wie von der Wurzel scheiden Nebenachsen aus, die am Schafte zur Hauptachse der Pflanze in schräg nach Oben gerichteter, an der Wurzel in rechtwinkeliger Richtung stehen (Fig. 86). Letztere kennt Ausscheidungen nur einer, der Schaft zeigt Ausscheidungen zweifach verschiedener Art: der Blätter, und im Winkel, welchen die Blattstiele mit dem Schafte bilden, der Terminalknospe ähnliche Gebilde, von ihrem Standorte Blattachselknospe (Axillarknospe) genannt.

Fig. 86.

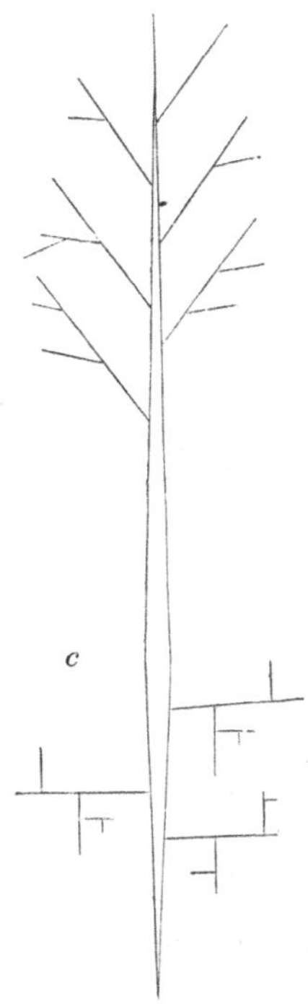

Schematische Darstellung der Glieder einer Holzpflanze, die oberirdischen Ausscheidungen in schräg nach oben gerichteter Stellung. Die unterirdischen Glieder in rechtwinkliger Stellung zur Achse des vorhergehenden Gliedes.

Alle diese Pflanzentheile, die wir erst im dritten Abschnitte näher kennen lernen werden, bestehen aus einer Mehrzahl verschiedener Organsysteme, die sich zunächst in zwei Hauptgruppen einordnen lassen, in Zellengewebe (Parenchym) und in Fasergewebe (Prosenchym).

Zur bildlichen Erläuterung dieser und der weiteren Unterschiede der Systeme erwähle ich den Tafel I gezeichneten Querschnitt aus dem einjährigen Schafte oder Triebe einer Eiche, den ich Fig. I in natürlicher Grösse, Fig. II wenig vergrössert, Fig. III beschränkt auf einen kleineren, Fig. II mit * bezeichneten Theil des Querschnittes in stärkerer Vergrösserung dargestellt habe.*)

1) Zellgewebe und Fasergewebe (Parenchym und Prosenchym).

Zellgewebe, in dem hier vorliegenden engeren Wortsinne, heisst jede Vereinigung von Pflanzenzellen, die, bei den Holzpflanzen in der Regel nicht vielmal höher als breit, zur Längenachse des Pflanzentheiles, dem sie an-

*) Die Figur dient zugleich zur Darstellung der Vertheilung des Stärkemehles und des Gerbmehles in den Zellräumen (Seite 105 und 114).

gehören, parallele Reihen bildend, in jeder dieser Reihen mit, rechtwinkelig die Längenachse derselben schneidenden, abgeplatteten Böden übereinander stehen, in welcher die Zellen jeder Zellenreihe mit den Zellen der benachbarten Zellenreihen im Verbande liegen, deren Wände sich nur ausnahmsweise in höherem Grade verdicken, die daher die Weichtheile des Pflanzenkörpers, das Pflanzenfleisch des Markes und der Rinde, der Blätter und der Früchte, der Knollen, Rüben, Wurzeln zusammensetzen. Der in den meisten Systemformen dieses Gewebes sich erhaltende, Zellkern führende Zellschlauch macht dies Gewebe zur Werkstatt der Verarbeitung von Rohstoffen der Ernährung und zum Magazin für Reservestoffe.

Das Fasergewebe ist dagegen zusammengesetzt aus langgestreckten, zur Längenachse des Pflanzentheiles rechtwinkelig geschichteten, mit den schräg zugespitzten Enden ineinander greifenden Faserzellen. In einem Theile dieser, zu Faserbündeln sich zusammenstellenden Organe, in denen des Holzes und der Bastbündel, verwandelt der Zellschlauch sich in eine zweite innere Zellwandung. Sie gewinnen dadurch an Härte und Festigkeit, bilden dieHarttheile, gewissermassen das Knochengerüst des Pflanzenkörpers, verlieren aber mit dem Zellschlauche die Fähigkeit der Verarbeitung von Rohstoffen der Ernährung und der Reservestoffbildung, und dienen im Holzkörper der Säfteleitung nach Oben. Wie alle grösseren, höher entwickelten Thiere eines Knochengerüstes zur Stütze ihrer Weichtheile bedürfen, so bedürfen dieser Stütze auch die grösseren in der Luft lebenden Pflanzen, die ihnen das Fasergewebe des Holzkörpers und der Bastfaserbündel giebt. Es verhält sich dasselbe zu den Weichtheilen der Pflanze, wie die Zellwandung zum Zellschlauche sich verhält.

Denkt man sich den Körper der Holzpflanzen aufgebaut aus Zellgewebe, so ist dasselbe bei allen Pflanzen höherer Bildung durchsetzt von Fasergewebe, dessen Fasern zu Bündeln vereint sind. Abgesehen von den durch die Ausscheidungen hervorgerufenen Ausnahmen durchsetzen diese Faserbündel das Zellgewebe in einer der Längenachse des Pflanzentheiles gleichlaufenden Richtung überall und ohne bestimmte Ordnung bei den monocotylen Pflanzen (die Querfläche des Rohres, aus dem die Sitze der Stühle geflochten werden, zeigt dies sehr schön), während bei den dicotylen Pflanzen die Faserbündel zu einem, der Längenachse des Triebes mehr oder weniger concentrischen Kreise geordnet sind, durch den das Zellgewebe in einen Markkörper und in einen Rindekörper geschieden wird. Seite 150 habe ich gezeigt, wie der Faserbündelkreis aus einem Kreise cambialen Zellgewebes und Letzteres aus parenchymatischem Zellgewebe entsteht.

Die einzelnen Bündel des Faserbündelkreises der Holzpflanzen verlaufen nicht getrennt nebeneinander, sondern sie verästeln sich untereinander in peripherischer Richtung der Art, dass jedes Bündel wiederholt in zwei, annähernd gleich grosse Hälften sich spaltet, jede dieser Bündelhälften mit den Bündelhälften der benachbarten Bündel zusammentritt, bis Letzteres durch Zweitheilung die Bündelhälften zum ursprünglichen Bündel wieder vereint. Taf. III, Fig. 3 und 10 dienen zur Erläuterung. Jedes Stückchen Lindenbast mit der Lupe betrachtet, zeigt diese Trennung und Wiedervereinigung der Faserbündel sehr deutlich. (Siehe auch die Erklärung des Holzschnittes auf Seite 171.)

Unter dem aufsteigenden Knospenwärzchen bleibt der Faserbündelkreis stets offen, so dass hier das Zellgewebe des Markes und der Rinde ineinander übergehen; in der Wurzel hingegen vereinen sich die Faserbündel zu einem centralen Faserbündelstrange der Art, dass dadurch der Markkörper verdrängt wird.

Wenn man von einem hohen Champagnerglase den glatten Fuss abgebrochen, den oberen Rand zu einer kleinen Oeffnung zusammengezogen, das Glas mit parenchymatischem Zellgewebe erfüllt (Mark), und überzogen (Rinde), die Glasmasse selbst als Fasergewebe sich denkt, hat man ein ziemlich treues, körperliches Bild der Gegensätze in der Lagerung von Parenchym und Prosenchym im Körper unserer Holzpflanzen, abgesehen von den durch die Ausscheidungen bedingten Abweichungen.

Im aufsteigenden Stocke des Pflanzenkörpers, dicht unter der Spitze des aufsteigenden Knospenwärzchens zweigen sich Faserstränge vom Bündelkreise nach Aussen einestheils zum Blattstiele, anderentheils zur Grundlage der Blattachselknospen ab (S. 171 Fig. 88 d—g. Taf. III, Fig. 4, 8), die an der Spitze des Blattstieles zum Blattgeäder sich verzweigen, in der Blattachselknospe zu einem selbstständigen Bündelkreise sich vermehren. Davon später mehr. Die Faserbündel der Wurzelzweige entstammen dagegen nie einer Verzweigung des Faserbündels der Mutterwurzel, sie sind stets ein Umbildungsprodukt der Markstrahlzellen Letzterer. Daraus erklärt sich die ursprünglich stets rechtwinkelige Stellung der Nebenwurzeln zur Achse der Mutterwurzel, während am aufsteigenden Stocke die Ausscheidung an Blättern und Blattachselknospen stets in einer zur Achse des Muttertriebes s c h r ä g nach Oben gewendeten Richtung erfolgt.

Taf. I, Fig. 2 entspricht der Hälfte des Querschnitts aus dem einjährigen Eichentriebe und zeigt die Stellungs- und Grössenverhältnisse der durch primitives Markstrahlgewebe voneinander getrennten, die Rinde vom Mark trennenden Faserbündel. Der über * umschriebene Ausschnitt ist Fig. 3 vergrössert dargestellt und bedarf, in Bezug auf das Verhältniss der Faserbündel (*n*—*r*) zum Mark (*r*—*b*) und zur Rinde (*m*—*i*) keiner weiteren Erklärung.

a) Das Zellgewebe (Parenchym).

§ 54. Die niedrigsten Pflanzen: Algen, Pilze, Flechten, aber auch die Charen bestehen nur aus Zellgewebe, dessen Zellen oft sehr langgestreckt sind. Sie werden daher Zellenpflanzen genannt. Unzweifelhaftes Fasergewebe findet sich auch bei den Moosen, Lebermoosen und Lycopodien noch nicht, wie es den Farren und Schachtelhalmen (Equiseten) eigen ist, die daher den Uebergang zu den Gefässpflanzen, zu den Monocotyledonen und Dicotyledonen bilden. Bei Ersteren befindet sich das Zellgewebe zwischen den, unregelmässig über die ganze Querfläche des Stengels vertheilten Faserbündeln, bei Letzteren trennt der Faserbündelkreis im aufsteigenden Stocke das Zellgewebe des Markes von dem der Rinde. Nur mit diesem haben wir es hier zu thun.

Das Mark besteht nur aus einem System parenchymatischer Zellen, zwischen denen hier und da vereinzelte Elementarorgane abweichender Natur, Milchsaftgefässe, Hälter, Lücken, seltener Bastfaserbündel vertheilt sind. Die Rinde hingegen besteht bei den Holzpflanzen aus einer Mehrzahl getrennter Zellensysteme, deren innerstes die grüne Rinde (Taf. I, III *e—f*) genannt wird, der nach Aussen hin das Collenchym (*g*), das Korkgewebe (*h*), die Oberhautzellen (Epidermoidalzellen) und das Oberhäutchen (*i*) mit ihren Haaren, Drüsen, Spaltdrüsen, Stacheln folgen. Auch die Rinde ist von vereinzelten Elementarorganen, von Milchsaftgefässen, Bassorinzellen, Hältern durchsetzt, jedoch, wie im Mark, nur bei einer beschränkten Zahl von Pflanzen.

Wenn ich in Taf. I, Fig. III, Korkgewebe (*h*), erkennbar durch seine, im Querschnitte radiale Anordnung, zugleich mit der Oberhaut (*i*) gezeichnet habe, so ist das nur der Andeutung und des Abschlusses wegen geschehen. Da, wie ich Seite 87 und Fig. 62 gezeigt habe, die ersten Korkzellen im Innern der Oberhautzellen sich bilden, worauf die Oberhaut abstirbt, gesprengt und theilweise abgestossen wird, fehlt dem Korkgewebe nach Aussen hin die Begrenzung durch eine geschlossene Oberhaut. In der grünen Rinde (Taf. I, Fig. 3 *l m*) dieser Abbildung sind die, innerhalb der kugelmantelförmig geordneten Gerbmehlzellen liegenden Grünmehlzellen nur angedeutet. Siehe hierüber Seite 97 (Ueber Collenchym (*m—n*) Seite 59, Fig. 45 *e*).

Im Bereich der Faserbündel kommt parenchymatisches Zellgewebe nur ausnahmsweise vor. Es gehören dahin die zellige Auskleidung der Harzgänge des Nadelholzes, die Tillen der Gliedröhren einiger Laubhölzer und die zellige Ausfüllung von Lücken im Fasergewebe des Holzkörpers der Birken, Ellern, Hainbuchen, die, schon dem unbewaffneten Auge durch braune Färbung erkennbar, wie Käferlarvengänge im Holzkörper aufsteigend verlaufen. Hier kann man von „Holzparenchym" sprechen, ein Name, zu dem man in beliebter Weise dasjenige umgetauft hat, was ich als „Zellfaser" in die Wissenschaft eingeführt hatte. Dass die Holzfaser durch Abschnürung ihres Zellschlauches zu Kammern ihre Fasernatur nicht einbüsst, daher auch nicht dem Parenchym zugezählt werden darf, wie dies der Name Holzparenchym andeuten würde, geht aus dem hervor, was ich zu Fig. 43 gesagt habe.

Nicht im ganzen Umfange schliessen die Wandungen der Zellen genau aneinander. Je geringer der Druck ist, durch welchen die Zellen aus der kugeligen in die polyedrische Form gepresst werden, um so grössere Räume bleiben da offen, wo der Druck am geringsten ist. Bei völlig gleicher Grösse der das System constituirenden Zellen, wird jede derselben von vierzehn Nachbarzellen so begrenzt, dass überall, wo drei Zellen zusammenstossen, ein System dreiseitiger Kanäle offen bleibt (Fig. 1 *g*). Es sind dies die Intercellulargänge (wohl zu unterscheiden von dem, was ich Intracellulargänge genannt habe, Seite 25), die ihre regelmässige Form und Verlauf einbüssen, wo die constituirenden Zellen von ungleicher Grösse sind (Taf. I, Fig. 3). Erweitern sich die Intercellulargänge, wahrscheinlich durch aussergewöhnlich reiche Gasabsonderung der Zellen, so können dadurch mehr oder weniger Lücken im Pflanzengewebe entstehen. Geschieht das an allen Zellen mit einer gewissen Regelmässigkeit, so entsteht das sternförmige Zellgewebe, wie es besonders häufig den Zellen der unteren Blattseite eigenthümlich ist. S. 62, Fig. 47, 48.

b) Das Fasergewebe (Prosenchym).

§ 55. Zum Fasergewebe gehören die, das Zellgewebe durchsetzenden, nicht senkrechte Reihen, sondern waagerechte Schichten bildenden, meist faserähnlich langgestreckten und dickwandigen Elementarorgane, die, durch schräge Querscheidewände voneinander geschieden, in ihrer Vereinigung zu Faserbündeln mit den schräg zugespitzten Enden in die Enden der über- und der unterstehenden Faserbündel mehr oder weniger tief eingreifen. (Taf. III, Fig. 14, 15.)

Im Stamme der höheren Gefäss-Kryptogamen und bei den monocotylen Pflanzen (Gräser, Palmen, Lilien) durch parenchymatisches Zellgewebe dauernd von einander getrennt und über die Fläche des Querschnittes ungeordnet vertheilt, so weit nicht innere Höhlungen des Stammes einen gewissen Grad der Ordnung erzwingen, in den Blättern mehr oder weniger parallelläufige Rippen bildend, die durch annähernd rechtwinklige Queräste untereinander verbunden sind, ordnet sich im Stamme der dicotylen Pflanzen das Fasergewebe zu einem Bündelkreise (Taf. III, Fig. 5, 7, Taf. I, Fig. 2), in welchem die Bündel nur auf der Mark- und Rindengrenze von parenchymatischem Zellgewebe begrenzt sind, das stehende Fasergewebe der Bündel vom liegenden

Fasergewebe der Markstrahlen durchsetzt ist (S. die Entwickelungsgeschichte). Das Blatt der meisten Nadelhölzer (aller europäischen Arten) durchzieht ein einziges Faserbündel, das bei den übrigen dicotylen Pflanzen aus dem offenen Bündelkreise des Blattstieles zu Rippen und Adern sich verzweigt.

2) Markstrahlen und Längefasern.

Die hier zu schildernden Verhältnisse der Faserbündelstellung kann man sich leicht zur Anschauung bringen, wenn man aus jungen, kräftigen, ein- bis dreijährigen Trieben der Buche, Eiche, Kiefer vermittelst eines scharfen Rasiermessers möglichst zarte Tangental-Längenschnitte und Querschnitte anfertigt, diese Schnitte auf einem Täfelchen von weissem Glase mit Alkohol nässt und unter zugesetztem Wasser so lange ($^1/_4$ — $^1/_2$ Stunde) stehen lässt, bis das Wasser die Luft aus den Zellräumen verdrängt hat. Werden dann die Scheibenschnitte mit nur so vielem Wasser auf der Glasplatte ausgebreitet, dass sie auf der Glasfläche haften, dann genügt eine gute einfache, oder besser Doppel-Lupe, um auf der dem Himmelslicht zugewendeten Glasplatte die Anordnung der Faserbündel in den Querschnitten auf's Deutlichste zu erkennen. Es ist rathsam, recht viele Schnitte herzustellen und auf der Glasplatte auszubreiten. Es werden sich dann immer einige darunter finden, die für die Beobachtung genügend gross, dünn und scharf geschnitten sind. Das rasche Austrocknen des Wassers lässt sich durch Zusatz von Glycerin verhindern, das in jeder Apotheke zu haben ist.

Fig. 87.

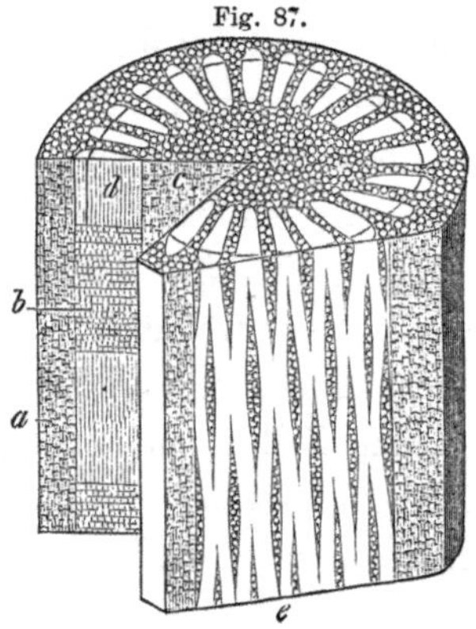

Fig. 87. Schematische Darstellung der Stellungsverhältnisse zwischen Faserbündelkreis *d*. Mark *c*, Rinde *a* und Markstrahl *b* und *e* im einjährigen Triebe der Holzpflanzen.

a) Das System der Markstrahlen.

§ 56. An solchen Objekten, besonders schön von einjährigen Trieben der Rothbuche entnommen, wird man erkennen, dass die, im Querschnitt seitlich abgeplatteten Ovalen gleichenden, einzelnen Faserbündel voneinander geschieden sind durch Streifen, die vom Mark nach der Rinde hin radial verlaufen (Taf. I, Fig. 2, 3). Es sind dies die bei Rothbuche und Eiche sehr breiten **Markstrahlen**, deren System und Zusammenhang man sich körperlich versinnlichen kann, wenn man sich eine Mehrzahl gleich grosser Wagenräder so aufeinandergelegt denkt, dass, während die Naben derselben einen zusammenhängenden Markcylinder, die Felgenkränze einen ununterbrochenen Rindekörper bilden, die Speichen eines jeden Rades in die Mitte des Raumes zwischen den Speichen in den über- und unterliegenden Rädern fallen, so also, dass die gleichnamigen Speichen der verschiedenen Räder in einer Spirale liegen. Denkt man sich nun die Leerräume zwischen Naben, Felgen und Speichen mit Faserzellen dicht erfüllt, dann hat man ein ziemlich getreues, körperliches Bild des Markstrahlensystems nicht allein, sondern auch des Systemes der Faserbündel.

Taf. I, Fig. 3 zeigt zwischen den primären, vom Mark bis zur Rinde verlaufenden Markstrahlen eine Mehrzahl schmaler, in derselben Richtung verlaufender Strahlen, die im Bereich der einzelnen Faserbündel früher oder später auftreten und zum Theil nicht bis zur äusseren Grenze der Faserbündel sich fortsetzen. Wie ich in der Entwickelungsgeschichte gezeigt habe, entstehen diese Markstrahlen nicht aus einem cambialen Zellgewebe, sie sind vielmehr ein Umwandlungsprodukt vorgebildeter Fasern, aus deren Zellschlauche sie durch Abschnürung in Kammern entstehen. Diesem Umstande entsprechend habe ich ihnen den Namen „sekundäre Markstrahlen" gegeben, im Gegensatz zu den, von dem Marke bis zur Rinde verlaufenden, aus der Umbildung cambialer Zellen entstehenden, daher primitiven Markstrahlen. Es rechtfertigt sich diese Namenänderung, gegenüber der bestehenden Benennung „grosse, d. h. im Querschnitt breite, aus mehreren Zellenreihen bestehende, und kleine", d. h. im Querschnitt schmale, und aus einer oder wenigen Zellenreihen bestehende Markstrahlen, nicht allein in dem verschiedenen Ursprunge, sondern auch darin, dass viele Holzarten stets nur schmale, nur aus einer Zellenlage bestehende Markstrahlen besitzen. Z. B. die meisten Nadelhölzer, die Pappeln, Weiden, Linden, und dass die schmalen Markstrahlen derjenigen Holzarten, die zugleich auch breite Markstrahlen besitzen, in späteren Jahresringen zum Theil sich in breite Markstrahlen ausbilden durch Theilung der Markstrahl-Mutterzelle im cambialen Faserringe. Man kann sich davon leicht überzeugen durch Zählung der breiten Markstrahlen an Querschnitten des Eichen- und Buchenholzes innerhalb älterer und jüngerer Jahresringe. Der einzige Unterschied zwischen primitiven und sekundären (grossen und kleinen, breiten und schmalen) Markstrahlen, von denen Fig. 3 beide darstellt, besteht darin, dass Erstere in das Mark einmünden, Letztere nicht.

Zur Vervollständigung des vorstehend geschilderten körperlichen Bildes muss man sich daher denken, dass zwischen der primitiven, d. h. zwischen den vom Mark bis zur Rinde verlaufenden Speichen eine Mehrzahl vom Felgenkranze ausgehender kürzerer Speichen nicht bis zum Marke reichen, sondern früher oder später von dem Markkörper im Bereich des Faserbündels erlöschen. Diese, die sekundären Markstrahlen repräsentirenden Speichen sind um so kürzer in der Richtung des Radius, je später sie im Bereich der Faserbündel durch Abschnürung des Zellschlauches cambialer Fasern entstanden sind, erlöschen dann auch theilweise vor dem Felgenkranze, d. h. vor der grünen Rinde.

Jeder Markstrahl besteht entweder nur aus einer grösseren oder geringeren Zahl einzeilig übereinander gestellter Zellen (Populus, Pinus), nach der innerhalb gewisser Grenzen veränderlichen Zahl der übereinander stehenden Zellen habe ich den Markstrahl dann 3—6-, 8—12-, 25—40stöckig genannt, oder es liegen mehrere solcher senkrechter Markstrahlschichten nebeneinander, die ich dann Lager genannt habe, bei Charakterisirung der Hölzer, z. B. 8—12stöckige, 15—20lagerige Markstrahlen von 15—20stöckigen 1lagerigen Markstrahlen unterscheidend.

Nur sehr ausnahmsweise enthält das System der Markstrahlen andere als Markstrahlzellen, bei der Fichte kommen liegende Harzgänge vor, bei der Kiefer sind die mittleren Stockwerke in anderer Weise getipfelt, als die oberen und die unteren Stockwerke. Bei den Laubhölzern findet abweichende Tipfelung der Markstrahlen da statt, wo Gliedröhren ihnen anliegen.

Der leise Uebergang des Zellgewebes der primitiven Markstrahlen einerseits in die Zellen des Markes, andererseits in das Zellgewebe der Rinde hat die Meinung hervorgerufen, es sei das Markstrahlgewebe eine durch den seitlichen Druck der sich vergrössernden Faserbündel hervorgerufene Abänderung parenchymatischen Zellgewebes. Dem widersprechen auf's Bestimmteste nicht nur die Anordnung der Markstrahlzellen, die, der alternirenden Ordnung der Backsteine einer Mauer ähnlich, diesem Zellgewebe den passenden Namen „mauerförmiges Zellgewebe" verschaffte, sondern auch die in der Richtung des Markstrahles vorherrschend schrägen Querscheidewände der einzelnen Markstrahlzellenreihen. Eher könnte man das Markstrahlgewebe mit einem liegenden Fasergewebe vergleichen. In der Entwickelungsgeschichte habe ich gezeigt, dass auch die Markstrahlzellen Produkt einer, gegenüber der Faserbildung veränderten Zellen-Metamorphose sind (B. III 26).

b) Das System der Längefasern.

§ 57. Am Querschnitte gesehen seitlich von den Markstrahlen, nach Innen vom Mark, nach Aussen von der Rinde begrenzt, liegen die, bei den Holzpflanzen concentrisch um die Längenachse des Stammes, der Aeste und Zweige gestellten Faserbündel. Letztere bestehen aus meist faserähnlich langgestreckten Faserzellen, an deren Markgrenze Spiralfaserzellen die Markscheide bilden, zwischen denen Zellfasern, Gliedröhren, Harzgänge meist gruppenweise nach bestimmten Gesetzen vertheilt sind.

Schon aus dem Seite 168 entworfenen, körperlichen Bilde des Markstrahlensystemes geht hervor, dass der senkrechte Verlauf der Faserbündel kein

Fig. 88.

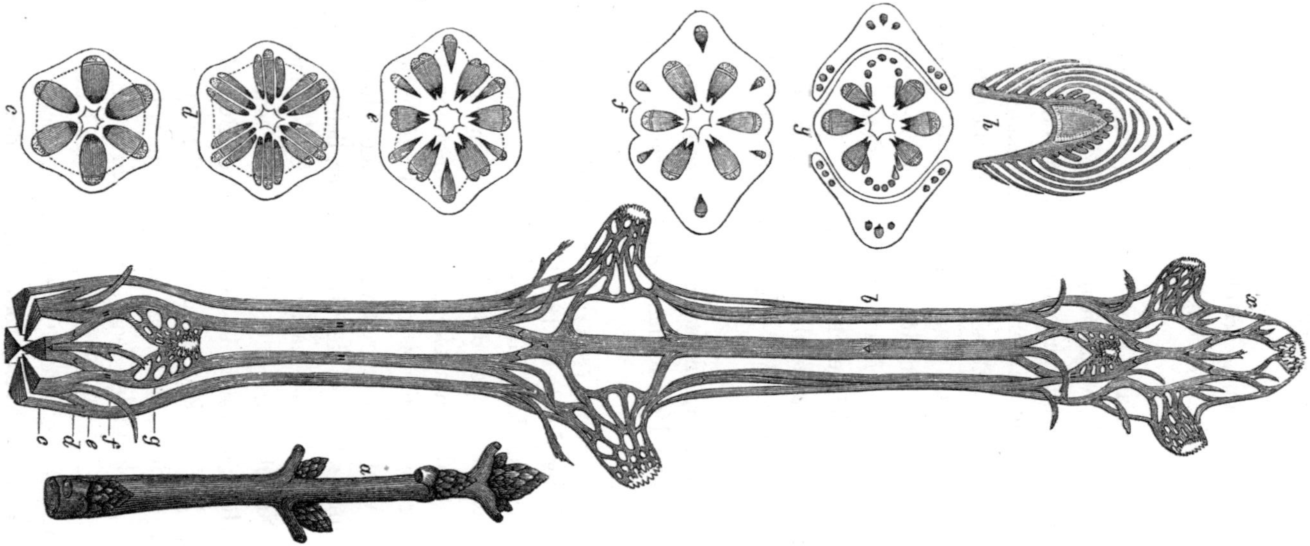

Fig. 88, a. Spitze eines Zweiges von Atragena alpina in natürlicher Grösse. Fig. b. Skelett davon aus dem Holztheile der Faserbündel nach Entfernung des Markes, der Rinde, der Markstrahlen und des Bastes durch Abkochung, Maceration und Auswaschung, um die Vertheilung (v—vv) und Wiedervereinigung (vv—v), sowie das Ausscheiden mittlerer Faserbündelstränge zu Blättern und zu Blattachselknospen darzulegen. Fig. c—g. Querschnitte aus demselben Triebe vor der Maceration, Triebhöhen entnommen, die in Fig. b mit gleichen Buchstaben bezeichnet sind, um zu zeigen, wie jedes der sechs Faserbündel c sich in drei Bündel theilt d, von denen das mittlere zum Blattstiel ausscheidet, während die beiden Seitenbündel zu einem Bündel sich wieder vereinen (e f). Fig. g zeigt die Abzweigung eines Ringes von Bündeln von je zwei gegenüberstehenden Faserbündeln. Fig. h. Rinde und Knospeschuppen mit dem von Letzteren eingeschlossenen Keim des nächstjährigen Triebes. Man denke sich den Raum h über x in Fig. b gelagert.

unterbrochener ist, dass durch das Zwischentreten der Markstrahlradien eine Zweitheilung der Faserbündel stattfindet, deren Hälften mit den Hälften der beiden Nachbarbündel sich zu einem geschlossenen Bündel so lange vereinen, bis Letzteres durch Zwischenlagerung eines überständigen und eines unterständigen Markstrahles eine Zweitheilung erleidet, deren Hälften, mit denen der Nachbarbündel sich vereinend, die ursprünglich zusammengehörenden Fasern wieder vereint.

Der tangentale Längenschnitt aus dem Bastkörper der Linde, wie man ihn recht schön zur Ansicht erhält, wenn man macerirte Bastlagen desselben Baumes gegen das Licht gehalten mit der einfachen Lupe betrachtet, giebt ein Bild hiervon. Jedes der Bastbündel ist durch die Zwischenlagerung des Markstrahles in zwei Hälften getheilt, die sich über dem Markstrahl zu einem Bündel wieder vereint haben. Taf. III, Fig. 3 mag dies veranschaulichen, wenn man sich die Spitzen von je zwei, in der Lothlinie nebeneinanderstehenden Markstrahl-Complexen durch gerade Linien verbunden denkt, die das einschliessende Fasergewebe in zwei gleiche Hälften theilen.

Abgesehen von diesen vorübergehenden Theilungen ist daher die Aufsteigung der Fasern eine lothrechte, wo nicht ein gewundener Wuchs des Stammtheiles dem entgegensteht.

Was hier am Baste erläutert ist, gilt auch vom Holzkörper, da die Markstrahlen des Bastes sich in dem Holzkörper mehr oder weniger tief in derselben Richtung fortsetzen.

In der weiteren Anordnung des Fasersystemes der Bündel möge die nachfolgende körperliche Darstellung das Seite 168 Gesagte vervollständigen.

Man denke sich eine grosse Zahl Zündhölzchenbunde ringförmig so aufgestellt, dass der Innenraum des Ringes dem Marke entspricht, der Aussenraum in entsprechender Weite dem Rindekörper, die Entfernung der einzelnen Holzbunde der Markstrahlbreite. Auf diesen untersten Bündelring denke man sich einen zweiten, dritten, vierten so aufgethürmt, dass die Mitte der Bündel jeder Etage über dem Raume zwischen den Bündeln der tieferen Etage steht. Es entspricht dies Bild der von mir nachgewiesenen Schichtenordnung der Holzfasern, die sich in Nadelhölzern mit ungleicher Entfernung der Tipfel selbst bis auf die gleiche Höhe derselben in den demselben Bündel angehörenden Holzfasern erstreckt. Da die Markstrahlen jeder Schicht nicht wie in diesem Bilde in gleicher, sondern, wie Fig. 87 zeigt, in wechselnder Höhe lagern, muss man sich die Markstrahlen jeder Etage mehr oder weniger weit in die Fasern der über- und unterstehenden Etage eingreifend denken.

Querschnitte zeigen, dass bei gleicher Grösse und normaler Stellung der Holzfasern, jede derselben von sechs Nachbarfasern umstellt, durch gegenseitigen Druck zur sechsseitigen Säule gestaltet ist. An beiden Enden schräg zugespitzt, zeigen Querschnitte, dass trotz dieser Zuspitzung die sechsseitige Form des Querschnittes nicht gänzlich verloren geht, dass daher auch an den verjüngten Enden der Holzfaser die sechsseitige Begrenzung annähernd fortbesteht, dass daher die Holzfaser von 18 Nachbarfasern begrenzt ist, von denen sechs derselben Faserschicht, je sechs den über- und den unterstehenden Faserschichten angehören.

Dem entsprechend denke man sich alle Zündhölzchen aller Bunde gestaltet und an ihren Enden verjüngt. Die Fasern der verschiedenen Etagen stehen daher dadurch untereinander in fester Verbindung, dass die zugespitzten Enden aller Fasern in die Räume zwischen den Spitzen der über- und unterstehenden Etagen eingreifen.

In den meisten Holzarten ist die Stellung der Längefasern des Holzkörpers sowohl wie des Bastkörpers eine der Achse des Pflanzentheiles gleichliegende. Es beruht hierauf die Gradspaltigkeit des Holzes. Individuelle Unterschiede, d. h. Unterschiede, die nicht der Holzart, sondern einzelnen Pflanzen derselben zuständig sind, begründen aber eine Abweichung hiervon, die sich in spiralig gedachter Lage der Spaltflächen zu erkennen giebt, die mitunter nur dem jugendlichen Alter der Pflanzen angehört, in anderen Fällen bis zum höchsten Alter der Pflanze sich fortsetzt. An allen Bäumen mit Bastborke lässt sich dies schon äusserlich erkennen am graden oder gewundenen Aufsteigen der Borkerisse (Eiche, Kiefer); an Bäumen mit Rinde- oder Kork-Borke erkennt man die Gradspaltigkeit, wenn man von Schalmflächen kleine Holzfaserstränge ausreisst, am graden, der Achse des Holzstückes parallelen Verlauf der dadurch auf der entblössten Holzfläche entstandenen Vertiefung.

Es giebt aber noch eine andere, gewissen Holzarten eigenthümliche, ungleiche, spiralig um die Achse des Holzstückes verlaufende Drehung der Längefasern, die hiermit die Eigenthümlichkeit verbindet, in, mehrere Jahre umfassenden Perioden, die spiralige Drehungsrichtung zu verändern, so dass diese eine abwechselnd rechts und links aufsteigende ist. Am Deutlichsten zeigt solches das Holz von Guajacum officinale, aus dem unsere Drechsler die schweren Kegelkugeln anfertigen. Ich habe diese Bildung aber auch an mehreren tropischen Farbehölzern, sowie an Santalum aufgefunden. Die Bastborke älterer Bäume der bei uns eingeführten Robinia pseudacacia zeigt sehr bestimmt einen sich kreuzenden Verlauf der Bastborke und lässt daraus auf einen dem entsprechenden Wechsel in der Richtung der gleichzeitig entstandenen Holzfaserschichten schliessen. Auch die Schwarzpappeln, und unter ihnen besonders Populus dilatata, zeigen dasselbe. Das Allgemeine dieser Bildung an den letztgenannten Holzarten lässt auf A r t e i g e n t h ü m l i c h k e i t schliessen.

3) Holz und Bast.

Der Querschnitt junger Triebe zeigt im Faserbündelkreise zwei verschiedene, concentrische, sich unmittelbar aneinander schliessende Regionen, von denen die innere, das Mark begrenzende den Holzkörper, die äussere, von der Rinde umgebene Region den Bastkörper bildet (Taf. 1, Fig. III *n*).

Holz- und Bastkörper muss man sich versinnlichen als zwei ineinander geschachtelte Hohlcylinder, die auf ihren Berührungsflächen miteinander bleibend verbunden sind, durch eine Doppelschicht permanenter Mutterzellen, von deren innerer alljährlich ein neuer Holzring, von deren äusserer alljährlich ein neuer Bastring durch sich wiederholende Selbsttheilung, der Holzring nach Innen, der Bastring nach Aussen gebildet wird, so dass die, mit ihren aneinander liegenden Breitseiten fortdauernd untereinander verbundenen Mutterzellen für Holz und Bast, fortdauernd auf der Grenze zwischen Holz und Bast stehen (Seite 69 und Taf. II).

Abgesehen von den, das Holz und den Bast durchsetzenden Markstrahlen, besteht die Hauptmasse des Holzkörpers und des Bastkörpers aus langgestreckten Faserzellen, die im Holzkörper, durch Entwickelung einer zweiten Zellwandung (Seite 72), dick- und festwandig werden, im Bastkörper dünnwandig und schlauchhaltig bleiben, ausserdem auch dadurch unterschieden sind, dass sie im Holzkörper eine einfache, im Bastkörper eine siebförmige Tipfelung besitzen, die sich auch auf die in beiden Systemen liegenden Markstrahlzellen überträgt.

Nach ihrer Abschnürung von den permanenten Mutterzellen von gleicher Grösse, Form und Bildung, erleiden die Faserzellen im Verlauf ihrer Fortbildung sowohl im Holz als im Bast theilweise eine Umbildung, aus der durch Abschnürung des Zellschlauches in Kammern die Zellfasern und die sekundären Markstrahlen (S. 57), durch Resorption von Längsscheidewänden vorgebildeter Faserzellen, verbunden mit abweichender Entwickelung einer oder gleichzeitig mehrerer Nachbarfasern die Gliedröhren hervorgehen (S. 56).

Zellfasern wie Gliedröhren bilden sich aus den ursprünglichen Faserzellen, sowohl im Holze, wie im Baste, und treten in beiden zu Complexen zusammen, die, nach Zahl und Anordnung der Elemente verschieden, für die Holzart naturgesetzlich sind. Die Gruppirung der Zellfasern und Gliedröhren zwischen den einfachen Faserzellen ist ein wesentliches Hülfsmittel der Unterscheidung und Erkennung des Holzes verschiedener Holzarten.

Sämmtlichen Nadelhölzern, wenn man die Gnetaceen ihnen nicht zurechnet, fehlen die bei allen Laubhölzern vorhandenen Gliedröhren. Zellfasern hingegen und sekundäre Markstrahlen sind nie fehlende Bestandtheile des Holzkörpers sowohl wie des Bastkörpers der Holzpflanzen.

Was den das Holz und den Bast in derselben radialen Richtung durchsetzenden Markstrahl betrifft, so findet kein anderer Unterschied statt, als in der Tipfelbildung, die im Markstrahl des Bastes gleichfalls eine siebförmige ist. Ausserdem finden sich, wo die Markstrahlen in das Zellgewebe der grünen Rinde ausmünden, häufig aussergewöhnliche Formänderungen, Vergrösserung und Erhärtung einzelner Zellen.

Der Zuwachs eines jeden Markstrahles geschieht in derselben Weise durch zwei permanente Mutterzellen, wie der der Längsfasern (Seite 88), nur dass es hier zwei Markstrahlzellen sind, die das Theilungsgeschäft vollziehen. Selbstverständlich fallen Ort und Zeit der Markstrahl-Neubildung zusammen mit der Neubildung der Längsfasern. Im Winterholze bei ruhender Vegetation zeichnen sich die zuletzt gebildeten Markstrahlzellen des Holzes durch ihre Dickwandigkeit aus (Tafel II *n o*). Im jungen Holzringe sind sie darin von den Cambialfasern im Querschnitt nicht unterschieden (S. 90, Fig. 63 *c d*).

Bei Fagus, Quercus, Alnus etc. werden auch die sekundären Markstrahlen endlich viellagerig, es muss daher eine Vervielfältigung der Lager im Laufe der Jahre stattfinden, die nur durch Theilung der permanenten Markstrahlmutterzellen in der Richtung des Radius stattfindet.

Das System der Holzfasern.

§ 58. Im Holzkörper der Faserbündel beschränkt sich das Vorkommen ächter Spiralgefässe, die bei den Nadelhölzern zugleich linsenräumig getipfelt sind, auf den innersten, ältesten Jahresring, in der Zusammenstellung mit Holzfasern und Zellfasern an der Markgrenze den Markcylinder bildend (Taf. I, Fig. 3 *b*—*c*). Von hier aus gehen die ächten Spiralfasern durch den Bündelkreis des Blattstieles in das Blattgeäder ein, in dessen letzten Zweigen sehr häufig den Hauptbestand bildend. Allen späteren Holzringen fehlen die ächten, einwandigen Spiralfasern, wenn auch die Fälle nicht selten sind, in denen die sekundäre oder tertiäre Wandung der Holzfasern (Taxus) oder der Gliedröhren (Tilia, Ulmus, Carpinus) spiralige Bildung besitzen. Allen späteren Jahresringen fehlen die ächten Spiralfasern. Abgesehen von den bei einigen Nadelhölzern vorkommenden Harzgängen und von den Zellgängen der Birken, Ellern, Hainbuchen, besteht ihr Fasergewebe allein aus einfachen Holzfasern und Zellfasern, denen sich bei allen Laubhölzern einschliesslich Ephedra noch die Gliedröhren beigesellen.

Diese Elementarorgane sind nun bei verschiedenen Holzarten verschiedenartig gruppirt, und liegt darin, im Verein mit den Verschiedenheiten des Markstrahlensystemes, die für Holzhandel und Technik wichtige Möglichkeit einer Bestimmung der Holzarten, denen vorliegende Holzstücke angehören.

Der nachstehenden Charakteristik europäischer Holzarten muss ich folgende Erläuterungen voranschicken.

Es liegt derselben die Voraussetzung zum Grunde, dass von den zu untersuchenden Holzstücken, nach Entfernung der, durch Säge oder Beil zerrissenen oder gedrückten Aussenfläche, vermittelst eines scharfen Messers, mit einem nicht zu dünnen aber scharfen Rasiermesser möglichst dünne Längen- und Querschnitte entnommen, und durch Eintauchen in Spiritus von aller eingeschlossenen Luft befreit werden. Werden diese Schnitte auf einem Glastäfelchen vereinzelt ausgebreitet und mit Glycerin befeüchtet, in welchem wenig Jod aufgelöst wurde, dann genügt eine gute Doppellupe, um die in der Diagnostik verzeichneten Charaktere zu erkennen, wenn man die Schnitte gegen das Licht gehalten betrachtet.

Die Grundmasse des Holzes bilden die Holzfasern, in den Diagnosen mit *h* bezeichnet. Enthalten die einfachen Holzfasern körnige Mehlkörper, erkennbar durch die dunkelblaue Jodfärbung derselben, dann habe ich dies durch $\frac{\mathrm{h}}{\mathrm{m}}$ angezeigt. Linsenräumig getipfelte Holzfasern sind mit *L*, spiralige Faltung ist mit *sp* bezeichnet.

Fig. 89.

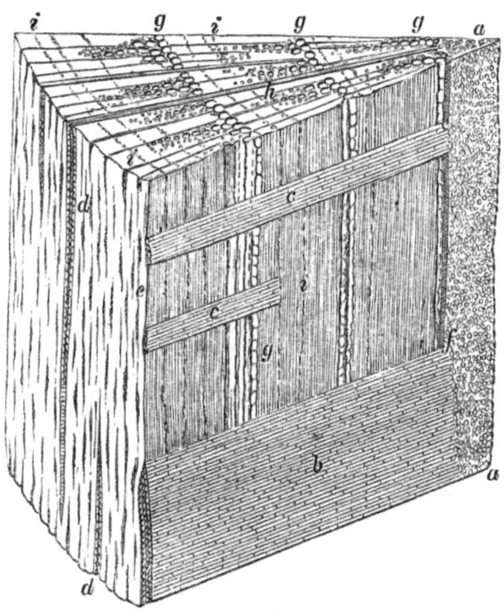

Körperliche Ansicht des Eichenholzes. *a* Mark, *b* grosse, *c* kleine Markstrahlen in der radialen, *d e* in der tangentalen Ansicht, *f* Spiralgefässe, *g g* Wechsel der Jahresringe, *h* Röhrenbündel, *i i* Schicht-Zellfaser. Das Uebrige Holzfasern.

In diese Grundlage des Holzkörpers vertheilen sich Zellfasern = *z* und Holzröhren = *R* verschiedenartig bei verschiedenen Holzarten.

Die Zellfasern bilden entweder peripherisch verlaufende Schichten (Fig. 86 *i i*), oder sie stehen vereinzelt oder wenige beisammen zwischen den Holzfasern, oder sie treten mit Holzröhren zu Bündeln zusammen. Im ersten

Falle habe ich sie „Schichtzellfasern“ genannt und in den Diagnosen mit *s*, in den letztgenannten Fällen mit *z* und *Z* bezeichnet. Die Zellfasern sind im Winter immer mehlführend, es ist daher die Bezeichnung $\frac{s}{m}$ weggelassen.

Die Holzröhren (Gliedröhren) habe ich überall mit *R* bezeichnet und nach deren Ordnung den, nach Markstrahlverschiedenheit gebildeten Hauptgruppen untergeordnete Gruppen gebildet.

Der erste Theil der Diagnosen bezieht sich stets auf die Grundlage des Holzkörpers und auf die dieser eingeordneten Zellfasern. Der zweite durch + mit dem ersten Theile verbundene Theil bezieht sich auf den Bestand der Röhrenbündel.

A. Gliedröhrenhölzer — alle Laubhölzer einschliesslich Ephedra.

I. Nur breite Markstrahlen (unbedingt, oder doch für die Ansicht mit dem einfachen Vergrösserungsglase).

a) Die Gliedröhren zerstreut im ganzen Jahresringe.

Vitis: $\frac{h}{m}$ s + (R Z).*)

Platanus: h s + (R L Z).

b) Röhren an der inneren Jahrringgrenze gehäuft.

Clematis: $\frac{h}{m}$ s + (R $\frac{L}{sp}$ Z).

Atragene: ($\frac{R}{sp}$ $\frac{L}{sp}$).

c) Röhren in Bündeln, auf dem Querschnitt, dendritisch verzweigt.

Berberis: $\frac{h}{m}$ + ($\frac{R}{sp}$ $\frac{L}{sp}$ Z).

II. Breite und sehr schmale Markstrahlen, letztere nicht oder doch nicht regelmässig zu breiten Markstrahlen sich erweiternd.

a) Die Gliedröhren zerstreut im ganzen Jahresringe.

1) Die grossen Markstrahlen selten und durchsetzt.

Alnus: s + (R L).

2) Die grossen Markstrahlen häufig und durchsetzt.

Carpinus: h s + ($\frac{R}{sp}$ Z).

3) Die grossen Markstrahlen häufig und geschlossen.

(Fagus: h s + (R L Z) — Viscum.

*) In Worten würde dies heissen: Holz von Vitis: Grundlage aus mehlführenden Holzfasern und Zellfaserschichten, darinnen Röhrenbündel aus Holzröhren und Zellfasern. Platanus: Grundlage aus mehlfreien Holzfasern und Zellfaserschichten, darinnen Röhrenbündel aus Holzröhren, linsenräumig getipfelten Holzfasern und Zellfasern.

In der Botanischen Zeitung 1859, S. 93, ist diese Diagnostik auf die mir bekannten aussereuropäischen Holzarten der Jetztzeit, ebendaselbst Jahrgang 1848, S. 122, auch auf die vorweltlichen Nadelhölzer ausgedehnt.

b) Die Gliedröhren an der inneren Ringgrenze gehäuft.

Rosa: $\frac{h}{m}$ s + ($\frac{R}{sp}$ Z).

Rubus: $\frac{h}{m}$ s + (R L Z).

Ribes: $\frac{h}{m}$ + (R L).

c) Die Gliedröhren zu umfangreicheren Bündeln vereint, von der inneren Grenze radial nach Aussen verlaufend.

Quercus: h s + (R L Z). Corylus: h s + (R Z).

III. Ein Unterschied in der Breite der Markstrahlen ist zwar noch erkennbar, beschränkt sich aber auf das Zwei- bis Dreifache der Breite kleinster Markstrahlen.

a) Die Gliedröhren zerstreut im ganzen Jahresringe.

Acer: $\frac{h}{m}$ + ($\frac{R}{sp}$ Z) Liriodendron: h + R;

Philadelphus, Ilex: (R $\frac{L}{sp}$ Z). Cornus: s + (R L).

b) Die Gliedröhren an der inneren Ringgrenze gehäuft, die übrigen zerstreut.

Ligustrum: h s + (R L Z). Amygdalus, Prunus, Cerasus, Padus: h s + ($\frac{R}{sp}$ L). Pyrus, Sorbus: s + R L Z. Torminaria, Aria, Cydonia, Chamaemespilus, Amelanchier, Crataegus: s + ($\frac{R}{sp}$ L). Mespilus: s + ($\frac{R}{sp}$ $\frac{L}{sp}$ Z). Sambucus: $\frac{h}{m}$ + R.

c) Alle Gliedröhren zu umfangreicheren Bündeln vereint.

1) Röhrenbündel an der inneren Ringgrenze gehäuft, die äusseren in concentrischen Schichten.

Morus: h s + ($\frac{R}{sp}$ $\frac{L}{sp}$ Z). Celtis, Ornus, Fraxinus: R L Z.

2) Die äusseren Röhrenbündel dendritische Figuren bildend.

Lycium: h s + ($\frac{R}{sp}$ $\frac{L}{sp}$ Z). Ostrya: h s + ($\frac{K}{sp}$ Z). Rhamnus: h + (R $\frac{L}{sp}$). Ptelea: h + ($\frac{R}{sp}$ $\frac{L}{sp}$ Z). Ulmus: h + ($\frac{R}{sp}$ Z). Evonymus: h + ($\frac{R}{sp}$ $\frac{L}{sp}$). Robinia, Caragana, Cytisus: $\frac{h}{m}$ + (R $\frac{L}{sp}$ Z). Genista, Colutea, Sarothamnus: $\frac{h}{m}$ + ($\frac{R}{sp}$ $\frac{L}{sp}$ Z).

IV. Nur schmale Markstrahlen von gleicher Breite.

a) Die Gliedröhren zerstreut im ganzen Jahresringe.

Tilia: h s + ($\frac{R}{sp}$ Z). Aesculus: h + ($\frac{R}{sp}$ Z). Populus: h m + (R Z). Betula: s + (R L). Buxus: ($\frac{R}{sp}$ $\frac{L}{sp}$ Z). Staphylea: ($\frac{R}{sp}$ L Z). Vaccinium: h m + (R L). Rhododendron, Calluna etc. (R L Z).

b) Die Gliedröhren an der inneren Ringgrenze gehäuft.

Juglans, Carya: h s + (R Z). Salix: $\frac{h}{m}$ + R. Lonicera, Viburnum: s + ($\frac{R}{sp}$ $\frac{L}{sp}$). Frangula: $\frac{h}{m}$ + (R Z). Hippophaë (R $\frac{L}{sp}$ Z).

c) Die Gliedröhren zu umfangreichen dendritisch gestalteten Bündeln vereint.

Castanea: h s + (R L Z). Daphne: h + ($\frac{R}{sp}$ $\frac{L}{sp}$ Z).

B. Röhrenlose Hölzer (Nadelhölzer).

I. Mit Harzgängen (H Z).

Pinus, Cedrus, Larix, Picea: L + H Z.

II. Ohne Harzgänge:

a) Mit Zellfasern.

Juniperus: L Z.

b) Ohne Zellfasern.

Taxus: $\frac{L}{sp}$. Abies: L.

Durch aussergewöhnlich weiträumige Gliedröhren sind ausgezeichnet: Quercus, Fraxinus, Castanea, Juglans, Robinia, Morus, Ailanthus, Ulmus, Hippophaë; von kleineren Hölzern: Vitis, Clematis, Atragane, Celastrus, Aristolochia, Thecoma, Menispermum, sämmtlich Schlingpflanzen!

Das System der Bastfasern

§ 59. besteht, wie das der Holzfasern, aus drei verschiedenen Elementen: aus den einfachen radial geordneten Siebfasern, aus siebförmig getipfelten Zellfasern und aus siebförmig getipfelten Röhren. Ein Theil der einfachen Siebfasern ist durch Umbildung des Zellschlauches in eine zweite, innere Faserwandung, zu Bastbündelfasern entwickelt. (S. Taf. I, Fig. 3.)

Taf. II Fig. 1 zeigt, dass, wie im Holze die einfachen Holzfasern, so im Baste die einfachen Siebfasern (*x*) radial geordnet sind. Es müssen dieselben auch hier als Grundlage des Bastkörpers betrachtet werden, wenn sie auch einen verhältnissmässig kleinen Raum erfüllen, theils durch den grossen Raum, welchen die bündelweise beisammenstehenden Siebröhren (*s r*) und die diese Siebröhrengruppen umstellenden Zellfasern (*z*) in Anspruch nehmen, theils durch die Umbildung eines grossen Theiles der Siebfasern in dickwandige, ungeordnete Bastbündelfasern (*s b*). Von den Holzfasern unterscheiden sich diese, zu Bündeln in meist ungeordneter Stellung vereinten, selten einfachen, peripherisch verlaufenden (Taxus), oder radiale Reihen bildenden Organe (Vitis, Populus) durch grössere Länge, tieferes Ineinandergreifen ihrer Enden, so wie durch ihre, oft bis nahe zur Verdrängung des Innenraumes erhöhete Dickwandigkeit.

Fig. 90.

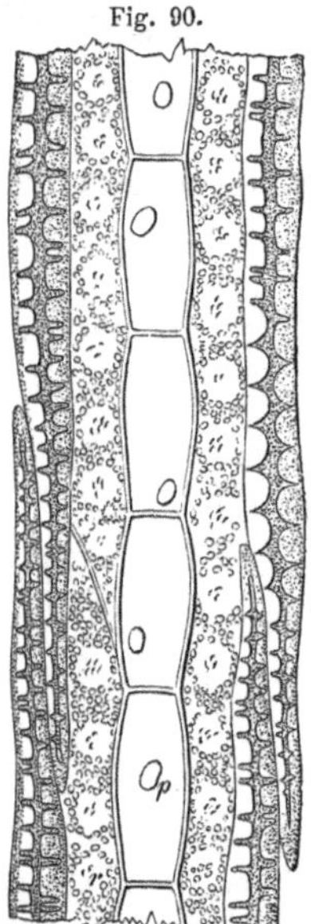

Fig. 91.

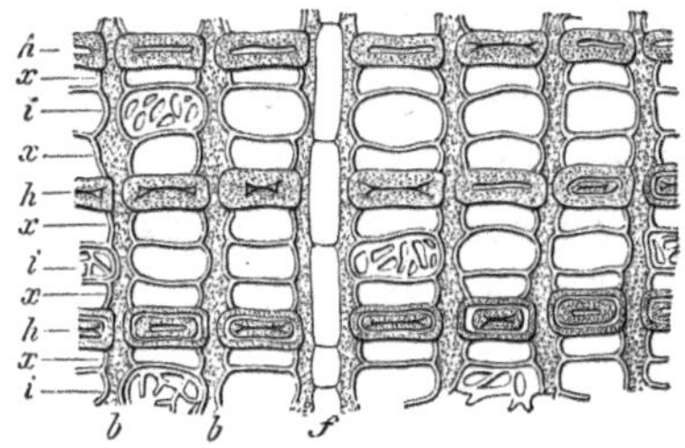

Längen- und Querschnitt aus dem Bastgewebe von Taxus baccata. *x* Siebfasern. *i* Zellfasern, zum Theil mit netzförmig durchbrochenen Querscheidewänden der Glieder. *h* Bastfasern. *b b f* Markstrahlen.

Diese dickwandigen Bastbündelfasern, von Meyen unter dem Namen „Pleurenchym“ aufgeführt, bilden das, was man den Bast im technischen Sinne nennt, nachdem durch Maceration (Rösten) alle dünnwandigen Organe des Bastkörpers zerstört und entfernt wurden. Die der Taf. II, Fig. 1 *sb* entsprechende, bleibende und feste Verbindung der benachbarten Faserbündel bildet den Bast der Linde, Rüster, die minder häufige, minder feste Verbindung der Bastbündel bildet die Flachs- und Hanffaser im technischen Sinne.

Schon im sehr jugendlichen Zustande der Triebe trennt sich ein Theil der an die Rinde grenzenden Fasern des Bastkörpers von Letzterem dadurch, dass sich Zellen der grünen Rinde zwischen ihm und dem tiefer liegenden

Bastkörper entwickeln, gewissermassen einschieben. Es entstehen dadurch an der Aussengrenze eines jeden ursprünglichen Faserbündels abgesonderte, von Zellen der grünen Rinde umgebene Bastfasercomplexe, deren Zahl sich durch eine, in radialer Richtung eintretende Spaltung und Zwischenbildung von Rindezellen vermehrt, in dem Grade, als neue Markstrahlen in Holz- und Bastkörper entstehen. Die Verdickung der Wände dieser in die grüne Rinde abgezweigten Bastfasercomplexe tritt schon ein, ehe noch eine gleiche Umbildung in den tieferen Theilen des Bastkörpers bemerkbar wird. Aus diesem Grunde habe ich die in die Rinde abgezweigten Bastfasercomplexe „primitive Bastbündel“ genannt, im Gegensatze zu den „sekundären Bündeln“ dickwandiger Bastfasern, die später, nicht allein im Bastkörper des ersten, sondern auch in dem aller folgenden Jahre sich bilden.

Bei einigen einjährigen Holzpflanzen kommen Bündel aus dickwandigen Bastfasern auch auf der Markgrenze der Faserbündel vor (B. III, 26, p. 26).

Die Fasersysteme des absteigenden Stockes und des Blattstieles sind von denen des aufsteigenden Stockes nicht wesentlich verschieden. Dies gilt auch von den Faserbündeln der Blätter und der blattartigen Pflanzentheile, bis auf die Einschaltung grösserer Massen wirklich parenchymatischen Zellgewebes zwischen die dadurch vereinzelten Faserbündel. Denkt man sich die Blattstiele und Blätter eines Triebes Letzterem dicht angepresst, dann entspricht deren Aussenseite der Rinde, deren Innenseite dem Marke. Demgemäss entspricht in jedem der vereinzelten Faserbündel der innere, dem Stengel zugewendete Theil dem Holzkörper, der äussere, der unteren Blattfläche zugewendete Theil hingegen dem Bastkörper. (Siehe in der vierten Abtheilung Durchschnitt des Birkenblattes.)

4) Rinde und Mark.

§ 60. Das Zellgewebe der Rinde und des Markes ist aus Reihen parenchymatischer Zellen zusammengesetzt, die der Achse des Pflanzentheiles, dem sie angehören, parallel verlaufen. Die Anordnung dieser Zellenreihen ist eine peripherische, d. h. der Achse des Pflanzentheiles concentrische. Die Zellen einer jeden dieser concentrischen Zellreihenschichten liegen mit den Zellen der benachbarten Zellenschichten im Verbande, im Gegensatze zur radialen Anordnung des Fasersystemes und des Korkgewebes. In der Spitze des aufsteigenden Knospenwärzchens verschmelzen die Zellen der Rinde und des Markes zu gleichgebildetem Zellgewebe, das erst unter dem Knospenwärzchen zuerst durch die Zwischenbildung cambialen Zellgewebes, bei den dicotylen Pflanzen durch den aus dem cambialen Zellgewebe hervorgehenden Faserbündelkreis in Mark und Rinde geschieden wird, bis, im Bereich des absteigenden Stockes und in allen Seitenwurzeln das Zellgewebe des Markes verdrängt wird durch Zusammentreten aller Faserbündel zu einem centralen Bündelkreise, eingeschlossen vom Zellgewebe der Rinde. Den monocotylen Pflanzen hingegen, bei denen die Faserbündel nicht zu einem geschlossenen Kreise sich vereinen, fehlt die scharfe Sonderung eines Mark- und Rindekörpers überall, die vereinzelten Faserbündel sind allseitig von gleichgebildetem parenchymatischen Zellgewebe umgeben.

Von gleichem Ursprung und von gleicher Anordnung zeigen die Zellen des Markes und der Rinde vorherrschend auch gleiche Grösse, Form und Bildung. Bei vielen Holzpflanzen tritt aber das Zellgewebe des Markes unter Resorption des Zellschlauches viel früher ausser Funktion, als das Zellgewebe der Rinde, in welchem sich, mit dem Zellschlauche, auch die Theilungsfähigkeit und mit dieser das Rindewachsthum oft mehr als hundert Jahre lang erhält. Es ist das der Fall bei allen Holzarten, bei denen sich die Rinde bis in's höchste Lebensalter geschlossen erhält; so bei Fagus, Carpinus, Betula pubescens, Prunus. Das Zellgewebe des Markes hingegen tritt nicht selten schon in den tieferen Theilen der einjährigen Triebe ausser Funktion, verliert mit dem Zellschlauche und dessen Inhalt seine grüne Färbung, wird luftführend und zum leichten, farblosen Markgewebe von Sambucus, Helianthus, Aesculus, Fraxinus, Juglans, im wachsenden Triebe der zuletzt genannten Holzart zu grossen Luftlücken auseinandertretend. Bei Holzarten, in deren Markzellen die Zellschläuche längere Zeit sich erhalten, bei Quercus, Fagus, Pinus habe ich in einigen nicht vollständigen Beobachtungsreihen eine, alljährlich sich erneuernde Resorption von Markzellcomplexen gesehen, gefolgt von einer Ausfüllung der dadurch entstandenen Lücken mit jungem Zellgewebe. Als Curiosum will ich hier eines Falles gedenken, in welchem, innerhalb des Markes eines, seiner Endknospen beraubten, einjährigen Kiefertriebes, ein zweiter, innerer, vollständig ausgebildeter Holzring sich entwickelt hatte.

Nur ausnahmsweise findet man zwischen den Zellen des Markgewebes andere Elementarorgane eingesprengt. Bei Rosa und Vitis sind es Reihen kleinerer Zellen, erfüllt mit Gerbmehl und Stärkemehlkörnern. Bei Robinia, Rhus, Pinus sind es langgestreckte Schläuche, ähnlich den Milchsaftgefässen. Bei Tilia, Cactus sind es schleimführende Organe.

Weit häufiger sind abweichende Elementarorgane dem Zellgewebe der grünen Rinde eingelagert. Abgesehen von den in ihr vertheilten primären Bastbündeln, die sich von den Bastbündeln der Siebfaserschichten in Nichts unterscheiden, sind es vorzugsweise die Milchsaftgefässe, die bei den Cacteen, Euphorbien, Papaveraceen reichlich und untereinander verästelt auftreten. Ich vermag nicht der Ansicht mich anzuschliessen, dass diese Organe zwischen den vorgebildeten Rindezellen entstehen, glaube vielmehr, dass sie ein Umwandlungsprodukt vorgebildeter Rindezellen sind. (S. Fig. 92.) Bei einigen Nadelhölzern (Abies) verwandelt sich eine Mehrzahl vereinzelter Rindezellen in kugelige Bassorinzellen, an deren Stelle bei Larix aussergewöhnlich dicke, dickwandige, langgestreckte vereinzelte Faserzellen stehen.

Die äusseren Zellenschichten der grünen Rinde werden aussergewöhnlich dickwandig, wodurch die Zellschläuche der Nachbarzellen weit auseinander treten. Eine auch hier vorhandene, äusserst zarte Grenzhaut jeder einzelnen

Fig. 92,

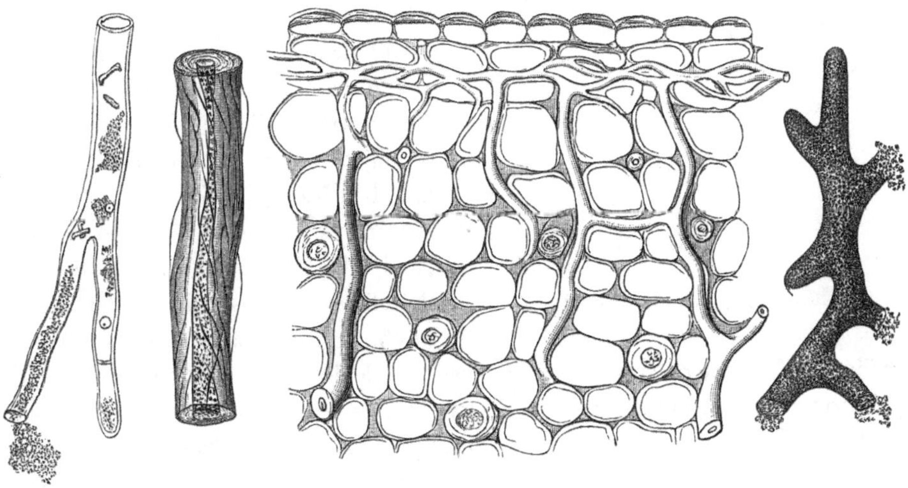

Siehe Seite 26 und die Erklärung zu der hier reproducirten Abbildung.

Zelle hatte man übersehen, hielt die Schläuche für die Zellen, den Raum zwischen den einzelnen Zellen erfüllt mit einem Absonderungsprodukt derselben, das man als „Intercellularsubstanz“ (Mohl) deutete, und belegte dieser Eigenthümlichkeit wegen die äusseren Zellschichten der grünen Rinde mit dem Namen

„Collenchym“.

Nachdem ich den Zellschlauch in die Wissenschaft eingeführt und durch Anwendung von Reagentien die Grenzhäute in Mitte der „sulzigen Masse“ nachgewiesen hatte, beschränkt sich die Eigenthümlichkeit dieser Gewebeschichten auf die aussergewöhnliche Dicke und geringe Härte der primitiven Wände jeder einzelnen Zelle (Seite 59, Fig. 45 *e*).

An Stelle des Collenchym zwischen Oberhautzellen und grünem Rindezellgewebe tritt mitunter ein Zellgewebe auf, das dem ächten Collenchym ähnlich ist, mit diesem auch wohl zusammengeworfen wurde, trotz der, wie nebenstehende Fig. 93 zeigt, leichten Unterscheidbarkeit von Intercellulargängen und Schichtungslamellen.

Fig. 93.

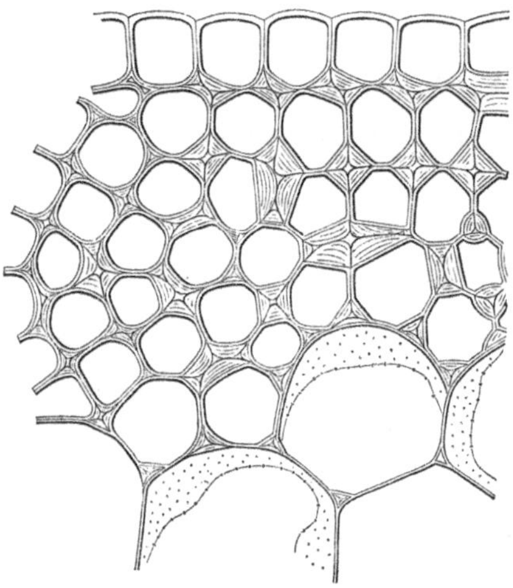

Collenchym. Siehe Text. S. 183.

Bei den Laubhölzern erleiden sehr häufig vereinzelte oder in Gruppen beisammenstehende Zellen der grünen Rinde eine Verdickung ihrer Wände bis nahe zur Verdrängung des Innenraumes. Diese Wandverdickung ist häufig verbunden mit armförmigen Erweiterungen der Zellen nach verschiedenen Richtungen, und mit aussergewöhnlicher Härte der geschichteten Wandungen, die mich bestimmte, Zellen dieser Art, wie sie sich auch in den steinigen Birnen nesterweise vorfinden, mit dem Namen Steinzellen zu belegen. Sie sind es, die der ausdauernden grünen Rinde der Rothbuche, Birke den eigenthümlichen, selbst die besten Messer rasch abstumpfenden Härtegard ertheilen. In einer tropischen Holzart erleiden sie eine wirkliche Versteinerung und erhalten sich in Form, Grösse und Bau unverändert selbst nach anhaltendem Glühen der Rindenasche. Es ist mir daher nicht unwahrscheinlich, dass auch die Steinzellen unserer heimischen Holzarten ihre Härte der Aufnahme aussergewöhnlich grosser Mengen mineralischer Stoffe in die Celluloseschichten verdanken.

Ueber die Sekretionslücken (Terpentinhälter) der Nadelholzrinden habe ich bereits Seite 136 gesprochen.

Wie in Stamm, Aesten und Zweigen, so sind auch in den Blattstielen Rinde und Mark nicht wesentlich unterschieden. Wie man an Blattstielnarben schon vermittelst der Lupe leicht erkennen kann, treten die vom Stengel in den Blattstiel übertretenden Faserbündel nur selten zu einem geschlossenen Bündelkreis zusammen. Wo mehr als ein Faserbündel in den Blattstiel übertritt, wie das bei allen Laubhölzern der Fall ist, da stehen die Faserbündel meist durch den ganzen Blattstiel hindurch in der nach oben geöffneten Hufeisen- oder Sichelform. Das Markgewebe innerhalb der Sichel verbindet sich mit dem Rindegewebe ausserhalb der Sichel an den Seiten des Blattstieles ohne einen optisch nachweisbaren Unterschied. Anders verhält sich dies im Blatt und in allen blattartigen Pflanzentheilen.

Im Blatte entspricht das Zellgewebe der unteren, dem Boden zugewendeten Blattseite der Rinde, das Zellgewebe der oberen, dem Lichte zugewendeten Blattseite entspricht dem Markgewebe. Im Gegensatz zum Stengel ist es das Letztere, welches durch gedrängte Stellung seiner Zellen, durch den Reichthum seiner Zellschläuche an Grünmehl dem Rindegewebe des Stengels entspricht, während die Armuth des Rindegewebes der unteren Blattseite an Grünmehl und die bis zur Sternform der Zellen erweiterten Intercellularräume dieses Gewebes mehr dem Markgewebe des Stengels entsprechen. Nur die an der unteren Blattfläche weit häufiger vorhandenen, der oberen Blattfläche mitunter ganz fehlenden Spaltdrüsen der Oberhaut, wie die Stellung des Bastkörpers zum Holzkörper der einzelnen Faserbündel (Blattrippen und Blattadern) entsprechen der oben bezeichneten Abstammung des Zellgewebes der oberen Blattseite aus dem Marke, der unteren Blattseite aus der Rinde. (S. 62.)

Bei den Zapfenbäumen, ich glaube bei allen Nadelhölzern, ist das Zellgewebe der oberen und der unteren Blattfläche nicht verschieden. Die Schichtenstellung desselben, die eigenthümliche Zellenform im Blatte der Kiefer und das Vorkommen von Terpentinhältern sind bemerkenswerth.

5) Cuticula, Aussenzellen, Korkgewebe.

Wenn ich hier vorstehende Organe zu einem Systeme zusammenstelle, so geschieht dies der genetischen Beziehungen wegen, in denen sie zueinander stehen. Die Cuticula ist die sich fortbildende, von der Aussenzelle ernährte Wandung derjenigen ersten Zelle, welcher alle von ihr eingeschlossenen Zellen entsprungen sind, die Aussenzellen sind die Bildungsstätte des Korkgewebes. Ueber

a) die Cuticula

§ 61. habe ich schon in der ersten Abtheilung, Seite 60 und folg. gesprochen und die Gründe dargelegt, die mich bestimmen, sie weder als ein Ausscheidungsprodukt der Aussenzellen, noch als einen Abkömmling der Aussenzellen selbst zu betrachten, dass und warum ich sie vielmehr als ein selbstständig in sich fortwachsendes Gebilde, als die Zellwandung der ersten Zelle eines jeden pflanzlichen Individuums betrachte, deren Lebensdauer jedoch eine auf die jugendlichen Zustände der Pflanzentheile beschränkte ist, am frühesten und schon während der Keimung des Samenkornes endend an allen Theilen des absteigenden Stockes, längere Zeiträume umfassend an den oberirdischen Pflanzentheilen (Seite 61).

Bis zur Samenreife bekleidet die Cuticula ununterbrochen alle Theile des Keimes einschliesslich der Samenlappen, erreicht bei manchen Pflanzen, z. B.

bei Vicia, Phaseolus, Juglans eine Stufe eigener Ausbildung, wie sie sonst nur die fertigen Blätter der Nadelhölzer, vieler Liliaceen, Urticeen erlangen. Der Radicula des Viciakeimes fehlen sogar die Spaltdrüsen nicht. Dem ohngeachtet geht hier die Cuticula am raschesten verloren und fehlt schon dem 1 cm lang aus dem keimenden Samen hervorgewachsenen Würzelchen, nicht allein im Bereich der Wurzelhaube, sondern überall, um an den Wurzeln derselben Pflanze nie und nirgends wieder aufzutreten.

Auch die jüngsten Wurzeltriebe älter als embryonischer Pflanzen besitzen keine Cuticula!

Es ist diese, für die Ernährungsfrage hochwichtige Thatsache, wie überhaupt Alles, was den Bau und die Entwickelung der unterirdischen Pflanzentheile betrifft, zur Ungebühr vernachlässigt. In gewohnter Weise geisselt Schleiden diese Vernachlässigung mit scharfen Worten, leider auch hier ohne irgend Etwas zu vervollständigen oder zu verbessern (Grundzüge d. w. B. II, S. 116—122). Ob die Wurzeln mit einer Cuticula bekleidet sind oder nicht, ist selbst in den neuesten Lehrbüchern der Pflanzenphysiologie ganz ausser Acht gelassen und nur Schleiden behauptet deren Vorhandensein. Es ist das aber ganz gewiss nicht richtig. Während das Würzelchen des keimenden Samenkornes von Vicia Faba bis zu einer Länge von $^1/_7$—1 cm heranwächst, löst sich auch in feuchter Luft die dicke Cuticula in eine schleimige Masse auf und wird an Wurzeln nie wiedererzeugt. Abgesehen von direkter Wahrnehmung folgt dies schon aus dem Absterben der äussersten Zellenschichten zur Wurzelhaube der treibenden Wurzelspitze, das sich übrigens nicht immer auf Letztere beschränkt. Entnimmt man junge Holzpflanzen Ende März dem Boden, schlägt man die Wurzeln derselben in sehr lockeres Erdreich ein, bis neue Wurzeltriebe sich entwickelt haben, dann erkennt schon das unbewaffnete Auge ein Absterben der äussersten Zellenlagen nicht allein der Wurzelspitze, sondern von dieser mehrere Centimeter aufwärts.

Länger erhält sich die Cuticula lebendig und wachsend an allen oberirdischen Pflanzentheilen; an den Blättern bis zu deren Absterben, an den Trieben vorherrschend bis zum Herbste des ersten Jahres, nicht selten zwei bis drei Jahre lang, ausnahmsweise zehn Jahre hindurch bei Acer striatum. Mit dem Aufhören ihrer Zuwachsfähigkeit wird sie für den fortdauernd sich verdickenden Trieb zu eng, sie reisst auf und blättert ab.

b) Die Aussenzellen

§ 62. bilden ursprünglich eine überall geschlossene Zellenlage, deren Zellen von denen normalen, parenchymatischen Zellgewebes sich in nichts Wesentlichem unterscheiden. Erst im Verlauf ihrer Fortbildung treten Veränderungen ein, die, wie die Entstehung der Spaltzellen, der Schliesshautflächen in der Cuticula und der Lufträume unter den Spaltzellen unter sich in Beziehung stehen oder selbstständiger Bedeutung sind, wie die Haar- und Drüsenbildung, die Wandverdickung, Formänderung und Korkzellenbildung.

Was zuerst die Veränderungen betrifft, welche mit der Spaltzellenbildung in Beziehung stehen, mit Letzterer

die Spaltöffnungen (Spaltdrüsen, Stomata)

bildend, so haben wir die Entwickelung der Spaltzellen selbst bereits Seite 62, 66 kennen gelernt. Gleichzeitig mit der Abschnürung der Spaltzellen von den Mutterzellen der äussersten Zellenlage erlischt unter ihnen in einer oder in mehreren tiefer liegenden Zellschichten die Zellenmehrung durch Abschnürung von Tochterzellen und entsteht dadurch ganz allgemein eine mehr oder weniger grosse Lücke im Zellgewebe der Blätter, die stets nur mit Luft erfüllt ist. Wahrscheinlich mit gutem Recht hat man diese unter keinem Spaltzellenpaare fehlende Lücke mit dem Geschäft des Aus- oder Einathmens gasförmiger Stoffe in Beziehung gebracht, und ihr daher den Namen

Athemhöhle

gegeben.

Vollzieht sich die Abschnürung der Spaltzellen in der obersten Zellenlage und durch die ganze Querfläche der Aussenzellen hindurch, dann liegen die Spaltzellen mit Letzteren in gleicher Ebene und eine Einsenkung der Cuticula in die Pflanze besteht dann nicht oder doch nur in geringem Grade Seite 62, Fig. 48 aus dem Birkenblatte*). Es sind aber die Holzarten nicht selten, in denen die Abschnürung der Spaltzellen nur am unteren, inneren Theile der Aussenzellen sich vollzieht, in welchem Falle die Lage der Spaltzellen eine vertiefte ist, um so tiefer unter der Aussenfläche, je mehr die Aussenwandung der Aussenzellen sich verdickt (Seite 63, Fig. 49, aus Taxus, A. 5, Taf. 31, Fig. 2, 5 aus Narcissus). Den Bau der Spaltdrüsen des Nadelholzes vermag ich mir nicht anders zu erklären, als unter der Annahme, dass dort die Spaltzellen nicht, wie gewöhnlich, von den Aussenzellen, sondern von Zellen der zweiten Zellenlage abgeschnürt werden (A. 5, Taf. 30, Fig. 2—4 aus Pinus).

In den zuletzt genannten Fällen liegen die Spaltzellen in einer mehr oder weniger tiefen Einsenkung der Oberhaut (*b*), die man den

---

*) Durch ein Versehen ist der Verschluss der Spaltzellen durch eine zarte Schliesshaut nicht angedeutet.

Vorhof

des Spaltapparates genannt hat. Es kommen an exotischen Pflanzen sogar Fälle vor, in denen eine Mehrzahl von Spaltapparaten innerhalb ein und derselben Einsenkung liegt.

Nebenstehend gebe ich den Durchschnitt eines Spaltzellenapparates von Pinus sylvestris. *a a* bezeichnet den Verlauf der bei *b* in den Vorhof sich einsenkenden, die Wände desselben bekleidenden Cuticula, die ausserdem,

Fig. 94.

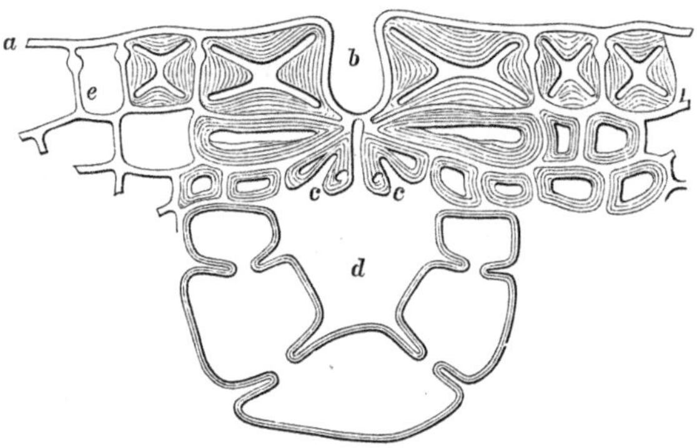

Epidermis und Spaltdrüsen aus dem Kieferblatt, *a* Oberhäutchen, *b* Vorhof, *c* Spaltdrüsen, *d* Athemhöhle, *e* Oberhaut- und Faserzelle.

zwischen den Oberhautzellen leistenartig sich fortsetzend (*e*), sowohl die Athemhöhle *d* als die Intercellularräume auskleidet. Die der Cuticula anliegenden Oberhautzellen sind hier so langgestreckt und so dickwandig, dass sie weit mehr dem Fasersysteme als einem Zellensysteme angehörig erscheinen. Die zahlreichen spiralig geordneten Tipfelkanäle dieser Oberhautfasern sind auch der Cuticula zugewendet (A. 5, Taf. 30, Fig. 2 *i*), dringen aber nie in letztere ein, die daher kein Umbildungsprodukt der nach Aussen gewendeten Wandungsschichten dieser Oberhautfasern sein kann. Die Spaltzellen *c c* liegen bei allen Kiefern sehr tief und scheinen nicht von den Aussenzellen, sondern von den Zellen zweiter Lage abgeschnürt zu sein. Die Athemhöhle *d* ist nach unten durch eine einzige grosse Zelle abgeschlossen, die darin mit den tiefer liegenden Zellen der Kiefernadeln übereinstimmt, dass an die Stelle vollständiger Abschnürung Strikturen treten, die diesem Zellgewebe einen eigenthümlichen Charakter ertheilen. Auch jede der Spaltzellen ist durch eine solche Striktur in zwei unvollständig getrennte, übereinander stehende Hälften getrennt. Das Nähere hierüber A. 5, Taf. 30. Zwischen den beiden Spaltzellen *c c* führt, von der Athmenhöhle *d* aus, ein schmaler Spaltraum aufwärts bis zur Einsenkung der Cuticula (*b*), der da, wo er unter der Cuticula endet, durch die Schliesshaut derselben gesperrt ist.

Die Allgemeinheit des Vorkommens der Spaltzellenapparate an allen jungen Pflanzentheilen des aufsteigenden Stockes höher entwickelter Pflanzen, besonders an deren Blättern; das Uebereinstimmende in allem Wesentlichen ihres Baues bei den verschiedensten Pflanzenarten, besonders das stete Vorhandensein eines grösseren Luftraumes unter den Spaltzellen deutet unzweifelhaft auf eine wichtige Funktion dieser Organe im Ernährungsprocesse der Pflanzen, die wahrscheinlich in nächster Beziehung steht mit der Umbildung des in die Blätter aufgestiegenen Bodenwassers in Wassergas und mit der Ausscheidung des Letzteren durch die Schliesshäute der Cuticula in die Aussenluft. Ich habe nachgewiesen, dass das Maass der Verdunstung von Wassergas durch die Blätter in geradem Verhältniss stehe zur Menge der Wasserzufuhr durch die Wurzeln (Oekonomie der Verdunstung, B. III, 32), dass, unabhängig von Temperatur und Wassergehalt der Aussenluft, die Verdunstung lebender Blätter längere Zeit hindurch ganz aufhören könne bei ungenügender Wasserzufuhr von unten her, und ist es mir nicht unwahrscheinlich, dass hiermit der zusammengesetzte Bau des Spaltzellenapparates in Beziehung steht. Dass die Stomata auch bei der Ausscheidung von Sauerstoff oder von Kohlensäure betheiligt sind, ist möglich, aber bis jetzt nicht durch Thatsachen erweisbar.

An den Blättern erhalten sich Cuticula und Oberhaut mit ihren Blattzellenapparaten unverändert bis zum Tode der Blätter, selbst an solchen Pflanzen, deren Blätter ein hohes, über 10jähriges Alter erreichen, wie an mehreren Nadelholzarten, an Agave, Buxus, Laurus. An Trieben hingegen stirbt die Cuticula der meisten Pflanzen schon im Herbste des ersten Jahres, nachdem in allen ihr anliegenden Aussenzellen die Grundlage eines Zellgewebes sich gebildet hat, das durch seine Undurchlässigkeit für Gase und tropfbare Flüssigkeit die abblätternde Cuticula ersetzt.

c) Das Korkgewebe.

§ 63. Mit dem Absterben der Cuticula erlischt deren Zuwachsfähigkeit, dem noch weiter sich verdickenden Triebe wird sie zu eng, sie muss in Längsrissen zerreissen und endlich abblättern.

Schon einige Zeit vor dem Absterben der Cuticula erleiden die Aussenzellen der Oberhaut eine Veränderung, die darin besteht, dass der Zellschlauch einer jeden Aussenzelle in der Richtung der Aussenfläche zu zweien Tochterschläuchen sich abschnürt. Nur der innere dieser beiden Tochterschläuche erleidet darauf eine erneute Zweitheilung in derselben Abschnürungsrichtung, es kommen aber nicht selten Fälle vor, in denen beide primitiven Tochterschläuche gleichzeitig zu zweien Enkelschläuchen sich abschnüren. Von da ab ist es aber stets nur der innerste Zellschlauch, der einer fortgesetzten Zweitheilung unterworfen ist, während alle vorgebildeten, also weiter nach Aussen liegenden Tochterschläuche einer weiteren Theilung nicht mehr fähig sind. Ich habe daher die innerste Schlauchzelle einer jeden aus dem Theilungsgeschäft hervorgehenden radialen Zellenreihe die permanente Mutterzelle (Fig. 92 *1, c*) genannt, alle vorgebildeten Zellen derselben Zellenreihe mit dem Namen sterile Tochterzellen belegt.

Fig. 95.

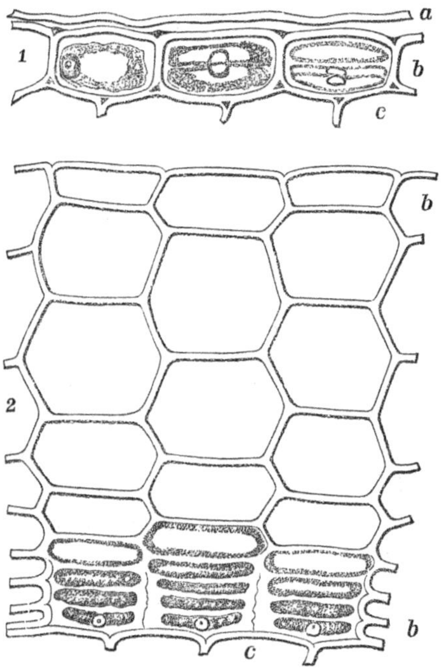

Fig. 1. Cuticula und Oberhautzellen im Augenblick der Zerreissung und Ablösung Ersterer (*a*), der beginnenden Korkbildung in Letzterer durch Theilung des Zellschlauchs (*b*). Fig. 2. Die Cuticula (Fig. 1 *a*) ist abgestossen und verloren gegangen. Die zuerst abgeschnürten Korkzellen (Fig. 2 *b*) sind ausgewachsen und bilden den Kork, dessen reproductive Schicht bei einigen Pflanzen (Korkeiche, Korkrüster) ein rasches Nachwachsen der hinweggenommenen Korklagen vermittelt, natürlich nur dann, wenn die reproductive Schicht dem Baume verbleibt.

Die Fortbildung der sterilen Tochterschläuche zu Wandungszellen ist die gewöhnliche, wie ich sie Seite 72 dargestellt habe. Nach der Ausbildung des Zellschlauches zur Zellwandung sind nur die innersten, jüngsten Korkzellen mit einem sekundären Zellschlauche ausgestattet, der in den älteren Korkzellen verschwindet, ohne dass sich eine Umbildung desselben in eine sekundäre, innere Zellwandung optisch nachweisen lässt.

Das Unterscheidende in den Stellungsgesetzen des Korkgewebes liegt darin, dass seine kurzen Zellen senkrechte Reihen bilden, und in diesen Reihen mit rechtwinkelig zur Längenachse der Reihen gestellten Scheidewänden übereinander stehen. Stimmt hierin das Korkgewebe mit dem parenchymatischen Zellgewebe der Rinde und des Markes überein, so unterscheidet es sich von Letzterem sehr bestimmt dadurch, dass, während die Mark- und Rindezellen in den concentrischen Reihen des Querschnittes unter sich im Verbande liegen, die Korkzellen, wie die Faserzellen des Holz- und Bastkörpers im Querschnitte radiale Reihen bilden, deren Einzelzellen in seitlicher Verbandstellung stehen. Mit den Holzfasern stimmen die Korkzellen auch darin überein, dass ihnen im ausgebildeten Zustande der Zellschlauch fehlt, unterscheiden sich von Ersteren aber auch darin, dass in ihnen eine sekundäre Zellwandung in der Regel nicht nachweisbar ist, und dass ihnen die Leitungsfähigkeit für gasförmige und tropfbare Flüssigkeit fehlt, wie dies die technische Verwendung des Korkes zum Verschluss mit Gasen oder tropfbaren Flüssigkeiten erfüllter Gefässe beweist, woraus ich schliesse, dass der Korkbildung an der lebenden Pflanze dieselbe Bedeutung zugeschrieben werden dürfe, die der Kork als Verschlussmittel für Gefässe besitzt.

Diese Ansicht wird wesentlich unterstützt durch das, was ich im Gegensatz zur normalen Korkbildung aus Oberhautzellen

die metamorphische Korkbildung

genannt habe. Unter Eichen und Pappeln sieht man alljährlich im Sommer belaubte Zweige liegen, deren Basis ein 1—4jähriges Alter erkennen lässt. Die trichterförmige Erweiterung der Ablösungsfläche dieser Triebe giebt schon dem unbewaffneten Auge zu erkennen, dass der Abfall dieser Triebe vom Baume nicht durch äussere Einflüsse hervorgerufen wurde, sondern dass er, wie der natürliche Abfall der Blätter, der Früchte, Borkeschuppen etc. auf inneren Ursachen beruht. Wir nennen diesen, unter den bei uns einheimischen Holzarten nur den Eichen und Pappeln eigenthümlichen Zweigverlust das Abspringen, und unterscheiden diese

Absprünge

von dem durch Thiere veranlassten Zweigabfall der Kiefern und Fichten.

Die oft bedeutende Anschwellung der Absprungbasis schon vor dem Abfall des Zweiges deutet auf eine Vorbereitung desselben im Innern der Zweige, die sich auch an Längenschnitten schon dem unbewaffneten Auge durch grünliche Färbung des Fasergewebes an und in der Umgebung der künftigen Ablösungsfläche zu erkennen giebt. Das Mikroskop zeigt hier alle Uebergangsstufen einer Umbildung des Fasergewebes in ein Korkgewebe, mit dem sich die künftige Absprungquerfläche schon vor dem Abfall der Zweige bekleidet. Ich komme hierauf in der dritten Abtheilung zurück.

Eine ähnliche Vorbereitung zum natürlichen Abfalle vollzieht sich zwischen Trieb und Blattstielbasis, zwischen Ersterem und den natürlich abortirenden letzten Internodien desselben, z. B. der Linde.

Ausserdem bildet die Holzpflanze Korkschichten auf metamorphischem Wege, d. h. durch Umbildung von Zellen anderer Art überall da, wo die ältesten, äusseren Rindetheile ausser Funktion treten, im Innern der grünen Rinde sowohl wie der ältesten Bastlagen. Auf gut geglätteten Querschnitten der Rindeborke von Betula verrucosa, der Bastborke von Quercus, Tilia, Salix, Pinus erkennt schon das unbewaffnete Auge diese, mit zunehmender Borkedicke von Aussen nach Innen bis zu den noch fungirenden Bastschichten fortschreitende Zwischenbildung sekundärer Korkschichten, durch welche die älteren Rinde- oder Bastschichten in Schuppenform begrenzt sind. Da, wo diese in Schuppenform von der Borke sich freiwillig ablösen, wie das am

Stamme von Platanus, der Mandelweiden, an den oberen Schafttheilen von Pinus der Fall ist, geschieht dies durch Spaltung der sekundären Korkschichten in zwei annähernd gleiche Lamellen, von denen die eine, äussere, der abfallenden Schuppe, die andere, innere, der noch im Zusammenhang stehenden Borke als äussere Begrenzung verbleibt. An den unteren Schafttheilen alter Kieferstämme bleiben die von sekundären Korkschichten eingeschlossenen Bastschichten untereinander in fester Verbindung, die Borke verdickt sich daher hier sehr stark; an den oberen Schafttheilen und an Aesten werden die Borkeschuppen abgestossen, die Borke erreicht hier daher nie eine grössere Dicke.

Dass die sekundären Korkschichten der Rinde und des Bastes auf metamorphischem Wege entstehen, erkennt man am sichersten an der Borke der Schwarzpappeln (Populus nigra, dilatata, serotina, monilifera, canadensis), an der die innere Schichtenbildung dieses Zellgewebes nicht erkennbar ist, weil hier alle Elementarorgane der Bastschichten, zum Theil selbst die der Bastfaserbündel in ein korkähnliches Gewebe sich umbilden. In den jüngeren der ausser Funktion getretenen Bastlagen zeigen tangentale Längenschnitte den ursprünglichen Unterschied zwischen Markstrahl- und Fasergewebe, zwischen dickwandigen Bastfasern, Siebfasern und Siebröhren noch sehr deutlich. In den ältesten, äussersten Bastborkeschichten sind alle diese Unterschiede verschwunden. Bis auf einige Ueberreste dickwandiger Bastbündelfasern sieht man hier nur ein ungeordnetes Gewebe kurzer, spaltförmig getipfelter Zellen, die in keiner anderen Weise entstehen können, als durch Umwandlung der vorgebildeten Organe des Bastes. Es ist dies ein der eingehendsten Forschung würdiger Gegenstand der bis jetzt von mir allein bearbeiteten Zellenmetamorphose, da er beweist, dass selbst scheinbar abgestorbene Organe der sogenannten todten Borke noch organische Umbildungen im Dienste der lebenden Pflanze, der sie angehören, erleiden können.

Die Lebensdauer der Oberhaut (cuticula) ist am kürzesten am absteigenden Stocke; sie erlischt hier schon am Würzelchen des Keimlings für immer. Am aufsteigenden Stocke erhält sie sich an den Trieben bis zum dritten und vierten Jahre, selten länger, häufiger stirbt sie schon gegen Ende der Triebbildung im ersten Jahre (Fagus), zerreisst dann und blättert ab. An immergrünen Blättern, an Früchten und Samenkörnern hingegen erhält sich die Cuticula unverletzt während deren Lebensdauer. Mit der Cuticula gleichzeitig oder bald nachher sterben auch die Oberhautzellen, aber erst dann, wenn in ihnen die Bildung des Korkgewebes begonnen hat, dessen Lebensdauer bei den meisten Holzpflanzenarten ebenfalls eine beschränkte ist. Am längsten erhält sich dasselbe lebendig und in Jahresschichten nachwachsend bei der Korkeiche und in den höheren Stammtheilen der Birken, deren älteste, äussere Jahresschichten in Bändern sich ablösen (Seite 42, Fig. 24). An örtlich beschränkten Stellen tritt ein Absterben der älteren Korkschichten bei den meisten Laubhölzern schon sehr früh ein,

die Lenticellenbildung

hervorrufend. Lenticellen nennt man kleine, aber schon dem unbewaffneten Auge erkennbare, rundliche oder längliche Flecke der Rinde an den einjährigen

Fig. 96.

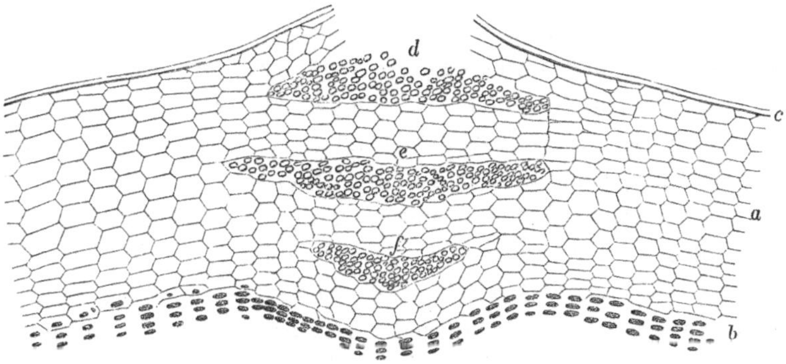

Lenticelle aus dem Triebe der Weide. *a* Korkgewebe, *b* Mutterzellen des Korkgewebes, *c* Oberhautreste, *d* ältestes, *e* jüngeres, *f* jüngstes Lenticellennest.

und nächst älteren Trieben der meisten Laubhölzer, z. B. Frangula, Prunus, Fraxinus, Juglans, die sich bei mikroskopischer Untersuchung als kleine Vertiefungen erweisen, die durch Oberhaut und Korkschichten hindurch bis auf die innersten, jüngsten Korklagen hinabreichen, durch Letztere aber stets vom Collenchym und der grünen Rinde getrennt sind. Sie entstehen durch Nester sehr kleiner, körniger, pilzähnlicher Kügelchen, die sich zuerst zwischen den obersten ältesten Korkzellenlagen bilden, diese nach Aussen hin auftreiben und endlich zerreissen, worauf dann ein zweites, drittes, viertes Körnerlager, von Aussen nach Innen fortschreitend, in den tieferen Korkschichten sich bildet, diese hebend und sprengend, so dass in die dadurch entstehende, kraterartige Vertiefung die Ränder der gesprengten Korkschichten blättrig hineinragen. Ueber die physiologische Bedeutung dieser, für die Erkennung der Triebe im winterlichen laublosen Zustande beachtenswerthen Bildungen, ist bis jetzt nichts bekannt, denn die Vermuthung, dass sie bestimmt seien, um den Zutritt der äusseren Luft durch die Korkschichten hindurch zur grünen Rinde zu vermitteln, ist dadurch hinfällig, dass die Lenticellengrube in ihrem Grunde stets durch die jüngsten Korkschichten normaler Dicke von der grünen Rinde getrennt bleibt. Nur das bleibt beachtenswerth, dass die aus unverletzter Rinde von Stecklingen sich entwickelnden Adventivwurzeln stets eine Lenticellengrube zum Ausgange sich erwählen, vielleicht in Folge im Lenticellenraume des Stecklings sich ansammelnden Bodenwassers.

In naher Beziehung zur Lenticelle steht

die Warzenbildung,

z. B. auf der Rinde von Evonymus verrucosus. Auf den von Warzen freien Stellen der jungen Triebe erhält sich eine aussergewöhnlich dicke Cuticula mehrere Jahre, neben den Warzen hingegen ist die Cuticula gesprengt und emporgehoben, die Korkschicht hingegen muldenförmig vertieft, die Mulde ist überreich erfüllt mit radial geordneten, gedrängt beisammenstehenden Zellenreihen, deren Zellen in Grösse, Form und Bildung denen des Korkgewebes entsprechen und aus einer Wucherung derselben hervorgegangen zu sein scheinen. Es sind diese Zellen ganz ausgefüllt mit Klumpen einer wachsharten, purpurrothen, durch Eisensalze sich blauschwarz färbenden Substanz, die dem klumpigen Gerbmehl der Eichenrinde ähnlich ist. Auffallend ist es aber, dass im Innern der Triebe diese durch ihre Färbung sehr in die Augen fallende Substanz nicht vorkommt. Ihr verdankt das ausser organischer Verbindung mit der Pflanze getretene Warzenzellgewebe seine dem unbewaffneten Auge schwarz erscheinende Farbe. Später mengt sich ein mehrkammeriger Kugelpilz von der Grösse der Hefepilze und mit grünem Inhalte den gerbstoffhaltigen Zellen bei und verdrängt Letztere an älteren Trieben ganz. Die genetischen Beziehungen zwischen beiden Zellenarten habe ich noch nicht aufgefunden.

An Nadelhölzern habe ich Lenticellen ähnliche Bildungen bis jetzt nur bei Cembra und Strobus aufgefunden. Wie bei Sambucus ist aber auch hier die Lenticellenmulde sehr flach und einer wiederholten Vertiefung nicht unterworfen. Ich halte sie daher für eine Uebergangsform zur Warzenbildung.

In neuerer Zeit sind wesentlich abweichende Ansichten über Lenticellenbildung veröffentlicht. Es soll die Lenticelle unter einer Spaltöffnung sich bilden und die unter derselben befindliche Athemhöhle soll die Zellgewebslücke sein, die sich mit Einzelzellen ausfüllt, auf Kosten der, von den Wänden der Athmenhöhle sich ablösenden und durch Theilung sich mehrenden, parenchymatischen Zellen.

Ich habe noch nicht Zeit gehabt, diese Angaben zu prüfen, halte aber ihre Richtigkeit für wenig wahrscheinlich, schon aus dem Grunde, weil den Trieben, auf denen die Lenticellen am häufigsten und zahlreichsten vorhanden sind, Spaltöffnungen theils gänzlich fehlen, theils in nur geringer Zahl sich vorfinden, andererseits auf den mit Spaltöffnungen stets und reichlich besetzten Blattscheiben Lenticellen nicht vorhanden sind. Es haben ferner die sogenannten „Füllzellen“ des Lenticellenraumes so wenig Aehnlichkeit mit Theilzellen, es ist der Vorgang sowohl einer Ablösung vorgebildeter Rindezellen als deren selbstthätige Theilung bis zum Körnchen von molekularer Grösse, (ein Vorgang, der die grösste Aufmerksamkeit des Forschers erregt haben müsste, da er, so viel ich weiss, völlig isolirt stehen würde), so wenig klar gelegt, dass ich bis jetzt noch nicht mich veranlasst fühle, Zweifel in die Richtigkeit meiner Angaben und namentlich in diejenige unter ihnen zu setzen, dass die Lenticelle stets erst zwischen vorgebildeten Korkzellen, also nach Zerstörung der Oberhaut und der ihr angehörenden Spaltöffnungen sich bildet. Der augenfälligen Abstammung aller in den Lenticellenraum von der Seite desselben hineinragenden Zellgewebslamellen aus zerrissenen Korkschichten und der Wiederholung dieser Zerreissungen geschieht in der neueren Darstellung keine Erwähnung, selbstverständlich auch nicht der von mir hierüber in botanischen Zeitschriften veröffentlichten Arbeiten.

6) Borke.

§ 64. Wir haben gesehen, dass an allen jungen Trieben die Bastlagen der Faserbündel nach Aussen umgeben sind von der grünen Rinde, dass Letztere eingeschlossen ist von den Korkschichten, an deren Stelle Oberhautzellen und Oberhaut die Aussengrenze des Triebes bildeten. Die Lebensdauer dieser Schichten ist bei verschiedenen Pflanzenarten sehr verschieden; ist sie abgelaufen, dann erlöscht mit ihr die Befähigung der Rinde oder des Bastes, sich durch Zellentheilung und durch Zellenwachsthum in dem Maasse zu erweitern, als der Zuwachs der inneren Baumtheile solches erheischt; die ausser Funktion getretene Schichtung muss zerreissen und schliesslich abblättern. Die Zerreissung geschieht nur in Längsrissen, da an älteren Baumtheilen der Längenwuchs erlöscht, und nur in Fällen allseitigen Zuwachses, wie er an halbkugeligen Maserknollen und am Stamme von Testudinaria elephantipes stattfindet, bilden sich auch Querrisse.

Auf der verschiedenen Lebensdauer der Rindeschichten beruhen die Unterschiede dessen, was ich Korkborke,
Rindeborke,
Bastborke genannt habe.

Ein höchstes bis 10jähriges Alter der Oberhaut habe ich bei Acer striatum gefunden, bei den meisten Holzarten geht die Oberhaut viel früher, bei Fagus schon am einjährigen Triebe verloren, nachdem aus den Oberhautzellen eine Korkschicht sich gebildet hat, deren permanente Mutterzellen an der inneren Grenze des Korkes lagern, fortdauernd neue Korkzellschichten nach Aussen abschnürend (Seite 190, Fig. 95). Die älteren äusseren Korkschichten können daher abblättern, z. B. die weissen Korkbänder der Birken, oder sie können der Rinde gewaltsam genommen werden, wie die Korklagen der Korkeiche, ohne die Bildung neuer Korklagen aufzuheben, wenn nur die innerste Lage permanenter Mutterzellen dem Baume verbleibt, gerade so wie die innersten Holzlagen eines

Baumes ausfaulen oder hinweggenommen werden können, wenn die äussersten cambialen Schichten dem Baume verbleiben.

Korkborke

nenne ich aber nur solche Borke, an der die Neubildung innerer Korkschichten eine fortdauernde ist, wie z. B. an der Korkeiche, an den höheren Schafttheilen der Birken, an Testudinaria elephantipes. Der Korkbildung an Letzterer sehr ähnliche Bildungen finden sich häufiger als Abnormität an Eichen-Stangenhölzern, seltener an Fichten, stets auf kleinere Oberflächenräume beschränkt. Als normale, aber örtlich beschränkte Korkbildung muss man auch die Längsleisten betrachten, durch welche die jüngeren Triebe und Zweige von Evonymus europaeus, Fraxinus 4angulata, Populus angulata und mehrere amerikanische Schwarzpappeln (Pop. canadensis, monilifera, serotina), eine im Querschnitte eckige Form besitzen. An den Rüstern, Feldahornen, Schneeballen ist die oft lange Zeit sich fortsetzende Korkbildung individuelle Eigenschaft.*)

Rindeborke.

So lange die Korkbildung eine geschlossene, von den permanenten Mutterzellen des Korkes ausgehende ist, erhalten sich Rinde und Bast in normaler Bildung, abgesehen von der Umbildung einer mehr oder weniger grossen Zahl dünnwandiger Rindezellen in Steinzellen. Mit dem Absterben und Abblättern der äusseren (primären) Korkschichten, der Entblössung des grünen Rindegewebes vorhergehend, tritt aber eine in die grüne Rinde eingreifende (sekundäre) Korkbildung ein, durch welche die tieferen, noch fungirenden Schichten der grünen Rinde von den ausser Funktion getretenen äusseren Rindeschichten geschieden werden, der freie Zutritt atmosphärischer Luft zu den inneren Baumtheilen abgeschlossen wird. Diese sekundären, zwischen dem grünen Rindegewebe verlaufenden Korkschichten können in keiner anderen Weise entstehen, als durch Metamorphose vorgebildeter Rindezellen. Borke dieser Art besitzt der untere, tiefrissige Schafttheil von Betula verrucosa, an dessen reich mit Steinzellen durchsetzter Rinde das nach Innen fortschreitende Eingreifen der sekundären Korkschichten am besten sich verfolgen lässt. Zur Rindeborke zähle ich auch die Rinde der Rothbuche und der Hainbuche.

Bastborke.

Bei vielen Holzarten geht mit den primären Korkschichten zugleich auch das grüne Rindegewebe verloren, in Folge dessen dann die äussersten ältesten

---

*) Ueber die in bandförmigen Blättern sich lösende Korkborke der Weissbirke s. Seite 42. Auch die Borke des Kirschbaumes gehört hierher.

Bastlagen zu Tage treten, deren äusserste, ausser Funktion tretende Schichten, ebenso wie im Rindegewebe die ältesten Rindetheile, durch sekundäre Borkschichten abgeschnürt werden, wenn auch die abgeschnürten Basttheile mit den tieferen Theilen in fester Verbindung bleiben, wie solches der Fall ist bei den Eichen, Pappeln, Baumweiden, Linden, Akazien, Eschen etc. Bei der Platane hingegen, bei den Mandelweiden, in den oberen Schafttheilen und an den Aesten der Kiefer werden die beiderseits mit Kork bekleideten Bastschichten periodisch in Schuppen abgeworfen. Bei Vitis, Spiraea, Lonicera, Potentilla tritt die Zwischenbildung sekundärer Korkschichten in concentrischen Schichten auf, dem zu Folge die ältesten Bastschichten in Längsstreifen sich ablösen.

Dritte Abtheilung.

Entwickelungsgeschichte der Pflanzenglieder.

Schon der Pflanzenkeim in seinen frühesten Zuständen entwickelt sich in gradlinig entgegengesetzter Richtung zu Stengel und Wurzel. Ueber die Ursache dieses Gegensatzes in der Entwickelungsrichtung habe ich schon in der zweiten Abtheilung Seite 147 meine Ansichten mitgetheilt. Ihnen gemäss ist eine „indifferente Querfläche", von der aus der Höhe- und Tiefezuwachs, Stengel und Wurzel sich scheiden, nicht vorhanden; es bildet sich vielmehr schon sehr früh eine indifferente Längenstrecke fertigen, in der Richtung der Längenachse nicht mehr zuwachsfähigen Zellgewebes, die, wie der Raum zwischen zweien in entgegengesetzter Richtung sich bewegenden Körpern, alljährlich sich vergrössernd, an ihren Enden in die noch zuwachsfähigen Längetheile sich fortsetzt.

An der Keimlingpflanze kann man diese indifferente Längenstrecke den Wurzelstock nennen, der sich an seinen beiden Enden in den Stengel (Stamm, Schaft) und in die Pfahlwurzel fortsetzt. Man hat von „polaren Gegensätzen" gesprochen. Allein es ist nur in sehr beschränktem Grade richtig, dass die Wurzel dem Mittelpunkt der Erde entgegen wachse. Auch auf lockerem, tiefgründigem Boden hört der Tiefezuwachs der Pfahlwurzel sehr früh auf und der Wurzelwuchs verflacht sich mit zunehmendem Alter der Pflanze immer mehr.

Nennt man Stengel, Wurzelstock, Pfahlwurzel den Rumpf der Pflanzen, dann kann man, wie am Thierkörper, die seitlichen Ausscheidungen des Pflanzenkörpers mit dem Namen Pflanzenglieder bezeichnen, die sich am aufsteigenden Stocke zu Blättern und Seitenknospen, am absteigenden Stocke zu Seitenwurzeln und zu Wurzelknospen entwickeln.

Sowohl der Rumpf als die Glieder der Holzpflanzen sind zusammengesetzt aus Zellensystemen, deren Vorkommen und Entwickelungsgesetze wir schon im vorhergehenden Abschnitt kennen gelernt haben. Hier wird es meine Aufgabe sein, die Entwickelungsgesetze der Pflanzenglieder nachzuweisen.

A. Die Pflanzenglieder des aufsteigenden Stockes.

Fig. 99.

Fig. 98.

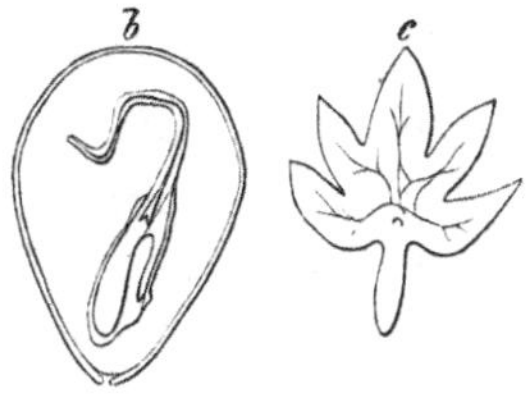

Fig. 100.

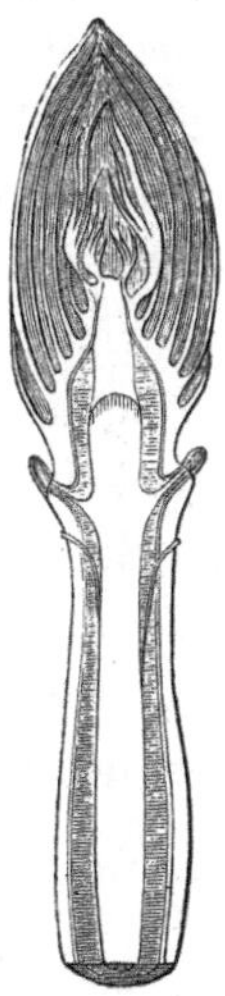

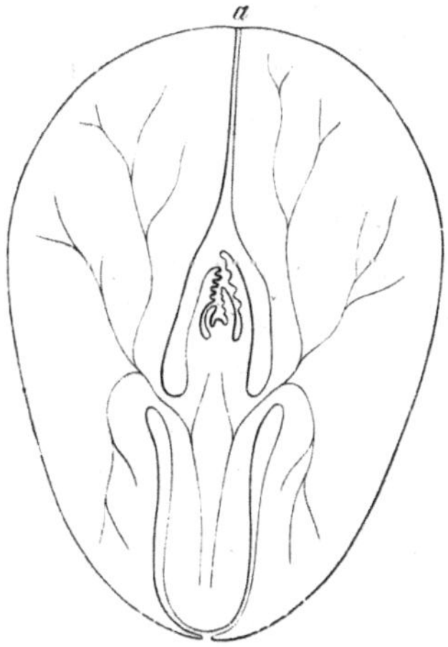

Fig. 97.

Fig. 97. Durchschnitt einer Eichel. Die Samenlappen im Verhältniss zum Keim viel kleiner.
Fig. 98 *b*. Durchschnitt aus dem Samenkorn der Linde. Der im Eiweiss liegende Keim rechtwinkelig zur Blattscheibe des Primärblattes durchschnitten.
Fig. 98 *c*. Aufsicht auf die Fläche des Primärblattes der Linde.
Fig. 99. Buchenknospe im Längsschnitt.
Fig. 100. Knospe der Rosskastanie im Längsschnitt.

Erstes Kapitel.

Die Blattbildung.

1) Entstehung der Blätter.

§ 65. Lange vor Eintritt der Samenreife bildet der kugelige oder verlängert eiförmige Pflanzenkeim dicht unter seiner hügelförmig abgerundeten Spitze bei den Laubholzarten zwei gegenüberstehende (Seite 141, Fig. 74), bei den meisten Zapfenbäumen der Nadelhölzer eine Mehrzahl ringförmig gestellter, warziger Erhebungen (Seite 145, Fig. 82, 83), die sich noch vor der Samenreife zu den ersten Blättern des Keimlings ausbilden, bei den Nadelhölzern, bei der Linde, Esche etc. Primärblätter genannt, wenn sie die gewöhnliche Blattform besitzen (Fig. 98 *b c*), durch Aufnahme von Reservestoffen nicht verdickt sind; Samenlappen (Cotyledonen) genannt, wenn sie durch Ausbildung grosser Mehlmengen in ihrem Zellgewebe ungewöhnliche Dicke erlangt haben (Fig. 97).

Das reifende Samenkorn begnügt sich aber nicht bei allen Holzarten mit der Ausscheidung von Primärblättern. Bei vielen derselben wächst das über letzteren liegende, aufsteigende Knospenwärzchen zu einem kurzen, seitlich mit jungen Blättern besetzten Triebe heran und bildet das Fiederchen — Plumula — des Embryo (Eiche, Gartenbohne, Fig. 97). Aehnliches zeigt die Baumknospe. Die Pflanze, der sie aufsitzt, kann man als Stengel und Wurzel, die Knospendecken kann man, wenigstens in Bezug auf Schutz, als Samenlappen deuten. Den innerhalb der Knospendecken vorgebildeten, mehr oder minder hoch entwickelten, nächstjährigen Trieb kann man der Plumula des Samenkornes zur Seite stellen. In der Rothbuchen- und Schwarzkiefernknospe (Fig. 99 und Taf. III) sind alle Blattausscheidungen des nächstjährigen Triebes bereits vorgebildet. In den Knospen der meisten Holzarten sind nur die untersten Internodien des nächstjährigen Triebes mit den Blättern gebildet (Eiche, Rosskastanie, Fig. 100); in den Knospen der Esche, Fichte, der Akazie, der Platane hat die Plumula den Zustand des aufsteigenden Knospenwärzchens nicht oder nicht wesentlich überschritten.

Durch die geringe Grösse der jugendlichsten Zustände des Pflanzenkeimes ist eine Erforschung der frühesten Entwickelungszustände seiner Blätter unausführbar oder doch in ihren Ergebnissen unsicher. Es liegt aber kein Grund zur Annahme vor, dass die Entstehung der ersten Blattkeime hier eine andere ist, als am Knospenwärzchen der Spitze wachsender Triebe, die, wenn sie, wie an Aesculus, Juglans, Fraxinus massig wachsen, ein der anatomischen Untersuchung günstigeres Material liefern. Was ich nachfolgend über die ersten Entwickelungszustände der Blätter (und der Knospen) sagen werde, ist solchem Material entnommen.

Bei verschiedenen Holzarten ist die Blattbildung in ihrem Ursprunge eine dreifach verschiedene:

a) durch Auswuchs,
b) durch Abspaltung,
c) durch Ausspaltung.

a) Die Blattbildung durch Auswuchs (Fig. 101 *a b*)

ist die der grossen Mehrzahl der Holzpflanzen eigenthümliche.

Bei den monocotylen Pflanzen an einem, bei den meisten dicotylen

Pflanzen an zweien gegenüberstehenden, bei den Zapfenbäumen an mehreren kreisförmig gestellten Punkten der Basis des Knospenwärzchens steigert sich das Tempo der Zellentheilung (Seite 85) in einer oder in einigen beisammenstehenden Zellen, dem der Nachbarzellen gegenüber um das Mehrfache. Es gehen hieraus Complexe sehr kleinzelligen Zellgewebes hervor (Fig. 101 *a*), das über die Aussenfläche des Knospenwärzchens hügelförmig hervortreten muss, in dem Maasse, als die Kleinzellen des Complexes sich vergrössern, da in jeder andern Richtung Raum für die eintretende Vergrösserung fehlt. (Vergl. auch Taf. VI, Fig. 2—4.)

Fig. 101.

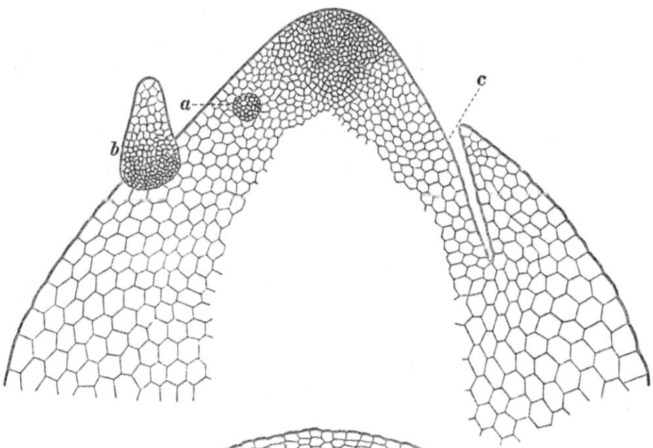

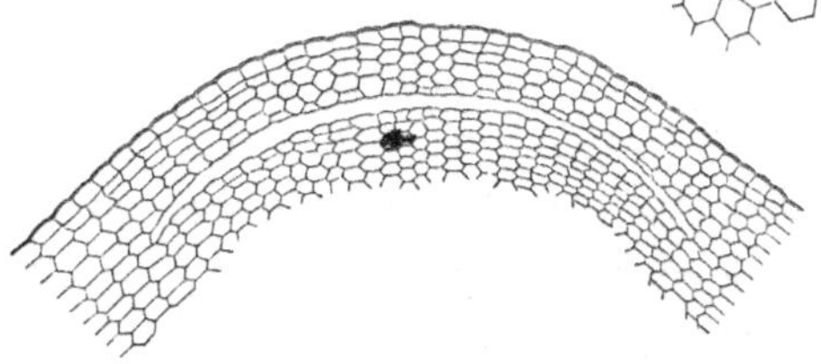

Fig. 102.

Fig. 101. Schematische Darstellung der Blattbildung unter dem aufsteigenden Knospenwärzchen. *a b* durch Auswuchs, *a* Zellennest, *b* junges Blatt, *c* durch Abspaltung.

Fig. 102. Durch Ausspaltung (Siehe den Text).

Auch in der Folgezeit bleibt jenes kleinzellige Gewebe in der Basis des Knospenwärzchens die Stätte der Zellenmehrung für den Längezuwachs des Blattstieles und des Blattes. Das Blatt, soweit dessen Längezuwachs auf Zellenmehrung durch Zellentheilung beruht, wächst nicht, wie das aufsteigende Knospenwärzchen in seiner Spitze, sondern in seiner Basis.

Derselbe Gegensatz zwischen dem Wachsthum des Triebes und des Blattes durch Zellenmehrung besteht auch in Bezug auf das Wachsthum durch Zellenvergrösserung. Im Triebe verlangsamt sich das Tempo der Zellentheilung vom

Knospenwärzchen abwärts. Dem zu Folge sind hier die tieferen, älteren Zellen in ihrer Entwickelung am weitesten vorgeschritten, bis zum Erlöschen der Theilungsfähigkeit und der Vollendung eigener Ausbildung (Seite 85). Im Blatte verhält sich dies entgegengesetzt. Das Tempo der Zellentheilung verlangsamt sich hier von der Basis des Blattes nach dessen Spitze hin. Dem zu Folge sind die der Blattspitze näher liegenden älteren Zellen in ihrer Entwickelung am weitesten vorgeschritten, bis zum Erlöschen der Theilungsfähigkeit und der Vollendung eigener Ausbildung, abgesehen von dem die Blattscheibe bildenden seitlichen Zuwachse des Blattes, in welchem jede Verzweigung des Fasergewebes als ein Internodium*) zu betrachten ist, dessen Zellgewebe entweder zu einer gemeinschaftlichen Blattscheibe mit dem Zellgewebe der benachbarten Internodien verschmolzen ist (Eiche, Buche) oder seine Selbstständigkeit im gefiederten und im doppelt gefiederten Blatte gewahrt hat (Esche, Akazie, Aralie).

Das an der Basis des Knospenwärzchens hügelförmig hervortretende, von der mitwachsenden Oberhaut des Stengels bekleidete Blatt besteht anfänglich nur aus parenchymatischem Zellgewebe. Bald nach dem Hervortreten des Blatthügels tritt aber ein, oder es treten mehrere Faserbündel vom Faserbündelkreise des Stengels in schräg nach Oben und Aussen gewendeter Richtung ab und in das Zellgewebe des Blatthügels hinein. Man darf sich dies aber nicht so denken wie das Einstecken einer Nadel in das Nadelkissen. Es ist vielmehr dieser Vorgang nur in der veränderten Entwickelungsrichtung des oder der ausscheidenden Faserbündel verschieden von der Verlängerung der Faserbündel des Stengels nach Oben im Zellgewebe des aufsteigenden Knospenwärzchens. Wie hier, so beruht auch dort der Längezuwachs der ausgeschiedenen Faserbündel auf der Umbildung des vorgebildeten parenchymatischen Zellgewebes in cambiales Zellgewebe, dieses Letzteren in Fasergewebe durch diagonale Zellentheilung; hier wie dort erweitern sich die, durch veränderte Entwickelungsrichtung ausgeschiedenen Faserbündel durch seitliche Fortpflanzung der genannten Umbildungen, wie ich dies für den Bündelkreis des Stengels Seite 152 geschildert habe.

Die Blattausscheidung ist in ihrem Ursprunge eine Funktion nur des parenchymatischen Zellgewebes an der Basis des Knospenwärzchens, naturgesetzlich vorausbestimmt selbst bis auf den Ort und die Zahl der gleichzeitigen Ausscheidungen. Am Keimling der monocotylen Pflanzen scheidet stets nur ein

*) Der Stengel vieler Gräser, aber auch einiger dicotylen Pflanzen besitzt an der Basis seiner Blattausscheidungen knollige Anschwellungen. Hiervon entlehnt, hat man die Stengeltheile zwischen je zweien Blattausscheidungen mit dem Namen „Internodium" belegt, und wendet diesen Ausdruck auch da an, wo eine knollige Blattbasis nicht vorhanden ist.

Primärblatt, an dem der dicotylen Pflanzen scheiden gleichzeitig zwei gegenüberstehende Primärblätter, an dem der meisten Zapfenbäume scheiden gleichzeitig eine Mehrzahl von Primärblättern unter dem Knospenwärzchen aus (Seite 143, Fig. 82). Am wachsenden Triebe geben sich die arteigenthümlichen Gesetze der Blattausscheidung in der wechselständigen, gegenüberständigen, quirlförmigen Blattstellung zu erkennen. Gesetze, deren Betrachtung der Morphologie angehört. Die Ursache dieser Gesetzmässigkeit ist uns verborgen und wird uns wohl für immer verborgen bleiben.

b) Die Blattausscheidung durch Abspaltung (Fig. 101 *c*).

Nicht bei allen Pflanzen entsteht das Blatt in der vorbezeichneten Weise durch hügelförmige Erhebung einer Zellgewebsmasse über der Oberfläche des Stengels an der Basis des Knospenwärzchens. Leider habe ich es versäumt, mir diejenigen Pflanzenarten zu bezeichnen, bei denen das Blatt dadurch entsteht, dass in der vorgebildeten Gewebemasse des aufsteigenden Knospenwärzchens von Oben nach Unten gerichtete Spaltflächen entstehen (Fig. 101 *c*), etwa der Art, wie unsere Hausfrauen kegelförmigen Butterstücken mit der Löffelspitze zapfenähnliche Formen geben, oder wie wenn an einem ursprünglich soliden Kieferzapfen die zwischen den Schuppen liegenden Trennungsflächen erst später von Unten nach Oben aufsteigend sich bildeten (B. III, 1854 S. 4). Ich vermag nur eine Pflanzenart (Magnolia) namentlich anzuführen, an deren Knospen Abspaltung mit Ausspaltung alternirend stattfindet (B. III, 1855 S. 223), entsinne mich aber aus jenen früheren Untersuchungen, dass die Abspaltung in allen Fällen verbunden war mit der Bildung einer Oberhaut in dem Trennungsspalte und der Entstehung von Spaltdrüsen daselbst; ob in gleicher Weise, wie ich dies für die Ausspaltung der Deckblätter an den Magnoliaknospen beschreiben werde, wage ich nicht mit Sicherheit anzugeben.

c) Die Blattausscheidung durch Ausspaltung (Fig. 102).

Bei allen Weidenarten und bei Viburnum sind die Knospen nur von einem Deckblatte eingeschlossen, an welchem eine leicht erkennbare Längsfurche den untereinander verwachsenen Rändern des Deckblattes zu entsprechen scheint. In der morphologischen Botanik hat man ähnliche Fälle häufig als Verwachsungserscheinungen gedeutet, obgleich da, wo eine Trennung, wie ich gezeigt habe, nie stattgefunden hat, auch von einer Verwachsung nicht die Rede sein kann.

Aehnliches zeigen auch die Knospen der Magnolien, aber mit Einschachtelung mehrerer kappenförmiger Knospendeckblätter, die auch hier ohne Ausnahme eine Längsnaht besitzen. Entnimmt man einer grossen Magnolienknospe das äusserste geschlossene Deckblatt, so erkennt schon das unbewaffnete Auge innerhalb desselben ein einfaches Normalblatt, dem ein zweites geschlossenes Deckblatt folgt. Dieser Wechsel zwischen geschlossenem Deckblatt und offenem Normalblatte wiederholt sich in der Knospe mehrere Male in abnehmenden Dimensionen.

Der Magnolienknospe ähnlich ist die Knospe von Liriodendron und von Alnus. Auch in ihr wechseln Blatt und Deckblatt mehrere Male. Letzteres ist aber nicht so bestimmt schlauchförmig geschlossen, wie in der Magnolienknospe. Auch die Knospe von Platanus ist hier zu vergleichen.

Die geschlossenen Deckblätter sind wie bei den Weiden durch Ausspaltung, die offenen Normalblätter sind durch Abspaltung vom Knospenwärzchen entstanden.

Die Ausspaltung der Deckblätter entsteht dadurch, dass sich im Zellgewebe des Knospenwärzchens, einige Zellenschichten unter dessen Aussenfläche, ein kappenförmiger Spalt bildet, dessen Grenzzellen sich mit einer Oberhaut bekleiden (Fig. 102). Es geschieht dies dadurch, dass die Querscheidewände einer inneren, kappenförmigen Zellschicht resorbirt werden. Ist hierdurch der kappenförmige Spaltraum hergestellt, dann verwachsen die nicht resorbirten, den Spalt allseitig begrenzenden Wandungstheile der kappenförmigen Zellschicht untereinander zu einer Oberhaut, die, wie alle Oberhaut von den anliegenden Zellen ernährt und im Zuwachse erhalten wird. (Vergl. Taf. VI, Fig. 3, 4.) Der kappenförmigen Ausspaltung des ersten, später äussersten Deckblattes folgt dann die Abspaltung eines einzelnen Normalblattes in gleicher Weise und so fort alternirend bis zur Vollendung der Knospe. Irre ich nicht, so entstehen auch die Eier einiger Holzarten, z. B. der Rosskastanie im Innern eines ursprünglich geschlossenen Fruchtknotenzellgewebes durch Ausspaltung.

2) Fortbildung der Blätter.

§ 66. Bei allen einheimischen Nadelhölzern ist es ein einfaches Faserbündel, welches sich in die zum Blatte ausgeschiedene Zellgewebsmasse hinein verlängert und auch im fertigen Blatte sich nicht vervielfältigt. Das Vorhandensein nur eines meist achsenständigen Faserbündels der Blätter gehört zu den wichtigsten Charakteren fast aller Nadelholzarten. Der Bau dieses Faserbündels ist vom Bau der Faserbündel des Stengels in nichts Wesentlichem verschieden. Auch hier besteht es aus einem der unteren Blattfläche zugewendeten Bastkörper und aus dem der Lichtseite des Blattes zugewendeten

Holzkörper, letzterer mit linsenräumig getipfelten Spiralfasern reichlich ausgestattet. Im Bastkörper der Kiefer ist eine kreisförmige Durchbrechung in den Querscheidewänden der Gliedröhren auffallend.

Dagegen zeigt die, das centrale Faserbündel umgebende Zellschicht manches Eigenthümliche. Die Blattzellen der Kiefern besitzen sackförmige Erweiterungen der Zellwandung nach Innen, die ich nur hier aufgefunden habe (A. 5, Taf. 18, Fig. 17); die Oberhautzellen erreichen bei ungewöhnlicher Wandverdickung eine Länge, die ihnen das Ansehen von Bastbündelfasern giebt (daselbst Taf. 30, Fig. 2—5); Harzgänge durchsetzen auch hier reichlich ein Diachym, das, auf der Licht- und der Schattenseite der Nadeln von gleicher Bildung, in der Längenrichtung des Blattes eine Schichtenstellung zwischen weiten Räumen zeigt, durch welche die obere und die untere Seite jeder Zellschicht von Luft begrenzt ist (A. 5, Taf. 18, Fig. 15, 16).

Bei den Laubholzpflanzen ist es in der Regel eine Mehrzahl von Faserbündeln des Bündelkreises, welche gleichzeitig aus Letzterem sich abzweigen und in das ausgeschiedene Blattgewebe hinein sich verlängern. Die nach Innen offene Hufeisenform ihrer Stellung (Fig. 88, Seite 171) behalten sie bei den meisten Pflanzenarten auch im Verlauf des Blattstieles und nur bei wenigen Arten, z. B. bei Aesculus schliessen sie sich zu einem, wie im Stengel Mark und Rinde trennenden Bündelkreise. In die Blattscheibe setzt sich das mittlere Faserbündel des Blattstieles gradlinig fort und bildet dort den Kiel der Blattscheibe, in dessen Verlauf die übrigen Faserbündel sich seitlich in gleicher Ebene zu Blattrippen abzweigen, wenn nicht, wie bei Aesculus, Acer diese Abzweigung der Rippen gleichzeitig schon an der Basis der Blattscheibe sich vollzieht. Von den Blattrippen zweigen sich dann in gleicher Ebene kleinere Faserbündel ab, das Blattgeäder oder die Blattnerven bildend, deren letzte Verzweigungen, mit denen der benachbarten Nerven sich vereinend, ein Netzwerk darstellen, in dem sich die Trennung und Wiedervereinigung der Faserbündel des Stengels wiederholt (Seite 63, Fig. 47 1).

Die Bildung der Faserbündel des Laubholzblattes ist, abgesehen von den allgemeinen Unterschieden im Bau der Elementarorgane des Laubholzes und des Nadelholzes, von der Bildung der Faserbündel des Nadelholzblattes in nichts Wesentlichem unterschieden. Auch hier besteht jedes Faserbündel aus einem Holzkörper und aus einem Bastkörper; auch hier ist Letzterer der unteren oder der Rindenseite, Ersterer der oberen oder der Markseite des Blattes zugewendet. Dagegen bestehen sehr erhebliche Unterschiede zwischen Laub- und Nadelholzblatt in dem die Faserbündel bekleidenden parenchymatischen Zellgewebe, das man in Bezug auf Blattbildung mit dem Namen „Diachym" bezeichnet hat. Wenn das die Faserbündel der Nadelholzblätter einhüllende Zellgewebe überall ein gleichgebildetes ist und die Faserbündel überall in gleicher Mächtigkeit einschliesst, begrenzt es die Faserbündel des Laubholzblattes mit wenig Ausnahmen nur seitlich in der Richtung der Blattfläche, die Aussen- und Innengrenze der Faserbündel reicht bis zu den Oberhautzellen. Ausserdem ist das Zellgewebe der oberen und der unteren Blattseite sehr verschieden gebildet. Unter der oberen, dem Lichte zugewendeten Blattseite liegt ein dicht gedrängtes, in der Richtung der Blattdicke etwas gestrecktes Zellgewebe, dessen Zellen reichlich Grünmehl führen. Daher die meist dunklere Färbung der oberen Blattseite, deren Oberhaut entweder keine, oder viel weniger Spaltdrüsen zeigt als die Oberhaut der unteren Blattseite. Das sternförmige Zellgewebe dieser Letzteren, ausmündend in eine grosse Zahl nur durch Schliesshäute gesperrter Spaltdrüsen, enthält in seinen weiten Intercellularräumen viele gasförmige Stoffe, Luftarten und Wasserdunst, im Innern der Zellen nur wenig Grünmehl, daher die hellere Färbung der unteren Blattseite.

Fig. 103.

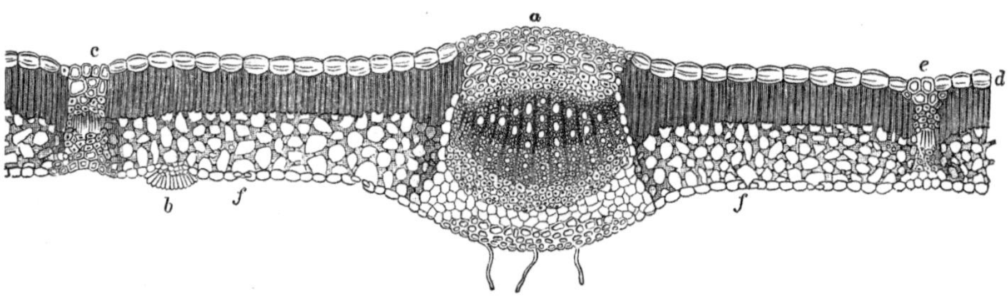

Fig. 103. Querschnitt aus dem Birkenblatte. *a* grosse, *c e* kleine Blattrippe im Querschnitt, *d* Oberhautzellen der dem Lichte zugewendeten Blattfläche, darunter das gedrängte grünmehlhaltige Diachym der oberen Blattseite, *b* Wachsharz aussondernde Drüsen, *f f* Spaltdrüsen der unteren Blattseite, darüber sternförmiges Zellgewebe. (Vergl. Seite 62, Fig. 47, 48.)

Die Oberhaut der jüngsten Blätter besitzt keine sogenannten Spaltöffnungen. Man kann sich davon leicht überzeugen, wenn man die innersten Blätter noch geschlossener Zwiebeln kocht, macerirt und deren Zellgewebe durch Auswaschen von der Cuticula trennt, die dann, auf der Objektplatte unter Wasser ausgebreitet, dem Auge des Mikroskopikers auch bei der schärfsten Vergrösserung überall als eine wasserklare Fläche sich zu erkennen giebt. Wie erst in den von der Basis der jüngsten Blätter entfernteren Stellen die Spaltdrüsen durch Theilung der Oberhautzellen entstehen, habe ich schon in der ersten Abtheilung dieser Schrift Seite 66 ausführlich nachgewiesen und durch Abbildungen erläutert. Besonders die untere Blattseite ist reichlich mit Spaltdrüsen ausgestattet.

Bei den Nadelhölzern sind die Lufträume des sternförmigen Zellgewebes der Laubhölzer vertreten durch Lufträume zwischen jeder einzelnen Zellenlage des Diachym.

Anticipirte Blattbildung.

Während des Längezuwachses der Jahrestriebe erfolgt die Ausscheidung der Blätter in Intervallen, theils vereinzelt in der Richtung einer aufsteigenden Spirale, theils gegenüberstehend paarweise oder in quirlförmiger Stellung. Bei einer verhältnissmässig geringen Zahl von Holzarten sind sämmtliche Blattausscheidungen des Triebes gleicher Bildung, so bei den Cypressen (Juniperus), Araukarien und Cunninghamieen, an denen die obersten Blattausscheidungen nur durch abnehmende Grösse sich von den vorhergehenden unterscheiden. Bei den meisten Holzarten unterscheiden sich die letzten Blätter auch in ihrer Bildung durch ihre Umwandlung in Knospenschuppen, die entweder der Vorbildung des nächstjährigen Längetriebes vorhergehen, an der Basis desselben gedrängt beisammenstehend, so z. B. an den Zapfenbäumen der Nadelhölzer, an den Trieben der Rosskastanien, Eschen, Ahorne, oder mit den Blattausscheidungen des vorgebildeten nächstjährigen Triebes alterniren, so z. B. bei der Rothbuche, Esche, Magnolie.

Die Verwandtschaft der Knospendeckblätter mit Normalblättern giebt sich am Bestimmtesten zu erkennen bei denjenigen Laubholzarten, deren Deckblätter die Form von Normalblättern besitzen. Es gehören dahin die Winterknospen von Cornus, Weigelia, Clethra, Viburnum lantana, Juglans cinerea, Pterocarya, Halesia, Staphylaea, Elaeagnus, Fothergilla, Aralia.

Nach Vollendung des jährlichen Längezuwachses der Triebe und deren Abschluss in den Knospenschuppen entwickelt sich der nächstjährige Trieb schon in demselben Sommer, Nachsommer oder Herbste innerhalb der Knospendecken bei verschiedenen Holzarten mehr oder minder weit zu einem um ein Jahr anticipirt gebildeten Triebkeime. Am ausgezeichnetsten unter allen mir bekannten Holzarten ist dies in der Rothbuchenknospe der Fall (Fig. 99). In ihr findet man nicht allein alle Blätter des nächstjährigen Triebes, sondern auch die Seitenknospen (Blattachselknospen) desselben vorgebildet. In den Blütheknospen dieser Holzart sind letztere sogar zu den ziemlich weit vorgeschrittenen Blüthetheilen vorgebildet, daher sich die Blütheknospen der Buche, wie die der Obstbäume und anderer Holzarten schon im vorhergehenden Herbste durch ihre grössere Dicke erkennen lassen. Da nun in den einfachen Triebknospen die vorgebildeten Seitenknospen meist nur bis zur eigenen Vollendung sich ausbilden, ausnahmsweise zu Seitentrieben sich entwickeln, kann man Letztere und die Blüthebildung eine um zwei Jahre anticipirte Bildung nennen. Linné bezeichnete Verhältnisse dieser Art mit dem Namen Prolepsis.

Bei der grossen Mehrzahl der Holzpflanzen sind im Innern der Knospendecken nur die ersten Internodien des nächstjährigen Triebes mit den ihnen angehörenden Blattausscheidungen vorgebildet, die nachfolgenden Ausscheidungen desselben Triebes bilden sich an diesem unter dem Knospenwärzchen erst im Frühjahre während der Verlängerung desselben. So verhält es sich bei Quercus, Salix, Fraxinus, Ulmus etc.

Es giebt aber auch Holzarten, bei denen in der Knospe die Blattausscheidungen des nächstjährigen Triebes sämmtlich nur angedeutet sind; so bei der Kiefer trotz der weit vorgeschrittenen Entwickelung des Knospenkegels (Taf. III), bei der Fichte, in deren Knospe selbst der Knospenkegel in seiner Entwickelung weit zurückbleibt.

Diese verschiedenen Grade anticipirter Triebbildung sind jeder Pflanzenart naturgesetzlich, können aber unter begünstigenden äusseren Umständen überschritten werden. Dahin gehört der Johannitrieb aus schon gegen Ende Juni vollendeten Knospen, wie er besonders an einzelnen Zweigen der Eiche häufig ist. Es gehören dahin die Triebe, welche junge Fichten und Kiefern nicht selten erst im Spätsommer bilden, so wie die Aufeinanderfolge mehrerer Jahrestriebe in demselben Jahre, die besonders an solchen Pflanzen nicht selten sind, die in der Jugend üppig wachsen.

Verwachsungen.

In der Morphologie (Gestaltungslehre) bezeichnet man als aus Verwachsungen entstanden diejenigen Pflanzenglieder, die aus einer Mehrzahl einzelner Blattausscheidungen entstanden *scheinen*. Denkt man sich einen Längetrieb mit vier übereinanderstehenden Blattwirteln besetzt, so kann man annehmen, dass die Blätter des untersten Blattwirtels zum Kelche, die des zweiten Blattwirtels zur Blumenkrone, die des dritten Wirtels zu Staubfäden, die des fünften zum Fruchtknoten einer Zwitterblume, z. B. des Apfelbaumes oder des Kirschbaumes sich vereint haben, theils mit, theils ohne mehr oder weniger weit gehende Verwachsung jener einzelnen metamorphosirten Stengeltheile unter sich. Man kann ferner annehmen, dass der Stengel des Längetriebes sich in das Innere der obersten Blattwirtel-Verwachsung, in den Fruchtknoten hinein gradlinig fortsetzt und an seiner Spitze eine Mehrzahl knospenartiger Gebilde entwickelt, die zu Pflanzeneiern und zu Samen heranwachsen (Eiche, Buche), oder dass er sich an der Basis des Fruchtknotens in einen oder mehrere Stränge vertheilt, die mit der inneren Oberfläche des Fruchtknotens verwachsen und seiten- oder wandständige Knospengebilde zu Eiern und Samenkörnern ausbilden. Man kann annehmen, dass das Fehlen oder Verkümmern eines oder des anderen Blattwirtels die eingeschlechtige, die kelchlose oder die kronenlose Blüthe zur Folge habe, dass alle diese und ähnliche Deutungen sich auf die Frucht und auf das Samenkorn vererben (siehe viertes Kapitel, Blüthebildung). Das Auswachsen der Kelchzipfel zu wirklichen

Blättern (Rose), die Umbildung der Staubfäden in Blumenblätter, das Auswachsen der Lärchenzapfen zu Längetrieben haben zu solchen Deutungen genügende Veranlassung gegeben, die ohne Zweifel den Nutzen mit sich führen, dass sie die gegenseitigen Beziehungen der Blüthetheile dem Laien veranschaulichen. Man darf aber nicht wähnen, dass Umbildungen dieser Art an der Pflanze sich wirklich vollziehen. Jedes Pflanzenglied ist schon in seiner Anlage zu dem vorgebildet, was es werden soll. Der Kelch trennt sich vom Stengel als ein ringförmig aus Letzterem hervortretender Wall, der Staubfaden als ein vereinzelter Hügel schon ursprünglich nach feststehenden Gesetzen in Zahl, Stellung und Bildung. Die Staubfäden abnormer Saalweiden verwandeln sich in Fruchtknoten nicht durch Verwachsung, sondern durch ursprüngliche Anlage des Blattparenchym ihrer Spitze zu einer Fruchtknotenhöhle. Das schlauchförmige Deckblatt der Weiden ist schon vom ersten Auftreten ab vollkommen geschlossen, entsteht nicht durch Verwachsung seiner durch eine Nath angedeuteten Blattränder, sondern, wie ich Seite 203 erwähnt habe, durch Ausspaltung.

3) Funktionen der Blätter.

§ 67. Die den Blättern der lebenden Pflanze zuständigen Verrichtungen sind: a) Verdunstung des von den Wurzeln aus dem Boden aufgenommenen und den Blättern zugeführten, überschüssigen Wassers, das, als Transportmittel aller Baustoffe auch im Innern des Pflanzenkörpers, wie als Vermittler aller chemischen Veränderungen, weit reichlicher aufgenommen als verwendet wird; b) Aufnahme, Abscheidung von Gasen durch die Blätter aus der äusseren Luft; c) Verarbeitung der in den Blättern zusammentreffenden terrestrischen und atmosphärischen Nährstoffe.

a) Verdunstung.

Die Wassermenge, welche täglich von den Blättern unserer Waldbäume an die Aussenluft zurückgegeben wird, ist eine sehr bedeutende. Ich habe nachgewiesen, dass sie annähernd dem Blattgewicht gleichgestellt werden kann, dass sie bei der Hainbuche auf das Doppelte, bei der Eller sogar auf das Fünffache des Blattgewichtes zu steigen vermag. Ich habe aber auch nachgewiesen, dass die Verdunstung sich vermindert oder aufhört, wenn der Zufluss an Bodenwasser zu den Blättern entweder durch Trockenheit des Bodens im Bereich der Wurzelverbreitung oder durch Beschränkung der wasserleitenden Stammtheile vermindert wird. In Bezug auf Erstere erinnere ich an die auf den Mauern vieler Ruinen wachsenden Birken oder Ebereschen, deren Blätter selbst bei andauernder Trockenheit der Luft und des Gemäuers ihre Spannkraft erhalten. Es wäre das unmöglich bei normaler Verdunstungsmenge. In Bezug auf Letztere erinnere ich an Versuche mit geringelten Bäumen. Sind die Ringelwunden mehrere Zolle breit, dann trocknet der Holzkörper im Bereich der Wundfläche von Aussen nach Innen nur langsam aus, weil der fortdauernd aufsteigende Holzsaft das verdunstende Wasser ersetzt. Der ausgetrocknete Theil der Querfläche hat seine Leitungsfähigkeit für aufsteigendes Bodenwasser verloren. Es geschieht dies langsam, meist während eines Zeitraumes von mehreren Jahren, besonders bei Nadelholzstämmen, deren Ringelwunde rasch verharzt, wodurch die freie Verdunstung des Baumsaftes von der Wundfläche aus in hohem Grade geschwächt wird. Es war mir aufgefallen, dass vor 5 Jahren geringelte Weymouthkiefern, in denen, gemäss vorhergegangener Erfahrungen, die noch leitungsfähige Querfläche eine äusserst beschränkte sein musste, dennoch, mit Ausnahme des geringelten Schafttheiles, dessen Wassergehalt den des lufttrocknen Holzes nicht bedeutend überstieg, Wurzel, Stamm und Belaubung die normale Wassermenge von pptr. 60 % des Gesammtgewichts enthielt. Es führte mich diese Thatsache zu Versuchen an je zweien gleich grossen und gleich belaubten, dicht nebeneinanderstehenden Kiefern, von denen die eine vor 5 Jahren geringelt, die zweite vollkommen unverletzt und gesund war. Von beiden Bäumen wurden belaubte Zweige in unten offene Glasballons gebracht und es ergab sich, dass, während am geringelten Baume die innere Wandfläche des Ballons von condensirtem Verdunstungswasser sich frei erhielt, aus dem Ballon des nicht geringelten Baumes das Verdunstungswasser schon nach wenigen Minuten tropfenweise ablief. Offenbar verdankte der geringelte Baum seinen normalen Wassergehalt allmäliger Ansammlung bei sistirter Verdunstung.

Sistirter Verdunstung wird man es auch zuschreiben müssen, wenn Wüstenpflanzen, Cacteen und Euphorbien, auch bei andauernder Dürre, ihren Wassergehalt sich conserviren (B. III, 31).

Der herrschenden Annahme nach findet Verdunstung in einer mit Wasserdunst gesättigten Luft nicht statt. Schon das Wachsen der Pflanzen in der Luft unserer Warmhäuser widerspricht dieser Annahme.

Dass Verdunstung durch die Blätter auch in einer mit Wasserdunst völlig gesättigten Luft stattfinden könne, habe ich durch nachfolgenden Versuch erwiesen. Es giebt Holzarten, in denen das Kernholz nicht, sondern nur das noch ungefärbte Splintholz für das aufsteigende Bodenwasser leitungsfähig ist. Dahin gehören die Akazie, die Eiche, die Rüster — die meisten Holzarten mit dunkel gefärbtem Kernholz. Durchsägt man den Splint solcher Bäume bis in das Kernholz mit einem Zirkelschnitte, dann erschlaffen die Blätter desselben oder eines in dieser Weise bis zum Kernholze durchschnittenen Astes selbst bei Regenwetter schon nach wenigen Stunden. Das ist selbst dann der Fall, wenn belaubte Zweige solcher Bäume in Glasballons gesperrt werden, deren Luft mit Verdunstungswasser sich sehr rasch sättigt, wie das die Ansammlung von tropfbar flüssigem Wasser im Innern des Ballons beweist. Das Erschlaffen der Blätter in Folge des durch den Zirkelschnitt eingetretenen Mangels an Wasserzufuhr, tritt im Ballonraume erst dann ein, wenn schon condensirtes Verdunstungswasser sich gebildet hat, also in einer völlig mit Wasserdunst gesättigten Luft.

Dasselbe Experiment, ausgeführt an Bäumen mit leitungsfähigem Kernholze, an Buchen, Hainbuchen, Birken, Linden, Weiden, Pappeln, hat ein Erschlaffen der Belaubung nicht zur Folge. In dem Maasse, als im Verlauf von Jahren das im Bereiche des Zirkelschnittes von Aussen nach Innen fortschreitende Absterben des Holzkörpers die Säftezufuhr verringert, werden die Blätter des Versuchsbaumes von Jahr zu Jahr kleiner, bis ihre Wiedererzeugung durch Mangel terrestrischer Nährstoffe gänzlich aufhört und das eintritt, was wir das Abwelken der Bäume nennen.

Gräser oder krautige Pflanzen, z. B. Löwenzahn, in Blumentöpfen erwachsen und unter Glasglocken gebracht, verdunsten auch in der mit Wasserdunst rasch sich sättigenden Luft der Glocke in normaler Weise, wenn sie der Sonnenwirkung ausgesetzt sind. Ueberstülpt man Topf und Glocke mit einer undurchsichtigen Kappe, schliesst man dadurch jede Lichtwirkung aus, dann bilden sich Wassertropfen an den Spitzen der Gräser und an den Zähnen der Krautblätter, es tritt eine Ausscheidung tropfbar flüssigen Wassers ein, die ich mit dem Thautropfen an den Spitzen der Gräser unserer Wiesen in Beziehung gebracht habe, der sicher nur theilweise dem atmosphärischen Thau zuzuschreiben ist. Dieser Unterschied in der Flüssigkeitsausscheidung findet statt bei unveränderter Temperatur und bei gleichem höchstem Sättigungsgrade der Luft mit Wassergas, und scheint allein an Lichtmangel und Lichtwirkung gebunden zu sein. Da das Licht für sich auf den Aggregatzustand des Wassers keinen Einfluss besitzt, müssen es innere Ursachen sein, die diesen Unterschieden der Ausscheidung zum Grunde liegen, man wird annehmen müssen, dass die Lichtwirkung eine Lebensthätigkeit in den dem Lichte zugänglichen Pflanzentheilen errege, durch welche erst hier das aufsteigende Wasser die Dunstform erhält, dass bei fehlender Lichtwirkung das den Blättern zugehende tropfbarflüssige Wasser als solches von den Blättern ausgeschieden wird (B. III, 24).

Dass es die Spitzen der Blätter und Blattränder sind, welche den vegetabilischen Thautropfen ausscheiden, steht wahrscheinlich in Beziehung zum Verlaufe der Faserbündel des Blattes, wo diese in die Spitzen der Blattscheibe auslaufen. Es führte mich dies zu der Annahme, dass, wie im Holzkörper des Stengels so auch in dem der Blattadern das Bodenwasser in flüssiger Form aufsteige, dass es erst nach erfolgter Abgabe an das Diachym der Blätter die Dunstform annehme. Die geringe Menge organischer Stoffe, welche der vegetabilische Thautropfen stets enthält, stammt aus der Lösung von Reservestoffen des Stengels im aufsteigenden Pflanzensafte.

Auch in unsern Wäldern sieht man die noch geschlossenen Knospen der Jungholzbestände in frühen Morgenstunden des Frühjahres mit Wassertropfen reichlich behängt, die nicht atmosphärischer Thau sind, sondern aus dem Innern des Baumes hervortreten. Zur Zeit des Blutens der Waldbäume treten schon kurz vor Sonnenuntergang kleine Mengen Wasser zwischen den Knospenschuppen hervor, die sich während der Nacht bis zu dem Grade mehren und vergrössern, dass sie in den frühen Morgenstunden tropfenweise abfallen.

Ueber die Verdunstung unbelaubter Zweigspitzen im Frühjahre vor Eintritt des Laubausbruches habe ich B. III 46 berichtet. Kräftige Triebe einer Akazie, an denen die Knospen noch nicht aus ihrer Höhle hervorgetreten waren, ergaben aus den in cylindrische Probirgläser gesperrten drei letzten Internodien durchschnittlich in der Stunde an condensirtem Wasser in steigenden Mengen

von Morgens 8 Uhr bis Nachmittags 3 Uhr bei 12—15° R. steigender Luftwärme 2—6 mg.,

von Abends 6 Uhr bis Morgens 4 Uhr 0,03—0,12 mg.,

von Morgens 4 Uhr bis Morgens 8 Uhr 1—3 mg.,

bei einer Luftwärme, die bis zum Abend auf + 12° R., während der Nacht auf + 7°, bei Sonnenaufgang auf + 3° R. sich ermässigte, dann bis 8 Uhr Morgens rasch auf + 10° stieg.

An Hainbuchentrieben, deren Knospen bereits $\frac{1}{2}$—1 Zoll lang ausgetrieben waren, stieg in derselben Zeit die Wasserverdunstung von 1,4 bis 28 mg. in der Stunde. Das Maximum der Ausscheidung mit stündlich 35 mg. ergab Alnus.

Ohne Zweifel wird die Verdunstung der noch im Winterkleide stehenden Zweigspitzen in freier Luft eine grössere sein, als im geschlossenen, engen, mit Wasserdunst gesättigten Raume der Probirgläser.

Auch hier muss es eine innere Triebkraft, es kann keine Zugkraft sein, welche die Wasserausscheidung durch Verdunstung vermittelt. Ausscheidung flüssigen Wassers, wie bei dem oben erwähnten freiwilligen Thränen der Knospen, wurde bei diesen Versuchen in keinem Falle beobachtet.

Lässt man während des Sommers gefällte Bäume im Laube liegen, dann erhält sich Letzteres noch einige Tage grün und turgescirend, während schon von der Stunde der Fällung an, und zwar von Unten nach Oben fortschreitend, dem Schafte der grösste Theil des Baumsaftes entzogen wird. Es ist dies ein dem Forstmanne bekanntes Mittel, den nachtheiligen Einfluss der Sommerfällung zu mindern, wenn er gezwungen ist, Letztere zu vollziehen.

Man könnte hieraus auf eine in die tieferen Baumtheile hinabgreifende Zugkraft der Verdunstung schliessen. Ohne Zweifel wirkt Letztere in sofern, als sie den Raum schafft für die Verdunstung des nachsteigenden Bodenwassers. Diese Zugkraft kann aber nicht zugleich die Ursache der Verdunstung sein. Die Verdunstung kann nicht auf physikalischer Wechselwirkung zwischen dem Wassergehalte der Aussenluft und der Baumluft beruhen, da sie auch in einer mit Wasserdunst völlig gesättigten Aussenluft vor sich geht. Es muss ihr, wie der Bewegung des Baumsaftes überhaupt (siehe die vierte Abtheilung) eine Druckkraft im Innern der Pflanze zum Grunde liegen, die jedoch nicht gewissen Baumtheilen, z. B. der Wurzel, zugeschrieben werden darf, da, wie ich gezeigt habe, auch die Blätter gefällter Bäume, selbst einzelner abgeschnittener Zweige, das Geschäft der Verdunstung fortführen. Es muss vielmehr die Verdunstung als eine Funktion des lebendigen Zellgewebes betrachtet werden, wohl zu unterscheiden vom raschen Austrocknen eines abgeschnittenen Wintertriebes, der, am Baume verblieben, selbst in der trockensten Winterluft den ihm eigenthümlichen Wassergehalt selbst bei voller Belaubung (Nadelhölzer, Ilex, Vinca) zurückhält.

Im vierten Abschnitte (Winterruhe) werde ich zeigen, dass immergrüne Pflanzen auch während der Winterruhe nicht unbedeutende Mengen von Wassergas durch ihre Blätter an die umgebende Luft zurückgeben, so lange, als nicht in den Boden eingedrungener Frost die Aufnahme flüssigen Wassers durch die Wurzeln verhindert, oder vielmehr die Fortleitung desselben durch die in den oberen Bodenschichten gefrorenen Wurzeln unmöglich macht. Man muss Letzteres annehmen, da der Frost in den unberührten Waldboden selten tiefer als 30 cm eindringt, die Wurzeln aber viel tiefer streichen. Da der Wassergehalt des Baumes trotz der Verdunstung sich nicht vermindert, muss man für die frostfreie Winterszeit auch ein fortdauerndes Aufsteigen von Bodenwasser im Stamme annehmen, und entsteht hier die noch ungelöste Frage nach dem Verbleib der terrestrischen Nährstoffe, die mit dem, zu dieser Zeit in die Blätter aufsteigenden Bodenwasser zugeführt werden, da es nicht wahrscheinlich ist, dass das im Winter aufsteigende Bodenwasser ohne diese Stoffe aufgenommen wird.

b) Aufnahme und Abscheidung von Gasen durch die Blätter aus der Luft.

Während die terrestrischen Nährstoffe der Pflanzen: Kalk, Kali, Kieselerde, Eisen, phosphorsaure und schwefelsaure Salze, sowie kohlensaures Ammoniak den Blättern durch das aufsteigende Bodenwasser zugeführt werden, um sich dort mit den von den Blättern aus der Atmosphäre aufgenommenen Rohstoffen der Ernährung: mit Kohlensäure, Ammoniak, Salpetersäure zu Bildungssaft zu verbinden, d. h. zu einem flüssigen Substrat aller festen Neubildungen des Pflanzenkörpers, das, durch den Bastkörper des Blattgeäders, der Blattstiele, Zweige, Aeste in die tieferen Baumtheile zurückkehrend, erst am Orte seiner endlichen Verwendung auf feste Neubildungen seine diesem Orte naturgesetzliche letzte Umbildung durch den Zellkern erleidet, geben die Blätter durch das Experiment eine Aufnahme und Abscheidung von Sauerstoff und von Kohlensäure zu erkennen, unter Abwesenheit oder Einwirkung von Sonnenlicht darin verschieden, dass im ersten Falle Kohlensäure ausgeschieden, Sauerstoff aufgenommen, im zweiten Falle Sauerstoff ausgeschieden, Kohlensäure aufgenommen wird.

c) Kohlensäure.

Lebende grüne Pflanzen oder auch nur grüne Pflanzentheile in kohlensäurehaltiges Wasser versetzt, entziehen dem Wasser die Kohlensäure und geben diesem ziemlich reinen gasförmigen Sauerstoff zurück. Fehlt dem Wasser die Kohlensäure, dann wird auch im Sonnenlicht kein oder doch nur wenig Sauerstoff entbunden. In der Dunkelheit verkehrt sich dies Verhalten in das Entgegengesetzte. Da nur reine Pflanzentheile gasförmigen Sauerstoff entbinden, hat man aus oben angeführtem Verhalten gefolgert, dass die dem umgebenden Wasser entzogene Kohlensäure durch das Grünmehl der Blätter in gasförmigen Sauerstoff und Kohlenstoff zerlegt, Ersterer ausgeschieden, Letzterer zurückbehalten werde, dass diese Thätigkeit des Grünmehles an die Einwirkung des Sonnenlichtes gebunden sei. Abwesenheit der Kohlensäure im umgebenden Wasser verhindere deren Aufnahme und damit auch deren Zerlegung und Sauerstoffabscheidung.

Diese Anschauungsweise hat ihre Gegner dadurch gefunden, dass, wenn man Pflanzen in abgeschlossenem Luftraume längere Zeit wachsen lässt, die ursprünglich beigegebene Luft in ihrer Zusammensetzung keine wesentlichen Veränderungen erleidet, unbeschadet dem täglichen Wechsel des Sauerstoff- und Kohlensäuregehaltes der Luft am Tage und zur Nachtzeit. Auf dieser Basis ist man sogar so weit gegangen, die Ernährung der Pflanzen aus dem Kohlensäuregehalt der atmosphärischen Luft zu bestreiten, obgleich sich auf mathematischer Grundlage mit Sicherheit nachweisen lässt, dass bis auf wenige Procente des jährlichen Bedarfes die ganze Kohlenstoffproduktion unserer Wälder und Felder nur der Atmosphäre entnommen sein kann.

Liebig schreibt dem Ackerlande eine jährliche Kohlenstoffproduktion von 1000 Pfunden pro Morgen zu. Ich habe nachgewiesen, dass sie in unseren Wäldern das Fünffache dieser Gewichtmenge erreichen könne, ohne dass den Holzbeständen feste Düngstoffe von Aussen zugeführt werden. Wo es sich um Zeiträume von vielen Hundert Jahren handelt, in denen Waldungen Holz producirten, bleibt selbstverständlich die Humusbildung im Walde selbst ganz ausser Betracht, da kein Körper durch Ernährung aus sich selbst grösser und schwerer werden kann. Die Wälder müssen daher jene, im günstigsten Falle 5000 Pfund Kohlenstoff, alljährlich unmittelbar oder mittelbar von Aussen beziehen. Ich selbst habe nachgewiesen, dass die Pflanzenwurzeln humussaure Salze nicht in sich aufnehmen, dass sie aber deren endliches Zersetzungsprodukt, die Kohlensäure und kohlensaure anorganische Salze mit dem Bodenwasser aufnehmen, dass Erstere dem Bodenwasser sogar mit Auswahl entzogen werde (A. 3). Nun giebt es Wälder in Menge, deren Boden seinen Wassergehalt allein dem jährlichen Regen, Schnee und Thau verdankt. Nimmt man an, dass die ganze Menge des jährlichen Wasserzuganges mit dem Maximum des von mir aufgefundenen Kohlensäuregehaltes von den Pflanzenwurzeln aufgenommen werde, dass nichts davon verdunste oder unbenutzt in die Bodentiefe hinabsinke, dann können aus dieser Quelle doch nur wenige Procente des jährlichen Kohlenstoffbedarfes der Bestände diesen zugehen, der weitaus grösste Theil desselben muss aus einer anderen Quelle stammen. Was der Boden nicht zu liefern vermag, muss der Atmosphäre entnommen werden (A. 13).

Nun könnte man allerdings annehmen, dass der Boden eine starke Anziehung für die atmosphärische Kohlensäure und das Vermögen besitze, Letztere den Pflanzenwurzeln in Gasform zur Aufnahme darzubieten. Ohne Zweifel besitzt der Boden die Eigenschaft aller porösen Körper, gasförmige Stoffe an sich zu ziehen und in sich zu condensiren in hohem, ob aber in genügendem Grade, um jenen Kohlenstoffbedarf zuführen zu können, darüber fehlt nicht allein jede Erfahrung, sie fehlt sogar in Bezug auf die Befähigung der Wurzeln, gasförmige Kohlensäure als solche in sich aufzunehmen. Ausserdem steht obiger Annahme die Thatsache entgegen, dass viele Holzarten, Weiden, Ellern, Eschen auf einem völlig mit Wasser durchtränkten Boden der Brüche und Werder üppig wachsen können, auf einem Boden, dem man eine der Annahme entsprechende Anziehungskraft für atmosphärische Kohlensäure sicher nicht zuschreiben kann.

Es giebt noch viele andere von mir in der Bodenkunde des Lehrbuchs für Förster (11. Aufl., Bd. 1, S. 13, 49) zusammengestellte Gründe, die mich überzeugt haben, dass die Pflanzen bis auf wenige Procente ihren Kohlenstoffbedarf in der Form von Kohlensäure und kohlensaurem Ammoniak durch die Blätter der Luft entnehmen. Die Beziehungen, in der die Kohlensäureaufnahme und die Sauerstoffabgabe zur Lichtwirkung steht: die selbstthätige

Umwendung der Blätter an Topfgewächsen, die mit der unteren Blattfläche dem Lichte zugekehrt werden, die schirmförmige Stellung der Zweige und Blätter am Wiederwuchse zu dunkel gehaltener Verjüngungsschläge lassen vermuthen, dass es die obere Blattseite ist, der vorzugsweise das Geschäft der Kohlensäureaufnahme zugeschrieben werden muss. Bei der geringen Menge, in der die atmosphärische Luft Kohlensäure enthält (0,001083 Gewichttheil der atmosphärischen Luft), bei der Grösse des jährlichen, in wenig mehr als vier Monaten des Jahres zu beziehenden Bedarfs der Pflanzen an Kohlensäure muss die Aufnahme derselben durch die Blätter mit Auswahl geschehen. Wir haben auch hier einen Fall, in welchem die Pflanze über ihre eigenen Grenzen hinaus wirksam ist. *)

Dass die Aufnahme der Kohlensäure durch die Blätter und grünen Pflanzentheile im Licht des Tages und besonders der Sonne, unter Abscheidung von Sauerstoff geschieht, ist eine durch zahlreiche Versuche bestätigte Thatsache; auch dass zur Nachtzeit und im tiefen Waldesschatten die Aufnahme von Kohlensäure sich in eine Aushauchung unter Aufnahme von Sauerstoff verkehrt, ist begründet, wenn auch in beiden Fällen die vorherrschende Aufnahme nicht ohne Abscheidung, die vorherrschende Abscheidung von Sauerstoff nicht ohne Aufnahme von Kohlensäure vor sich geht. Alle näheren Angaben hierüber sind mit Vorsicht aufzunehmen, sie sind das Resultat von Versuchen, bei welchen Pflanzen oder Pflanzentheile in mehr oder weniger enge Recipienten eingeschlossen wurden, Druckausgleichungen, Diffusionsvorgänge, chemische Processe etc. hervorgerufen oder zurückgehalten sein können, die der im freien Lande wachsenden, unverletzten Pflanze nicht entsprechen und einen fälschenden Einfluss auf die gewonnenen Versuchsergebnisse haben müssen. Bis jetzt steht nur so viel fest, dass bis auf wenige Procente der Kohlenstoff der Pflanze aus der Luft stammt und von den Blättern in die Pflanze aufgenommen wird, denn, wenn ein Kiefernbestand auf ausgewaschenem Seesande durchschnittlich jährlich 4000 Pfund reinen Kohlenstoff per Hektar erzeugen kann, und ausserdem noch den Kohlenstoff eines humushaltigen Bodens hinterlässt, so kann diese Kohlenstoffmenge nur aus der Luft stammen, da dem Boden keine Dungstoffe zugeführt wurden. Einfluss der Laubverminderung an stehenden Bäumen auf die Grösse der jährlichen Masseproduction zeigt ebenso, dass es die Blätter sind, welche das Geschäft der Kohlensäureaufnahme verrichten. Im

*) In neuester Zeit hat M. A. Barthelemy in dem Contes rendus Nr. 6 1873 p. 487 Versuche veröffentlicht über das Verhalten der Oberhaut von Begonia-Blättern, betreffend die Geschwindigkeit, mit der dieselbe Kohlensäure, Sauerstoff und Stickstoff aus einem über sie hinstreichenden Luftstrome jeder dieser getrennten Gase durch sich hindurch lässt. Er fand, dass diese Geschwindigkeit eine 13—15 mal grössere sei für Kohlensäure als für Stickstoff, eine 6—7 mal grössere für Kohlensäure als für Sauerstoff.

Bereich der Blätter ist es sehr wahrscheinlich die dem Lichte zugewendete, mit Grünmehl haltigen Zellen dicht gedrängt besetzte, an Spaltdrüsen arme Blattseite, welche das Geschäft der Kohlensäureaufnahme verrichtet, während die untere, mit grossen Mengen von Spaltdrüsen besetzte Blattseite, denen sich ein luftführendes sternförmiges Zellgewebe (Fig. 103) anschliesst, zur Verdunstung der Feuchtigkeit dient.

d) Ammoniak und Salpetersäure.

Die Menge dieser Stoffe in der Atmosphäre ist zu gering, als dass sich Aufnahme oder Abscheidung derselben durch die Blätter direkt nachweisen lässt. Da es aber nicht denkbar ist, dass sie sich in der Luft der natürlichen Verbindung entziehen können, Kohlensäure und Ammoniak sich zu kohlensaurem, Salpetersäure und Ammoniak sich zu salpetersaurem Ammoniak verbinden müssen, so ist es wahrscheinlich, dass sie auch in diesen Verbindungen in die Pflanze eingehen.

e) Sauerstoff.

Die Pflanze enthält ein Viertel bis ein Drittel ihres Volumens atmosphärische Luft in Intercellulargängen, Lücken des Zellgewebes, Gliedröhren und in dem nicht mit Pflanzensaft erfüllten Raum der Holzfasern. Mit dieser atmosphärischen Luft wird selbstverständlich der ihr entsprechende Antheil an Sauerstoff aufgenommen. Mit der Vergrösserung der Pflanze muss sich auch der Gehalt an atmosphärischer Luft und somit an Sauerstoff vermehren, daher während der Periode des Wachsens fortdauernd Aufnahme von Aussen stattfindet. Bei der Allgemeinheit, womit alle tieferen Pflanzentheile durch Korkzellenbildung gegen das Eindringen der äusseren Luft sich abschliessen, ist es sehr wahrscheinlich, dass auch diese Funktion den Blättern zuständig ist, wahrscheinlich im Ausgleich mit dem ausgehauchten Wassergase oder der Kohlensäure, die, nach älterer Ansicht, abgesondert wird in Folge der zur Nachtzeit nicht erfolgenden Zerlegung.

Ob die in das Innere der Pflanze aufgenommene atmosphärische Luft noch einen anderen Zweck als den der Raumfüllung und der Fortleitung gasförmiger Körper habe, wissen wir nicht; die Kohlensäure und deren Zersetzung in der Zelle ist eine so reiche Quelle von Sauerstoff, dass es zweifelhaft erscheinen muss, eine fortdauernde Aufnahme aus dem raumfüllenden atmosphärischen Sauerstoff als Bedingung der Lebensäusserungen der Zelle zu betrachten.

Da die Rohstoffe der Ernährung mit dem höchsten Sauerstoffgehalte aufgenommen werden, deren Assimilation wesentlich eine Entsauerstoffung ist; da die Zerlegung der Kohlensäure im Lichte überreiche Mengen von Sauerstoff am Orte der Assimilation für die etwa nöthigen Oxydationsprocesse liefert, ist es zweifelhaft, ob der atmosphärische Sauerstoff hierbei noch für chemische Processe in Anspruch genommen werde. Wenn er auf Verbrennung bereits assimilirter Pflanzenstoffe verwendet, als Kohlensäure ausgeschieden wird, berechtigt dies doch zu der Frage, welches die Zwecke der Athmung seien. Dass Bewegung der Molecüle durch die Verbrennung vermittelt werde, ist eine Idee, der bis jetzt jede thatsächliche Begründung fehlt.

Die scharfe Unterscheidung eines Ernährungsprocesses — Kohlensäureaufnahme und Sauerstoffabscheidung von einem Athmungsprocesse — Sauerstoffeinathmung und Kohlensäureaushauchung — Letztere zum Zwecke einer Verbrennung schon assimilirter Pflanzenstoffe — scheint mir noch nicht genügend begründet. Es fehlt bis jetzt unter Anderem der Nachweis, dass die Sauerstoffeinathmung mit Auswahl, d. h. mit Zurücklassung des Stickstoffes der Luft geschehe, wie dies Grichow für Pilze nachgewiesen hat. Es ist möglich, sogar wahrscheinlich, dass Aehnliches auch beim Keimungsprocesse des Samens der Holzpflanzen, wie auch zum Zweck der Rückbildung von Reservestoffen der Knolle, Rübe, Zwiebel in Bildungssaft stattfindet, specielle Angaben hierüber sind mir nicht bekannt. Hier aber, wo nur Grünmehl haltige Pflanzentheile, hauptsächlich die Blätter der Pflanzen in Betracht kommen, lässt sich auf Grund der bis jetzt vorliegenden Erfahrungen auf die Selbstständigkeit eines Athmungsprocesses und dessen dem Ernährungsprocesse entgegengesetztes Wirken mit Sicherheit noch nicht fortbauen, um so weniger, als nach Garreau Sauerstoff und Kohlensäureabscheidung und Einathmung nicht so scharf geschieden sind, wie das von manchen Seiten dargestellt wurde. Beide Processe finden zu jeder Zeit neben einander statt, wenn auch in Licht und Schatten in verschiedenen quantitativen Verhältnissen.

f) Nichtaufnahme von tropfbarflüssigem Wasser und von Wassergas durch die Blätter.

Es ist eine auffallende Thatsache, dass die Blätter sich gänzlich dem Wasser der Atmosphäre abschliessen. Es giebt Holzarten, in denen nur der Splint leitungsfähig für das aufsteigende Bodenwasser ist, die Akazie, Eiche, Rüster, Maulbeere, überhaupt die meisten Holzarten mit gefärbtem Kernholz gehören dahin. Durchschneidet man an solchen Holzarten den Splint bis in das Kernholz hinein, vermittelst eines zirkelförmigen Sägeschnittes, so verlieren die Blätter schon nach wenigen Stunden ihre Spannkraft, sie welken selbst bei Regenwetter und bei vollständig mit Feuchtigkeit gesättigter Atmosphäre. Schliesst man die Blätter eines Astes dieser Holzarten in einen Glasballon, durchschneidet man die Basis des Astes bis zum Kernholze, dann verdunsten die Blätter die im Splint bis zum Zirkelschnitt enthaltene Feuchtigkeit, die sich im Innern des Ballon niederschlägt und ansammelt. Auch in dieser, mit Feuchtigkeit vollkommen gesättigten Ballonluft welken die Blätter. Es ist dies um so auffallender, als Holzarten, wie Birke, Buche, Hainbuche, Pappeln und Weiden etc., deren Kernholz für den aufsteigenden Holzsaft leitungsfähig ist, noch Jahre hindurch ihre Blätter erneuern und verdunstungsfähig erhalten. Die Belaubung wird zwar von Jahr zu Jahr kleiner, offenbar in Folge der nicht genügenden Feuchtigkeitsmenge, sie stirbt aber erst nach 5—10 Jahren gänzlich ab in Folge des bis zum Mark vorgeschrittenen Absterbens des Holzkörpers und des somit eintretenden Todes der ganzen Pflanze, wenn nicht unter dem Ringschnitt neue Ausschläge sich bilden. Ich folgere daraus, dass die Belaubung Feuchtigkeit aus der Atmosphäre in keiner Form aufzunehmen vermag, sondern dass sie das nöthige Transportmittel für die terrestrischen Rohstoffe der Ernährung allein aus dem Boden bezieht. Die Erfahrung unserer Gärtner, dass bei Trockenheit des Bodens welkende Pflanzen die Spannkraft ihrer Blätter auch dann wieder gewinnen, wenn sie durch einen Sprühregen aus der Giesskanne nur in der Belaubung benetzt werden, ohne dass der Boden, in dem die Pflanze steht, gleichzeitig dadurch nass wird, erklärt sich darin, dass um die Blätter eine mit Wasserdunst gesättigte Atmosphäre sich bildet, die jede Verdunstung der Blätter verhindert und eine allmähliche Ansammlung der aus den Wurzeln, wenn auch in sehr geringer Menge, zugeführten Feuchtigkeit vermittelt.

g) Verarbeitung der in den Blättern zusammentreffenden terrestrischen und atmosphärischen Nährstoffe.

Nachdem die von den Wurzeln aus dem Boden aufgenommenen terrestrischen Nährstoffe durch den Holzkörper des Stammes und der Zweige in den des Blattgeäders aufgestiegen sind, nachdem sie dem Grünmehl haltigen Zellgewebe der Blätter sich mitgetheilt, dort mit den atmosphärischen Nährstoffen zusammengetroffen sind, beide unter dem Zusammenwirken der lebendigen Kraft des Grünmehles und des Sonnenlichtes die Umwandlung zu Bildungssaft, unter Verdunstung des weitaus grössten Theils der Flüssigkeit erlitten haben, sind es die Organe des Bastkörpers der Blattadern, welche den verarbeiteten Saft dem Zellgewebe der Blätter entziehen und in die tieferen Pflanzentheile zurückführen. Das Weitere gehört dem IV. Abschnitt an (S. Ernährung).

4) Ende der Lebensthätigkeit.

a) Lebensdauer und Abfall der Blätter.

§ 68. Den Pflanzen gegenüber, denen sie angehören, ist die Lebensdauer der Blätter stets eine naturgesetzlich beschränkte, selbst an den sogenannten immergrünen Pflanzen, wie das schon daraus hervorgeht, dass auch an Letzteren die älteren Theile unbelaubt sind. Die Mehrzahl der Nadelhölzer, aber auch mehrere Laubholzarten, z. B. einige Eichenarten, der Epheu, Hülsedorn, Mistel, sind durch mehrjährige Lebensdauer der Blätter sogenannt immergrüne Pflanzen.

Dass selbst unter Pflanzen, die in der Blattbildung nahe verwandt sind, in der Blattdauer Unterschiede bestehen können, zeigt unter den Nadelhölzern Larix im Gegensatz zu Cedrus, Taxodium distichum im Gegensatz zu Taxodium sempervirens, zeigen die immergrünen Quercus- und Berberis-Arten im Gegensatz zu den sommergrünen Arten derselben Gattung.

Bei den sommergrünen Holzpflanzen, unter den Nadelhölzern bei Larix, Taxodium distichum, Salisburia, ist die Blattdauer stets auf die Vegetationszeit eines Jahres beschränkt; bei den immergrünen Holzpflanzen ist die Blattdauer nicht selten um mehrere Jahre verschieden nach Pflanzenalter, Standortsverschiedenheit, Wüchsigkeit. Bei den Kiefern tritt der Nadelabfall ziemlich regelmässig im October des dritten Jahres ein, bei Fichten und Tannen sind nicht selten zehnjährige und selbst noch ältere Schaft- und Asttheile noch mit lebendigen Blättern besetzt.

Die dem Blattabfalle vorhergehende, oft prachtvolle Farbenänderung der Blätter, scharlachroth bei Quercus coccinea, Ampelopsis etc., lederbraun bei Quercus rubra, nigra, palustris, gelb bei Betula, selten auch an bleibenden Blättern eintretend, z. B. bei Retinospora ericoides, beruht auf einer Farbenänderung des Grünmehles, die wahrscheinlich in naher Beziehung steht zu den im Herbste eintretenden stofflichen Veränderungen der Blattsubstanz durch den Rücktritt vorzugsweise ihrer stickstoffreichen Bestandtheile, ihres Phosphor- und Schwefelgehaltes in die tieferen Pflanzentheile, Verluste von Stoffen, die dem jungen Laube vorzugsweise den Futterwerth für pflanzenfressende Thiere ertheilen. Von besonderem Interesse ist die Erörterung der noch offenen Frage, wie sich dies verhalte beim Herbstlaube sogenannter immergrüner Pflanzen. Hierüber, wie über die bleibenden Farbenänderungen der Blätter an den Blutbuchen und Bluteichen, an den weiss- oder gelbgescheckten Blättern der Rüstern, Ahorne, Weiden etc., wissen wir bis jetzt nur Ungenügendes und liegt hier noch ein weites Feld der Beobachtung offen. Eichensaaten liefern bisweilen Pflänzchen, deren Belaubung rein weiss, deren Blattadern schön rosenroth gefärbt sind (Albinismus). Leider erhält sich diese schöne Färbung nur wenige Jahre und verändert sich allmälig in das normale Grün. Es ist daher dieser Krankheitszustand wohl zu unterscheiden von dem der Eichen mit bleibend weissgefleckten Blättern.

Der Blattabfall bereitet sich vor, wenigstens bei der grossen Mehrzahl der Blätter, durch einen Akt der Zellenmetamorphose. An der Basis des Blattstieles, da wo später die Ebene der Blattstielnarbe liegt, verwandelt sich das ursprüngliche Zell- und Fasergewebe des Blattstieles in eine, vorzugsweise aus Korkzellen bestehende Schicht, die später die Blattstielnarbe bedeckt, vor dem Eindringen äusserer Luft und Feuchtigkeit schützt und den Blattabfall vermittelt. Vom Eintreten dieser metamorphischen Zwischenbildungen ist der Blattabfall abhängig und, wenn an manchen Holzarten immergrüne Blätter ein aussergewöhnliches Lebensalter erreichen, dann ist der verspätete Eintritt der Zwischenbildung die Ursache. Wahrscheinlich steht auch die Herbstfärbung des Laubes mit den Vorbereitungen zu diesen Umbildungen in Beziehung.

Schützende Korkschichten dieser Art bilden sich auch über den Triebnarben der Linde, Hasel, Ulme (siehe Seite 224, Fig. 106), sie bilden sich unter der absterbenden Borkeschuppe und an Absprüngen.

Fig. 104.

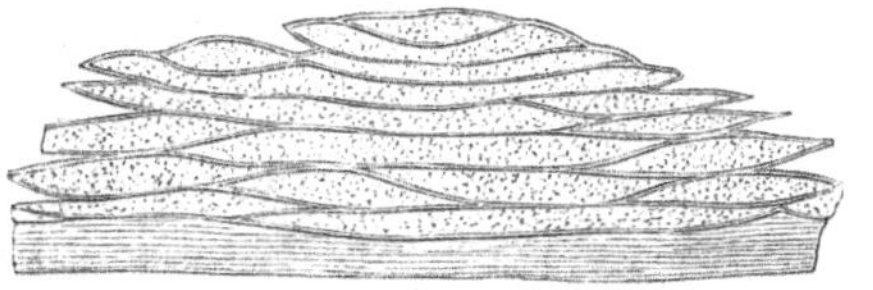

Fig. 104. Querschnitt aus der Kiefernborke bis zur inneren Grenze der Bastschichten, die älteren äusseren Bastschichten durch metamorphische Zwischenbildung von Korkschichten zu Schuppen abgeschnürt.

Fig. 105.

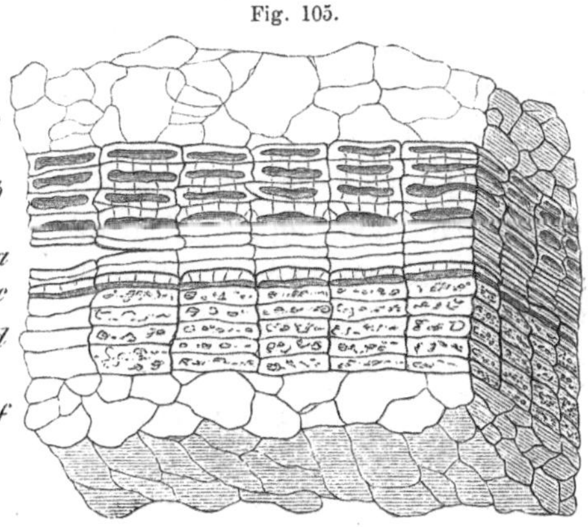

Fig. 105. Ein Stück dieser metamorphischen Korkschichten stärker vergrössert, *e* und *f* ursprüngliches Bastgewebe, zwischen dem die Korkschichten *b d* sich bildeten. *a* Spaltraum, in dem die abfallende Borkenschuppe von der fürs erste dem Baum verbleibende Korkschicht *c f* sich trennt.

Taxodium distichum wirft seine Blätter im Herbste nicht vereinzelt, sondern in Verbindung mit den jüngsten Nebentrieben ab. Diese Holzart und Glyptostrobus, welche ihre Seitenäste erst im 3—5jährigen Alter abstösst, bilden einen hübschen Uebergang zu den Absprüngen, die im Sommer von Pappeln und Eichen ohne äussere Veranlassung im belaubten Zustande abgestossen werden und eine den Blattstielnarben ähnliche Absprungnarbe zurücklassen. Dem Abstossen der meist mehrjährigen Absprünge geht ebenso wie dem Blattabfalle die metamorphische Zwischenbildung einer die Absprungnarbe schützenden und verschliessenden Korkschicht vorher.

b) Die Absprünge von Eichen und Pappeln,

nur von diesen Holzarten sind sie mir bekannt, die fälschlich hierher gezählten Absprünge der Kiefern und Fichten sind eine Folge, an Ersteren von Insektenbeschädigungen (Hylesinus), an Letzteren von Vogel- und Nagerbeschädigungen, geben sich schon mehrere Jahre vor dem Abfall der Absprungäste zu erkennen durch aussergewöhnliche Anschwellung des Zweiges dicht über und unter der

Fläche, in der künftig die Ablösung erfolgt. Es entspringt hieraus die Möglichkeit, den Entwickelungsverlauf der Zellenmetamorphose im Bereich der Absprungregion von Schritt zu Schritt zu verfolgen. Führt man Längenschnitte durch solche Anschwellungen, die in gleicher Richtung den künftig abfallenden Zweig und den Mutterzweig treffen, dann erkennt schon das unbewaffnete Auge eine Veränderung des den Mutterast und den Absprungzweig jetzt noch verbindenden Holzkörpers an einer grünlichen Färbung, die besonders an älteren Aesten der Silberpappel sehr deutlich erkennbar ist und von der künftigen Absprungfläche aus einige Millimeter weit aufwärts und abwärts verbreitet ist. Längen- und Querschnitte, diesem grünlichen Fasergewebe entnommen, lassen alle Uebergangsstufen der Organe des Fasergewebes in parenchymatisches Zellgewebe schon bei mässiger Vergrösserung durch das Compositum mit einer Sicherheit erkennen, die dies Objekt zu einem der lehrreichsten für die Zellenmetamorphose macht. Erst wenn diese Umbildung des Fasergewebes in Zellgewebe sich vollzogen hat, bildet sich auf der künftigen Narbenfläche durch Umbildung des parenchymatischen Zellgewebes in Korkgewebe eine Doppelschicht des Letzteren, deren äussere Hälfte dem Absprungzweige verbleibt, während die innere Hälfte die Absprungnarbe am Mutterzweige bekleidet. Ersteres ist in sofern auffallend, als die Absprünge wie die abfallenden Blätter dem Tode verfallen sind, der Schutz durch Korkschichten daher zwecklos erscheint. Vielleicht giebt es mir unbekannte exotische Holzarten, deren Absprünge der Fortpflanzung dienen, und wären Versuche, eben abgefallene Absprünge der Pappeln und Eichen wie Steckreiser zu behandeln, von wissenschaftlichem Interesse. Man mag solche Auslassungen meiner teleologischen Richtung zu Gute halten. Sie ist mir stets ein richtiger Wegweiser im Gebiete der Forschung gewesen.

Innerhalb der naturgesetzlichen Lebensdauer wird die Lebensthätigkeit und Entwickelungsfähigkeit der Blätter durch

c) Verdämmung

bis zu einem Grade vermindert, bei dem sie nicht mehr befähigt sind, die zur Ernährung des Zweiges nothwendigen Bildungssäfte zu bereiten. Erst im vierten Abschnitte kann ich die Belegstücke für den Beweis geben, dass jeder Ast nur durch die ihm selbst angehörende Belaubung ernährt und im Zuwachs erhalten werden kann, in Folge des Umstandes, dass nur die im Bastkörper rückschreitenden Bildungssäfte auf Neubildung von Zellen verwendet werden. Fehlt nun der Belaubung eines Astes die nöthige Lichtwirkung zur Assimilation von Rohstoffen der Ernährung, so wird dadurch die Zuwachsfähigkeit des Astes und seiner Belaubung geschwächt und bei zunehmender

Beschattung endlich aufgehoben. Die Wiederbelaubung muss schliesslich aufhören, der Ast selbst muss absterben. So sehen wir in unseren geschlossenen Waldbeständen die untere Beastung der Bäume durch die schattende Belaubung der im Lichte vegetirenden oberen Aeste allmälig von Unten herauf absterben, wir sehen ganze Bäume absterben, wenn sie von lebenskräftigeren Nachbarbäumen überschattet und verdämmt werden. Auffallend ist es und mir unerklärbar, dass einige Holzarten, z. B. die Lärche und Esche, auch im freien Stande von den unteren Aesten sich reinigen, dass grade diese Holzarten mit geringer Beschattung der Krone sind. Eine arteigenthümlich beschränkte Lebensdauer der Aeste, wie solche an Blättern verschiedener Holzarten augenfällig ist (Quercus Ilex und Robur, Cerasus Laurocerasus und Avium), kann hier nicht die Ursache sein, da die Aeste der höheren Schafttheile ein doppelt und dreifach höheres Alter erreichen, als die der unteren Schafttheile desselben Baumes.

Zweites Kapitel.

Die Knospenbildung.

Am aufsteigenden Stocke der Holzpflanzen unterscheidet man, ausser den Blättern, als Knospengebilde: Endknospen (Terminalknospen) und Seitenknospen (Lateral- oder Axillarknospen).

Schon im vorigen Kapitel habe ich darauf hingewiesen, dass die Endknospen der Triebe in ihrer Ganzheit nicht als Ausscheidungen betrachtet werden können; dass sie in der Entwickelung mehr oder weniger vorgeschrittene Anfänge der nächstjährigen Triebbildung sind, eingeschlossen in die letzten, zu Knospenhüllen umgebildeten Blattausscheidungen des diesjährigen Triebes, wo es nicht, wie bei den Cypressen (Wachholder) und Araukarien, bei Lonicera, Cornus, Pterocarya, Juglans cinerea wirkliche, nur durch abnehmende Grösse unterschiedene Blätter sind, die den Trieb abschliessen. Die Plumula der Knospe kann Ausscheidungen an Blättern und selbst an Seitenknospen enthalten (Fagus, Pinus), sie selbst ist nicht als Ausscheidung zu betrachten. Anders verhält sich dies mit den Seitenknospen, die, trotz ihrer endlichen Uebereinstimmung mit den Endknospen, dennoch, wie alle Blätter, Ausscheidungsprodukt sind.

§ 69. Endknospen

kommen nur bei einer verhältnissmässig geringen Zahl von Holzpflanzenarten vor. Unter den heimischen Holzarten finden sie sich bei den Zapfenbäumen und Eiben, an Laubholzarten bei den Rosskastanien, Ahornen, Eschen, bei Quercus, Fagus, Alnus, Populus nigra und bei einigen Strauchhölzern, wie Evonymus, Cornus, Ligustrum, Ribes, Rosa etc. Unter den fremdländischen Laubholzarten gehören die Juglandineen und Magnolien, Liquidambar, Rhus, Prinos, Clethra, Aralia hierher.

Aber auch unter diesen Holzarten fehlt die Endknospe denen mit endständiger Blüthe an den zur Blüthe und Fruchtbildung gelangten Trieben.

Einer grösseren Zahl von Holzarten fehlt die Endknospe der Jahrestriebe und zwar unter den nachfolgend aufgeführten Modifikationen.

Entweder sterben die letzten Internodien schon im Spätherbste eines jeden Jahres ohne das Einschreiten irgend eines äusseren Einflusses, z. B. bei Sambucus, Viburnum Opulus, Rubus, Spiraea, Rhus, Sophora, Halesia, Weigelia, Cephalanthus, Robinia pseudacacia, Catalpa, sowie bei fast allen Schlinggewächsen;

Fig. 106.

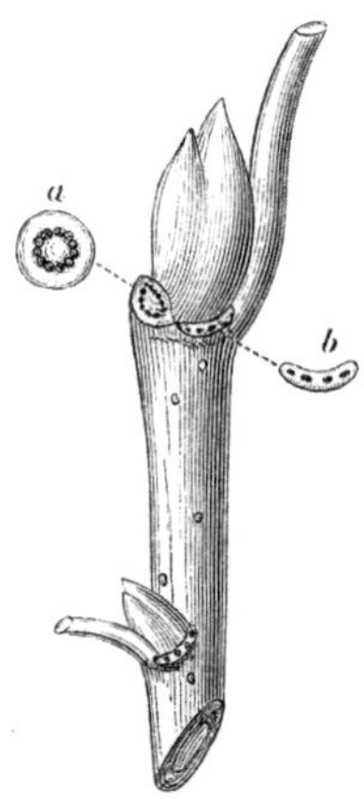

Fig. 107.

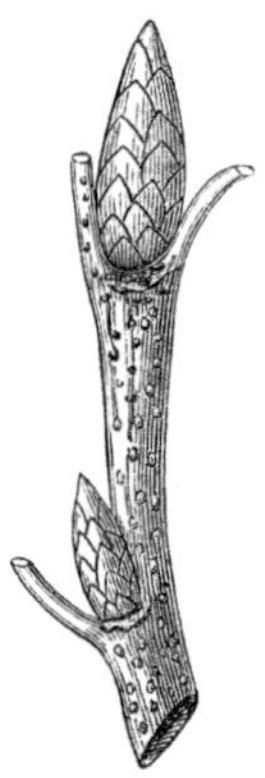

Fig. 106. Triebgewebe der Linde. *a* Triebnarbe, *b* Blattnarbe.

Fig. 107. Triebspitze der Hainbuche.

oder es erhebt sich das letzte Internodium über die letzte Seitenknospe in der Form einer kurzen Bajonettspitze bei Carpinus (Fig. 107), Salix, Prunus spinosa, Populus tremula, Platanus, Diospyrus, Berberis;

oder es fehlt auch der kurze Triebstumpf. An der Basis der letzten Seitenknospe, gegenüber der ihr angehörenden Blattstielnarbe, bezeichnet eine kreisrunde Triebnarbe mit kreisrundem Faserbündelringe die Stelle, an welcher der Längezuwachs des Triebes an diesem schon sehr früh plötzlich aufgehört hat, da einerseits die Faserbündel der Triebnarbe noch nicht zum Holzringe sich geschlossen haben, andererseits die Triebnarbe einen verhältnissmässig bedeutenden Durchmesser besitzt. Es gehören hierher: Castanea, Corylus, Betula, Salix capraea, Ulmus, Morus, Philadelphus, Calycanthus, Aristolochia, Ptelea, Virgilea, Gymnoclades, Ailanthus. Besonders instruktiv in Bezug auf die Unterschiede zwischen Blattstiel- und Triebnarbe sind Ailanthus und Tilia (Fig. 106).

Diejenigen Triebe von Catalpa, an denen die letzten Internodien nicht absterben, enden mit Blattstielnarben ohne eine Spur von Endknospe oder Triebnarbe.

Bei Hippophäe und bei Rhamnus catharticus enden alle Triebe in eine

Dornspitze, in der wie bei Prunus spinosa und Crataegus das Mark des Dorntriebes knospenlos zu Tage liegt.

§ 70. Seitenknospen.

Mit wenigen, so viel ich weiss auf die Nadelhölzer beschränkten Ausnahmen, folgt jeder Blattausscheidung die Entstehung einer, mitunter mehrerer übereinanderstehender Seitenknospen im Zellgewebe des Winkels zwischen Stengel und Blattstiel. Selbst die Knospendeckblätter der Endknospen verleugnen hierin ihre Blattnatur nicht (Taf. III). Dagegen fehlt den einblättrigen Zapfenbäumen, der Fichte, Tanne, Lärche, den Eiben und Cypressen die Bildung von Blattachselknospen an der grossen Mehrzahl ihrer Blätter selbst in der Anlage, es sind hier stets nur einzelne Blätter, die an ihrer Basis Quirlknospen und im Verlaufe des Triebes vereinzelte Seitenknospen entwickeln, während an den älter als einjährigen Kiefern die ächten Blätter der einjährigen Pflanze in ihrer normalen Entwickelung zurückbleiben, dagegen die jedem Blattrudiment entsprechende Blattachselknospe sofort zu einem kurzstämmigen, zwei-, drei-, fünfnadligen Triebe von 3 — 5jähriger Lebensdauer heranwächst (Seite 227, Fig. 108 *a*). An 2 — 3jährigen Kiefern lässt sich der Ersatz der oft noch in geringerer Grösse vorhandenen einfachen Nadeln durch Blattachsel-Büschelnadeln auf's Bestimmteste verfolgen.

Die Quirlknospen der Zapfenbäume, die vereinzelten, unregelmässig über den Trieb vertheilten Seitenknospen derselben und die Seitenknospen aller Laubholzarten sind in ihrem anatomischen Baue von den Endknospen derselben Holzarten in nichts Wesentlichem verschieden. Sie bestehen wie Letztere aus einer Plumula, dem mehr oder weniger hoch entwickelten Keime des nächstjährigen Triebes, umstellt von Knospendeckblättern meist derselben Bildung, wie an der Endknospe, wo diese vorhanden ist. Dagegen finden in der Entstehungsweise sowohl wie in der Fortbildung der Seitenknospen Abweichungen statt, die einer besonderen Erwähnung verdienen.

a) Entstehung der Seitenknospen.

Die erste Anlage einer Knospenausscheidung ist von der ersten Anlage der Blattausscheidung nicht verschieden. Auch hier ist es ein gesteigertes Tempo der Zellentheilung, durch welches, bald nach der Blattausscheidung, in dem Winkel zwischen dieser und der Basis des aufsteigenden Knospenwärzchens ein Complex kleinzelligen Zellgewebes entsteht; auch hier ist es die Vergrösserung dieser Basalzellen, durch welche das Zellgewebe der Blattachsel hügelförmig nach Aussen sich erhebt (Taf. III, Fig. 9 *a*). Wie bei der

Blattausscheidung zweigt sich ein, oder zweigen sich mehrere Faserbündelstränge vom Faserbündelkreise des Stengels nach Aussen hin ab, und zwar wie dort durch veränderte Richtung fortschreitender Metamorphose der vorgebildeten Zellen zu Fasern (Taf. III, Fig. 8 *p*). Ein wesentlicher Unterschied von der Blattausscheidung besteht aber darin, dass, gleichzeitig mit der Abzweigung eines oder einiger Faserbündelzweige des Stengels nach Aussen eine solche auch von den zum Blatte ausgeschiedenen Faserbündeln nach Innen eintritt. Dadurch, dass die von den Faserbündeln des Stengels nach Aussen und die von den Faserbündeln des Blattes nach Innen abgezweigten Faserbündel im Knospenwärzchen der Blattachsel sich gegenüberstellen und zu einem Faserbündelkreise sich gegenseitig vermehren und verästeln, ist die Grundlage eines neuen Triebes gebildet. Das Knospenwärzchen der Blattachsel wird zum aufsteigenden Knospenwärzchen desselben. Wie das aufsteigende Knospenwärzchen des Stengels, entwickelt es an seiner Basis die Blattausscheidungen einer Plumula und die einschliessenden Knospendeckblätter; der axillare Faserbündelkreis wird zum Holz- und Bastkörper, das von ihm eingeschlossene Zellgewebe wird zum Mark, das den Faserbündelkreis umgebende Zellgewebe wird zur Rinde (Taf. III, Fig. 4, 8, 9, Seite 171, Fig. 88).

Wie alle Blätter, so können auch alle Knospenausscheidungen im normalen Verlauf der Bildungen nur an der Basis des aufsteigenden Knospenwärzchens entstehen. Das Auftreten von Blättern oder Knospen und Trieben an älteren Baumtheilen beruht entweder auf Reproduktionserscheinungen (Adventivknospen), oder auf dem Hervorwachsen schlafender Augen.

b) Fortbildung der Seitenknospen.

So sehr die Seitenknospen unter sich und mit den Endknospen, wo solche vorhanden sind, in Form und Bildung übereinstimmen, ist dennoch die Fortbildung der fertigen Seitenknospen im späteren Lebensalter eine sehr verschiedene und habe ich hiernach

Grosstriebknospen (Macroblaste) von
Kurztriebknospen (Brachyblaste),
verborgene Knospen (Cryptoblaste) und
Kugeltriebknospen (Sphaeroblaste)

unterschieden.

1) Grosstriebknospen

nenne ich diejenigen Seitenknospen, welche schon im Jahre nach ihrer Entstehung zu Trieben sich entwickeln, die bis auf ihre zur Längenachse des Triebes, dem sie angehören, schräg nach Oben gerichtete Stellung, in Allem, auch im Längezuwachse den Trieben und Endknospen ähnlich sind. An Strauchhölzern sind es schon Seitenknospen des Wurzelstockes, denen diese den Strauchwuchs veranlassende Eigenschaft zuständig ist, an den Baumhölzern sind es die Seitenknospen späterer Jahrestriebe des Schaftes, welche die Verästelung des Letzteren, die Kronenbildung veranlassen, die bei Tannen, Fichten, Lärchen nie, bei den Kiefern, Erlen, Eschen, Buchen erst in hohem Alter des Schaftes eintritt; früher oder später je nach Verschiedenheit der Standortsverhältnisse und der Erziehung im Schluss. Zu den Grosstriebknospen zähle ich auch die Quirlknospen der Nadelhölzer.

Fig. 108.

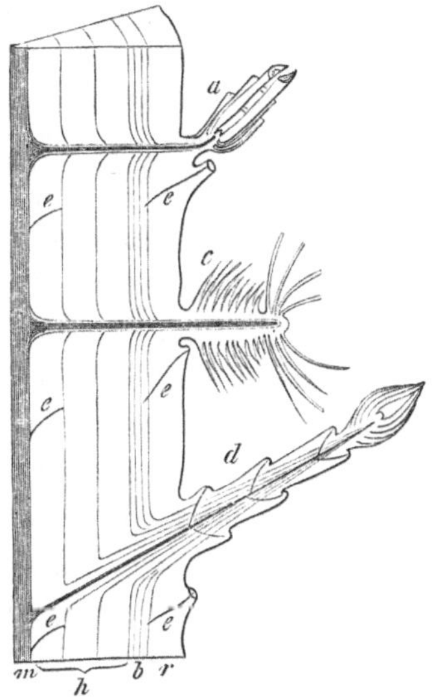

Fig. 108. *a* Kurztrieb der Kiefer, *b* Bastschichten, *h* 3 Holzschichten, *m* Mark, *c* Kurztrieb der Lärche, *d* Kurztrieb der Buche, *e* Gefässbündel der Blätter.

Anatomisch unterschieden von den übrigen Knospenarten ist die Grosstriebknospe darin, dass sich in ihr die zum Triebe, dem sie entsprungen, schräg nach Oben gerichtete Stellung bis zum Marke fortsetzt (Fig. 108 *d*).

2) Kurztriebknospen (Fruchtästchen).

Bei allen Kiefern, Weymouthkiefern und Zirbelkiefern verkümmern die Normalblätter der einjährigen Pflanze an den Jahrestrieben späterer Bildung und werden schon im Jahre der Triebbildung ersetzt durch eine anticipirte Entwickelung der ihnen angehörenden Blattachselknospen zu sehr kurzen, 2—5 Blätter tragenden Seitentrieben mit mikroskopisch kleiner Endknospe, die aber das Vermögen besitzt, zu einer perulirten Grossknospe unter begünstigenden Umständen sich fortzubilden, wenn z. B. bei Raupenfrass die Nadelblätter nicht ganz bis zum Nadelstamme abgefressen werden. Die Nadelbüschel der Kiefern sind belaubte Seitentriebe mit kurzer, 3—4jähriger Lebensdauer (Fig. 108 *a*). Nach Ablauf derselben fallen sie ab, ohne durch andere Knospengebilde ersetzt zu werden. Es beruht hierauf die den Laubhölzern gegenüber geringe Reproduktionskraft der Nadelhölzer. Geht Ersteren durch Frass oder Frost die Belaubung verloren, dann können sie sich durch die Blattachselknospen, die erst im nächsten Jahre zur Triebbildung gekommen sein würden, schon im Frassjahre wieder begrünen. Bei den Kiefern sind die Organe der Wiederbegrünung, die Blattachselknospen anticipirt zu Nadelbüscheln entwickelt; werden Letztere dem Baume genommen, dann fehlen diesem die Reproduktionsorgane, die in der Blattachsel anderer Nadelhölzer entweder gar nicht vorhanden sind, oder auf sehr niederer Entwickelungsstufe verharren, abgesehen von deren Quirl- und Zwischenknospen.

Hauptsächlich im Bereich des männlichen Blüthestandes bleiben bei den dreinadligen Kiefern (Untergattung Taeda) einzelne Blattachselknospen zurück, die weder zu Blüthekätzchen noch zu Nadelbüscheln sich ausbilden. Erst in den nachfolgenden Jahren erwachsen daraus kurze, normal belaubte Triebe, die sich von den Blattbüscheltrieben durch lange Lebensdauer, alljährliche Bildung kurzer Triebe und durch perulirte End- und Quirlknospen unterscheiden. Sie begrünen in ringförmiger Stellung, selbst älter als 30jährige Schafttheile, erreichen aber selbst in diesem hohen Alter nie eine einige Zolle übersteigende Länge.

Bei den Lärchen und Cedern (Cedrus) sind die einjährigen Triebe auch alter Bäume stets mit einfachen Nadeln besetzt; ihre Endknospe und die unter dieser stehenden Quirlknospen bilden stets wieder einen einfach benadelten Grosstrieb. Wie bei Fichten und Tannen, entstehen im Verlauf des Triebes schon im Jahre der Triebbildung einzelne perulirte Blattachselknospen in unregelmässiger Vertheilung, die in den nachfolgenden Jahren alljährlich einen sehr kurzen Längetrieb und an der Spitze desselben einen Nadelbüschel aus vielen, gedrängt beisammenstehenden, einfachen Nadeln bilden, dessen Bedeutung man sich versinnlicht, wenn man sich den mit einfachen Nadelblättern besetzten Grosstrieb der Lärche, wie die Glieder eines Fernrohres ineinander geschoben und verkürzt denkt. Schon hier sind es diese Zwischenknospen, welche in Blüthejahren des Mannbarkeitsalters an ihrer Spitze die männlichen sowohl wie die weiblichen Blüthen tragen. Auch diese Kurztriebe können ein 20—25 jähriges Alter erreichen, ohne die Gesammtlänge aller Jahrestriebe von 1—1½ Zoll zu übersteigen (Fig. 108 *c*).

Unter den Laubhölzern sind es die Obstbäume, an denen die Kurztriebe, von den Gärtnern in diesem Falle „Fruchtästchen“ genannt, am meisten in die Augen fallen. Ueber wenigen Blättern bilden diese Kurztriebe an dem nur einen oder wenige Millimeter langen Jahrestriebe in Blüthejahren aus anticipirt entwickelten Blattachselknospen zahlreiche, büschelweise beisammenstehende Blüthen. Bei der Ernte der aus Letzteren erwachsenen Früchte muss man die Kurztriebe selbst dem Baume belassen, um den Fruchtertrag der nächsten Jahre nicht zu vermindern.

Auch an anderen Holzarten wird man die Kurztriebe leicht auffinden durch ihre Kürze im Verhältniss zur Dicke des Stammes oder Zweiges, dem sie entspringen, wie durch die bleibenden Ringwülste, die jeden ihrer kurzen Längetriebe begrenzen, die Stellen bezeichnend, an denen die Ausscheidungen stattfanden.

Die Eigenschaft verschiedener Holzarten viel oder nur wenige Kurztriebe zu bilden, die sich kürzere oder längere Zeit fortwachsend zu erhalten vermögen, besitzt forstliche Bedeutung in sofern, als von dieser Eigenschaft die innere Belaubung der Baumkronen und dadurch deren Beschattungsvermögen abhängig ist. Wo nur wenige bald absterbende Kurztriebe sich bilden, wie bei den Pappeln, Weiden, Eschen, da beschränkt sich die Belaubung auf die Peripherie der Baumkrone, die dann weit weniger beschattet als die Krone einer Rothbuche, Linde, Erle, an deren Aesten die zahlreichen Kurztriebe ein 15—20jähriges Alter erreichen können, daher in's Innere der Baumkrone bis zu den 15—20jährigen Asttheilen hinabreichen, da die Kurztriebe stets dasselbe Alter besitzen, als der Zweig, dem sie entspringen.

3) Verborgene Knospen (schlafende Augen).

Unter den am einjährigen Triebe gebildeten Seitenknospen ist es stets eine mehr oder weniger grosse Anzahl, die in den nächsten Jahren, in Jahrzehenden, selbst in Zeiträumen von mehr als hundert Jahren äusserlich in ihrem ursprünglichen Zustande verharren, bis Krankheiten oder gewaltsame Verletzungen des Baumes sie zur Triebbildung bringen. Alle Triebbildung aus unverletzter Rinde älter als einjähriger Schaft- und Zweigtheile: Wasserreiser, Räuber, Stammsprossen, Ausschläge gehören hierher und sind wohl zu unterscheiden von dem, was die Botaniker Adventivknospen nennen, wohin ich nur diejenigen Knospen zähle, die zu jeder Zeit an allen auch den ältesten Baumtheilen im Keime neu entstehen können, wenn durch gewaltsame Verletzungen ein Wulst neuer Rinde (Rindecallus) sich bildet, mit dem die Adventivknospen gleichzeitig entstehen (Taf. VI, Fig 1—5). Wir haben hier nur die schon am wachsenden, einjährigen Triebe gebildeten, aber in weiterer Entwickelung zu Trieben zurückgehaltenen Knospengebilde (Präventivknospen) zu betrachten, die Entstehungsweise der ächten Adventivknospen gehört der Reproduktionslehre an. In den Lehrbüchern der Pflanzenkunde ist der Unterschied dieser in der Entstehungsweise ganz verschiedenen Knospengebilde bis jetzt nicht hervorgehoben. Auch die schlafenden Augen werden mit dem Namen Adventivknospen bezeichnet.

Längenschnitte in der Achse des Triebes und einer Seitenknospe geführt, zeigen schon dem unbewaffneten Auge an Aesculus, Fraxinus, Juglans, an jeder Holzpflanze mit starker Markröhre, dass Letztere aus der Plumula der Seitenknospe in den Trieb, dem Letztere aufsitzt, hinabreicht und in die Markröhre desselben, ohne Unterbrechung einmündet (Taf. V, Fig. 9—14). Längenschnitte in der Achse älterer Triebe und einer Seitenknospe geführt ergeben, dass diese Verhältnisse keine Veränderung erlitten haben, dass auch hier der Markcylinder aus der Knospenplumula ununterbrochen bis in die Markröhre des knospentragenden Triebes hinabreicht, dass dies in gleicher Weise der Fall ist in Bezug auf den die Markröhre der Knospenausscheidung einschliessenden Faserbündelkreis, der, wie die Markröhre selbst nur im Bereich des ersten, innersten Holzringes die ursprüngliche, schräg nach Oben und Aussen gerichtete Stellung zeigt, in allen später gebildeten Holzringen die Fasern derselben, rechtwinkelig wie die Markstrahlen durchsetzt. Es lässt sich dies mitunter noch an älter als hundertjährigen Schafttheilen an Querschnitten und Spaltflächen recht gut erkennen, dann nämlich, wenn das schlafende Auge bis zu diesem Baumtheilalter lebendig geblieben ist, ohne nach Aussen zu einem Triebe sich fortzubilden. In diesem Falle ist nicht allein der Markkörper, sondern auch der diesen umstellende Faserbündelkreis durch alle Jahreslagen hindurch von gleicher Grösse und Bildung, während von dem Jahre ab, in welchem das schlafende Auge zur Triebbildung gelangte, auch der Faserbündelkreis des Seitenknospen-Markkörpers im Bereich der Cambiumschicht durch Jahresringe sich vergrössert, nach Aussen trichterförmig sich erweiternd, wie das in gleicher Weise der Fall ist an der im Triebe liegenden Basis solcher Seitenknospen, die schon im zweiten Jahre zu Lang- oder Kurztrieben sich fortbildeten.

Liegt nun das Mark der Plumula einer Seitenknospe und der dasselbe umgebende Faserbündelkreis im einjährigen Triebe nur einen oder wenige Millimeter entfernt von der Einmündung in den Markkörper des knospentragenden Triebes; erweitert sich die Entfernung beider Punkte, der Basis des Plumulamarkes und der Einmündung desselben in den Markkörper des knospentragenden Triebes mit jedem folgenden Jahre um die Breite des in ihm gebildeten Jahresringes ohne eintretende Unterbrechung des Knospenmarkes sowohl wie des dasselbe begleitenden Fasergewebes, dann muss nothwendig unter der Basis des schlafenden Auges, zwischen dieser und dem vorgebildeten, in Bezug auf die Knospe gewissermaassen unterirdischen Knospenstamme, ein jährlicher Zuwachs an Markzellen und Fasern stattfinden, den ich den intermediären Längezuwachs der Seitenknospen genannt habe, der sich in der cambialen Faserschicht des knospentragenden Triebes alljährlich vollzieht, dessen Länge der Breite des gleichzeitig im knospentragenden Triebe gebildeten Jahresringes gleich ist.

Zu dem Ueberraschenden dieser, in botanischen Schriften bisher gänzlich unbeachteten, intermediären Zuwachsform gesellt sich der Umstand: dass sie sich vollzieht ohne eine wahrnehmbare Veränderung im Bereich des schlafenden Auges; dass dem Faserbündelkreise des Knospenstammes der Bastkörper fehlt, und dass, abgesehen von der nachfolgend erörterten Sphäroblastenbildung, mit dem früher oder später eintretenden, auf alle oder nur auf einen Theil der schlafenden Augen sich erstreckenden Aufhören des intermediären Längezuwachses auch die Ausschlagfähigkeit dieser Knospen erlischt, auf deren Entwickelung zu reichlichen und kräftigen Trieben der gute Erfolg des Ausschlagwaldes (Niederwald, Unterholz des Mittelwaldes, Kopf- und Schneidelholzbetrieb) vorzugsweise beruht, da der aus Adventivknospen erfolgende Wiederausschlag weniger kräftig und grösseren Gefahren und Verlusten unterworfen ist. Das Speciellere hierüber gehört dem Waldbau und der speciellen Naturgeschichte der Holzpflanzen.

Eine beachtenswerthe Eigenthümlichkeit des intermediären Zuwachses liegt darin, dass er im Bereich der Cambialschichten sich zu spalten und zu vervielfältigen vermag, so dass ein ursprünglich einfacher Knospenstamm im Bereich des knospentragenden Baumtheiles sich nach Aussen hin vielfach verästelt zeigen kann. Eine rasch aufeinanderfolgende dichotomische Verästelung des Knospenstammes veranlasst örtlich beschränkte Maserbildung, meist begleitet von einer knolligen Auftreibung des Fasergewebes, dessen Faserbündel durch die zahlreichen Knospenstämme aus ihrer geraden und unter sich gleichläufigen Lage abgelenkt werden. Auf Querschnitten solcher Maserknollen entsprechen die sogenannten Augen den Durchschnitten des Markes der Knospenstämme, der schmale Ring durchschnittener Fasern in der Umgebung entspricht dem Faserbündelkreise derselben, zwischen denen dann die Fasern des knospentragenden Baumtheiles in Schlangenwindungen liegen.

Besonders an Fichten finden sich nicht selten rundliche Büsche aus kurz verästelten, dicht gedrängt nebeneinander stehenden Trieben, in der Grösse einer Faust bis zur Kopfgrösse. Weniger gedrängt aber reich verästelt kommen ähnliche Bildungen auf Tannen und Kiefern, Birken und Hainbuchen unter dem Namen H e x e n b e s e n vor. Denkt man sich die Räume eines Hexenbesens der Fichte mit Holzfasern erfüllt, so würde dies Bild ziemlich treu einem Maserknollen entsprechen, der Hexenbesen als eine nach Aussen entwickelte Maserbildung zu deuten sein.

4) Kugeltriebknospen.

Besonders an der Rinde älterer Rothbuchen sieht man häufig kugelig hervorragende, mit normaler Rinde bekleidete Knollen von Erbsen- bis Wallnussgrösse, die auf ihrem Gipfel mit den Ueberresten einer Buchenknospe besetzt sind, mitunter eine wohlerhaltene Knospe tragen. Diese Knollen lassen sich leicht abstossen und geben dann zu erkennen, dass sie dem Rindekörper des Stammes eingebettet sind, ohne mit diesem in Faserverbindung zu stehen. Knollen dieser Art findet man auch an anderen Laubholzbäumen und selbst an der Lärche kann man sie künstlich erzeugen auf der, unter Glasverband erfolgenden Wiederbekleidung von Ringwunden. Von der Hainbuche besitze ich Sphäroblaste bis zur Faustgrösse.

Diese Sphäroblaste bilden sich hier und da aus schlafenden Augen, wenn unter Letzteren die intermediäre Triebbildung erlischt, dem zu Folge undurchbrochene Jahresringe des knospentragenden Baumtheiles Knospenbasis und Knospenstamm voneinander trennen (Taf. V, Fig. 14). In der grossen Mehrzahl der Fälle sterben dann die schlafenden Augen und gehört es immerhin zu den Ausnahmen, wenn das schlafende Auge nach Unten sich abschliesst, und zu einem kugeligen Körper dadurch heranwächst, dass alljährlich kugelmantelförmige Holzschichten um die vorgebildeten entstehen.

In der Rinde versteckte, und mikroskopisch nachweisbare Sphäroblaste entstehen auch aus der Basis der Kiefernblattbüschel nach dem Blattabfalle.

Die Sphäroblaste sind zu einer anderen Fortbildung als zur eigenen Vergrösserung in Kugelform nicht befähigt. Findet man auf ihrer Aussenfläche Knospen oder selbst kurze Triebe, so sind diese vor der Sphäroblastenbildung entstanden. Beachtenswerth sind sie nur in Bezug auf ihr parasitenartiges Leben und Wachsen.

Funktion der Knospen.

Die Endknospen vermitteln den Längewuchs des Schaftes und der Zweige; die Seitenknospen, insoweit sie nicht an die Stelle einer Endknospe treten, wie das bei allen denjenigen Holzarten der Fall ist, deren Endknospen abortiren (Seite 223), dienen der Verästelung des Schaftes, der Kronenbildung, zur Produktion einer grösseren Laubmenge, entsprechend dem mit höherem Alter und zunehmender Grösse der Pflanzen sich steigernden Bedarf an Werkzeugen der Verarbeitung roher Nährstoffe. Erst bei der Betrachtung der Gesammtpflanze im vierten Abschnitte vermag ich den Beweis zu führen, dass dieser Bedarf keineswegs das Maximum der Knospenbildung und dadurch der Blattzahl erheischt, um an der Pflanze die grösste Masse des werthvolleren Schaftholzes zu erstreben, dass hierzu die mässige Belaubung im Bestandesschluss erzogener Bäume ausreichend sei, eine der wichtigsten forstlichen Controversen der G. L. Hartig'schen und H. Cotta'schen Schule begründend.

Dass den Kurztriebknospen die innere Belaubung der Baumkronen und dadurch der Beschattungsgrad, zum Theil auch bei Waldbäumen die Menge der Fruchtbildung, dass den schlafenden Augen vorzugsweise die Wiederausschlagfähigkeit der Baumhölzer entspringe, geht aus dem Vorhergesagten hervor und findet in der Reproduktionslehre weitere Erörterung.

Die Knospenhüllen, theils ungetheilt und kappenförmig (Salix, Magnolia, Viburnum Opulus), theils schuppenförmig (Pinus, Fagus, Quercus), theils blattförmig (Viburnum Lantana, Juglans cinerea, Pterocarya, Cornus, Lonicera), sollen dem anticipirt entwickelten nächstjährigen Triebe, der Knospenplumula zum Schutz gegen die Kälte und Nässe des Winters dienen. Allein man darf hierbei nicht unbeachtet lassen, dass vielen Pflanzen dieses Schutzmittel fehlt (Cypressen, Araukarien), andere dasselbe sehr unvollständig besitzen (Pterocarya, Cornus, Elaeagnus, Lonicera).

Nebenorgane des aufsteigenden Stockes.

§ 71. Neben den Blättern und Knospen trägt der aufsteigende Stock nicht aller, sondern nur gewisser Holzarten Ausscheidungen, zu denen die Stacheln der Rosen, der Rubus und Ribesarten, der Robinia pseudacacia, der Aralien und Berberideen nicht gehören, insofern sie nur aus Erweiterungen des Rindezellgewebes nach Aussen bestehen. Nur in Bezug auf die Stacheln an Berberis können hierin Zweifel obwalten, da sie eine Markröhre enthalten, umstellt von einem Ringe dickwandiger Zellen, denen aber die Faserform und die Sonderung in Faserbündel fehlt, Blatt- und Knospenbildung in der Achsel des seiner Stellung nach allerdings einem Blatte oder Afterblatt entsprechenden Stachels erfolgt.

Die als Ausscheidungen vom Bündelkreise des Stengels vorkommenden Nebenorgane sind zu betrachten, theils als Umbildungen der Blätter oder der Knospen, dahin gehören die Afterblätter, Dornen und Ranken, theils als wurzelähnliche Bildungen: Haftwurzeln und Luftwurzeln.

Die Afterblätter und Afterstacheln.

Erstere an Ellern, Weiden, Platanen etc. sehr entwickelt, entsprechen in Abscheidung, Bau, auch wohl in ihrer Funktion ganz den Normalblättern, mit Ausschluss der dornspitzigen Afterblätter an Caragana, Halimodendron, Calophaca, wohin auch die Dornen von Berberis und selbst von Robinia, von Glycine sinensis und Ribes Grossularia gehören.

Die Dornen

entsprechen einem aus einer Blattachselknospe hervorgegangenen Seitentriebe und sind entweder selbst Blätter und Knospen tragend wie bei Prunus spinosa, Lycium barbarum, Hippophaë, Genista, Ulex, Ononis, oder sie sind nackt, mitunter mit Nebendornen besetzt, bei Crataegus und Gleditschia. Bei Letzterer besitzen sie einen höheren Grad der Selbstständigkeit, insofern sie nicht an der Stelle einer Blattachselknospe, sondern isolirt einige Millimeter über dieser stehen. Bei Rhamnus catharticus enden die Triebe in einer sterilen Dornspitze. Bei Halimodendron sind es in eine Dornspitze endende Blattkiele, gestützt von zwei dornspitzigen Afterblättern, welche die Dornen dieser Holzart bilden.

Die Ranken

von Clematis sind metamorphosirte Blätter, die in der Blattachsel normale Seitenknospen tragen. Die Ranken des Weinstockes (Vitis) unterscheiden sich darin, dass sie gegenüber der normalen Blatt- und Knospenausscheidung isolirt stehen, gewissermaassen Blatt- und Knospenausscheidung in sich vereinend. Besondere Beachtung verdienen die vielfach verästelten Ranken von Ampelopsis durch Erweiterung ihrer Spitzen zu Haftkeulen, deren flache Seite der todten Stütze des Stockes sich anheftet, ohne ein Haftorgan zu besitzen. Nur die Haftseite der Haftkeule ist von einer Schicht aussergewöhnlich dickwandiger, getipfelter Zellen bekleidet, deren äusserste Lagen mehr oder weniger zerstört sind. Es könnte wohl sein, dass die, aus inneren Ursachen eintretende Lösung von Zellstoff ein in atmosphärischem Wasser unlösliches Klebmittel erzeugt. Bemerkenswerth ist die Sicherheit, mit der diese Ranken geeignete Haftstellen aufzufinden und zu benutzen wissen.

Die Haftwurzeln

des Epheu, an der dem Gemäuer oder der Baumrinde zugewendeten Seite der Internodien, meist in gerader Linie hervorbrechend, sind nicht allein ihrer äusseren Erscheinung nach wurzelähnlich, sondern als wirkliche Wurzelausscheidungen sich ausweisend, durch ihren centralen Holzkörper und ihren Ursprung im Markstrahlgewebe, dem gleichlaufend sie nach Aussen hervorwachsen. Die ganz ähnlichen Haftwurzeln von Tecoma unterscheiden sich von denen des Epheu nur darin, dass sie stets nur an der Seite der Blattstiele hervorbrechen.

Luftwurzeln

habe ich an einheimischen Holzarten bis jetzt nur bei Potentilla fruticosa vorgefunden. Sie zeigen sich dort als braune, platte und verästelte Gebilde zwischen den absterbenden Bastschichten älterer Stämme und Aeste verlaufend, merkwürdigerweise ohne den Versuch eines Hervorwachsens nach Aussen zu machen. Ohne die Kenntniss ihres wurzelartigen Ursprunges im lebenden, gesunden Markstrahlgewebe des Stammes, könnte man sie auf den ersten Blick leicht mit Rhizomorpha ähnlichen Bildungen verwechseln. Ob sie wirklich die Funktion der Luftwurzeln tropischer Pflanzen verrichten, wage ich nicht zu behaupten, kann mir aber keinen anderen Zweck dieser eigenthümlichen Bildungen denken.

Haare

entstehen durch Erweiterung einzelner oder einer Mehrzahl beisammenstehender Oberhautzellen. Sie sind entweder einzellig (Taf. IV, Fig. 9, 11) oder mehrzellig (Fig. 10) sternförmig verästelt (Fig. 14, 15 an Deutzia, Elaeagnus) oder baumförmig verästelt (Fig. 12 an Platanus). Ein vielzelliges Drüsenhaar zeigt Fig. 13 von Rubus.

Drüsen

sind haarähnliche Wucherungen der Oberhautzellen, von den Haaren unterschieden durch die Aussonderung nach Pflanzenart verschiedener Stoffe; auf dem Birkenblatte z. B. eines Wachsharzes Seite 62 in der Aufsicht Seite 207 im Durchschnitt.

Drittes Kapitel.

Die Blüthebildung.

§ 72. Die Blüthe der Holzpflanzen baut sich auf aus Stengel-, Blatt- und Knospentheilen nach der Art und selbst dem Geschlecht derselben Art eigenthümlichen Naturgesetzen.

Jeder Blütheanalyse lassen sich die nachfolgenden Bilder zum Grunde legen.

Aus einem Triebe mit wirtelförmig gestellten Blättern, z. B. des Waldmeister, lassen sich die Bestandtheile vollkommener Blüthen, z. B. der Pflaume (Taf. IV, Fig. 3) in folgender Weise deuten.

Fig. 109.

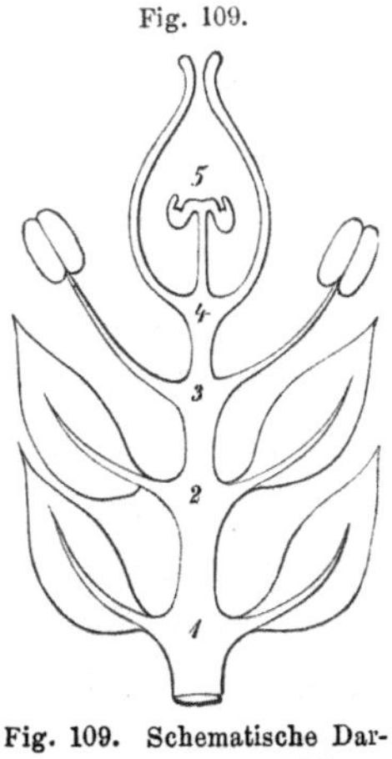

Fig. 109. Schematische Darstellung der Blüthebildung. Blattwirtel: 1 für die Kelchbildung, 2 für die Blumenkrone, 3 für den Staubfadenkranz 4 für den Fruchtknoten, 5 für die Pflanzeneier.

Denkt man sich am Triebe z. B. des Waldmeister den vierten Blattwirtel von der Triebspitze abwärts gezählt, derart verändert, dass alle Blätter desselben an ihrer Basis untereinander verwachsen sind, so entsteht dadurch ein kelchförmiges Organ, der Blüthekelch (Calyx), gekennzeichnet durch die ununterbrochene Fortsetzung der Oberhaut des Stengels in die Oberhaut des Kelches.

Auch der drittletzte Blattwirtel ist in der Blüthe häufig zu einem glockenförmigen Organe, zur Blumenkrone (Corolla) verwachsen, so z. B. an der Blüthe der Vaccinien, Ericeen, Campanulaceen. Weit häufiger bleiben die Blätter des drittletzten Blattwirtel voneinander getrennt als Blumenblätter von weisser, rother, blauer, gelber Färbung, während der Kelch vorherrschend die grüne Farbe der Blätter besitzt, so an den Aepfel- und Pflaumenbäumen, an den Ahornen, Linden etc.

Die Blätter des vorletzten Wirtels sind zu Staubfäden umgebildet durch Contraction des älteren Theiles der Blattscheibe zur Faserform, durch Entwickelung von Blumenstaub (Pollen) im Zellgewebe des oberen Theiles der Blattscheibe, zu beiden Seiten des Blattkieles die Staubbeutel (Antheren) bildend. Die Verwandtschaft der Staubgefässe (Filamenta) mit Blättern, besonders mit den Kronblättern der Blüthe beweist die Umbildung der Staubfäden zu Blumenblättern in allen gefüllten Blumen.

Im letzten Wirtel vereinen sich die ihm angehörenden Blätter entweder zu einem offenen Hauptblatte (Nadelhölzer) oder sie verwachsen, wie im Kelche und in der glockenförmigen Blumenkrone, untereinander zu einem krugförmig geschlossenen Organe, zum Stempel (Pistillum), dessen unterer, erweiterter Theil Fruchtknoten, Eierstock (Ovarium) genannt wird, weil in ihm die Pflanzeneier (Ovula) entstehen und zum Samen (Semen) sich ausbilden. Nach Oben hin verengt sich der Stempel flaschenartig zu einem mehr oder weniger langen Halse, dem Griffel (Stylus), der an seinem oberen Rande in einen oder in mehrere, meist zur Seite gebogene Lappen ausläuft, die Narbe (Stigma) bildend, bestimmt zur Aufnahme des Blumenstaubes (Pollen), der, auf der klebrigen Oberfläche der Narbe haftend, von dort aus zur Befruchtung der Pflanzeneier in die Fruchtknotenhöhle hinabwächst, indem er zu langen Schläuchen (Pollenschläuchen) auswächst, die, wie ich nachgewiesen habe, ihren Weg zum Eimunde nicht im offenen Griffelkanal, sondern im Zellgewebe des Griffels und der Fruchtknotenwandung zurücklegen. Das Nähere hierüber gehört dem vierten Abschnitte (S. Befruchtung).

Bei den Nadelhölzern bilden sich die Pflanzeneier auf der nach Innen gewendeten Aussenseite (Markseite) des offenen Fruchtblattes (Seite 143, Fig. 75).

Bei den meisten Laubhölzern verlängert sich der blattwirteltragende Stengel noch über den letzten zum Fruchtknoten umgebildeten Wirtel hinaus zu einem achsenständigen Eierträger (Eiche, Buche), dem die end- oder seitenständigen Pflanzeneier nicht als Blatt-, sondern als Knospengebilde entspringen. Bei anderen Pflanzenarten verwächst der achsenständige Eierträger in einem oder in mehreren Strängen mit der inneren Wandfläche des Fruchtknotens, in welchem Falle die Eier und Samenkörner wandständig werden (Robinia, Populus, Salix).

Zur Vervollständigung des Bildes muss man sich am Stengel des Waldmeisters die Räume zwischen den einzelnen Blattwirteln, die Internodien so verkürzt denken, dass Kelch, Blumenkrone, Staubfädenkranz und Fruchtknoten mehr oder weniger dicht übereinanderstehen. Ausserdem findet man, dass bei verschiedenen Pflanzenarten der eine oder der andere Blüthetheil gänzlich fehlt.

Der männlichen Blume des Ahorns fehlt der Fruchtknoten, der weiblichen Blume desselben Baumes fehlen die Staubfäden (Taf. IV, Fig. 2). Den männlichen Blumen der Eschen fehlt nicht allein der Fruchtknoten, sondern es fehlen ihr, wie den weiblichen Blumen desselben Baumes, auch Kelch und Blumenkrone. Bei den Nadelhölzern und Kätzchenbäumen sind Kelch und Blumenkrone ersetzt durch schuppenartige Blattbildungen, die man mit Bestimmtheit weder Kelch noch Blumenkrone nennen kann (Schuppenblume — Lepidanthae), der männlichen Blume fehlt der Fruchtknoten, der weiblichen fehlen die Staubfäden, z. B. Eiche, Buche, Pappel, Kiefer, Fichte, Wachholder. Den kelchblumigen Bäumen — Calycanthae — (Ulmus, Morus, Calycanthus) fehlt die Blumenkrone, den kronblumigen Holzpflanzen — Corollanthae — fehlt mitunter der Kelch (Daphne, Clematis, Berberis).

Andere Abweichungen entstehen durch mehr oder weniger weitreichende Verwachsungen der Derivate zweier Blattwirtel. Wenn in der Blüthe der meisten Holzarten die Staubfäden in gleicher Höhe mit dem Fruchtknoten und kaum höher als die Kronblätter, oder, wo Letztere fehlen, vom Kelche sich abzweigen (Ulmus, Morus, Celtis), in diesem Falle „unterständig — hypogynus" — unter dem Weibe (Fruchtknoten) sitzend (Taf. IV, Fig. 2 Acer) genannt, sind doch die Fälle nicht selten, in denen die Staubfäden mehr oder weniger hoch mit den Kronblättern verwachsen sind, erst mehr oder weniger hoch von den Kronblättern (Tamarix, Daphne), oder wo Letztere fehlen von den Kelchblättern sich ablösend. Man nennt diese Insertion der Staubfäden eine umständige — perigyne (Taf. IV, Fig. 3 Prunus), weil sie den Fruchtknoten erst in grösserer Höhe umgeben. Man nennt die Stellung der Staubfäden eine oberständige — epigyne (Taf. IV, Fig. 1 Cornus), wenn Letztere mit dem Kelche und dieser mit dem Fruchtknoten so hoch hinauf verwachsen sind, dass sie auf der Oberfläche des Fruchtknotens zu stehen scheinen, wie das bei allen Pomaceen der Fall ist (A. 5, Taf. 105—109).

Alles was ich über Verwachsungen und Umbildungen der Pflanzenglieder gesagt habe, ist auch hier nur bildlich zu verstehen, so weit es dasselbe Blatt, dieselbe Knospe einer Pflanze betrifft. Was daraus werden soll, ist naturgesetzlich schon in der Anlage ausgesprochen, so unähnlich diese den späteren Zuständen sein mag. Ebenso ist der Entwickelungsverlauf der Organe ein naturgesetzlich gleichbleibender, abgesehen von den Folgen künstlicher Zuchtwahl und spontaner Aberrationen, die aus der einfachen die gefüllte Blume, aus dem Wildobst die Edelfrucht, aus der wilden Kohlpflanze den Blumenkohl hervorgerufen haben. Abgesehen von den Folgen der Bastardirung giebt es, so weit wissenschaftliche Erfahrung reicht, natürliche Zuchtwahl im Pflanzenreiche nicht, und der künstlichen Zuchtwahl hat sich die Forstwirthschaft noch nicht bemächtigt, so nahe es liegt, z. B. beim Einsammeln des Samens auf Grösse und Gestalt der Samenbäume zu sehen. Aberrationen hingegen sind auch unter den Waldbäumen nicht selten. Einblättrige Eschen, gelapptblättrige Mehlbeerbäume (Aria), buntblättrige Ulmen liefert fast jede ausgedehntere Aussaat. Von anderen Holzarten und von anderen Abänderungen kann man das nicht sagen. Die Eichen, Buchen, Haseln, Ahorne unserer Parkanlagen mit blutrothem, gelbem, gescheckten, zerschlitztem Laube, mit hängenden Aesten, monströsem Zweigwuchse etc. sind auf künstlichem Wege erzielte Nachkommen eines oder weniger Mutterbäume. Unter vielen Millionen von Holzpflanzen, die ich in einem 40jährigen Zeitraume im hiesigen Forstgarten erzogen habe, befindet sich nur eine Fichte mit von Jugend auf hängenden Aesten, eine Eiche mit horizontal ausstreichender Beastung und eine buntblättrige Fichte.

Es ist eine beachtenswerthe Eigenthümlichkeit der Holzpflanzen, dass

die Zeit der Mannbarkeit,

d. h. der Befähigung zu blühen und fruchtbaren Samen zu tragen, an ein gewisses Alter der Pflanze gebunden ist, das, bei verschiedenen Pflanzenarten verschieden hoch, bei den Strauchholzarten z. B. früher als bei den Baumhölzern, unter Letzteren bei Kiefer und Birke früher als bei Tanne und Buche eintretend, auch durch verschiedene Standortseinflüsse, Erziehungsweise und Gesundheitszustände beeinflusst wird; dass auch nach eingetretener Mannbarkeit ein

Aussetzen der Blüthejahre

sowohl einzelner Bäume wie ganzer Bestände stattfindet; dass dies Aussetzen ohne erkennbare äussere Ursachen besteht und bei verschiedenen Holzarten verschieden lange Zeit dauert, bei der Rothbuche möglicherweise 10—15 Jahre, bei Hainbuche, Birke, Kiefer, Fichte selten länger als 2—3 Jahre, während bei allen Holzarten, selbst bei der Rothbuche, mehrere Samenjahre aufeinander folgen können.

Ueber die Ursachen des früheren oder späteren Eintrittes der Mannbarkeit, weshalb unter durchaus gleichen äusseren Einflüssen die Weiden früher blühen und fruchtbaren Samen tragen als die Pappeln, die Strauchweiden früher als die Baumweiden, die Haseln früher als die Hainbuchen, die Kiefern früher als die Fichten und Tannen, die Krummholzkiefer weit früher als die so nahe verwandte gemeine Kiefer, bietet sich uns nicht einmal eine Vermuthung dar. Dasselbe ist der Fall in Bezug auf das Aussetzen der Blüthejahre. Wenn in einem gemengten Eichen- und Buchenbestande die Eichen alle 3—4, die Buchen alle 10—12 Jahre blühen und Früchte tragen, wenn in einem gemengten Buchen- und Hainbuchenbestande Erstere selten, Letztere oft fructificiren, dann können äussere Einflüsse nicht die Ursache dieser Unterschiede sein. Man könnte in dieser Hinsicht die Vermuthung hegen, dass nach einem vorhergegangenen Fruchtjahre bei Holzarten mit klebermehlreichem Samen, bei den Nadelhölzern, Buchen, Haseln, die im Baume langsam sich ansammelnden, zur Constitution des Klebermehles nothwendigen Mengen von Phosphor, Schwefel, Stickstoff verbraucht seien und ein längerer Zeitraum nöthig sei, um die für ein neues Fruchtjahr nöthige Menge dieser Stoffe im Baume wieder aufzuspeichern. Es steht einer solchen Annahme aber die Thatsache entgegen, dass dem Jahre aussetzender Samenproduktion in den meisten Fällen auch die vorhergehende und schon im vorhergehenden Herbste erkennbare Blüthebildung fehlt, die zu ihrer Anlage obige Stoffe nicht oder doch nicht in aussergewöhnlicher Menge bedarf. Auch besteht im Eintreten und Aussetzen von Samenjahren keineswegs eine Regelmässigkeit, wie sie jene Annahme zur Folge haben müsste. Vor einigen Jahren folgten drei Samenjahre der selten fructificirenden Rothbuche hintereinander; die häufig fructificirende Fichte trug in einem Zeitraume von sieben Jahren so wenig Zapfen, dass sich das Einsammeln derselben nicht lohnte. Ueberhaupt sind es nur Durchschnittszahlen aus längeren Zeiträumen, in denen man von einer häufigeren und minder häufigen Wiederkehr von Samenjahren sprechen kann.

Hier, wie in so vielen anderen Fällen, ist uns eine Ursache des früheren oder späteren Eintrittes der Mannbarkeit sowohl wie des Aussetzens der Blüthejahre völlig unbekannt. Wir haben es mit, innerhalb gewisser Grenzen, naturgesetzlichen Arteigenthümlichkeiten zu thun, deren unzweifelhaftes, von äusseren Einflüssen unabhängiges Bestehen ein Beleg für das Eingreifen einer leitenden Sonderkraft in die Lebensthätigkeit des Organismus ist.

§ 73. Die Bildung des Blumenstaubes.

Die gefüllten Blumen unserer Gärten zeigen nicht selten alle Uebergangsformen der Staubfäden und Blumenblätter der Art, dass der untere Theil der Blattscheibe Letzterer um deren Mittelrippe sich zum Stiele zusammenzieht, während der obere Theil der Blattscheibe zu beiden Seiten der Mittelrippe eiförmig anschwillt und zu den Staubbeuteln sich gestaltet. Das Mikroskop giebt dann zu erkennen, dass jene Anschwellungen aus einer Vergrösserung der Blattscheibezellen hervorgehen. Der Zellschlauch einer jeden dieser „Special-Mutterzellen“ erleidet dann eine Viertheilung dadurch, dass er sich zunächst zu zwei gleich grossen Tochterzellen in der Seite 36 dargestellten Weise abschnürt, worauf jede der beiden Tochterzellen, rechtwinkelig zu der vorhergegangenen Abschnürungsrichtung zu zwei Enkelzellen sich abschnürt, beide in gleicher Theilungsebene.

Nachdem jeder der vier, aus gemeinschaftlicher Mutterzelle stammenden Enkelschläuche sich durch Abschnürung in den inneren Zellraum verjüngt hat, verwandeln sich die Enkelschläuche selbst in feste, untereinander verbundene Zellwandungen, vierzählige Zellcomplexe darstellend, in deren Kammern der durch Einstülpung verjüngte Zellschlauch zu einer meist kugelrunden Zelle, dem Blumenstaub (Pollenkorn, Pollenzelle) sich fortbildet, der, durch Zerstörung des vierkammerigen Gehäuses frei geworden, den Staubbeutel erfüllt, der dann, in einem Längsspalt sich öffnend, den Blumenstaub zur Bestäubung der Narbe des Stempels freigiebt.

Jedes Einzelkörnchen des Blumenstaubes ist daher ursprünglich ein doppelhäutiger Zellschlauch und als solcher in Nichts unterschieden vom Zellschlauche jeder anderen Pflanzenzelle. Wie dieser, verjüngt er sich durch Einstülpung eines Theils seiner selbst in den inneren Zellraum, während der nicht eingestülpte Theil des Zellschlauches zur Zellwandung sich fortbildet und erhärtet (B. VI, Fig. 2 *p*—*t*). Es wiederholt sich dieser Vorgang der Verjüngung des Zellschlauches durch Einstülpung im Innern einer jeden Pollenzelle mindestens zweimal, genau in derselben Weise, wie wir ihn an jeder anderen Pflanzenzelle kennen gelernt haben. Nach der ersten Verjüngung erwächst aus dem in Bezug auf die Enkelzelle primitiven Zellschlauche eine äussere Zellwandung, Exine genannt, nach der zweiten Verjüngung entsteht aus dem sekundären Zellschlauche eine zweite, innere Zellwandung, Intine genannt, die sich der inneren Fläche der äusseren Zellwandung dicht anlegt, durch abweichenden Bau von der äusseren Zellwandung aber stets unterscheidbar bleibt. Der aus der zweiten Einstülpung hervorgehende tertiäre Zellschlauch erfüllt mit seinem körnigen Schlauchsafte (Fovilla) den ganzen inneren Raum der Pollenzelle. Eine im geschlossenen Raume eintretende Längestreckung des tertiären Zellschlauches bewirkt dessen spiralige Ordnung, während die Fovilla-Körnchen des tertiären Schlauchsaftes ebenfalls untereinander in geordnete Verbindung treten, in der reifen Pollenzelle einen wachsharten Körper bildend, den ich als einen Reservestoff betrachte, für die Entwickelung des Pollenschlauches aus dem Pollenkorne.

Bereits in der ersten Abtheilung dieser Schrift Seite 69 habe ich über die Bildung der Zellwände der Pollenzelle gesprochen und gesagt, dass auch hier wie in jeder anderen Pflanzenzelle die Wände von Gängen tipfelkanalähnlich durchsetzt sind. Diese Durchbrechungen der Pollenwandung sind es, durch welche beim Befruchtungsgeschäft der Fovillakörper zum Pollenschlauche hervorwächst (Taf. IV, Fig. 4 – 8).

§ 74. Die Bildung des Pflanzeneies.

Die weibliche Blume der Zapfenbäume besteht aus einer centralen Spindel, um die eine grosse Zahl blattähnlicher Organe spiralig geordnet ist. Der inneren, oberen Seite dieser Organe, Fruchtblätter genannt, entspringt auf jeder Seite der Mittelrippe ein fast blattachselständiges Knospengebilde, das Pflanzenei, aus dem sich später das Samenkorn bildet, während aus dem Fruchtblatte die Zapfenschuppe entsteht. Die Stellung Letzterer zu den an ihrer

Basis liegenden Samenkörnern und zur Spindel ist dieselbe, wie in der Blüthezeit (Seite 143, Fig. 75).

Auch bei den Eiben und Cypressen entspringt das nackte Pflanzenei der Blattachsel eines offenen Fruchtblattes in aufgerichteter (bei den Zapfenbäumen in hängender) Stellung.

Bei den Laubholzpflanzen findet eine Aenderung dieser Verhältnisse in sofern statt, als das Fruchtblatt nicht blattartig ausgebreitet und offen, die zum Samen erwachsenden Eier nicht frei liegen, sondern im Innern eines krugförmig geschlossenen, den Stempel bildenden Organes entstehen (Seite 235, Fig. 109). Es gründet sich hierauf der Unterschied im Baue der weiblichen Blume zwischen den nacktsamigen Pflanzen, Gymnospermen, wohin alle Nadelhölzer und den verstecktsamigen Pflanzen, Angiospermen, wohin alle Laubholzpflanzen gehören. Dagegen ist die Art der Entstehung und Fortbildung des Pflanzeneies in beiden Gruppen im Wesentlichen dieselbe.

Wie die Blattachselknospen des wachsenden Triebes, so entstehen auch die Samenknospen der weiblichen Blume am Grunde des offenen Fruchtblattes oder im Innern der Fruchtknotenhöhlung des Stempels durch gesteigertes Tempo der Zellentheilung, das eine warzige Erhebung der Zellgewebgrenze entweder an der Innenwandung der Fruchtknotenhöhle, oder an der Spitze eines achsenständigen Eiträgers zur Folge hat.

Diese erste warzige Erhebung, das Kernwärzchen genannt, bekleidet sich während seiner eigenen Vergrösserung entweder mit nur einer, oder mit zweien, von einander getrennten Gewebeschichten, die am Kernwärzchen wallähnlich emporwachsen, an der Spitze des Letzteren aber offen bleiben und die Keimöffnung oder den Keimgang, die Micropyle bilden. Man kann sich diesen Vorgang körperlich versinnlichen, wenn man den eigenen Finger in den Finger eines Handschuhes steckt, die Spitze des Fingers als das Kernwärzchen betrachtet, dann das Leder der tieferen Theile des Handschuhfingers in einer geschlossenen Ringfalte über die Spitze des Kernwärzchens hinauftreibt.

Die das Kernwärzchen bis zur Micropyle bekleidenden Ringfalten entwickeln sich zu den Samenhäuten des reifen Samenkornes. Ist dasselbe wie bei den Zapfenbäumen nur von einer Haut bekleidet, so heisst dieselbe Samenschale (Testa) Taf. IV, Fig. 7 Corylus. Sind zwei Samenhäute vorhanden, dann nennt man die innere Innenhaut (Tegmen), Taf. IV, Fig. 8 Tilia.

Sehr häufig ist das Samenkorn von den Wänden des Fruchtknotens, und selbst von noch entfernteren Theilen der weiblichen Blume bleibend eingeschlossen. Man erkennt dies an der Eichel, Buchecker, am sogenannten Samen von Castanea, Alnus, Betula etc. an den Ueberresten der Narbe des Fruchtknotens, die auf der, dem Nabel (Hilus) entgegengesetzten Seite des Kornes sich erhalten haben. In solchen Fällen ist der Same im botanischen

Sinne eine Frucht und nur dem aus dem Pflanzeneie allein hervorgegangenen Samen der Nadelhölzer, der Leguminosen, der Linden, Rosskastanien etc. gebührt im wissenschaftlichen Sinne die Benennung Samenkorn. Ausserdem ist der Fruchtknoten mitunter noch mit einer bleibenden kelchartigen Hülle umgeben und verwachsen, z. B. bei den Corylaceen (Corylus, Carpinus, Ostrya), die ich in meiner Forstbotanik (A. 5) als Perigonium aufgeführt habe.

Alle das Kernwärzchen einschliessenden Theile, entweder die Samenhäute allein oder ausser diesen noch die Fruchtknotenwandung und das Perigonium, dienen nur dem Schutz des Kernwärzchens und der aus ihm hervorgehenden inneren Bestandtheile des Pflanzeneies und des Samenkornes. Das Kernwärzchen allein ist derjenige Theil des Pflanzeneies, in dessen Zellgewebe sich die den Befruchtungsprocess vorbereitenden Neubildungen vollziehen und zwar in folgender Weise.

Das Kernwärzchen besteht ursprünglich aus einem parenchymatischen Zellgewebe, dessen Zellen nahe gleicher Grösse sind. Unter Resorption der Nachbarzellen vergrössert sich eine, nahe dem Mittelpunkte des Kernwärzchens liegende Zelle so bedeutend, dass ihr Durchmesser das 10—15fache des Durchmessers der übrigen Zellen erreicht, ohne dabei irgend eine andere Veränderung zu erleiden. In diesem vergrösserten Zustande heisst diese Zelle das Keimsäckchen (Amnios). Wie andere Pflanzenzellen besteht dasselbe fortdauernd aus einer, mitunter dicken Zellwandung und aus einem doppelhäutigen Zellschlauche, erfüllt mit zellkernhaltigem und mehlführendem Schlauchsaft und mit wasserklarem Zellsafte (Seite 143, Fig. 76 *z*).

Im Schlauchraume des Keimsäckchens tritt nun eine sehr rasch sich wiederholende Selbsttheilung des ursprünglich einzigen Zellkernes ein, so dass sehr bald der Schlauchraum mit zahlreichen gleichgebildeten Zellkernen erfüllt ist, die sämmtlich in gleichem Grade das Vermögen der Farbenspeicherung besitzen (Seite 17). Einer dieser, in der Nähe der Keimöffnung befindlichen Zellkerne ist Gegenstand der Befruchtung, während alle übrigen Zellkerne im Schlauchraume zu Zellen sich ausbilden, die zu einem Zellgewebe sich vereinen, das, als Magazin von Reservestoffen, entweder ein bis zur Keimung bleibendes ist und dann Samenweiss, Endosperm genannt wird (S. 199, Fig. 98), oder schon vor der Samenreife ganz oder theilweise seines Inhaltes an Reservestoffen beraubt und resorbirt wird, diese Stoffe an den Embryo abgebend, dessen erste Blattausscheidungen dadurch mehr oder weniger sich verdicken und zu dem werden, was wir Samenlappen, Cotyledonen nennen (S. 199, Fig. 97).

Das Geschäft der Befruchtung findet in der vierten Abtheilung unter Fortpflanzung Erörterung.

Viertes Kapitel.

Die Fruchtbildung.

§ 75. Die Frucht ist für die Pflanze das Gehäuse, in welchem sich das Pflanzenei zum Samenkorne fortbildet, durch welches das Pflanzenei die zur eigenen Fortbildung nöthigen Bildungssäfte bezieht. Für das Thier ist die Frucht ein natürlicher, fertiger Nahrungsstoff, der zu ihm in derselben Beziehung steht, wie der Phosphor-, Schwefel-, Kalk- und Stickstoffgehalt des Pflanzenkörpers. In der That steht das Fleisch der reifen Frucht in keiner physiologischen Beziehung, weder zur Mutterpflanze, von der sich die Frucht trennt, noch zum reifen Samenkorne, das der Frucht entnommen werden kann, ohne dass seine Keimfähigkeit darunter leidet. Der grosse Aufwand von Arbeitskraft und Bildungsstoff, wie sie sich in der Kürbisfrucht, im Apfel, in der Pflaume aussprechen, kann nicht zwecklos im Haushalte der Natur verwendet sein. Ist er zwecklos in Bezug auf die Pflanze, so müssen seine Zwecke dem Thiere zugewendet sein, dem die Pflanzenfrucht vom Säugethier bis zum Insekt hinab Nährstoff ist.

Die Frucht erwächst aus Blüthetheilen. In der Mehrzahl der Fälle ist es der die Eier einschliessende Fruchtknoten, aus dem die Frucht sich bildet. Das offene Fruchtblatt der Nadelhölzer wird zur Zapfenschuppe, zum holzigen selten fleischigen Samenträger, der nackte Fruchtknoten der Weiden, Pappeln, Rüstern, Akazien wird zur häutigen Kapsel oder Hülse, während er bei den Pflaumenfrüchtlern, Heckenkirschen, Nachtschatten zur Fleisch- oder Beerenfrucht sich ausbildet. Häufig nimmt der mit dem Fruchtknoten verwachsende Kelch an der Fruchtbildung Theil, so bei den Apfelfrüchtlern, bei Schneeballen, Holdern, Rübsen, während bei den kelchlosen Holzpflanzen, den Cupuliferen und Corylaceen ein kelchähnliches Organ, das Perigonium, mit dem Fruchtknoten innig verwachsen ist.

In den meisten Fällen trennt sich der reife Same von der Frucht durch Ablösung vom offenen Fruchtblatte (bei den Nadelhölzern) oder durch selbstthätiges Aufspringen der Kapsel-, Hülsen-, Schotenfrucht bei Rosskastanien, Weiden, Pappeln oder durch Fäulniss der Fleisch- oder Beerenfrucht. Bei den Rüstern, Ahornen, Eschen, Linden bleibt das eigentliche Samenkorn bis zur Keimung mit der abgefallenen Frucht in Verbindung. Bei den meisten Kätzchenbäumen ist das auch der Fall. Es sind nicht Früchte, sondern bei Fagus, Castanea, Juglans bis zur Samenreife geschlossene, bei Quercus, Corylus, Carpinus, Alnus offene Fruchthälter, welche die Früchte ausstreuen.

Fünftes Kapitel.

Das reife Samenkorn.

§ 76. Das reife Samenkorn besteht aus den Samenhäuten und der Mandel, abgesehen von Theilen des Fruchtknotens und einer Fruchtknotenhülle (Perigon), die bei manchen Holzarten, bei den Eichen, Buchen, Ellern etc. mit dem Samenkorne bleibend und fest verwachsen sind.

Die Samenhäute

am Wurzelende des Keimes, bleibend offen in einem Keimgange, aus dem bei der Keimung das Würzelchen hervorbricht, demselben Keimgange, den wir schon an der jungen Samenknospe als Keimöffnung, Mikropyle kennen lernten (Seite 144, Fig. 78 *a a*), sind von sehr verschiedener Beschaffenheit, theils verdickt und holzig bei Pinea und Cembra, theils lederartig bis zur Papierdicke hinab am Samenkorne der übrigen Nadelhölzer, der Leguminosen, Pomaceen, Amygdaleen, Salicineen. Eine grosse Menge aussergewöhnlicher Zellformen und Bildungen giebt diesen Pflanzentheilen ein besonderes histologisches Interesse. Ich erwähne hier nur der molekularen Struktur der Zellwände in der Samenhaut von Cembra, der Lösung des Zellgewebes äusserer Samenhaut der Weiden und Pappeln zur Samenwolle, des Aufquellens der Zellwandungen in der Samenhaut der Apfelfrüchtler (Quittenkerne), des Lein-, Flohsamen, und vieler lippenblumigen Pflanzen (Lavendula, Salvia, Thymus), deren Samenhäute eine reiche Fundgrube für Zellwand-Studien sind, wenn man Schnitte daraus unter Deckglas in Glycerin unter Zusatz von Wasser quellen lässt (B. VII. 1).

Die Mandel.

Innerhalb der Samenhäute liegt die Mandel zweifach verschiedener Bildung. Es besteht dieselbe entweder allein aus dem Keime (Embryo), dessen erste Blattausscheidungen bei allen dicotylen Pflanzenarten auch da gegenüberstehen, wo die späteren Blattausscheidungen wechselständig sind und durch Aufnahme und Fixirung der dem Keimling nöthigen Reservestoffe zu Samenlappen — Cotyledonen bei der grossen Mehrzahl der Laubholzpflanzen mehr oder weniger verdickt sind (S. 245, Fig. 110), oder es sind die ersten Blattausscheidungen des Keimes durch Aufnahme von Reservestoffen nicht aussergewöhnlich verdickt; Letztere umgeben den Keim in einer den Samenlappen ähnlichen Zellgewebsmasse, ohne mit dem Keim in organischer Verbindung zu stehen. Letzterer liegt frei in einer, in den Keimgang mündenden Höhlung, jener mandelähnlichen, die Reservestoffe enthaltenden Zellgewebsmasse, die dann Samenweiss — Endosperm — Perisperm genannt wird (S. 145, Fig. 83 *z*, S. 245, Fig. 111 *b c*).

Aus diesem Samenweiss entnimmt der Keim seine Bildungssäfte erst im Verlauf der Keimung. Keine Samenlappen, sondern Samenweiss enthält der Same aller Nadelhölzer, der Linde, des Ricinus und, wenn man will, der Eschen, Letztere wie auch Carpinus einen Uebergang bildend, indem sie neben schwach verdickten Primärblättern auch noch Samenweiss bilden.

Der Keim selbst besteht im ersten der beiden Fälle aus dem Stengelchen (cauliculus), das nach Unten ohne bestimmte Grenze sich in das dem Keimgange nahe Würzelchen (radicula), nach Oben in die beiden Samenlappen (Cotyledones) fortsetzt. Bei vielen Holzpflanzen endet das Stengelchen zwischen den Samenlappen in dem aufsteigenden Knospenwärzchen, bei anderen Holzarten setzt sich dasselbe in einen kurzen, mehr oder weniger kleine Blattausscheidungen tragenden Trieb fort, der dann F i e d e r c h e n (plumula) genannt wird. Die Eichel und die Bohne zeigen dies schon dem unbewaffneten Auge. Im zweiten Falle fehlen dem Keime die Samenlappen, an deren Stelle die primären Blattausscheidungen, bei den meisten Zapfenbäumen in der Mehrzahl, bei den übrigen Nadelhölzern, wie bei Linde und Esche, nur in der Zweizahl vorhanden, die Stelle der Samenlappen einnehmen, über denen das Stengelchen nie in eine Plumula sich fortsetzt, sondern stets in ein einfaches Knospenwärzchen ausläuft.

Fig. 111.

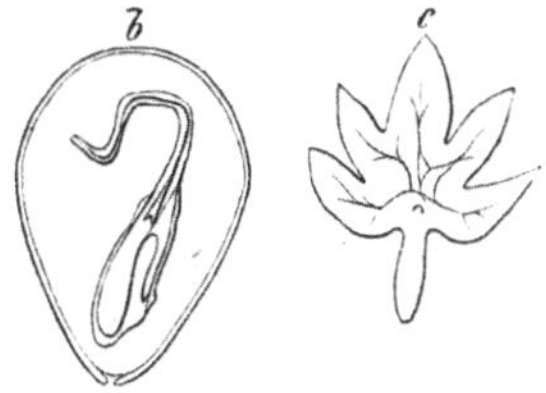

Fig. 112.

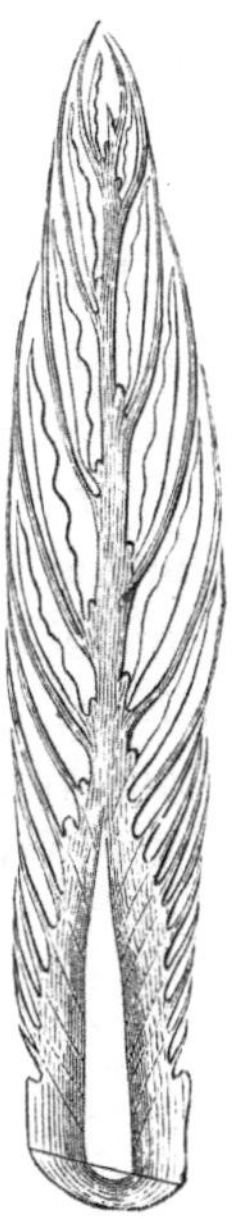

Fig. 113.

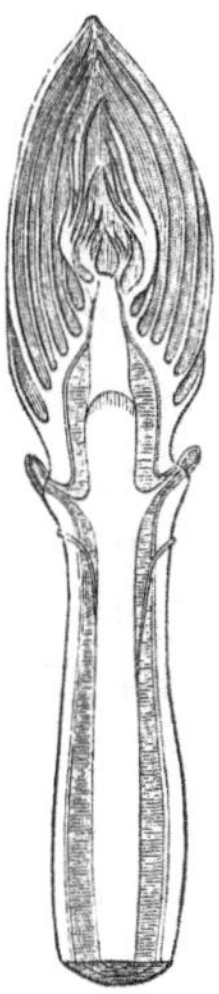

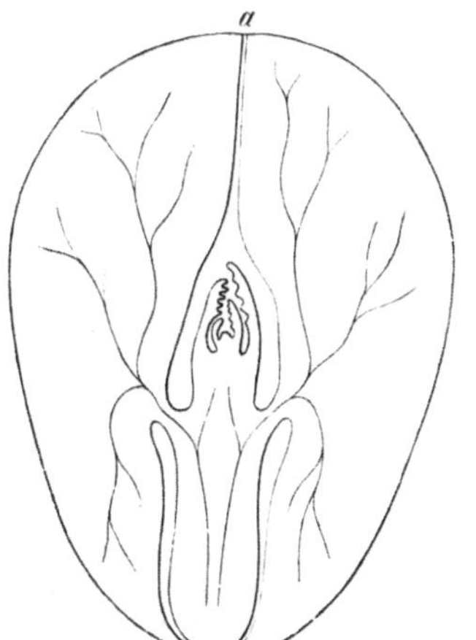

Fig. 110.

Siehe Seite 199 und die Erklärung zu der hier reproducirten Abbildung.

B. Die Pflanzenglieder des absteigenden Stockes.

Wir haben gesehen, dass zwischen aufsteigendem und absteigendem Stock des Pflanzenrumpfes eine bestimmte Grenze nicht besteht. Es beweist dies schon die Thatsache zur Genüge, dass die Primärblätter der Eichel, ihre Samenlappen, bei der Keimung im Boden zurückbleiben, der aufsteigende Wuchs also über den Primärblättern sich vollzieht, während bei der Buche die Samenlappen über den Boden emporgehoben werden, der aufsteigende Wuchs daher unter den Primärblättern beginnt.

Wir haben ferner gesehen, dass der absteigende Theil des Pflanzenrumpfes eine gradlinige Fortsetzung des aufsteigenden Stengels ist, in der Pfahlwurzel der Eiche, Buche, Kiefer noch weit nach Unten dem Stengel völlig gleich gebaut, dass erst in grösserer Tiefe der Pfahlwurzel ein Unterschied vom Stengel darin eintritt, dass der Faserbündelkreis des Letzteren zu einem den Markkörper verdrängenden centralen Holzkörper zusammentritt (Taf. V, Fig. 4), der, nach Unten sich verengend, unfern der Pfahlwurzelspitze in einem nur aus wenigen Fasern bestehenden Faserstrange endet.

Ferner habe ich bereits Seite 163 auf die Verschiedenheiten hingewiesen, welche im Bau des aufsteigenden und des absteigenden Knospenwärzchens bestehen; dass, wenn in Ersterem die obersten Zellen die jüngsten und kleinsten sind (S. 201, Fig. 101), in Letzterem sich dies entgegengesetzt verhalte, dass hier das seitliche Rindegewebe auch die Wurzelspitze bekleide, dem zu Folge auch an Letzterer die äussersten Zellenschichten die ältesten und grössten sind (Taf. V, Fig. 3), als solche successive absterben und einen Ueberzug der Wurzelspitze aus todtem Zellgewebe — die Wurzelhaube bilden, die fortdauernd durch absterbende Zellenschichten an ihrer inneren Grenze erneuert wird, während die äusseren Zellen durch Fäulniss sich auflösen. Es steht dieser vom Bau des aufsteigenden Knospenwärzchens so sehr abweichende Bau der Wurzelspitze meiner Ansicht nach in naher Beziehung zum Eindringen der Wurzeln in den Boden.

§ 77. Entstehungsweise.

Während die normalen Ausscheidungen des aufsteigenden Stockes, während Blätter und Blattachselknospen stets nur am wachsenden, einjährigen Triebe und zwar nur an der Basis des Knospenwärzchens entstehen können (Adventivknospen aus verletzten älteren Baumtheilen gehören in das

Gebiet der Reproduktions-Erscheinungen, setzen stets ein Verharschen der Verletzungen durch Rindewülste (Rindecallus) voraus und bilden sich gleichzeitig in Letzteren, also gleichfalls nur im jugendlichsten Zellgewebe), während sie ursprünglich stets in einer zur Längenachse des Muttertriebes schräg nach Oben und Aussen gerichteten Stellung entstehen und wachsen, selbst an Bäumen mit später hängenden Blättern und Zweigen, entstehen alle normalen Ausscheidungen des absteigenden Stockes durch Umbildung der Zellen eines vorgebildeten Markstrahles. Sie entstehen also nie in unmittelbarer Nähe des absteigenden Knospenswärzchens (wenn man die Wurzelspitze wie gebräuchlich mit diesem Namen belegen will, obgleich dieselbe weder einer Knospenbildung noch der Bildung der wachsenden Triebspitze des aufsteigenden Stockes ähnlich ist, noch für die im Boden oft wagerecht, sogar aufsteigend fortwachsenden Seitenwurzeln angemessen ist), sondern frühestens erst da, wo das cambiale Zellgewebe der Wurzelspitze in Faser- und Markstrahlgewebe sich umgebildet hat.

Die Umbildung des vorgebildeten Markstrahlgewebes zur Grundlage einer Wurzelausscheidung geschieht dadurch, dass, nach vorhergehender Erweiterung des Markstrahlgewebes im tangentalen Langenschnitte, ein centraler Strang desselben zu langstreckigem Fasergewebe, das diesen centralen Strang umgebende Markstrahlgewebe zu Rindeparenchym sich umbildet (Taf. VI, 7). Betrachtet man das Markstrahlgewebe als ein liegendes Fasergewebe (Seite 170), dann ist es offenbar richtiger, die Umbildung desselben zu Rindeparenchym als das Wesentlichere der Metamorphose zu betrachten.

Die innere Umbildung des Markstrahlgewebes in einen von Rindeparenchym eingeschlossenen Faserstrang vollzieht sich gleichzeitig und gleichartig im ganzen Verlauf des Markstrahles, von dessen Ursprung unfern der Längenachse des Muttertriebes bis zum Rindekörper. An der inneren Grenze des Letzteren rundet sich die Spitze des Wurzelkeimes in einer von mir noch nicht durchschauten Weise zur ogivalen Form und durchbricht nun den Rindekörper des Muttertriebes durch den eingetretenen Längezuwachs des Wurzelkeimes, dessen abgerundete Spitze rasch zur jungen Seitenwurzel sich verlängert, deren von der Wurzelhaube bekleidete Spitze unverändert bleibt, wenn die Wurzel als solche fungiren soll (Taf. VI, Fig. 7 *w*). Soll hingegen der Wurzelkeim eine Wurzelbrutknospe werden, dann geschieht dies schon beim Hervorbrechen des Keimes aus dem Rindegewebe des Muttertriebes dadurch, dass das centrale Faserbündel desselben zu einem Faserbündelkreise auseinander tritt und einen Markkörper in sich aufnimmt (Taf. VI, Fig. 7 *k p*), während gleichzeitig unter der Spitze des Keimes die Ausscheidung der Blätter und der Blattachselknospen in der Seite 171 Fig. 88 geschilderten Weise beginnt. Die Fortbildung dieser Wurzelbrutknospen zur Wurzellohde ist von da ab in Nichts verschieden von der einer Knospenplumula des aufsteigenden Stockes.

Steckreiser, Setzstangen, Absenker beweisen, dass auch an Theilen des aufsteigenden Stockes Bewurzelung hervorgerufen werden kann. Es bildet sich dasselbe genau in derselben Weise wie am absteigenden Stocke, abgesehen von den Adventivwurzeln aus dem Ueberwallungswulste der unteren Schnittfläche. Alle im Steckling aus der unverletzten Rinde hervorbrechenden Wurzeln entstehen wie die Wurzeln des absteigenden Stockes durch Markstrahlmetamorphose.

§ 78. Stellungsgesetze

bestehen in Bezug auf die Ausscheidungen des absteigenden Stockes nur in sofern, als jede Verästelung der Wurzeln zum Muttertriebe rechtwinkelig sich bildet. Es erklärt sich dies einfach aus der Entstehungsweise dieser Ausscheidungen durch Markstrahlmetamorphose und dem Fortwachsen des neu gebildeten Gliedes in der ursprünglichen Richtung des Markstrahles, der sich in den Wurzelkeim umbildet. Wodurch es geschieht, dass im höheren Alter der Wurzeln diese ursprünglich rechtwinkelige Stellung der Wurzelglieder mehr oder weniger verschwindet, dass eine nach Aussen und Oben gerichtete Schrägstellung sie ersetzt (das „Oben" im Sinne der Wachsthumsrichtung verstanden) ist mir bis heute vollkommen unerfindlich.

Andere Stellungsgesetze, wie sie an den Blättern und Blüthen, an Knospen und Zweigen des aufsteigenden Stockes in so überraschender Weise bestehen, fehlen den Gliedern des absteigenden Stockes. An jedem Punkte der Oberfläche einer Mutterwurzel können Tochterwurzeln hervorbrechen, die Orte, wo dies geschieht, sind durchaus unbestimmt. Es ist daher auch die Verästelung des Wurzelsystemes eine unregelmässige, so weit die Pfahlwurzel als ein Theil der Hauptachse dabei nicht in Betracht kommt. Es kann eine Holzart mehr als Andere zur Entwickelung dieses Wurzeltheiles sich hinneigen, die Eiche und die Kiefer z. B. im Gegensatze zur Erle und Fichte; es können Holzarten früher in der Fortbildung der Pfahlwurzel nachlassen wie Andere, die Rothbuche z. B. im Gegensatze zur Eiche; es kann eine Holzart die Eigenthümlichkeit besitzen, ihre Pfahlwurzel früh in mehrere Stränge zu zersplittern und eine Herzwurzel zu bilden, deren Stränge in die Bodentiefe dringen, z. B. die Weisstanne, während bei der Rothtanne der Pfahlwurzelzuwachs schon früh erlischt, flach ausstreichende Seitenwurzeln das Uebergewicht erlangen. Allein auch dies sind Eigenthümlichkeiten der Wurzelentwickelung, die nur im jüngeren Pflanzenalter bestehen, im höheren Lebensalter der Bäume mehr oder weniger verschwinden und darf man nicht glauben, dass, weil die Eiche, Rothbuche, Kiefer in der Jugend eine starke Pfahlwurzel besitzen, dies auch im höheren Lebensalter der Bäume und Bestände immer der Fall ist. Es ist mehr als wahrscheinlich, dass im höheren Lebensalter der Bäume die Arteigenthümlichkeit der Wurzelbildung verschwindet durch örtlich verschiedene Bodenbeschaffenheit. Wir wissen, dass, um sich einen grösseren Ernährungsraum zu verschaffen, die Wurzeln in unfruchtbarem Boden sich weiter ausbreiten als auf fruchtbarem Boden, dass durch ein den Untergrund befruchtendes Riolen des Bodens die Wurzeln in die Bodentiefe geleitet werden können, dass auf dürrem Boden die Wurzeln flach unter der Bodenoberfläche hinstreichen, um auch die feineren Thauniederschläge sich aneignen zu können, dass sie auf flachgründigem Boden tief in Felsspalten eindringen, um sich dort die nöthigen Nährstoffe zu sichern; man will sogar gesehen haben, dass Wurzeln Hindernisse übersteigen, um in den fruchtbaren Boden eines Mistbeetes zu gelangen. Dass dies einen mächtigen Einfluss auf die Wurzelbildung ausüben müsse, ist unverkennbar.

Uebrigens steht unsere Bekanntschaft mit den Arteigenthümlichkeiten der Wurzelbildung noch in den Kinderschuhen. Es fehlen uns noch alle eingehenden vergleichenden Untersuchungen, nicht allein über die Unterschiede der Wurzelbildung verschiedener Holzarten, sondern auch derselben Holzart in verschiedenem Lebensalter und unter verschiedenen Standortsverhältnissen. Bei der Bedeutung, welche die Kenntniss dieser Arteigenthümlichkeiten für das forstliche Culturwesen, besonders für das Pflanzgeschäft besitzt, ist das sehr zu bedauern, und wäre es eine der wichtigsten Aufgaben forstlicher Versuchsanstalten, durch eingehende, vergleichende Untersuchungen unsere Kenntnisse in dieser Richtung zu erweitern.

§ 79. Die Verzweigungen des absteigenden Stockes.

Am markfreien Theile der Pfahlwurzel wie an allen Seitenwurzeln und deren Verästelungen bilden sich niemals Blattausscheidungen und nur bei wenigen Holzarten Blattknospen (Taf. VI, Fig. 7 *k p*), die bei der Akazie, bei der Weisseller, bei den Pappeln und einigen Strauchhölzern häufig, bei den Rüstern und Pflaumenbäumen seltener zu dem Veranlassung geben, was wir Wurzelbrut nennen. Aber auch in diesen Fällen ist der Ursprung der Blattknospen ein durchaus abweichender von dem der Blattachselknospen des aufsteigenden Stockes. Wie die Seitenwurzeln, entspringen auch sie einer Metamorphose des Markstrahlgewebes, wachsen gleichläufig zu diesem, also rechtwinkelig zur Längenachse der Mutterwurzel aus dieser hervor und erlangen erst ausserhalb derselben durch Blattabscheidung und Blattachselknospenbildung die Natur der Wurzelbrutknospen. Wo an anderen als den genannten heimischen Holzarten unterirdische Baumtheile blattähnliche und blattknospenartige Bildungen tragen, da zeigt die eingehende Untersuchung und das Vorhandensein einer Markröhre, dass es entweder freiwillige Absenker aus Lohden niedrig gehauener Niederwaldstöcke sind, wie sie bei Carpinus nicht selten vorkommen, oder Triebe aus dem noch mit einer Markröhre versehenen Theile der Pfahlwurzel, aus den tiefen Wurzelstockknospen der Hasel und der Birke, oder ihrer Natur nach unterirdisch wachsende Triebe des aufsteigenden Stockes, die, so viel ich weiss, nicht an Waldbäumen, wohl aber an Gräsern (Quecken), Spargelpflanzen, Wasserlilien (Nymphaea) vorkommen.

Wenn flachliegende oder unbedeckte Wurzeln von Laubholzbäumen durch Wagenräder, Hacke oder Beil beschädigt werden, bilden auch sie einen Rindewulst im Umfange der Wundfläche, aus dem, wie am aufsteigenden Stocke, Adventivknospen entstehen und zu Laubtrieben sich fortbilden können.

Eine nothwendige Folge des Blattmangels der Wurzeln ist es, dass an ihnen weder Internodien noch Jahrestriebe äusserlich unterschieden werden können. Es bilden die Wurzeln zwar auch Jahresringe des Holz- und des Bastkörpers, dieselben sind aber so schwach, nicht selten verschwindend markirt, dass es mir nie gelingen wollte, durch Zählung der Jahresringe eine sichere Ansicht über das Alter der Wurzeltheile zu gewinnen.

Eine nothwendige Folge des Blattmangels der Wurzeln ist ferner das Fehlen der Deckblätter im Umfange der Wurzelspitze zur Bildung einer Endknospe. Die abgestorbenen Zellenschichten der Wurzelhaube dienen als Ersatz der Knospendeckblätter, die hier auch dadurch weniger nothwendig werden, dass die am Schluss einer jeden Vegetationsperiode eintretende Entwickelung einer anticipirten Triebbildung (Knospenplumula) den Wurzeln fehlt.

Wesentliche Unterschiede der Ausscheidungen des absteigenden Stockes von denen des aufsteigenden Stockes liegen endlich in der Entstehungsweise Ersterer, in deren zur Längenachse der Mutterwurzel stets rechtwinkeligen Stellung, im Mangel aller Stellungsgesetze und in der Unabhängigkeit neuer Wurzelausscheidungen vom Alter des Wurzeltheiles, aus dem sie entspringen.

§ 80. Unabhängigkeit der Wurzelentstehung vom Alter der Mutterwurzel.

Wir haben gesehen, dass, ausser der Wurzelbildung an Steckreisern und Absenkern, ausser der Adventivknospenbildung aus dem Callus verletzter Baumtheile, am aufsteigenden Stocke die Bildungsstätte aller Ausscheidungen, der Blätter sowohl wie der Knospen beschränkt ist auf die Basis des aufsteigenden Knospenwärzchens am wachsenden Triebe, dass es hier entstandene, aber in der Fortbildung zurückgehaltene Knospen, dass es schlafende Augen sind, die unter Umständen aus der unverletzten Rinde älterer, selbst der ältesten Baumtheile als Stammsprosse, Wasserreiser, Räuber hervorwachsen.

Anders verhält sich dies mit der Entstehung der Wurzelkeime am absteigenden Stocke in Folge ihrer Entstehungsweise durch Markstrahl-Metamorphose.

Wie ich Seite 168 gezeigt habe, verläuft das Gewebe aller ursprünglichen Markstrahlen auch in den Wurzeln von Innen nach Aussen bis zur Grenze der grünen Rinde. Das Alter der Wurzel ändert hierin Nichts. Die Bedingungen der Umbildung des Markstrahlgewebes in Wurzelkeime sind daher in älteren Wurzeltheilen ebenso vorhanden, wie in den jüngsten Wurzeln. In der That erlischt die Fähigkeit, neue Wurzelkeime zu bilden und zu Wurzeln auszutreiben bis zu gewissem höheren Wurzelalter nicht (Taf. VI, Fig. 6 *d*). Wie oft kommt es vor, dass wir ältere Pflänzlinge versetzen, an deren entblössten Wurzelstutzen kaum Spuren von jungen Wurzeln sich vorfinden. Unter, dem Fortwachsen sonst günstigen Verhältnissen bleiben auch solche Pflanzen lebendig und zeigen nach einigen Jahren an den alten Wurzelstutzen auch aus unverletzter Rinde eine reiche Neubildung junger Wurzeln. Selbst an Wurzeln von mehr als einfüssiger Dicke habe ich noch schwache Wurzelfasern vorgefunden, die allem Anschein nach weit späterer Entstehung sind, als die der Mutterwurzel. Wenn beim Versetzen älterer Bäume an den alten Wurzelstutzen neue Wurzeln nur sehr ausnahmsweise sich bilden, so ist dies wohl vorzugsweise den übergrossen Wundflächen der Stutze zuzuschreiben, die nothwendig einen krankhaften Zustand derselben zur Folge haben müssen.

Die für das Pflanzgeschäft so überaus wichtige Unabhängigkeit der Entstehung von Tochterwurzeln vom Alter der Mutterwurzel besteht auch an Theilen des aufsteigenden Stockes derjenigen Holzarten, die durch Steckreiser, Setzstangen, Absenker sich fortpflanzen lassen. Jüngere Steckreiser oder Setzstangen bewurzeln sich zwar leichter und reichlicher aus unverletzter Rinde, es sind mir aber Fälle bekannt, wo fussdicke Pappelsetzstangen mit gutem Erfolge gesetzt wurden. Allerdings ist es mir unbekannt geblieben, ob die in diesen Fällen erfolgte Bewurzelung aus unverletzter Rinde oder allein aus Adventivknospen des Rindecallus des Hiebsfläche hervorgegangen war.

§ 81. Triebwurzeln und Saugwurzeln.

An den Enden der Wurzelverzweigung wird man in jedem Lebensalter der Pflanzen Unterschiede in der Wurzelbildung darin auffinden, dass ein Theil der Wurzeln in einer bis zur Spitze grösseren Stärke gradlinig fortwächst, die Erweiterung des Wurzelsystems bewirkend. Ich habe diese Wurzelenden mit dem Namen „Triebwurzeln“ bezeichnet. Es erwachsen dieselben durch alljährlich zunehmende Verdickung zu Wurzelzweigen und Wurzelästen, wie die jährlichen Triebe der oberirdischen Krone zu Zweigen und Aesten sich fortbilden (Taf. V, Fig. 1).

Besonders da, wo diese Triebwurzeln nahe der Bodenoberfläche hinwachsen, am reichlichsten in der Dammerdeschicht des Waldbodens, entspringen den Seiten derselben äusserst zarte Nebenwurzeln, die sich in kurzen Abständen rechtwinkelig verzweigen. Die meist nicht über einen Millimeter langen Glieder dieser Wurzeln unterscheiden sich im jugendlichen Zustande von den Triebwurzeln durch ein aussergewöhnlich dickes Rindegewebe, das, im Frühjahre seiner Entstehung farblos und von Säften strotzend, eine nur kurze Lebensdauer besitzt, schon im Herbste desselben Jahres abstirbt und zu einer braunen Hüllschicht zusammenfällt, wodurch das Wurzelglied auf die geringe Dicke des centralen Faserstranges reducirt wird. Wenn nun im nächsten Frühjahre aus diesem Faserstrange ein junges Wurzelglied rechtwinkelig hervorbricht, so macht der Abstand dieser um das Doppelte dickeren, spargelfarbigen Neubildung von dem fadendünnen braunen Träger des vorhergegangenen Jahres allerdings einen überraschenden Eindruck. Der Umstand, dass das Rindezellgewebe eines jeden neuen Sprosses an seiner Basis blattstielähnlich contrahirt ist (Taf. V, Fig. 1), mag mitgewirkt haben zu einer Missdeutung dieser Organe, die, im Frühjahre (Februar) entstehend und durch ihre helle Spargelfarbe, wie durch ihre, dem Muttertriebe gegenüber grössere Dicke sehr in die Augen fallend, im Herbste zu verschwinden *scheinen* durch das Zusammenfallen und Braunwerden ihres Rindeparenchyms. Man glaubte daher, es seien diese Organe den Blättern des aufsteigenden Stockes analoge Bildungen, die im Frühjahre entstehen und im Herbste abfallen. Letzteres ist unzweifelhaft ein Irrthum, mit dessen Nachweis auch die Analogie mit Blättern hinfällig ist.

Dagegen ist es sehr wahrscheinlich, dass dieser Wurzelbildung vorzugsweise das Geschäft der Aufnahme dunstförmiger Stoffe des Bodens zuständig ist; ihr häufiges Vorkommen in den lockeren Dammerdeschichten des Bodens spricht dafür, daher der Name Saugwurzeln oder Thauwurzeln ein bezeichnender ist. In Bezug auf ihre im jugendlichen Zustande spargelähnliche Form und Färbung habe ich sie hier und da mit dem Namen „Spargelspitzen“ bezeichnet.

Verrichtungen der Wurzeln.

Ausser der Befestigung des Baumes im Boden durch seine Bewurzelung, beschränken sich die Verrichtungen des absteigenden Stockes im Wesentlichen auf die Aufnahme von Rohstoffen der Ernährung aus dem Boden. Wahrscheinlich findet daneben eine Absonderung an sich unbekannter Stoffe nach Aussen statt zum Zweck der Lösung an sich fester terrestrischer Nährstoffe.

Nahrungsaufnahme.

§ 82. Ohne Zweifel werden alle von den Wurzeln aus dem Boden aufgenommenen Stoffe in flüssiger Form bezogen, die grösste Menge in tropfbar flüssiger Form. Es steht Nichts der Annahme entgegen, dass mit dem Bodenwasser zugleich auch die in ihm verdichtete atmosphärische Luft, Kohlensäure und kohlensaures Ammoniak aufgenommen werden. Es ist wahrscheinlich, dass die Wurzeln das Vermögen besitzen, dunstförmige Flüssigkeit in tropfbare zu verdichten und aufzunehmen. Es spricht dafür das ungestörte Wachsen von Pflanzen in einer mit Wasserdunst gesättigten Luft, auch ohne Vorhandensein tropfbarer Flüssigkeit; es spricht dafür die Thatsache, dass in einem lockeren, tiefgründigen Boden, der nach anhaltender Dürre im Bereich der Bewurzelung alle tropfbare Flüssigkeit verloren hat, flachwurzelnde Holzarten ihre Belaubung spannkräftig zu erhalten vermögen durch Condensation des aus der wurzelfreien Bodentiefe dunstförmig aufsteigenden Grundwassers, während sie dahinwelken, wenn eine Thonunterlage das dampfförmige Aufsteigen von Grundwasser verhindert. Die Wurzeln von Keimpflanzen der Eiche, Kastanie, Kiefer, die in nassem Erdreich ohne alle Behaarung wachsen, bedecken sich in dunstreicher Luft mit reicher Behaarung aus Zellenreihen, die vom Zellgewebe der Rinde sich ablösen, sehr wahrscheinlich, um durch Vergrösserung der den Wasserdunst condensirenden Zellenfläche den Mangel an tropfbar flüssigem Wasser zu ersetzen*). Ob die Pflanzenwurzeln befähigt sind, permanente Gase, atmosphärische Luft oder nur den Sauerstoff derselben „als Reizmittel", Kohlensäure in Gasform aufzunehmen, wissen wir nicht. Bei dem reichen Gehalt des Bodenwassers an diesen Gasen erscheint eine Wurzelthätigkeit in dieser Richtung überflüssig.

Mit dem Bodenwasser und in diesem aufgelöst werden alle diejenigen Mineralstoffe in die Pflanze aufgenommen, aus denen der Pflanzenkörper sich aufbaut, so weit solche, wie Sauerstoff, Kohlensäure, Ammoniak, Salpetersäure nicht auch durch die Blätter aus der Atmosphäre entnommen werden können, so weit sie, wie das Wasser, erfahrungsmässig der Atmosphäre nicht entnommen werden. Wasser mit den ihm beigemengten gasförmigen Körpern, mit den in ihm gelösten kohlensauren, kieselsauren, phosphorsauren, schwefelsauren, salpetersauren und salzsauren Salzen aus Kali, Natron, Kalk, Talk, Eisen und Mangan sind die Stoffe, welche die Wurzel dem Boden entnimmt, unter denen

---

*) Erst vor wenigen Tagen fand ich Wurzelhaare an den jungen Trieben von Hainbuchenwurzeln, die in sehr gelockertem Boden erzogen waren. Das sporadische Vorkommen dieser Behaarung, die anderen Wurzeltrieben ganz fehlte, lässt vermuthen, dass sie nur da sich bildet, wo der junge Wurzeltrieb eine Lücke im Erdreich durchwächst.

das Wasser in mehr als hundertfachem Uebergewicht steht, wie sich dies aus der Untersuchung des Mineralgehaltes im aufsteigenden Bodenwasser ergiebt, das man zu jeder Zeit in einer für die Untersuchung ausreichenden Menge gewinnen kann, aus aufrecht gestellten Walzenstücken frisch gefällter Bäume durch gefärbtes Wasser, das, der oberen Stirnfläche einfiltrirt, den farblosen Baumsaft aus der nach Unten gewendeten Stirnfläche zum Abfliessen zwingt. In Obigem sind nur diejenigen terrestrischen Nährstoffe aufgeführt, deren verbreitetes Vorkommen ihnen eine erhöhte physiologische Bedeutung für das Leben der Holzpflanzen giebt. In einzelnen Pflanzenarten hat man auch Jod und Brom, Strontium, Barium, Lithium, Kupfer, Zink, Kobalt, Nickel, Aluminium nachgewiesen.

Ueber das Wo und das Wie der Aufnahme des Bodenwassers in die Wurzeln wissen wir wenig Zuverlässiges. Aus dem Umstande, dass die Wurzeln sehr früh mit einer starken Korkschicht sich bekleiden, dass das Korkgewebe an den Gliedern des aufsteigenden Stockes für Flüssigkeiten nicht leitungsfähig ist, möchte man schliessen, dass nur die jüngsten Wurzeln das Geschäft der Wasseraufsaugung verrichten. Es steht dieser Annahme jedoch die Thatsache entgegen, dass beim Geschäft des Verpflanzens die jüngsten Wurzeln nicht selten ganz verloren gehen, ohne bemerkbar nachtheiligen Einfluss auf die Belaubung des Pflänzlings im nächsten Frühjahre, die gar nicht sich entwickeln könnte, wenn nur die jüngsten Wurzeln aufsaugungsfähig wären. Ich habe Schwarzkiefern von drei Meter Höhe mit Erfolg verpflanzt, an deren eingestutzter Pfahlwurzel nicht eine Spur schwächer als federkieldicker Nebenwurzeln aufzufinden war (die Unempfindlichkeit gegen schlechte Bewurzelung, Wurzelverstümmelung und dadurch gegen Verpflanzen im höheren Alter ist eine Arteigenthümlichkeit dieser Holzart, im Gegensatz zur gemeinen Kiefer). Bei Anlage des hiesigen Versuchsgartens vor 36 Jahren wurden über 1000 verschiedene Holzarten aus Handelsgärten, meist mit sehr gut erhaltener Bewurzelung bezogen, innerhalb weniger Tage ausgepflanzt. Die meisten Pflanzen schlugen gut an und bildeten kräftige Triebe, während ungefähr ein Zehntel derselben vom ersten Jahre ab kümmerten und nacheinander, einige erst nach 20 Jahren eingingen, nachdem sie bis zu ihrem Tode alljährlich sehr kurze Längentriebe mit spärlicher aber normaler Belaubung gebildet hatten. Die Untersuchung der endlich abgestorbenen Pflanzen ergab, dass sie mit gestauchten Wurzeln, d. h. in zu flache Erdlöcher so gepflanzt waren, dass die Enden der zu kurz beschnittenen Wurzeln in die Höhe standen. Die Bewurzelung dieser Pflanzen stand nach 10—20 Jahren im Pflanzloche noch so, wie sie in dasselbe eingesetzt war, es hatte sich an ihr nicht eine Spur von neuen Wurzeln gebildet (wie das unzweifelhaft der Fall gewesen sein würde, wenn die Wurzeln in der dem Pflanzloche entsprechenden Länge gekürzt worden wären). Demohnerachtet hatten diese Wurzeln dem aufsteigenden Stocke alljährlich die für die Neubildungen nöthige Wassermenge zugeführt. Es wäre das nicht möglich gewesen, wenn nicht auch ältere Wurzeltheile das Vermögen der Wasseraufsaugung besitzen. Das Verpflanzen älterer Bäume, wie es mitunter in Parkanlagen ausgeführt wird, erfordert eine Vorbereitung, die damit beginnt, dass in einer Entfernung von $1—1\frac{1}{2}$ Meter vom Mutterstock alle Wurzeln durchschnitten werden. Es kommen hierbei Fälle vor, in denen nur ältere, stärkere Wurzelstutze der Pflanze verbleiben. Demohnerachtet hat diese gewaltsame Operation keinen bemerkbaren Einfluss auf die Belaubung des Baumes, so lange derselbe behufs erneueter Wurzelbildung auf seinem ursprünglichen Standorte in wieder eingeebnetem Boden verbleibt. Ob, wie lange Zeit und in welchem Grade Wasseraufnahme durch die Wundflächen der Bewurzelung bei der Wasserzufuhr für den aufsteigenden Stock mitwirkend ist, bleibt noch zu ermitteln.

Immerhin wird man aber annehmen können, dass es vorzugsweise die jüngsten Wurzeltriebe sind, welche das Bodenwasser aufsaugen, dass eine Wasseraufnahme durch ältere Wurzeltheile vielleicht nur als Nothbehelf eintritt.

Bewegung des Wurzelsaftes.

§ 83. Man nimmt, ich glaube allgemein, an, dass die Aufnahme des Bodenwassers durch das Rindegewebe der Wurzelsprossen auf endosmotischem Wege sich vollziehe, dass der dichtere Zellsaft des Rindegewebes das minder dichtere Bodenwasser nach denselben Gesetzen in sich aufnehme, wie Zucker- oder Gummiwasser im Innern einer thierischen Blase das reine Wasser ihrer Umgebung anzieht bis zum Ausgleich der Dichtigkeitsunterschiede beider Flüssigkeiten. In Bezug auf die Fortbewegung des von den Aussenzellen aufgenommenen Bodenwassers in das tieferliegende Zellgewebe nimmt man an, dass dieselbe nach denselben physikalischen Gesetzen sich vollziehe, dass jede höher liegende Wurzelzelle einen consistenteren Saft enthalte als ihr Vordermann auf dem Wege der Saftströmung, dass sie auf Letztere ebenso saftentziehend einwirke, wie die Aussenzellen der Wurzelspitze auf das Bodenwasser, und dass sich diese Dichtigkeitsunterschiede des Zellsaftes fortsetzen von der Wurzelzelle bis zur Blattzelle, in welcher durch Verdunstung die höchsten Grade der Dichtigkeit des Zellsaftes bestehen.

Gegen diese Annahme habe ich mannigfaltige Einwendungen erhoben (B. II 18. B. III 25, 33, 56), von denen ich hier nur die von mir nachgewiesene Thatsache hervorhebe, dass die Dichtigkeitsunterschiede im Zellsafte der obersten und der untersten Baumtheile keine so grossen sind, dass sie, gleichmässig vertheilt auf mehr als 20,000 übereinanderstehender Zellen eines

100 Fuss hohen Baumes, ein so rasches Aufsteigen des Pflanzensaftes zur Folge haben können, wie es sich aus der Grösse der stündlichen Verdunstung aller Blätter des Baumes und der Querschnittfläche aller säfteleitenden Organe berechnet. Wir wissen, dass die Geschwindigkeit endosmotischer Saftbewegung abhängig ist von der Grösse der Dichtigkeitsunterschiede des Saftes der benachbarten Gefässe, dass bei einem Zuckergehalte der Flüssigkeit von einigen Procenten endosmotische Wasseranziehung aus einem Nachbargefässe selbst in Stunden kaum messbar ist. Wenn nun der in der Pflanze bestehende Dichtigkeitsunterschied des Zellsaftes von 1—3 Procent auf nur 1000 Zellen gleichmässig sich vertheilen müsste, um den Blättern das Bodenwasser zuzuführen, würde dies nur sehr langsam geschehen können. Die Grösse der Wasserverdunstung steht hiermit in Widerspruch. Die moderne Uebersetzung der Endosmose aus dem Physikalischen in's Chemische kommt hierbei nicht in Betracht.

Die Rindezellen junger Wurzeltriebe enthalten einen Zellschlauch, der erfüllt ist mit einem consistenten körnerführenden Saft. Behandelt man Querschnitte aus den, Ende März dem Boden entnommenen jungen Triebwurzeln, z. B. der Hainbuche, mit Glycerin, dann zieht sich der Zellschlauch um den Zellkern zu einem kugeligen Ballen zusammen, der bisweilen wenig kleiner ist, als der Zellraum. Diese in Glycerin farblosen aber milchig getrübten Ballen färben sich in Chlorcalcium-Eisenchlorid blauschwarz, eine Farbe, die sich auch den Zellwänden mittheilt (Gerbstoff). Jodlösung färbt den Zellkern braunroth, die molekularen Körnchen blau (Stärkemehl). Es ist daher der Gehalt dieser Zellen an flüssigen und festen Reservestoffen ein sehr consistenter und in hohem Grade unwahrscheinlich, dass, abgesehen von dem zwischen allen arbeitenden Zellen stattfindenden Saftaustausch noch eine Säfteleitung besteht, wie sie die Verdunstungsmenge belaubter Bäume erfordert.

In der That ist aber die Annahme endosmotischer Aufsaugung gänzlich überflüssig, da nicht das Zellgewebe der Rinde, sondern das Fasergewebe des Holzkörpers den Saft nach Oben leitet, das Bodenwasser daher nur den kurzen Weg durch die Wurzelrinde bis zum Faserbündel zu durchwandern hat, um vom leitenden Fasergewebe aufgenommen und in die Höhe geführt zu werden. Nun fehlt den Wurzeln das Oberhäutchen, dem zu Folge die Intercellularräume der parenchymatischen Wurzelrinden nach Aussen dem capillaren Eindringen des Bodenwassers offen liegen. Aus diesem Grunde habe ich angenommen, dass das Bodenwasser erst vom centralen Fasergewebe in dessen Innenraum zur Fortleitung nach Oben aufgenommen werde, dass diese Fortleitung in dem, einem System capillarer Röhren zu vergleichenden, schlauchfreien Fasergewebe sich vollziehe durch eine von Unten nach Oben wirkende Druckkraft, die sich bildet, wenn lufthaltiges Wasser in ein System capillarer Röhren eintritt, das an seinem entgegengesetzten, oberen Ende in einem luftfreien oder auch nur in einem mit verdünnter Luft erfüllten Raume ausmündet. In diesem Falle scheidet sich die Luft vom Wasser schon beim Eintritt des lufthaltigen Wassers in die capillaren Röhren, gerade so wie beide sich scheiden, wenn lufthaltiges Wasser in den Recipienten einer Luftpumpe gebracht und die Luft des Recipienten verdünnt wird. Man kann sich den Vorgang durch einen einfachen Versuch zur Anschauung bringen.

Eine Thermometerröhre von einigen Fuss Länge wird an einem Ende in eine kleine Kugel ausgeblasen, die Kugel dann zerbrochen, so dass an diesem Ende der Röhre eine trichterförmige Mündung entsteht, die mit einem Baumwollepfropf etwas fest versperrt wird. Der gut schliessende Kork für eine einige Hundert Cubikcentimeter fassende Digerirflasche wird dann der Länge nach durchbohrt für den gut schliessenden Durchlass des entgegengesetzten Endes der Glasröhre, die bis nahe zum Boden der Digerirflasche hinabreichen muss, wenn der Pfropf mit der Röhre dem Flaschenhalse eingesetzt ist. Werden nun ungefähr 20 Cubikcentimeter Wasser in der offenen Digerirflasche so lange im Kochen erhalten, bis aus derselben alle atmosphärische Luft verdrängt und durch Wasserdampf ersetzt ist, wird alsdann möglichst rasch der Pfropf mit Röhre dem Flaschenhalse fest eingesetzt und das freie, trichterförmig erweiterte Ende der capillaren Glasröhre unter Umkehrung der Digerirflasche in lufthaltiges Wasser getaucht, dann entsteht in der Digerirflasche durch Condensation der Wasserdämpfe ein luftleerer Raum und man sieht nun, dass das durch die capillare Röhre in den luftleeren Raum der Digerirflasche hinaufsteigende Wasser sofort seinen Luftgehalt abscheidet, so dass in rascher Folge das aufsteigende Wasser mit Luftblasen abwechselt. Im Flaschenraum vereint sich die abgeschiedene Luft wiederum mit dem in denselben ergossenen Wasser, so dass, bei vollständiger Evakuirung, der ganze Flaschenraum mit dem aufgesogenen Wasser sich erfüllt. Genau denselben Erfolg erzielt man, wenn man an die Stelle der capillaren Röhre einen geraden, berindeten Holztrieb setzt. Eine stets sich erneuernde Schaumkuppe auf der, in der Digerirflasche befindlichen Schnittfläche des Holzstückes zeigt, dass auch hier im Innern des Triebes eine Sonderung der Luft aus dem Wasser stattfindet. Unvollständige Evakuirung des Flaschenraumes stört das Aufsteigen des Wassers und die Luftabsonderung nicht, verlangsamt sie aber in dem Grade, als die Evakuirung unvollständiger war. Könnte man mit Sicherheit nachweisen, dass die Luft aller höheren Baumtheile der tieferen Baumluft gegenüber in einem verdünnten Zustande sich befindet, dann würde der Versuch eine genügende Erklärung der in den Wurzeln thatsächlich bestehenden Druckkraft geben, die ebenso auf den abgeschnittenen Ast oder Zweig Anwendung fände. Dieser Nachweiss ist allerdings nicht beizubringen, um so weniger, als jene Dichtigkeitsunterschiede der Baumluft auch zwischen Wurzelspitze und Schnittfläche des Wurzelstockes oder der Wurzel selbst bestehen müssten, wie dies der fortdauernde Safterguss aus Stöcken und Wurzeln beweist.

Wenn ich demohnerachtet die von mir aufgestellte pneumatische Hypothese des Saftsteigens nicht fallen lasse, so bestimmen mich hierzu die nachfolgenden Gründe.

1) Von einer Zugkraft verdunstender Blätter kann nicht die Rede sein während des laublosen Zustandes solcher Bäume, deren Holzsaft auch den Winter über bei einer Aussenwärme von 5—6 ° R. unter einem Ueber- oder Minderdruck von 1—1 ½ Atmosphären steht. Meine Untersuchungen über das Bluten der Ahorne und Wallnüsse, der Birken, Hainbuchen, Rothbuchen etc. enthalten die Belege hierzu (Seite 22, 212).

2) Dass Capillarität des leitenden Fasergewebes für sich nicht ausreichend sei, den Baumsaft zu bedeutenden Baumhöhen emporzuheben, selbst wenn man die feinsten Tipfelkanäle der Berechnung zum Grunde legt, habe ich nachgewiesen (A. 13, Bd. 1, elfte Auflage Seite 256) und komme in der vierten Abtheilung (Saftbewegung) darauf zurück.

3) Dass die Annahme endosmotischer Saftbewegung in Bezug auf den steigenden Holzsaft hinfällig sei, habe ich schon Seite 20 nachgewiesen. Capillarer sowohl, wie endosmotischer Safthebung steht ausserdem die Thatsache entgegen, dass der steigende Saft des Fasergewebes keine ununterbrochene Wassersäule bildet, sondern von Lufträumen unterbrochen ist.

4) Die Annahme, dass der Holzsaft nicht in den Faserräumen, sondern in den Faserwänden aufsteige, ist aus der Luft gegriffen und findet auf mathematischer Grundlage Widerlegung in dem Verhältniss der Verdunstungsmenge belaubter Bäume zur Querschnittfläche der Wandungen des leitenden Fasergewebes. Für das gefrorene Winterholz habe ich die Füllung annähernd des halben Faserraumes mit Eis unmittelbar nachgewiesen. Im Mai ist der Wassergehalt des Holzes, durchschnittlich aus 30 verschiedenen Holzarten, im Verhältniss wie 39,9 zu 32,3 grösser, als im Winterholze (A. 10 Schlusstabelle), und daher eine Entleerung der Faserräume vom Pflanzensaft nicht anzunehmen. Selbst im Hochsommer berechnet sich der Mindergehalt des Holzes an Pflanzensaft auf nur wenige Procente. Die Angabe, dass die Räume des leitenden Fasergewebes im Sommer keine freie Flüssigkeit enthalten, ist unzweifelhaft unrichtig.

Sind hiernach die bisherigen Versuche einer Erklärung des Saftsteigens misslungen, so gewinnt schon dadurch die Herbeiziehung einer bis daher unbeachteten, bewegenden Kraft Bedeutung, wenn sich ihr auch mannigfaltige Einwendungen entgegenstellen lassen, so lange Letztere nicht zu Widerlegungen sich ausbilden. Für die pneumatische Hypothese des Saftsteigens sprechen folgende Thatsachen:

1) Mit Luft erfüllte Räume sind mikroskopisch leicht und sicher erkennbar an der durch Lichtbrechung schwarzen Farbe des von Flüssigkeit eingeschlossenen Luftraumes. Das Rindegewebe zeigt keine Luftabscheidung, die erst im centralen Fasergewebe der Wurzeln in sehr auffallender Weise und mit einer gewissen Regelmässigkeit der Vertheilung auftritt. Die Frage nach der Herkunft dieser Lufträume vermag ich mir nicht in anderer Weise zu beantworten, als dass es aus dem aufgenommenen Bodenwasser abgeschiedene Luft ist, dessen Aufnahme in die capillaren Räume des leitenden Fasergewebes die Luftabscheidung zur Folge hatte, wie in der Glasröhre des vorstehend aufgeführten Versuchs, allerdings unter der nicht erwiesenen Annahme einer abnehmenden Dichtigkeit der Luft oberständiger Lufträume. Möglicherweise könnte die Dichtigkeitsverminderung der abgeschiedenen Luft des Faserraumes sich vollziehen durch Condensation der Luft zwischen den Wassermolekulen der nassen Zellwandung, die in dem Maasse eine grössere wird, als die Baumluft längere Zeit mit der Zellwandung in Berührung steht. Dass in der That die Dichtigkeit der Baumluft eine in hohem Grade wechselnde ist, geht aus meinen umfassenden Arbeiten über das Bluten der Waldbäume hervor. Bohrt man eine Hainbuche oder Birke im Frühjahre zur Zeit lebhaften Blutens in den Morgen- oder Abendstunden an, dann quillt der Baumsaft schon während des Bohrens lebhaft hervor, die Bohrspäne sind mit Baumsaft gesättigt. Wird dieselbe Verwundung in den Nachmittagsstunden zwischen 1—3 Uhr vollzogen, dann erfolgt nicht allein kein Safterguss, sondern es sind auch die Bohrspäne auffallend trocken, trockener als im Sommer- oder Winterholze. Durch Armirung der Bäume mit Quecksilber-Manometern habe ich nachgewiesen, dass zur Zeit des Blutens ein Ueberdruck der Baumluft bis zu zwei Atmosphären, dass zur Zeit des Saugens ein Minderdruck von nahe derselben Höhe, im täglichen Wechsel also eine Dichtigkeitsdifferenz der Luft desselben Baumes von $3\frac{1}{2}$ Atmosphären Druck bestehen könne, und zwar in einer Zeit, in welcher der Baum noch im Winterkleide steht, in welcher eine Saftbewegung im Innern des unverletzten Baumes nicht oder doch nur in sehr geringem Grade besteht, die an Wurzeln, Stammtheilen oder Zweigspitzen erst durch eintretende Verletzungen hervorgerufen wird. Unter diesen Umständen kann ich das, im täglichen Wechsel stehende Bluten und Saugen der blutenden Baumarten nur den Dichtigkeitsunterschieden zwischen Baumluft und Aussenluft zuschreiben, deren Streben nach Ausgleichung den Baumsaft mechanisch nach Aussen mit sich führt, wenn die Baumluft dichter ist als die Aussenluft, die ein Einsaugen von Aussen dargebotener Flüssigkeit zur Folge hat, wenn die Aussenluft dichter als die Baumluft ist. Da nun die Dichtigkeitsdifferenzen

der Aussenluft zu gering und zu schwankend sind, während der Zeit des Blutens mitunter tagelang, selbst von dem empfindlichsten Barometer nicht nachgewiesen werden, können die Dichtigkeitsunterschiede der Baumluft und der Aussenluft nur der wechselnden Dichtigkeit der Baumluft entspringen, die Ursache der Dichtigkeitsveränderungen muss eine innere, sie muss eine lokale sein, da ihre im Bluten und Saugen hervortretenden Folgen ebenso an der Zweigspitze wie an der fingerdicken Wurzel und an jedem anderen Stammtheile sich zu erkennen geben. Es dürfte hierin wohl eine Berechtigung liegen, die Ursache der Dichtigkeitsveränderungen der Baumluft in den Einzelzellen des leitenden Fasergewebes zu suchen, deren Bestand aus Zellwandung, Wasser und Luft zwei verschiedene Annahmen zulässt: im täglichen Wechsel stehende Aufnahme und Abscheidung der Baumluft, entweder in und aus dem freien Saft des Zellraumes, oder in und aus den Molekülen der Zellwandung. Da bekanntlich durch Aufnahme oder Abscheidung von Luft das Wasservolumen nicht verändert wird, muss im geschlossenen, mit Luft und Wasser erfüllten Raum jede Luftverminderung durch Luftabsorption des freien Wassers oder der Zellwandung eine Luftverdünnung und ein Saugen, es muss jede Luftabscheidung aus Wasser oder Zellwand eine Luftverdichtung, Luftdruck, Bluten veranlassen.

Dass hierbei Wärmeunterschiede ganz ausser Wirkung bleiben, zeigt jede blutende, in gleicher Bodentiefe verlaufende Wurzel, zeigt die Thatsache, dass es die Stunden grösster Tageswärme sind, in denen das Bluten der Bäume durch Saugen ersetzt wird. Gesteigerte Aussenwärme, die sich der Baumluft mittheilt, müsste eine Ausdehnung Letzterer, Druck und Bluten zur Folge haben.

Der gewichtigste Einwand, den ich selbst gegen die vorstehende Erklärung des Blutens und des Saugens erhoben habe, liegt in der Thatsache, dass der belaubte Baum, in dem, bei lebhafter Verdunstung durch die Blätter, ein lebhaftes Saftsteigen in Wurzel, Stamm und Zweigen stattfinden muss, wenn er in den Sommermonaten mit Manometern armirt wird, eine Einwirkung auf den Quecksilberstand der Instrumente nicht oder doch nur ausnahmsweise und in geringem Grade zu erkennen giebt, woraus man schliessen muss, dass während des belaubten Zustandes Baumluft und Aussenluft gleiche Dichtigkeit besitzen. Das Weitere hierüber gehört dem vierten Abschnitte dieser Schrift.

2) Stecklinge und Zweige auch solcher Holzarten, die im Frühjahre nicht bluten, zeigen einen Saftergusss auf der Schnittfläche, wenn sie in der geschlossenen Hand erwärmt werden. Es genügt sogar die Berührung mit den Spitzen zweier Finger, um den Holzsaft auf die Schnittfläche des Zweiges empor zu treiben (B. III 25). Offenbar ist es hier die durch Erwärmung bewirkte Ausdehnung der Baumluft, welche den Saft auf die Schnittfläche empor-

treibt. Der Versuch glückt aber auch hier nur an den noch nicht belaubten Zweigen und Stecklingen des Frühjahrs, obgleich die Saftmenge des Sommerzweiges keine wesentlich geringere ist, als die des Winterzweiges.

Wahlvermögen der Wurzeln.

§ 84. Schon die ältere physiologische Literatur enthält, wenn auch keine Beweise, doch wichtige Fingerzeige, dass die Pflanzenwurzel nicht alle im Bodenwasser gelösten Stoffe in sich aufnehme, sondern dies mit einer, dem Bedarf der Art entsprechenden Auswahl vollziehe. Dahin gehört z. B. die Unschädlichkeit des auf arsenreichem Boden erwachsenen Getreides. In der neueren Zeit waren diese Fingerzeige der universalmaterialistischen Anschauungsweise und dem aus ihr entsprungenen Streben, die Lebenserscheinungen aus den Lehrsätzen der Physik und Chemie heraus zu construiren, in hohem Grade unbequem; sie wurden bei Seite geschoben, selbst Coryphäen der Pflanzenphysiologie sprachen sich dahin aus, dass die Pflanze Alles mit dem Bodenwasser in sich aufnehme, was in demselben gelöst enthalten ist, obgleich ich schon im Jahre 1840 die Resultate von Versuchen bekannt gemacht hatte, die das Gegentheil unmittelbar erwiesen, indem sich aus ihnen ergab, dass humussaure Alkalien (Dammerde-Extrakt) von den Pflanzenwurzeln nicht aufgenommen wurden, während sie, unter durchaus gleichen äusseren Verhältnissen, dem umgebenden Wasser Kohlensäure mit Auswahl entzogen (A [3])*). Nun sind

*) Meine betreffenden Versuche über Ernährung der Pflanzen sind nur in der ersten Auflage von Liebigs organischer Chemie aus dem Jahre 1840 Seite 190—195 enthalten, in den folgenden Auflagen fortgelassen. Ich will daher den hier in Rede stehenden Versuch ausnahmsweise kurz skizziren.

Glasröhren von 1 m Länge und 2 cm Weite wurden haarnadelförmig gebogen und theils mit Dammerde-Extrakt, theils mit kohlensaurem Wasser gefüllt. Gleich grosse Pflanzen derselben Art (Eichen-, Kiefern-, Bohnenpflänzlinge) wurden dann mit der unverletzten Bewurzelung in die Flüssigkeit eines der beiden Schenkel eingetaucht und durch Kautschoukverband luftdicht von der Aussenluft und dem belaubten, aufsteigenden Stocke abgeschlossen. Durch die Verdunstung der Blätter verminderte sich die Flüssigkeit in dem zweiten Schenkel der Glasröhre und wurde mit destillirtem Wasser wieder aufgefüllt, ehe der Wasserstand im offenen Schenkel bis zur Biegung der Glasröhre hinabgesunken war. Nach mehrmals wiederholter Auffüllung im Verlauf einiger Wochen, in welcher Zeit die Pflanze das 8—10fache ihres eigenen Volumen an Wasser durch die Blätter verdunstet hatte, ergab die Untersuchung den unverminderten Gehalt der Flüssigkeit an Dammerde-Extrakt. In dem mit kohlensaurem Wasser beschickten Apparate hingegen wurde der Versuch nur so lange fortgesetzt, bis der mit Oel gesperrte Wasserstand im offenen Schenkel nahe die Biegung desselben erreicht hatte. Es wurde hierauf der offene Schenkel mit einem Korke luftdicht verschlossen und nach Lösung des Kautschoukverbandes am verschlossenen Schenkel die Wurzel der Pflanze vorsichtig der Flüssigkeit entnommen. Die Prüfung Letzterer, in kleinen mit der Pipette herausgenommenen Portionen vermittelst Baritwasser ergab eine vollständige Abwesenheit von Kohlensäure in der Flüssigkeit, so weit aber wässrige Lösungen humussaurer Alkalien in jedem humusreichen Boden beständig der Aufnahme durch die Wurzeln dargeboten und wenn im Versuche eine Aufnahme derselben nicht erfolgte, wenn die Wurzeln eine Abscheidung des Kali aus dem humussauren Salze, die sich sofort durch Niederschlag von Humussäure bemerkbar machen musste, nicht bewirken konnten, so scheint mir hierin ein vollgültiger Beweis gegeben für das Bestehen eines Wahlvermögens der Pflanzenwurzeln. Der Humus des Bodens wird erst nach seiner Zerlegung in Kohlensäure zur Pflanzennahrung, und folgt die Pflanze hierin dem allgemeinen Gesetze der Ernährung nur aus anorganischen Stoffen, die sie durch sich selbst zu organischen verarbeitet, um sie in dieser Umbildung dem Thiere als Nährstoff darzubieten, das nur aus Organischem sich zu ernähren vermag, aus dem es die für den Aufbau seines Körpers nöthigen anorganischen Stoffe abscheidet. Von kohlensaurem Kalk, Ammoniak, Kiesel, Phosphor, Schwefel, Eisen etc. vermag der Thierkörper sich nicht zu ernähren, obgleich diese Stoffe alle für seinen Aufbau nöthigen Elemente enthalten.

Auf kalkreichem, talkarmem Boden erwachsen, enthalten die Säfte der jungen Holz- und Bastfasern, aus denen, abgesehen von der Belaubung, die grösste Masse der jährlichen Neubildungen hervorgeht, keinen Kalk, sondern nur phosphorsauren Talk, der durch Zusatz von Ammoniak als ein in Wasser unlösliches Salz, als phosphorsaure Ammoniak-Talkerde sich aus dem Cambialsafte abscheidet. Wie die Talkerde, so enthalten manche Bodenarten auch Phosphor und Schwefel nur in verschwindend geringen Mengen. Die auch auf solchem Standorte eintretende Ansammlung dieser Stoffe in der lebenden Pflanze ist nicht denkbar ohne das Vermögen der Wurzeln, dieselben dem Boden mit Auswahl zu entziehen.

Dass verschiedene Pflanzenarten verschiedener mineralischer Nährstoffe zu ihrem besseren Gedeihen bedürfen, dafür spricht das Vorhandensein von Kiesel-, Kalk-, Kali-, Natronpflanzen. Dass diese, der Bodenkunde angehörenden, die Unterscheidung von bodensteten, bodenholden und bodenvagen Pflanzen begründenden Eigenschaften mit dem Wahlvermögen der Pflanzenwurzeln in naher Beziehung stehen, ist einleuchtend. Leider ist unser Wissen in dieser Richtung ein sehr beschränktes und unsicheres, bei der grossen Zahl verschiedenartiger Faktoren der Bodenfruchtbarkeit, unter denen viele sich der Beurtheilung und Bezifferung mehr oder weniger entziehen.

---

die Wurzeln in diese hinabgereicht hatten, während in den tieferen Schichten der Kohlensäuregehalt des Wassers sich unvermindert erhalten hatte, so weit die Prüfung mit Baritwasser dies erkennen liess. Es war daher die Kohlensäure nicht allein mit dem aufgesogenen Wasser in die Pflanzenwurzeln eingegangen, sondern es hatten Letztere die Kohlensäure auch dem, mit den Wurzeln nicht in unmittelbarer Berührung stehenden Wasser entzogen.

§ 85. Assimilationsvermögen der Wurzeln.

Aus der Thatsache, dass der Wurzelsaft bedeutende Mengen von Zucker, Gummi, Gerbstoff etc. in Lösung enthält, hat man geschlossen, dass schon in den Wurzeln eine Verarbeitung von Rohstoffen der Ernährung zu organischem Stoffe stattfinde. Ich habe nachgewiesen, dass diese Annahme auf einem Irrthum beruht, dass es Lösungen vorgebildeter Reservestoffe sind, welche dem Holzsafte der Wurzeln sich beimengen, wie sie auch dem Holzsafte im Frühjahre blutender Bäume beigemengt sind. Auf der Lösung von Reservestoffen, zu denen unter Umständen auch die Zellwandung selbst gehört, beruht auch die Fortdauer des Zuwachses laubloser Nadelholzstöcke der Tanne, Fichte, Lärche und der Weymouthkiefer, auch ohne Wurzelverwachsung derselben mit einem belaubten Nährstamme, wie ich Letzteres an dreien, in einem Buchenbestande isolirt erwachsenen, zwölf Jahre vor der Untersuchung gleichzeitig gefällten Lärchenstämmen, von denen der eine zwölf Ueberwallungsringe an Holz und Bast nach der Fällung gebildet hatte, mit voller Sicherheit nachgewiesen habe. Eine Verwachsung der Wurzeln des überwallten Stockes mit denen seiner beiden Nachbarbäume würde selbstverständlich wirkungslos geblieben sein bei der an einem und demselben Tage vollzogenen Fällung aller drei Stämme. Eine Ernährung des überwallten Lärchenstockes durch Wurzelverbindung mit den ungefähr 100 Schritt entfernten Buchen ist nicht denkbar.

In geschlossen erwachsenen Beständen finden Wurzelverwachsungen benachbarter Bäume sehr häufig statt. In steinigem Boden ist vielleicht kein Baum mit der Wurzel eines seiner Nachbarbäume nicht verwachsen. Es ist daher nicht auffallend, wenn in der Mehrzahl der untersuchten Fälle Wurzelverwachsungen zwischen einem überwallten Stocke und einem sogenannten Nährstamme aufgefunden wurden. Abgesehen davon, dass eine mit sorgfältiger Untersuchung des in Rede stehenden Gegenstandes beauftragte Commission des schlesischen Forstvereins mehrere Fälle constatirt, in welchen eine Wurzelverbindung überwallter Tannenstöcke mit einem Nährstamme nicht aufgefunden wurde, sprechen auch physiologische Gründe gegen die Nährstamm-Theorie. Die Ernährung des Stockes durch den Nährstamm könnte doch nur durch Zuführung in Letzterem bereiteter Bildungssäfte geschehen. Ich werde aber im letzten Abschnitte nachweisen, dass die primären Bildungssäfte stets nur in absteigender Richtung von den Blättern nach den Wurzeln hin im Baste sich fortbewegen. Auf diesem Wege können die vom Nährstamme bereiteten Bildungssäfte bis zur Verwachsungsstelle der Wurzeln hinabsteigen. Um aber von da ab in den überwallten Stock zu gelangen, müssten sie in entgegengesetzter Richtung aufwärts zur Ueberwallungsstelle sich fortbewegen, was, allen bisherigen Erfahrungen gegenüber, höchst unwahrscheinlich ist.

Es ist sehr auffallend, dass Laubhölzer, denen wir doch eine höhere Reproduktionsfähigkeit zuschreiben als den Nadelhölzern, das Vermögen fortdauernder Holz- und Bastbildung an laublosen Stöcken nicht besitzen, auch dann nicht, wenn ihre Wurzeln mit denen eines belaubten Nährstammes verwachsen sind. Die Stöcke aller Laubhölzer sterben in kurzer Zeit, wenn nicht durch schlafende Augen oder durch Adventivknospenbildung im Ueberwallungswulste (siehe die Erklärung zu Taf. VI, Fig. 1—5) eine Wiederbelaubung des Stockes eintritt, oder verhindert wird durch frühzeitiges Abbrechen der sich bildenden Ausschläge.

Für die fortdauernde Ernährung laubloser Baumtheile durch aufgespeicherte Reservestoffe liefert auch die Aspenwurzelbrut einen sehr sprechenden Beleg.

Es ist keine ungewöhnliche Erscheinung, dass man nach dem Abtriebe alter Holzbestände die Fläche mit grossen Mengen Aspenwurzelbrut sich bedecken sieht, wo dem Gedächtniss der ältesten Leute das frühere Vorhandensein von Aspenmutterbäumen nicht erinnerlich ist. Untersucht man bald nach dem Hervorwachsen der Wurzelbrutlohden eine Mehrzahl vorsichtig ausgehobener Pflanzen derselben, dann findet man, dass die Basis derselben aus einem 2—5 cm dicken Knollen besteht, der, wenn die Zeit der Fällung des Mutterstammes nicht sehr fern liegt, an zweien entgegengesetzten Stellen sich in die abgestorbenen, mehr oder weniger faulen Stränge einer Aspenwurzel fortsetzt. Der Knollen selbst besteht aus lebendigem Aspenholze, dessen concentrisch geschlossene Holzschichten von einem Bast- und Rindekörper umgeben sind. Offenbar ist der Knollen aus einer Wurzelbrutknospe (siehe die Erklärung zu Taf. VI, Fig. 7) entstanden, die, in derselben Weise wie die schlafenden Augen des aufsteigenden Stockes (siehe die Erklärung zu Taf. V, Fig. 9—14), in der Triebbildung nach Aussen zurückgehalten, zu einer Kugelsprossknospe (Seite 230) sich emancipirte, mit dem Unterschiede, dass Letztere am aufsteigenden Stocke ihre Bildungsstoffe für den fortdauernden Zuwachs dem lebenden Rindegewebe entnimmt, während die Kugelsprossknospe der Wurzel die Bildungsstoffe aus den entfernteren Wurzeltheilen bezieht. Mit dem Verfaulen Letzterer hört zwar der Zuwachs, aber nicht das Leben des Knollens auf, das gewissermaassen in einen latenten Zustand versetzt, wie im Samenkorne gewisser Pflanzenarten Jahrzehnte hindurch fortdauern kann, ohne irgend eine Lebensverrichtung, bis veränderte Einflüsse atmosphärischer Luft, der Feuchtigkeit und der Wärme, bei der Keimung durch die Aussaat des Samenkornes, bei der Wurzelbrutentwickelung durch den Abtrieb des Kiefern- oder Buchenbestandes hervorgerufen, dort den Embryo des Samenkornes, hier das schlafende Auge des Wurzelknollens zur Lebensthätigkeit erwecken.

Dass mit dem Abhiebe der oberirdischen Baumtheile die Lebensthätigkeit der Wurzeln nicht sofort erlöscht, sondern auch ohne Neubildung von Laubtrieben am Stocke noch längere Zeit fortdauern kann, beweist die von Jahr zu Jahr zunehmende Verharzung gehauener Kieferstöcke, deren Kernholz bald nach der Fällung keinen grösseren Harzgehalt besitzt, als das Kernholz der unteren Schafttheile, während 10—12 Jahre nach der Fällung der im Boden verbleibende Stock mit Harz überfüllt ist. Es kann dies in keiner anderen Weise geschehen, als durch fortdauernde Zufuhr von Wurzelsaft zum Stocke, dessen wässerige und flüchtige Bestandtheile von der Schnittfläche des Stockes aus verdunsten, während die im Wurzelsafte aufgelösten, für sich aber nicht flüchtigen Bestandtheile, hier wesentlich das Harz, aus dem ganzen System der Bewurzelung des Stockes im Kernholze desselben sich ansammelt.

Aus dem Vorstehenden geht hervor, dass, wenn der Holzpflanzenwurzel das Vermögen fehlt, Rohstoffe des Bodens in organischen Stoff umzubilden — zu assimiliren —, ihr doch die Befähigung zugeschrieben werden muss, mit den in ihr aufgespeicherten Reservestoffen Jahre hindurch hauszuhalten, diese Reservestoffe nach und nach auf Neubildung von Zellen zu verwenden. Die Zeitdauer dieser Befähigung wird eine verschiedene sein bei verschiedener Fällungszeit des aufsteigenden Stockes. Sie wird am längsten dauern nach der Winterfällung, da im Spätherbste, Winter und Vorfrühling der absteigende Stock die meisten Reservestoffe enthält, sie wird eine kurze sein, wenn der Hieb zu einer Zeit geführt wird, in der die Reservestoffe des absteigenden Stockes gelöst und auf Neubildungen an Wurzeln und Theilen des aufsteigenden Stockes verwendet sind. Wie ich gezeigt habe, ist es die erste Hälfte des August, in der die Reservestoffe der Wurzeln am vollständigsten gelöst und verwendet sind. Die Fällung von Aspen, Birken, Saalweiden in dieser Zeit beeinträchtigt den Wiederausschlag ihrer Stöcke am meisten und gründet sich hierauf das Todthauen der Stöcke, wo diese Holzarten als Forstunkräuter schaden und vertilgt werden müssen.

§ 86. Ausscheidungen durch die Wurzeln.

Es ist eine unter den Pflanzenzüchtern sehr verbreitete Annahme, dass da, wo ein Baum gestanden hat, Bäume derselben Art schlecht wachsen, wenn sie bald nach der Rodung des Stockes der früheren Pflanze an deren Stelle gepflanzt werden. Man schreibt dies der Ausscheidung von Stoffen durch die Wurzel zu, die auf die Wurzeln des Ersatzbaumes einen nachtheiligen Einfluss ausüben sollen. Aehnliche Ansichten wurden auch in Bezug auf die Nothwendigkeit des Fruchtwechsels der Landwirthschaft ausgesprochen, bis in neuerer Zeit die Annahme einer Erschöpfung der Ackerkrume an gewissen für die Nachpflanze nöthigen Bodenbestandtheilen durch die Wurzelthätigkeit der

Vorpflanzen an die Stelle der früheren Ansicht getreten ist. Ich vermag aus eigener Erfahrung diese Annahmen weder zu bestätigen noch zu widerlegen, muss aber darauf hindeuten, dass es viele Waldungen giebt, auf deren Boden dieselbe Holzart in einer Mehrzahl von Generationen erzogen wurde, ohne dass sich ein nachtheiliger Einfluss dieser Stabilität der Wiederbewaldung bemerkbar gemacht hat. Im Gegentheil muss man sagen, dass auch in solchen Fällen bei guter Forstwirthschaft die Bestandeserträge späterer Generationen sich erhöht haben.

Dagegen ist es mehr als wahrscheinlich, dass die Wurzeln durch Ausscheidungen einen Einfluss auf den Bestand und die Löslichkeit der ihnen anliegenden Bodentheile ausüben. Bedeckt man eine gut polirte Marmorplatte mit Gartenerde, säet man in Letztere verschiedene Sämereien, lässt man die daraus entstandenen Pflanzen so lange wachsen, bis deren Wurzeln die Marmorplatte erreicht haben und auf der Oberfläche derselben hinwachsen, dann soll, nach Hinwegnahme des Bodens die Marmorplatte den Verlauf der Wurzeln durch Corrosion der Oberfläche erkennen lassen. Es liegt nahe, die Corrosion der Ausscheidung irgend einer Säure zuzuschreiben, durch welche der Kalk in löslichen Zustand versetzt wird. Es kann dies eine Pflanzensäure, es kann aber auch Kohlensäure sein zur Bildung doppeltkohlensauren Kalkes.

In der That, wenn man erwägt, dass die im Boden vorhandenen löslichen Salze mit jeden andauernden Regen in die Bodentiefe geschwemmt werden, lässt sich die Annahme einer, die unlöslichen Bodenbestandtheile in löslichen Zustand versetzenden Wurzelausscheidung nicht umgehen.

§ 87. Eindringen der Wurzeln in den Boden.

Es ist dies eine der räthselhaftesten Erscheinungen des an Problemen noch so reichen Pflanzenlebens, zu deren Erklärung besonders in der Neuzeit die gewagtesten Annahmen hingestellt wurden. So z. B. soll die Wurzelspitze aus einer plastischen bis schwerflüssigen Zellenmasse bestehen, der das Vermögen zugeschrieben wird, sich in die kleinsten Leerräume des Bodens zu versenken, gewissermaassen zu ergiessen, worauf dann, durch einen Akt der Consolidation des Ergossenen zur ogivalen Form der Wurzelspitze in vorgerückter Lage, das Erdreich zur Seite gedrängt wird. Ich habe diese Idee der sorgfältigsten Prüfung unterworfen und die Spitze wachsender Wurzeln zu keiner Zeit in einer anderen als in der ihr eigenthümlichen, ogivalen, ungetheilten Form vorgefunden, den Zustand der Wurzelspitze stets als einen solchen erkannt, wie er jedem anderen sehr jugendlichen Zellgewebe zuständig ist (Taf. V, Fig. 3).

In jedem festen, lehmigen oder thonreichen Boden gehört ohne Zweifel ein bedeutender Kraftaufwand dazu, um das Eindringen der Wurzelspitzen in grössere Bodentiefe möglich zu machen, um so mehr, als die Wurzelspitze ein weicher, krautiger Körper ist, dessen Längezuwachs auf die Wurzelspitze beschränkt ist, in den älteren Theilen wachsender Wurzeltriebe nicht stattfindet. Ich erschliesse Letzteres aus dem Umstande, dass, wo an einem Wurzeltriebe Seitenwurzeln unfern der Wurzelspitze entstehen, die Seitenwurzeln nicht in ihrer normalen zum Wurzeltrieb rechtwinkeligen Stellung beharren können, wenn auch an den älteren Theilen des Wurzeltriebes noch ein Längezuwachs stattfände, wie solcher an Trieben des aufsteigenden Stockes im Jahre der Triebbildung ohne Zweifel noch lange stattfindet. Es müssten in gleichem Falle an den Wurzeltrieben die Seitenwurzeln im Erdreich fortgezerrt oder zerrissen werden, während sie in der That ihre zur Längenachse des Wurzeltriebes rechtwinkelige Stellung behalten.

Vollzieht sich aber der Längezuwachs der Wurzeltriebe allein im Bereich der Wurzelspitze, so muss auch die treibende Kraft dort ihren Sitz haben.

Es ist ebenfalls eine Annahme, der aber doch keine augenfälligen Thatsachen entgegenstehen, wenn ich als treibende Kraft das Wachsthum aller die Wurzelspitze bildenden Zellen betrachte.

Wie ich gezeigt habe, ist das cambiale Zellgewebe der Wurzelspitze eingeschlossen von dem parenchymatischen Zellgewebe der Wurzelhaube, dessen jüngste, sehr kleine Zellen dem cambialen Zellgewebe sich anschliessen. Vom cambialen Zellgewebe aus bilden die Zellen der Wurzelhaube radiale Reihen, in denen die Zellen nach Aussen rasch zu bedeutender Grösse heranwachsen (Taf. V, Fig. 3). Wie mir scheint, sind es vorzugsweise die lebenden und wachsenden Zellen der Wurzelhaube, welche dem Längezuwachs des cambialen Gewebes vorarbeiten, durch eine, der materiellen Vergrösserung des Wandungsstoffes zur Seite stehende Expansivkraft, die wahrscheinlich in einem Streben der Zellen nach Wasseraufnahme in die Zellenräume beruht, vielleicht dieselbe endosmotische Kraft ist, welche die mit Zuckerwasser erfüllte thierische Blase durch Wassereinsaugung zum Platzen bringt. Nimmt man nun an, dass in den älteren, äussersten Zellenlagen des lebenden Theiles der Wurzelhaube die endosmotische Wassereinsaugung auf einen Grad sich erhöht hat, der die Zellwandungen zum Zerreissen bringt, so wäre damit nicht allein das successive Absterben dieser äussersten Zellenlagen erklärt, sondern zugleich auch die Entstehung eines an ihre Stelle tretenden Leerraumes vor der Wurzelspitze, in welchen die jüngeren Zellenschichten des lebenden Theiles der Wurzelhaube hineinwachsen können, wenig behindert durch die zusammengefallenen, rasch in Fäulniss übergehenden Wände der zerstörten äusseren Zellenlagen.

Dass es die lebendige Kraft des Zellenzuwachses ist, durch welche auch in anderen Fällen ausserordentliche Kraftwirkung hervorgerufen wird, beweist jeder im Boden befindliche Wurzelstock grosser Bäume, jede dicke Wurzel, die ein ihr gleiches Volumen Erdreich verdrängt haben, ohne dass eine dem entsprechende Hebung des Erdreiches bemerkbar wird. Eine Verdrängung des Erdreiches durch Compression erfordert aber in festem Boden sicher eine hohe Kraftwirkung, für deren Messung an oberirdischen Baumtheilen mehrere von mir construirte Instrumente noch keine genügend zuverlässigen Resultate ergaben in Folge des Gegendruckes, den sie auf den Versuchsbaum ausübten. Es wäre immerhin von wissenschaftlicher Bedeutung, die Kraft in Zahlen ausdrücken zu können, mit welcher der Zuwachs lebender Baumtheile sich vollzieht. Dass in Felsspalten eindringende Wurzeln das Vermögen besitzen, durch ihren Dickezuwachs Felsstücke abzusprengen, wird vielseitig behauptet, ist aber bis jetzt in keiner Weise bewiesen.

Vierte Abtheilung.

Entwickelungsgeschichte der Gesammtpflanze.

Hinweisend auf das, was ich im ersten Abschnitte dieser Schrift über Wesen und Entstehung der Pflanzenzelle, was ich in der zweiten und der dritten Abtheilung über Entstehung, Fortbildung und über die Lebensthätigkeit der Einzeltheile des Pflanzenkörpers gesagt habe, liegt mir hier die Aufgabe vor, die gegenseitigen Beziehungen jener Einzeltheile zu einem Ganzen darzustellen, gewissermaassen eine Biographie des Gesammtorganismus der Holzpflanze zu schreiben, die ich in die Lebenserscheinungen der Fortpflanzung, der Keimung, der Ernährung, des Wachsthums, der Reproduktion, der Krankheit und des Todes nachfolgend eingeordnet habe.

Erstes Kapitel.

Die Fortpflanzung.

Bei den Holzpflanzen kenne ich nur eine geschlechtliche Fortpflanzung und eine Vermehrung durch Knospen. Eingeschlechtige Fortpflanzung (parthenogenesis), wie sie bei einigen Gallwespen-Gattungen (Cynips, Rhodites, Apophyllus, Neuroterus) besteht,*) wie sie auch einer Schmetterlingsgattung (Psyche)

*) Meine Bearbeitung der Familie der Gallwespen und der Blattläuse, enthalten in Germar: entomologische Zeitschrift Bd. II Heft 1, Bd. III Heft 2, Bd. IV Heft 1, 2. Unter den 22 Gattungen mit mehreren Hundert Arten, auf die ich dort die Linné'sche Gattung Cynips erhoben habe, sind es nur die oben genannten Gattungen, denen die Männchen fehlen. Mit der grössten Bestimmtheit kann ich sagen, dass in der Samentasche der sofort nach dem Auskommen aus der Zelle zum Ablegen der Eier schreitenden Wespen nie eine Spur von Sperma-Elementen zu finden ist, die in der Samentasche der Weibchen zweigeschlechtiger Gattungen ungewöhnlich gross und lebhaft rotirend sind (B. VI, 1, Taf. I).

zuständig ist; an aus Raupen im Zwinger erzogenen und isolirten Schmetterlingsweibchen erschlossen werden muss, wenn aus deren in der Schachtel abgelegten Eiern Raupen auskommen, wie das besonders häufig bei Bombyx Vinula der Fall ist; wie sie bei den Blattläusen in einer Reihenfolge von Generationen desselben Jahres besteht, glaubte man auch an isolirten weiblichen Pflanzen des Hanfes und an einer Euphorbiacee (Coelebogyne) beobachtet zu haben, von der nur eine weibliche Pflanze in dem Petersburger botanischen Garten gezüchtet wurde. Es hat sich aber später gezeigt, dass die weibliche Blume sehr kleine und versteckte männliche Befruchtungswerkzeuge enthalten könne, wie ich dies auch bei Castanea vesca nachgewiesen habe (A. 5, Taf. 25, Fig. 55). Bei allen Holzpflanzen ist bisher nur eine zweigeschlechtige Fortpflanzung beobachtet.

§ 88. Die zweigeschlechtige Fortpflanzung.

In der dritten Abtheilung (Seite 235) haben wir die Blüthe der Holzpflanzen in ihren allgemeinsten Umrissen kennen gelernt, wir haben gesehen, dass sie sich aus Kelch, Blumenkrone, Staubfäden und Stempel aufbaut. Kelch und Blumenkrone dienen den Staubfäden und dem Stempel zum Schutz und zur Stütze, sie sind für das Befruchtungsgeschäft nicht nothwendig. Die Staubfäden hingegen, als Geburtsstätte und als Träger des Blumenstaubes (Pollen), der Stempel als Geburtsstätte und als Träger der Pflanzeneier (Eiknospen), bilden und enthalten diejenigen Organe, welche bei der zweigeschlechtigen Fortpflanzung miteinander in Wechselwirkung treten müssen, die Eiknospe als empfangendes, den Blumenstaub als befruchtendes Organ, wenn aus der Eiknospe ein keimhaltiges Samenkorn hervorgehen soll.

1) Das Befruchtungsgeschäft der Holzpflanzen

vollzieht sich durch das Zusammenwirken, einerseits eines Körnchens Blumenstaub, andererseits eines Zellkernes im Schlauchraume des Keimsäckchens. Durch das wenn auch nicht unmittelbare Zusammentreffen von Blumenstaub und Zellkern wird Letzterer individualisirt, d. h. er erlangt dadurch die Befähigung, sich selbstständig zu einer, vom Mutterkörper gewissermaassen losgerissenen, emancipirten Keimpflanze fortzubilden, wenn Letztere auch, bis zur Samenreife, zur Mutterpflanze noch in einem Abhängigkeitsverhältnisse bleibt, in Bezug auf die Bildungssäfte, die das reifende Samenkorn und dessen Keim für die eigene Fortbildung nur aus der Mutterpflanze beziehen können.

Dass das Befruchtungsgeschäft, die Erzeugung einer Nachkommenschaft, bedingt sei von der Wechselwirkung zweier verschiedener Geschlechter, musste man im Thierreiche sehr früh erkennen, an den augenfälligen Geschlechtsunterschieden, an den Folgen der Befruchtung und an der Thatsache, dass ohne Letztere auch eine Fortpflanzung durch Keime nicht eintrete. Als Mann und Weib unterschied man das befruchtende vom gebärenden Geschlecht, und übertrug diesen Unterschied im Thierreich auch auf die Pflanzenwelt, indem man auch in Letzterer die samentragende Pflanze, den samenbildenden Pflanzentheil als den weiblichen erkannte. Gestützt auf geistreiche Ideen, aber falsche Beobachtungen, trat erst im dritten Decennium unsers Jahrhunderts eine, dem früheren entgegengesetzte Annahme in die Wissenschaft, der zu Folge der Staubbeutel die Geburtsstätte des Pflanzenkeimes, das Pflanzenei des Fruchtknotens hingegen die Gebärmutter (Uterus) für den Pflanzenkeim sein sollte, bis ich zuerst im Jahre 1842 das Unhaltbare dieser anfänglich mit Enthusiasmus aufgenommenen Controverse auf indirektem Wege nachwies (A. 4). Nachdem später die Beobachtungsfehler, auf welche sich diese Controverse stützte, vielseitig nachgewiesen waren, der Schöpfer Letzterer seinen Irrthum selbst zugestanden hatte, ging aus dieser vieljährigen Streitfrage die Ueberzeugung hervor, dass die ursprüngliche Deutung der geschlechtlichen Funktionen des Blumenstaubes und des Pflanzeneies die richtige ist.

Soll eine befruchtende Wechselwirkung zwischen Blumenstaub und Pflanzenei eintreten, dann muss Ersterer bis zum Kernwärzchen des Pflanzeneies vordringen, so bei allen nacktsamigen Pflanzen (Gymnospermeae), bei allen Nadelholzpflanzen (Seite 143, Fig 76), oder es muss, wie bei allen Laubholzpflanzen, der Blumenstaub auf die Narbe des Stempels (Seite 235, Fig. 109) gelangen und dort festgehalten werden durch die, eine klebrige Feuchtigkeit absondernden, haarartigen Organe der Narbenoberfläche, Papille genannt, um von dort aus, durch einen, aus einer der Pollenpforten hervorwachsenden Schlauch, seinen Weg bis zum Keimsäckchen zu suchen (Taf. IV, Fig. 1—5).

Es ist ein sehr verbreiteter Irrthum, dass der auf der Narbenoberfläche haftende Blumenstaub seinen Schlauch in den offenen Griffelkanal und durch diesen in die Fruchtknotenhöhlung hinabsenke, um in Letzterer die Eimündungen aufzusuchen. So weit meine Beobachtungen reichen, ist das nie der Fall; es wächst vielmehr der Pollenschlauch, nachdem er die Oberhaut der Narbe durchbohrt, in die intercellularen Räume des Narbengewebes und der Griffelwände hinab (Taf. IV, Fig. 4, 5), tritt erst im Innern der Fruchtknotenhöhlung wieder zu Tage, um in Letzterer die Keimöffnungen der Eier aufzusuchen, die er mit einer Sicherheit findet, als bestände zwischen Pollenschlauch und Keimsäckchen eine Anziehungskraft, wie zwischen Eisen und Magnet. Bei dem, den nervenlosen Pflanzen fehlenden Wahrnehmungsvermögen ist ein erfolgreiches, gewissermaassen instinktives Suchen und Finden in hohem Grade überraschend; ich habe dasselbe aber schon in anderen Fällen, z. B. bei der

Copulation der Spirogyren nachgewiesen, und die Correspondenz der Tipfelkanäle benachbarter Zellwände daraus erklärt (Seite 38, Fig. 17, Seite 40, Fig. 19).

Der erwähnte Irrthum ist wahrscheinlich dadurch entstanden, dass zur Zeit der Bestäubung der Narbe einer weiblichen Blume das Zellgewebe der Wände des Griffels sich lockert und nach dem Griffelkanal hin in einem Grade aufquillt, dass dadurch der Griffelkanal selbst zusammengepresst wird. Nur mit Mühe findet man von da ab die innere Oberhaut des Griffelkanals in der Form eines zusammengepressten, leeren Schlauches zwischen den gelockerten Zellenreihen der Griffelwandung. Diese Zellenreihen nannte man mit Recht „leitendes Zellgewebe“, weil zwischen ihnen die Pollenschläuche in die tieferen Theile des Fruchtknotens hinabsteigen. Es gehört aber dies leitende Gewebe nicht dem Griffelkanale, sondern nach wie vor den Griffelwänden.

Die Schwierigkeiten, welche dem Pollenschlauche im Auffinden der Keimöffnung entgegentreten, beginnen mit dem Austritt desselben in die Fruchtknotenhöhlung. Besonders bei achsenständigem Eiträger haben die Pollenschläuche oft verhältnissmässig weite Lufträume ohne irgend einen Stützpunkt zu durchwachsen; die winzig kleine Keimöffnung des Pflanzeneies liegt oft so versteckt an der Basis des Letzteren, dass es Bewunderung erregen muss, wie ohne sinnliche Wahrnehmung der Schlauch seinen Weg dorthin zu finden weiss (A. 4, Fig. 1. 27). Nicht weniger auffallend ist die Vertheilung der, von der Narbe ausgehenden Schläuche auf eine oft grosse Zahl achsenständiger Eier, wie sie z. B. bei Oenothera stattfindet. Die bekannte Mitwirkung gewisser Insektenarten beim Befruchtungsgeschäft, der Honig und Blumenstaub sammelnden Bienen, der Blasenfüssler (Thrips), denen die Blumen zum ständigen Wohnorte angewiesen sind, die Thätigkeit vieler Kleinkäfer; alles dies im Vereine mit der überreichen Produktion an Blüthestaub, und mit besonderen Vorrichtungen, wie sie in den Luftsäcken des Blumenstaubes einiger Zapfenbäume, in den Griffelhaaren der Glockenblumen (Taf. IV, Fig. 6), in der Reizbarkeit gewisser Blüthetheile bestehen (A. 4), genügen nicht zur Erklärung der oben erwähnten Thatsachen.

Hat bei den Nadelhölzern das Pollenkorn, bei den Laubhölzern der Pollenschlauch seinen Weg zum Eimunde und durch den Keimgang des Pflanzeneies bis zur Spitze des Kernwärzchens gefunden, dann durchwächst der Pollenschlauch das noch vorhandene Zellgewebe des Kernwärzchens bis zum Keimsäckchen und legt sich der Aussenfläche desselben an (Seite 143, Fig. 76), mitunter die Wandung des Letzteren vor sich hertreibend und einstülpend. Bei den Nadelhölzern beginnt die Entwickelung des Pollenschlauches erst dann, wenn das Pollenkorn zur Spitze des Kernwärzchens gelangt ist.

Erst mit dem Zusammentreffen der Spitze des Pollenschlauches mit dem

Keimsäckchen beginnt der Befruchtungsakt im engeren Sinne, d. h. die Individualisirung eines im Schlauchraume des Keimsäckchens vorgebildeten Zellkernes zu einem selbstständig sich fortbildenden Pflanzenkeime, wenn derselbe auch, bis zur Samenreife, in Bezug auf Ernährung noch an die Mutterpflanze gebunden ist, die ihn sogar noch weiterhin, für den Keimungsprocess, in den Reservestoffen der Samenlappen oder des Samenweiss mit Bildungsstoffen reichlich versorgt hat, welche der Keimling auf diejenigen Neubildungen verwendet, deren er bedarf, um hinfort Rohstoffe in Bildungssäfte zu verwandeln.

Auch im Thiere ist das Ei schon vor der Befruchtung vorhanden, auch dort ist die Keimbildung in der Eiflüssigkeit an die Wechselwirkung zweier Geschlechter gebunden; auch dort umfasst das Ei ausser dem Keime eine überwiegende Menge von Reservestoffen, die erst während der Schwangerschaft oder während des Brutgeschäfts vom Keime aufgenommen und auf Fortbildung des Letzteren verwendet werden, bis das Brutgeschäft in oder ausser dem Mutterleibe vollendet ist, das Junge dem Ei der Vögel, Fische, Amphibien, Insekten etc. entschlüpft oder, nach Abwerfen der Eischaale im Leibe der Mutter, lebendig geboren wird, womit dann das Vermögen selbstständiger Ernährung eingetreten ist. In beiden Reichen organisirter Wesen ist die Analogie der ersten Lebenserscheinungen unverkennbar.

Dass eine Wechselwirkung zweier verschiedener Geschlechter zur Befruchtung nothwendig sei, bestätigen nicht allein die Folgen der Begattung und die Unfruchtbarkeit ohne deren Vollzug (der Ausnahmen im Thierreich bei Cynips, Psyche, Bombyx vinula habe ich schon Seite 269 gedacht), sondern auch die Aehnlichkeiten der Nachkommenschaft mit Vater und Mutter bei Bastardzeugungen und unter Geschwistern, aus gleicher Art, die bald dem Vater, bald der Mutter ähnlich sind. Ob aber der Befruchtungsakt auf stofflicher, oder nur auf dynamischer Wechselwirkung beruhe, das lässt sich bis jetzt noch nicht mit Sicherheit erkennen.

Die männliche Samenflüssigkeit (Sperma) der Säugethiere und der Insekten enthält eine grosse Menge kleiner Zellen. In jeder dieser Zellen bildet sich ein langer, spiralig zusammengelegter, in ein verdicktes Kopfende auslaufender Faden, der nach Auflösung der einschliessenden Zelle frei wird, sich streckt und dann, wie viele niedere Pflanzenarten (Vibrio, Bacillaria), eine lebhafte, schlangenartige Fortbewegung in der Flüssigkeit des Sperma zeigt. Lange Zeit hielt man diese Fäden für belebte Wesen infusorieller Bildung (Spermatozoae), bis die Bekanntschaft mit ihrer Entstehungsweise und mit ihrem Bestande dieser Ansicht entgegentrat. Es sind aber noch heute diese Fäden, denen man wenigstens eine wesentliche Mitwirkung beim Befruchtungsgeschäft zuschreibt, sei es durch sich selbst, sei es als Träger der befruchtenden Spermaflüssigkeit.

Den thierischen Sperma-Elementen (deren Entwickelungsverlauf ich B. VI, Taf. XVIII, Fig. 7 *a*—*o*, Fig. 8—10 dargestellt habe) sehr ähnliche Bildungen, wahrscheinlich gleicher geschlechtlicher Bedeutung, sind bei vielen Zellenpflanzen (Fucus, Achlya, Marchantia etc., B. III. 21, Taf. IV, Fig. X—XIV) mit Sicherheit beobachtet. Um so auffallender ist es, dass allen höheren Gefässpflanzen dies Element gänzlich fehlt. Bei der grossen Arbeitskraft, die seit der Schleiden'schen Befruchtungs-Controverse dem Pollenschlauche und dem Pflanzeneie zugewendet war, hätte das Vorhandensein von Sperma-Elementen der Beobachtung nicht entgehen können. Alles was in älteren Schriften auf deren Vorhandensein in der „Flüssigkeit“ der Pollenzelle hindeutet, beruht auf Beobachtungsfehlern, da, wie ich gezeigt habe, das reife Pollenkorn gar keine freie Flüssigkeit enthält (B. VI. 2, Taf. XIX, Fig. 20), die später im Pollenschlauche allerdings reichlich vorhanden ist, dann aber nur bewegungslose, kleinkörnige Gebilde beigemengt enthält, unter denen Stärkemehl durch Jodreaktion erkennbar ist. Findet ein Uebergang von Stoffen des Pollenschlauches in das Keimsäckchen statt, wofür allerdings das dichte Anschmiegen des Ersteren an Letzteres spricht, dann kann dieser Uebergang nur der einer Flüssigkeit sein, womit aber die Möglichkeit nicht ausgeschlossen ist, dass die Individualisirung des befruchteten Zellkernes eine vom Zutritt der Säfte des Pollenschlauches abhängige Kraftwirkung ist. Die von mir nachgewiesenen Fälle, in denen Befruchtung stattfindet, ohne dass der Pollenschlauch bis zum Keimsäckchen zu gelangen vermochte (Campanula, Capsella, A. 5, 4) sind in dieser Richtung beachtenswerth.

Bei den Glockenblumen ist die Oberhaut der Griffel reichlich mit Haaren besetzt, deren Basis tief in das Zellgewebe des Griffels versenkt ist. Der behaarte Griffel steht in einem Kranz von Staubbeuteln und durchwächst denselben zur Zeit, in der die Staubbeutel sich öffnen und den Blüthestaub ausstreuen, der an den Haaren des Griffels hängen bleibt, die sich nun in sich selbst einstülpen und die Pollenkörner, welche ihnen anhaften, in die Einstülpung aufnehmen, wie dies Taf. IV, Fig. 6 darstellt. Man versinnlicht sich dies an dem Finger eines leeren Handschuhes, den man, mit Mehl bestreut, in sich selbst einstülpt.

Die in die Haarhöhlen eingeführten Pollenkörner bilden zwar mitunter einen Schlauch, der aber nie die Wandung der Haare durchbricht, daher von der Keimöffnung der Eier stets weit entfernt bleibt, und es entstand die Frage: ob auch von ihnen aus Befruchtung der Eier eintreten könne, die in dem Falle nur durch Säfteleitung vermittelt werden kann.

Auch der Griffel der Glockenblumen führt reichlich einen klebrigen Milchsaft, der an der Luft zu einer festen Masse sich rasch verdichtet. Schneidet man ihn unter den Narbenarmen ab, es muss dies schon in der Blütheknospe geschehen, so bedeckt sich die Schnittwunde mit erhärtetem Milchsaft, und kann eine Befruchtung auf gewöhnlichem Wege durch die Papillen der Narbenarme nicht eintreten. Dennoch liefert die Blüthe keimfähigen Samen! (A. 4, Taf. I, Fig. 9, 27.)

Solche seltene Fälle ausgenommen, muss man aber sagen, dass bei allen höheren Gefässpflanzen das Zusammentreffen der Spitze des Pollenschlauches mit der Spitze des Keimsäckchens nothwendig sei zum Vollzug der Befruchtung.

Es war Ch. C. Sprengel, der in einer im Jahre 1793 erschienenen Schrift: „Entdecktes Geheimniss der Natur," die Beziehungen besprach, in denen die Insekten zur Befruchtung der Blüthen stehen, dadurch, dass ihr meist behaarter Körper beim wechselnden Besuch männlicher und weiblicher Blumen den an ihren Haaren haftenden Blüthestaub auf die Narben der weiblichen Blume übertragen. Der in den Nektarien der Blüthen sich absondernde Honig sei die Lockspeise, durch welche die Insekten zum fleissigen Besuch der Blumen getrieben werden.

Ohne Zweifel liegt in der Angabe viel Wahres; es mag auch richtig sein, dass es Blumen giebt, deren Befruchtung die Mitwirkung der Insekten nothwendig macht; es ist aber von späteren Forschern im Dienste teleologischer Deutung in dieser Richtung Vieles übertrieben dargestellt worden, besonders in Bezug auf die Nothwendigkeit des Pollentransportes durch Insekten im Allgemeinen, die schon für die grosse Zahl der Zwitterblumen hinfällig ist, in denen die Staubbeutel den Narben so nahe stehen, dass eine Selbstbefruchtung unvermeidbar ist. Aber selbst in Bezug auf getrenntgeschlechtige Blumen, sogar in Bezug auf getrenntgeschlechtige Pflanzen ist die Mitwirkung der Insekten beim Befruchtungsgeschäft theils unmöglich, theils unerheblich. Haseln, Erlen, viele Weiden und Pappeln blühen zu einer Zeit, in welcher die Honig und Blumenstaub sammelnden Insekten noch fehlen oder noch in sehr geringer Menge thätig sind. In unseren ausgebreiteten und geschlossenen Nadelholz-, Buchen-, Eichenwäldern ist die Menge der Blumen besuchenden Insekten überhaupt eine so geringe, dass von einem wesentlichen Einfluss derselben auf das Befruchtungsgeschäft nicht die Rede sein kann. Hier ist es hauptsächlich die übergrosse Menge des in Blüthejahren erzeugten Blumenstaubes und dessen Verbreitung durch Luftströmungen (über die Luftsäcke des Blumenstaubes der Zapfenbäume Seite 70), durch welche eine Befruchtung gesichert wird, wie sie reichen Samenjahren vorhergegangen sein muss. In Gärten, Feldhölzern, Hecken, auf Feldern und Wiesen ist dagegen eine wesentliche Mitwirkung der Insekten beim Befruchtungsgeschäft wahrscheinlich.

In neuerer Zeit hat der geniale Darwin, im Dienste des modernen Universalmaterialismus, der verbreiteten teleologischen Anschauungsweise des Verhältnisses zwischen Insekten und Blumen die Spitze abbrechen zu müssen geglaubt durch die Annahme: dass ein Same, der entstanden ist durch Kreuzung der Geschlechter verschiedener Pflanzen, eine zahlreichere und kräftigere Nachkommenschaft liefere als die Selbstbefruchtung, selbstverständlich ohne beweiskräftige Thatsachen für diese willkührliche Annahme (S. Müller über Befruchtung von Blüthen durch Insekten in „Der zoologische Garten" von Noll, 1873 Nr. 10, S. 368).

2) Folgen der Befruchtung.

Hat die Spitze des Pollenschlauches die Spitze des Keimsäckchens im Pflanzeneie erreicht und sich Letzterer angeschlossen, bisweilen unter inniger Verwachsung der beiden aufeinander treffenden Wandungsflächen, dann wird in der Regel nur einer der im Schlauchraume lagernden zahlreichen Zellkerne, und zwar der dem Pollenschlauche zunächst liegende Zellkern vom Mutterkörper gewissermaassen losgerissen und befähigt, in Bezug auf Wachsthum und Gestaltung sich selbstständig zu einem neuen Einzelwesen fortzubilden, das, bis zur Samenreife von der Mutterpflanze ernährt, erst durch die Keimung zur vollen Selbstständigkeit gelangt.

Wie ich Seite 141 gezeigt habe, entwickelt sich aus dem befruchteten Zellkerne die erste Zelle der neuen Pflanze, aus dieser entsteht der Vorkeim, dessen Endzelle zum Keime heranwächst. Der Längewuchs des Keimes hat eine Einstülpung der inneren Schlauchhaut des Keimsäckchens in den Innenraum desselben zur Folge (Taf. IV, Fig. 7, 8), ohne dass eine Durchbrechung dieser Schlauchhaut stattfindet. In dem nicht eingestülpten Theile des Schlauchraumes entsteht aus den nicht befruchteten Zellkernen ein parenchymatisches Zellgewebe, dessen Zellen bei den Nadelhölzern und einigen Laubholzarten fortdauernd, bei den meisten Laubholzarten vorübergehend mit Reservenahrung sich erfüllen (Seite 145, Fig. 83 *k*). Im ersten Falle bildet dies reservestoffhaltige Zellgewebe das Samenweiss, Endosperm, in dessen Höhlung der Keim lagert; im zweiten Falle wird die Lösung des reservestoffhaltigen Zellgewebes von den ersten Blättern der Keimpflanze aufgenommen, zu Neubildungen verwendet und bildet mit diesen die Samenlappen, Cotyledonen (Seite 199, Fig. 97).

Ueber die Polyembryonie der Nadelhölzer habe ich bereits Seite 146, Fig. 79—81 gesprochen. Auch bei den Leguminosen findet, wenn auch in anderer Weise, Polyembryonie statt.

Folge der Befruchtung ist in allen Fällen allein die Keimbildung. Alle übrigen Theile des Pflanzeneies können sich zum Samenkorn in normaler Weise ausbilden, der nicht befruchtete Same bleibt aber keimlos, taub.

Bei vielen Pflanzen, deren Fruchtknoten zahlreiche Eier enthält, werden gleichzeitig viele, mitunter alle Eier befruchtet. So bei Robinia, Salix, Populus. Es ist das aber keineswegs bei allen Pflanzenarten der Fall. Bei Quercus und Fagus mit sechs, bei Castanea mit vierzehn Eiern in jedem Fruchtknoten, wird in der Regel nur e i n Ei befruchtet. Wo solches ausnahmsweise mit mehr als einem Ei der Fall ist, da haben wir die sogenannten „Vielliebchen". Ich kenne eine Eiche, in deren Früchten sich häufig bis zu sechs Keimen finden, also alle Eier befruchtet wurden.

Grössere Beachtung verdient die Uebertragung von Eigenschaften der Vater- oder der Mutterpflanze oder beider auf deren Nachkommenschaft, wie sie sich in der Familienähnlichkeit, in Racenbildung, Kreuzung, Bastardirung ausspricht. Die Erfolge k ü n s t l i c h e r Zuchtwahl treten uns in Viehheerden und in der Geflügelzucht, in Obst- und Gemüsebau wie in der Blumenzucht überall vor Augen, scheinen aber an gewisse Einflüsse der Kultur gebunden zu sein, da in der Wildniss derartige Abweichungen vom normalen Typus nur sehr selten aufzufinden sind. Eigenthümlichkeiten in Bildung und Stellung der Geweihe, durch die sich häufig die Hirsche oder Rehböcke benachbarter Wildstände unterscheiden, der Haarfärbung unter Füchsen — aus den wildwachsenden Pflanzen weiss ich selbst diesen Nichts zur Seite zu stellen — sind doch nur leise Anklänge einer Vererbung gegenüber der Thatsache, dass Stiel- und Traubeneiche, Haar- und Warzenbirke, Weiss- und Rotheller nebeneinander wachsend unverändert sich erhalten, abgesehen von hier und da auftretenden Bastardbildungen und von A b n o r m i t ä t e n, die aber, ohne Einschreiten der Kultur und künstlicher Fortpflanzung meist vereinzelt sich erhalten und mit dem Individuum absterben, zum Theil aber auch in einer Minderzahl ihrer Nachkommenschaft aus Samen sich fortpflanzen. Der Same von Blutbuchen, Pyramideneichen, Trauereschen liefert stets einige Procente an Keimpflanzen, die einem Spiegelbilde der Mutterpflanze gleichen, während die grosse Mehrzahl ihrer Nachkommenschaft auf die Normalform der Art zurückschlägt.

Die dieser Schrift gesteckten Grenzen erlauben mir nicht, auf diesen schon jetzt eine reiche Literatur bildenden Gegenstand näher einzugehen. Gestatten mir e i g e n e Erfahrungen nicht, den geistreichen Hypothesen über n a t ü r l i c h e Zuchtwahl mich anzuschliessen, so möchte ich doch befürworten, dass bei der Auswahl der Mutterpflanzen in unseren Besamungsschlägen und beim Einsammeln von Samen, mehr als bisher geschehen, auf Grösse, Langschäftigkeit, Gesundheit und Wüchsigkeit derselben geachtet werde. Aus hiesiger forstlichen Versuchsanstalt sind überraschend günstige Resultate der Auswahl grosskörnigen Samens kräftiger Mutterpflanzen hervorgegangen. Es ist ja so leicht, ein für allemal Mutterbäume aufzusuchen und dauernd zu bezeichnen, die diesen Anforderungen der Samengewinnung entsprechen.

In unseren Verjüngungsschlägen erziehen wir gleichzeitig Hunderttausende junger Holzpflanzen in einem oft gedrängten Stande. Schon in früher Jugend wird der weitaus grösste Theil dieser Pflänzchen dadurch unterdrückt und zum Absterben gebracht, dass kräftigere Nachbarpflanzen rascher wachsen und ihnen durch reichere Belaubung die nöthige Lichtwirkung entziehen. Unter gleichen äusseren Einflüssen kann dieser jugendlichste „Kampf um das Dasein“ nichts Anderem zugeschrieben werden, als einer schon im Samen bestehenden ungleich grossen Lebensthätigkeit und Entwickelungsfähigkeit der Keime. Ein geregelter Durchforstungsbetrieb greift später in diesen Kampf um das Dasein dadurch ein, dass aus dem gleichaltrigen geschlossenen Bestande die in der Entwickelung hinter den dominirenden Bäumen zurückbleibenden übergipfelten und unterdrückten Stämme periodisch herausgehauen werden. Aber auch dann, wenn der Durchforstungsbetrieb sich streng auf den Aushieb der im Unterdrückungskampfe bereits zurückgebliebenen Pflanzen beschränkt, zeigen die 120—150jährigen Bäume sowohl des von Jugend auf im Schlusse erzogenen Hochwaldbestandes, wie die von Jugend auf im freien Standraume erwachsenen alten Oberholzstämme des Mittelwaldes unter durchaus gleichen Standortsverhältnissen selbst benachbarter Bäume dennoch Grösseunterschiede der Stärke und des Massengehaltes von mehr als dem Doppelten. Ich kann diese thatsächlich bestehenden Unterschiede der Zuwachsfähigkeit nichts Anderem zuschreiben, als einer ursprünglichen, schon im Samenkorne bestehenden Prävalenz der Lebensthätigkeit, die in dem lebenskräftigeren Individuum mit fortschreitendem Alter desselben sich Geltung zu verschaffen weiss, es müsste anderen Falles ein geregelter Durchforstungsbetrieb schliesslich eine Ausgleichung der Baumgrössen zur Folge haben.

Auch im Thierreiche bestehen Grösseunterschiede, die sich nicht auf reichlichere Ernährung, nicht auf günstigere äussere Einflüsse zurückführen lassen, theils als Racenunterschiede aber auch unter den Gliedern derselben Familie. Das nahrungsarme, rauhe Patagonien ist von der grössten Menschenrace bewohnt, unter Geschwistern gleicher Erziehung und Ernährung können bedeutende Grösseunterschiede bestehen, die auch hier schon im Keime begründet sein müssen.

Ist die endliche Grösse auch der Bäume innerhalb gewisser Grenzen schon im Samenkorne vorausbestimmt, lehrt die Erfahrung, dass die kräftigere Mutterpflanze kräftigere Nachkommenschaft, dass der grössere, kräftigere Same zuwachskräftigere Pflanzen liefert, dann ist die Grösse des dereinstigen Ertrages unserer Waldkultur wesentlich an eine sorgfältige Auswahl des Kulturmaterials gebunden.

a) Das Reifen des Samenkornes.

Wenn im Keimsäckchen des Pflanzeneies ein Zellkern des Schlauchraumes durch das Hinzutreten eines Pollenschlauches befruchtet, d. h. zu individueller Selbstständigkeit seiner Fortbildung befähigt wurde, wenn der befruchtete Zellkern zur Urzelle eines neuen pflanzlichen Individuums sich entwickelt hat, wenn diese Urzelle durch Selbsttheilung zu einem oder zu mehreren Vorkeimen oder Keimträgern sich fortgebildet hat, wenn an der Spitze des Keimträgers der Keimkörper in der Seite 141 geschilderten Weise entstanden ist, dann erleidet das Pflanzenei bis zur Reife des Samenkornes eine Reihenfolge von Veränderungen der Gestaltung und des Bestandes, die sich beziehen auf das Wachsthum und die Fortbildung des Keimes und auf die Ansammlung von Reservestoffen in Samenlappen oder im Samenweiss. In Bezug auf

b) die Fortbildung des Keimes

mag das genügen, was ich Seite 141 über Vorkeim und Keim; was ich Seite 243 über die Bestandtheile des reifen Samenkornes gesagt habe und erinnere nur daran, dass der Keim im Samen unserer Holzpflanzen schon Stengel und Wurzel, Primärblätter, oft auch Secundärblätter einer Plumula, Mark und Rinde, Faserbündelkreis und Blattgeäder unterscheiden lässt, daher einen schon hoch entwickelten Pflanzenkörper darstellt, dessen Gewebe jedoch mit Ausnahme der Samenlappen und des Samenweiss noch im Zustande der Theilungs- und Mehrungsfähigkeit sich befinden. Selbst das Zellgewebe der Samenlappen und dessen Gehalt an Reservestoffen ist nicht bei allen Holzarten fertig ausgebildet, wie das bei Quercus, Castanea, bei Vicia, Phaseolus, bei Prunus und Pyrus unzweifelhaft der Fall ist, denn bei Fagus und Acer, bei Salix und Populus, bei Betula und Alnus vergrössern sich die Samenlappen nach erfolgter Keimung bedeutend. Dagegen ist das Endospermgewebe der Nadelhölzer, der Linden und Eschen mit eintretender Samenreife fertig gebildet.

Bei den Nadelhölzern und einigen Laubhölzern ist auch der Keim des reifen Samenkornes mit körnigen Reservestoffen dicht erfüllt.

In der Thatsache, dass alle Einzeltheile des Keimes bei der Keimung sich vergrössern, dürfte der einzige Unterschied in der Fortbildung desselben und der Fortbildungsweise älterer Pflanzen liegen, wie wir Letztere in den nachfolgenden Mittheilungen über Wachsthum der Pflanzen kennen lernen werden. In Bezug auf

c) die Ansammlung von Reservestoffen

in den Samenlappen und im Samenweiss der Holzpflanzen enthält meine Schrift: Entwickelungsgeschichte des Pflanzenkeimes sehr ausführliche Mittheilungen, illustrirt durch farbige Darstellung der optisch erkennbaren Veränderungen, welche der Zelleninhalt theils der Samenlappen, theils des Samenweiss, vorschreitend beim Reifen, rückschreitend beim Keimen erleiden. Ich darf mich daher hier darauf beschränken, das Gesammtresultat jener Untersuchungsreihen mitzutheilen (A. 11, Taf. III, IV).

Anfänglich ist das Zellgewebe der Samenlappen oder des Samenweiss von jedem anderen parenchymatischen Zellgewebe nicht verschieden. Ein in jeder Zelle vorhandener doppelhäutiger Zellschlauch enthält im Schlauchraume einen Zellkern, aus dessen erster Generation von Kernstoffkörpern sich eine erste Zellwandung gebildet hatte, während der in den Innenraum der Zelle eingestülpte Zellkern aus dem Kernkörperchen sich verjüngt (Seite 36, Fig. 16). Eine zweite Generation von Kernstoffkörpern liefert bei dickwandigem Zellgewebe das Material von Wandungsmehl für eine zweite Zellwandung. Eine dritte Generation von Kernstoffkörpern des verjüngten Zellkernes liefert in dem aus ihm entstandenen sekundären oder tertiären Zellschlauche Grünmehl, seltener unmittelbar Stärkemehl und Gerbmehl (Quercus) oder unmittelbar Klebermehl (Ricinus). Eine vierte Zellkern-Regeneration liefert aus seinen Kernstoffkörpern Stärkemehl, dem die stets Hand in Hand gehende Klebermehl- und Fettbildung folgt. Im Samen der Lupine (A. 11, Taf. IV, Fig. 5 *a—n*) sind diese Veränderungen schon dem unbewaffneten Auge erkennbar in dem jugendlichen Grün der Samenlappen (Grünmehl), das später zu fast farblosem Weiss verblasst (Stärkemehl), bis das eigenthümliche Gelb der reifen Samenlappen die Bildung des Klebermehl zu erkennen giebt.

In der Mehrzahl der Samenarten sind es aufeinander folgende Generationen von Kernstoffkörpern, die diesen Umbildungen zum Grunde liegen. Es ist dies jedoch keineswegs überall der Fall. Nicht selten vollzieht sich die Umwandlung im Innern vorgebildeter Mehlkörper. Besonders häufig entsteht das Stärkemehl im Innern vorgebildeten Grünmehles.

Das Zellgewebe der Samenlappen oder das Samenweiss der reifen Sämereien enthält entweder nur Klebermehl und Fett bei allen ölreichen Samenarten, wohin der Same aller einheimischen Nadelhölzer, der Buchen, Hainbuchen, Haselnüsse, Wallnüsse, der Birken, Erlen, Pappeln und Weiden, der Linden, Eschen, Rüstern, der Pomaceen und Amygdaleen, unter den Leguminosen auch der Same von Lupinus, überhaupt der Same der meisten Holzarten gehört, während in den Samenlappen der Eichen, Kastanien, Rosskastanien, der meisten Hülsenfrüchtler und Gräser das Stärkemehl vorherrschend ist, mit einer Beimengung von wenig sehr kleinkörnigem, niemals ganz fehlendem Klebermehl. In besonderen Zellen abgelagertes Gerbmehl habe ich bis jetzt nur in den Samenlappen der Eichen gefunden, wo sie, ebenso wie in Mark und Rinde der jungen Triebe, kugelmantelförmige, die Stärkemehl führenden Zellen einschliessende Complexe bilden. Auch hier sind es durchaus gleiche und gleichwerthige Zellen, welche einestheils Stärkemehl, anderentheils Klebermehl bilden, beide nur durch ihre Stellung unterschieden (Taf. I, Fig. 3).

Mit vorschreitender Reife des Samenkornes vermindert sich der Wassergehalt desselben besonders der Klebermehl und fetthaltigen Samenarten bis zur Wassermenge des lufttrockenen Zustandes. Eine um etwa 10 % grössere Wassermenge erhält sich in den stärkemehlhaltigen Sämereien und scheint bei Eichen, Kastanien, Rosskastanien die Erhaltung dieses höheren Wassergehaltes wesentliche Bedingung einer guten Keimkraft zu sein. Eine über den Wassergehalt des lufttrockenen Zustandes hinausgehende Austrocknung des Samens schwächt dagegen die Keimkraft aller Samenarten, daher die Aufbewahrung derselben in nicht zu trockener Luft, das Klengen der Zapfenfrüchte in feuchter Luft rathsam ist.

3) Die Fruchtreife.

Hand in Hand mit der Samenreife schreitet die Fruchtreife vor. Es kann Letztere um etwas später, sie kann nicht früher eintreten als die Samenreife, da bis zu dieser das Samenkorn seine Nährstoffe aus der Frucht bezieht.

Bei allen Holzpflanzen mit trockener, holziger oder lederähnlicher Frucht, bei den Zapfenbäumen, Eichen, Buchen, Ellern, bei den Flügelfrüchten der Ahorne, Eschen, Rüstern, bei den Kapselfrüchten der Weiden und Pappeln, bei den Hülsenfrüchten der Akazien besteht die Fruchtreife in einfacher Verholzung der Fruchttheile. Bei den apfel-, pflaumen- (mandel-), beeren- und einigen zapfenfrüchtigen (Juniperus) Holzpflanzen, deren Fruchtfleisch über die Samenreife hinaus saftreich sich erhält, tritt eine Reihenfolge eigenthümlicher Veränderungen des Fruchtfleisches und des Inhaltes seiner Zellen ein, auf die ich zuerst in meiner Schrift: Leben der Pflanzenzelle 1844 aufmerksam gemacht habe, dieselben am Fruchtfleische von Solanum nigrum, lycopersicum und tuberosum, Lonicera, Asparagus, Viburnum, Passiflora, Ribes, Prunus figürlich erläuternd (A. 7, Taf. 1, Fig. 1—38), soweit die eintretenden Veränderungen aufeinander folgender Reifezustände optisch erkennbar sind. Leider ist in dieser Richtung von Seiten anderer Beobachter nicht fortgearbeitet, so dankbar solche Arbeiten gewesen sein würden, besonders mit Rücksicht auf den Umstand, dass wir es hier mit Pflanzenstoffen zu thun haben, die unmittelbar Menschen und Thieren zur Ernährung dienen, deren Pflege ein so wichtiger

Gegenstand des Gartenbaues, der Obstbaumzucht ist. Wir wissen über ihn kaum mehr als das, was Gefühl, Geschmack und Geruch uns zu erkennen geben. Die neueren Lehrbücher der Pflanzenphysiologie übergehen ihn mit Stillschweigen. Was die Chemie uns darüber mitgetheilt hat, ist in physiologischer Hinsicht unbenutzbar, so lange es nicht in Beziehung gebracht ist zu einer Entwickelungsgeschichte der Frucht, die sich allein aus den Resultaten mikroskopisch-chemischer Untersuchungen aufbauen kann.

Was mich selbst bestimmte, auf dem eingeschlagenen Wege still zu stehen, ist der Mangel erkennbarer Beziehungen des Fruchtlebens zum Gesammtleben der Pflanze, wie sie im Blatt-, Knospen- und Wurzelleben bestehen, Untersuchungen in letzterer Richtung erschienen mir wichtiger und habe ich ihnen meine ganze Arbeitskraft zugewendet in der leider nicht erfüllten Hoffnung, dass andere Arbeitskräfte das Angebahnte weiter fortführen würden.

4) Die Samenruhe.

Hat der Keim des Samenkornes die im zweiten Kapitel des zweiten Abschnittes dargestellten Entwickelungszustände bis zu seinem, im dritten Abschnitte Seite 243 geschilderten Reifezustande durchlaufen, dann tritt ein bei verschiedenen Holzarten naturgesetzlich verschiedener Zeitraum völliger Unthätigkeit ein, der auch durch die günstigsten Keimungsbedingungen nicht unterbrochen wird. Dass dies der Fall ist, habe ich aus der verschiedenen Zeitdauer geschlossen, die bei verschiedenen Holzarten zwischen der Samenreife und dem Auflaufen gleichzeitig ausgesäeter Sämereien liegt. Weiden- und Pappelsamen, sofort nach eingetretener Reife ausgesäet, keimen mitunter schon nach 24 Stunden; Getreidearten keimen erst nach 2—3, Bohnen und Erbsen erst nach 4—5 Tagen, Kiefern und Fichten nach 3—4 Wochen, während der Same von Cembra, Taxus, Carpinus, Fraxinus, im Herbst der Reife ausgesäet, erst im Frühjahr des zweiten Jahres aufläuft. Dass diese Unterschiede in der Dauer der Samenruhe nicht auf Verschiedenheiten im Baue und Bestande des Samens beruhen, beweist der in dieser Hinsicht nicht zu unterscheidende Same von Fraxinus excelsior und pubescens, von denen Ersterer ein Jahr über liegt, Letzterer im Frühjahre nach der Herbstsaat keimt, selbst wenn beide Sämereien gleichzeitig in dicht nebeneinander verlaufende Saatfurchen ausgesäet wurden, beweist der ungewöhnlich dick und hartschalige Same von Pinea, der mitunter schon nach 8—10 Tagen keimt, während der viel weniger dickschalige Same von Cembra ein Jahr über liegt.

Indess ist die Dauer der Samenruhe nicht ohne Ausnahmen bei derselben Holzart. Ueberliegender Same liefert nicht selten einzelne Keimlinge um ein Jahr früher, mir liegt sogar ein Fall vor, in welchem die grosse Mehrzahl der Samen von Fraxinus excelsior im Frühjahre nach der Herbstsaat keimte. Mitte August gepflückter, noch grünfrüchtiger Same von Fraxinus, sofort ausgesäet, lieferte mir gesunde kräftige Keimlinge schon im Herbste der Aussaat. Es scheint eine Samenruhe in diesem Falle gar nicht eingetreten zu sein, der Reifeprocess in den Keimungsprocess sich ohne Unterbrechung fortgesetzt zu haben.

Weit häufiger ist aber ein verspätetes Keimen. Aus derselben Saat von Cembra erhielt ich einst fünf Jahre hindurch gesunde, kräftige Nachkömmlinge. Taxussaat liefert nicht selten drei Jahre hindurch Keimlinge. Auch aus Lärchensaaten erhält man häufig Nachkömmlinge und von der Buche ist es bekannt, dass deren bis zur Frühjahrssaat aufbewahrter Same sehr häufig ein Jahr über liegt. Nur in den letztgenannten Fällen kann man die Verzögerung des Keimens einer entweder zu langen oder nicht günstigen Aufbewahrung und deren Einfluss auf die Keimkraft des Samens zuschreiben.

Dass die Dauer der Samenruhe durch Entziehung einer der Keimungsbedingungen, der Wärme, der Feuchtigkeit oder des Luftwechsels sich verlängern lässt, ist eine bekannte Thatsache. Ist auch die Erziehung gesunder Pflanzen aus dem Mumienweizen der ägyptischen Katakomben nicht so unzweifelhaft festgestellt, als dies wünschenswerth wäre, so habe ich selbst doch gesunde Pflanzen von Sarothamnus Scoparium aus 30jährigem, Fichtenpflanzen aus 11jährigem Samen erzogen. Es scheint aber, als wenn die längere Dauer der Keimfähigkeit auf trockene oder fettreiche Sämereien beschränkt sei. Der Same der Eichen, Kastanien, Rosskastanien, aber auch der Buchen, Haseln, überhaupt der meisten Laubholzarten erhält seine Keimfähigkeit selbst bei sorgfältiger Aufbewahrung nicht über das Frühjahr nach der Samenreife. Aber auch für die Sämereien mit längerer Dauer der Keimfähigkeit ist eine möglichst beschleunigte Aussaat anzurathen, da der ältere Same stets weniger kräftige Pflanzen liefert, die unter ungünstigen äusseren Einflüssen weit leichter zu Grunde gehen.

Die verschiedene Dauer der Samenruhe, diese Sistirung aller Lebensthätigkeit ist eine der vielen Lebenserscheinungen, die mich zur Annahme einer ordnenden und leitenden, in diesem Falle gewissermaassen latenten Lebenskraft leiten. Die Winterruhe, die arteigenthümliche Periodicität aller Lebenserscheinungen in derselben und in verschiedenen Pflanzenarten unter gleichen äusseren Einflüssen, die naturgesetzliche Lebensdauer der einjährigen, gegenüber der zweijährigen, hundertjährigen bis zur mehrtausendjährigen Holzpflanze der Braunkohlenlager des Siebengebirges (B. III, 2, 1853) und viel Anderes gehört hierher.

§ 89. Die geschlechtlose Fortpflanzung.

Im zweiten Kapitel der dritten Abtheilung habe ich über Knospenbildung der Holzpflanzen gesprochen und gezeigt, dass und wie in den Winkeln der Triebe aus der Basis der Blattsstiele Keime neuer Triebe, Blattachselknospen entstehen, die bei einigen monocotylen Pflanzen, z. B. bei Lilium bulbiferum freiwillig von der Pflanze sich ablösen und in geeignetem Keimbett zu neuen Pflanzen sich fortbilden. Aehnliches vollzieht sich an Zwiebel- und Knollengewächsen. Nur wenige Baum- und Strauchholzgewächse sind es, an denen entfernt Aehnliches sich vollzieht in der freiwilligen Entwickelung von Wurzelbrutknospen zu neuen Pflanzen. Es gehören dahin unter den Baumhölzern die Pappeln, Akazien, Weissellern, die Gartenpflaumen und die Rüstern, während auffallenderweise sämmtliche Weidenarten, die Rotheller und die meisten Schotenfrüchtler diese Eigenschaft nicht besitzen.

Dagegen lassen sich, meist nur unter Einschreiten künstlicher Kulturmittel neue selbstständig sich fortbildende Pflanzen erziehen, theils aus vorgebildeten Knospenkeimen junger Triebe, theils aus neu in Ueberwallungswülsten entstehenden Knospenkeimen.

1) Die Fortpflanzung durch Steckreiser und durch Setzstangen.

Junge Triebe der Weiden, Pappeln, Linden, Wachholdern und der meisten Strauchhölzer, in $^1/_2$ Meter lange Stücke geschnitten und etwas schräg so in den Boden gesteckt, dass einige Blattnarben ausserhalb verbleiben, bilden an der unteren Schnittfläche einen Rindecallus und in diesem gleichzeitig die Keime von Adventivwurzeln, wie sich solche ausserdem auch aus der unverletzten Rinde des Stecklings entwickeln, so weit dieser mit dem Boden in Berührung steht. Gleichzeitig und ohne an vorhergegangene Bewurzelung gebunden zu sein, tritt ein Ausschlag der über dem Boden befindlichen Knospen ein, an ein- und zweijährigen Trieben aus normalen Blattachselknospen, an älteren Baumtheilen aus schlafenden Augen (vergl. § 94, 2). Der Ausschlag entwickelt sich zu belaubten Trieben, die sich lebendig erhalten und fortwachsen, wenn sich bald darauf die unterirdischen Theile bewurzeln, dagegen früher oder später absterben, wenn das nicht der Fall ist. Die Unabhängigkeit der Bildung belaubter Triebe von eintretender Bewurzelung zeigt jeder berindete in die Erde gepflanzte Laubholzpfahl (Setzstange), selbst jedes in feuchter Umgebung über dem Boden liegende Stammstück und dessen Ausschlag, der sich, auch ohne eintretende Bewurzelung, so lange lebendig zu erhalten vermag, als das Stammstück ihm die nöthige Feuchtigkeit aus seinem Gehalt an Holzsaft zuführt. Mit dem Verbrauch des grösseren Theiles der Holzsäfte durch Verdunstung aus den Ausschlagblättern tritt erst die Nothwendigkeit einer Bewurzelung ein zur Ergänzung des verdunsteten Wassers aus dem Boden. In der That tritt an starken Pappel-Setzstangen, die ich an unseren Kunststrassen bis zu $^1/_4$ Meter Dicke mit Erfolg verwendet sah, Bewurzelung der schon im Frühjahre der Pflanzung begrünten Setzstangen von 6—7 Meter Höhe erst nach zwei Jahren ein. Nach der Belaubungsmenge beurtheilt musste das hier mitgewirkt haben, was ich „Oekonomie der Verdunstung" genannt habe (B. III, 32), Ermässigung der Verdunstung behufs haushälterischen Verbrauches der den belaubten Trieben sich aus dem Stamme darbietenden Feuchtigkeit.

Die Bewurzelung der Steckreiser und Setzstangen erfolgt vorzugsweise aus dem, an der unteren Schnittfläche derselben über den innersten Bastlagen sich bildenden Wulste junger Rinde. Astabschnitte der Schwarzpappel von 5—6 cm Länge und Dicke, mit einer ihrer gut geglätteten Schnittflächen, gleichviel welcher, auf die Oberfläche nassen Sandes gestellt, der in einem Teller ausgebreitet ist und durch eine Glasglocke vor Verdunstung geschützt werden kann, entwickeln in der mit Wasserdunst gesättigten Luft der Glasglocke bei 15—20° C. Wärme, schon nach wenigen Tagen über den inneren Bastlagen einen ringförmigen Wall neuen parenchymatischen Zellgewebes (Rindecallus), wie man solchen auch an den Rändern von Schalmwunden und an den Hiebsflächen der Stöcke abgehauener Bäume hervorbrechen sieht (Taf. VI, Fig. 1). Es geschieht dies gleichzeitig auf beiden Schnittflächen des Aststückes. Im Rindecallus beider Schnittflächen, einige Zellenlagen unter der Oberfläche desselben, entstehen nach einiger Zeit Knospenkeime, die sich in dem unteren, dem nassen Sande aufliegenden Callus zu Wurzeln, in dem oberen Callus zu Blattknospen fortbilden, auch dann, wenn am Baume die untere Schnittfläche des Abschnittes die obere war. Die ersten Zustände der Adventivknospenbildung sind im oberen und im unteren Rindecallus dieselben.

Zurückweisend auf das, was ich in der ersten Abtheilung über das Tempo der Zellentheilung, was ich in der dritten Abtheilung über Entstehung der Seitenknospen (Seite 85 und 224) gesagt habe, entsteht der Knospenkeim auch im Rindecallus zunächst durch ein gesteigertes Tempo der Zellentheilung in denjenigen Zellen, die zur Grundlage eines neuen Knospenkeimes werden sollen (Taf. VI, Fig. 1—6). Es bilden sich dadurch Complexe eines ihrer Umgebung gegenüber kleinzelligen Gewebes (Taf. VI, Fig. 4), die in Folge des Wachsthums seiner Zellen das überliegende Callusgewebe hügelförmig emporheben und endlich sprengen (Taf. VI, Fig. 3, 4), nachdem vorhergehend durch Resorption der Querscheidewände einer kappenförmigen, die obere Rundung des Keimkörpers begrenzenden Zellschicht und durch Verwachsung der inneren Wandungsflächen eine Oberhaut des Keimkörpers sich gebildet hat (Seite 201).

Erst nachdem die Keimkörper über die Oberfläche des Rindecallus emporgewachsen sind, tritt ein Unterschied in der Fortbildung der Keimkörper des oberen und des unteren Rindecallus darin ein, dass Erstere durch Ausscheidung von Blättern sich zu Triebknospen ausbilden, Letztere hingegen blattlos zu Wurzeln fortwachsen (Taf. VI*p*—*s* Triebkeim, *g* Wurzelkeim).

Nicht alle Holzpflanzenarten lassen sich durch Steckreiser fortpflanzen, viele nur unter besonderen Vorkehrungen in Warmhäusern unter Glasdecke. Die Fortpflanzung der Eichen, Buchen, Haseln, Birken etc. durch Steckreiser ist mir bei Anwendung grösster Sorgfalt nie gelungen. Es scheint dieser Unterschied nicht auf erkennbaren Unterschieden der Organisation zu beruhen, denn sehr nahe verwandte Holzarten wie Betula und Alnus, selbst nahe stehende Arten derselben Gattung wie Populus nigra und grandifolia stehen unter sich hierin im Gegensatze.

Die Belaubung junger Stecklinge erfolgt durch Triebbildung aus Normalknospen; an älteren Stecklingen und Setzstangen entwickelt sie sich aus schlafenden Augen (Seite 227). Eine physiologisch wichtige der Zellenmetamorphose angehörende Thatsache ist es, dass hierbei, von der Basis des jungen Stecklingstriebes aus, im Cambialgewebe des Stecklings, die aus Faserzellen sich zusammensetzenden Gliedröhren des jungen Holzringes eine abnorme Entwickelungsrichtung einschlagen, von beiden Seiten der Blattnarbe aus in reicher Verästelung zuerst seitlich, dann nach Unten verlaufend. Die Zusammensetzung der Gliedröhren aus vorgebildeten Cambialfasern ist hier augenfällig und dürfte ich kaum irren, wenn ich annehme, dass die Dupetit-Thouar'sche Knospenwurzeltheorie, eine Anschauungsweise, nach welcher der Holzring im Cambialraume zwischen vorgebildetem Holz und Bast entsteht durch Vereinigung von Faserbündeln, die, von den Knospen des Baumes ausgehend, wurzelartig nach Unten fortwachsen, auf einer irrthümlichen Auffassung der nachfolgend dargestellten Thatsachen beruht.

Lässt man fingerdicke Steckreiser von Pappeln oder Weiden in der mit Wasserdunst gesättigten Luft eines Zuckerglases oder in feuchtem Boden treiben, bis sie 3—4 cm lange Triebe gebildet haben, entkleidet man darauf die Stecklinge von Rinde und von Bast, dann erkennt schon das unbewaffnete Auge ein von der Basis der jungen Triebe ausgehendes Netzwerk starker Fasern, das sich über die blossgelegte Holzfläche des Stecklings ausbreitet, in der Nähe des jungen Triebes allseitig, weiterhin nach dem Wurzelende des Stecklings hin erweitert, wie ich dies aus Phytolacca decandra dargestellt habe (B. III, S. 649 11, 12, Taf. I, Fig. 1—11). In der Fig. 1, 2 bezeichnet *a* die Blattstielnarbe, *b* den Stutz des abgeschnittenen jungen Triebes, *c* eine Unterknospe, *dd* das

Netzwerk aus Gliedröhren, das deutlicher hervortritt nach oberflächlichem Abtrocknen des Stecklings und dann, ohne eingehende mikroskopische Untersuchung, leicht für ein Netzwerk von Faserbündeln gedeutet werden kann (Seite 51, Fig. 36, 37). Eingehendere Untersuchung tangentaler Längenschnitte lässt aber schon bei mässiger Vergrösserung erkennen, dass das Netzwerk, wie Fig. 37 zeigt, nicht aus Faserbündeln, sondern allein aus Gliedröhren abweichenden Verlaufes besteht, während die cambialen Holzfasern und Zellfasern, die ich hier nur in ihren Umrissen dargestellt habe, ihren normalen, senkrechten, der Achse des Stecklings parallelen Verlauf nicht verändert haben. Die eigenthümliche Configuration vieler Röhrenglieder zeigt hier auf's bestimmteste die Zusammensetzung eines jeden Röhrengliedes aus einer Mehrzahl vorgebildeter einfacher Holzfasern und eine Bestätigung dessen, was ich bereits in der ersten Abtheilung dieser Schrift (Seite 51) über die Entstehungsweise der Gliedröhren gesagt habe.

Die Fortpflanzung durch Steckreiser oder Setzstangen, wie die Fortpflanzung durch Absenken liefert Pflanzen, die in jeder Hinsicht Spiegelbild der Pflanze sind, von der die Steckreiser entnommen wurden, was bei der Fortpflanzung durch Samen nicht immer der Fall ist. Von demselben Baume entnommen, liefert der Same von Pinus Pumilio einstämmige und strauchartig wachsende, aufgerichtet und knieförmig niederliegende Pflanzen unter völlig gleichen äusseren Einflüssen. Eschensaaten liefern häufig einblättrige, Rüstersaaten buntblättrige, Ariasaaten gelapptblättrige Pflanzen, die diese abweichenden Bildungen, während ihrer ganzen Lebenszeit, auch am Pfropfreise und Okulirauge beibehalten.

Man kann hierher auch die Fortpflanzung durch Blätter zählen, an deren Ränder wurzeltreibende Laubknospen sich bilden, wenn die Blätter in feuchte, warme Luft gebracht werden. Hierher Citrus, Begonia, Sedum, Cactus.

2) Absenker.

Biegt man junge Pflanzen oder Stockausschläge so weit zur Erde nieder, dass deren, durch Heftel am Boden festgehaltene Zweige an ihrem Ursprunge mit Erde bedeckt werden können, dann bewurzeln sich die in der Erde liegenden Zweigtheile meist erst nach mehreren Jahren, worauf die Verbindung mit der Mutterpflanze aufgehoben werden kann. Man erhält dann so viele verpflanzbare Absenkerpflanzen, als Zweige des in die Erde gelegten Theiles der Krone sich selbstständig bewurzelt haben.

Selbstverständlich kann die Bewurzelung in diesem Falle nicht wie am Steckling aus einem Rindecallus, sondern nur aus unverletzter Rinde hervorgehen.

In physiologischer Hinsicht unterscheiden sich Absenker von Stecklingen nur darin, dass alle Laubholzarten, selbst solche, die, wie Eichen, Buchen, Birken, am Steckreise die Bewurzelung versagen, durch Absenker vermehrt werden können. Es mag dies wohl Folge längerer Dauer der Berührung des abgesenkten Zweiges mit dem Boden und des Hinwegfallens aller Verletzungen des Absenkers sein.

Ohne Einschreiten künstlicher Vermehrung habe ich freiwillige Senkerbildung bis jetzt nur an Hainbuchenstöcken des Mittel- und Niederwaldes aufgefunden. Die untersten, auf gutem Boden langen und schlanken, 1—2jährigen Ausschläge der Stöcke legen sich durch Eigengewicht auf den Boden, werden an geschützten Stellen vom abfallenden Laube, dann von der daraus entstehenden Dammerde bedeckt, schlagen in Letzterer Wurzel und entwickeln die frei gebliebene Spitze zur selbstständig fortwachsenden Pflanze. Dass hier keine Wurzelbrut vorliegt, erkennt man mit Sicherheit an dem Vorhandensein einer Markröhre im ganzen Verlauf des Absenkens.

3) Ueber die Wurzelbrut

der Pappeln und der Weissellern, der Akazien, seltener der Rüstern und der Pflaumenbäume, habe ich in Bezug auf deren Entstehungsweise schon im dritten Abschnitte (Seite 246) gesprochen und habe dem Gesagten hier nur hinzuzufügen, wie auffallend es ist, dass Holzarten, die in Bezug auf ihren anatomischen Bau übereinstimmen, wie Pappeln und Weiden, Weissellern und Rothellern, Robinia und Caragana, Prunus und Cerasus hierin ein so verschiedenes Verhalten zeigen.

4) Ausläufer

auf der Bodenoberfläche oder unter der Erdoberfläche verlaufende Triebe des aufsteigenden Stockes, die an den Grenzen der Internodien und an ihren Spitzen das Vermögen besitzen, sich zu bewurzeln und Blattknospen zu bilden, die sich zu neuen Trieben des aufsteigenden Stockes fortbilden, am bekanntesten als sogenannte Quecken der Gräser, finden sich unter den Holzpflanzen nur bei wenigen Strauchhölzern. Xanthorrhiza, Diervilla, Rhus toxicodendron, einige Spiräen- und Rubusarten, annähernd auch Corylus, gehören hierher.

5) Die Vermehrung durch Pfropfen und Oculiren

unterscheidet sich von der Vermehrung durch Steckreiser darin, dass es nicht, wie bei Letzteren, der Boden, sondern eine lebende Pflanze ist, auf welche das lebende Pfropfreis oder das Auge (Knospe) einer anderen Pflanze so übertragen wird, dass sich das cambiale Fasergewebe des Edelreises oder des Edelauges mit dem cambialen Fasergewebe des Wildlings vereinen kann. Es hat diese Vermehrungsweise insofern eine hohe physiologische Bedeutung, als sie den Beweis liefert, dass die in den Blättern bereiteten Bildungssäfte da noch eine letzte Verarbeitung erleiden, wo sie auf Zellenmehrung verwendet und für immer fixirt werden. Es geht dies aus der Thatsache unzweifelhaft hervor, dass der Wildling in Bau und Bestand stets Wildling bleibt, trotzdem dass die Belaubung des Edelreises ihm die Bildungssäfte für sein Wachsthum zusendet, dass das Edelreis in Bau und Bestand, in Blatt-, Blüthe- und Fruchtbildung stets das Spiegelbild der Edelpflanze bleibt, trotzdem dass ihm die für sein Wachsthum nöthigen terrestrischen Nährstoffe durch den Wildling zugeführt werden müssen. Es erstreckt sich dies sogar bis auf die arteigenthümliche Raschwüchsigkeit. Das Edelreis wird dicker als der Wildlingsstamm, wenn es von einem raschwüchsigen Edelstamme entnommen wurde; es bleibt dünner als der Wildlingsstamm, wenn Letzterer raschwüchsiger als der Edelstamm ist. Der Unterschied in der Dicke des Edelreises und Wildlings liegt fortdauernd da, wo die Pfropfung erfolgt ist. Wird ein Wildlingsstamm unter der Veredelungsstelle selbst viele Jahre nach erfolgter Veredelung abgeschnitten, dann sind die aus schlafenden Augen desselben erfolgenden Triebe in jeder Hinsicht dem Wildling entsprechend. Besondere Beachtung verdient aber der Umstand, dass dies auch der Fall ist in Bezug auf die Adventivknospentriebe aus dem Rindecallus der Hiebsfläche des Stockes, da derselbe aus den innersten Cambialschichten des Bastkörpers sich bildet, die ohne Zweifel aus den Bildungssäften des Edelreises entstanden sind.

Das Fortwachsen des Edelreises auf dem Wildlingsstamme ist meist an Gleichheit der Arten gebunden. Es kommen aber Fälle vor, wo verschiedene Arten, selbst verschiedene Gattungen derselben Familie sich vereinen lassen. So wird im Obstbau häufig Pyrus auf Cydonia oder auf Crataegus, Amygdalus oder Cerasus auf Prunus veredelt. In meiner Sammlung lebender Nadelhölzer besass ich einen Wildling von Taxodium distichum, auf dem ein Edelreis von Glyptostrobus heterophyllus zehn Jahre hindurch kräftig sich entwickelt hatte, beide nach unseren Systemen sogar verschiedenen Familien angehörend.

Zweites Kapitel.

Die Keimung.

1) Aeussere Bedingungen der Keimung.

Nach Ablauf der gesetzlichen Samenruhe erwacht der Keim des Samenkornes zu erneuter Lebensthätigkeit, wenn Wärme, Feuchtigkeit und atmosphärische Luft auf das Samenkorn in gewissem Maasse einzuwirken vermögen.

Der Ausschluss einer dieser Agentien verhindert die lebenerweckende Wirkung der beiden anderen. Es darf die Wärme nicht so gross sein, dass sie der Umgebung des Samenkornes und diesem selbst die nöthige Feuchtigkeit entzieht. Es darf aber auch die Temperatur in der Umgebung des Samenkornes nicht unter + 6° R. herabsinken, wenn die Keimung beginnen soll. Einen physikalischen oder chemischen Grund dieser letzteren Beschränkung vermag ich nicht anzugeben. Die Feuchtigkeit in der Umgebung des Samenkornes darf keine so grosse sein, dass durch sie der Luftzutritt und der Luftwechsel ausgeschlossen wird, sie darf nicht bis zum Austrocknen des Samenkornes gering sein. Der Luftwechsel in der Umgebung des Samenkornes darf kein so rascher sein, dass durch ihn die nöthige Feuchtigkeit dem Samen und dessen Umgebung entzogen wird, er darf nicht so gering sein, dass er dem Samenkorn nicht die für den Keimungsprocess nöthige Menge Sauerstoff zuzuführen, die aus dem Samen ausscheidende Kohlensäure aus der Umgebung des Samens abzuführen vermag. Säet man rasch keimenden Samen in einen Boden, der allen Bedingungen rascher Keimung entspricht, aus dem aber die atmosphärische Luft durch Kohlensäure verdrängt wurde, dann wird dadurch jede Keimung sistirt, bis die Kohlensäure wieder durch atmosphärische Luft verdrängt wird, worauf die Keimung normal in abnorm kurzer Zeit eintritt. Die Kohlensäure hat daher der Keimkraft des Samens nicht geschadet, sie hat sie nur verhindert in's Leben zu treten (A. 2, Anhang S. 999). Wenn wir über humusreichen Boden Vorbereitungsschläge stellen, um den Boden „für die Besamung empfänglich zu machen“, so heisst dies: um die Periode überreicher, die Keimung behindernder Kohlensäureentwickelung aus dem Humus der Dammerde vorübergehen zu lassen.

Am Tage erwärmt sich der unbeschattete Boden und mit ihm die Bodenluft durch Insolation; die durch die Erwärmung ausgedehnte Bodenluft muss theilweise in die Atmosphäre ausgeathmet werden. Zur Nachtzeit und am frühen Morgen kühlt sich der Boden und die Bodenluft durch Wärmestrahlung;

Letztere zieht sich zusammen, es tritt dadurch Einathmen atmosphärischer Luft zur Zeit ein, in welcher die Aussenluft das Maximum des Wassergehaltes bis zur Thaubildung enthält. Der unbeschattete oder schwach und vorübergehend beschattete Boden erhält dadurch nicht allein die dem Keimungsprocess nöthige Zufuhr von Feuchtigkeit auch ohne gröbere, atmosphärische Niederschläge, es wird auch durch den täglichen Luftwechsel im Boden, durch das Aus- und Einathmen, die Sauerstoffzufuhr für den Keimungsprocess unterhalten, der der Lichtwirkung nur insofern bedarf, als mit dieser der Temperaturwechsel im Boden, das Aus- und Einathmen der Luft, dadurch die Sauerstoffzufuhr und die Kohlensäureentfernung untrennbar verbunden sind.

Einen Boden, der allen diesen Anforderungen der Einleitung und Fortführung des Keimungsprocesses gut entspricht, nennen wir ein gutes Keimbett. Wie solches unter verschiedenartigen Zuständen des Bodens, der Lage, des Klimas herzustellen sei, lehrt die Holzzucht in Bezug auf die Führung der Verjüngungsschläge, lehrt der Holzanbau in Bezug auf die Saat aus der Hand, für Freisaaten und Kampsaaten, für ständige und für Wanderkämpe. Wir stellen ein gutes Keimbett her durch Lockerung des Bodens, durch Erhöhung oder Vertiefung seiner Lage, durch Deckmittel, Bodenmengung, Rasenasche u. s w.

Der in ein gutes Keimbett gebrachte Same, wenn er durch längere Aufbewahrung im trocknen Raume einen Theil seines normalen Wassergehaltes verloren hat, zieht denselben zunächst aus seiner Umgebung wieder an sich. Die trockene und dadurch mehr oder weniger lose in den Samenhüllen liegende, mehr oder weniger runzelige Mandel der Eichel, der Haselnuss quillt in wenigen Tagen wieder an, füllt die Samenschale wieder aus, und erlangt ihre natürliche Spannkraft wieder zurück. Es kann dies geschehen, ohne dass die normale Samenruhe dadurch unterbrochen wird, daher diese Quellungserscheinungen, die selbstverständlich nicht eintreten können, wenn der Same bald nach der Reife ausgesäet oder im feuchten Raume aufbewahrt wurde, dem Keimungsprocesse noch nicht hinzugerechnet werden dürfen. Bemerkenswerth ist aber, dass der im Keimbett gequollene Same seine Feuchtigkeit energischer bindet, als das dem frisch gesammelten Samen eigenthümlich ist, dieselbe auch in lange Zeit trockenem Boden sich zu erhalten weiss. Es mag dies eine Folge des Umstandes sein, dass auch der scheinbar trockenste Boden noch mit Wasserdunst in einer Menge versehen ist, die ein Austrocknen des Samenkornes verhindern.

Ein in reinem fliessendem Wasser liegender Same erhält während der Samenruhe seine Keimkraft lange Zeit unvermindert, die Fäulniss stagnirenden Wassers theilt sich auch dem gesunden Samenkorne rasch mit. Nach Eintritt, wenn auch nur der ersten Keimungsstadien, wird aber die Keimfähigkeit solcher Sämereien, die längere Zeit mit Wasser in Berührung standen, vernichtet durch Austrocknen derselben. Vom Frühjahrswasser der Erlenbrüche aufgefischter Ellersame ist keimfähig, wenn er sofort ausgesäet wird, er ist keimunfähig, wenn er vor der Aussaat austrocknete. Lärchensame, gewonnen aus Zapfen, deren Oeffnen durch wiederholtes Anfeuchten mit der Giesskanne erzwungen wurde, ist keimfähig, wenn er sofort ausgesäet wird, er keimt sogar in viel kürzerer Zeit als der in der Darre gewonnene Same, da er die ersten Stadien der Keimung in den Zapfen zurücklegte, er verliert seine Keimfähigkeit durch Austrocknen. Es erklärt sich hieraus die häufig schlechte Beschaffenheit des Erlen- und des Lärchensamens.

2) Keimfähigkeit des Samenkornes.

Die erste Bedingung der Keimfähigkeit eines Samenkornes ist ein gesunder Keim, dessen Vorhandensein an die vorhergegangene Befruchtung gebunden ist, die durch ungünstige Witterungseinflüsse, mangelhafte Ausbildung des Blumenstaubes und der Früchte, Insektenbeschädigungen verhindert oder beeinträchtigt werden kann. Am häufigsten ist es zur Blüthezeit eintretendes, anhaltendes Regenwetter, durch welches nicht allein die Bestäubung der Narbe oder des Kernwärzchens verhindert, sondern auch das Pollenkorn zum Platzen gebracht und an der normalen Schlauchbildung verhindert wird. Ob ein Samenkorn keimfähig ist, lässt sich an den mit Samenlappen versehenen Sämereien leicht erkennen, da mit dem Keime auch die Samenlappen fehlen, aus der leicht erkennbaren Verderbniss Letzterer auf die Verderbniss des Keimes geschlossen werden kann, dessen integrirender Bestandtheil sie sind. Es ist das nicht der Fall bei allen Sämereien, die anstatt der Samenlappen einen Eiweisskörper enthalten, in dessen Innenraum der Keim lagert, ohne mit der Mandel in organischer Verbindung zu stehen (Nadelhölzer, Linde, Esche). Hier kann die in Folge nicht eingetretener Befruchtung keimlose Mandel zur normalen Ausbildung heranwachsen, daher nur die unmittelbare, durch das Mikroskop unterstützte Anschauung über das Vorhandensein und die Gesundheit des Keimes entscheidet, wenn man behindert ist, die Keimfähigkeit der Scherbenprobe zu unterwerfen. Letzterer, d. h. der Aussaat abgezählter Samenmengen in Blumentöpfe und der Beurtheilung der Keimfähigkeit des Samens aus dem Zahlenverhältniss der keimenden zu den zurückbleibenden Körnern ist stets der Vorzug vor jeder optischen Prüfung zu geben, wo nicht unabweisbare Hindernisse ihr entgegentreten, da durch lange Aufbewahrung, durch übergrosse Erwärmung beim Klengen, durch Austrocknen nach begonnener Keimung oder durch Frost der Same seine Keimkraft verloren haben kann, ohne dass dies optisch erkennbar ist.

3) Rückbildung der Reservestoffe des Samenkornes in Bildungssaft.

Die aus dem Bildungssaft der Mutterpflanze bereiteten, dem Embryo des Samenkornes mitgegebenen, in den Samenlappen oder im Samenweiss meist als Mehle in fester Form aufgespeicherten Reservestoffe müssen verflüssigt und chemisch verändert, sie müssen in jenes allgemeine Substrat aller Neubildungen von Zellgewebe, in Bildungssaft zurückgeführt werden, wenn sie dem Embryo zugehen und dessen Wachsthum vermitteln sollen.

Nach Ablauf der gesetzlichen Samenruhe des im Keimbett mit genügender Feuchtigkeit gespeisten Samens beginnt dessen Keimung bei entsprechender Wärmewirkung unter Aufnahme von Sauerstoff und Abscheidung von Kohlensäure. Man hat diesen allen jüngeren, lebensthätigen Pflanzentheilen zuständigen Vorgang „Athmung" genannt, der Analogie mit der Athmung des thierischen Körpers wegen, die ebenfalls eine Verbrennung vorgebildeter organischer Substanz durch den eingeathmeten Sauerstoff der atmosphärischen Luft zu der ausgeathmeten Kohlensäure zur Folge hat. Aus der Allgemeinheit dieses Verbrennungsprocesses, auch bei anderen lebensthätigen Pflanzentheilen, hat man auf dessen Nothwendigkeit geschlossen, die kaum in etwas Anderem begründet sein kann, als in der Einleitung chemischer Veränderungen der Reservestoffe, des Stärkemehles, Klebermehles, Gerbmehles, der Cellulose und der Fette zu, in Wasser löslichem Gummi, Dextrin, Zucker, zu den Bestandtheilen des wässerigen Bildungssaftes, aus dem in der Zeit des Reifens durch Vermittelung des Zellkernes die Reservestoffe sich bildeten, deren während der Keimung wieder eintretende Verflüssigung nothwendig ist, um von Zelle zu Zelle ihrem Wandertriebe Folge leisten und den wachsenden Keimling speisen zu können.

Aus dem Umstande, dass es zuerst die Fette sind, welche aus den Klebermehl führenden Sämereien schon in den ersten Stadien des Keimens verschwinden, darf man schliessen, dass es diese sauerstoffarmen Stoffe sind, die zuerst und vorzugsweise der Verbrennung durch den eingeathmeten Sauerstoff unterliegen.

Diesen durch die Sauerstoffzufuhr angeregten, chemischen Veränderungen der Reservestoffe des Samenkornes zu in Wasser löslichen Verbindungen, im Wesentlichen aus Gummi, Dextrin und Zucker bestehend, sind diejenigen anorganischen Stoffe, sind Kalk, Talk, Kali, Eisen in der Form kieselsaurer, phosphorsaurer, schwefelsaurer Salze beigemengt, deren schon der Keimling zu seinem Aufbaue bedarf, bis er selbst durch sie zu einem Zustande herangewachsen ist, in welchem er Rohstoffe der Ernährung nicht allein aufzunehmen, sondern auch selbstthätig zu Bildungssäften zu verarbeiten vermag.

Zwischen diesem Zustande, der mit der vollen Ausbildung der ersten

Blätter zusammenfällt und dem Beginne der Keimung liegt oft ein längerer, Wochen, selbst Monate umfassender Zeitraum, in welchem der Keimling allein auf die Ernährung aus seinen Samenlappen oder aus dem Samenweiss der Mandel angewiesen ist. Demgemäss muss dann auch die Lösung der Reservestoffe langsamer oder rascher vor sich gehen. Es bedarf dies eines Regulators, den man bei verschiedenen Samenarten in verschiedener Energie der Athmung vermuthen darf, die unzweifelhaft eine grössere ist bei den rasch sich entwickelnden Keimlingen der Gräser, als bei denen der meisten Holzpflanzen. Die Eichel enthält mitunter noch nach Jahresfrist reichliche Mengen von unverändertem Stärkemehl, während die Reservestoffe der Nadelhölzer in wenigen Tagen der Keimung verbraucht sind.

Diese Regulirung des Verbrauchs der Reservestoffe innerhalb eines längeren Zeitraumes zur Ernährung des Keimlings wird wesentlich unterstützt durch eine Reihenfolge von Umbildungen, welche die Reservestoffe unter Vermittelung des Zellkernes im Verlauf der Keimung erleiden. In meiner Entwickelungsgeschichte des Pflanzenkeimes (A. 11) habe ich die Reihenfolge dieser Umbildungen auf den Tafeln III und IV an Stärkemehl und an Klebermehl führenden Sämereien dargestellt und gezeigt, dass, wie beim Reifen des Samens, das in den Zellen der Samenlappen und des Samenweisses ursprünglich auftretende Grünmehl durch Stärkemehl, Letzteres durch Klebermehl und Fette ersetzt wird, beim Keimen dieselbe Umbildung aber in umgekehrter Reihenfolge eintritt. In vielen Fällen erkennt schon das unbewaffnete Auge diese Veränderungen. Das junge Samenkorn der Bohnen, Erbsen, Linsen ist grün gefärbt (grüne Erbsen), verliert mit zunehmender Reife, mit der Umbildung des Grünmehles in Stärkemehl seine grüne Farbe, die sich bei der Gartenbohne in das Weiss des Stärkemehles verändert, während bei der Klebermehl führenden Lupine das Weiss in das Gelb des Klebermehles sich verändert. Dieselbe Farbenänderung in entgegengesetzter Richtung tritt bei der Keimung ein und endet mit dem lebhaften Grün der über den Boden emporgehobenen Samenlappen, nicht durch Lichtwirkung auf vorgebildetes Grünmehl, sondern durch Neubildung des Letzteren aus dem Zellkerne.

Man muss annehmen, dass während der ganzen Zeitdauer dieser Umbildungen zu jeder Zeit ein Theil der Reservestoffe verflüssigt, in Bildungssaft verwandelt und auf Ernährung und Wachsthum des Keimlings verwendet werde, dass die ganze Umbildungsreihe der Nachhaltigkeit in Verwendung der Reservestoffe auf Ernährung des Embryo dienstbar sei.

4) Ernährung des Keimes.

Die Ernährung des Keimes durch die in den Samenlappen aus den Reservemehlen wieder hergestellten Bildungssäfte ist, in Bezug auf Zuführung derselben, sehr wahrscheinlich keine andere als in der älteren Pflanze, wie wir diese im folgenden Kapitel kennen lernen werden. Wie die Normalblätter, so sind auch die Samenlappen von Blattadern durchzogen, wie Erstere stehen Letztere mit dem Stengel des Keimlings in unmittelbarer Verbindung. Es ist kein Grund vorhanden, hier eine Abweichung vom Allgemeinen der Säfteleitung anzunehmen.

Anders verhält sich dies in denjenigen Sämereien, deren Primärblätter nicht zu Samenlappen verdickt sind, in denen die Reservestoffe mit dem Keime nicht in organischer Verbindung stehen. Besteht nicht selten eine lockere zellige Verbindung zwischen dem Würzelchen des Keimlings und dem Endosperm (S. 145, Fig. 83), so wird diese doch in den ersten Stadien der Keimung, durch die Verlängerung des Würzelchens aufgehoben, der Keim liegt dann ganz isolirt in der Höhlung des Endosperm, ehe noch eine Verminderung oder Veränderung der Reservestoffe des Letzteren bemerkbar wird. Diese sind selbst dann noch nicht bemerkbar, wenn das Würzelchen des Nadelholz- oder des Lindensamens schon weit aus dem Keimgange hervorgewachsen, in den Boden eingedrungen ist und das Kappchen, d. h. die Samenhüllen mit dem von ihnen eingeschlossenen Endosperm über die Bodenoberfläche emporgehoben hat. Erst von da ab und bis zum Abwerfen des Käppchens von den Primärblättern vollzieht sich die Lösung und Umbildung der Reservestoffe des Endosperm, bis zu völliger Entleerung des Letzteren. Bei dem Mangel aller säfteleitenden Verbindung zwischen Keim und Endosperm muss dieser Erstere die Bildungssäfte aus Letzterem durch seine Oberfläche in sich aufnehmen, und zwar nicht durch sein Würzelchen, sondern durch die Primärblätter, die wenigstens in den entfernteren Stadien der Keimung allein mit dem Endosperm in Berührung stehen. Ist schon diese Thatsache eine überraschende, nachdem ich nachgewiesen habe, dass die Normalblätter der Holzpflanzen auch im freien Stande eine Saugkraft für äussere, wässerige Flüssigkeit nicht besitzen (siehe Seite 217), so verdient in noch höherem Grade die Reaktion Beachtung, welche in diesem Falle die Primärblätter des Keimlings auf das umgebende Endosperm ausüben. Es gelingt bei einiger Vorsicht, den Keimling der Steinkiefer (Pinea), nachdem er im Keimbett sein Würzelchen ungefähr einen Centimeter weit nach Aussen verlängert hat, aus der Höhlung des Endosperm herauszuziehen, ohne Letzteres zu verletzen. Alle die Umbildungen, welche die im Endosperm enthaltenen Reservestoffe unter ungestörter Mitwirkung des Keimlings erleiden, treten in diesem Falle nicht ein, in trockener Luft bleiben sie unverändert, in feuchter Luft tritt rasch faulige Gährung ein. Es ist dies auch dann der Fall, wenn man in die Höhlung des Endosperm einen genügend kleinen Haarpinsel einbringt und durch diesen dem Endosperm destillirtes Wasser zuleitet, oder wenn man das Würzelchen des Keimlings in die

Endospermhöhlung einbringt. Ich schliesse hieraus: dass es die, im keimhaltigen Samenkorne der inneren Wandfläche des Endosperm anliegenden Primärblätter des Keimes sind, die, über ihre eigenen Grenzen hinaus, auf die Reservestoffe des Endosperm einen Einfluss ausüben, von welchem die normalen naturgesetzlichen Veränderungen Letzterer, die successive Rückbildung der Reservestoffe in Bildungssaft abhängig ist.

Aehnliche Erscheinungen eines Wirkens der lebenden Pflanze über ihre eigenen Grenzen hinaus haben wir bereits kennen gelernt in der Copulation (Seite 38), im Verhalten des Pollenschlauches (Seite 271) und der Saugwurzeln (Seite 261).

Die Ernährung des Keimes durch die aus den Reservestoffen des Samenkornes wiederhergestellten Bildungssäfte erstreckt sich auf den Zeitraum vom Beginn der Keimung bis zur Ausbildung der ersten Normalblätter.

Lässt man Eicheln, Kastanien, Bohnen in Gartenerde keimen, schneidet man von den erzogenen Pflanzen die Samenlappen ab, ehe die ersten Normalblätter sich entfaltet und ausgebildet haben, dann kann sich der Keimling wohl noch mehrere Wochen hindurch lebenskräftig und turgescirend erhalten, er bleibt aber auf derselben Entwickelungsstufe unverändert, auf welcher er stand, als er der Samenlappen beraubt wurde. Die zuerst gebildeten Normalblätter entfalten sich nicht weiter, als sie entfaltet waren zur Zeit des Verlustes der Samenlappen. Endlich verkümmert die Pflanze und stirbt ab. Werden die Samenlappen abgeschnitten, nachdem die ersten Primärblätter sich völlig ausgebildet haben, dann wächst die Pflanze fort, auch wenn die Samenlappen noch bedeutende Vorräthe unveränderter Reservestoffe enthalten. Ich schliesse hieraus, dass die Ernährung und das Wachsen der Keimpflanze bis zur Vollendung der ersten Primärblätter an die Reservestofflösung gebunden sein, dass eine selbstständige Ernährung, eine Verarbeitung von Rohstoffen aus Boden und Atmosphäre erst mit der vollendeten Ausbildung einiger Normalblätter eintritt.

Indess haben nicht alle Holzpflanzen in dieser Hinsicht mir gleiche Ergebnisse geliefert. Eschen und Ahorne erhielten sich fortwachsend, auch wenn den Keimpflanzen die Samenlappen vor Entfaltung der ersten Normalblätter abgeschnitten wurden. Es liegt auch in diesem Falle eine Mahnung, dass man sich in physiologischen Dingen vor dem in der Wissenschaft so beliebten Generalisiren hüten müsse. Gerechte Bedenken gegen die hier vorgetragenen Grundzüge des Keimungsprocesses erregt auch die, bei manchen Holzpflanzen, bei Weiden, Pappeln, Birken so sehr geringe Menge der Reservestoffe in den fast mikroskopisch kleinen Samenlappen, mit der die Grösse, zu welcher der Keim vor Entfaltung der ersten Normalblätter heranwächst, in grossem Missverhältniss zu stehen scheint. Es giebt nicht eine Lebenserscheinung, gegen deren versuchte gemeingültige Erklärung nicht Einwendungen sich erheben lassen. In physiologischen Dingen stehen wir eben noch in den Kinderschuhen.

5) Wachsthum des Keimes.

Im reifen Samenkorne ist der Keim schon so hoch fortgebildet, dass kein Grund zur Annahme vorliegt, es sei die Art seines Wachsens vom Beginn des Keimens ab bis zur Entfaltung der ersten Normalblätter verschieden vom Wachsen der jungen Pflanze nach diesem Wendpunkte im Leben der Pflanze, wie wir dasselbe im vierten Kapitel dieses Abschnittes kennen lernen werden. Wir haben uns hier daher nur mit den äusseren Erscheinungen des Wachsens während der Dauer des Keimens zu beschäftigen, in Bezug auf die inneren Erscheinungen und Veränderungen auf das vierte Kapitel verweisend.

Diese äusseren Veränderungen des keimenden Samenkornes der Holzpflanzen beginnen mit dem Hervorwachsen des Keimwürzelchens aus dem Keimgange des Samenkornes, das mitunter eine bedeutende Länge erreicht, ehe noch eine andere Veränderung der übrigen Samentheile erkennbar wird.

Schon jetzt zeigt das wachsende Würzelchen nach physikalischen und chemischen Gesetzen Unerklärbares in seiner Entwickelungsrichtung. Lässt man die grossen Samen der gross- und plattsamigen Varietät von Vicia Faba auf nassem Sande unter Glasglocken keimen, dann senkt sich das Würzelchen lothrecht und rechtwinkelig zur Bohnenfläche in den Boden. Entnimmt man das Samenkorn dem Boden, nachdem das Würzelchen desselben ungefähr 1 cm Länge erreicht hat, legt man darauf die Samenkörner mit der bis dahin nach Oben gewendeten Plattseite auf die Oberfläche des nassen Sandes, dann stehen anfänglich die Würzelchen rechtwinkelig zur Bodenoberfläche aufgerichtet. In der mit Wasserdunst gesättigten Luft der Glasglocke tritt darauf eine Umbiegung der aufgerichteten Wurzelspitze ein, von der aus das Würzelchen auf dem kürzesten Wege wiederum lothrecht in den Boden hinabwächst, wenn die Umbiegung eine vom Samenkorne abgewendete ist. Unter einer Mehrzahl in dieser Weise behandelter Bohnen wird man stets einige finden, an denen die Umbiegung der Bohnenfläche nicht abgewendet, sondern ihr zugewendet ist, so dass, wenn auch hier das Würzelchen auf dem kürzesten Wege zum lothrechten Tiefewuchs sich umwendete, die Spitze desselben auf die Bohnenoberfläche stossen würde. In diesem Falle ist die Biegung der lothrecht aufgerichteten Wurzelspitze mehr oder weniger nur eine rechtwinkelige. Von ihr aus wächst das Würzelchen, ohne die Bohnenfläche zu berühren, so weit frei über dieselbe hin, bis sie deren Grenzen überschritten hat. Erst nachdem das Würzelchen die Grenzen des Samenkornes überschritten hat, früher über kleiner, später über grosser Samenkornfläche, senkt sich die Spitze desselben in den Boden hinab. Bildlich könnte man sagen, es bestände zwischen Wurzelspitze und Boden eine Anziehungskraft, die durch das Zwischentreten der Samenfläche aufgehoben wird.

Da in diesem Falle das Würzelchen frei und entfernt von der Samenoberfläche hinwächst, ist es kein mechanisches Hinderniss, welches dem lothrechten Tiefewuchs des Würzelchens über der Samenfläche entgegentritt. Es kann daher auch nicht die Schwerkraft sein, die den Tiefewuchs des Würzelchens vermittelt. Da es sehr verschieden alte Wurzeltheile sind, an denen die Umbiegung eintritt, um so älter, je weiter man das Würzelchen in der ursprünglichen Lage des Samenkornes sich entwickeln liess, können es nicht plastische Eigenschaften bestimmter Wurzeltheile sein, die der Umbiegung zum Grunde liegen (vergl. Seite 266, woselbst ich über die Unhaltbarkeit der über das Eindringen der Wurzeln in den Boden bestehenden neuesten Ansichten gesprochen habe). Wir haben auch hier einen Fall, in welchem sich das Thatsächliche der Lebenserscheinungen aus physikalischen oder chemischen Gesetzen nicht erklären lässt, die universal-materialistische Zwangsjacke in Sackgassen sich verliert.

Wenn Same unter bindiger Bodendecke keimt, wird er häufig an seiner ursprünglichen Lagerstätte zurückgehalten, während die oberen Theile des in die Bodentiefe hinabwachsenden Würzelchens mit einer haarnadelförmigen Krümmung nach Oben hin sich verlängern, bis das Knie dieser Krümmung die Bodenoberfläche erreicht hat, worauf eine selbstthätige Streckung des Kniees das Samenkorn, mitunter nur die Primärblätter, über den Boden emporhebt. An tief gesäetem Samen von Taxus erlangt der aufstrebende, haarnadelförmig gebogene Theil des Würzelchens mitunter eine Länge von 1—2 cm, eine Thatsache, die mit der Annahme einer lokalisirten Plasticität der Gewebe in Widerspruch steht.

Die meisten Samenarten heben ihre Samenlappen über die Bodenoberfläche empor, z. B. alle Nadelhölzer, Linden, Buchen. Die Grenze zwischen aufsteigendem und absteigendem Längenwuchs muss in allen diesen Fällen unter den Samenlappen oder Primärblättern liegen. Wo die Samenlappen, wie bei Quercus, Castanea, Corylus im Boden zurückbleiben, liegt jene Grenze über den Samenlappen in der Plumula des Keimes. Sich sehr nahestehende Pflanzen, wie Vicia und Phaseolus, Quercus und Fagus zeigen hierin ein entgegengesetztes Verhalten.

Erst nachdem das Würzelchen mehr oder weniger tief in den Boden eingedrungen, den Samenlappen dadurch die nöthige Zufuhr an Bodenwasser gesichert ist, beginnt das Wachsen auch der Theile des aufsteigenden Stockes, bei den Nadelhölzern und den Endosperm führenden, aber auch bei den meisten Laubhölzern mit Samenlappen lange Zeit beschränkt auf den Zuwachs des Stengelchens und der Primärblätter, während die über Letzteren oder den Samenlappen liegenden Endtheile des Keimes noch im einfachen Zustande des Knospenwärzchens verharren, bis auch an diesem Längezuwachs, Blatt- und Knospenausscheidung eintritt. Bei allen Nadelhölzern und den Endosperm führenden Laubhölzern verzögert sich das Eintreten der Plumulabildung aus dem Knospenwärzchen am längsten und scheint es, als wenn bei diesen Pflanzenarten schon die Primärblätter das Vermögen erlangen, Rohstoffe der Ernährung in Bildungssäfte zu verarbeiten, da deren Keimpflanzen nach völliger Aussaugung des Endosperms und nach dem Abwerfen der über den Boden emporgehobenen Samenhäute (Käppchen), vor eintretender Bildung normaler Blätter eine Vergrösserung durch Zuwachs erleiden, die sich aus den aufgenommenen Reservestoffen nicht herleiten lässt.

Die mit Samenlappen ausgestatteten Sämereien, welche die Samenlappen über den Boden emporheben, lassen Frucht- oder Samenschale entweder im Boden zurück, oder werfen sie sofort beim Erscheinen über der Bodenoberfläche ab, so dass hinfort die nackten Samenlappen den Einflüssen der Atmosphäre unterworfen sind, durch die sie im Lichte rasch eine grüne Farbe annehmen, bis sie, durch Rückbildung ihrer Reservestoffe in Bildungssaft und durch Uebergang des Letzteren in den wachsenden Keimling verschrumpfen und endlich abgeworfen werden.

Diejenigen Samenarten hingegen, welche ihre Samenlappen im Boden zurücklassen (Quercus, Castanea, Corylus, Juglans, Aesculus, Vicia), behalten auch während der Keimung ihre Frucht- oder Samenschalen. Die bei der Mehrzahl derselben schon vor der Keimung mehr oder weniger hoch entwickelte Plumula wächst nach Aussen durch denselben zum Spalt erweiterten Keimgang, durch welchen auch das Würzelchen hervorgewachsen war, muss also anfänglich eine seiner Lage im reifen Samenkorne mehr oder weniger entgegengesetzte, den äusseren Verhältnissen sich accommodirende Entwickelungsrichtung einschlagen. Dies Accommodationsvermögen erkennt man leicht, wenn man zwei Eicheln, deren eine der Fruchtschale und Samenhaut vorsichtig entkleidet wurde, nebeneinander senkrecht in den Boden steckt, Letztere ihre Plumula senkrecht in die Höhe treibt, während in der mit der Fruchtschale bekleideten Eichel die Plumula erst nach Unten sich verlängern muss, um durch den Keimgang in's Freie zu gelangen, worauf erst durch eine zweite Umbiegung der lothrechte Höhenwuchs sich wieder herzustellen vermag.

Drittes Kapitel.

Die Ernährung.

Nachdem ich soeben die Ernährung der jungen Holzpflanze aus den Reservestoffen des Samenkornes besprochen habe, bleibt mir hier die selbstständige Ernährung darzustellen übrig.

Die Selbstständigkeit der Ernährung, d. h. die Befähigung, Rohstoffe aus Boden und Atmosphäre nicht allein aufzunehmen, sondern solche auch in Bildungssäfte umzuwandeln und Letztere schliesslich auf permanente Neubildungen zu verwenden, muss spätestens mit dem Verbrauch der Reservestoffe in Samenlappen oder Endosperm beginnen, beginnt aber muthmaasslich in solchen Pflanzen früher, deren Reservestoffmenge, wie im Samen der Eichen und Kastanien, im Verhältniss zur Grösse des Keimlings eine sehr grosse ist. Im vorigen Kapitel habe ich bereits die Gründe angegeben, welche mich zu der Annahme führten, dass bei den mit grösseren Reservestoffmengen versehenen Samenarten die Befähigung zu selbstständiger Ernährung eintrete mit der Entfaltung und Vollendung des ersten Normalblattes der mit dem Licht in Berührung getretenen Keimpflanze (Seite 296).

Aus dem Umstande, dass die Nährstoffe der Pflanzen nicht augenfällig und handgreiflich sich erkennen lassen, wie das im Thierreiche grösstentheils der Fall ist; dass wir zur Kenntniss der pflanzlichen Nährstoffe nur durch die Folgerung gelangen können, dass alle elementaren Stoffe, die uns die Chemie als Bestandtheile des Pflanzenkörpers nachweisst, für sich allein, oder in irgend einer Verbindung mit anderen Elementen von Aussen her in den Pflanzenkörper aufgenommen sein müssen; aus dem Umstande, dass wir auch im Innern der Pflanze die flüssigen, verflüssigten oder gasförmigen Nährstoffe, die Art ihrer Aufnahme in den Pflanzenkörper und die Wege ihrer Verbreitung im Innern desselben nicht unmittelbar zu erkennen vermögen, sondern erschliessen müssen aus oft entfernt liegenden anderen Thatsachen; aus dem Umstande endlich, dass im Pflanzenkörper die mikroskopisch kleine Zelle gleichzeitig Werkstatt der verschiedenartigsten Lebensverrichtungen, Magazin mannigfaltiger Produkte Letzterer ist, entspringen Schwierigkeiten und Unsicherheiten der Forschung, die in Bezug auf den Thierkörper nicht bestehen, durch das Gebundensein der verschiedensten Lebensverrichtungen an ihnen eigenthümliche Organsysteme grösseren Maassstabes, die Ernährung an einen Nahrungskanal, die Saftbewegung an ein Gefässsystem. Will der Zoolog den Ernährungsprocess studiren, dann füttert er gleichzeitig eine Mehrzahl von

Thieren gleicher Art mit einem Nährstoffe, dessen Bestandtheile er vorher genau erforscht hat, er tödtet in kurzen Zwischenräumen eines dieser Thiere und untersucht die Veränderungen, welche der Nahrungsstoff im Nahrungskanal erlitten hat; er ist in der Lage, die Reagentien kennen zu lernen, durch welche jene Veränderungen hervorgerufen werden; indem er die Werkstätten aufsucht, in denen Speichel, Magensaft, Galle bereitet und abgesondert werden. Solches und Aehnliches ist dem Pflanzenforscher meist versagt. Wurzel und Blatt, Holz und Bast, Faserbündel und Markstrahlen, Zellen und Fasern haben zwar ihre eigenthümlichen Lebensverrichtungen, die sich aber nicht unmittelbar nachweisen lassen, wie die Veränderungen der Nährstoffe im Speisekanal, wie die Veränderungen des Blutes in den Lungen der Thiere, sondern erschlossen werden müssen aus oft sehr fernliegenden Indicien. Wir sprechen von Rohstoffen der Ernährung, ohne sie im Innern der Pflanze als solche nachweisen zu können, da sie sich schon beim Eintritt in das leitende Gewebe mit Lösungen bereits assimilirter Stoffe mengen; wir sprechen von Bildungssäften, ohne sie zu kennen bei der Unmöglichkeit ihrer Isolirung und Darstellung, wie solche die Untersuchung erheischt.

Unter diesen Umständen ist die Theorie der Pflanzenernährung ein wissenschaftliches Gebäude, das, zur Zeit noch vielseitig auf Hypothesen und willkürlichen Annahmen ruhend, unter den Händen verschiedener Baumeister sich verschieden gestaltet hat, das auch in Zukunft vielfach sich umgestalten wird, je nachdem die Forschung neue, sichere Bausteine in dieser Richtung für den Umbau herbeiträgt, altes, unbrauchbares Baumaterial als unbrauchbar erkennen und beseitigen wird. Nur die Mathematik, Physik und Chemie sind unfehlbar, keineswegs die Mathematiker, Physiker, Chemiker, am wenigsten die Physiologen, die sich mit sehr wandelbaren Faktoren herumzuschlagen haben.

Diese Bekenntnisse vorausgeschickt, gebe ich im Nachfolgenden zunächst einen kurzgefassten Umriss des Ernährungsprocesses der Holzpflanzen,

1) zur Orientirung

in den Einzeltheilen desselben und in deren Reihenfolge, so weit zahlreiche eigene Versuche an lebenden Bäumen einen Einblick in die Eigenthümlichkeiten und in die Aufeinanderfolge derselben mir gewährt haben.

Die Pflanze baut sich auf aus Zellwandungen und Zellschläuchen, Letztere den festen und flüssigen Gehalt an Zellkernen, Mehlen, Säften einschliessend.

Die chemische Analyse hat als Bestandtheile der Zellwandung Kohlenstoff, Sauerstoff, Wasserstoff nachgewiesen, denen Kiesel, Kalk, Talk, Kali, Natron,

Eisen, Mangan hinzutreten. Die Zellschläuche und deren Inhalt an flüssigen und festen Stoffen enthalten ausserdem noch Stickstoff, Phosphor, Schwefel.

Alle die genannten Elemente und noch eine Mehrzahl, durch ihr Beschränktsein auf wenige Pflanzenarten, durch die Abhängigkeit ihres Vorkommens von bestimmten Standortsverhältnissen und durch die geringe Menge, in der sie an der Constitution des Pflanzenstoffes Theil nehmen weniger beachtenswerth erscheinende Elemente, müssen der Pflanze von Aussen zugehen, entweder aus der Luft oder aus dem Boden, in welchem die Pflanze wurzelt. Man unterscheidet in dieser Beziehung atmosphärische und terrestrische Nährstoffe.

Da die Blätter Feuchtigkeit aus der Luft nicht aufnehmen (Seite 217), schliessen sie sich auch allen denjenigen Nährstoffen ab, die nur in wässrigen Lösungen von der Pflanze aufgenommen werden können (vergl. S. 295). Es ist daher sehr wahrscheinlich, dass die Blätter unter dem Einfluss des Tageslichtes aus der Luft nur Kohlensäure, kohlensaures und salpetersaures Ammoniak beziehen, zur Nachtzeit hingegen Kohlensäure an die Aussenluft abgeben, im Austausch mit Sauerstoff derselben. Den ganzen Wasserbedarf und den ganzen Bedarf an Salzlösungen bezieht die Pflanze durch die Wurzeln aus dem Boden; mit diesen auch kohlensaures und salpetersaures Ammoniak und Kohlensäure, so weit solche frei dem Bodenwasser beigemengt sind.

Das von den Wurzeln aus dem Boden aufgenommene Wasser mit den in ihm enthaltenen terrestrischen Nährstoffen steigt im leitenden Fasergewebe des Holzkörpers der Bäume aufwärts bis in die Blätter, mengt sich im Aufsteigen mit Reservestofflösungen aus vorhergegangenen Vegetationsperioden, vertheilt sich im Blattgeäder und speist, vom Holzkörper der das Blattgeäder bildenden Faserbündel ausgehend, das diese umgebende Zellgewebe, trifft in diesem mit den aufgenommenen atmosphärischen Nährstoffen zusammen und wird mit ihnen unter Lichtwirkung zu Bildungssaft, einem ersten, allgemeinen, organischen Substrat aller späteren Bildungen verarbeitet, dem sich die verschiedenen terrestrischen Nährstoffe theils beimengen, theils verbinden. Der Bildungssaft, sehr wahrscheinlich zusammenfallend mit dem, was ich den Schröpfsaft der Holzpflanzen genannt habe (B. III, 28), vom Bastkörper des Blattgeäders dem arbeitenden Zellgewebe der oberen Blattseite entzogen, tritt im leitenden Bastgewebe seinen Rückweg in die tieferen Baumtheile an, wird auf diesem Rückwege durch das Markstrahlgewebe seitlich verbreitet, ernährt die Zellkerne desselben und der übrigen Reservestoff bildenden Zellen und wird in den Zellkernen zu Mehlkörpern, fixirt, die, in den Schlauchraum der Reservemehl bildenden Zellen übertragen, daselbst den Herbst und Winter über unverändert lagern.

Diesen in den Blättern aus Rohstoffen der Ernährung bereiteten

Bildungssaft habe ich bis zu seiner Fixirung zu Reservemehlen „primären Bildungssaft“ genannt, im Gegensatz zu einem sekundären Bildungssafte, der sich im folgenden Frühjahre aus der Wiederauflösung der überwinterten festen Reservemehle im aufsteigenden Rohsafte wiederherstellt und auf Zellenbildung und Zellenmehrung, auf den jährlichen Zuwachs der Holzpflanze an neuen Blättern, Trieben, Holz- und Bastringen verwendet wird.

Es ist hiermit jedoch nicht ausgeschlossen, dass nach Bedarf schon primäre Bildungssäfte auf Neubildung von Zellen verwendet werden. Auch verbleibt in jedem Herbste ein Theil dieser primären Säfte mit deren Gehalt an gelöstem Zucker, Gummi, Gerbstoff, Eiweiss dem Pflanzensafte und mengt sich im nächsten Frühjahre mit dem im Holzkörper aufsteigenden Rohsafte und mit den Lösungen fester Reservestoffe im Rohsafte.

Auch der sekundäre Bildungssaft muss, wie der Rohsaft, in die Spitzen der Zweige emporsteigen, um dort die Plumula der Knospen zu speisen und deren Wachsthum und Blattbildung zu vermitteln. Ich werde unabweisbare Belege bringen, dass auch dieser sekundäre Bildungssaft alle unter dem jungen Triebe sich vollziehenden Neubildungen an Holz, Bast, Rinde nur vom Baste aus zu vermitteln vermag, dass er also, im Holzkörper aufsteigend und die Reservemehle lösend, im Bereich der jungen Triebe ein zweitesmal seinen Uebergang in das Fasersystem des Bastkörpers bewerkstelligen muss, um von dort aus das cambiale Fasergewebe zu speisen.

Die Bewegung des Wandersaftes der dicotylen Holzpflanze lässt sich daher vergleichen mit der Bewegung des Wassers in einem Springbrunnen, dessen Aufsteigung nur im Holzkörper, dessen Umkehr und Umbildung zu primärem Bildungssaft im Bereich der Belaubung, dessen Rückfall im Bastkörper liegt, wenn man sich denkt, dass das rückfallende Wasser durch eine von den Wurzeln zu den Zweigen langsam aufsteigende horizontale Platte aufgefangen und in die horizontale Fortbewegung übergeführt wird, um die in gleicher Ebene liegenden Gewebe sowohl der Rinde als des Bastes und des Holzkörpers mit Bildungssaft zu speisen, von dem, je nach Verschiedenheit der Holzart ein grösserer oder geringerer Theil zu Reservemehlen fixirt, während der Winterruhe des Baumes im festen Zustande verharrt, um, erst im nachfolgenden Frühjahre zu sekundärem Bildungssafte wieder aufgelöst und dem fortdauernd aufsteigenden Holzsafte beigemengt, einestheils die den Längezuwachs vermittelnden jungen Triebe und Blätter in aufsteigender Richtung so lange zu speisen, bis Letztere so weit ausgebildet sind, um selbstthätig Rohstoffe der Ernährung in Bildungssäfte umwandeln zu können, anderentheils ein zweitesmal durch die Blätter dem Bastkörper zugeführt, auf dem Rückwege in Letzterem das Material für den Dickezuwachs des Baumes zu liefern; dem primären Bildungssafte gegenüber mit dem Unterschiede, dass die in obigem

Bilde gedachte horizontale, die rückläufige in eine horizontale Fortbewegung des Saftes vermittelnde Platte diesmal keine aufsteigende, sondern eine von den Zweigspitzen absteigende ist.

Der Ernährungsprocess aller älter als einjährigen Holzpflanzen lässt sich daher vergleichen mit einem, alljährlich in den Frühperioden sich wiederholenden Keimungsprocess des Samenkornes oder einer Kartoffelknolle.

Im Samenkorne, in der Knolle, Rübe, Zwiebel sind die Reservestoffe das Produkt der Mutterpflanze des vorhergehenden Jahres; in jeder anderen Holzpflanze ist dieselbe um Ein Jahr jüngere Pflanze Mutterpflanze für die Reservestoffe des nachfolgenden Jahres.

In beiden Fällen sind die Reservestoffe dieselben; vorherrschend Stärkemehl und Klebermehl, untergeordnet oder auf gewisse Pflanzenarten beschränkt: Inulin, Gerbmehl, Cellulose.

Der Samenruhe steht die alljährlich sich wiederholende Winterruhe der Holzpflanze zur Seite.

Während der Samen- oder Knollenruhe lagern die Reservestoffe im einjährigen Zellgewebe der Samenlappen, des Samenweiss, der Knolle, Rübe, Zwiebel; während der Winterruhe lagern sie im bleibenden Zellgewebe des Stammes und der Wurzel.

Im Keimungsprocess ernähren die Reservestoffe den Samen- oder Knollenkeim bis zur Ausbildung der ersten Normalblätter; dasselbe ist der Fall in jeder Frühperiode der Vegetation älterer Holzpflanzen in Bezug auf die Triebbildung aus den Knospen derselben.

Nachfolgend werde ich zuerst über den Bedarf der Pflanze an verschiedenartigen Rohstoffen der Ernährung, über die Grössen dieses Bedarfes, über die Bezugsquellen und über die Art der Aufnahme desselben sprechen.

Ich werde dann über die Bewegung des Saftes in den Pflanzen und über die Veränderungen sprechen, welche der Pflanzensaft auf jedem seiner Stationsorte erleidet, bis zu seiner Verwendung auf permanente Neubildungen des Pflanzenkörpers.

2) Ueber den Bedarf der Holzpflanze an Rohstoffen der Ernährung, über deren Bezugsquellen und über die Aufnahme derselben in die Pflanze.

a) Der Kohlenstoffbedarf.

Den in der jährlichen Pflanzenerzeugung der Felder und Wiesen enthaltenen reinen Kohlenstoff schätzt Liebig durchschnittlich auf 1000 Pfunde auf dem Morgen. Ich habe nachgewiesen, dass in unseren Wäldern die jährliche Lauberzeugung allein auf dem Morgen 2000 Pfunde, die Gesammterzeugung an Holz und Blätter 5000 Pfunde reinen Kohlenstoffes möglicherweise erreichen kann (A. 5, A. 9). Dieser Maximalgrösse von 5000 Pfunden Kohlenstoft entsprechen pptr. 18000 Pfunde Kohlensäure, die von den Pflanzen einer 1 Morgen grossen Fläche als Nährstoff aufgenommen werden müssen.*) Selbst unter Annahme: dass der ganze Ascherückstand der Holz- und Blattproduktion in Verbindung mit Kohlensäure als kohlensaure Salze von den Holzpflanzen aufgenommen wird, würde obiger Bedarf an Kohlensäure eine Verminderung von kaum 500 Pfunden betragen. Rechnet man weitere 500 Pfunde auf das im Ascherückstande nicht enthaltene Ammoniak, die als kohlensaures Ammoniak von den Pflanzen aus Luft und Boden aufgenommen werden, so verbleiben 17000 Pfunde, die als freie Kohlensäure alljährlich von den Pflanzen eines Morgens aufgenommen werden müssen. Die allerdings extremen Fälle, aus welchen diese Ziffern hervorgegangen, sind der Art, dass man für geschlossene Bestände durchschnittlicher Massenerzeugung auf gutem Boden den jährlichen Bedarf an freier Kohlensäure auf 10000 — 11000 Pfunde veranschlagen darf.

Die mit grösserem Humusgehalt steigende, mit Verringerung oder mit dem gänzlichen Verschwinden des Humus sinkende Fruchtbarkeit des Bodens, der augenfällig günstige Einfluss reichlicher Düngung, hatten die Ansicht in's Leben gerufen, dass es der Humus des Bodens sei, der die Pflanzen ernähre. Die Unlöslichkeit des Humus im reinen Wasser forderte die Voraussetzung, dass er, durch Verbindung mit den Alkalien des Bodens und der Pflanzenfaser, zuvor in einen im Bodenwasser löslichen Zustand versetzt werden müsse, um von den Pflanzenwurzeln aufgenommen zu werden. Noch während der ersten Decennien unseres Jahrhunderts war die Annahme der Pflanzenernährung aus Dammerdeextrakten, d. h. aus humussauren Alkalien herrschend, obgleich schon Saussure die Vermuthung ausgesprochen hatte, dass die Pflanze einen Theil ihres Kohlenbedarfes aus der Luft beziehen dürfte, unser Carlowitz gesagt hatte: es müsse die Luft einen Nährstoff enthalten, „der die Quintessenz aller Elemente ist“.

In der That sind die Wälder unwiderlegliche Beweisstücke für die Ernährung der Pflanzen aus der Luft, soweit diese den Kohlenstoffbedarf betrifft. Sie sind es dadurch, dass ihnen Dungstoffe von Aussen nie zugeführt werden, dass die Düngung durch eigenen Blattabfall jeden Falles nicht mehr, vielleicht bei der bedeutenden Menge der in die Bodentiefe geschwemmten Humusextrakte und des als Kohlensäure sich verflüchtigenden Kohlenstoffes der Dammerde nicht die Hälfte desjenigen Kohlenstoffbedarfes zu liefern vermag, den allein

*) Zum Vergleich mit den Angaben Liebig's habe ich hier die bisherigen Maass- und Gewichtsgrössen beibehalten.

die jährliche Wiederbelaubung für sich in Anspruch nimmt, daher denn die ganze jährliche Erzeugung an Schaft und Wurzel, mindestens $^1/_2$ des Astzuwachses und $^1/_2$ der Lauberzeugung in Bezug auf ihren Kohlenstoffgehalt der Luft entnommen sein muss. Sie sind es dadurch, dass es viele Wälder giebt, die in historischer Zeit und wahrscheinlich weit länger stets Wald gewesen sind und vielleicht mehr als hundert Baumgenerationen in diesem Zustande der Selbstdüngung erzeugten. Sie sind es dadurch, dass im ausgewaschenen Seesande der Stranddünen bei hinreichender Feuchtigkeit der Waldbau Kiefer-, Erlen- und Birkenbestände herzustellen vermag, die nicht allein einen guten Holzertrag liefern, sondern auch einen humusreichen Boden bilden können.

In einem Beitrage zur ersten Auflage von Liebig's organischer Chemie (A. 3), habe ich durch Experimente nachgewiesen, das die Pflanzenwurzeln Humusextrakte mit dem Bodenwasser nicht aufnehmen, wohl aber die aus der weiteren Zerlegung des Humus hervorgehende Kohlensäure. Bereits in der dritten Abtheilung vorliegender Schrift (Seite 261) habe ich diesen Gegenstand erörtert und erlaube mir darauf zurückzuweisen.

Die Fruchtbarkeit humosen Bodens liegt nicht in der Bildung humussaurer Salze (Dammerdeextrakt) und deren Aufnahme durch die Wurzeln als Nährstoff, sondern in der endlichen Umbildung des Humus in Kohlensäure und deren Einfluss auf Zersetzung und Lösung der Mineralstoffe des Bodens; sie liegt in der Bildung von Ammoniak aus dem frei werdenden Wasserstoff des Humus und dem Stickstoff der atmosphärischen Luft; sie liegt in der grossen Anziehungskraft des Humus zu atmosphärischer Feuchtigkeit, so wie in einer steten Bewegung der Bodenbestandtheile durch Umbildung der Dammerde und der abgestorbenen Wurzeltheile in Humus, des Humus in Kohlensäure und Wasser.

Dass die dem Bodenwasser beigemengte Kohlensäure von den Pflanzenwurzeln mit Ersterem aufgenommen werde, geht aus der Thatsache hervor, dass eine Abscheidung gasförmiger Stoffe ausserhalb der im Wasser wachsenden Wurzeln noch von Niemand beobachtet wurde, das auch die Baumluft und der Baumsaft noch reich an freier Kohlensäure ist. Dagegen befinden wir uns darüber noch gänzlich im Dunkel, wie eine so bedeutende, fast den ganzen Kohlenstoffbedarf des Pflanzenwuchses deckende Kohlensäuremenge durch die Blätter der Aussenluft entzogen werden könne, die hiervon nicht mehr als höchstens 0,001 Gewichttheil, 0,0003—0,0007 Raumtheile enthält. Man wird, um die Thatsache dem Verständniss nur einigermaassen näher bringen zu können, der gesammten Blattoberfläche, die, wie ich für mehrere Waldbestandesformen berechnet habe, das 12fache, ausnahmsweise bis zum 16fachen der Grundfläche betragen kann (A. 5, 9), eine eigenthümliche Anziehungskraft für die atmosphärische Kohlensäure zuschreiben und diese unterstützt sich denken müssen durch einen sehr raschen Wechsel der das Blatt begrenzenden Luftschichten. Ich habe nachgewiesen, dass, wenn während einer 10 . 120 = 1200 Tagesstunden umfassenden Ernährungszeit jedes Blatt eines 1 Morgen grossen, 60 jährigen Lärchenbestandes die dasselbe umgebende Luft in jeder Zeitsekunde ihres Kohlensäuregehaltes auf 0,025 Linie Schichthöhe beraubt, dadurch 5000 Pfunde Kohlenstoff in die Pflanze aufgenommen werden können. Die Anziehungskraft müsste eine viel weiter reichende sein, wenn man sie nur den Schliesshäuten der Spaltdrüsen zuschreiben wollte.

Wenn 98—99 Procent des Kohlenstoffbedarfes der Bäume durch die Blätter der atmosphärischen Luft entnommen werden, dann muss die Grösse der Belaubung einen wesentlichen Einfluss ausüben auf die Grösse des jährlichen Zuwachses der Bäume. Es ist dies ein Gegenstand von grösster Wichtigkeit für den Forstwirthschaftsbetrieb, da der Forstwirth den Grad der Belaubung seiner Bestände durch lichtere oder dichtere Erziehung derselben zu bestimmen vermag. Aus verschiedenen Ansichten in dieser Hinsicht entsprang der Unterschied in den Lehrsätzen der beiden Hauptschulen des Waldbaues, der H. Cotta'schen und der G. L. Hartig'schen Schule. Letzterer auf Erfahrungen über Massenertrag der Waldbestände sich stützend, wie sie in seinen Taxationsschriften enthalten sind, verlangte die Erziehung der Waldbäume im dichteren Stande; daher seine Befürwortung des Hochwaldbetriebes, der Bestandeserziehung durch Besamungsschläge, der Erhaltung des Vollbestandes beim Durchforstungsbetriebe bis zum Abtriebe der Bestände. H. Cotta, der sich mehr als Hartig mit physiologischen Fragen beschäftigte, war dadurch zu der Ansicht gelangt, dass die grösste Masseproduktion der Waldbestände wesentlich an die grösste Laubproduktion der Bäume gebunden sei. Daraus entsprang sehr wahrscheinlich seine Befürwortung des Mittelwaldbetriebes und der Baumfeldwirthschaft, des Anbaues gegenüber der Bestandesverjüngung, früher eintretender und stärker geführter Durchforstungen.

Offenbar hatte die Cotta'sche Anschauungsweise in dieser Grundfrage des Waldwirthschaftsbetriebes viel Bestechendes, da sie unter gewissen Standortsverhältnissen im Zuwachs der Einzelpflanze sich bestätigte, da der grösseren Laubproduktion reichere Dammerdebildung, mit dieser grössere Bodenfruchtbarkeit zur Seite zu stehen schien. Es ist daher während eines 40 jährigen Zeitraumes wissenschaftlicher Forschung mein redliches, unparteiisches Streben gewesen, in dieser wichtigsten unter allen forstlichen Controversen mir ein eigenes Urtheil zu schaffen. Die Ergebnisse meiner Forschungen in dieser Richtung sind im Wesentlichen folgende:

Ohne Zweifel besteht eine Abhängigkeit des Zuwachses sowohl einzelner Bäume, wie ganzer Bestände vom Grade ihrer Belaubung.

Entästet man im Winter Bäume bis zum Gipfeltriebe — am Besten eignen sich hierzu Nadelhölzer und unter diesen die Weymouthkiefer, da man an ihr nicht mit Schaftausschlag zu kämpfen hat und die Mehrzahl der entästeten Pflanzen lebendig bleiben, trotz der bis auf den Gipfeltrieb beschränkten Benadelung, die aber dem Baume verbleiben muss, wenn er nicht absterben soll — dann erwächst aus der Gipfelknospe des Gipfeltriebes ein neuer Schafttrieb, es erwachsen aus den Quirlknospen des Gipfeltriebes neue Seitentriebe. Es wiederholt sich dies in den nachfolgenden Jahren auch an den an dem Gipfeltriebe gebildeten Seitentrieben und stellt sich auf diese Weise in normaler Fortbildung eine neue Krone wieder her, deren Benadelung mit jedem Jahre sich vermehrt, in dem Grade als der Schafttrieb neue Seitentriebe alle Seitentriebe neue End- und Quirltriebe bilden.

Im ersten Jahre nach der Entästung der Bäume bleiben die Neubildungen an benadelten Trieben, an Holz- und Bastschichten nicht bedeutend hinter denen des vorhergenden Jahres zurück. Letztere bilden sich bis in die Wurzel hinab an allen Schafttheilen in normaler Weise, und darf man annehmen: dass es die im Jahre vor der Entästung aufgespeicherten Reservestoffe sind, welche das Material für die Neubildungen des Jahres nach der Entästung liefern. Wenn die Triebe, die Holz- und Bastringe des Jahres nach der Entästung nicht die volle Grösse derer des Vorjahres erreichen, so liegt dies wahrscheinlich in dem durch die Entästung herbeigeführten abnormen Zustande des Baumes, anderentheils in dem Umstande, dass die Nadelhölzer überhaupt nur geringe Mengen von Reservestoffen für das folgende Jahr aufspeichern und eines Zuschusses aus primären Bildungssäften für ihre Vollendung bedürfen, der ihnen, im Falle eingetretener Entästung, die auf ein Minimum beschränkte Belaubung nicht zu gewähren vermag. Dem Zuwachse des Jahres vor der Entästung gegenüber wird daher der Minderzuwachs des ersten Jahres nach der Entästung ein verschieden grosser sein, unter verschiedenen Standorts- und Witterungseinflüssen, je nachdem durch diese im Vorjahre die Ansammlung von Reservestoffen begünstigt oder beschränkt, im Nachjahre der durch die Entästung herbeigeführte Krankheitszustand gesteigert oder gemindert wird. Das von mir beobachtete Minimum der Minderproduktion habe ich auf $^1/_4$ der Produktion des Vorjahres eingeschätzt. Auf den Minderzuwachs des Jahres nach der Entästung hat sehr wahrscheinlich auch das Alter und die Grösse des entästeten Baumes einen wesentlichen Einfluss, wenn man bedenkt, dass am grösseren Baume die dem Gipfeltriebe verbliebene, geringe Benadelung eine weit grössere Arbeitskraft verwenden muss auf die Ueberführung der sekundären Bildungssäfte des Holzkörpers in das Fasersystem des Bastkörpers, dass diese Arbeitskraft eine beschränkte und dieselbe ist für den entästeten grossen und kleinen Baum, für Letzteren ausreichend sein kann, für Ersteren ungenügend ist.

Im ersten Jahre nach der Entästung werden die im Vorjahre gebildeten Reservestoffe mehr oder weniger vollständig auf Neubildung an Zellen und Fasern verwendet. Im Winter des zweiten Jahres nach der Entästung ist daher der Baum mehr oder weniger frei von Reservestoffen. Dagegen hat sich die Belaubung vermehrt um die, an den im ersten Jahre nach der Entästung gebildeten Trieben stehenden Nadeln. So weit nicht unverwendete Reste von Reservestoffen des Vorjahres mitwirkend sind, darf man annehmen, dass aller Zuwachs des Baumes an benadelten Trieben, an Holz und Bast der tieferen Baumtheile aus primären Bildungssäften hervorgehe, die durch die Belaubung desselben Jahres gebildet werden, da die geringe Laubmenge des ersten Jahres nach der Entästung nicht ausreicht, erhebliche Mengen von Reservestoffen für Neubildungen aus sekundären Bildungssäften zurückzulegen. Bei der noch sehr geringen Neubelaubung des Baumes im zweiten Jahre nach der Entästung kann aber auch die Menge der von ihr bereiteten primären Bildungssäfte nur eine geringe, im günstigsten Falle keine grössere sein, als die einer zweijährigen nicht entästeten Samenpflanze. Demgemäss muss dann auch der Zuwachs im zweiten Jahre, selbst gegenüber dem Zuwachse im ersten Jahre nach der Entästung, auf ein Minimum herabsinken. Das ist dann auch in der That der Fall. Die Neubildungen an benadelten Trieben bleiben ungewöhnlich kurz und die Holz- und Bastbildung des zweiten Jahres reicht von Oben nach Unten nicht weiter als bis zum 3-, höchstens 4jährigen Schafttheile. Alle älteren Schafttheile bleiben ohne alle Zwischenbildung neuer Holz- und Bastlagen, weil die geringe Menge der im älteren Baste abwärts sich verbreitenden primären Bildungssäfte auf Neubildungen in den obersten Baumtheilen verwendet wird. Es ist dies eine in biologischer Hinsicht sehr beachtenswerthe Thatsache, insofern in ihr der Beweis liegt, dass auch in den älteren Holzpflanzen primäre Bildungssäfte auf ihrem Rückmarsche zur Zellenmehrung verwendet werden können, dass diese Verwendung von Oben nach Unten sich fortsetzt. In den nachfolgenden Jahren giebt sich ein mit der wachsenden Menge belaubter Triebe gesteigerter Zuwachs zu erkennen, theils in der grösseren Länge und Stärke der Triebe, Zweige und der Benadelung, theils in dem von Jahr zu Jahr weiter nach Unten kappenförmig sich verbreitenden Zuwachs an Holz- und Bastringen, die an 8 m hohen Stangen nach 4—5 Jahren den Boden erreichen. Ein Jahr später ist der Zuwachs an Holz und Bast auch in der Wurzel wiederhergestellt. Mit der Erweiterung des Holz- und Bastzuwachses nach Unten steigt auch die Dicke der Jahreslagen, so dass 8—9 Jahre nach der Entästung an 8—9 m hohen Bäumen der volle Zuwachs an Holz und Bast in der Dicke der Jahresschichten, wie sie vor der Entästung bestand, wiederhergestellt ist.

Durch den Verlust desjenigen Theiles der hiesigen forstlichen Versuchsanstalt, welcher die in Rede stehenden Versuchsbäume enthielt, in Folge einer Eisenbahnanlage, bin ich in Bezug auf den zuletzt berührten Punkt nicht zum vollen Abschluss gelangt. Vor fünf Jahren ausgeführte Entästungen werden erst nach mehreren Jahren ein Schlussresultat ergeben, das in sofern von grosser Wichtigkeit für die forstliche Praxis ist, als man annehmen darf, dass diejenige Beästung und Belaubung, welche der Baum im Jahre wieder hergestellten vollen Schaftzuwachses trägt, die dem normalen Schaftholzzuwachse der Holzart, des Baumalters, der Standortsgüte entsprechende ist, deren Kenntniss uns dereinst einen wissenschaftlich begründeten Maassstab liefern wird für die Erziehung der Waldbestände im lichteren oder dichteren Stande. Es liegt hier den jüngeren forstlichen Versuchsanstalten ein weites Feld segensreicher Thätigkeit offen, da derartige Versuche nicht allein in Beständen verschiedener Holzarten, verschiedenen Alters und Standorts, sondern auch verschiedener Erzeugung und Freistellung ausgeführt werden müssen, wenn die Versuche vergleichsfähige Ergebnisse liefern sollen.

Es lässt sich aus den Ergebnissen meiner Versuche vorhersagen, dass die Entästung älterer Bäume nicht bis zur Erhaltung nur des Schafttriebes gehen, dass die Bezweigung der 2—3 letzten Schafttriebe geschont werden müsse, da die Arbeitskraft der Belaubung nur e i n e s Endtriebes schwerlich ausreichen wird, den Baum lebendig zu erhalten. Die grösste Schwierigkeit bei Anwendung solcher Versuche bei Laubholzarten und bei der Lärche ist die Nothwendigkeit sorgfältiger Entfernung der Stammsprosse vor deren Blattentfaltung. Voraussichtlich wird sich diese Sorge aber auf die ersten Jahre nach der Entästung beschränken, bis die den Schaftsprossen zum Grunde liegenden, schlafenden Augen durch alljährlich wiederholtes Abstossen der aus ihnen sich bildenden Sprossen getödtet sind.

Aus den bisherigen Ergebnissen der Entästungsversuche geht aber schon jetzt mit Sicherheit hervor, dass es keineswegs die grösste Belaubung ist, welcher die grösste Masseerzeugung am Baume zur Seite steht. Ob dies der Fall ist in Bezug auf die Gesammterzeugung freistehender, reich beasteter und belaubter Bäume an Blättern, Zweigen, Aesten, an Schaft- und Wurzelholz, muss ich unentschieden lassen, es fehlen mir zur Beurtheilung noch die nöthigen sicheren Versuchsergebnisse; sicher ist es nicht der Fall in Bezug auf den Schaftholzzuwachs, in dem allein der höhere Nutzwerth forstlicher Produktion sich ausspricht, der im Reiser-, Ast-, Wurzelholze nicht allein an und für sich ein geringerer ist, sondern, dem Schaftholz gegenüber, noch bedeutend herabgesetzt wird, durch die grösseren Kosten der Zugutmachung und des Transports. Besonders ist es der im geschlossenen Hochwaldbestande erzeugte, nicht allein der Masse nach alle übrigen Baumtheile um das Mehrfache überwiegende, sondern auch durch Schaftlänge, Vollholzigkeit, Gradheit, Astreinheit, werthvollere Schaftholzzuwachs, welcher der Holzerziehung im geschlossenen gleichalterigen Hochwaldbestande den Vorzug sichert.

So weit ich die Verhältnisse zwischen Laubmenge und Baumzuwachs bis jetzt zu durchblicken vermag, dürfte sich in Zukunft aus ähnlichen Versuchen ergeben, dass für Stangenorte die Beastung und Belaubung der 6—8 jüngsten Jahrestriebe für die der Holzart und dem Standorte eigenthümliche Zuwachsgrösse ausreichend ist, unter der Voraussetzung, dass das Laub auch der unteren Aeste noch im Lichtgenuss steht, dass für die Bestände von mittlerem Alter des 120jährigen Umtriebes eine Steigerung der Kronentiefe um 5—6, für die Althölzer eine weitere Steigerung um 10—12 Jahrestriebe ausreicht. Selbstverständlich kann im Hochwaldbetriebe von einer Herstellung normaler Kronentiefe durch Entästung nicht die Rede sein. Es ist dies aber auch nicht nöthig, da ein rationeller Durchforstungsbetrieb dasselbe leistet, insofern durch die grössere oder geringere Beschattung der unterständigen durch die oberständige Belaubung die unterständige Beastung zum Absterben gebracht oder erhalten werden kann. Lichtmangel verhindert in den Blättern die Verarbeitung der Rohstoffe zu Bildungssaft. Da Letzterer nur rückwärts sich zu bewegen vermag, kann er dem Aste mit beschatteten Blättern nicht zugehen, der Ast muss durch Mangel an Bildungsstoff absterben.

Wenn eine übermässige Belaubung des Baumes den Schaftzuwachs vermindert, so liegt die Ursache hauptsächlich darin, dass auf die jährliche Reproduktion grosser Laubmengen und auf den Zuwachs an Zweigen und Aesten eine Menge von Bildungssäften verwendet werden muss, die bei mässiger aber genügender Beastung und Belaubung dem Schafte zugegangen sein würden.

Ausserdem bleibt zu erwähnen, dass es eine durch grössere Blattmenge gesteigerte Kohlensäurezufuhr nicht allein ist, durch welche die Grösse des Zuwachses bestimmt wird, dass Letzterer auch durch die Zufuhr terrestrischer Nährstoffe bestimmt wird. Bis jetzt liegen keine Erfahrungen für die Annahme vor, dass eine gesteigerte Blattmenge eine verhältnissmässige Steigerung der Wurzelmenge zur Folge habe; Letztere scheint vielmehr von der Bodenbeschaffenheit abhängig zu sein. Allerdings bedingt die grössere Blattmenge eine freiere Stellung der Einzelpflanzen und dadurch einen grösseren Verbreitungsraum der Wurzeln im Boden; die grössere Blattmenge kann eine grössere Verdunstung, und dadurch eine grössere Thätigkeit der Wurzeln in Wasseraufnahme zur Folge haben, die dem Baume eine grössere Menge terrestrischer Nährstoffe zuführt. Ob sich dies in der Wirklichkeit so verhält, bleibt zu erforschen und ist ebenfalls eine wichtige Aufgabe forstlicher Versuchsanstalten.

b) Der Bedarf an atmosphärischer Luft.

Mit wenigen Ausnahmen ist auch das frische Holz leichter als Wasser, obgleich die Zellwandung stets ein grösseres specifisches Gewicht besitzt; es muss daher das Holz einen Stoff enthalten, der leichter ist, als das Wasser und der Wandungsstoff, und zwar um so viel leichter, dass dadurch das Uebergewicht des Wandungsstoffes aufgehoben wird. Da es nicht wahrscheinlich ist, dass Leerräume im Innern der Pflanze vorkommen, so müssen es Gase sein, die jene Gewichtsverminderung veranlassen, da auch der Pflanzensaft das Gewicht reinen Wassers übersteigt. Meine Messungen in dieser Hinsicht beziehen sich allerdings nur auf den Holzkörper der Bäume und ergeben für diesen 25—32 Volumenprocente atmosphärischer Luft, diejenigen Fälle ausgenommen, in welchen aussergewöhnliche Mengen schweren Xylochroms dem Kernholze ein aussergewöhnlich hohes specifisches Gewicht verleihen. Es giebt Eichenholz, das schon mit seinem natürlichen Saftgehalt im Wasser zu Boden sinkt, was bei allen übrigen unter unsern Holzarten selbst bei den leichtesten erst dann der Fall ist, wenn sie, in Wasser versenkt, sich vollständig mit diesem gesättigt haben.

Als luftführende Räume haben wir im Holze vorzugsweise die Gliedröhren der Laubhölzer, ungefähr $^1/_2$ des Innenraumes der leitenden Holzfaser und die Intercellularräume kennen gelernt. Die Luftmenge sinkt und steigt daher mit Zahl und Weite dieser Organe, nicht allein bei verschiedenen Holzarten, sondern auch bei derselben Holzart je nach Verschiedenheit des Wachsthums.

Abgesehen von Kohlensäure-Beimengung ergaben meine Untersuchungen der Baumluft stets entweder Uebereinstimmung mit der atmosphärischen Aussenluft, oder einen sehr geringen Ueberschuss an Sauerstoff, so weit sich dies bei so subtilen Untersuchungen constatiren lässt. Ein Uebergewicht an freiem Stickstoff liess sich nicht auffinden, daher jede chemische Action der Baumluft wenigstens zweifelhaft ist, dieselbe vielmehr hauptsächlich der Raumfüllung und Defusionserscheinungen dienstbar zu sein scheint.

Wie mir scheint, wird die Baumluft vorzugsweise, vielleicht allein, durch die Wurzeln aus dem Boden aufgenommen und zwar in Untermengung mit dem Bodenwasser. Die verhältnissmässig mächtigen Rindeschichten der Saug- und Triebwurzeln enthalten keine freie Luft, die erst mit dem Uebergang des Bodenwassers in das aufleitende Fasergewebe vom Bodenwasser abgeschieden wird, den Innenraum der Fasern bis ungefähr zur Hälfte erfüllend und dadurch eine Druckkraft erzeugend, über die ich weiterhin (Kapitel 3, b) meine Ansichten mittheilen werde.

c) Der Sauerstoffbedarf.

Der Hauptbestand des Pflanzenkörpers an organischem Stoff, der Wandungsstoff der Zellen (Cellulose) und der Mehlkörper ist eine Verbindung von Kohlenstoff mit den Elementen des Wassers, mit Sauerstoff und Wasserstoff. Die beiden Letzteren bilden wenig über die Hälfte der Verbindung. Wie im Wasser steht der Wasserstoff zum Sauerstoff im Verhältniss annähernd = 1 : 8. Es sind daher im Zellstoff Kohlenstoff und Sauerstoff in nahe gleichen Gewichtmengen vorhanden.

Wie wir gesehen haben, beziehen die Pflanzen ihren Kohlenstoffbedarf fast nur in der Verbindung des Kohlenstoffes mit Sauerstoff zu Kohlensäure, in welcher 27,65 Gewichttheile Kohlenstoff mit 72,35 Gewichttheilen Sauerstoff verbunden sind. Es würde also die durch die Kohlensäure eingeführte Sauerstoffmenge den Sauerstoffbedarf der Pflanze nicht allein vollständig decken, sondern noch eine Sauerstoffausscheidung nöthig machen.

Es kann nun aber der Wasserstoff in seiner Verbindung mit Kohlenstoff und Sauerstoff zu Cellulose und verwandten Körpern nur aus der Zerlegung von Wasser (oder von Ammoniak) herstammen, durch welche ebenfalls grosse Mengen von Sauerstoff frei werden würden, und entsteht daraus die Frage nach der Abstammung des im Pflanzenstoffe fixirten Sauerstoffes aus der Kohlensäure oder aus Wasser.

Stammt der in den Kohlenstoffhydraten (Cellulose, Mehle, Zucker, Gummi etc.) fixirte Sauerstoff aus den Elementen des Wassers, dann muss die Kohlensäure zerlegt und deren Sauerstoff ausgeschieden werden. Stammt der fixirte Sauerstoff aus der Kohlensäure, dann muss der dem Wasserstoffgehalt der Kohlenhydrate entsprechende Sauerstoff zerlegten Wassers frei und ausgeschieden werden.

Unter allen älteren und den meisten neueren Physiologen bestand und besteht die Ansicht: dass der von den Blättern unter Lichtwirkung ausgeschiedene Sauerstoff aus der durch die Lebensthätigkeit des Grünmehles bewirkten Zerlegung der als Nährstoff aufgenommenen Kohlensäure herstamme, dass der seines Sauerstoffes beraubte Kohlenstoff der Kohlensäure sich mit den Elementen eines, dem Bedarfe entsprechenden Wassertheiles der Zellsäfte verbinde. Dem Umstande, dass in dieser Verbindung Sauerstoff und Wasserstoff genau in dem Verhältnisse stehen, wie im Wasser, ist der Name Kohlenstoffhydrat entsprungen. Man nimmt an, dass diese Bezeichnung nur bildlich zu verstehen sei, dass die sogenannten Kohlenstoffhydrate ternäre Verbindungen, nicht wirkliche Hydrate, d. h. Verbindungen des Kohlenstoffes mit Wasser sind. Neben der Zerlegung der Kohlensäure und gleichzeitig mit ihr in demselben Zellraume müsste dem zu Folge auch die Zerlegung eines dem Bedarfe entsprechenden Wassertheiles der Zellsäfte stattfinden, zur Verbindung getrennten Sauerstoffes und Wasserstoffes mit dem Kohlenstoffe der Kohlensäure. Der Umstand, dass von einer Wasserzersetzung im Bereiche der lebenden Pflanze keine Spuren aufgefunden sind, dass die Beschränkung einer solchen Zerlegung auf einen bestimmten, verhältnissmässig kleinen Theil des wässerigen Zellsaftes unwahrscheinlich ist, dass es gerade die Kohlensäure, eine der am schwersten löslichen Verbindungen ist, die hier durch die Lebensthätigkeit der Zelle in durchaus unbekannter Weise aufgehoben werden soll, erregt allerdings Bedenken gegen diese Anschauungsweise, selbst unter der Annahme, dass die sogenannten Kohlenstoffhydrate wirklich Hydrate sind, wofür man anführen könnte, dass durch hohe und anhaltende Hitze Sauerstoff und Wasserstoff aus der Zellwandung bis auf geringe Spuren ausgetrieben werden können (Verkohlung), ohne deren Gestalt selbst in der kleinsten Spiralfaser zu verändern.

Was die zweite der bestehenden Ansichten betrifft, die Abstammung des Sauerstoffes aus der nicht zerlegten Kohlensäure (Schleiden), so spricht gegen sie zunächst der Umstand, dass eine Verbindung der Kohlensäure mit Wasserstoff, wie sie hier stattfinden müsste, unbekannt ist. Ausserdem bestände auch in diesem Falle die Unwahrscheinlichkeit einer dem Bedarf, hier der Kohlensäure, dort dem Kohlenstoff der zerlegten Kohlensäure entsprechenden Zerlegung eines quantitativ bestimmten Wassertheiles der Zellsäfte. Hier wie dort fehlt uns die Kenntniss der Kraft, welche in so grossartigem Maassstabe, so sicher und so leicht die Zerlegung hier des Wassers, dort der Kohlensäure bewirkt, da die Annahme schwerlich Anhänger finden dürfte: es wirke das Kohlensäurequantum im Bereich der Zelle in gleicher Weise auf Wasserzerlegung, wie das Schwefelsäurequantum die Menge des Gypses bestimmt, der aus überschüssigem Kalk sich bildet. Alle diese Schwierigkeiten der Erklärung würden hinwegfallen, wenn man annehmen könnte, dass die Kohlenstoffhydrate wirkliche Hydrate sind. Dieser Annahme stehen aber nicht allein theoretische Gründe entgegen, sondern auch die Thatsache, dass es Vorläufer der Cellulose oder der Mehlbildung giebt, wie die Fette und die Proteinverbindungen, in denen Sauerstoff und Wasserstoff nicht in dem Verhältniss zu einander stehen, wie im Wasser. Beachtenswerth ist es aber, dass die, dem uns unbekannten Bildungssafte zunächst stehenden Gummi und Zucker sogenannte Kohlenstoffhydrate sind.

In neuester Zeit hat sich noch eine dritte Anschauungsweise Geltung zu schaffen gesucht, nach welcher, wie bei den Thieren, ein Athmungsprocess besteht, fortdauernd Sauerstoff der Luft in die Pflanze aufgenommen und nach bewirkter Verbrennung vorgebildeter organischer Substanz als Kohlensäure wieder ausgeschieden wird. Man hat diesen Vorgang „Athmung“

genannt, von ihm die Bewegung und Veränderung organischer Stoffe hergeleitet. Von diesem Process sei die Assimilation von Rohstoffen der Ernährung in der Grünmehl führenden Zelle zu unterscheiden. Letztere bestehe in einer Zerlegung der Kohlensäure unter Lichtwirkung, verbunden mit Ausscheidung des Sauerstoffes der Kohlensäure in die Aussenluft. Ihr Uebergewicht über die Athmung vermittle die Gewicht- und Wasserzunahme, das Wachsen der Pflanze, während die Athmung nur die Qualität der assimilirten Stoffe verändere. In Bezug auf Assimilation der Rohstoffe ist diese Theorie daher bei der ältesten Annahme einer Kohlensäurezersetzung stehen geblieben und treffen sie alle ihr von mir vorstehend entgegengestellten Bedenken. In Bezug auf Athmung habe ich bereits in der dritten Abtheilung Seite 216 meine Ansichten ausgesprochen.

d) Der Wasserstoffbedarf.

Die Zusammensetzung der Kohlenstoffhydrate zu 44 Kohlenstoff 50 Sauerstoff, 6 Wasserstoff angenommen, ist der Wasserstoffbedarf, im Verhältniss zum Bedarf an Kohlenstoff und Sauerstoff, ein verhältnissmässig geringer in dem grössten Theile der Pflanzenstoffe, und selbst in den wasserstoffreichsten Pflanzenstoffen, in den Fetten und Proteinverbindungen steigt das Wasserstoffgewicht nicht über 13 % vom Gesammtgewicht der Verbindungen.

Dieser durch die geringe Menge der an Wasserstoff reicheren Theile des Pflanzenkörpers geringe Bedarf der Gesammtpflanze an Wasserstoff kann diese beziehen entweder aus Wasserzerlegung (89,9 Gewichttheile Sauerstoff, 11,1 Gewichttheile Wasserstoff) oder aus einer Zersetzung von Ammoniak, bestehend aus 82,54 Gewichttheilen Wasserstoff und 17,46 Gewichttheilen Stickstoff.

Für die Herleitung des Wasserstoffbedarfes und einer im Innern der lebenden Zelle nach Bedarf eintretenden, theilweisen Zersetzung des wässerigen Zellsaftes besitzen wir keinen einzigen Anhalt. Dagegen können wir mit genügender Sicherheit annehmen, dass der Stickstoffbedarf der lebenden Pflanze ihr in der Form von Ammoniak von Aussen zugeführt werde, dass eine Zerlegung des aus Boden und Luft aufgenommenen Ammoniak im Innern der lebenden Pflanze stattfinden müsse zur Deckung des Stickstoffbedarfes, dass hierbei ein nahe fünfmal grösseres Gewicht an Wasserstoff frei werde, möglicherweise ausreichend zur Deckung des geringen Wasserstoffbedarfes der Pflanze.

e) Der Stickstoffbedarf.

Kohlenstoff, Sauerstoff, Wasserstoff mit den ihnen beigemengten Aschebestandtheilen bilden den grössten Theil der Kohlenstoffhydrate, der Cellulose, der Zellkerne, Mehle des Pflanzenkörpers; sie bilden den Hauptbestand der für die ganze Lebensdauer der Pflanze fixirten, organischen Stoffe, bis auf die geringe Stickstoffmenge, welche dem bleibenden Bestande der Zellhäute (Seite 23) angehört. Der stickstoffreichere Bestand des Klebermehles, in welchem der Stickstoffgehalt bis auf 10 % steigt, der Alkaloide mit 4—9 %, der Proteinverbindungen und der Farbstoffe sind vorübergehender Bildung, gehören den Reservestoffen an und lösen sich mit diesen im Pflanzensafte, aus dem sie mehr oder weniger vollständig verschwinden, in dem Maasse, als die Aufspeicherung von Reservemehlen vorschreitet, in denen sie den Winter über ruhen, bis sie im Frühjahrssafte wieder aufgelöst werden. Es ergiebt sich dies aus der Thatsache, dass die Fruchtsäfte aller Neubildungen grosse Mengen von Eiweiss (Proteinverbindungen) in Lösung enthalten, dass der Gehalt an gelöstem Eiweiss mit fortschreitendem Alter der Neubildungen sich vermindert und im Herbste verschwindet oder auf ein Minimum hinabsinkt, während stickstoffhaltige feste Reservestoffe sich bilden.

Wenn wir hiernach annehmen müssen, dass der Stickstoff des Pflanzensaftes nicht auf bleibende Neubildungen, nicht auf den bleibenden Zuwachs des Baumes verwendet wird, sondern in der Gestalt fester Reservestoffe von jedem Vorjahre auf das Nachjahr übertragen werde, in Letzterem wiederum im Zellsafte sich lösend, könnte man daraus folgern, dass der Gehalt der Pflanze an Stickstoffverbindungen alljährlich um den Betrag der Neubildung an Letzteren sich vermehren müsse, bis ein der Samenproduktion entsprechender Abgang eintritt.

Dass der Stickstoffbedarf aller unserer jüngeren Holzbestände im Vergleich zum Bedarf selbst an Wasserstoff ein geringer ist, liegt in der verhältnissmässig geringen Menge stickstoffreicherer Pflanzentheile. Um so überraschender ist es, dass erst im Alter eingetretener Mannbarkeit einige unserer Holzarten, wie die Rothbuche, die Haselnuss, Wallnuss und die Nadelhölzer, in reichen Samenjahren so bedeutende Mengen stickstoffreichen Klebermehles in Samenlappen oder Samenweiss aufzuspeichern vermögen, wie das besonders in Vollmastjahren alter Buchenbestände der Fall ist. Eine allmälige Ansammlung stickstoffreicher Verbindungen im Innern der lebenden Pflanze lässt sich nicht annehmen, da, wenn auch die Samenproduktion oft mehr als 10 Jahre hindurch aussetzt, dennoch die Fälle nicht selten sind, in denen aufeinanderfolgende Jahre reichlich Samen erzeugen.

Es ist in dieser Richtung sehr beachtenswerth, dass die Lupine, neben der Feldbohne wachsend, Erstere ihren stickstoffreichen, Letztere ihren stickstoffarmen Samen alljährlich bildet. Bei der einjährigen Lebensdauer dieser Pflanzen kann hier von einer langsamen Ansammlung von Stickstoffverbindungen im Innern der Pflanze nicht die Rede sein. Wir müssen diesen Pflanzen das Vermögen zuschreiben: viel resp. wenig Stickstoff aufzunehmen, wenig resp. viel Stickstoff unverbraucht auszuscheiden, unter durchaus gleichen äusseren Einflüssen. Demgemäss bin ich zu der Annahme geneigt, dass der bedeutende Stickstoffbedarf des Buchenbestandes für ein reiches Mastjahr erst im Samenjahre von den Bäumen des Bestandes von Aussen aufgenommen werde.

Dass der Stickstoff in der Form des kohlensauren Ammoniak theils durch die Blätter aus der Luft, theils durch die Wurzeln aus dem Boden aufgenommen werde, ist mehr als wahrscheinlich. Besonders liefert humoser Boden hierfür ein reiches Material, da, bei der fortdauernden Zersetzung des Humus zu Kohlensäure, Wasserstoff frei wird, der das Vermögen besitzt, im Augenblicke des Freiwerdens sich mit dem Stickstoff der Atmosphäre zu Ammoniak zu verbinden. Es ist daher auch wahrscheinlich, dass die Pflanzen ihren Stickstoffbedarf vorzugsweise dem Boden entnehmen, der, in Folge seiner Porosität auch in seinem anorganischen Bestande das Vermögen besitzt, den Gehalt der Aussenluft an Ammoniak anzuziehen und in sich zu verdichten. Ob und wie weit auch salpetersaure Salze aus Boden und Luft von der Pflanze aufgenommen werden und durch Zersetzung einen Beitrag zum Stickstoffbedarf der Pflanze liefern, bleibt noch näher zu erforschen.

Findet im Innern der Pflanze die Zerlegung eines Wassertheiles der Zellsäfte in Sauerstoff und Wasserstoff statt, wie dies der Fall sein muss, wenn nicht Wasser mit dem Kohlenstoff der Kohlensäure, sondern die getrennten Elemente des Wassers sich mit dem Kohlenstoff verbinden, dann kann Ammoniak möglicherweise auch im Innern der lebenden Zelle entstehen, aus dem Stickstoff der dem Zellsafte beigemengten atmosphärischen Luft und dem Wasserstoff im Augenblicke der Wasserzerlegung; es kann in diesem Falle das im Zellraume entstandene Ammoniak, ebenso wie das von Aussen aufgenommene eine Quelle weiterer Stickstoffverbindungen des Pflanzenkörpers sein. Es müsste denn ein der momentanen Ammoniakverbindung entsprechender Ueberschuss an Sauerstoff des Wassers ausser dem Sauerstoff der Kohlensäure nach Aussen abgeschieden werden. Künftige Versuche in dieser Richtung werden die Möglichkeit zu berücksichtigen haben.

f) Der Bedarf an Phosphor und an Schwefel.

Phosphor und Schwefel sind treue Begleiter aller Proteinverbindungen, besonders des Klebermehles, mit dessen Wiederauflösung im Zellsafte sie sich Letzterem beimengen. Im Zellsafte der jüngsten noch unfertigen Cambialfasern des Holzkörpers lässt sich der Gehalt an Phosphor leicht und sicher nachweisen, wenn man im Frühjahr Schaft oder Aststücke entrindet, mit Glasscherben die jüngsten Cambialfasern abschabt, auspresst und den Saft durch

Aufkochen vom Eiweiss befreit. Der filtrirte Saft liefert dann durch Zusatz von Ammoniak phosphorsaure Ammoniak-Talkerde, ein in Wasser unlösliches Salz, das sich durch Filtriren gewinnen lässt. Es ist daher der Phosphor im Cambialsafte als phosphorsaure Talkerde enthalten, selbst auf talkarmem, kalkreichem Boden ohne eine Spur von Kalkerde (?).

Da bis zum Eintritt der Mannbarkeit unserer Holzbestände der Stickstoffgehalt nur Bruchtheile von Procenten des Gesammtgewichtes derselben betragen kann, Phosphor und Schwefel ihrerseits nur Bruchtheile von Procenten der Eiweissverbindungen betragen, kann der Bedarf der Holzpflanzen an Phosphor und Schwefel, abgesehen von dem gesteigerten Bedarf beim Eintritt reicher Samenjahre, nur wenige Tausendtheile vom Gesammtbedarf der Pflanze an Nährstoffen betragen. Es entspricht dies auch der sehr geringen Menge phosphorsaurer und schwefelsaurer Salze der meisten Waldbodenarten. Nur aus ihnen kann die Holzpflanze diese Nährstoffe beziehen, da sie in der Luft nicht enthalten sind. Lösungen von schwefelsaurem Kalk (Gyps) und von phosphorsaurem Kalk und Eisen sind die Verbindungen, in denen der Boden diese Nährstoffe den Pflanzenwurzeln zur Aufnahme darbietet.

Es ist sehr wahrscheinlich, dass das, was ich Seite 219, 242 über die Bedeutung der Stickstoffverbindungen für den Haushalt der Pflanze gesagt habe, auch auf den Phosphor und Schwefel Anwendung findet, da auch diese Stoffe im Aufbau des Pflanzenkörpers nicht dauernd fixirt werden, sondern dem Pflanzensafte angehören, aus diesem durch den Zellkern zu Reservemehlen gestaltet werden, die, in nachfolgenden Vegetationsperioden im Zellsafte gelöst, wieder zu Bestandtheilen desselben werden. Betheiligen sich diese Nährstoffe am Aufbau der bleibenden Theile des Pflanzenkörpers nicht, oder doch nur als ein Theil des Baustoffes der Zellhäute, wenn diese stickstoffhaltig sein und bleiben sollten, dann verbleibt ihnen, abgesehen von einem möglicherweise ihnen zuständigen, reaktiven Wirken im Assimilationsgeschäft der Zellen, keine andere Bedeutung, als die Beziehungen, in denen die Pflanze zum Thiere steht, die Bildung von Nährstoffen der Thiere aus den Stoffen der anorganischen Körperwelt (Seite 23).

So gering der Bedarf unserer Waldbäume an Phosphor und Schwefel bis zu deren Mannbarkeitsalter und darüber hinaus bei aussetzender Samenproduktion und bei allen Holzarten ist, deren Samenlappen sehr klein (Weide, Pappel, Birke) oder grösstentheils mit Stärkemehl erfüllt sind (Eiche, Kastanie, Rosskastanie), erscheint er in reichen Samenjahren der Nadelhölzer, der Rothbuche, Hasel dennoch auffallend gross im Vergleich zum Phosphor- und Schwefelgehalte solchen Waldbodens, der, wie das häufig der Fall ist, selbst bei der sorgfältigsten Untersuchung kaum Spuren davon zu erkennen giebt. Man müsste hier, mehr noch als beim Stickstoff, zur Annahme allmäliger

Ansammlung dieser Stoffe geleitet werden, wenn dieser Annahme nicht dieselben Bedenken entgegenständen, deren ich bereits in Bezug auf den Stickstoffbedarf erwähnte. Es bleibt hier nur die Annahme einer Zufuhr des Schwefels durch atmosphärische Niederschläge, die davon in ausreichender Menge enthalten. Woher der in den Cambialsäften so reiche Phosphorgehalt unter Umständen stamme, welche Spuren davon weder im Boden noch in der Luft erkennen lassen, wissen wir nicht, und selbst die Annahme, dass das in der Dammerde der Wälder so reiche Thierleben die Quelle ist, würde doch nur ein Verschieben der Frage sein.

g) Der Bedarf an Kieselsäure, an Kali, Kalk, Talk, Eisen und Mangan.

Vorstehend habe ich nur diejenigen mineralischen Nährstoffe genannt, welche durch Ascheuntersuchungen als die allgemeinsten Bestandtheile dem Pflanzenkörper angehören. Chlor, Jod, Brom; Natron, Thon und einige andere Metalle, wie Kupfer, Blei sind zwar ebenfalls Bestandtheile, aber meist solcher Pflanzen, die nicht den Holzpflanzen unserer Wälder angehören, oder sie finden sich nur auf gewissen Standorten, deren Boden reich an ihnen ist, oder nur in so geringen Mengen vor, dass ihnen ein wesentlicher Einfluss auf die Ernährung der Holzpflanzen nicht zugeschrieben werden kann. Aus der Allgemeinheit des Vorhandenseins der in der Ueberschrift genannten Stoffe im Ascherückstande der Holzpflanzen dürfen wir auf deren Nothwendigkeit für den Ernährungsprocess und für den Aufbau des Pflanzenkörpers schliessen mit der Beschränkung, dass sie sich wie Eisen und Mangan, Kalk und Talk, Kali und Natron gegenseitig vertreten können, wenn einer oder der andere der genannten Stoffe dem Boden fehlt.

Betreffs der Angaben über den Aschegehalt der Baumhölzer, die zugleich den Bedarf derselben an terrestrischen Nährstoffen bezeichnen, fand Karsten in lufttrocknen Hobelspänen einen Ascherückstand von 0,11 bis 0,40 Gewichtprocent. Der Eiche und den Nadelhölzern gehören die niedrigsten, der Birke und Hainbuche die mittleren, der Rothbuche, Erle, Linde die höchsten Aschemengen unter den untersuchten Holzarten an. Weit grösser ist der Aschegehalt der Rinden. Es kann derselbe mehr als das 20fache der Holzasche betragen. Auch der Aschegehalt der Blätter steigt auf das 3—5fache des Aschegehaltes im Holze.

Das specifische Gewicht lufttrocknen Eichenholzes zu 0,8, das des Buchenholzes zu 0,7 angenommen, wiegt das Festmeter Eichenholz 776, das Festmeter Buchenholz 679 Kilo. Den jährlichen Holzzuwachs pro Hektar eines Eichenbestandes = 6 Festmeter = 4658 Kilo, den eines Buchenbestanees = 7,8 Festmeter = 5288 Kilo angesetzt (776 . 6 und 679 . 7,8), stellt sich der jährliche Bedarf dieser Waldbestände an mineralischen Nährstoffen nach dem Ascherückstande des Holzes berechnet, für den Eichenbestand auf 0,011 . 4658 = 45,24 Kilo = 90,5 Neupfund pro Hektar oder 23 Neupfund auf den preussischen Morgen; für den Buchenbestand hingegen auf 0,04 . 5288 = 211 Kilo = 406 Neupfund pro Hektar oder 104 Neupfund auf den preussischen Morgen. *)

Nimmt man an, dass der jährliche Blattabfall den Bedarf einer nachfolgenden Blatterzeugung, dass der Abfall an Reiserholz, Früchten, Borkeschuppen etc. annähernd dem Bedarfe des jährlichen Rindezuwachses entsprechend sei, dann bezeichnen die oben berechneten Zahlen von 23 bis 104 Neupfund auf dem preussischen Morgen diejenigen Mengen mineralischer Nährstoffe, die für die Holzproduktion dem Bestande von Aussen zugehen muss. **)

Einen nicht unwesentlichen Beitrag zu diesem Bedarfe liefert dem Boden der jährliche Niederschlag an Regen und Schnee. Bei einer dreifüssigen Schichthöhe desselben (5 Millionen Pfund auf den preussischen Morgen) fand Bertels aus monatlich wiederholten Untersuchungen einen festen Rückstand von 226 Pfunden, bestehend aus:

kohlensaurem Kalk	31,7	Pfund,
kohlensaurem Talk	24,5	„
salzsaurem Natron	32,4	„
schwefelsaurem Kalk	24,6	„
schwefelsaurer Thonerde	13,0	„
Kieselerde	27,0	„
Eisenoxyd	10,8	„
organischen Stoffen	35,9	„
Spuren von kohlensaurem Kali, Ammoniak und Verlust	26,0	„
	225,9	Pfund.

Mit Ausschluss des Kalibedarfes würde diese Zufuhr mehr als ausreichend sein, den jährlichen Bedarf der Holzbestände an Mineralstoffen zu decken. Für den Kalibedarf sorgen die jedem Boden, selbst dem Sandboden beigemengten Trümmer feldspathreicher Gesteine, die im Waldboden selbst da noch reichlich sich vorfinden, wo derselbe wahrscheinlich seit Hunderten von Generationen bewaldet gewesen ist, die wahrscheinlich noch längere Zeit ausreichen werden, als sie ausgereicht haben. Den für den Ackerbau so wichtigen

*) Das absolute Gewicht eines Cubikmeters Wasser ist hierbei zu 32,34587 . 66 = 2134,936 alte Pfunde angenommen. Es sind diese 1940,76 Neupfund oder 970,4 Kilo gleich.

**) Ich bitte jedoch, diese Angaben sehr vorsichtig aufzunehmen. Bei der Unsicherheit vieler Grundlagen derselben, bei der weit entfernten Grenze, innerhalb deren sie sich bewegen, kann das Resultat der Berechnungen nur ein annähernd richtiges sein.

Fruchtwechsel und die Mineraldüngung in den Waldbau einzuführen, liegt kein Grund vor.

h) Der Wasserbedarf.

Abgesehen vom Bedarf der Pflanze an Wasserstoff, der möglicherweise durch Zerlegung von Ammoniak bezogen werden kann (Seite 315), theilweise sehr wahrscheinlich auf diesem Wege bezogen wird, bedarf die Pflanze einer grösseren Menge von Wasser als Transportmittel der Nährstoffe im Innern der Pflanze und als Vermittler der chemischen Umbildung derselben.

Die im Verhältniss zum Bedarfe geringe Menge im Bodenwasser gelöster Nährstoffe mag es sein, durch welche die Aufnahme grosser Mengen von Bodenwasser und deren Aufsteigen zu den Blättern nothwendig wird, aus denen sie in Dunstform abgeschieden werden, nachdem sie die terrestrischen Nährstoffe, zur gemeinschaftlichen Verarbeitung mit den aus der Luft bezogenen, in ihnen zurückgelassen haben.

Da es Holzarten giebt, deren Kernholz für den aufsteigenden Holzsaft nicht leitungsfähig ist (die Akazie, Eiche, Rüster, Maulbeerbaum gehören dahin), da, wenn man den Splint solcher Bäume in einem Ringschnitte durchschneidet, die Blätter derselben selbst bei Regenwetter in kurzer Zeit erschlaffen, bei trocknem Wetter bald vertrocknen und absterben, so sind wir berechtigt anzunehmen, dass die Blätter nicht befähigt sind, Feuchtigkeit aus der Luft zu beziehen. Es ist die Kenntniss der Verdunstungsmenge aus den Blättern und jungen Trieben, welche uns zur Erkenntniss der Grösse des Wasserbedarfes der Pflanze aus dem Boden führt, die mit der Erkenntniss mancher anderen Lebenserscheinung in naher Beziehung steht.

Nach meinen Mittheilungen im Handelsblatt für Walderzeugnisse 1875 Nr. 17 nehmen Festmasse, Wasser und Luft im Grünvolumen unserer heimischen Baumhölzer folgende Raumgrössen ein:

	Festmasse:	Wasser:	Luft:
Harte Laubhölzer . . .	0,441	0,247	0,312
weiche Laubhölzer . . .	0,279	0,317	0,404
Nadelhölzer	0,270	0,335	0,395
im Durchschnitt	0,330	0,300	0,370

wozu ich bemerke, dass in die Festmasse das hygroskopische Wasser des lufttrocknen Zustandes mit eingeschlossen ist. Es beträgt 7—8 % des ganzen Wassergehaltes. Abgesehen hiervon beträgt der Wassergehalt des Grünvolumen bei den harten Laubhölzern $^1/_4$, bei den weichen Laubhölzern $^1/_3$ vom Gesammtvolumen, wovon noch ein mir bis jetzt unbekannter, nach verschiedener Dicke der Faserwandung wahrscheinlich sehr verschiedener Procentsatz an Imbibitionswasser der Zellwandung in Absatz gebracht werden muss, wenn und wo es sich um Ermittelung der Volumenverhältnisse von Wasser und Luft im Innenraum der Holzfasern handelt.

Das Imbibitions- wie das hygroskopische Wasser des lebenden Holzes als bleibende, wenn auch der Substanz nach einem Wechsel unterworfene Gewichtgrösse angesehen, wird man nicht viel fehlen, wenn man die Raumgrösse des tropfbar flüssigen Wassers im Innenraume der Holzfasern, bei den weichen Laubhölzern und den Nadelhölzern auf 30 %, bei den harten Laubhölzern auf 20 % vom Grünvolumen ermässigt, deren Luftvolumen um den Ermässigungsbetrag erhöht.

Da die Veränderungen des Grüngewichts vom Holze derselben Holzart, desselben Standortes innerhalb Wochen, selbst Monaten keine beträchtlichen sind, demohnerachtet die Belaubung des Baumes täglich bedeutende Mengen von Wasser verdunstet, kann man aus der Verdunstungsmenge sichere Schlüsse auf die Menge des Wassers ziehen, die der Baum dem Boden durch seine Wurzeln entnimmt. Zahlreiche Versuche mit Topfpflanzen haben mir gezeigt, wie bedeutend diese Wassermenge ist. Eine 5 jährige Hainbuchenpflanze von 47 g Grüngewicht, also muthmaasslich 10 g Wassergehalt, nachdem sie im Frühjahre ihre Wiederbelaubung bis zu ungefähr $^3/_4$ endlicher Grösse kräftig ausgebildet hatte, verdunstete in 24 Stunden 22 g Wasser, von denen 16 g auf die Stunden von 10 Uhr Vormittags bis 4 Uhr Nachmittags bei unmittelbarer Sonnenwirkung, aber nicht mehr als 11—15 ° C. Zimmerwärme fallen.*)

Versuche dieser Art ergeben einen Wasserbedarf der Pflanzen, der es unter Umständen räthselhaft erscheinen lässt, in welcher Weise der Boden demselben zu genügen vermag.

i) Wärmebedarf.

Die mechanische Wärmetheorie leitet den von der Wärme bedingten Aggregatzustand der Materie ab von dem zwischen den Molekülen derselben

*) Die Versuche stelle ich jetzt in der Weise an, dass ich die beiden Schalen einer gleicharmigen Wage mit zweien, in jeder Hinsicht gleichen und gleich beschickten Glastöpfen belaste und in's Gleichgewicht bringe, von denen nur der eine, und zwar schon vor länger als einem Jahre bepflanzt wurde. Die Gewichtsdifferenzen beider Töpfe, welche sich in gemessener Zeit ergeben, nehme ich als Verdunstungsverlust der Pflanze an. Ich habe mich zu diesem einfachsten Verfahren gewendet, um jeden störenden Einfluss einer Absperrung, wenn auch nur des Bodens und der in diesem lagernden Wurzeln von der freien Luft zu beseitigen. Selbstverständlich müssen Boden, Wassergehalt und die verdunstende Bodenoberfläche in beiden Versuchstöpfen genau dieselben sein.

verbleibenden Raume, der grösser wird bei zunehmender, kleiner bei abnehmender Wärme. Stoffe von gleicher Beschaffenheit ihrer Moleküle: Eisen, Quecksilber, Wasser, Luft erleiden durch erhöhte oder erniedrigte Erwärmung keine andere Veränderung, als die ihres Aggregatzustandes, ihre Moleküle bleiben stets von Molekülen derselben Art umgeben; Stoffe aber, die aus verschiedenartigen Molekülen bestehen, z. B. Pflanzenstoffe, können ausserdem noch chemische Veränderungen erleiden, wenn ihre Moleküle, bei höheren Graden der Erwärmung verschiebbar geworden, ihre Lagerung derart verändern, dass früher getrennte verschiedenartige Moleküle sich zusammenlagern, früher zusammenlagernde Moleküle sich trennen, dadurch Veränderungen ihrer elementaren Zusammensetzung erleiden.

Ist diese Anschauung richtig, dann ist es die Wärme, die wir als Erreger derjenigen chemischen Vorgänge vorzugsweise betrachten müssen, durch welche im Innern der Pflanze die Rohstoffe der Ernährung zu Bildungssäften in den der Wärme zugänglichsten Pflanzentheilen, in den Blättern, umgewandelt werden. Beim Mangel innerer Wärmequelle erklärt sich daraus die Abhängigkeit des Lebens und Gedeihens der Pflanzen von der Wärme des Klima.

Palmen und Baumfarren verlangen die Wärme des tropischen Klima, Citronen und Oliven die des südlichen Europa, Wallnuss und Kastanie gehören dem südlichen Deutschland; Stiel- und Traubeneiche gehen nicht über das südliche Schweden hinaus. Die Abhängigkeit ihres Gedeihens im Freien von bestimmten Wärmegraden der Luft ist augenfällig. Nicht so verhält sich dies in entgegengesetzter Richtung. Polar- und Gletscherweiden gedeihen noch in den Ebenen Deutschlands, allerdings nur unter gärtnerischer Obhut; aus dem Samen im Hochnorden gewachsener Fichten und Lärchen erzog ich Pflanzen, die im Wuchse den Pflanzen aus hier erwachsenem Samen nicht zurückstanden; die Alpeneller, die Haarbirke, die Krummholzkiefer steigen von ihrem Standorte nahe der Schneegrenze in die Alpenthäler hinab und wachsen hier neben der Wallnuss und der süssen Kastanie. Ein Mehr der Wärme wirkt weniger beengend auf Verbreitung der Pflanzen als ein Zuwenig. Auf diesen Gegenstand näher einzugehen, verbieten die diesem Werke gesteckten Grenzen und erlaube ich mir den Hinweis auf den klimatologischen Theil des ersten Bandes der 11. Auflage des Lehrbuches für Förster 1877.

Bis auf einige durch lebhafte chemische Processe bei Keimung und Blüthe frei werdende Wärme fehlt der Pflanze jede innere Wärmequelle von wahrnehmbarer Wirkung. Der scheinbar paradoxe Umstand, dass die im Baume eingeschlossene Luft um so kälter als die Aussenluft wärmer ist, habe ich sehr einfach dadurch erklärt, dass die grössere Wärme der Aussenluft eine lebhaftere Verdunstung, diese die Aufnahme einer grösseren Menge des im Sommers stets kälteren Bodenwassers zur Folge hat, das im Aufsteigen zu den Blättern die Baumluft erkältet. Ob im Bereich der Letzteren und aller blattartigen Organe noch eine weitere Abkühlung in Folge der durch die Verdunstung gebundenen Wärme eintrete, die nur durch ein Uebergewicht von Aussen zugehender Wärme ausgeglichen werden kann, wissen wir zur Zeit noch nicht, obgleich dies eine Frage ist, die sich durch umsichtig gestellte und sorgfältig ausgeführte Versuche wohl ergründen lässt, an deren beabsichtigter Anstellung im Sommer des vorigen Jahres ich selbst durch schwere Krankheit verhindert wurde.

Die ungewöhnliche, fast zwei Monate dauernde Hitze und Dürre des Herbstes 1875 hatte den Boden der hiesigen forstlichen Versuchsanstalt bis auf 350 g Wasser in 5000 ccm, den flachstehenden, thonigen Untergrund in noch höherem Grade ausgetrocknet. Ein Theil des Bodens war mit 5jährigen, kräftig wachsenden Fichtenpflanzen bestanden, deren Laubschirm der Grundfläche nahe gleichstand, deren nach der Wurzelverbreitung gemessener Ernährungsraum im Boden, bei einer Standferne der Pflanzen von 15, bei einer Wurzeltiefe von 22 cm, auf 5000 ccm sich berechnete. Mehrere der den Bestand bildenden Fichten wurden mit grossen Ballen in Töpfe versetzt, um deren Verdunstungsmenge messen zu können. Eine dieser Fichtenpflanzen von mittlerer Beastung und Benadelung, in der Forst- und Jagdzeitung 1876, S. 43 beschrieben, verdunstete bei einem Wassergehalte von 70,5 g in 24 Stunden 100 g. Unter der Voraussetzung, dass die Verdunstung der Pflanze durch die Versetzung in den Topf nicht verändert wurde — es geschah Alles um dies möglichst zu verhindern — würde der kleine Fichtenbestand den Boden in 3½ Tagen seiner Feuchtigkeit bis zum lufttrockenen Zustande beraubt haben. Da nun ein solcher Zustand nicht eintritt, thatsächlich jener Wassergehalt von 350 g in 5000 ccm mit geringen Schwankungen ein bleibender ist, muss die tägliche Verdunstungsmenge durch die Pflanze = 100 g täglich ersetzt werden. Bei der Kraft, mit welcher der plastische Thon des Untergrundes gegen das Aufsteigen des Grundwassers sich abschliesst, kann das nicht von dort aus, es kann nur von der Atmosphäre aus geschehen, und theils auf den hygroskopischen Eigenschaften, theils auf dem beruhen, was ich den Athmungsprocess des Bodens genannt habe. A. a. O. habe ich aber nachgewiesen, dass bei anhaltendem Aussetzen von Thau und Regen, die auf obigem Wege dem Boden zugehende Wassermenge eine zu geringe ist, um auf einer Bodenoberfläche von 90 qcm den täglichen Wasserabgang von 100 g ersetzen zu können, dass wir auch hierzu den Schlüssel noch zu finden haben. Es wird beim Suchen darnach in's Auge zu fassen sein, theils was ich über „Oekonomie der Verdunstung", d. h. das Vermögen der lebenden Pflanze gesagt habe, die Verdunstung zurückzuhalten in dem Maasse, als der Boden die Wasserzufuhr versagt, theils zu untersuchen, ob nicht die Hygroskopität des Bodens in dem

Maasse sich steigert, als der Wassergehalt des Bodens sich verringert, oder die Belaubung der Pflanze befähigt wird, dunstförmiges Wasser der Luft in sich aufzunehmen, wenn der Boden ihr die nöthige Wasserzufuhr versagt.

Um die Verdunstungsmenge und durch sie den Wasserbedarf auch älterer Bäume wenigstens annähernd finden zu können, habe ich die Versuche, die ich schon früher (B. III, 46) über das Verdunsten der Zweigspitzen im unbelaubten Zustande veröffentlicht habe, im Frühjahr 1876, auch auf die späteren Zustände der Zweigspitzen ausgedehnt, verschieden durch die Entwickelung ihrer Knospen zu jungen Trieben und Blättern. Schon früher und auch jetzt wieder habe ich dabei nur die beiden äussersten Internodien der Zweigspitzen, also die Endknospe und zwei Seitenknospen in Untersuchung gezogen, dieselben in Verbindung mit dem Baume in Glasröhren oder Glasflaschen eingebracht und den Eingang zu Letzteren vermittelst eines in der Mitte der Länge nach durchbohrten und halbirten Korkes, nöthigenfalls unter Hülfe von Baumwolle, soweit luftdicht verschlossen als nöthig erschien, um Entweichen des Wasserdunstes nach Aussen zu verhindern. Die in gemessenen Zeiträumen im Innern der Glasballen von den Zweigspitzen verdunstete Wassermenge liess sich dann in den Gewichtunterschieden des verwendeten Glases, vor und nach dem Austrocknen des Glases, leicht ermitteln, nachdem davon ein der Verdunstung abgeschnittener und in kochendem Wasser getödteter Zweigspitzen entsprechender Gewichttheil und zwar 10 mg auf 24 Stunden in Abzug gebracht war. Ich habe hierüber unter der Aufschrift „Verdunstung" gesprochen.

Hier nur so viel:

Für die Rothbuche ergab die tägliche Verdunstungsmenge einer Zweigspitze:

a) Vor dem Aufbrechen der Knospen . . . 0,03 g,
b) mit Ausbruch der ersten Blätter . . . . 0,27 g,
c) mit halbwüchsiger Belaubung . . . . . 0,62 g,
d) mit $^3/_4$-wüchsiger Belaubung . . . . . 1,12 g,

wozu ich bemerke, dass die Zahlen nicht Durchschnittsgrössen, sondern diejenigen Verdunstungsmengen bezeichnen, die unter einer Mehrzahl gleichwerthiger Versuche am häufigsten vertreten waren.

Die Zahl der Zweigspitzen und die aus ihr berechnete Verdunstungsmenge eines Stammes stellte sich folgendermaassen:

Alter	Zahl der Zweigspitzen	Tägliche Verdunstungsmenge eines Stammes in Gramm			
		ad a	ad b	ad c	ad d
3	6	0,18	1,62	3,7	7
6	40	1,20	11	25	48
10	100	3,00	27	62	112
20	675	20	128	419	810
30	1350	40	364	837	1620
40	4500	135	1215	2790	5400
50	8500	255	2300	5270	10200
60	15000	450	4050	9300	18000

Für 180, den 60jährigen Bestand auf $^1/_4$ Hektar (1 Magd. Morgen) bildende Buchen berechnete sich daraus, wie ich später ausführlicher zeigen werde, eine tägliche Verdunstungsmenge von 6480 Neupfunden, während eine ebenso grosse Wasserfläche unter im Uebrigen gleichen Einflüssen täglich 7020 Neupfunde, also nicht erheblich mehr verdunstete.

Wir wissen, dass gewisse Holzarten einen feuchteren Boden lieben, als Andere, Ellern, Weiden, Birken, z. B. im Gegensatz zu Buchen und Ahornen und können daraus schliessen, dass der Wasserbedarf verschiedener Holzarten ein verschiedener ist. Wir wissen aber auch, dass die Ansprüche derselben Holzart in dieser Hinsicht keine fest begrenzten sind, dass sie sich dem Angebot zu accommodiren vermag, gewisse Holzarten mehr, andere weniger, wie z. B. die Weisseller im Gegensatz zur Rotheller, die Zitterpappel oder Saalweide im Gegensatz zur Schwarzpappel, resp. Werftweide, dass sogar dieselbe Holzart dies Accommodationsvermögen in ihrer Nachkommenschaft besitzt durch den Einfluss, den der Wassergehalt des Bodens auf die Organisation der Pflanze ausübt. Es kann ein älterer Ellerbestand auf entwässertem Bruchboden kränkeln, endlich eingehen, während ein nach der Entwässerung angebauter Ellerbestand auf demselben Boden kräftig gedeiht; es kann ein Eichenbestand unter Versumpfung des Bodens leiden, während es Eichenbestände genug giebt, die auf nassem Boden gut gedeihen. Die dem nassen Boden befreundeten Birken und Ebereschen sind es, die wir am häufigsten im trockenen Gemäuer alter Burgruinen angesiedelt vorfinden. Ich habe gezeigt, dass dies Accommodationsvermögen vorzugsweise auf der Fähigkeit beruht, die Verdunstung in dem Maasse zurückzuhalten, als die Wasserzufuhr zu den Blättern eine geringere ist. Letztere sind in solchen Fällen nicht weniger wasserreich, als bei reichlicher Zufuhr, daher die unter Umständen bis zu gänzlichem Aussetzen beschränkte Verdunstung nur unter Mitwirkung vitaler Kraft sich vollziehen kann.

Wenn unsere Bekanntschaft mit dem Verhalten der Pflanzen zum Wasser des Bodens noch nicht weiter vorgeschritten ist, so liegt die Ursache in einem dem Instinkt der Thiere ähnlichen Können der Pflanzen, das sie befähigt, ihre Wurzeln dahin zu senden, oft in aussergewöhnlich weite Fernen, wo sie Deckung für ihren Bedarf finden. Ich erinnere in dieser Hinsicht an die 30 m weit streichenden Wurzelstränge der Kiefer auf trockenem Sandboden, an die oft 20 m tief in die mit Thon erfüllten Klüfte des Muschelkalkes hinabsteigenden Wurzeln der Rothbuche, an die, wie die Rose von Jericho, das Felsgeröll umarmenden Wurzeln der Fichte. Es ist einleuchtend, dass solche in der Nacht des Bodens der unmittelbaren Wahrnehmung nur in seltenen Fällen sich darbietenden Verhältnisse die Erkenntniss des normalen Verhaltens der Wurzeln zum Boden sehr erschweren müssen.

k) Lichtbedarf.

Es giebt Pflanzen, die keines Lichtes bedürfen, um zu wachsen und zu gedeihen. Es gehören dahin die Pilzfäden im Bauminnern, die Pilze der Gruben und der Keller, die Trüffeln des Erdreiches. Man nimmt an, dass diese Nachtpflanzen von organischen Stoffen sich ernähren, daher der Umbildung anorganischer Substanz in organischen Stoff, die sich nur unter Lichtwirkung im Grünmehl der Blätter vollzieht, nicht bedürfen.

Andere Pflanzen giebt es, die nur im Schatten gedeihen; einige Orchideen, der Sauerklee, die Hülse gehören zu diesen Schattenpflanzen.

Zwischen diesen und den Lichtpflanzen giebt es eine Menge von Uebergängen, die wenigstens im jugendlichen Alter einen verschieden grossen Lichtbedarf zu erkennen geben. Eiche, Esche, Kiefer, Lärche sind lichtholde, Buche, Hainbuche, Fichte, Tanne sind schattenliebende Holzarten.

Da Licht und Wärme gleichzeitig derselben Quelle entstammen, gleichzeitig mit der Pflanze in Berührung treten, ist es oft schwierig zu erkennen, welcher Einfluss auf eine Lebenserscheinung der Wärme, welcher dem Lichte zugeschrieben werden muss. Wenn an Südhängen, an den nach Süden gewendeten Rändern der Bestände der Holzwuchs weniger günstig sich zeigt, als in entgegengesetzten Lagen, kann dies ebenso einer zu grossen Lichtwirkung als zu grosser Erwärmung und deren Folgen in Trockenheit des Bodens und der Luft zugeschrieben werden; wenn in einem geschlossenen Bestande der Unterwuchs kümmert, so kann mangelnde Lichtwirkung, es könnte aber auch Mangel an Wärme die Ursache sein.

Zur Beseitigung dieser Unsicherheiten führen zwei verschiedene Wege.

Direkte Helligkeitsmessungen und der Vergleich ihrer Ergebnisse mit dem Bilde des Bestandes, dem sie entnommen wurden und ein indirektes Verfahren, das aus der Verdunstungsmenge der Pflanze bei gleicher Temperatur aber ungleicher Beleuchtung Schlüsse zieht auf die Ausgiebigkeit der Ernährungsprocesse und dadurch auf das Gedeihen der Pflanzen. Diese Schlüsse sind gerechtfertigt in der Thatsache, dass die Verdunstung gleich ist der Menge des Wassers, welches die Wurzeln dem Boden entnehmen, und dass mit dieser die Menge der in die Pflanze übergehenden terrestrischen Nährstoffe sich steigert. Dass aber diese Steigerung dem Gedeihen der Pflanze günstig ist, geht aus der periodischen Erhöhung des Zuwachses hervor, welcher jede Holzpflanze nach deren Freistellung aus einem bis daher geschlossenen Stande sofort, und ehe noch eine Vermehrung der Belaubung und Bewurzelung eintreten kann, unterworfen ist. Diese Steigerung des Zuwachses tritt in den Verjüngungsschlägen und Durchforstungen des Hochwaldes wie am Oberholze des Mittelwaldes schon im ersten Jahre nach dem Hiebe ein, ist in diesem Jahre am grössten und verringert sich von da ab bis zum 4.—6. Jahre, in dem sie auf die Grösse des Zuwachses vor der Auslichtung wieder zurücksinkt, trotz der in dieser Periode stattgehabten Steigerung der Kronenausbreitung und Belaubung (A. 9, B. 47). Ich kann mir diese Thatsache nur dadurch erklären, dass in der Periode beschränkter Kronenausbreitung und Belaubung von den Wurzeln des Baumes mehr terrestrische Nährstoffe aufgenommen wurden als verwendet werden konnten, dass sich in Folge dessen im Innern des Baumes ein Depot derselben bildete, dessen allmälige Verwendung die Zuwachssteigerung während der 4—6 Jahre erklärt.

Darf man hiernach annehmen, dass gesteigerte Verdunstung eine Steigerung aller derjenigen Verrichtungen zur Folge habe, welche die Grösse des Zuwachses, also das Gedeihen der Pflanze bedingen, so wird die Messung der Verdunstungsgrösse unter verschiedener Lichtwirkung einen Maassstab ergeben für den Einfluss Letzterer.

Das zu Versuchen in dieser Richtung erwählte Zimmer hat zwei nach Norden, zwei nach Süden gerichtete Fenster und ist in der Mitte durch eine Bretterwand in zwei Räume getheilt, die durch eine gut schliessende Thür von einander getrennt werden können. Junge Fichten im Winter aus dem freien Lande in Töpfe versetzt, verdunsteten bei gleicher, 8—10 Grad betragender Zimmerwärme während der späten Vormittagsstunden stündlich:

am Nordfenster 1 g,
am Südfenster bei bedecktem Himmel 2,25 g,
am Südfenster unter direkter Sonnenwirkung 5,00 g.

An einer tief und reich beästeten und belaubten Eiche wurden 6 gleich belaubte Zweige im Glasballon abgeschlossen und zwar theilweise an der der

Sonne zugewendeten Seite, anderentheils an der, direkter Sonnenwirkung gänzlich entzogenen Schattenseite des Baumes. Ende Juni lieferten bei 28 ° C. der Aussenluft gleiche Gewichtmengen abgesperrten Laubes auf der Südseite des Baumes stündlich 3 g, auf der Nordseite nur 0,4 g condensirten Wasserdunst. Weiteres siehe Forst- und Jagdzeitung 1878, S. 4.

Was die direkten Helligkeitsmessungen betrifft, so fehlten uns bis vor Kurzem geeignete Apparate. Weder das Dove'sche Mikroskop noch der Bunsen'sche Fettfleck oder das Pendelphotometer sind für unsere Zwecke verwendbar, theils weil es uns mehr auf Messung und Bezifferung von Helligkeitsgraden als auf Kenntniss der Stärke von Lichtquellen ankommt, theils weil sie der Gleichzeitigkeit der Anstellung einer Mehrzahl von Beobachtungen und der Inspection durch denselben Beobachter nicht entsprechen, theils weil sie einer Bezifferung der gewonnenen Resultate nicht entsprechen, diese in letzter Instanz von dem stets unsichern Augenmaass in Abschätzung von Farbentönen abhängig machen. Diese Mängel zu beseitigen, habe ich gewöhnliches photographisches Papier verwendet, das von zehn übereinander liegenden Streifen des feinsten Oelpapieres bedeckt wird, von denen jeder Streif 1 cm länger ist, als der nächstfolgende. Zwischen zwei Pappstreifen festgehalten, von denen der dem Lichte zugewendete einen Ausschnitt erhält, der dem Oelpapier den Zutritt des Lichtes gestattet, wird der unter Letzterem liegende Streifen photographischen Papieres am meisten von der Lichtwirkung getroffen, wo er nur von einem Streifen Oelpapieres gedeckt wird, in dem Maasse, als eine grössere Zahl von Lagen des Oelpapieres das photographische Papier decken, ist die Lichtwirkung auf Letzteres eine geringere; man erhält so auf dem photographischen Streifen eine Abstufung von Tönen derselben Farbe, die, verglichen werden kann mit einer Normalscala, auf welcher die Farbenabstufung in einer Lösung von unterschwefligsaurem Natron in 4—5 Theilen Wasser fixirt und mit Nummern von 1—10 bezeichnet wurden. Wäre nun beispielsweise in einem Falle der Versuchsstreifen photometrischen Papieres in einem Zeitraum von 10 Minuten gleich 1—4 der Normalscala gefärbt, so würde $1 + 2 + 3 + 4 = 10$ als Ziffer für den Helligkeitsgrad des Versuches sich ergeben. Eine grössere Zahl solcher Apparate gleichzeitig und gleich lange Zeit dem Lichte augenfällig verschieden heller Orte ausgesetzt, ergiebt in der Höhe der Bezifferung einen Maassstab der Helligkeitsgrade dieser Orte, z. B. der Ostseite der Bestände gegenüber der Westseite, des Beschattungsgrades der Verjüngungsschläge und der Durchforstungen, der Beschattung des Unterholzes durch das Oberholz, der Lichtsteigerung in senkrechter Richtung vom Boden eines alle andere Vegetation ausschliessenden Bestandes aus bis zur Höhe der durch Lichtmangel absterbenden Beästung und höher hinauf im Laubschirme der blättertragenden Krone. Es ist einleuchtend, wie viele Fragen des

Waldbaues dereinst ihre wissenschaftliche Begründung finden werden, die jetzt nur ein Resultat der Erfahrung sind (siehe das Vorwort).

Eine eingehendere Beschreibung der Apparate und ihrer Verwendung enthält die Forst- und Jagdzeitung 1877, Seite 35, unter dem Namen: Photometrisches. Leider bin ich nicht in der Lage, schon jetzt Mittheilungen zu machen über die mit ihnen erzielten Wahrnehmungen. Schwere Krankheiten im Sommer 1877 machten deren Abschluss mir unmöglich und ich muss befürchten, dass auch die Folgezeit mir nicht die nöthige Gelegenheit dazu darbieten werden, tröste mich aber mit der Hoffnung, dass andere Arbeitskräfte sich des hochwichtigen Gegenstandes annehmen werden.

l) Elektricität.

Eine Beziehung der Elektricität zum Leben und Gedeihen der Holzpflanzen ist bis jetzt nicht nachgewiesen, es ist bis jetzt nur bekannt, dass elektrische Ströme die kreisende Bewegung des Schlauchsaftes verlangsamen und endlich zum Stocken bringen, so wie dass sie Bewegungen an Haaren, Blättern und Blüthetheilen hervorzurufen vermögen, wie wir sie im § 98 Reizbarkeit kennen lernen werden. In der Umgebung vom Blitzschlage getroffener Bäume stehende Pflanzen sollen erkranken oder absterben in einer Entfernung, bis zu welcher der Blitz nicht unmittelbar einzuwirken vermochte.

3) Bewegung und Veränderung des Pflanzensaftes.

Die Rohstoffe der Pflanzennahrung stammen theils aus dem Boden, theils aus der atmosphärischen Luft; sie werden in den dem Lichte zugänglichen, Grünmehl führenden Pflanzentheilen, im Wesentlichen in den Blättern zu einem Bildungsstoffe verarbeitet, der auf seiner weiteren Wanderung bis zum Orte endlicher Verwendung auf Zellenbildung und Zellenwachsthum den mannigfaltigsten Veränderungen unterworfen ist. Den letzten Zustand vor endlicher Verwendung auf Zellenbildung, den des Schlauchsaftes (Protoplasma) und dessen Bewegung lernten wir bereits in der ersten Abtheilung dieser Schrift (Seite 23) kennen und von einem Wandersafte unterscheiden, dessen Fortbewegung durch die Gesammtpflanze in besonderen ihnen dienstbaren Leitfasern, sich vollzieht. Die örtlich verschiedene Herkunft der rohen Nährstoffe des Pflanzenkörpers in Boden und Luft, die Wanderung derselben zur Werkstatt gemeinschaftlicher Verarbeitung derselben in einen organischen Bildungsstoff, zu den Blättern, fordert zunächst ein Aufsteigen der terrestrischen Nährstoffe aus den Wurzeln durch den Stamm in die Blätter, für welches das Bodenwasser nicht allein Lösungs-, sondern auch Transportmittel im Innern der

Pflanze ist, dessen Aufnahme um so reichlicher, dessen Aufsteigen um so rascher sein muss, je geringer die Menge der im Bodenwasser gelösten Nährstoffe im Verhältniss zum Bedarf der Pflanzen an solchen ist.

Das von den Wurzeln aus dem Boden mit Auswahl aufgenommene, Salzlösungen und gasförmige Stoffe führende Wasser steigt in den einkammerigen, schlauchlosen Leitfasern nur des Holzkörpers aufwärts bis in den Holzkörper der Blattadern, wird von diesem an das Diachym der Blätter abgegeben und von ihm den Leitfasern des Bastkörpers der Blattadern überantwortet, nachdem der grösste Theil des Bodenwassers in Dunstform der Aussenluft zurückgegeben wurde, die in den Blattzellen zusammentreffenden terrestrischen und atmosphärischen Nährstoffe, mit einem Reste von Bodenwasser zu einem ersten allgemeinen Substrat aller festen Neubildungen, zu dem verarbeitet sind, was ich primären Bildungssaft genannt habe. Die Leitfasern des Bastkörpers sind es, welche Letzteren aus den Blättern in die tieferen Baumtheile und dahin zurückführen, wo er auf Zellenbildung und Zellenwachsthum verwendet werden soll.

Vielleicht fällt dieser primäre Bildungssaft mit dem zusammen, was ich als „Schröpfsaft“ in die Wissenschaft eingeführt habe.

Diese auf- und absteigende Bewegung des Wandersaftes wird nun aber eine complicirtere durch den Umstand, dass die Mehrzahl unserer Holzpflanzen alljährlich im Herbste die Blätter, und mit diesen die Organe verliert zur Verarbeitung von Rohstoffen in Bildungssäfte, die in jedem Frühjahre an neuen Trieben neu gebildet werden müssen, ehe der Baum wieder assimilationsfähig wird. Wie im Samenkorne, in der Knolle oder in der Zwiebel, so muss auch im Baume eine Menge von Bildungsstoffen jeder Jahresproduktion reservirt werden, die genügend ist, durch Verwendung auf Neubildung belaubter Triebe, die Pflanze in jedem Frühjahre wieder in assimilationsfähigen Zustand zu setzen durch eine, der Keimung des Samenkornes entsprechende Lebensthätigkeit, nach Ablauf der, der Samenruhe entsprechenden Winterruhe des Baumes.

Wie im Samenkorne und in der Knolle, so überwintert auch im Baume die grösste Menge der Reservestoffe in der festen körnigen Form von Reservemehlen. Geringere Mengen verbleiben im Flüssigkeitszustande als Gemengtheil des Pflanzensaftes, wie dies der Zucker-, Schleim-, Gummi-, Eiweissgehalt des Saftes der im Winter blutenden Bäume beweist.

Zum Zweck einfacher Darstellung wollen wir annehmen: es werde die ganze Menge der in jedem Jahre durch die fertige Belaubung bereiteter Bildungsstoffe auf die Bildung von Reservestoffen, es werde der ganze Zuwachs an Zellen eines jeden Jahres aus im vorhergehenden Jahre bereiteten Reservestoffen beschafft; eine Annahme, die allerdings modificirt wird durch das Ineinandergreifen verschiedener Vegetationsperioden in verschiedenen Baumtheilen; durch Verwendung eines Theiles der primären Bildungssäfte auf Zellenmehrung und Zellenwachsthum; durch die Befähigung mancher Zellen, wenige Tage nach ihrer Entstehung Reservemehle zu bilden.

Unter vorstehender Annahme beginnt jedes Frühjahr im Baume mit der Lösung und Rückbildung der Reservemehle zu einem Bildungssafte, den ich sekundär genannt habe, mit Rücksicht auf seine Abstammung aus vorgebildeten Reservemehlen, der vielleicht vom primären Bildungssaft in nichts Anderem verschieden ist.

Abgesehen von den auch dem Wintersaft beigemengten flüssig gebliebenen Reservestoffen, beginnt die Lösung der Reservemehle in den Spitzen der Zweige und speist von dort aus in mit dem Holzsaft aufsteigender Richtung die Knospen und die aus diesen sich entwickelnden neuen, belaubten Triebe. Die Analogie des Baumlebens während dieser Frühperiode mit der Keimung und Fortbildung des Keimlings aus dem Samenkorn ist unverkennbar. Auch der Keimung geht eine naturgesetzliche Samenruhe, wie dem Baume und dessen Wiederbelaubung eine Winteruhe vorher.

Von den Zweigspitzen abwärts setzt sich die Lösung im Holzkörper lagernder Reservemehle nach den tieferen Baumtheilen hin fort; der restituirte (sekundäre) Bildungssaft muss aber, mit dem aufsteigenden Holzsaft gemengt, wie Letzterer bis in die Spitzen der Faserbündel emporsteigen, um hier seinen Uebergang aus den Leitfasern des Holzkörpers in die Leitfasern des Bastkörpers zu bewerkstelligen und in Letzterem rückläufig, in horizontaler Verbreitung nach Innen und Aussen diejenigen Zellgewebe zu speisen, die durch Zellentheilung und Zellenwachsthum den seitlichen Zuwachs, die Verdickung des Baumes bewirken sollen. Eine Speisung des cambialen Fasergewebes vom Holzkörper aus mit restituirten Bildungssäften findet nicht statt.

Der sekundäre Bildungssaft des Frühjahres wird also auf Zellenmehrung und Zellenvergrösserung verwendet: in aufsteigender Richtung auf Neubildung von Trieben, Blättern, Blüthen, in absteigender Richtung auf den Dickezuwachs aller älteren Baumtheile.

Sind durch Verwendung des sekundären Bildungssaftes die jungen Triebe und Blätter zum assimilationsfähigen Zustande ausgebildet, dann erst beginnt in Letzteren die Umbildung der rohen Nährstoffe aus Boden und Luft in einen primären Bildungssaft, der sich vom sekundären Bildungssaft vielleicht nur darin unterscheidet, dass er, wie dieser in den Leitfasern nur des Bastkörpers rückläufig, unserer Annahme nach nicht auf Neubildung von Zellen, sondern auf Neubildung von Reservestoffen verwendet wird, die zuerst in den hierzu bestimmten Wurzelzellen, dann in aufsteigender Richtung in den höheren, zuletzt in den höchsten Baumtheilen, also in entgegengesetzter Richtung ihrer späteren Wiederauflösung zu sekundärem Bildungssaft sich ablagern.

Ausgehend von dem Zustande wiederhergestellter assimilationsfähiger Belaubung, den man, allerdings mit einiger Freiheit, dem Vegetationssommer angehörend bezeichnen kann, bewegt sich der Wandersaft aus den Wurzeln durch den Holzkörper bis in das Blattgeäder, wird von Letzterem in das Zellgewebe der Blätter ausgeschieden, dort durch Verdunstung, durch das Zusammentreffen mit den atmosphärischen Rohstoffen und durch die organische Thätigkeit von Zellkernen und Grünmehl zu primärem Bildungssaft verarbeitet, vom Bastkörper der Blattadern wieder aufgenommen, in welchem er in die tieferen Baumtheile zurückwandert, um in der Form von Reservemehlen den Winter über zu ruhen, bis im kommenden Frühjahre der aufsteigende Holzsaft den im Holzkörper abgelagerten Theil der Reservemehle zu sekundärem Bildungssaft wieder auflöst, von dem ein Theil in fortdauernd aufsteigender Richtung den Längezuwachs an Trieben vermittelt, während ein zweiter Theil desselben in den Spitzen der Faserbündel ein zweitesmal aus Holz in Bast übergehen muss, um in Letzterem rückschreitend endlich auf Zellenzuwachs verwendet zu werden.

Ein Kreislauf der Wandersäfte, wie er im Schlauchsafte gewisser Zellen bestimmter Pflanzen augenfällig ist; eine Rückkehr derselben Flüssigkeit in die früheren Bahnen findet nicht statt. Man könnte höchstens von einem Kreislauf des Stoffes sprechen, der, nach seiner als Reservemehl verbrachten Winterruhe im aufsteigenden Holzsafte gelöst, ein zweitesmal dieselben Bahnen durchlaufen muss, in denen er sich vor seiner Fixirung zu Reservemehl bewegte. Es ist aber eine andere Flüssigkeit, in der diese Auflösung sich vollzieht.

a) Begründung des Vorstehenden.

Zunächst habe ich nun das Material nachzuweisen, aus dem ich die vorstehende Darstellung der Bewegung des Wandersaftes und der Veränderungen desselben aufgebaut habe.

Alles Wasser der Pflanze wird durch die Wurzeln dem Boden entnommen.

Es giebt Holzarten, deren Kernholz für den aufsteigenden Holzsaft nicht leitungsfähig ist, in deren Holzkörper nur der Splint den Holzsaft aufwärts leitet. Dahin gehören die Akazie, Eiche, Rüster. Durchschneidet man an Bäumen dieser Art den Splint mit einem Ringschnitte vermittelst der Säge bis auf das Kernholz, dann erschlaffen die Blätter des Baumes selbst bei Regenwetter in wenigen Stunden, ebenso rasch, als wenn der Stamm ganz vom Stocke getrennt oder gerodet wurde. Belaubte, mit dem Stamm in Verbindung bleibende Zweige, die in einen Glasballon eingesperrt werden, zeigen ebenso rasch eine Erschlaffung der Blätter, wie die in freier Luft befindlichen Zweige, trotz der Condensation vielen Wassers im Innern des Ballons, also in einer mit Feuchtigkeit völlig gesättigten Luft.

Ausserdem liegt der Gedanke nahe, dass Organe, durch welche fortdauernd der umgebenden Luft so bedeutende Wassermengen durch Verdunstung zurückgegeben werden, nicht zugleich Organe der Wasseraufnahme aus der Luft sein können.

Das durch die Wurzeln dem Boden entzogene Wasser steigt nur im Holzkörper der Bäume aufwärts.

Den unteren Baumtheilen zur Aufsaugung dargebotene Farbstofflösungen werden nur vom Holze, nicht vom Baste aufwärts geführt.

Durch die Wärme der Hand auf frisch gefertigten Schnittflächen emporgetriebener Pflanzensaft feuchtet nur das Holz, nicht den Bast.

Der im Bastkörper enthaltene Saft zeigt eine vom Saft des Holzkörpers durchaus verschiedene Zusammensetzung.

Der aufsteigende Holzsaft ist zu keiner Zeit reines Bodenwasser, sondern überall mehr oder weniger gemengt mit Lösungen bereits assimilirter Stoffe, mit Zucker-, Gummi- und Schleimlösungen.

Selbstverständlich kann dieser Satz nur das Ergebniss unmittelbarer Untersuchung des Holzsaftes sein, der zu jeder Zeit und von allen Holzarten in genügender Menge gesammelt werden kann, wenn man einen der Querschnitte $1\frac{1}{2}-2$ m langer Schaftstücke trichterförmig ausmeisseln lässt, die Trichter mit einer Farbstofflösung füllt und den durch den Druck derselben an entgegengesetzter Schnittfläche des grade aufgerichteten Schaftstückes abfliessenden Holzsaft so lange einsammelt, als eine Mengung mit der Farbstofflösung dem Auge nicht bemerkbar ist. Der Rückstand an organischem Stoff, der im Frühjahre dem Safte aus unteren Baumtheilen entstammt, es gehört dahin auch der Rückstand aus dem Saft blutender Bäume, muss als Reservestoff betrachtet werden, der, im vorhergegangenen Jahre bereitet, den Winter über im Flüssigkeitszustande verharrte, da die Lösung fester Reservestoffe in den Zweigspitzen beginnt und in den ersten Tagen der Frühvegetation noch nicht bis in die unteren Schafttheile hinabgestiegen ist.

Es sind nur die einkammerigen, schlauchlosen, Reservemehle nicht bildenden Holzfasern, welche den Holzsaft nach Oben leiten.

An Holzarten, in deren Holzkörper Gliedröhren und Zellfasern, bündelweise zusammengestellt, grössere Gruppen zwischen den einfachen Holzfasern bilden, sieht man auf scharf geführten Querschnitten den durch Wärmeerhöhung zu ihnen emporgedrängten Holzsaft anfänglich nur die Complexe der einfachen Holzfasern Saft ergiessen; die Complexe der Gliedröhrenbündel bleiben so lange trocken, bis sich auf der Schnittfläche der Leitfasern so viel Saft angesammelt hat, dass er auf die Querschnittfläche der Gliedröhrenbündel übertreten muss. Dann erst tritt jenes Gurgeln ein, das man fälschlich dem Ausfliessen von Saft aus den Durchschnitten der Gliedröhren zugeschrieben hat, das aber in der That erst eintritt, wenn der aus den Leitfasern ergossene Saft in die Oeffnungen der Gliedröhren hinabzusinken strebt und von der durch gesteigerte Wärme expandirten Luft der Gliedröhren gehoben und wieder ausgestossen wird. Den Winter über kann man sich durch mikroskopische Untersuchungen gefrorenen Holzes im kalten Zimmer leicht überzeugen, dass die Gliedröhren keine Spur freier, tropfbarer Flüssigkeit enthalten.

Der im Holzkörper aufsteigende Saft folgt der Lothlinie, wenn die Leitfasern in dieser Richtung übereinander stehen. Im gedreht erwachsenen Holze folgt er der Drehungsrichtung.

Imprägnation von Farbstoffen am Fusse lebender Bäume durch Bohrkanäle, die in der Mitte der Querfläche sich kreuzen, lassen ein gefärbtes Kreuz auf den Querschnittflächen noch in 10—12 m Schafthöhe erkennen. Eine seitliche Verbreitung des Holzsaftes findet hierbei nicht statt, es kann dieselbe aber erzwungen werden durch Kerbschnitte, die, bis über das Mark der Stämme eindringend, von entgegengesetzten Baumseiten ausgehen. Dass dadurch das Aufsteigen des Saftes bis zur Belaubung nicht unterbrochen werde, zeigte schon H. Cotta*).

---

*) H. Cotta's Schrift: Naturbeobachtungen über Bewegung und Funktion des Saftes in den Gewächsen. Weimar, Hoffmann'sche Buchhandlung 1806, 102 Seiten in 4° mit 6 illuminirten Kupfertafeln, enthält eine grosse Zahl scharfsinnig erdachter Versuche an lebenden Bäumen, denen in der physiologischen Literatur keineswegs die verdiente Beachtung zu Theil geworden ist. Es weist Cotta nach: dass das von den Wurzeln aus dem Boden aufgenommene Wasser nur im Holzkörper zu den Blättern emporsteige, dass dessen Nährstoffe, unter Zutritt der durch die Blätter aus der Luft aufgenommenen Nahrung zu Bildungssaft verarbeitet werden und dass Letzterer durch die Rinde in die tieferen Baumtheile zu weiterer Verwendung zurückkehre, wobei er allerdings nicht dem Baste, sondern den Harzgefässen der Rinde und des Holzkörpers das Geschäft der Rückleitung zuschreibt. Cotta gehört der Gedanke, dass die Umbildung der Rohstoffe in Bildungssaft durch das Zusammentreffen der Nährstoffe aus Boden und Luft in den Blättern (also auf chemischem Wege) geschehe; ein Gedanke, der unstreitig volle Beachtung verdient, wenn auch der Mitwirkung von Wärme und Licht, der lebendigen Wirkung von Zellkernen und Grünmehl der grössere Antheil im Vollzuge jener Umbildungen zugeschrieben werden muss. Dass unter H. Cotta's Vorstandschaft ein Buch wie Reum's Pflanzenphysiologie geschrieben werden konnte, ist allerdings unerklärbar.

Der Holzsaft besitzt nicht das Vermögen, im unverletzten Baume von Innen nach Aussen die Bildungsstätte zuwachsender Holz- und Bastschichten zu speisen, auch dann nicht, wenn er Bildungssäfte in reichlicher Menge enthält.

Ringelversuche, in der mannigfaltigsten Weise ausgeführt, beweisen die Allgemeingiltigkeit dieses Satzes, am sprechendsten die 6—8 cm breite Ablösung der Rinde und Bastschichten eines Astes in einer $^1/_3$ — $^1/_2$ m weiten Entfernung vom unverletzten Stamme. (Vergl. Taf. V, Fig. 7.)

In dieser Weise präparirte, 6—8 cm dicke Aeste erhalten sich 4—10 Jahre hindurch lebendig, am längsten, länger als 10 Jahre hindurch, an Nadelhölzern, da die Verharzung des blosgelegten Holzkörpers die freie Verdunstung desselben verlangsamt, wenn auch endlich eine Zeit eintritt, in der der Asttheil bis zum Mark, bis zum lufttrocknen Zustande ausgetrocknet ist, womit die Leitungsfähigkeit erlischt und der Ast auch über der Ringfläche unfehlbar abstirbt. Bis zu diesem Zeitpunkte bildet der geringelte Ast jenseits der Ringwunde alljährlich normale Längentriebblätter, Blüthen und Früchte, entwickelt jährlich normale Holz- und Bastringe, die sogar zunächst der oberen Ringgrenze stärker ausgebildet sind, durch hier stattfindende Anstauung des im Baste rückschreitenden Bildungssaftes. Dieser Zuwachs an Neubildungen setzt sich so lange fort, als den über dem Ringe befindlichen Asttheilen ausreichende Mengen von aufsteigendem Bodenwasser zugehen, und wenn in den letzten Jahren vor dem endlichen Absterben des ganzen Astes, Trieb-, Blatt- und Holzringbildung kleiner und schwächlicher werden, so ist das eben die Folge verminderter Wasserzufuhr. Während dieser oft mehr als 10jährigen Lebensdauer des geringelten Astes findet keine Spur von seitlichem Zuwachs an Holz und Bast in dem zwischen Schaft und Ringwunde befindlichen Aststücke statt, obgleich mit dem aufsteigenden, dem Aste aus dem Schafte zugehenden Safte alljährlich in ihm gelöste Bildungssäfte durch dessen Holzkörper hindurchgehen müssen, um zu dem Asttheile über der Ringwunde zu gelangen.

Bis zum Boden beastete und belaubte Kiefern, denen man in der Mitte zwischen je zwei Quirlen Drahtringe umlegt, werden in Folge fortgesetzten Dickezuwachses schon nach wenigen Jahren durch die Drahtringe in dem Maasse gepresst, dass ein Absteigen von Bildungssaft in der Querfläche jedes Drahtringes nicht mehr stattfindet, von dem Jahre an, in welchem der Baum sich bis zu einem Grade verdickt hat, in welchem der zu eng gewordene Drahtring eine starke Pressung auf die Leitfasern des Bastkörpers ausübt. Von dieser Zeit ab hört jeder seitliche Zuwachs an Holz und Bast in den Schaftstücken zwischen den Drahtringen und den unterständigen, belaubten

Quirlästen auf, er setzt sich ungestört fort zwischen jedem Drahtringe und den ihm oberständigen Quirlästen.

Umwindet man den Schaft einer von Aesten natürlich gereinigten Kiefer*) in einer oben und unten offenen Spirale, mit einem an seinen Enden durch Nägel befestigten starken Eisendraht, dann tritt jener, durch den Dickezuwachs des Schaftes erzeugte Druck auf die Leitfasern des Bastes zuerst unter den oberen Windungen des Drahtes ein und steigt im Verlauf der Jahre abwärts. Nicht allein der im Bastkörper absteigende Bildungssaft, sondern auch die neu hinzutretenden Holz- und Bastfasern werden dadurch aus der früher senkrechten, in die Richtung der Spirale abgelenkt, und zwar so weit abwärts, als der Druck die abschnürende Pressung auszuüben vermag. Taf. V, Fig. 8. Ist die Zahl der Spiralwindungen eine genügend grosse (8—10), dann sieht man, nachdem die oberen Windungen des Drahtes schon völlig von der Rinde des normal verdickten Schaftes überwachsen sind, die unteren Windungen des Drahtes noch frei auf der Aussenfläche der Rinde liegen, woraus hervorgeht, dass hier ein Zuwachs von Holz- und Bastfasern nicht stattgefunden hat, die ganze Menge des rückschreitenden Bildungssaftes auf den Zuwachs zwischen den oberen Windungen verwendet wurde.

Diese und eine Mehrzahl ähnlicher Versuche beweisen, dass aller Zuwachs an Holz und Bast in älter als einjährigen Baumtheilen auf der Zufuhr eines im Bastkörper absteigenden Bildungssaftes beruhe; dass diese Zufuhr vom Holzkörper aus zum Cambium nicht eintreten könne, selbst dann nicht, wenn derselbe genügende Mengen sekundären Bildungssaftes enthält.**)

In geschlossenen Hochwaldbeständen sehen wir die tiefere Beastung der Bäume von Unten nach Oben fortschreitend absterben. Es ist das Folge einer durch den Kronenschluss von Oben nach Unten zunehmenden Lichtschwächung. Hat diese einen Grad erreicht, in welchem die Lichtwirkung nicht mehr genügend ist den Assimilationsprocess im Bereiche der Blätter zu unterstützen, dann können Bildungssäfte von diesen nicht mehr bereitet, der Ast, dem sie angehören, kann durch solche nicht mehr gespeist werden. Bei der nur im Bastkörper rückschreitenden Bewegung primären Bildungssaftes müssen alle Neubildungen am Aste aufhören, und wenn dies nicht sofort nach eingetretenem Lichtmangel der Fall ist, wenn der unterdrückte Ast erst nach allmäliger Verkümmerung und Verminderung seiner Belaubung abstirbt, so

---

*) Der Glätte der Rinde wegen ist P. Strobus hierzu am geeignetsten.

**) Wenn unter gewissen Verhältnissen Neubildungen auch vom Holzkörper ausgehen können, wie das bei der Bekleidung entblösster Holzflächen unter Glasverband der Fall ist (siehe Reproduktion), muss diesen stets die Umbildung von Fasern in Zellen, also ein Akt der Selbsthülfe vorhergehen.

ist das sehr wahrscheinlich einer Zufuhr sekundärer Bildungssäfte aus der Rinde zuzuschreiben, die aber eine zunehmend geringere werden muss in dem Maasse, als mit dem Verkümmern der Blätter auch die Verdunstung sich vermindert.

Bis in die Leitfasern des **Holzkörpers** der Blattadern emporgestiegen, werden die Holzsäfte in das Zellgewebe (Diachym) der Blätter ausgeschieden, dort zu Bildungssaft verarbeitet und, nach Abgabe der überschüssigen Wassermenge durch Verdunstung, in die Leitfasern des **Bastkörpers** der Blattadern wieder aufgenommen.

Es sind dies Annahmen, für deren Richtigkeit eine direkte Beweisführung bis jetzt nicht gefunden ist, deren Wahrscheinlichkeit sich aber ergiebt aus der Thatsache, dass die Nothwendigkeit gemeinschaftlicher Verarbeitung der Rohstoffe aus Boden und Luft im Zellgewebe der Blätter, dass die aus dem geringen Gehalte des Bodenwassers an terrestrischen Nährstoffen entspringende Nothwendigkeit einer Verdunstung grosser Wassermengen zwischen der aufsteigenden Bewegung des Holzsaftes und der absteigenden Bewegung des Bastsaftes liegen.

Dass es die einfachen, d. h. einkammerigen Siebfasern des Bastkörpers sind, in welchen der Bildungssaft in die tieferen Baumtheile zurückschreitet, dafür spricht, nächst der Analogie dieser Organe mit den einfachen Fasern des Holzkörpers, der Umstand, dass die Gliedröhren und Zellfasern des Siebfasergewebes einen dickflüssigen, mit körnigen Körpern durchsetzten Schlauchsaft führen, die Bastbündelfasern hingegen zu dickwandig und engräumig für das Geschäft der Säfteleitung sind.

Dass der im Bastkörper rückschreitende Bildungssaft nur als allgemeines Substrat aller künftigen Neubildungen betrachtet werden müsse, und am Orte seiner endlichen Verwendung auf Neubildungen an Zellen oder Reservemehlen einer weiteren, nach der Natur der Pflanzen und Zellenart verschiedenen Verarbeitung bedürfe, ergiebt sich aus der gesetzlichen Verschiedenartigkeit seiner Verwendung in verschiedenen Pflanzentheilen und während verschiedener Jahreszeiten; ergiebt sich aus dem Verhalten des Edelreises zum Wildlingsstamme, der fortdauernd Wildling bleibt, obgleich die Bildungssäfte, die er auf sein Wachsthum verwendet, von der Belaubung des Edelreises bereitet wurden.

Die Unterscheidung eines primären von einem sekundären, wenn auch in ihrem Bestande vielleicht nicht unterschiedenen Bildungssafte entsprang dem Vergleiche des Baumes in seiner Winterruhe mit dem ruhenden Samenkorne, der ruhenden Knolle, Zwiebel, die ja auch eines vorgebildeten organischen Bildungsstoffes bedürfen, um, wie der laublose Baum, die in ihnen ruhenden Keime zu neuen belaubten Trieben zu entwickeln. Es führte mich dieser Gedanke zu den Versuchen über Lösung und Wiederansammlung der Reservestoffe im Baume, wobei das leicht nachweisbare Stärkemehl der Wegweiser war. Daraus entsprangen meine Arbeiten über die Vegetationsperioden der Bäume, durch welche der Vergleich ihrer Winterruhe mit der Samen- oder Zwiebelruhe, ihrer alljährlich wiederkehrenden Frühjahrsthätigkeit mit dem Keimungsprocesse, ihrer Sommer- und Herbstthätigkeit mit der Entstehung neuer Reservestoffe im neuen Samen, neuer Knolle oder Zwiebel gerechtfertigt wurde, allerdings nicht in der scharfen Begrenzung der Verrichtungen jeder Periode, wie ich dies früher annahm. Erst die Neuzeit lehrte mich die Thatsache kennen, dass die junge Zellfaser, die junge Markstrahlzelle wenige Tage nach ihrer Entstehung befähigt ist, Reservemehle in ihrem Zellschlauche zu bilden, dass daher die Perioden der Bildung und der Wiederauflösung von festen Reservestoffen ineinandergreifen, zu verschiedenen Jahreszeiten in verschiedenen Baumtheilen verschieden beginnen und enden. Ob und in welchem Maasse schon ein Theil des primären Bildungssaftes auf Neubildung an Zellen und Fasern verwendet werde, ist eine offene Frage, für deren Bejahung die erstjährige Grösse mancher Keimlingpflanzen spricht, deren Samenkorn, wie das der Weiden, Pappeln, Birken, sehr geringe Mengen von Reservestoffen enthält.

Primärer sowohl wie sekundärer Bildungssaft gelangen nur in den Spitzen der Faserbündel des aufsteigenden Stockes zum Eingange in den rückleitenden Bastkörper, können nur von Letzterem aus in zur Längenachse des Pflanzentheiles rechtwinkeliger Verbreitung Holz und Rinde speisen.

Es folgt dies einfach aus den im Frühjahr, Sommer, Herbst gleichen Folgen der Ringelung.

b) Ursachen der Saftbewegung.

Die Frage nach den Ursachen der Saftbewegung ist schon in den frühesten Zeiten physiologischer Wissenschaft Gegenstand der eifrigsten Forschung und der verschiedenartigsten, daraus hervorgegangenen Ansichten gewesen. Eine sehr vollständige Zusammenstellung Letzterer enthält das Lehrbuch der Pflanzenphysiologie von Treviranus S. 283—356. Es geht aus ihr hervor, dass die aus periodisch eintretendem Safterguss nach Aussen sich ergebenden Bewegungserscheinungen des Wandersaftes bis daher stets identificirt wurden mit derjenigen Saftbewegung, die nicht Gegenstand unmittelbarer Beobachtung ist, die nur erschlossen werden kann aus der Wasserverdunstung durch die Blätter der Pflanzen und aus der Nothwendigkeit des Ersatzes der verdunstenden Wassermenge durch Wasseraufnahme aus dem Boden bei gleichbleibendem Wassergehalt des Pflanzenkörpers, aus der sich die Nothwendigkeit einer aufsteigenden Wanderung des Pflanzensaftes von den Wurzeln zu den Blättern ergiebt.

Aus jener Identificirung sind eine Menge von Unrichtigkeiten und Unsicherheiten in Erklärung der Ursachen des Saftsteigens hervorgegangen, die noch heute eine ebenso grosse Zahl verschiedener Ansichten über diese Lebensverrichtung im Gefolge haben, als es Forscher in diesem Gebiete der Pflanzenphysiologie giebt. Meinen Erfahrungen nach liegen dem Saftergusse nach Aussen, so weit dieser den normalen Lebensverrichtungen angehört, dem Thränen und Bluten der Pflanzen und der aus der Verdunstung erschlossenen Saftbewegung ganz verschiedene Ursachen zum Grunde und müssen beide in den aus ihnen abzuleitenden Folgerungen streng geschieden bleiben.

Die bisherigen Versuche einer Erklärung der aufsteigenden Bewegung des Holzsaftes lassen sich folgendermaassen rubriciren:

I. Endosmotische Hebung.

Füllt man eine thierische Blase mit Zuckerwasser oder Gummilösung, taucht man dieselbe in reines Wasser, dann dringt Letzteres durch die Blasenwandung hindurch in die Zucker- oder Gummilösung (Endosmose), wobei zugleich eine sehr geringe Menge Letzterer durch die Blasenwandung nach Aussen in das Wasser übertritt (Exosmose). Der Uebertritt von Wasser in die Blase ist aber um so viel grösser, dass Letztere, wenn sie zugebunden ist, schliesslich zum Platzen erfüllt wird; dass, wenn ihr Mund mit einer offenen Glasröhre in luftdichte Verbindung gebracht wird, der Inhalt der Blase in die Röhre aufsteigt, so dass die Druckkraft, welche die geschlossene Blase sprengt, in einer mit ihr in Verbindung gebrachten graduirten Glasröhre gemessen werden kann. Man hat nun angenommen, und zwar in Bezug auf t o d t e Pflanzenhaut mit Recht, dass die Zellhäute sich ähnlich wie thierische Häute verhalten, dass eine überständige, mit concentrirteren Lösungen erfüllte Zelle sich zu unterständigen mit diluirteren Säften erfüllte Zellen verhalte, wie die Zuckerlösung der Blase zum Wasser des sie umgebenden Raumes, dass hieraus eine Triebkraft hervorgehe, die den Holzsaft zu heben vermöge, da jede überständige Zelle des leitenden Fasergewebes einen concentrirteren Saft enthalten müsse, als die unterständigen Zellen in Folge der Wasseraufnahme durch die Wurzeln, der Verdunstung durch die Blätter.

Ich habe darauf aufmerksam gemacht, dass diosmotische Hebung um so langsamer vor sich geht, je geringer der Unterschied beider Flüssigkeiten im

Gehalt an gelösten Stoffen ist; dass in vielen Fällen die Wurzelsäfte reicher an gelösten Stoffen sind, als die Gipfelsäfte und dass, wo dies nicht der Fall ist, der Unterschied beider an gelösten Stoffen höchstens einige Gewichtsprocente betrage, die, vertheilt auf 50000 übereinanderstehende Fasern eines 35 Meter hohen Baumes, eine so geringe Differenz im Gehalte an gelösten Stoffen zwischen je zwei Nachbarzellen ergeben würden, dass Monate vergehen müssten, ehe ein Milligramm Wasser von den Wurzeln bis zu den Blättern emporsteigt. Die aus der Verdunstungsmenge nachweisbare Geschwindigkeit der Bewegung des Holzsaftes ist mit der diosmotischen Hypothese unvereinbar.

Die Uebertragung der Gesetze physikalischer Diffusion in's Chemische beseitigt diesen Einwand nicht.

Ueber künstliche Zellenbildung aus Leinöl und Ammoniak habe ich in der Bot. Zeitung 1856 Taf. III, Fig. 7—30 berichtet. Hierher gehören auch die Traube'schen künstlichen Zellen, die derselbe zuerst im Jahre 1867 darstellte und auf der Naturforscherversammlung in Breslau 1874 eingehender erläuterte. Beziehungen dieser physikalisch sehr beachtenswerthen Bildungen zur lebendigen Pflanzenzelle, wie solche vielleicht bestehen zwischen ihnen und endosmotischen Erscheinungen, habe ich bis jetzt nicht auffinden können.

II. Capillare Attraktion (Flächenanziehung).

Wenn man engräumige, beiderseits offene Glasröhren mit einem ihrer Enden in Wasser eintaucht, dann steigt Letzteres über das Niveau des Wasserspiegels um so höher in der Glasröhre aufwärts, je engräumiger die Glasröhre ist. Die Höhe der Aufsteigung verhält sich umgekehrt wie die Durchmesser des Innenraumes der Röhren. In einer Röhre von 1 mm Durchmesser des Innenraumes steigt Wasser nahe 30 mm (29,76 mm) über den Wasserspiegel des wasserhaltenden Gefässes empor.

Man hat das leitende Fasergewebe des Holzkörpers als ein System capillarer Röhren betrachtet und die Hebung des Holzsaftes durch kapillare Attraktion erklären wollen. Ich habe nun gezeigt, dass, wenn man der Berechnung den Durchmesser der kleinsten Tipfel zum Grunde legt, daraus eine Hebung des Holzsaftes auf 16 m Baumhöhe sich ergeben würde, während es Bäume von fünfmal grösserer Höhe giebt. Ausserdem habe ich nachgewiesen, dass im Innern des leitenden Fasergewebes die Flüssigkeitssäule keine continuirliche ist, sondern in jeder Holzfaser von Lufträumen unterbrochen wird, die ebenso der kapillaren wie der endosmotischen Hebung entgegenstehen. Man hat daher, unter dem Namen Imbibition zu einer intermolekularen Kapillar-Attraktion Zuflucht genommen, durch welche allerdings, da die Grösse der molekularen Zwischenräume nicht mehr sichtbar ist, jede beliebige kapillare

Hebung angenommen werden kann, je nachdem man die zwischen den Molekulen befindlichen Räume grösser oder kleiner sich denkt.

Eine nothwendige Folgerung hieraus ist aber die Annahme einer nicht in den Faserräumen, sondern in den Faserwandungen vor sich gehenden Saftsteigung, und diese ist es, die sich unmittelbar widerlegen lässt aus dem Saftgehalte verschiedener Holzarten und dessen Verhältniss zur Verdunstungsmenge und zur Festmasse der Faserwandungen. Wären es die Wandungen der Leitfasern, welche den Holzsaft nach Oben leiten, dann müssten zur Zeit lebhafter Verdunstung die Holzarten mit engräumigen, dickwandigen Holzfasern die wasserreichsten, die Holzarten mit weiträumigen, dünnwandigen Leitfasern die an Wasser ärmsten sein. Es verhält sich das aber entgegengesetzt und habe ich berechnet, dass die Wassermenge des Holzes einer am Wasser wachsenden Weide oder Pappel den Durchmesser der Faserwände verdoppeln oder verdreifachen müsse, wenn sie in ihnen enthalten wäre. Man wird sich aber durch vergleichende Messungen leicht überzeugen können, dass die Wandungsdicken der Leitfasern im Winter und im Sommer wenig von einander verschieden sind, dass sie selbst im trocknen Holze nahe denselben Durchmesser besitzen, wie er dem lebenden Holze eigen ist. Dazu tritt der Umstand, dass sich im Winter bei Frost der Wassergehalt des Innenraumes der Holzfaser, wechselnd mit Lufträumen, unmittelbar mikroskopisch nachweisen lässt und das Wassergewicht des Sommerholzes von dem des Winters nicht so verschieden ist, um den noch vor Kurzem behaupteten Mangel tropfbarer Flüssigkeit im Innenraume der Leitfasern des Sommerholzes zu constatiren.

Imbibition, die Fähigkeit, für unser Wahrnehmungsvermögen fester, dichter Körper Wasser in sich aufzunehmen, ist meiner Meinung nach nichts Anderes, als eine intermolekulare Kapillar-Attraktion und gilt in Bezug auf sie derselbe Einwand, den ich gegen die Berufung auf Kapillarität überhaupt geltend gemacht habe.

III. Verdunstung.

Wenn man Bäume im Sommer roden und mit der belaubten Krone liegen lässt, dauert demohngeachtet die Verdunstung fort auf Kosten des im Baume enthaltenen Wassers. Ich habe nachgewiesen, dass in solchen Fällen die Verminderung des ursprünglichen Saftgehaltes in den Wurzeln beginnt und sich im Schafte nach obenhin fortsetzt. Es deutet dieses auf eine durch die Verdunstung von den Blättern ausgeübte Zugkraft, die man ebenfalls als eine Funktion der Kapillarität betrachten darf, wie die im Dochte der Spirituslampe, dessen freie Spitze den Spiritus verdunstet, der durch das Nachdringen des kapillar aufsteigenden, aus dem Reservoir entnommenen Spiritus ersetzt wird.

Dass die Bewegung des Holzsaftes an die Verdunstung gebunden, ist in sofern unzweifelhaft, als Letztere den Raum schafft für die nachdringende Feuchtigkeit. Weniger sicher ist die Annahme, dass, wie im Lampendochte, so auch im Baume das Aufsteigen des Holzsaftes durch kapillare Attraktion vermittelt werde. Es stehen dieser Annahme die gegen Letztere angeführten Gründe entgegen, und selbst im Lampendochte hört die Speisung der Spitze mit Spiritus auf, wenn dessen Länge grösser ist als die kapillare Aufsteigung zwischen den Baumwollefasern des Dochtes. Es tritt hierzu ausserdem der Umstand, dass die Verdunstung durch die lebendigen Blätter keineswegs ein rein physikalischer, von äusseren Verhältnissen abhängiger, sondern ein organischer Process ist, der unter gleichen äusseren Einflüssen ein sehr verschiedener, unter verschiedenen äusseren Verhältnissen derselbe sein kann. Entnimmt man dem Schafte von Stangenhölzern einen 6—8 cm breiten Streifen der Rinde und des Bastes, dann trocknet der dadurch ringförmig blossgelegte Holzkörper von Aussen nach Innen allmälig aus und verliert, ausgetrocknet, dadurch seine Leitungsfähigkeit für den aufsteigenden Holzsaft. Es geschieht dies aber viel langsamer, als am gefällten Baume, da der, auch nach der Ringelung aufsteigende Holzsaft einen Theil des von der Wundfläche verdunstenden Wassers ersetzt, und können, je nach Holzart und Dicke des geringelten Baumes, 3—20 Jahre vergehen, ehe die Holzfasern bis zum Mark ausgetrocknet sind und damit ihre Leitungsfähigkeit eingebüsst haben. Der über der Ringwunde liegende Baumtheil muss dann unfehlbar absterben, da ihm auf keinem anderen Wege als durch die Wurzeln aus dem Boden Feuchtigkeit zugehen kann. Untersuchung des Wassergehaltes vor 4 Jahren geringelter Weymouthkiefern von 10 cm Brusthöhendurchmesser ergaben mir nun das überraschende Resultat, dass, während das Holzstück zwischen den beiden Ringschnitten bis nahe zum Wassergehalte des lufttrocknen Holzes eingetrocknet war, also nur sehr wenig Holzsaft noch durch sich hindurchgelassen hatten, alle übrigen Baumtheile und die Nadeln den normalen Wassergehalt von 60 % enthielten. Den Gedanken, dass dies Folge sistirter oder bis zu dem Grade ermässigter Verdunstung sein könne, in welchem selbst die sehr verminderte Wasserzufuhr für Erhaltung des normalen Wassergehaltes ausreichte, prüfte ich in der Weise, dass ich von zweien dicht nebeneinander wachsenden Stämmen, von denen nur einer seit 4 Jahren geringelt war, benadelte Aeste der Krone in Glasballon brachte. Meine Vermuthung sistirter Verdunstung bestätigte sich darin, dass in dem Ballon des nicht geringelten Baumes sofort ein starker Wandbeschlag condensirten Wasserdunstes entstand, der Ballon des geringelten Baumes noch nach Stunden keine Spur davon erkennen liess.

Es wirft dieser Versuch ein Streiflicht auf das oft vieljährige Gedeihen von Birken, Ebereschen etc. auf trocknem Mauerwerk alter Ruinen, die ihre Turgescenz während der heissesten Sommermonate erhalten; er spricht entschieden gegen die Annahme einer allein der todten Körperwelt angehörenden Triebkraft.

IV. Schwerkraft.

Zur Erklärung des im Bastkörper rückschreitenden Bildungssaftes hat man auch die Schwerkraft herangezogen. Auch diese Erklärung wird hinfällig, nachdem ich gezeigt habe, dass derselbe Bildungssaft, welcher in aufgerichteten Baumtheilen abwärts sich bewegt, in hängenden Baumtheilen aufwärts steigt, also unter allen Umständen in der Richtung von den Knospen nach den Wurzeln hin sich bewegt.

Es entspricht dem vollkommen der Verlauf der sogenannten Knospenwurzeln. Man versteht darunter den netzförmig verzweigten Verlauf von Gliedröhren, die nach eingetretener Störung des normalen Verlaufes, besonders von der Basis der Blattachselknospen aus dem vorgebildeten Holzkörper zuerst aufsteigend, dann sich abwärts wendend überspinnen, und in runzlichen Maschen auf ihm kenntlich bleiben (S. 51, Fig. 39), wenn im Anfange neuer Jahrringbildung Bast und Rinde dem Holzkörper entnommen wird (B. III 11, Taf. 1, Fig. 1—13).*) Es findet nämlich der beachtenswerthe Umstand statt, dass, wenn man einen Steckling verkehrt, die Knospenspitze nach unten gekehrt, in den Boden steckt — wodurch das Anwachsen des Stecklings nicht immer verhindert wird — der Holzzuwachs nicht nach Unten, sondern in der naturgesetzlichen Richtung nach Oben hin sich entwickelt. Es kann daher auch nicht die Schwere sein, welche dem Bildungssafte des Bastkörpers die Wege weist.

V. Zugkraft durch Stoffverbrauch.

In Bezug auf die, von den Knospen zu den Wurzeln stattfindende, in aufgerichteten Pflanzentheilen absteigende, in kriechenden Pflanzen wagerechte, in hängenden Aesten aufsteigende (daher den Wirkungen der Schwerkraft nicht unterworfene) Fortbewegung des Saftes in den Leitfasern des Bastkörpers hat man eine Zugkraft als Ursache angenommen, die eine Folge sein soll der Verwendung im Bildungssafte gelöster Stoffe auf feste Neubildungen am Endpunkte der Saftbewegung.

Gegen diese Erklärungsweise der Saftbewegung erhebe ich den Einwand: dass die Ausscheidung von Krystallen aus gesättigten Salz- oder Zuckerlösungen mit einer in dem Lösungsmittel erkennbaren Bewegung nicht verbunden ist; dass die in der Salzlösung durch Ausscheidung von Krystallen entstehenden Differenzen des Salzgehaltes dem Ausscheidungsorte näherer und

*) Man fand in dieser Reproduktionserscheinung früher (Du Petit Thouars) den Beweis, dass alle Holzbildung von den Seitenknospen ausgehe, der Jahresring ein Aggregat von Knospenwurzeln sei, die, wie im Boden, so in einem mit flüssigem Cambium erfüllten Raume zwischen Holz und Bast abwärts wachsen.

entfernterer Flüssigkeitsschichten sich gegenseitig ausgleichen, ohne dass Letztere dabei in bemerkbare Bewegung gesetzt werden; dass daher auch die Verwendung der im rückschreitenden Bildungssafte gelösten Stoffe auf Neubildung von Zellen und Reservemehlen ein Zuströmen des Lösungsmittels zum Orte des Verbrauchs der gelösten Stoffe nicht, sondern nur den Ersatz Letzterer zur Folge haben kann.

VI. Luftdruck.

Die Thatsache: dass alle mit der Luft in Berührung stehenden Baumtheile Wasser aus ihr nicht aufnehmen (Seite 218), dass sie dagegen grosse Wassermengen meist in Gasform an die Aussenluft zurückgeben, erheischt den Bezug alles auf das Wachsthum verwendeten und des in weit grösserer Menge durch die Blätter verdunstenden Wassers durch die Wurzeln aus dem Boden. Um aus dem Boden in das leitende Fasergewebe gelangen und in diesem zu den Blättern emporsteigen zu können, muss das Bodenwasser nothwendig das Rinden- und das Bastgewebe der Wurzeln durchwandern; in ihm zeigt sich nie eine Spur freier Luft, die, vom Wasser des Zellgewebes und des Objektträgers umschlossen, als kugeliger, durch Lichtbrechung schwarz erscheinender Raum, der mikroskopischen Beobachtung nicht leicht entgehen kann. Dagegen ist selbst in den tiefsten Leitfasern der Wurzel annähernd die Hälfte ihres Innenraumes mit Wasser, das Uebrige mit Luft erfüllt, die schwerlich in anderer Weise dorthin gelangen kann, als durch Abscheidung aus dem aufgenommenen, luftreichen Bodenwasser. Ist das der Fall, was sich allerdings nicht beweisen lässt, dann muss daraus eine Druckkraft entspringen, mit der die elastische Luft auf das nicht elastische Wasser des Faserraumes einwirkt, da nach bekanntem physikalischen Gesetz das Wasser mehr als das Doppelte seines eigenen Volumen an Luft in sich aufzunehmen vermag, ohne sein eigenes Volumen zu erweitern. Es kann dies nur geschehen durch eine auf Kapillar-Attraktion beruhende Verdichtung der Luft zwischen den Molekülen des Wasser, beiläufig gesagt, den einzigen direkten Beweis für die molekulare Constitution auch der Flüssigkeiten einschliessend. Wird aus jedem aufgenommenen Wassertheil Bodenwasser ein, beispielsweise gleich grosser Wassertheil Luft ausgeschieden und im Raume der Leitfaser frei, dann muss ein dem entsprechender Wassertheil Raumwasser verdrängt und in Bewegung gesetzt werden. Dass diese Bewegung eine von den Wurzeln nach den Knospen hin gerichtete ist, beruht vielleicht in einer abnehmenden Dichtigkeit der gasförmigen Stoffe höherer Baumtheile, der eine ähnliche Wirkung zugeschrieben werden könnte, wie der durch Verdichtung von Wasserdampf verdünnten Luft der Digerirflasche, die, unter Abscheidung von Gasen, durch die längsten kapillaren Röhren dargebotenes Aussenwasser zu sich emporleitet (Bot. Zeitung 1863, S. 301, Taf. XI, Fig. 5).

Ohne Zweifel beruht auch diese Erklärung des Saftsteigens auf einer grossen Zahl von Voraussetzungen und von unerweisbaren Annahmen. Schon die erste derselben, die Abscheidung des Luftgehaltes aus dem Bodenwasser erst im Fasergewebe gehört dahin, ebenso die Annahme einer nach den höheren Baumtheilen hin abnehmenden Dichtigkeit der Baumluft. Es spricht für sie aber der Umstand, dass, wie aus der vorstehenden Beleuchtung aller übrigen Erklärungsversuche hervorgeht, keiner derselben ihr rivalisirend zur Seite steht, dass ihr keine der Thatsachen des Pflanzenlebens widerspricht, und ein durch Druck gespannter Zustand der Baumsäfte, auch während relativer Ruhe derselben in den Erscheinungen des Thränens und des Blutens sich zu erkennen giebt. Es wird daher nöthig, diese Lebenserscheinungen der Pflanzen einer näheren Betrachtung zu unterwerfen, nachdem ich an das Seite 339 Gesagte erinnert habe, dass die Erscheinungen des Thränens und Blutens von denen der Saftbewegung im belaubten Baume streng gesondert zu halten sind.

VII. Gesammtwirkung verschiedenartiger bewegender Kräfte.

Man hört häufiger die Ansicht aussprechen, dass, wenn die einzelnen physikalischen oder chemischen Kräfte: wenn endosmotische Kraft, Kapillarität, Verdunstung etc. nicht ausreichen, die Bewegung des Wandersaftes bis in den Gipfel der höchsten Bäume zu erklären, der vereinten Gesammtwirkung aller dieser Kräfte solches gelingen werde. Es ist einleuchtend, dass zehn Pferde, wenn sie auch nicht rascher das vorgesteckte Reiseziel erreichen, grössere Lasten zu bewegen vermögen, als ein einzelnes Pferd; dass höhere Wärmegrade mehr Eis zu schmelzen vermögen; dass aber dem Zusammenwirken verschiedenartiger Kräfte, die, wie die Triebkraft des Windes und der Wasserströmung, sich möglicherweise aufheben können, dass dem Zusammenwirken von Kapillarität, Endosmose, Wärme nach einer und derselben Richtung hin eine grössere Kraftwirkung zuzuschreiben sei, als jeder einzelnen dieser bewegenden Kräfte, das müsste doch für jeden bestimmten Fall erst erwiesen werden, was bis jetzt nicht geschehen ist.

Wir gelangen hiermit zu dem Schlusse, dass eine Erklärung der Bewegungen des Wandersaftes aus Kräften der todten Körperwelt bis jetzt nicht gelungen ist, dass auch hier eine Mitwirkung vitaler Kraft mehr als wahrscheinlich ist, wodurch wir uns jedoch nicht abhalten lassen dürfen, mit allen Mitteln und Kräften nach bewegenden Kräften der physikalischen und chemischen Wissenschaft zu forschen.

3) Vom Thränen und Bluten der Bäume.

a) Das Thränen

unterscheide ich vom Bluten darin, dass es an völlig unverletzten Pflanzen auftritt, während ich mit Bluten nur denjenigen Safterguss nach Aussen bezeichne, der eine Folge gewaltsamer, bis in den Holzkörper hinabreichender Verwundung der Bäume ist.

Zuerst im Jahre 1853 machte ich in der Bot. Zeitung S. 478 auf einen freiwilligen Safterguss aus den Knospen der Hainbuche aufmerksam, der durch seine Aehnlichkeit mit dem Tropfen atmosphärischen Thaues wahrscheinlich häufig übersehen wird. Die Erscheinung tritt nicht häufig auf, kann aber bei sorgfältiger Beobachtung während der Monate Februar und März alljährlich ein oder einige Male aufgefunden werden. Spätere Beobachtung hat ergeben, dass die Wasserabscheidung mit Sonnenuntergang beginnt und zwar in fast mikroskopisch kleinen Wasserperlen, die zwischen den einzelnen, noch völlig geschlossenen Knospenschuppen sich hervordrängen. Ueber Nacht werden die Perlen grösser, fliessen an der Knospe zusammen und hängen am Morgen in der Grösse von Thautropfen an den Knospen, obgleich der Verdunstungsabgang in der freien Luft sicher ein sehr bedeutender ist.

Ich habe die Erscheinung einmal bei noch gefrorenem Boden beobachtet, daher von einer Wurzelthätigkeit hierbei nicht die Rede sein kann. Ebensowenig ist die Thaubildung im Sinne der Meteorologie dabei betheiligt, da sie vorherrschend an Tagen eintritt, die frei von atmosphärischer Thaubildung sind. Sie geht der Periode des Blutens vorher, steht aber mit dem Bluten sehr wahrscheinlich in naher Beziehung, da ich sie bis jetzt nur an solchen Holzarten aufgefunden habe, denen auch die Eigenschaft des Blutens zuständig ist.

In naher Beziehung hierzu scheinen auch die wässerigen Ausscheidungen an den Spitzen der Gräser und Kräuter zu stehen, die sich gleichzeitig mit dem atmosphärischen Thau in den frühen Morgenstunden, also ebenfalls bei geringer Lichtwirkung bilden. Lässt man Gräser oder Kräuter unter Glasglocken in vollem Lichte wachsen, dann bildet sich kein Safterguss, der an den Spitzen der Gräser, der Sägezähne von Leontodon in Tropfenform sofort und zu jeder Tageszeit hervortritt, wenn die Töpfe in einen dunklen Raum versetzt werden, auch ohne Temperaturveränderung, offenbar in Folge der Unterbrechung des unter Lichtwirkung sich vollziehenden Assimilationsprocesses, mit dem zugleich die Umbildung des überschüssigen Wassers im Pflanzensaft zu Wassergas verhindert, nicht aber der Druck aufgehoben wird durch den jetzt tropfbare, anstatt der im Lichte gasförmigen Flüssigkeit ausscheidet.

Das Thränen aus Baumknospen findet in einer Jahreszeit statt, in der von Assimilation nicht die Rede sein kann, es wird daher auch Lichtwirkung oder Lichtmangel ausser Einfluss sein. Die geringe Verdunstung aus den Zweigspitzen auch in dieser frühen Jahreszeit bei milder Aussenluft — sie beträgt für die Zweigspitze der Rothbuche bis zur dritten Knospe abwärts binnen 24 Stunden 0,01—0,015 Gramm — erheischt, bei gleichbleibendem Wassergehalt der Pflanze, eine gleich grosse Wasseraufnahme aus dem Boden und Aufleitung des Wassers zu den Knospen, die ohne eine innere bewegende Kraft undenkbar ist. Diese bewegende Kraft ist sehr wahrscheinlich dieselbe, welche auch das Bluten veranlasst, über die ich sofort meine Ansichten mittheilen werde.

d) Das Bluten und Saugen.

Unter unseren heimischen Holzarten ist es eine verhältnissmässig geringe Zahl von Gattungen, denen die Eigenschaft des Blutens zuständig ist, die Eigenschaft im völlig gesunden Zustande in Folge gewaltsamer, bis in den Holzkörper eindringender Verletzungen reichliche Mengen von Holzsaft nach Aussen zu ergiessen. Es gehören dahin die Ahorne, Birken, Hainbuchen, mitunter und beschränkt auf einzelne Bäume auch die Rothbuchen; es gehören dahin die Wallnussbäume und die Weinstöcke, die Hartriegel und, von bei uns ausdauernden Fremdlingen Virgilia lutea.

So viel ich weiss, bluten alle Arten derselben Gattung, nahe verwandte Gattungen derselben Familie unterscheiden sich aber hierin. Die Birke blutet, die Eller nicht; die Weissbuche und die Hopfenbuche bluten, die Hasel blutet nicht.

Die Stöcke im Sommer gehauener Eichen und Ellern habe ich einigemal Safterguss liefern sehen. Ausserdem liefern mehrere Holzarten aus Frostrissen oder anderen offenen Wundflächen einen krankhaften Safterguss während des ganzen Sommers, so auch die Hainbuche und Birke aus Bohrwunden, wenn diese mit Monometern armirt bleiben. Ich zähle das nicht zu dem normalen Vorgang des Blutens.

Das normale Bluten beschränkt sich auf einen bestimmten kurzen Zeitraum jeden Jahres. Bei den Ahornen beginnt es bald nach Abfall der Blätter und dauert den ganzen Winter hindurch, bis zum Aufbrechen der Knospen im nächsten Frühjahre. Bei den Wallnussbäumen beginnt es im Januar, bei den meisten blutenden Holzarten je nach der Witterung im Februar bis März, beim Weinstock im März bis April. Es endet überall mit erneuter Triebbildung.

Nicht regelmässig, aber periodenweise mehrere Tage hindurch sich wiederholend, tritt an die Stelle des Blutens während mehrerer Nachmittagstunden das Saugen. Wird in diesen Stunden durch ein nach Unten geknieetes

Glasrohr, wie man es zum Einsammeln des beim Bluten abfliessenden Holzsaftes verwendet, dem Bohrloche eine wässerige Flüssigkeit dargeboten, dann werden grosse Mengen derselben in das Innere des Baumes aufgesogen. Schon die Anfertigung der Bohrlöcher in der Zeit des Blutens oder zur Zeit des Saugens macht den Eindruck, als fände in Ersterer Saftfülle und Saftandrang zum Bohrloche, zur Zeit des Saugens hingegen aussergewöhnliche Trockenheit des Holzes statt. Im ersten Falle werden die Bohrspähne mit dem schon während des Bohrens andringenden Holzsaft aus dem Bohrloche hervorgespült, zur Zeit des Saugens erscheinen die Bohrspähne denen aus lufttrocknem Holze ähnlich. Wie bei der täglichen Bewegung der Sonne um die unbewegte Erde, so trügt auch hier der Augenschein, und ergaben mir zahlreiche und sorgfältige Wägungen, dass der Wassergehalt der unter einer Atmosphäre Ueberdruck blutenden und der Wassergehalt der unter nahe ebenso grossem Minderdruck saugenden Hainbuche nicht wesentlich verschieden ist vom Wassergehalte desselben Baumes in den letzten Wintermonaten, einige Wochen vor Beginn des Blutens (durchschnittlich 34 % vom Grüngewicht, gegenüber einem Wassergehalt von 26—28 % in den trocknen Sommermonaten des vorhergehenden Jahres). Ebenso wenig wie eine grössere resp. geringere Saftmenge, welche den täglichen Wechsel zwischen Bluten und Saugen veranlasst, ist es eine Vermehrung resp. Minderung der durch das ganze Fasersystem verbreiteten bewegenden Druckkraft, welche diesem Wechsel zum Grunde liegt. Wäre das der Fall, dann müssten alle Holzsäfte des Baumes unter gleichem Drucke stehen, rasch vom Schafte abgehauene Aeste, vom Stocke abgehauene Schafte, vom Stocke abgehauene und dem Boden entnommene Wurzeläste müssten auch aus den ihnen angehörenden Hiebsflächen wenigstens kurze Zeit hindurch Safterguss liefern, das ist aber nicht der Fall, die Schnittfläche des Zweiges, des Astes, des Schaftes, der ausgehauenen Wurzel selbst unter hohem Manometerdruck stehender Bäume bleibt ohne Safterguss, während die am Aste, am Schafte, am Stocke befindlichen Schnittflächen reichlich und unter hohem Manometerstande fortdauernd Saft ergiessen.

Um in dieser Richtung sichere Beobachtungsresultate zu gewinnen, musste ich einen Verschluss der Bohrlöcher ersinnen, der unzweifelhaft auch bei hohem Druck sich luftdicht erwiess. Es besteht derselbe in einem 6—7 cm langen, oben 4, unten 3 cm dicken Kegelstutz von Gusseisen, der in der Mitte 1 cm weit durchbohrt ist, zur Ausfüllung mit einem dicht schliessenden guten Kork, der seinerseits in der Mitte der Länge nach durchbohrt ist, zur Aufnahme des U-förmig gebogenen, am offenen Ende geknieeten und zur Hälfte mit Quecksilber gefüllten Manometerrohres. Vermittelst eines Centrumbohres erhält der zu untersuchende Baum in Brusthöhe ein cylindrisches Bohrloch vom Durchmesser der unteren Dicke des Eisenpfropfes. Mit Hammer oder Beilrücken in das cylindrische Bohrloch eingetrieben, presst derselbe die Rinde. und die äusseren Holzschichten in Folge seiner konischen Erweiterung stark zusammen und bildet dadurch einen vollkommen luftdichten Verschluss, worauf der offene Hals des Monometerrohres in das Korkfutter des Eisenpfropfes gesteckt wird. Ist das Glasrohr etwas dicker als das Bohrloch im Kork und an seiner Mündung ein wenig ausgezogen, dann wird durch sein Eindringen in das Bohrloch des Korkes dieser in dem Grade zusammengepresst, dass dadurch auch zwischen Glasröhre und Kork luftdichter Verschluss hergestellt ist.

Durch eine derartige Armirung des blutenden Baumes mit Druckmessern wird derselbe von jedem unmittelbaren Zutritt atmosphärischer Stoffe ebenso wieder abgeschlossen, wie das vor der Verwundung des Baumes der Fall war. Man darf daher annehmen, dass die Weisungen des Instrumentes für die inneren Zustände des unverletzten Baumes maassgebend sind.

Die vermittelst Armirung der Versuchsbäume mit solchen Manometern ermittelte Druckkraft beträgt in Maximo 1,4 Atmosphäre Ueberdruck für das Bluten, 1,2 Atmosphäre Minderdruck für das Saugen, ist aber meist viel geringer und steigt nicht häufig auf 1 Atmosphäre Ueber- oder Minderdruck. Besonders häufig bei trocknem Ostwinde sinkt das Quecksilber oft andauernd auf 00.

Dem Ueberdruck von einer Atmosphäre entspricht ein Safterguss von annähernd 60 vollwichtigen Tropfen in der Minute.

Kehren wir zu der vielsagenden Thatsache zurück, dass die am abgehauenen Zweige, Aste, Stamme befindliche Schnittfläche keinen Safterguss liefert, während die ihr gegenüber liegende Schnittfläche den Safterguss auf's lebhafteste fortsetzt, so erkläre ich sie aus dem Umstande, dass dem Holzsafte innerhalb des Holzkörpers nur eine von den Wurzeln nach den Knospen gerichtete Fortbewegung naturgesetzlich zusteht, dass der Holzsaft auch mit Säften anderer Baumtheile nicht im Kreislaufe steht, d. h. als Holzsaft aus ihnen in den Holzkörper zurückzukehren nicht vermag*).

---

*) An abgehauenen Baumtheilen, an Steckreisern oder Setzstangen lässt sich eine rückläufige Bewegung des Holzsaftes erzwingen, durch deren örtlich beschränkte Erwärmung in der hohlen Hand oder selbst nur zwischen den Spitzen zweier Finger. Ohne Zweifel ist es die dadurch herbeigeführte, örtlich beschränkte Ausdehnung der Luft des leitenden Fasergewebes, welche den Saft desselben auf die nach Oben gekehrte Schnittfläche des Zweiges emportreibt. Nimmt man dem abgeschnittenen Zweige auch das der Schnittfläche entgegengesetzte, das Gipfelende, dann tritt sogar die Spannkraft in ihre Rechte. Der Safterguss netzt die nach Unten gekehrte Schnittfläche, abwechselnd bei wechselnder Wendung derselben Schnittfläche nach Oben und nach Unten (Bot. Zeitung 1853, S. 312). Es gehört hierher auch die Aufnahme und Fortleitung von Farbstoffen

Ist das richtig, spricht nicht eine einzige sichere Beobachtung für das Bestehen eines Kreislaufes der Holzsäfte als solche, dann folgt daraus die Ruhe derselben im unverletzten Baume, abgesehen von einer, der geringen Verdunstungsmenge des laublosen Baumes entsprechenden Wassermenge, die von den Wurzeln dem Boden entnommen und durch den Stamm als Ersatz des Verdunsteten den Zweigspitzen zugeführt werden muss, wenn diese und die Pflanze überhaupt ihren normalen Wassergehalt behalten soll. Abgesehen hiervon lässt sich der Baum in der Periode des Blutens vergleichen mit einem allseitig geschlossenen, mit Flüssigkeit überfüllten Kautschukschlauche, dessen elastische, durch die Ueberfüllung gespannte Hülle allseitig auf den flüssigen Inhalt drückt, ohne denselben in Bewegung zu setzen, die erst dann eintritt, wenn die Wände des Schlauches durch Bohrloch oder Schnitt verletzt werden, worauf die Spannung der elastischen Hülle den flüssigen Inhalt so lange in Bewegung setzt und zum Ausfliessen treibt, als sie dauert. Eine weitere Verwendung dieses Bildes auf den blutenden Baum gestatte ich mir nicht, denn grade zur Zeit des Blutens ist die aus Bast und Rinde bestehende Umhüllung des Holzkörpers nicht, wie später während der Dauer des Zuwachses an Holz, in einem gespannten Zustande, noch ist der überall fertige, harte und feste Holzkörper für äusseren Druck empfänglich. Derselbe Umstand verhindert auch die Anwendung des Bildes auf die einzelne Leitfaser.

Wenn es nun Elasticität nicht ist, welche den im unverletzten Baume r u h e n d e n Holzsaft in eine so grosse Spannung versetzt, dass er der Baumwunde unter Umständen mit 1,4 Atmosphäre Druck entströmt, so fragt es sich: welch' andere Kraft es ist, die diese Wirkung auszuüben vermag.

Es ist der Umstand, dass Bluten und Saugen nur bestimmten Holzarten eigen ist, dass auch bei ihnen die Zeit des Blutens und des Saugens auf die des unbelaubten Zustandes der Pflanze und im täglichen Wechsel auf bestimmte Tageszeiten beschränkt ist; es ist der Umstand, dass, den blutenden nahe verwandte Holzarten diese Eigenschaft nicht besitzen und, wie die blutenden Holzarten im belaubten Zustande, das Manometer nicht afficiren, obgleich die vielmal grössere Verdunstung des belaubten Baumes eine gesteigerte Wasseraufnahme aus dem Boden, ein rascheres Aufsteigen des Saftes in der Pflanze, mithin auch eine grössere Triebkraft erheischt, wodurch alle anderen Erklärungsversuche hinfällig werden, bis auf die periodisch wechselnde

---

durch Pflanzen, die mit den Schnittflächen i h r e r g e r i n g e n Z w e i g e in die Farbstofflösung gestellt wurden (Bot. Zeitung 1861, S. 22). Es befindet sich der Pflanzentheil bei solchen Versuchen aber in einem Zustande, aus welchem Schlüsse auf das Verhalten der ganzen Pflanze im normalen Zustande wohl erlaubt, aber nicht entscheidend sein können, anderen, dem normalen Zustande der Pflanze entnommenen Thatsachen gegenüber.

Dichtigkeit der elastischen Baumluft in der unverletzten Pflanze, die, wenn sie dichter ist, als die Aussenluft ein Ausströmen der Baumluft in die Aussenluft, wenn sie dünner ist ein Einströmen von Aussenluft in die Baumluft durch Wunden zur Folge haben, das Bluten oder Einsaugen von Flüssigkeiten ergeben muss, wenn Letztere dem Austausch der Gase sich entgegenstellt.

Nehmen wir diese Erklärungsgründe einstweilen als die richtigen an, wobei es allerdings ganz unerörtert bleibt, welches die den periodischen Wechsel in der Dichtigkeit der Baumluft vermittelnde Kraft, oder, wenn wir noch einen Schritt näher treten: welches die Kraft ist, welche den Baumsaft bestimmt in periodischem Wechsel Luft auszugeben oder in sich aufzunehmen, ohne erkennbaren Einfluss äusserer Zustände in der Umgebung des Baumes, wobei wohl zu beachten ist, dass das lebensthätige Organ der Pflanzenzelle, der Zellschlauch, den Leitfasern fehlt, so bleibt uns noch die wichtige Frage zu erörtern:

> ob die das Bluten und Saugen vermittelnde Kraft aus der vereinten Kraft aller Leitfasern des Baumes sich zusammensetzt, oder ob sie eine lokale, auf der Wirkung beschränkter Fasercomplexe oder nur weniger Fasern beruhende ist.

Die bis 1,4 Atm. Ueberdruck steigende Grösse der Druckkraft lässt auf ein Zusammenwirken aller Leitfasern zur Herstellung derselben schliessen. Es stehen aber einer solchen Annahme erhebliche Bedenken entgegen.

a) Der Umstand: dass nur die mit der Bewurzelung in Verbindung bleibende Hiebsfläche, selbst unter starkem Safterguss blutet oder saugt. Ich habe darüber vorstehend gesprochen.

b) Der ungleiche Manometerstand an demselben Baume befindlicher Druckmesser, gleichzeitig und nur in wenigen Centimeter Entfernung der Instrumente. Ich hatte denselben bisher nur an alten und neuen Bohrwunden, in diesem Frühjahre habe ich ihn noch an gleichzeitig gefertigten Bohrkanälen beobachtet.

c) Das Bluten aus frisch angefertigten Bohrwunden, während an demselben Baume in grosser Nähe befindliche, ältere Bohrkanäle bereits aufgehört haben zu bluten. Ich habe mich auf's Bestimmteste überzeugt, dass das nach 3—4 Wochen eintretende Aufhören des Blutens durch ein mechanisches Hinderniss, etwa durch Verstopfung der das Bohrloch begrenzenden Fasern nicht veranlasst wird, dass der Druck einer Wassersäule von 10 cm Höhe genügend ist, Wasser durch einen Aststutz zu pressen, dessen Safterguss aufgehört hat. Frische Bohrlöcher, wenige Centimeter entfernt von armirten Bohrungen des vorhergehenden Jahres können hohen Ueberdruck anzeigen, während die Druckmesser der alten Bohrung auf Minderdruck zeigen.*)

Jeden Falles beruht das nach mehreren Wochen eintretende Erlöschen des Saftergusses aus Bohrlöchern oder Aststutzen auf lokalen Ursachen, und da mechanische Hindernisse nicht nachweisbar sind, so wird man zu der Annahme gedrängt: dass es Folge des Verlustes der Leitungsfähigkeit des der Baumwunde benachbarten Fasergewebes, dass dieser Verlust Folge des Erlöschens einer organischen Funktion, des Absterbens der Leitfasern an der Grenze der Wundfläche sei, eine Annahme, die Bestätigung findet auch in dem nur kurze Zeit dauernden Verdunstungsverlust der Baumhölzer aus Schnittwunden, wie ihn beim Pflanzgeschäft das Beschneiden der Pflänzlinge mit sich bringt. Es würde um unser Pflanzgeschäft, um unseren Kopf- und Scheidelholzbetrieb schlecht bestellt sein, wenn die Pflanze nicht befähigt wäre, wie durch Korkbildung gegen natürliche, so durch Verlust der Leitungsfähigkeit durch gewaltsame Verletzungen sich nach Aussen abzuschliessen.

Wenn das normale Erlöschen des Saftergusses und selbst der Verdunstung aus Wundflächen dem Absterben organischer Funktion zugeschrieben werden muss, dann liegt es nahe, auch diese Verrichtungen unter der Herrschaft organischer Sonderkraft stehend zu betrachten.

e) Die Saftbewegung im belaubten Baume.

Auch im unbelaubten Baume muss eine Bewegung des Holzsaftes von den Wurzeln zu den Zweigspitzen stattfinden, auch im Winter, so weit die Verdunstung aus Letzteren bei milder Witterung stattfindet, und einen Ersatz des verdunsteten Wassers erheischt. Abgesehen von dieser, im Vergleich zur Verdunstung durch die Belaubung doch immer nur geringen Wasserausgabe ist die des belaubten Baumes um das Vielfache grösser. Ich habe bereits eine grosse Zahl von Verdunstungsversuchen und deren Ergebnisse bekannt gemacht (B. II, 9, 20, 34; B. III, 30, 31, 46, 57) und will hier einige neuere hinzufügen.

Hainbuchen-Topfpflanzen von $^1/_4$—$^1/_3$ m Höhe und 40—55 g Grüngewicht verdunsteten Mitte April im unbelaubten Zustande und in ruhiger Zimmerluft bei 10—12° Stubenwärme binnen 24 Stunden (Tag und Nacht) durchschnittlich 10 g Wasser. Eine dieser Pflanzen von mittlerem Grüngewicht = 47 g, nachdem sie sich begrünt hatte, verdunstete Ende April aus 80 halbwüchsigen

*) Ueber das Bluten der Bäume aus alten Bohrlöchern s. Forst- und Jagdzeitung 1874, S. 4.

und 20 noch gefalteten Blättern, in 12 Tagesstunden 14, in 12 Nachtstunden 4, täglich also 18 g Wasser. Da auf 47 g Grüngewicht der Pflanze einschliesslich der Bewurzelung annähernd $^1/_3$ = 16 g Wasser (Differenz zwischen Grüngewicht und Lufttrockengewicht) fallen, verdunstete die Pflanze also schon jetzt, bei noch nicht völlig ausgebildeter Belaubung, täglich mehr, als ihren eigenen Gehalt an freiem Wasser, der fortdauernd durch Wasseraufnahme aus dem Boden ersetzt werden muss, da der Wassergehalt lebendigen Holzes auch junger Pflanzen binnen Wochen keinen wesentlichen Schwankungen unterworfen ist.

Um die Verdunstungsmenge auch älterer Bäume wenigstens annähernd bestimmen zu können, habe ich meine älteren Versuche: über Verdunstung der Zweigspitzen im unbelaubten Zustande (B. III, 46) wieder aufgenommen und darin weiter fortgeführt, dass ich die Zweigspitzen (bis zur dritten Knospe einschliesslich), auch in weiter vorgeschrittenen Zuständen der Knospenentwickelung in Glasballon so weit luftdicht absperrte, als nöthig erschien, einem Entweichen der verdunstenden Wassermenge vorzubeugen.

Anknüpfend an die in der Bot. Ztg. a. a. O. mitgetheilten Versuchsergebnisse, nach denen jede dreiknospige Zweigspitze im Winterkleide der Knospen 8—10 mg binnen 24 Stunden verdunstete, die Eller bedeutend mehr, Rosskastanie, Ulme, Weide bedeutend weniger; Verdunstungsgrössen, die sich aus den neueren Versuchen um ungefähr 50 % höher ergaben, bei gewissen Holzarten, wie bei den Juglandineen*), bei Ailanthus, Chionanthus, Aria, Castanea aussergewöhnlich hoch, über 100 mg in 24 Stunden, bei Robinia, Liquidambar, Morus, Rhus aussergewöhnlich niedrig, meist unter 20 mg in 24 Stunden, stellte sich für verschiedene Altersstufen im freien Stande erwachsener Rothbuchen, die tägliche Verdunstungsmenge der Zweigspitzen bei verschiedenem Entwickelungszustande ihrer drei Knospen zu Trieben und Blättern, zum Wassergehalte aller über der Erde befindlichen Baumtheile, wie solches die nachfolgende Tabelle angiebt, deren Zahlen auf der Voraussetzung ruhen:

1) dass die Verdunstungsmenge der eingeschlossenen Zweigspitzen wenigstens als Minimalgrösse der Verdunstungsmenge im Freien angenommen werden darf;

2) dass die, in Manneshöhe über dem Boden unter verschiedener Lichtwirkung gefundenen Gewichtgrössen der Verdunstung — für die verschiedenen Beschattungsgrade und nach Ausscheidung der Extreme wurde

*) Die Zweigspitzen von Carya, obgleich an ihnen in der Regel nur die Terminalknospe stark entwickelt ist, verdunsten in den Mittagsstunden stündlich 27 mg, also mehr als das Doppelte der Wassermenge, welche die Mehrzahl der Holzarten in 24 Stunden verdunstet.

nicht die durchschnittliche, sondern die am häufigsten beobachtete Verdunstung den Angaben zum Grunde gelegt — der durchschnittlichen Verdunstung in den verschiedenen Regionen der Baumkrone entsprechen (dies zu constatiren oder zu berichtigen, muss ich jüngeren Arbeitskräften überlassen; 73 Jahre und 200 Pfunde Eigengewicht verbieten mir das Besteigen der Baumkronen).

Es erscheint auffallend, dass bei diesen Versuchen die Verdunstung der Zweigspitzen fortdauert, auch nachdem die Luft der Glasröhre mit Wasserdunst vollständig gesättigt ist, und liegt es nahe, das scheinbar polizeiwidrige Verhalten einer im Innern der Pflanze wirkenden organischen Kraft zuzuschreiben. Hierauf gerichtete, im Laboratorium angestellte Versuche ergaben aber, dass auch abgeschnittene und in siedendem Wasser getödtete Zweigspitzen, selbst nasser Bindfaden dieselbe Fähigkeit der Uebersättigung besassen, wie die am lebenden Baume befindliche Zweigspitze. Der Umstand, dass am Fenster des Laboratoriums stehende Apparate auf der dem Fenster oder dem Innern des Zimmers zugekehrten inneren Wandungsseite mit Wassertropfen beschlugen, führte mich auf den Gedanken, dass selbst in dem engen Raume der zum Theil nur 1 cm im Durchmesser haltenden Glascylinder eine ungleiche Erwärmung der Luft stattfinde, dass, wenn die Aussenluft kälter als die Zimmerluft sei, der Beschlag auf der nach Aussen gerichteten Wandungsseite erfolge, dass sich dies entgegengesetzt verhalte, wenn die Aussenluft wärmer als die Zimmerluft ist, dass daher die Fortdauer der Verdunstung im Innern der luftdicht geschlossenen Glascylinder Folge durch Mengung ungleich erwärmter Luftschichten vorzeitig eintretenden wässrigen Niederschlages sei, der es nicht zur völligen Sättigung der Luft mit Wasserdunst kommen lässt. Zur Prüfung dieses Gedankens schloss ich mit abgeschnittenen Zweigspitzen oder nassem Bindfaden beschickte Glascylinder in Pappcylinder ein, deren Innenraum dem Lichte völlig unzugänglich ist (Federköcher). Im völlig gleich temperirten Raume aufbewahrt, zeigte sich während mehrerer Tage kein Niederschlag, der aber unter gleichem Lichtabschluss sofort eintritt, wenn man den Pappcylinder einseitig erwärmt. Dem entsprechend wird die, durch Beschlag der inneren Glaswände mit tropfbarem Wasser sich kennzeichnende, über den Sättigungsgrad der eingeschlossenen Luft mit Wasserdunst fortdauernde Verdunstung auch der mit dem lebenden Baum in Verbindung stehenden Zweigspitzen durch Lichtabschluss aufgehoben an trüben Tagen und im Waldesschatten; die Fortdauer der Verdunstung wird nicht aufgehoben, sondern nur ermässigt an sonnenhellen Tagen und im Freien, weil unter diesen Verhältnissen ungleiche Erwärmung der von den verdunkelten Apparaten eingeschlossenen Luft stattfindet.

Der untersuchten

Alter	Höhe	Grün-gewicht	Wasser-gehalt = 1/3 vom Grün-gewicht	Zahl der Zweig-spitzen	bei einer täglichen Verdunstung aus einer Zweigspitze a. im Winter-kleide 0,03 g	b. mit Aus-bruch des Laubes 0,27 g	c. mit halb-wüchsigem Laube 0,62 g	d. mit aus-gewachsenen Blättern 0,12 g
Jahre	Meter	Gramm	Gramm		verdunstet die Pflanze täglich			
3	0,3	6	2	6	0,18	1,62	3,700	7,2
6	1	50	17	40	1,20	10,80	24,80	48,0
10	2	900	300	100	3,00	17,00	62,00	112,0
20	3	7500	2273	675	20,25	182,25	418,500	810,0
30	8	24000	8000	1350	40,50	364,50	837,00	1620,0
40	12	77000	25700	4500	135,00	1215,00	2790,00	4500,0
50	16	145000	48300	8500	255,20	2300,00	5270,00	10200,0
60	20	300000	100000	15000	450,00	4050,00	9300,00	18000,0

Ich bitte der tabellarischen Mittheilung vorläufig nicht mehr zu entnehmen, als Nachfolgendes:

1) Dass die letzten drei Internodien der Zweigspitzen mit ihren drei Knospen auch bei der Rothbuche im Winterkleide während warmer Winterwitterung nicht unerheblich verdunsten; 0,03 ist eine Durchschnittszahl, die den Berechnungen in gleicher Columne zum Grunde liegt. Die mit dem Baumalter steigende Grösse der Ziffern ist allein durch die steigende Zahl der Zweigspitzen veranlasst.

2) Mit dem Laubausbruche erhöht sich die Verdunstung nahe auf das Zehnfache (0,03 auf 0,27); mit erreichter halber Grösse der ersten Blätter auf das Zwanzigfache; mit voller Grösse der ersten Triebblätter auf das Vierzigfache. Für den letzten Fall ergiebt die 60jährige Rothbuche eine Verdunstung von 18000 g = 18 Kilo = 36 Neupfund in 24 Stunden pro Stamm, wobei nicht ausser Acht zu lassen ist, dass die Verdunstung hier in der mit Wasserdunst gesättigten Luft des Glasballons sich vollzieht, in freier Luft daher wahrscheinlich bedeutend grösser ist, so wie: dass solches nachweisbar der Fall ist, wenn nicht wie vorstehend die durchschnittliche Verdunstung von 24 Stunden, Tag und Nacht, sondern die der Tageszeit oder gar nur die der sonnigen Mittagstunden gemessen wird. Dieselbe Buche, deren erste Triebblätter nahe ausgewachsen waren, verdunstete am 4. Mai innerhalb 24 Stunden 500 mg, stündlich daher im Durchschnitt 21 mg, während sie in vier sonnigen Mittagstunden unter durchaus gleichen Verhält-

Rothbuchen

Stammzahl	tägliche Verdunstung pro $^1/_4$ Hektar = 1 Magd. Morgen — tägliche Verdunstung in Neupfunden				Im Wassergehalte der oberirdischen Holzmasse ist die tägliche Verdunstungsmenge enthalten			
	ad a	ad b	ad c	ad d	ad a	ad b	ad c	ad d
50000	18	162	370	720	11,00	1,20	0,60	0,30
26000	62	560	1290	2496	14,00	1,60	0,70	0,35
10000	60	540	1240	2240	100,00	11,10	5,00	2,70
1500	60	546	1256	2430	112,50	12,50	5,50	2,80
1000	81	729	1674	3240	200,00	22,00	9,50	5,00
500	136	1216	2790	5400	190,00	21,10	9,20	4,76
300	153	1380	3162	6120	190,00	21,00	9,20	4,70
180	162	1458	3348	6480	220,00	24,60	10,70	5,55

nissen stündlich 105 mg, also das 5fache der durchschnittlichen Verdunstungsmenge lieferte. Die Eingangs erwähnte Hainbuchen Topfpflanze verdunstete Anfang Mai in sonnigen Vormittagstunden 2,5, von 6 Uhr Morgens bis 6 Abends 18 g, von 6 Uhr Abends bis 6 Uhr Morgens nur 4 g, in 24 Stunden daher 22 g, von denen annähernd $^4/_5$ auf die Tageszeit, $^1/_5$ auf die Nachtzeit fallen. Eine Topfpflanze von Chamaecyparis nutkaensis, $^1/_2$ m hoch, 53 g Grüngewicht, 20 g freies Wasser, verdunstete bei 13 ^{0} Stubenwärme im Mittagsonnenschein stündlich 2,2, von 6 Uhr Abends bis 6 Uhr Morgens 2,5 g, stündlich daher nur 0,2 g.

3) Die in der Tabelle aufgeführten Stammzahlen beziehen sich auf sehr räumlichen Stand und ergeben beispielsweise für das 60jährige Bestandesalter ad d) auf die Fläche von $^1/_4$ Hektar 6480 Neupfund als tägliche Verdunstungsmenge, während die tägliche Verdunstung einer gleich grossen Wasserfläche unter gleichen Einflüssen auf 11,250—11,500 Neupfund sich berechnet.

4) Alter, Höhe, Grüngewicht, Zahl der Zweigspitzen sind unmittelbar gemessen, resp. gezählt, ebenso die im Kopfe verzeichneten Durchschnittsgrössen der täglichen Verdunstung. Alle übrigen Ziffern sind Rechnungsergebnisse.

Auch aus dieser Tabelle geht hervor, wie bedeutend die Wassermassen sind, welche täglich durch die Blätter der Luft zurückgegeben werden, die also aus dem Boden aufgenommen und im Holzkörper bis zu den Blättern emporsteigen müssen. Gegen die Annahme, dass Luftdruck die bewegende Kraft sei, spricht nun der Umstand, dass während der Zeit lebhafter Verdunstung durch die wiederhergestellte Belaubung der Bäume also lebhaftesten Saftsteigens, die mit Manometern armirten Bohrlöcher, wenn sie frisch gefertigt sind, weder Druck noch Saugen anzeigen, durchaus indifferent sich verhalten. Es scheint, man müsse daraus folgern: dass bei den nicht blutenden Holzarten zu jeder Zeit, bei den blutenden Holzarten zur Zeit des Nichtblutens Baumluft und Aussenluft im Gleichgewicht stehen, in welchem Falle von einer Hebung des Holzsaftes durch Luftdruck nicht die Rede sein kann.

Wie soll man aber diese Thatsache in Einklang bringen mit dem Umstande, dass Bohrlöcher, die bis in's folgende Jahr armirt bleiben, Ueberdruck sowohl wie Minderdruck wieder anzeigen, und zwar bis zu deren Maximalgrösse aus frischen Bohrlöchern zur Zeit des Blutens, der Ueberdruck begleitet von einem Safterguss, der aber rosaroth gefärbt und im Verhältniss zu dem vom Manometer angezeigten Druck um das Vielfache geringer ist (B. II, 30). Der Gedanke liegt nahe: dass es Gährungsgase seien, die in dem das alte Bohrloch umgebenden, abgestorbenen Fasergewebe bis zu grosser Druckstärke sich ansammeln, wenn durch den Manometerverschluss ein Entweichen derselben nach Aussen verhindert wird, einer Fortleitung nach Innen das *gesunde* Leitfasergewebe widersteht. Es könnte, wenn sich das so verhielte, aber nur Ueberdruck und nie der vom Manometer eben so oft und ebenso stark angezeigte Minderdruck eintreten. Da während des Sommerblutens aus vorjährigen, armirt gebliebenen Bohrwunden, frisch gefertigte und armirte Bohrwunden *an demselben Baume* weder Ueber- noch Minderdruck, auch keinen Safterguss ergeben, muss die Ursache des Sommerblutens eine lokale, auf die Umgebung des Bohrloches beschränkte sein und es steht Nichts der Annahme entgegen, dass dasselbe auch beim normalen Bluten der Fall, dass die den Holzsaft auch zu jeder anderen Zeit bewegende Kraft überhaupt eine der einzelnen Leitfaser zuständige sei, über deren Natur die Lehrbücher der Physik sowohl wie die der Chemie noch keinen Aufschluss geben.

Trotz alledem sind doch der Fingerzeige auf das Wirken eines Luftdruckes bei Hebung des Pflanzensaftes zu viele und zu mannigfaltige, als dass wir diese Kraft bei weiterem Forschen nach den Ursachen des Saftsteigens schon jetzt und bis der rechte Schlüssel gefunden ist, aus dem Auge verlieren dürfen. Zu den bestimmenden Gründen gehört hauptsächlich die plötzliche Abscheidung der Baumluft aus dem Bodenwasser in den tiefsten Leitfasern, auch während der Belaubung und Verdunstung aus den Blättern der Bäume.

Winterruhe.

Die meisten unserer Laubhölzer, unter den Nadelhölzern auch Larix, verlieren in der norddeutschen Meeresebene Anfang November ihre Blätter und bleiben den Winter über laublos, bis sie Anfang Mai sich wieder begrünen. Es sind stets nur einzelne Individuen, welche bei ungewöhnlicher milder Winterwitterung im Anfang des Winters zu einer zweiten Triebbildung, selbst zu Blüthe und Fruchtbildung schreiten. Wir kennen die Ursache solcher Ausnahmen von der Regel nicht. Sie wiederholen sich nicht immer an derselben Pflanze, bei gleichen abnormen Witterungsverhältnissen, wie das mit dem Wiederausschlag der Fall ist, der an einzelnen Bäumen regelmässig um 8—14 Tage früher eintritt, als an der Mehrzahl der Bäume desselben Bestandes.

Der Blattabfall, das Eingehen des Baumes in die Winterruhe ist nur bedingt abhängig von Witterungszuständen, das geht schon daraus hervor, dass die metamorphische Bildung einer Korkschicht zwischen Blattnarbe und Blattstiel lange vor dem Blattabfall, zu einer Zeit eintritt, in der eine Temperaturermässigung der Herbstmonate noch nicht stattgefunden hat. Der herbstliche Farbenwechsel des Laubes, sowie der Rücktritt stickstoffhaltiger und alkalischer Bestandttheile aus den Blättern in die tieferen Pflanzentheile, bezeichnet diese Periode. Es ist bekannt, dass damit das Blatt seinen Futterwerth verliert, nur noch Dungwerth besitzt. Dass der Blattabfall nicht durch Witterungsverhältnisse veranlasst wird, beweist ferner der Umstand, dass sommergrüne Holzpflanzen wie, Carica, Erythrina, Testudinaria, auch im Warmhause ihre Blätter verlieren und vom Herbst bis zum Frühjahr laublos bleiben.

Mit dem laublosen Zustand der Wintermonate ist nicht unbedingte Ruhe der Säftemasse des Baumes verbunden. Ich habe gezeigt, dass bei milder Winterwitterung zu jeder Zeit Verdunstung auch im laublosen Zustande durch die Knospen und jüngsten Triebe stattfindet (S. 212); dass diese Verdunstung fortdauernd eine bedeutende ist, wenn man sie auf die Knospenzahl ganzer Bäume berechnet (S. 356). Da der Wassergehalt des Baumes durch die Verdunstung nicht verringert wird, so muss die verdunstete Wassermenge durch Aufnahme von Wasser aus dem Boden ersetzt werden, es muss daher zu dieser Zeit fortdauernd ein Aufsteigen von Saft durch den Schaft bis in die äussersten Zweigspitzen stattfinden. Erst mit Eintritt des Frostes in den Boden hört auch die Verdunstung auf, da das Wasser im Zustande von Eis von den Wurzeln nicht aufgenommen werden kann.

Selbst bei Eintritt milder Winterwitterung hört die Verdunstung durch Knospen sommergrüner, wie durch die Blätter wintergrüner Pflanzen, so lange auf, bis der Frost aus dem Boden entwichen ist, obgleich der Verdunstung Hindernisse in der Luft nicht entgegenstehen. Ein weiterer Beleg für das, was ich die Oekonomie der Verdunstung genannt habe, siehe Seite 213.

Andauernder Frost bringt die Säfte des Baumes zum Gefrieren. Selbst in die stärksten Bäume dringt der Frost bis zum Mark. Es geht damit der Verlust der Spaltigkeit des Holzes verloren, das wissen unsere Holzhauer recht gut durch das Aufhören des Eindringens der Keile. Bei plötzlich eintretendem Frost, der die äussersten Holzlagen zum Gefrieren bringt, ehe noch das Kernholz gefriert und sich demgemäss zusammenziehen kann, geschieht es bisweilen, dass die äussersten Holzlagen mit einem in stillen Nächten weithin hörbaren Knall der Länge nach aufreissen. Bei einigen Laubhölzern tritt aus solchen Frostrissen im Frühjahr und bis in den Sommer hinein Safterguss ein, der, verdunstend, die Salze des Baumsaftes am Rande des Frostrisses zurücklässt.

Das Gefrieren der Säfte des Baumes schadet der Gesundheit desselben in keiner Weise, wenn es zu einer Zeit stattfindet, in welcher der Pflanzensaft ruht, das heisst, keiner chemischen Veränderung unterworfen ist. Findet aber ein Gefrieren des Pflanzensaftes zu einer Zeit statt, in welcher derselbe chemischen Veränderungen unterworfen ist, dann wird der naturgesetzliche Verlauf dieser Veränderungen aufgehoben, es tritt dann das ein, was wir den Frosttod nennen. Die Zersetzung des Zelleninhaltes hat auch chemische Veränderung der Zellenwandungen zur Folge.

Viertes Kapitel.

Wachsthum.

Die Vergrösserung des anorganischen Stoffes geschieht durch A p p o s i t i o n, durch Aneinanderfügung v o r g e b i l d e t e r, in einer gasförmigen oder tropfbaren Flüssigkeit vertheilter Moleküle nach Gesetzen, die der Natur des Stoffes eigen sind (Krystallisation). Die erste Bedingung aller Krystallisation ist das Vorhandensein fertig gebildeter Moleküle des Krystallisirenden, entweder in einer Mutterlauge oder in einem durch Wärme flüssigen Zustande, aus welchem der Krystall in fester Form, nach dem Stoff, eigenthümlichen Gesetzen, zusammentritt. Der Zuckerkrystall vergrössert sich nicht in einer Kochsalzlösung, der Salzkrystall wächst nicht in einer Zuckerlösung. Nachdem in der Mutterlauge ein krystallinischer Kern aus den Molekülen zusammengetreten ist, vollzieht sich dessen Vergrösserung durch Anlagerung weiterer Moleküle aus der Mutterlauge auf die Aussenfläche des krystallinischen Kernes, nach bestimmten Lagerungsgesetzen.

Dass auch im Inneren der lebenden Pflanze Krystallisation im Sinne der anorganischen Natur stattfindet, beweist das häufige Vorkommen von Kalk- und Talksalzen im Innenraum lebensthätiger Zellen. Ausserdem besitzen aber auch einige organische Stoffe, z. B. der Zucker, das Vermögen krystallinischer Ausscheidung — ob aus lebendigem Zellsafte mag ich nicht mit Sicherheit behaupten; und endlich besitzen auch einige organisirte Pflanzenkörper, wie das Klebermehl vieler Pflanzen, das Vermögen krystallinischer Gestaltung (A. 11, Taf. IV).

Abgesehen von diesen, der Hauptmasse des Pflanzenstoffes gegenüber nur sehr beschränkten Ausnahmen, die, so weit sie sich auf Organisirtes beziehen (Klebermehl), auch darin von der Krystallisation des Anorganischen abweichen, dass die Massenmehrung nicht auf Apposition beruht, beruht das Wachsthum aller organisirten Theile des Pflanzenkörpers, des Zellschlauches und der Zellwandung, des Zellkernes und der Mehlkörper auf Intussusception und Assimilation von Nährstoffen, die erst nach erfolgter Aufnahme in den betreffenden Organismus durch dessen Lebensthätigkeit zu dem das Wachsen desselben vermittelnden Baustoff verarbeitet werden.

§ 90. Das Wachsen der kleinsten, organisirten Pflanzentheile.

Dass die Zelle, der Zellkern, die Mehlkörper nicht durch Apposition wachsen, beweist das fortdauernde Vorhandensein einer den sich vergrössernden Körper einschliessenden zarten Hüllhaut von abweichendem Bau und Bestand, beweist die Abwesenheit des Stoffes, aus dem der wachsende Organismus sich aufbaut, in der Umgebung desselben. Die das wachsende Stärkemehlkorn umgebende Flüssigkeit zeigt nie eine Spur der Reaktion auf Jodlösung. Ich denke mir den der unmittelbaren Wahrnehmung sich entziehenden Vorgang des Wachsens folgendermaassen.

In grösseren Zellkernen sind dessen, durch eine Hüllhaut zusammengehaltenen Zusammensetzungstheile — Kernstoffkörper und Kernkörperchen, mit Hülfe von Karminlösung optisch noch nachweisbar (A. 11, Taf. I, Fig. 34—53; Taf. II, Fig. 4—12, Fig. 27—39). Das Studium des Entwickelungsverlaufes zeigt unzweifelhaft, dass die Zahl der den Zellkern constituirenden Einzeltheile während des Zellkernwachsthumes sich vermehrt, dass aber in jedem Entwickelungszustande die Einzeltheile bis zu gegenseitiger Pressung dicht aneinander schliessen (S. 16, Fig. 2—6). Unter diesen Umständen kann die Mehrung nur auf Selbsttheilung vorgebildeter Kernstoffkörper, das Wachsen des Gesammtorganismus, des ganzen Zellkernes nur darauf beruhen, dass jeder Theilkörper zur Grösse des Mutterkörpers heranwächst, durch Aneignung und Verähnlichung der ihn umgebenden Bildungssäfte, gefolgt von erneuter Zweitheilung.

Schon in den kleineren Zellkernen ist dieser Vorgang optisch nicht mehr erkennbar, es ist aber doch höchst wahrscheinlich, dass er sich in ihnen ebenso vollzieht wie in den grösseren Zellkernen. (Die jüngeren Zustände grosser Zellkerne sind der Beobachtung dadurch weit günstiger, dass deren Theilkörper nicht im Verhältniss zur geringeren Grösse des geringeren Gesammtorganismus kleiner sind.)

Nimmt man nun an, dass alle organisirte Substanz des Pflanzenkörpers, dass Zellwandung und Mehlkörper in gleicher Weise aus Theilkörpern zusammengesetzt sind wie der Zellkern, dass die Substanz des letzteren von ihr nur durch aussergewöhnliche, der optischen Wahrnehmung zugängliche Grösse ihrer molekularen Theile sich unterscheidet, dann darf man das Wachsen des Zellkernes durch Selbsttheilung der Kernstoffkörper und durch Erweiterung der Theilkörper zur Grösse der Mutterkörper auch auf die übrigen organisirten Pflanzentheile, auf Zellwandung und Mehlkörper übertragen.

Für diese Annahme fehlt es uns nun keineswegs an begründenden Thatsachen. Ich zähle dahin die Fälle, in denen die Molekularstruktur der Zellwandung bis zum fertigen Zustande derselben sich erhält, wie ich solches nachgewiesen habe in den Korkzellen der Birken-Bandborke (S. 42, Fig. 24), in der Placentaoberhaut von Leucocarpum perfoliatum (S. 41, Fig. 21), in den Zellen der Samenschalen von Pinus Cembra (S. 42, Fig. 22), in den ungefärbten Streifen der Kelchblätter von Erodium (S. 42, Fig. 23). Es gehören dahin ferner die Fälle, in denen die jugendlichsten Zustände der Cellulosewandung, vor völliger Verwachsung der Cellulosekörper zu den Schichtungslamellen die molekulare Zusammensetzung deutlich erkennen lassen (S. 41, Fig. 20). S. A. 11, Taf. II, Fig. 45—46; VII. 1, Fig. 6; Taf. XIX, Fig. 30. Endlich gehört hierher die Thatsache, dass Salpetersäurepräparate aus Cellulose oder Stärkemehl (Pyroxylin, Fulmin), wie ich A. 8 gezeigt habe, durch Behandlung mit Aether (Collodiumbildung) in ihre molekularen Elemente sich zerlegen lassen.

Gestützt auf diese Thatsachen nehme ich an:

1) dass alle organisirte Substanz des Pflanzenkörpers aus Molekülen sich aufbaut;

2) dass die Moleküle durch Selbsttheilung sich vermehren;

3) dass jedes Tochtermolekül zur Grösse des Muttermoleküls sich erweitert, durch Aufnahme und Verähnlichung von Bildungssäften, die es aus den intermolekularen Räumen bezieht;

4) dass das Wachsen jedes kleinsten Theiles organisirter Substanz auf

Vergrösserung der Tochtermoleküle bis zur normalen Grösse der Muttermoleküle beruht.

Demgemäss würde jeder kleinste, organisirte Theil des Pflanzenkörpers in derselben Weise sich vergrössern, wie die Gesammtpflanze wächst durch Selbsttheilung vorgebildeter Mutterzellen in Tochterzellen und durch Heranwachsen letzterer zur Grösse ihrer Mutterzellen, wie ich dies in der ersten Abtheilung Seite 18, Fig. 7 dargestellt habe.

Es ist wenigstens nicht unwahrscheinlich, dass den organischen nicht organisirten Pflanzenstoffen, dass dem Zucker, Gummi, Fetten, so weit sie nicht Umbildungsprodukte anderer Pflanzenstoffe sind, so weit ihnen eine Vermehrung in und durch sich selbst zugeschrieben werden darf, eine gleiche oder ähnliche Vermehrungsweise zuständig ist, dass sie sich, abgesehen von ihrer chemischen Constitution, nur dadurch von den organisirten Pflanzentheilen unterscheiden, dass ihre molekularen Elemente unter sich nicht in gegenseitige Verbindung zu einem bestimmt geformten Organismus getreten sind. Die in Wasser leicht löslichen Mehlkörper, das Vorkommen des stärkemehlähnlichen Gerbmehles im ungeformten, des Klebermehles im krystallinischen, des Inulins im formlosen Zustande, führen auf diesen Gedanken.

§ 91. Das Wachsen der Gesammtpflanze

beruht immer und überall auf einer Selbsttheilung vorgebildeter Mutterzellen und im Heranwachsen der Tochterzellen annähernd zur Grösse der Mutterzellen. Seite 143 habe ich gezeigt, wie im Keimsäckchen einer Mutterpflanze durch den Akt der Befruchtung ein Zellkern emancipirt werde, wie der befruchtete Zellkern zur ersten Zelle eines selbstständigen neuen Pflanzenkörpers sich entwickele, wie aus dieser ersten Zelle durch Selbsttheilung der Keimträger, wie aus der letzten Zelle des Keimträgers der Pflanzenkeim sich bilde. Ich habe Seite 145 gezeigt, welche Veränderungen der Pflanzenkeim schon vor der Reife des Samenkornes erleide, wie in dem ursprünglich parenchymatischen Zellgewebe desselben ein Kreis von Faserbündeln durch Zellenmetamorphose sich bilde (S. 151), der in den mittleren und oberen Theilen des, unter vorherrschendem Längenzuwachs sich streckenden Keimkörpers, Markkörper und Rindekörper von einander trennt, während er in den unteren Theilen des Keimkörpers zu einem das Mark ausschliessenden centralen Faserbündel zusammentritt.

In der zweiten Abtheilung haben wir die Entwickelungsfolge der verschiedenen Zellensysteme und das Wachsen eines jeden derselben durch Zellenmehrung, in der dritten Abtheilung die Ausscheidungen des Pflanzenkörpers zu Blätter-, Blatt- und Wurzelknospen und den Entwickelungsverlauf dieser Ausscheidungen kennen gelernt; es bleibt mir daher für die Darstellung des Wachsthumes der

Gesammtpflanze nur wenig und kaum mehr als eine Zusammenstellung des vorher Erörterten.

Man denke sich den Rumpf der Holzpflanze in der Gestalt zweier ineinander geschachtelter Kugeln, von denen die innere den Holzkörper mit eingeschlossenem Marke, die äussere den Bast- und den Rindekörper darstellt. Dieser kugelig gedachte Rumpf der Holzpflanze vergrössert sich dadurch, dass sich zwischen den beiden ineinander geschachtelten Kugeln alljährlich eine neue Holzschicht der Aussenfläche des Holzkörpers, eine neue Bastschicht der Innenfläche des Bastkörpers anlegt; beide untereinander fortdauernd verbunden durch die permanenten Mutterfasern des Cambiums. Eine nothwendige Folge dieses intermediären Zuwachses der Kugel an Holz- und Bastschichten ist das Entstehen von Rissen in der die Bastschichten einschliessenden grünen Rinde und selbst der ältesten Bastschichten, wenn diese, nach dem Absterben der grünen Rinde, die Aussenfläche des Baumes zur Borke bilden. Nur bei wenigen Holzarten erhält sich über dem Bastkörper das Zellgewebe der grünen Rinde lebendig und erweitert sich durch fortgesetzte Zellentheilung und Zellenwachsthum, der Verdickung durch den Zuwachs an Holz und Bast entsprechend bis in das höhere Baumalter, wie das z. B. bei der Rothbuche, beim Hornbaum, der Weymouthkiefer der Fall ist.

Nun denke man sich die Kugel in ein sehr langgedehntes Ellipsoid verändert, dessen Holz- und Bastbündel unter dem aufsteigenden Knospenwärzchen in einem offenen Bündelkreise enden, während sie über dem absteigenden Knospenwärzchen zu einem centralen Faserkörper zusammentreten, so bilden diejenigen Theile des jährlichen Zuwachses, um welche das Ellipsoid in der Richtung seiner Längenachse sich vergrössert, den Längentrieb, Jahrestrieb, es bilden diejenigen Theile der jährlichen Vergrösserung, welche im Umfange der Längenachse zuwachsen, den seitlichen oder Dickezuwachs.

Wir haben gesehen, dass im Inneren der Knospe der nächstjährige Längetrieb mehr oder weniger hoch entwickelt vorgebildet ist. Bei der Buche sind alle Blattausscheidungen proleptischer Triebe schon vorhanden (S. 199, Fig. 99). Dasselbe ist der Fall mit den Nadelbüscheln der Kiefer (Taf. III, Fig. 2). In den Blüthenknospen der Holzarten mit endständiger Blüthe (Aesculus, Syringa, Ligustrum) ist die terminale Blüthe wie in der Zwiebel der Hyacinthe bereits nachweisbar, es müssen also in diesen Fällen alle Neubildungen Zwischenbildungen sein. Wenn man mit der Spitze eines eisernen Zirkels junge Triebe der Eiche in ein Millimeter grosse Längstheile durch möglichst zarte Stiche eintheilt, dann färben sich die Stiche schwarz und gestatten die Messung der Abstände zwischen ihnen, auch nachdem der Trieb ausgewachsen ist. Man wird dann finden, dass, während die Entfernung zwischen den untersten Stichen wenig oder gar nicht sich vergrössert haben, die höher gelegenen Stiche um so weiter von einander gerückt sind, je höher sie stehen, bis zu achtzehnmaliger Grösse der ursprünglichen Entfernung. Da eine Vermehrung der Organe im Intercellularraume nicht stattfindet, die einzelnen Organe vom zweiten Stiche ab nicht wesentlich kürzer sind, als zwischen den tieferen Abständen, so muss man wohl eine Vermehrung der Zellenfasern durch Quertheilung annehmen, obgleich ein solcher Vorgang der direkten Beobachtung sich entzieht (Jahresberichte S. 107 mit Abbildung). Wo der proleptische Trieb auf niederer Bildungsstufe zurückbleibt, da mag es wohl sein, dass der terminale Zuwachs durch Füllkerne in der Weise sich vollzieht, wie ich dies Seite 18 beschrieben habe. Jedenfalls geschieht dies aber unter einer Oberhaut und kann daher von einem Wachsthum durch Apposition (Link, Meyen) nicht die Rede sein.

Weit einfacher ist die jährliche Erneuerung des Dickezuwachses. Von den permanenten Mutterfasern der Grenze zwischen Holz und Bast ausgehend (S. 90, Fig. 63, Taf. II) ist sie eine alljährlich gleiche Wiederholung des im Herbste aussetzenden Theilungsgeschäftes derselben. Nur im jugendlichen Alter der Holzpflanze, solange grüne Rinde und Kork sich zuwachsfähig erhalten, nehmen auch diese Zellensysteme am Dickezuwachs Theil. Auch hierüber habe ich bereits in der 2. Abtheilung das Erforderliche mitgetheilt.

Ueber die weit grösseren Unterschiede im Bau und Wachsthum des absteigenden Stockes habe ich in der 3. Abtheilung Seite 246 gesprochen. Mit den Endknospen fehlt der Wurzel auch die Triebbildung, das Wachsthum der Wurzeln ist zwar ebenfalls ein periodisch unterbrochenes, die Perioden aussetzenden und wieder beginnenden Wachsthumes sind aber durch kein bleibendes Merkmal begrenzt, wie das in Bezug auf den seitlichen Zuwachs wenigstens bei unseren Holzpflanzen ohne Ausnahme der Fall ist.

Ueber die Entstehung der die Verästelung bewirkenden Ausscheidung von Seitenknospen und Seitenwurzeln habe ich Seite 250 gesprochen. Sind diese Ausscheidungen im Keime gebildet, so ist ihre Fortbildung, ihr Wachsthum von dem des Pflanzenrumpfes nicht verschieden.

§ 92. Vegetationsperioden.

In den meeresgleichen Ebenen des nördlichen Deutschland beginnt die Vegetation der Waldbäume Mitte April mit dem Anschwellen der Knospen, dem Anfang Mai der Ausbruch des Laubes folgt. In den Hochlagen der Gebirge tritt dieser Zeitpunkt 8—14 Tage später ein, früher jedoch an den Süd- und Westhängen der Berge, woselbst der bedeutende Wechsel zwischen Morgen- und Mittagtemperatur häufig die Veranlassung zu Frühfrösten und Sonnenbrand wird. Früher regt sich das Pflanzenleben im Boden. Sobald der Frost dem Boden entwichen ist, mitunter schon im Februar, bilden sich an den

Faserwurzeln neue Triebe, die ich Spargelspitzen genannt habe (S. 252). Beschädigung dieser Neubildung durch Wiedereintritt des Frostes in den Boden habe ich bis jetzt nicht beobachtet.

In den oberirdischen Baumtheilen beginnt der Zuwachs in den äussersten Zweigspitzen und eilt der Jahrringbildung so rasch voraus, dass schon gegen Ende Juni der Jahrestrieb bis zur Vollendung der Endknospe fertig ist, diejenigen Fälle ausgenommen, in denen, merkwürdiger Weise beschränkt auf einzelne Zweige des Baumes, gegen Ende Juni der Längentrieb sich erneut, in einem sogenannten Johannitriebe, dessen Bildung überhaupt nur gewissen Holzarten eigenthümlich ist (Eiche, Buche, Linde). Aber auch an den Zweigen, an denen sich Johannitriebe bilden, geht diesen ein Abschluss des Maitriebes in normaler Knospenbildung vorher. Vom Johannitriebe zu unterscheiden ist der besonders bei der Eiche häufiger auftretende Fall, in welchem auf gutem Boden und bei kräftiger Entwickelung 2—3 Jahrestriebe in demselben Jahre sich bilden. Unter den fremdländischen Nadelhölzern sind es besonders die Kiefern, welche den Gipfeltrieb häufig zu kurzen unfertigen Trieben ausbilden. Damit gleichzeitig vollzieht sich auch der Dickezuwachs in den tieferen Baumtheilen rasch bis zum Wurzelstock hinab in seinen Anfängen, erreicht aber seine Vollendung viel später, in der Regel erst im Monat August.

Die nachfolgende Tabelle giebt eine Uebersicht des Dickezuwachses der verschiedenen Baumtheile im Verlauf der Vegetationszeit für die Meeresebenen des nördlichen Deutschland (B. II, N. 1856).

Tabellarische Uebersicht des Zuwachses an Holzfasern im Radius der Querschnittfläche während der Dauer einer Jahresvegetation.

	Mai		Juni		Juli		August		September		October	
	5.	24.	7.	21.	7.	21.	5.	19.	2.	16.	1.	16.
Lärche.												
Basis d. vorjährigen Triebes	0	20	32	45	60	80	100	110*	110	100	105**	110
„ „ zweijährigen „	0	24	45	55	76	95	110	120*	140	105	110**	115
Mitte des Schaftes . . .	0	3	12	25	30	50	65	85	110*	100	103**	100
Basis des Schaftes . . .	0	0	14	30	40	55	60	65	68*	68	79**	80
Pfahlwurzel bei 1 Zoll Stärke	0	0	4	6	8	25	30	40	50*	50	60	50
Seitenwurzel bei $^1/_2$ Zoll Stärke	0	0	0	0	3	5	6	7	10*	8	9	10**
Faserwurzel bei $^1/_2$ Linie Stärke	0	0	0	0	0	0	0	0	0	1	3*	3**

	Mai		Juni		Juli		August		September		October	
	5.	24.	7.	21.	7.	21.	5.	19.	2.	16.	1.	16.
Kiefer.												
Basis d. vorjährigen Triebes	3	25	50	30	60	80	110	120	120*	130	135**	110
„ „ zweijährigen „	4	12	55	35	60	90	120	124	130*	140	130**	115
Mitte des Schaftes	10	15	40	45	55	70	80	88	75*	73	97**	83
Basis des Schaftes . . .	15	18	30	35	40	75	80	84	81*	70	65**	70
Pfahlwurzel bei 1 Zoll Stärke	0	0	10	12	20	40	45	50	60*	52	50	43**
Seitenwurzel bei 1/2 Zoll Stärke	0	0	0	0	4	6	10	15	12*	7	8	14**
Faserwurzel bei 1/2 Linie Stärke	0	0	0	0	0	0	0	0	2	3	2*	3**
Eiche.												
Basis d. vorjährigen Triebes	15	15	25	40	60	90	125*	115	165	135**	135	140
„ „ zweijährigen „	15	15	30	50	70	100	160*	150	160	140**	150	150
Mitte des Schaftes	15	20	25	40	60	90	120*	96	160	125**	125	100
Basis des Schaftes	15	20	25	35	50	80	100*	100	220	125**	100	90
Pfahlwurzel bei 1 Zoll Stärke	0	0	0	0	0	5	65	95*	95	90	80**	50
Seitenwurzel bei 1/2 Zoll Stärke	0	0	0	0	0	0	15	10*	12	15	30**	30
Faserwurzel bei 1/2 Linie Stärke	0	0	0	0	0	0	3	5	5	8*	6**	8
Ahorn.												
Basis d. vorjährigen Triebes	10	30	40	45	50	55	85*	90	100**	95	110	152
„ „ zweijährigen „	0	15	35	40	50	60	90*	120	110**	105	115	150
Mitte des Schaftes	0	0	25	30	40	58	60	86*	80**	80	105	87
Basis des Schaftes	0	0	25	30	50	55	65	85*	80	96**	70	65
Pfahlwurzel bei 1 Zoll Stärke	0	0	0	6	10	15	25	50*	55	55**	45	60
Seitenwurzel bei 1/2 Zoll Stärke	0	0	0	4	5	6	10	12	20	25 *	35	45
Faserwurzel bei 1/2 Linie Stärke	0	0	0	0	0	0	1	2	3	6*	5**	5

In vorstehender Tabelle ist der Dickezuwachs durch die Zahl der im Radius der Querschnittfläche gebildeten Holzfasern bezeichnet.

Die Unregelmässigkeiten in den Zahlengrössen, dass z. B. bei der Kiefer am 5. Mai die Zahl der im Radius gebildeten Holzfasern an der Basis des Schaftes grösser ist, als an der Basis des vorjährigen Triebes; dass die Zellenzahl der Lärche am 16. September eine geringere ist als am 2. September, erklärt sich aus dem Umstande, dass für jeden Termin ein anderer Baum in Untersuchung gezogen werden musste.

Die mit einem * versehenen Zahlen bezeichnen die Zeit, in welcher die letzten Holzfasern der Jahreslage, erkennbar durch ihre geringe Tiefe in der

Richtung des Radius (Breitfasern), sich herausgebildet hatten, die mit ** bezeichneten Zahlen hingegen bezeichnen die Zeit, in welcher die letzten Holzfasern völlig fertig und verholzt waren. Es liegen daher zwischen der Abschnürung und völliger Verholzung einer Faser in oberirdischen Baumtheilen 4—6 Wochen, in unterirdischen Baumtheilen 2—4 Wochen.

Der Beginn der Holzbildung fällt in um so spätere Zeit, je tiefer die Baumtheile sind, an denen sie erfolgt, umfasst aber kürzere Zeiträume.

Die Zahl der Holzfasern, wie sie in der Tabelle verzeichnet sind, giebt nur annähernd Anhalt für die Breite der Holzringe, da die Fasern nicht von gleicher Tiefe in der Richtung des Radius, die früher gebildeten Fasern tiefer als die später gebildeten sind. Es werden ferner an den wie hier im Schluss erwachsenen Bäumen die Jahreslagen nach Oben hin zunehmend breiter, es beruht hierauf die Vollholzigkeit der Baumschäfte und die Thatsache, dass die inneren Jahresringe aller Querflächen des Schaftes breiter sind, als die sie einschliessenden jüngeren Jahresringe, woraus bekanntlich Link irrthümlich folgerte, dass die Holzringe auch nach dem Jahre ihrer Entstehung sich noch erweiterten.

Mit dem Dickezuwachs gleichzeitig von Oben nach Unten fortschreitend vollzieht sich auch die Lösung der Reservestoffe (B. II. 10, S. 292).

Vor Eintritt der Mannbarkeit entwickeln sich die Endknospen der Bäume um weniges früher, als die Seitenknospen. Dies ändert sich mit Eintritt der Mannbarkeit. Man sieht das an den Holzarten, die, wie Rüster, wie Spitzahorn, Eiche, Lärche u. s. w., vor Eintritt der Belaubung blühen. Bei der Lärche tritt sogar die Entwickelung des Endtriebes mehrere Wochen nach Begrünung und Blüthe aus den Seitenknospen ein.

Die Frühperiode der Vegetation bis zu Ende Juni ist die Periode, in welcher sich die Belaubung und die Blüthe ausbildet. Der Vegetationssommer umfasst den Zeitraum, in welchem die wiederhergestellte Belaubung ihre Funktion auf Assimilation von Rohstoffen verwendet, sie dauert von Ende Juni bis Ende August. Die in dieser Zeit erzeugten und in die Basthaut zurückströmenden Bildungssäfte füllen den Baum zuerst in der Wurzel und von dieser aus in den höheren Baumtheilen mit Reservestoffen. Der Vegetationsherbst, im September beginnend und bis in den Oktober fortdauernd, umfasst den Zeitraum, in welchem die Bildung von Reservestoffen des Stammes, die Frucht- und Samenbildung sich vollenden, worauf die Pflanze zur Winterruhe gleichzeitig mit dem Abfall der Blätter eingeht.

Selbstverständlich sind die verschiedenen Vegetationsperioden nicht so scharf von einander geschieden, als dies im Vorstehenden dargestellt ist, sie greifen mehr oder weniger tief in einander und ist es besonders die Verwendung der Bildungssäfte auf Zellenmehrung oder auf Reservestoffbildung, bei welcher solches in höherem Grade der Fall ist.

§ 93. Quantität des Zuwachses.

Was die Quantität des Zuwachses betrifft, so ist diese sehr verschieden.

a) Nach der Pflanzenart.

Unter den günstigsten Standortsverhältnissen wird unsere Hasel nie die Grösse der Baumhasel, es wird letztere nie die Grösse der Eiche; es wird die Krummholzkiefer in der Regel nicht die Grösse der gemeinen Kiefer, es wird letztere nicht die Grösse der Fichten und Tannen erreichen. Die grössten Unterschiede hierin finden unter unseren Holzarten bei den Weiden, von der Gletscherweide bis zur Weissweide, bei den Birken, von der Zwergbirke bis zur Weissbirke auch dann statt, wenn sie, jede auf dem ihr entsprechenden Standorte in unseren Gärten nebeneinander wachsen. Es sind das naturgesetzliche Eigenthümlichkeiten, die wir nicht zu beherrschen vermögen, die im Forstwirthschaftsbetriebe bei der Wahl der anzubauenden Holzart volle Berücksichtigung fordern, und manche Holzarten vom Anbau gänzlich ausschliessen, andere wieder vortheilhaft machen, so dass schon jetzt die Zahl der anbauwürdigen Holzarten auf eine verhältnissmässig geringe, auf Eichen, Rothbuchen, Hornbaum, auf Eschen, Ahorn, Rüstern, Akazien, auf Birken und Erlen, auf Fichten, Tannen, Kiefern, Lärchen, Weymouthkiefern beschränkt ist.

Diese naturgesetzlichen Grösseunterschiede sprechen sich nicht allein im Stamme, sondern auch in der Belaubung, in Blüthe- und Fruchtbildung aus.

b) Nach Maassgabe des Standorts

sowohl in terrestrischen wie in atmosphärischen Unterschieden; erstere scharf gezeichnet in den Unterschieden des Holzwuchses im zusammengeschwemmten, tiefgründigen Boden der Thäler und der flachgründigen Bergrücken; letztere hervortretend auf gleichem Boden derselben Holzart, in deren Zuwachsverschiedenheiten verschiedener Höhenlage und verschiedener Exposition.

Es ist jedoch der Einfluss des Standorts auf die Zuwachsgrösse der Bäume nicht derselbe bei verschiedenen Baumarten. Manche derselben gedeihen kräftig nur in besserem Boden, in milderem Klima; sie sind w ä h l e r i s c h e r in Bezug auf Standortsbeschaffenheit. Dahin gehören in Bezug auf Beschaffenheit der festen Bodenbestandtheile die Rüster, Esche, Ahorn, Eiche gegenüber der Buche, Haine, Kiefer, Weymouthkiefer; es gehören dahin in Bezug auf Bodenfeuchtigkeit die Erlen, Birken, Weiden gegenüber den Akazien, Linden, Pappeln. Zu den minder wählerischen Holzarten gehören alle diejenigen, die über grosse Flächen mit sehr verschiedenen Standortsgüten sich gutwüchsig verbreiten. Dahin gehören die meisten der anbauwürdigen Nadelhölzer, die Rothbuche, Haine, Zitterpappel, obgleich auf den Zuwachs auch dieser Holzarten gewisse Standortsverhältnisse begünstigend einwirken, auf den Zuwachs z. B. der Rothbuche, wie der Lärche ein kalkiger Untergrund. Es sind dies Verhältnisse, deren nähere Darlegung der Standortskunde angehört.

c) Nach Verschiedenheit der Erzeugung und der Erziehung.

Wir haben gesehen, dass nur die dem Lichte zugänglichen, Grünmehl führenden Pflanzentheile, bei unseren Holzpflanzen daher im Wesentlichen die Blätter befähigt sind, Rohstoffe der Ernährung zu Bildungssaft zu verarbeiten, dessen sie selbst bedürfen zu ihrer jährlichen Erneuerung bei allen sommergrünen Holzarten. Daher die Nothwendigkeit von Reservestoffen zur Wiederherstellung eines sekundären Bildungssaftes. (Seite 104.)

Der den waldbaulichen Vorschriften der H. Cotta'schen Schule zum Grunde liegende Satz: dass der grösste Zuwachs der Holzpflanzen an die grösste Blattmenge gebunden sei, dass man daher die Waldbäume in unbeschränkter Kronenausbreitung, also in lichtem Standraume erziehen müsse, da an der grösseren Krone die grössere Blattzahl erzeugt wird, ist nur in sehr beschränktem Grade richtig. Er ist nicht richtig in Bezug auf die Zuwachsgrösse zum geschlossenen Bestande vereinter Holzpflanzen. Die grössere Stammzahl geschlossener Holzbestände, wenn sie eine gewisse Menge nicht übersteigt, ersetzt reichlich den bedingt grösseren Zuwachs der im grösseren Standraume erzogenen Einzelstämme des lichten Holzbestandes.

Aber auch bei unbeschränkter Kronenausbreitung findet ein grösserer Zuwachs am freistehenden Baume nur dann statt, wenn die Standortsverhältnisse der Art sind, dass der Boden eines Schutzes durch den ihn bedeckenden Holzbestand, einer von dessen Blattabfall ausgehenden Dammerdebildung nicht bedarf. Es giebt solche Bodenarten, und sind es hauptsächlich die tiefgründigen, grundfeuchten, kalireichen Böden, die hierher gehören. In den meisten Fällen bedarf aber der Waldboden zur Herstellung und Erhaltung des höchsten Grades der ihm eigenen Fruchtbarkeit eines ihn deckenden Holzbestandes, schon des von ihm ausgehenden Blattabfalles und der aus letzterem sich bildenden Dammerdeschicht wegen, die selbst einem an sich unfruchtbaren Boden höhere Fruchtbarkeitsgrade zu sichern vermag. Mag immerhin der räumlich erzogene Bestand eine grössere Blattmenge als der geschlossene Bestand alljährlich produciren, es wird das mehr als aufgewogen durch die raschere Zersetzung des Laubes in Ersterem, die es nie zur Ansammlung grösserer Mengen abgefallenen Laubes kommen lässt.

Ohne Zweifel ist eine gewisse Laubmenge jedes einzelnen Baumes nothwendig, um die der Holzart, dem Baumalter und dem Standort eigene Zuwachsgrösse herzustellen, es ist aber diese Laubmenge keineswegs dem Maximum der Belaubung gleichzustellen, die ein Baum möglicherweise zu produciren vermag. Das lehrt schon der Augenschein, denn die bis zur Erde beastete Auerhahnfichte bleibt in Höhe und Stärke des Schaftes in der Regel um mehr im Zuwachs zurück, gegenüber der daneben im geschlossenen Horste erwachsenen, schwach beasteten Fichte, als der Mehrzuwachs der Auerhahnfichte an Zweigen und Nadelmasse beträgt.

Diese Wahrnehmung führte mich zu einer Reihe von Versuchen zur Ermittelung desjenigen Belaubungsgrades der Bäume, welcher der Holzart, dem Baumalter und dem Standorte als normal betrachtet werden darf.

Die betreffenden Versuche beziehen sich auf Ermittelung des Verhältnisses zwischen Zuwachs- und Blattflächengrösse des lebenden Baumes. Sie können in zweifach verschiedener Weise angestellt werden.

1) In geschlossenen Hochwaldbeständen gleicher Holzart, gleichen Holzalters und gleichen Standorts bestehen dennoch Grösseunterschiede der Bestandesglieder, die mit Unterschieden in der Belaubungsgrösse Hand in Hand gehen, wie dies aus der Untersuchung der Musterbäume verschiedener Stammklassen desselben Bestandes hervorgeht. Mittheilungen in dieser Richtung enthält meine Schrift: Vergl. Untersuchungen über den Ertrag der Rothbuche im Hoch-, Mittel- und Niederwalde. Die Vielbestandstabelle Seite 89—93 ergiebt für 3—5 Grösseklassen des dominirenden*) Bestandes einen Unterschied im Grüngewicht der Belaubung nach Columne XXXIV.

---

*) Dominirend nennen wir diejenigen Bäume eines geschlossenen Hochwaldbestandes, deren Belaubung unter voller Lichtwirkung steht. Uebergipfelt nenne ich diejenigen Bestandesglieder, die durch Zurückbleiben im Höhenwuchse nur mit den Endtrieben noch unter voller Lichtwirkung, mit der Belaubung ihrer tieferen Beastung im Seitenschatten der dominirenden Bäume stehen. Unterdrückt heissen diejenigen Bäume, deren Belaubung vom Laubschirm der dominirenden und der übergipfelten Bäume so überwachsen ist, dass die dadurch geschwächte Lichtwirkung noch genügt den Baum, wenn auch in geringem Grade, zuwachsfähig zu machen. Verdämmt nenne ich die Bäume, die so weit im Längenwuchse hinter den übrigen Bestandesgliedern zurückgeblieben sind, dass deren Belaubung und mit ihr deren Zuwachsfähigkeit aufgehört hat oder dem Erlöschen nahe steht. Die erste und zweite dieser Gruppen bilden das, was man in der Regel dominirenden Bestand, im Gegensatz zum Durchforstungsbestand nennt.

		erste Grösseklasse	letzte Grösseklasse
Bestand:	10jährig	0,340 Pfunde,	0,023 Pfunde,
„	15 „	1,036 „	0,122 „
„	30 „	15,500 „	2,750 „
„	40 „	22,500 „	4,330 „
„	50 „	30,950 „	4,250 „
„	80 „	51,200 „	10,500 „
„	100 „	66,900 „	20,500 „
„	120 „	105,030 „	43,500 „

Aus den Columnen XXXV und XXXIII berechnet, arbeiten für den Kubikfuss letztjährigen Zuwachses in den jünger als 65jährigen Beständen 25—30, in den älteren 80—120jährigen Beständen 30—35 Pfunde grüner Blätter für den Kubikfuss letztjährigen Zuwachses, mit nicht erheblichen Unterschieden in den verschiedenen Stammklassen desselben Bestandes, etwas schärfer in den jüngeren wie in den älteren Beständen hervortretend.

Es arbeiten hiernach für die Produktion eines Kubikfusses in den jüngeren bis 80jährigen Beständen durchschnittlich $5^1/_2$ Stamm, in den 100jährigen Beständen 3,2 Stamm, in den 120jährigen Beständen 2,4 Stamm.

Man nahm früher an, dass das Zurückbleiben vieler Pflanzen geschlossener Waldbestände, der Durchforstungsabgang aus ihnen, einem Kampfe der Bestandsglieder um Nahrung, Licht und Luft entspringe. Die Erfahrung: dass diese Ansicht nur theilweise richtig ist, dass das Zurückbleiben der meisten von ursprünglich mehr als 300,000 Pflanzen eines Buchenbestandes auf individuell verschiedener, schon im Samenkorne bestehenden Lebenskraft und Zuwachsfähigkeit beruhe (s. nachfolgend ad 4), bestimmte mich diesen Weg der Untersuchung zu sistiren, und

2) ein Verfahren künstlicher Entästung und Entlaubung an dessen Stelle zu setzen, um an demselben Baume die Folgen der Entlaubung studiren zu können, wenngleich ich selbst, der vorigen Untersuchungsweise gegenüber, den Einwand mir erhob, dass durch eine sehr weit greifende Entästung der Baum immerhin in einen krankhaften Zustand versetzt werde. Zahlreiche Versuche zur Ermittelung derjenigen Holzart, die sich dagegen am wenigsten empfindlich zeigt, deuteten auf die Weymouthkiefer, mit der ich dem zu Folge die meisten Entlaubungsversuche angestellt habe. Es empfiehlt sich diese Holzart auch dadurch zu Entlaubungsversuchen, dass sie keinen Wiederausschlag tieferer Baumtheile aus schlafenden Augen bildet, eine Eigenschaft, die besonders der Verwendung von Laubholzarten und der Lärche störend entgegentritt.

Entnimmt man während des Winters geschützt stehenden, 10—12 Meter hohen Weymouthkiefer-Stangenhölzern alle Quirläste in 4—5 Centimeter vom Schafte, entfernt man auch die Nadelbüschel des 2- resp. 3jährigen Triebes, so verbleibt dem Baume nur die Benadelung des letztjährigen Triebes so wie die End und Quirlknospen an der Spitze derselben. In der Regel bleiben 60—70 Procent der so misshandelten Bäume lebendig und zuwachsfähig. An ihnen lässt sich nun im Laufe der Jahre Folgendes beobachten.

Im ersten Jahre nach der Entästung bleibt die Länge und Stärke der aus End- und Quirlknospen entsprossenen Triebe nicht bedeutend hinter Länge und Stärke des vorjährigen Triebes zurück, und wenn dies in höherem Grade in Bezug auf den seitlichen Zuwachs an Holz und Bast im Umfange aller älteren Schaft- und Wurzeltheile der Fall ist, die Breite der Holzringe kann sich um 25—75 Procent vermindern, so möchte ich das dem immerhin abnormen Zustande der entästeten Pflanze, der in 25—30 Fällen unter Hunderten den Tod des Baumes nach sich zieht, ich möchte das der geringen Zahl der, den Uebergang der sekundären Bildungssäfte aus dem Holzkörper in den Bastkörper vermittelnden Nadelmenge, und endlich dem geringen Gehalte der wintergrünen Nadelhölzer an überwinternden Reservestoffen zuschreiben. Ich stelle auch nicht in Abrede, dass im unverletzten Zustande der Pflanze ein Theil auch der primären Bildungssäfte auf seitlichen Zuwachs verwendet wird (Seite 104), deren Menge im Verhältniss zur verminderten Belaubung in diesem Falle eine sehr geringe sein muss.

Erst im zweiten Jahre nach der Entästung tritt ein auf ein Minimum beschränkter Zuwachs sowohl an den auch in diesem Jahre sich bildenden Längetrieben wie an Dickezuwachs der älteren Schafttheile ein, und zwar in Folge der im ersten Jahre nach der Entästung verbrauchten Reservestoffe. Es tritt dabei der beachtenswerthe Umstand ein, dass die geringe Menge der durch die Triebe eines Jahres vermehrten Belaubung bereiteten primären Bildungssäfte sämmtlich auf die obersten Baumtheile verwendet werden, meist vom 3jährigen Längetriebe abwärts alle Neubildungen zwischen altem Holz und altem Bast gänzlich aussetzen. Mit alljährlich steigender Beastung der sich erneuernden Krone wächst auch die Belaubung und mit dieser die Menge der von ihr bereiteten primären Bildungssäfte, und der Neubildung nicht allein an benadelten Trieben sondern auch an seitlichem Zuwachs des Schaftes, der sich in normaler Bildungsweise kappenförmig mit jedem Jahr weiter nach unten hin fortsetzt.

An den ersten Versuchsbäumen hatte sich der seitliche Zuwachs nach Ablauf von sechs Jahren nach der Entästung bis zur Basis des oberirdischen Schaftes herab wiederhergestellt, als in Folge einer das Versuchsfeld durchschneidenden Eisenbahnanlage sämmtliche Versuchsbäume gefällt werden mussten. Wegen Mangel geeigneter Bäume konnte der Versuch nicht sofort erneuert werden, wie das vor fünf Jahren geschehen ist; es lässt sich aber annehmen, dass an den ersten Versuchsbäumen der volle normale Schaftzuwachs in 8—9 Jahren nach der Ensästung sich wiederhergestellt haben würde. Dies als richtig angenommen würde für die Holzart, das Baumalter und den Standort die Nadelmenge an den letzten 8—9 Jahrestrieben, einschliesslich derer ihrer Quirläste nöthig sein zur Erzeugung des normalen Schaftzuwachses. Eine grössere Beastung und Belaubung würde nicht allein überflüssig sein, sondern den für die Holzerzeugung vorzugsweise werthvollen Schaftzuwachs wesentlich beeinträchtigen durch Entziehung der auf die überschüssige Beastung und Belaubung verwendeten Bildungsstoffe.

Einer sehr kräftig benadelten 13jährigen Schwarzkiefer von $3^1/_2$ Meter Höhe wurden vor zwei Jahren alle Quirläste entnommen, die Benadelung der drei jüngsten Schafttriebe dagegen belassen. Im Winter nach Ablauf von zwei Jahren seit der Entastung betrug die Ringbreite der beiden nach der Entastung gebildeten Jahrestriebe, an deren Basis $2^1/_2$ mm bei einer Ringbreite der vor der Entastung erwachsenen Jahrestriebe von durchschnittlich 4 mm, erstreckte sich der im ersten Jahre nach der Entastung gebildete Jahresring bis in die Wurzeln abwärts mit einer bis zur Mitte des Schaftes gleichbleibenden, von da ab in die Wurzeln auf 0,5 mm abnehmenden Breite, während der im zweiten Jahre nach der Entastung gebildete Jahresring in der Breite von $2^1/_2$ mm nur bis zum 4jährigen Schafttriebe sich gleich blieb, von da abwärts in seiner Breite rasch abnahm und im 10jährigen Schafttheile, ungefähr $^1/_2$ m über dem Boden gänzlich aufhörte.

Selbstverständlich werden diese ersten, noch sehr unvollständigen Versuchsresultate nicht maassgebend sein für andere Holzarten, Baumalter und Standortsgüte. Es bietet sich unseren forstlichen Versuchsanstalten hierin ein weites Feld der Forschung, die sicher reiche Früchte tragen wird in wissenschaftlicher Erkenntniss der Faktoren grösster Holzproduktion, die uns jetzt schon belehrt hat, dass es keineswegs die grösste Laubmenge der Bäume ist, der die grösste Erzeugung bleibenden und werthvollsten Holzes zur Seite steht.

Es ist dieser Gegenstand von um so grösserer Wichtigkeit für die Holzzucht, als es vorzugsweise die Controverse über den Einfluss voller und beschränkter Belaubung auf den Zuwachs der Bäume ist, denen die von den Lehrsätzen der Hartig'schen Schule abweichenden Lehrsätze Cotta's entsprungen sind.

Bemerkenswerth ist in Bezug auf die Wirkung unzureichender Belaubung, dass, wenn sie gewaltsam durch Entastung herbeigeführt wird, mit wiederanwachsender Belaubung der sofort auf die Gipfeltheile beschränkte Zuwachs von dort nach unten hin sich mehrt, dass hingegen, wenn die Laubverminderung durch Uebergipfelung, Unterdrückung, Verdämmung des Baumes durch seine Nachbarbäume allmälig eintritt, der Zuwachs zuerst in den unteren Schafttheilen erlischt und mit zunehmender Verdämmung sich in die letztgebildeten Theile des Gipfels zurückzieht (R. Hartig).

d) Nach Verschiedenheit individueller Eigenschaften.

Es sind nicht allein Art- und Gattungsunterschiede, sondern innerhalb jeder Art Unterschiede jeder Race, innerhalb der Race Unterschiede des Individuums, denen verschiedene Grade der Zuwachsfähigkeit eigenthümlich sind. Es spricht sich das sehr bestimmt im Thierreiche aus. Selbst unter Geschwistern bestehen in ausgewachsenem Zustande Grösseunterschiede bei durchaus gleicher Ernährung und Erziehung, die daher schon im Keime liegen müssen, wenn sie sich auch erst später zu erkennen geben.

Durch Fortpflanzung individueller Eigenthümlichkeit entstehen die Racen.

Dass auch im Pflanzenreiche individuelle Unterschiede bestehen, lehren uns der Durchforstungsbetrieb und das Oberholz im Mittelwalde. Der Buchenbesamungsschlag besteht in den ersten Jahren aus einer Million pro Hektar gleichalteriger Pflanzen, die freudig nebeneinander wachsen. Schon nach wenig Jahren gewinnen eine Anzahl in höherem Grade lebenskräftige und zuwachsfähige Pflanzen einen Grössenvorsprung in dem Grade, dass sie ihre minder lebenskräftigen Nachbarpflanzen überwachsen, unterdrücken und zum Absterben bringen. Mit vorschreitendem Alter wiederholt sich dieser Vorgang selbst unter den im früheren Alter gleichwüchsigen Bäumen des Bestandes, so dass wir Grössedifferenzen von mehr als dem Dreifachen des Massegehaltes selbst noch in den ältesten Beständen vorfinden, obgleich nach dem Durchforstungsprincip der Hartig'schen Schule stets nur die unterdrückten Bäume dem Bestande durchforstungsweise entnommen wurden. Man sollte meinen, dass, wenn in einem mehr als hundertjährigen Zeitraume, einem gleichalterigen geschlossenen Hochwaldbestande unter gleichen Standortsverhältnissen, wie sie der Meeres- und Flussboden so häufig besitzt, stets nur die im Wuchse zurückbleibenden Bäume entnommen werden, nachdem dadurch von einer Million Pflanzen nur noch 500 pro Hektar übrig geblieben sind, diese letzteren von gleicher Grösse und gleicher Zuwachsfähigkeit sein müssten. Wenn das nun keineswegs der Fall ist, so kann das nur Folge des Umstandes sein, dass die schon im Keime bestehende Prävalenz der Entwickelungsfähigkeit bei einem Theil der Bäume früher, bei anderen später zur Geltung gelangt.

Dass es nicht, oder doch nur in beschränktem Grade der Kampf um Licht und Nahrung ist, welcher die lebenskräftigere Pflanze begünstigt, die minder kräftige in der Entwickelung zurückhält, sehen wir am Oberholzbestande des Mittelwaldes auf gleichwerthigem Standorte. Bei der Erziehung des Oberholzes im stets freien Standraum, findet jener Kampf um das Dasein, hier um Licht und Nahrung in keiner Weise statt und dennoch zeigt das Oberholz des Mittelwaldes mindestens dieselben Differenzen des Massengehaltes der Bäume, wie sie im regelmässig durchforsteten, geschlossenen Hochwaldbestande hervortreten; auch im Oberholze treten jene Differenzen um so schärfer hervor, je älter die Bäume werden, und ist die Behauptung nicht zu gewagt, dass die Riesenbäume des Urwaldes einer, durch wirthschaftliche Verhältnisse nicht beeinflussten freien Entwickelung jener individuellen Eigenthümlichkeiten ihr Dasein verdankten.

Ist es unbestreitbar, dass auch unter den Bäumen gleicher Art individuelle Unterschiede der Zuwachsfähigkeit bestehen, dass diese Unterschiede schon im Keime bestehen, dass sie aber theilweise erst im höheren Baumalter zur Geltung gelangen, so dass in einem 40jährigen Fichtenbestande mit 800 Stämmen auf $^1/_4$ Hektar diejenigen 200 Stämmen sich nicht erkennen lassen, die im 120jährigen Alter den dominirenden Bestand bilden werden, dann ist die Vorschrift gerechtfertigt, beim Durchforstungsbetriebe stets nur die Bäume hinwegzunehmen, welche durch eingetretene Verdämmung, Unterdrückung, höchstens Uebergipfelung als minder zuwachsfähig sich zu erkennen geben, nie einen dominirenden Baum auszuhauen, wie das beim Betrieb der sogenannten jugendlichen Durchforstungen unvermeidbar ist. Entnimmt man den Beständen stets nur diejenigen Bäume, welche durch Zurückbleiben besonders des Höhenwuchses als minderwüchsig sich kennzeichnen, dann müssen ganz von selbst die zuwachsfähigsten Bäume dem Altersbestande verbleiben.

Wenn es hiernach eine verhältnissmässig nur geringe Pflanzenzahl ist, die mit höchster Zuwachsfähigkeit bis zum höchsten Bestandesalter ausdauern, so kann man zu dem Schlusse gelangen, dass deren Menge eine um so grössere sein wird, je grösser die Pflanzenzahl des jungen Bestandes ist, dass unter Tausenden ursprünglicher Bestandesglieder zehnmal mehr an zuwachsfähigsten Pflanzen enthalten sein werden, als unter ebensoviel Hunderten. Es würde sich daraus ein Vorzug der natürlichen Verjüngung vor der Saatkultur, dieser vor der Pflanzung, ein Vorzug der dichteren vor der lockeren Saat- und Pflanzenkultur herleiten.

In anderer Weise leitet uns die Verschiedenheit individueller Eigenschaften auch im Pflanzenreiche zu einer Zuchtwahl, zur Begründung und Verwendung zuwachskräftiger lang- und schaftwüchsiger, vollholziger etc. Racen. Der Landwirth, der Gärtner haben sich schon seit langer Zeit einen Riesenhafer, Riesenweizen, Riesenmais, sie haben sich die verschiedensten Fruchtsorten gleicher Art, früh- und spätblühende, gefüllte und grossblumige Racen geschaffen; aus dem winzigen Wildkohl sind durch die Kultur Blumenkohl und Weisskohl, Rosenkohl und Wirsing, Rübsaat und Kohlrabi geworden. Wir Forstleute sind hinter Landwirth und Gärtner in dieser Richtung weit zurückgeblieben und doch ist es so einfach, unsere Sämereien nur solchen, ein für allemal fest bezeichneten Bäumen zu entnehmen, die durch Zuwachsgrösse so wie durch unseren Zwecken entsprechende Formen sich vor ihren Nachbarbäumen auszeichnen. Es ist das ein dem Versuchswesen ganz besonders an's Herz zu legender Gegenstand.

Fünftes Kapitel.

Reproduktion.

§ 94. Es giebt eine Reihenfolge von Lebenserscheinungen, deren Zweck es ist, die Integrität des Pflanzenkörpers zu erhalten, diese wiederherzustellen, wenn sie gewaltsam aufgehoben wurde.

Schon hiernach zerfallen die Reproduktionserscheinungen am Pflanzenkörper in zwei Gruppen, in solche, die dem normalen Entwickelungsverlaufe des Pflanzenkörpers angehören und in solche, die nur in Folge gewaltsamer Verletzungen des Baumes eintreten.

1) Von den normalen Reproduktionserscheinungen.

Schon in der zweiten Abtheilung dieser Schrift Seite 190 habe ich gesagt, dass nach Verlust der Oberhaut Korkschichten an deren Stelle treten, die dem Eindringen tropfbarer und gasförmiger Flüssigkeiten in's Innere des Pflanzenkörpers entgegenstehen, die daher der lebenden Pflanze in demselben Sinne dienstbar sind wie der verkorkten, mit Flüssigkeit erfüllten Flasche.

Ohne irgend eine gewaltsame Verletzung, im durchaus normalen Entwickelungsverlaufe des Pflanzenkörpers treten an diesem alljährlich Verluste an Pflanzengliedern oder an Zellschichten ein, welche die Pflanze einer entkorkten Flasche vergleichbar machen würden, wenn nicht durch eine dem Verluste vorhergehende, innere Korkbildung der Baum sich dem freien Zutritt atmosphärischer Stoffe vorsorglich abschlösse.

Der alljährlich wiederkehrende Abfall von Blättern, Blüthen und Fruchtstielen, der Abfall von Borkeschuppen erzeugen alljährlich eine im Einzelnen zwar kleine, in der Gesammtheit der Pflanze grosse Wundfläche, durch die dem freien Aus- und Eingange tropfbarer und gasförmiger Flüssigkeiten das Thor geöffnet sein würde, wenn nicht dasselbe verschlossen bliebe durch eine dem Abfalle vorhergehende, die Wundfläche bedeckende Korkschicht.

Wie, wo und wann diese inneren Korkschichten durch Umbildung von Zellen oder Fasern in Korkgewebe entstehen zum Verschluss der Blattstielnarben, der Terminalknospennarben, der Narben aus dem Abfalle von Blüthen-

und Fruchtstielen, aus Borkeschuppen habe ich bereits Seite 221 erörtert. Am schärfsten ausgeprägt und schon dem unbewaffneten Auge erkennbar ist diese Korkbildung auf beiden Bruchflächen der Absprünge (S. 191) von Eichen und Pappeln, so wie an Querschnitten der Borke aller Eichen und Kiefern.

Die Sorgfalt, mit der die Pflanze sich durch Korkbildung vor jedem freien Zutritt äusserer Flüssigkeiten abschliesst, lässt auf die physiologische Nothwendigkeit eines solchen Abschlusses schliessen und macht es höchst unwahrscheinlich, dass durch Millionen sogenannter Spaltöffnungen Aussen- und Innenluft der Pflanze in unmittelbarer Berührung stehen (S. 63, 188).

Ich kenne an den oberirdischen Baumtheilen bis jetzt nur einen Fall, in welchem das innere Zellgewebe lebender Pflanzen fortdauernd zu Tage liegt. Es ist das die knospenlose Spitze der Dornen an Crataegus und Prunus. Es sollen aber auch die Blattnarben einiger Holzarten von Korkkissen nicht bedeckt sein.

2) Die abnorme Reproduktion,

stets nur in Folge gewaltsamer Verletzung des Baumes und nach dem Eintritt derselben erfolgend, lässt sich einordnen in die Erscheinungen:

a) der Ueberwallung,
b) der Bekleidung,
c) der Adventivknospenbildung,
d) der Terminalknospenentwickelung.

a) Die Ueberwallung.

An den im Winter gehauenen Stöcken des Niederwaldes bildet sich in den folgenden Frühjahrsmonaten auf der Grenze zwischen Holz und Bast ein ringförmiger Wall jugendlichen Zellgewebes, in den das cambiale Fasergewebe eben so hinein sich fortsetzt wie in das Zellgewebe des aufsteigenden Knospenwärzchens. Es bilden sich hierauf im Ueberwallungswulste (Callus) Taf. VI, Fig. 1* Knospenkeime, Fig. 5 *p t*, die zu belaubten Trieben heranwachsen, wenn der Ueberwallungswulst ein oberständiger, die zu Wurzeln hervorbrechen, wenn, wie an Steckreisern und Setzstangen derselbe ein unterster ist (Vgl. die Erklärungen zu Taf. VI, Fig. 2—5).

Die Figuren (Taf. VI, Fig. 1, 5) erläutern das Gesagte. *c*, *d*, *f* ist der Holzkörper, *g* das Mark des gehauenen Stockes, *m* bedeutet den abgedrängten Bastkörper, *e* die Rinde des Stockes, *a*, *b* sind die zwischen altem Bast und altem Holz eingeschobenen, von der Innenfläche des Bastkörpers ausgehenden Neubildungen, die wallförmig über die Schnittfläche des Stockes hinauswachsen, daher der Name Ueberwallung (Callusbildung), *k* zeigt den Verlauf des, im Parenchym des keilförmig nach unten zulaufenden Ueberwallungswulstes entstandenen neuen Faserbündels, dessen Scheidung in einen Holzkörper und in einen Bastkörper nicht weiter angedeutet ist. Die in den beiden Figuren angedeutete Entwickelung von Adventivknospen findet erst ad c Erläuterung.

Verfolgt man die Entstehung dieser Neubildungen, so ergiebt sich, dass es die Markstrahlen des Bastkörpers sind, von denen die Zellenbildung ausgeht. Sie besteht in einer einfachen Umbildung von Markstrahlzellen in parenchymatisches Zellgewebe. Nur in beschränktem Maasse nehmen auch die Fasern, besonders die Zellfasern der neuesten, jüngsten Bastringe an dieser Umbildung Theil, die in den der Schnittfläche des Stockes zunächst liegenden Theilen des cambialen Fasergewebes beginnend, in dem Maasse in die tieferen Theile des Stockes sich fortsetzt, als durch die Zellenmehrung in den oberen Schichten der Bastkörper weiter vom alten Holzkörper abgedrängt und dadurch Raum geschaffen wird für die Zellenbildung in den tieferen Schichten des Stockes. In dies metamorphische Zellgewebe des Spaltes wachsen nun aus dessen Grunde neugebildete Faserbündel hinein und nach Oben, die sich nach Unten den neuesten Bastschichten anschliessen und ebenfalls einer Umbildung bedürfen, da dem Bastkörper, dem sie entspringen, die Elemente des Holzkörpers fehlen.

Wie die Abbildungen zeigen, zertheilen sich die metamorphischen Faserbündel unter der Oberfläche des Ueberwallungswulstes dichotomisch nach Innen und nach Aussen. Von diesen ursprünglich gleichwerthigen Gabelästen ist es nur der Innere, welcher mit dem ihn bekleidenden Parenchym in fortgesetztem Längenzuwachse den Holzkörper des Stockes alljährlich weiter überwächst, bis die alljährlich kleinere Kreisfläche entblössten Holzes gänzlich überwachsen ist, worauf dann der Faserbündelkreis, zu einer gemeinschaftlichen Faserbündelschicht sich vereinend, die alte Schnittfläche des Stockes kuppelförmig überdeckt.

Da, wo ein Baumschaft durch gabelförmige Theilung in zwei aufstrebende Schaftstöcke sich theilt, sowie zwischen dem Schafte und den von diesem ablaufenden stärkeren Aesten rückt, mit fortschreitendem Dickezuwachs des Baumes, die obere Grenze der Vereinigung langsam nach Oben, so dass, wenn Letztere heute in 10 m Schafthöhe gelegen ist, sie in 20 oder 30 Jahren um mehrere Centimeter höher vom Boden entfernt liegt. Schon äusserlich erkennt man diese Ortsveränderung an Rinderunzeln, deren Verlauf dem Verwachsungsgange entsprechen und auch die Längsschnittfläche solcher Gabeltheilungen parallel der Verwachsungsebene lässt im Verlauf der Holzfasern den Verwachsungsgang erkennen. Dagegen ist in der Region des früher geschiedenen, später vereinten Holzkörpers von dem früher sie bekleidenden Bast und Rinde nichts mehr aufzufinden, sie haben eine Umbildung in Holzfasern erlitten, deren Verlauf der eingehendsten Erforschung würdig ist.

Man kann sich ein treffliches Material für derartige Untersuchungen dadurch verschaffen, dass man zwei dicht nebeneinander erwachsene Baumstämme gleicher Holzart spiralig umeinander windet und die Zeit abwartet, bis durch den Dickezuwachs beider Stämme eine Pressung und schliesslich eine Verwachsung derselben im Bereiche der Berührungsflächen eingetreten ist.

Nur ausnahmsweise finden wir eine kuppelförmige Ueberwölbung der Schnittfläche des Holzkörpers an Laubholzstöcken, häufiger an Nadelholzstöcken der Tanne, Fichte, Lärche, Weymouthkiefer, wie ich gezeigt habe auch dann, wenn die Wurzeln dieser laublosen Stöcke mit den Wurzeln eines sogenannten Nährstammes nicht in Verbindung stehen (S. 263). Noch häufiger tritt sie an überwallten Aststutzen auf (Taf. V, Fig. 6). Da die reproduktiven Neubildungen mit dem Holzkörper des Aststutzes oder Stockes nie in organische Verbindung treten, letzterer mit der Zeit ausfault und ohne Mühe den Neubildungen entnommen werden kann, dienten derartig vollendete Ueberwallungen, an ihrer Basis vom Baume geschnitten, unseren Vorfahren als leicht anzufertigende Hohlmaasse oder Mischbecher für Getränke (crateres).

An, bis auf den Holzkörper, selbst alter Baumtheile eindringenden Schalmwunden bildet sich im Umfange derselben ein Ueberwallungswulst in durchaus gleicher Weise wie am Stocke oder am Aststutze. Im Verlauf der Jahre ringförmig nach dem Mittelpunkte der Schalmfläche sich erweiternd, tritt auch hier vollständige Ueberwallung der Wundfläche, und endlich ununterbrochene Bildung von Holz- und Bastschichten ein. Taf. V, Fig. 8 mag dies erläutern. Auch in diesem Falle findet eine Verwachsung der Neubildungen mit dem blossgelegten Holzkörper nicht statt. Die Neubildungen legen sich aber dem Holzkörper so dicht an, dass sie in diesen eingeschnittene Zahlen oder Buchstaben dicht ausfüllen. Wird später die Schalmfläche mit ununterbrochenen Jahresringen überwachsen, dann findet man vor vielen Jahren eingeschnittene Zeichen tief im Holze unverändert vor, und zwar auf der nach Aussen gewendeten Seite des Holzstückes vertieft, auf der nach Innen gerichteten Seite erhaben. Wurden die Zeichen nicht auf eine von Rinde und Bast entblösste Holzfläche, sondern in die sonst unverletzte Rinde eingeschnitten, so erhalten sich dieselben nicht allein im Holze, sondern, bei Holzarten, deren Rinde bis zum hohen Alter lebendig und zuwachsfähig bleibt, z. B. bei der Rothbuche, auch auf der Rinde erkennbar, und zwar in allen Längendimensionen der im Holze liegenden Zeichnung gegenüber unverändert, in den Breitedimensionen hingegen im Verhältniss zum Rindezuwachse in die Breite erweitert. Meine Sammlung enthält ein Rothbuchenscheit, in dessen Holze die Gestalt eines Jägers in der

Tracht des vorigen Jahrhunderts ziemlich correct eingeschnitten ist. Die Rinde zeigt dieselbe Figur genau in derselben Länge von etwas über $^{1}/_{3}$ m Höhe, deren Kopf und Rumpf aber in lachenerregender Weise in die Breite erweitert sind, wie dies manche Hohlspiegel zeigen. Ueber Ringwunden und deren Ueberwallung (Taf. V, Fig. 7) habe ich bereits Seite 336, über Spiralwunden (Taf. V, Fig. 8) Seite 337 gesprochen.

Die Ueberwallung steht in nächster Beziehung zur Entastungsfrage, insofern die Geschwindigkeit, mit welcher eine am Schafte durch Entastung entstandene Wundfläche vollständig überwallt, von wesentlichem Einfluss ist auf die Gesundheit und die technische Verwendbarkeit des Schaftholzes. Geschieht die Ueberwallung so langsam, dass die im Holze liegende Basis des hinweg genommenen Astes von Fäulniss ergriffen wird, dann pflanzen sich diese Fäulnisszustände in's Innere des Schaftes fort und verringern dessen Gebrauchswerth, was nicht der Fall ist, wenn die Schnittfläche völlig überwallt, ehe noch Fäulniss der Astbasis eintreten kann. Dass der zwischen Verwundung und eintretender Fäulniss liegende Zeitraum verschieden gross ist bei verschiedenen Holzarten, ist unzweifelhaft, es fehlen uns aber bis jetzt sichere Erfahrungen über die Länge desselben. Erst wenn letztere bekannt sein wird, werden wir dadurch eine Basis gewinnen für Bestimmung der Ast- oder Zweigstärke, bis zu welcher Entastung stattfinden darf, ohne nachtheiligen Einfluss auf das Schaftholz.

Wenn man den Holzkörper eines lebenden Baumes oder eines stärkeren Astes in einem einige Finger breiten Streifen von Rinde und von Bast ringförmig entkleidet, sterben die überstehenden Baumtheile nicht sofort, sie erhalten sich noch mehrere Jahre lebendig und im Zuwachs, indem die entblössten Holzringen das Geschäft der Säfteleitung fortsetzen und zwar so reichlich, dass dadurch ein r a s c h e s Austrocknen und Absterben verhindert wird. Nach Verlauf einiger Jahre gewinnt der Verdunstungsverlust das Uebergewicht über die Zufuhr an aufsteigendem Bodenwasser, mit dem Austrocknen und Absterben der äusseren Holzschichten wird die noch saftleitende Kreisfläche immer kleiner, bis endlich die säfteleitenden Holzfasern bis zum Marke abgestorben sind, worauf dann das Absterben aller über der Rindwunde befindlichen Baumtheile eintritt, früher oder später, je nachdem der aufsteigende Holzast Stoffe mit sich führt, die sich im Innern der Holzfasern niederschlagen und den Fortschritt des Austrocknens von Aussen nach Innen noch mehr verzögern. Es sind dies Harze bei den Nadelhölzern, Schleime bei der Linde, Gummi bei der Buche.

So lange ein Theil des Fasergewebes im Holzkörper für das Bodenwasser leitungsfähig bleibt, setzt sich der Zuwachs an neuen Jahresringen und Trieben in allen über der Ringwunde befindlichen Baumtheilen ungestört fort. Am oberen Schnittrande der Ringwunde sind die Holzringe des Ueberwallungswulstes sogar aussergewöhnlich breit, wie dies Taf. V, Fig. 7 zeigt, am unteren Schnittrande fehlt diese Verdickung bis auf geringe Spuren.

b) Die Bekleidung.

In gewissen Oertlichkeiten nicht selten, finden wir in unseren Wäldern von Beerensammlern oder von Wild in der Saftzeit ihrer Rinde und ihres Bastes rings herum entkleidete Stämme, deren Wundfläche gleichmässig, ganz oder theilweise mit neuer Rinde sich bekleidet hat, ohne dass dabei eine von den Rändern der Wunde ausgehende Ueberwallung stattgefunden hat. Nach vieljährigen Bemühungen ist es mir geglückt die Bedingungen zu erforschen, unter denen diese Art der Reproduktion unfehlbar stattfindet.

Entnimmt man während des Zeitraumes lebhafter Holzbildung, am besten Ende Mai, den Bäumen einen handbreiten, ringförmigen Streifen der Rinde und des Bastes, schliesst man sofort die Wundflächen in die beiden Hälften eines, der Länge nach gesprengten, weiten Lampencylinders oder bodenlosen Bierglases so ein, dass das Glas einige Millimeter von der Wundfläche entfernt bleibt, setzt man die Glashälften unter sich und mit dem Baume in annähernd luftdichte Verbindung, dann entsteht durch den von der Wundfläche aus verdunstenden Holzsaft zwischen Glas und Wundfläche eine mit Wasserdunst gesättigte Luftschicht, die, wenn sie sich gebildet hat, das weitere Austrocknen des cambialen Fasergewebes verhindert. Letzteres bleibt unter diesen Umständen lebendig und wird, unter der durch den Glasverband eintretenden Luftwirkung, zur Mutter einer Reihenfolge naturgesetzlich verlaufender Metamorphosen, deren Endergebniss die Bekleidung, d. h. die Wiederherstellung einer neuen Kork- und Rindeschicht ist, die einen neu gebildeten Ring von Faserbündeln einschliessen, von denen jedes wie gewöhnlich aus einem inneren Holzkörper und einem äusseren Bastkörper besteht. Auf der Grenze zwischen beiden findet in den folgenden Jahren die Neubildung von Holz- und Bastschichten in durchaus normaler Weise statt.

Im Verlauf der Reproduktion finden aber bei den Laubhölzern und den Nadelhölzern wesentliche Unterschiede statt.

Bei den Laubhölzern sind es die durch die Entfernung von Bast und Rinde zu Tage liegenden, daher der Lichtwirkung zugänglichen Markstrahlen, deren Gehalt an körnigem Stärkemehl zu Grünmehl (Chlorophyll) sich umbildet (Taf. VI, *a*, *b*). Dies grüne Markstrahlgewebe wächst nun über die Grenze der Wundfläche hinaus; verwandelt sich in parenchymatisches Rindegewebe, dessen Aussenzellen zu Korkzellgewebe sich umbilden. In diesen Rindewülsten, die in der Aufsicht auf die Wundfläche langgezogene, senkrechte, dem tangentalen Durchschnitt der Markstrahlen entsprechende Wälle bilden

(A. V, Taf. 70, Fig. 1), entstehen schon sehr früh auf jeder Seite des Markstrahlverlaufes, aus dem Rindegewebe durch diagonale Abschnürung (S. 151) die ersten Keime neuer Faserbündel. Sind die Reproduktionswülste so weit herangewachsen, dass sie sich gegenseitig berühren, so verschmelzen sie untereinander, sowohl das grüne Rindegewebe wie die dasselbe bedeckenden Korkschichten, die Faserbündel werden grösser, lassen die Scheidung von Holz und Bast erkennen, worauf endlich das parenchymatische Zellgewebe zwischen jedem Faserbündelpaare, so wie das zwischen den Faserbündeln jedes Paares in Markstrahlgewebe sich zurückbildet.

Durch diese wunderbare Reihenfolge von Metamorphosen ist ein ganz neuer Faserbündelkreis hergestellt, zwischen dessen Holz- und Bastkörper der seitliche Zuwachs an neuen Holz- und Bastringen in normaler Weise erfolgt, unter vollständiger Resorption des den alten vom neuen Holzkörper trennenden Parenchyms.

Weit einfacher ist der Umbildungsverlauf bei den Nadelhölzern (vielleicht auch bei den Laubholzarten mit einlagerigen Markstrahlen). Er besteht darin, dass die cambialen Fasern in eine Menge von Kammern sich abschnuren, ganz in derselben Weise, wie aus ihnen die sekundären Markstrahlen entstehen (S. 57, Fig. 43). Gleichzeitig verwandeln sich die cambialen Markstrahlzellen in Rindezellen, so dass die ganze Aussenfläche der Wunde sich mit grünem Rindegewebe bedeckt, an dessen Oberfläche Korkbildung, in dessen Innerem die Bildung neuer Holz- und Bastschichten ebenso verläuft wie bei den Laubholzarten mit viellagerigen Markstrahlen.

Die durch Fensterung (so habe ich das geschilderte Verfahren genannt) bei allen Holzarten eintretende, bei den Nadelhölzern durch Harzaussonderung weniger sichere Bedeckung entblösster Cambialschichten mit einer Rinde, Bast und Holz wurde früher dem Zurückbleiben an sich bildungsfähiger Flüssigkeiten auf der Wundfläche zugeschrieben und behauptet, es werde durch Entfernung flüssiger Cambialsäfte vermittelst Pinsel oder Wischtuch die Reproduktion verhindert. Letzteres ist unzweifelhaft richtig; es ist aber nicht zu verwundern, dass durch eine so rohe Behandlung des zarthäutigen Fasergewebes die Reproduktionsfähigkeit desselben zerstört wird, wenn sie durch Fensterung der Wundfläche nicht erhalten wird. Ist Letzteres der Fall, dann kann nicht allein die Wundfläche trocken gewischt, es können sogar die äussersten fertigen Holzringe hinweggeschnitten werden, ohne bei der Eiche — andere Holzarten habe ich in dieser Hinsicht noch nicht geprüft — die Rindewulstbildung aus Markstrahlgewebe zu unterdrücken (A. 5 Taf. 70).

Ein Nutzen für die Praxis hat sich uns aus der Fensterung noch nicht ergeben. Es muss dieselbe sofort nach der Verwundung vollzogen werden, wenn sie von Erfolg sein soll, findet also auf unabsichtliche, nicht sofort zur

Kenntniss gelangende Verwundung keine Anwendung. Sie ist aber insofern von hoher physiologischer Bedeutung, als sie uns mit einer Reihenfolge abnormer, nur durch gewaltsame Verletzungen hervorgerufener, in Folge derselben aber unfehlbar und stets in naturgesetzlicher Weise eintretener Umbildungen bekannt macht, die, dem normalen Entwickelungsverlaufe des Pflanzenkörpers fremd, dem Vermögen und Wesen einer Selbsthülfe entsprechen.

Es ist der von der Wundfläche aus verdunstende Holzsaft, der zwischen ihr und dem luftdichten Glasverbande eine mit Wasserdunst gesättigte Luftschicht erzeugt, die das Abtrocknen und das Absterben der ausgetrockneten äusseren Cambialfasern verhindert, und Letztere dadurch für die lebendigen Umwandlungen geschickt erhält. Unzweifelhaft treten Zustände vollständiger Sättigung der atmosphärischen Luft mit Wasserdunst auch im Freien häufig ein. Geschieht dies unter Verhältnissen, die denen unter Glasverband gleich sind, also unter völliger Ruhe der Luft und ohne Benetzung der Wundfläche durch Regen, dauern solche immerhin nicht häufig zusammentreffende Zustände unter genügender Lichtwirkung so lange, dass die ersten Stadien dieser Reproduktion ungestört wie unter Glasverband sich vollziehen, dann findet diese, wie Eingangs erwähnt, auch ohne künstliches Einschreiten in freier Luft statt.

c) Adventivknospen.

Man hatte bisher alle an älter als einjährigen Trieben zur Zweigbildung gelangenden Knospengebilde mit dem Namen Adventivknospen belegt, dazu also auch die schlafenden Augen (Seite 227) gezählt, bis ich zeigte, dass die Abstammung dieser von der der ächten Adventivknospen eine durchaus verschiedene sei, dass sie, wenn auch nicht in ihrer Entwickelung zum Triebe, doch in ihrem Verhalten zur Mutterpflanze verschieden bleiben. Ich habe gezeigt, dass die schlafenden Augen stets schon am einjährigen Triebe vorgebildet, und selbst zwischen den Knospenschuppen schon vorhandene Blattachselknospen sind, von denen ein Theil nicht sofort zu Seitentrieben sich entwickelt, sondern im Knospenzustande kürzere oder längere Zeit verharrt, oft erst im höheren Baumalter als Wiederausschlag, Wasserreiser, Räuber hervorbrechend (S. 227 Taf. V, Fig. 9—14), die Adventivknospen dagegen in jedem Baumalter im Keime neu entstehen können, aber nur in Folge gewaltsamer Verletzung des Baumes, die eine Ueberwallung der Wundränder (Taf. VI, Fig. 1) im Gefolge haben, in deren Innerem Knospenkeime entstehen können, stets aber beschränkt auf den Zeitraum, in dem die Ueberwallung sich vollzieht. Es ist mir sogar sehr zweifelhaft, ob in demselben Ueberwallungswulste im zweiten und den folgenden Jahren Adventivknospen in der Rinde entstehen können, obgleich die Ueberwallung alljährlich fortwächst durch Bildung neuer Holz- und Bastlagen, was bei üppigem Ueberwallungszuwachse nicht geschehen kann ohne das zu Tagetreten schmaler Streifen junger Rinde. Mir ist wenigstens noch kein Fall dieser Art bis jetzt zu Gesicht gekommen.

Schneidet man 4—6 cm dicke Ast- oder Schaftstücke irgend einer Pappelart in 5—7 cm lange Walzenstücke, stellt man dieselben mit einer ihrer Schnittflächen auf den nassen Sand eines Suppentellers, überdeckt man die Abschnitte mit einer Glasglocke, dann entstehen, sowohl in der warmen Zimmerluft des Winters wie im Sommer*), am Rande beider Schnittflächen Ueberwallungswülste, deren unterer mit dem Boden, deren oberer mit der eingeschlossenen Luft in Berührung steht. Im parenchymatischen Rindegewebe, unter der Aussenfläche desselben, entstehen gleichzeitig mit dessen Vergrösserung die Keime neuer Knospengebilde in der schon Seite 201 beschriebenen Weise. In grösseren oder geringeren Entfernungen mehrt sich an bestimmten Punkten das Tempo der Zellentheilung, es bilden sich dadurch Nester sehr kleinzelligen Rindegewebes (Taf. VI Fig. 5*pp*), das, bei endlich eintretender Vergrösserung ihrer Zellen nur nach Aussen hin den nöthigen Raum für Vergrösserung findet. Nachdem durch gegenseitige Verwachsung einer kappenförmigen Zellschicht und durch Resorption der Querscheidewände derselben über dem Zellenneste eine Oberhaut in geschilderter Weise entstanden ist (Taf. VI Fig 3*b*), durchbricht das gebildete Knospenwärzchen das deckende Zellgewebe der Ueberwallung und wird an der mit der Luft in Berührung stehenden, nach Oben gewendeten Seite derselben zur Blattknospe (Taf. VI Fig. 4*b*), an der mit dem Boden in Berührung stehenden Ueberwallung hingegen zur Wurzelknospe.

Jede Ueberwallung, auch die an Schalmwunden, abgehauenen Stöcken, Aststutzen besitzt im ersten Jahre ihres Entstehens das Vermögen, Adventivknospen zu bilden. Auch am Zellgewebe der Bekleidungen, besonders am oberen Schnittende der bekleideten Wundfläche treten sie nicht selten auf, häufiger zu Sphäroblasten als zu Brachyblasten und Makroblasten sich fortbildend.

Im Niederwalde und im Unterholze des Mittelwaldes, im Kopf- und im Schneidelholze bildet sich der Wiederausschlag daher in zweifach verschiedener Weise; entweder aus schlafenden Augen (Präventivknospen) oder aus Neuknospen (Adventivknospen). Ausser der verschiedenen Entstehungsweise beider unterscheiden sie sich darin, dass erstere mit dem Holzkörper, dem sie an-

---

*) Ich mache hier besonders darauf aufmerksam, dass, während die normal entwickelte Pflanze an bestimmte Vegetationstermine gebunden ist, das Samenkorn durch die günstigsten Keimungsbedingungen nicht aus der Samenruhe erweckt wird, die im Herbste in den Topf und in's warme Zimmer versetzte Fichte erst im Frühjahr zur Triebbildung schreitet — wenn ihre Zeit gekommen ist — eine derartige Beschränkung bei allen abnormen Reproduktionserscheinungen nicht besteht.

gehören, in dauerhafter Verbindung stehen (Taf. VI Fig. 6*a*), während die aus Adventivknospen entsprungenen Ausschläge (Taf. VI Fig. 6*b*) nur durch Bast und Rinde mit der Mutterpflanze verbunden sind. Hierin liegt der für die forstliche Praxis bedeutungsvolle Unterschied in der Nutzbarkeit der auf die eine oder andere Weise entstandenen Ausschläge. Dadurch, dass die Ausschläge aus Adventivknospen lange Zeit nur mit Rinde und Bast in Verbindung stehen, werden sie mit dem Lohdenkeil durch Sturm, durch Eis- oder Duftanhang leicht vom Stocke gebrochen und sind dann verloren, während die in den Holzkörper des Mutterstockes sich bis zum Marke fortsetzende Basis der aus schlafenden Augen sich bildenden Ausschläge diesen einen weit sicheren Halt giebt. Es ist daher dem Forstwirthschaftsbetriebe günstig, dass der Wiederausschlag der Stöcke weit häufiger aus schlafenden Augen als aus Adventivknospen erfolgt.

d) Knospenwurzeln.

Ich lasse hier einer Erscheinung den althergebrachten Namen, die mit Knospenwurzeln nichts zu thun hat, sondern eine Reproduktionserscheinung ist, die sich besonders bei der Holzzucht aus Stecklingen zu erkennen giebt. An der Basis abgeschnittener Seitenzweige eines Steckinges erkennt man, bald nach dem Beginn des Stecklingzuwachses, nach Hinwegnahme des Bastes, ein Netzwerk unregelmässig verlaufender Gliedröhren, die schliesslich wie Wurzelstränge nach Unten verlaufen. Das Mikroskop zeigt, dass diese Gliedröhren entstanden sind und entstehen, jedes Glied aus einer Mehrzahl untereinander verwachsender einfacher Holzfasern (B. III w. 11 Taf. 1 Fig. 11). Dass dies übrigens der Entstehung aller Gliedröhren entspricht, habe ich schon in der ersten Abtheilung Seite 51, Fig. 37 gesagt.

e) Terminalknospenbildung.

Bei der Gattung Pinus im weitesten Sinne, d. h. Cembra, Strobus, Taeda eingeschlossen, stehen die Nadeln büschelweise zu 2 — 5 beisammen. Am Grunde eines jeden Nadelbüschels liegt eine Terminalknospe verborgen, die so klein ist, dass sie leicht der Beobachtung entgeht. Bei ungestörtem Verlauf der Entwickelung verbleiben diese Knospen im embryonischen Zustande und fallen nach Ablauf von drei Jahren mit dem Nadelbüschel ab. Nur an kräftig wachsenden Pflanzen entwickeln sie sich zu normal gebildeten Endknospen, wenn die Nadeln durch Raupenfrass bis auf kurze Stutze verloren gehen. Man kann dies den Reproduktionserscheinungen hinzuzählen, mit Rücksicht auf den Umstand, dass, wenn auch nicht die Neubildung doch die Ausbildung solcher Knospen nur Folge vorhergegangener Verletzungen ist. S. 227, Fig. 108 *a*.

f) Neubildungen an Steckreisern und Absenkern.

Es ist eine bekannte Thatsache, dass an oberirdischen Pflanzentheilen Wurzeln, an Wurzeltheilen Triebknospen hervorgerufen werden können, wenn sie in eine dem entsprechende Lage gebracht werden. Ueber den Verlauf der hiermit verknüpften Umbildungen habe ich bereits in der dritten Abtheilung (Entstehungsweise) gesprochen. Auch an oberirdischen Baumtheilen entstehen Wurzeln stets nur durch Markstrahlmetamorphose (Taf. VI Fig. 7 *w*), während, wenn an der Wurzel Blattknospen sich bilden, zum metamorphischen Markstrahlgewebe stets noch eine innere Markröhre hinzutritt (Taf. VI Fig. 7 *p h*).

Sechstes Kapitel.

Metamorphose

§ 95. nennt man die Umgestaltung lebender organischer Körper im natürlichen Verlauf ihrer Entwickelung, theils durch Auflösung alter und Bildung neuer, theils durch Umbildung vorgebildeter Organe. Im Thierreich sind es besonders die Insekten, bei denen die Körperwandlung fast allgemein ist. Die Umwandlung der Raupe in die Puppe, der Puppe in den Schmetterling. Im Pflanzenreiche giebt es dem Aehnliches nicht, man müsste denn, etwas gezwungen, die Bildung der Frucht aus der Blüthe, des Samenkornes aus der Frucht, mit grösserem Recht die Bildung des Blumenblatts aus Staubfäden hierher ziehen. Aeltere Physiologen haben an der verschiedenen Gestaltung der Spiralgefässe Metamorphisches zu erkennen geglaubt, gewiss mit Unrecht. Ich habe gezeigt, dass die Unterschiede in der Bildung der Spiralfasern bis in's jugendlichste Alter zurückreichen. Dahingegen habe ich im Vorhergehenden nachgewiesen, dass alle Elementarorgane der Pflanzen ursprünglich Zellen des Knospenwärzchens sind, dass und wie sich aus einem Theile derselben die Faser, wie diese in Zellfasern und Gliedröhren sich bildet (S. 57, 81, 160); dass die Harzgänge der Nadelhölzer, die Zellgänge der Laubhölzer, die sekundären Markstrahlen, so wie die intermediäre Korkzellenbildung der Borkeschuppen und der Blattnarben (S. 221, Fig. 104, 105) Umwandlungsprodukte der Fasern sind.

Man darf zu den Metamorphosen aber auch alle die Umbildungen zählen, welche die Mehlkörper beim Vorgange des Reifens und des Keimens erleiden;

die Umbildung des Grünmehles in Stärkemehl*), des Stärkemehles in Klebermehl, wie ich dieselbe durch viele Abbildungen meiner Schrift über Entwickelung des Pflanzenkeimes, auch hier Seite 98 nachgewiesen habe.

Siebentes Kapitel.

Gallwuchs.

§ 96. Besonders unter den Insekten giebt es Arten, Gattungen und Familien, deren, vermittelst eines Legstachels oder einer Legröhre in das Zellgewebe lebender Pflanzen abgelegte Eier eine Wucherung des Zellgewebes veranlassen, in deren Mitte die dem Ei entstammende Larve lebt, sich von den Säften oder von Stärkemehl der Galle ernährt, in der Galle verpuppt, als fertiges Insekt die Galle verlässt, um sich zu begatten und seine Eier in anderen Pflanzen unter zu bringen. Besonders sind es die Gallwespen, denen diese Lebensweise zuständig ist, aber nicht sie allein, sondern auch die Gallmücken (Cecidomyia) und Blattläuse (Aphis, Chermes) erzeugen jene Wucherungen. Auch einige Blattwespenarten, der Gattung Nematus angehörend, selbst eine Milbe (Sarcoptes) sind Gallenerzeuger.

Die physiologische Bedeutung des Gallwuchses liegt in dem Umstande, dass jeder gallenerzeugenden Insektenart eine bestimmte Gallenform zuständig ist, deren Verschiedenheit bei verschiedenen Insekten weder aus der Art des Ablegens noch aus der Verletzung beim Ablegen der Eier sich erklärt. Die Gallen von Cynips folii und longiventris auf der Unterseite desselben Eichenblattes, die Gallen von Cecidomyia Fagi und annulipes auf der Oberseite desselben Buchenblattes liessen bei der sorgfältigsten Untersuchung eine Verschiedenheit in dieser Hinsicht nicht erkennen. Es entsteht nun die Frage, welchen Antheil das Insekt, welchen die Pflanze an der Gallenbildung habe. Ohne Zweifel liefert die Pflanze das Material. Die Galle ist eine Wucherung des Zellgewebes nach Aussen, wie diese auch ohne Mitwirkung eines Insektenstichs bei manchen Krankheitserscheinungen stattfindet. Die Frage betrifft allein die Beständigkeit der Form und des Bestandes der Galle verschiedener

---

*) Sachs in Hofmeister's Handbuch, Bd. IV, S. 320 nennt H. von Mohl den Entdecker des Stärkemehles im Chlorophyll und citirt dessen vermischte Schriften bot. Inhalts 1845. Ich bin auch hierin der Vorgänger Mohl's gewesen, indem ich in meiner Schrift „das Leben der Pflanzenzelle“ aus dem Jahre 1844 den Gegenstand bekannt gemacht und durch farbige Figuren 36 erläutert habe.

Insektenarten, in denen sich zunächst ein auf Erhaltung der Art hinzielendes Zweckmässigkeitsprincip in überraschender Weise zu erkennen giebt. Die gefährlichsten Feinde sind die Pteromalinen, mit einem langen Legstachel versehene geflügelte Insekten, mit welchem sie die Gallen anstechen, um ihre Eier in den Körper der Gallwespenlarve abzulegen, die dadurch nicht sofort getödtet, aber durch die Nachkommenschaft des Ichneumon ihrer Fettmasse beraubt wird, eines Stoffes, der während des Puppenzustandes zur Entwickelung der Organe des vollkommenen Insekts nothwendig ist.

Wie überall im Thierreiche, so giebt es auch unter den gallenerzeugenden Insektenarten, die in Folge grosser Vermehrungsfähigkeit häufig, andere Arten, welche stets selten vorkommen. Kohlweissling und Fuchs gegenüber Todtenkopf und Trauermantel dienen als Belege. Bei denjenigen Gallwespenarten, welche häufig vorkommen, bedarf es eines Schutzes gegen diese Feinde nicht, Uebergewicht der Vermehrung allein sichert ihren Fortbestand im Kampfe mit den Schlupfwespen.

Anders verhält sich dies mit den in geringer Zahl vorkommenden Arten. Bei gleicher Exposition würden sie der Ueberzahl ihrer Feinde erliegen, die Art würde aus der Reihe der lebenden Wesen verschwinden, entgegen dem Naturgesetz der Mannigfaltigkeit, daher zeigen die Gallen solcher Arten oft sehr complicirte Sicherheitsvorrichtungen gegen ihre Feinde. Die Gallen von Cynips lucida sind mit keulenartigen Auswüchsen besetzt, die an ihrer Spitze einen Klebstoff reichlich absondern, eine Fähigkeit, welche der Eiche in keinem ihrer Theile eigenthümlich ist. Bei C. Medusae ist die Annäherung feindlicher Insekten durch einen Wald verästeter Dornhaare verhindert, bei C. Hartigii K. ist die kleine einkammerige Galle rund herum besetzt mit Streitkolben ähnlichen Bildungen, die sich am verdickten Ende gegenseitig pressen, wie die Fruchtschuppen von Cupressus sempervirens, es entsteht dadurch zwischen Galle und Kolbenschluss ein abgeschlossener Zwischenraum, in den der Legstachel der feindlichen Schlupfwespen nicht hinabreicht.

C. fecundatrix besitzt eine Galle, die einer kleinen Eichel in einer grossblättrigen Cupula auf's täuschendste ähnlich ist, obgleich die zierliche Galle oft an jungen 5—6jährigen Eichen sich bildet, die vom Alter der Mannbarkeit und der Blüthebildung weit entfernt sind.*)

---

*) Um durch eine möglichst kleine Oeffnung ein verhältnissmässig grosses Ei in die Pflanze ablegen zu können, ist die Eibildung der Cynipiden eine sehr eigenthümliche. Das Ei gleicht einem sehr langen, überall geschlossenen Quersacke, oder auch einer hohlen Stecknadel, in welcher der Kopf die Eiflüssigkeit enthält. Beim Ablegen des Eies wird das spitze Ende der Nadel in die Höhlung des Legstachels vorgeschoben, während das Kopfende noch am Bauche liegt. Ist der Legstachel in die Pflanze versenkt, dann wird durch Muskeldruck die Eiflüssigkeit in das entgegengesetzte Ende des Eies (im Bilde: in die

Chermes Abietis, eine Blattlaus, legt ihre Eier in Trauben beisammen im Herbste an die Endknospen der Fichten. Wenn im Frühjahre die Knospen treiben, schlüpfen die Eier aus und die jungen Blattläuse vertheilen sich auf die jungen Nadeln der jungen Triebe so, dass jede Nadel mit nur einem Insekt befallen wird, das sich ungefähr 1 mm über der Blattbasis festsaugt, indem es die der Brust entspringende Saugborste in das Zellgewebe der Nadel versenkt. Dadurch bildet sich in der Höhe der Ansaugung eine gallwüchsige Anschwellung und es entstehen aus dem Vereine aller dieser Anschwellungen jene zapfenähnlichen Bildungen, die mitunter in unzählbaren Mengen unsere jungen Fichten bedecken. In den offen bleibenden Kammern zwischen Gallen und Trieb vermehrt sich jede Blattlaus lebendiggebärend und ohne Begattung bis in die 6.—8. Generation, bis erst im Herbste wieder begattungsfähige geflügelte Männchen und Weibchen geboren werden, die die durch Austrocknen sich öffnenden Gallen verlassen, um sich im Freien zu begatten und Eier für das nächste Jahr abzulegen. Hier ist es also nicht wie bei den Gallwespen die Legröhre, sondern die Saugröhre, nicht das Mutterinsekt, sondern die Larve, welche den Gallwuchs veranlasst.

Berücksichtigt man, dass die Pflanze die für jede gallenerzeugende Insektenart ausnahmslos constante Gallenform erzeugt, dass den Gallwespen der Legstachel das Instrument zum Ablegen der Eier ist, während bei den gallenerzeugenden Blattläusen ein Legstachel fehlt; dass die aus dem abgelegten Ei hervorgehende Larve sich in Bezug auf Gallenbildung, wenigstens bei den meisten Gallwespen durchaus passiv verhält, dass sogar der Gallwuchs beginnen kann, ehe noch die Eier ausgeschlüpft sind, so ist es wenigstens nicht zweifellos, dass ein Infektionsstoff Ursache der Gallenbildung ist.

Malpighi, Reaumur, Linné und Fabricius beschäftigten sich wenig mit der Zucht der Insekten aus ihren Gallen. Sie beschrieben die Gallen und belegten den ihnen unbekannten Erzeuger derselben mit dem Namen Cynips. Nach einer durch Erziehung erlangten näheren Kenntniss der Gallenerzeuger blieben nur fünf oder sechs Arten der Gattung Cynips angehörend, deren Artzahl ich auf mehr als 200 erhöhte.

Sind darunter auch nahe 50 Arten, die theils nicht in eigenen, sondern in fremden Gallen, theils parasitisch leben, so bleibt die Zahl der gallenerzeugenden Insekten doch immerhin gross genug, um die specifische Ver-

---

Spitze der Nadel) übergeführt, dadurch angeschwellt, so dass es beim Herausziehen des Legstachels in dem Zellgewebe der Pflanze zurückbleibt. S. Germar, Zeitschrift für Entomologie, Erster Nachtrag, Bd. II, Heft 1, S. 176—209, Tab. I. Einen Irrthum in der Deutung der Organe, veranlasst durch die Verwendung getrockneter Exemplare bei der anatomischen Untersuchung, habe ich in einem 2. Nachtrage zur Naturgeschichte der Gallwespen in derselben Zeitschrift Bd. IV, S. 396 berichtigt.

schiedenheit des an und für sich problematischen Infektionsstoffes in Zweifel zu ziehen. Es ist Geschmacksache, ob man solches annehmen oder ob man der Sonderkraft lebender Pflanzen einen mehr oder weniger grossen Antheil an der Gestaltung des Gallwuchses zuschreiben will.

Achtes Kapitel.

Instinkt.

§ 97. Vernünftig ist jedes zweckmässige Thun oder Lassen, das sich des Erfolges seiner Handlungsweise vorher bewusst ist, aus eigener oder aus fremder, angelernter Erfahrung. Die Erfahrung ist ein Ergebniss sinnlicher Wahrnehmung; Letztere erheischt ein Nervensystem. Wo dies wie bei den Pflanzen fehlt, da kann auch von Vernunfthandlungen nicht die Rede sein.

Es giebt aber im Thierreich noch ein stets zweckmässiges Thun oder Lassen, das nicht an vorhergegangene Erfahrung, daher auch nicht an sinnliche Wahrnehmung, nicht an das Vorhandensein eines Nervensystems gebunden, sondern Naturtrieb ist, dem das Thier Folge leisten muss, auch ohne der Gründe seiner Handlungsweise sich bewusst zu sein. Die Kreuzspinne, die Wespe, die Hausschwalbe bauen ihre Nester genau ebenso, wie alle ihre Vorfahren sie gebaut haben, obgleich sie, wenigstens Kreuzspinne und Wespe nicht, je Gelegenheit hatten, den Nesterbau zu lernen. Sie können ihr Haus nicht anders bauen wie es alle ihre Vorfahren bauten und bauen es stets zweckmässig, was man von den Bauten der vernünftigen Menschen nicht immer behaupten kann. Das junge Huhn fürchtet das Wasser, während die junge Ente, gleichzeitig von derselben Glucke ausgebrütet, noch mit der Eischale in's Wasser geht. Die Brieftaube findet ihren Weg zum Schlage zurück, auch wenn sie ihn nie zuvor sehend zurückgelegt hat.

Da das instinktive Wollen und Können auch beim Thiere an Erfahrung, also an sinnliche Wahrnehmung und an das Vorhandensein eines Nervensystems nicht gebunden ist, darf man dasselbe auch bei den Pflanzen suchen; da, bis auf den Mangel eines Nervensystems, letztere den ersteren gleich stehen.

Sehen wir, ob eine Berechtigung hierzu vorliegt.

Das Wassernetz unserer Teiche (Hydrodictyon utriculare) besteht aus einem geschlossenen Netze, dessen grosse, walzenrunde Zellen je sechs zu einer Masche untereinander verbunden sind, ähnlich dem Netzbeutel, in welchem unsere Köchinnen die auf dem Markte erkauften Fische nach Hause tragen.

Jede dieser Zellen enthält einen Zellschlauch, dicht erfüllt mit grossem durchaus normalem Grünmehl. Die Fortpflanzung dieser Alge besteht darin, dass nach vollendeter Ausbildung der Mutterpflanze die Grünmehlkörnchen jeder Zelle in wimmelnde Bewegung gerathen und schliesslich je sechs sich mit ihren Enden zusammenlegen, in jeder Mutterzelle ein neues Netzwerk bildend, das durch Lösung der Mutterwände frei wird und durch Wachsthum der Maschenglieder bis zu 6—8 cm sich vergrössert.

Was ist die Ursache, dass in der freien Flüssigkeit des Schlauchraumes meist sechs, seltener fünf, noch seltener vier Grünmehlstäbchen zur Masche sich vereinen?

In der Familie der Conjugaten verbinden sich zwei frei nebeneinander liegende Algenfäden untereinander zur Sprossenleiter durch beiderseitige kurzarmige Auswüchse der Einzelzellen jedes Fadens, ebenfalls zum Zweck der Fortpflanzung; oder es verlängern sich jene Auswüchse bogenförmig nach Oben und Unten zur Verbindung zweier Zellen desselben Fadens (Fig. 17, S. 38).

Was ist die Ursache, dass die beiden sich entgegenwachsenden Auswüchse einander genau treffen, um zur Leitersprosse verwachsen zu können?

Andere Algen unserer Teiche, z. B. Oedogonium bilden Schwärmsporen, die nach ihrem Ausschlüpfen aus der Mutterzelle vermittelst eines Wimperkranzes in der umgebenden Flüssigkeit kreiselförmig sich fortbewegen, um endlich in der Mehrzahl unterhalb der Fruchtzellen anderer Algen sich anzuheften und deren Befruchtung zu vollziehen.

Wer zeigt der Schwärmspore den Weg zum gemeinschaftlichen Sammel- und Anheftungsplatze?

Es führen uns diese Fragen zum Befruchtungsprocess auch der phänogamen Pflanzen. Dass der Pollenschlauch zwischen den Zellen des Griffels und von diesen ernährt in die tieferen Theile des Fruchtknotens hinabwächst, ist unschwer erklärbar. Weniger leicht begreiflich ist es, dass der Pollenschlauch nach seinem Wiedereintritt in die Fruchtknotenhöhle mit Sicherheit den oft sehr versteckten kleinen Eimund findet; dass bei langgestrecktem, achsenständigem Eierstock (Oenothera A. 4, Fig. 1) jedem Eimunde ein Pollenschlauch zugeht, die Wege also, welche der Schlauch durchwandert, nach Bedarf verschieden sind.

Welche Kräfte sind es, denen hier die Führung des Pollenschlauches zugeschrieben werden könnte?

Die Bewegung der Staubfäden mancher Blüthen zur Narbe, der Blätter zum Lichteinfalle, der Wurzel zum Boden, das sind alles Bewegungserscheinungen, für die wir eine mechanische Ursache bis jetzt nicht gefunden haben. Nach solchen Ursachen zu forschen mit allen Kräften und Mitteln, hat ohne Zweifel volle Berechtigung. So lange sie nicht mit Sicherheit aufgefunden sind, ein Verdammungsurtheil über Alles auszusprechen, was nicht den Kräften der todten Körperwelt angehört, halte ich mich nicht berechtigt. Hypothesen sind in Erklärung von Lebenserscheinungen unvermeidbar. Sie haben aber nur da und so lange Berechtigung, als sie mit unzweifelhaften Thatsachen nicht in Widerspruch stehen.

Neuntes Kapitel.

Reizbarkeit.

§ 98. Auch unter den Holzpflanzen giebt es Arten, die an jungen Trieben, Blättern, Blüthen bestimmte Bewegungen zeigen, wenn sie durch Wärme oder Licht, durch Berührung mit anderen Körpern, durch Erschütterung oder Druck gereizt werden. Dahin gehören das Oeffnen und Schliessen mancher Blüthen zu bestimmten Tageszeiten (Linné's Blumenuhr), die Drehung der Sonnenblume nach dem Stande der Sonne; die Veränderung der Blattstellung an Topfpflanzen, wenn deren untere Blattfläche dem Lichte zugewendet wird; des Wiederwuchses im zu dunkel gehaltenen Samenschlage, der seine Blätter in die dem grössten Lichteinfalle günstigste Lage bringt, selbst durch Streckung des Schaftwuchses; es gehören dahin das Winden der Schlingpflanzen, die Bewegung der Staubfäden, Blumenblätter, Drüsenhaare.

Man erklärt diese Bewegungen aus ungleicher Gewebespannung, die, wenn sie durch Mangel an Imbibitionswasser einseitig erschlafft, eine Biegung des Pflanzentheiles nach dieser Seite zur Folge habe. Man hat hiermit das Mährchen von „insektenfressenden Pflanzen“ in Beziehung gebracht. Es ist wahr, dass die eine klebrige Flüssigkeit reichlich aussondernden Drüsenhaare des Sonnenthau (Drosera), wenn sie mit kleinen Insekten in Berührung kommen, diese umklammern und festzuhalten vermögen, bis das Insekt stirbt und vertrocknet oder verfault. Von einem „Fressen“ kann, auch bildlich genommen, hier nicht entfernt die Rede sein, da wir wissen, dass die Pflanze sich nur von Stoffen der anorganischen Körperwelt ernährt, im Boden selbst die Humuslösungen zurücklässt.

Zehntes Kapitel.

Strecken und Beugen.

§ 99. Wenn man eine reich bis zum Boden beastete 10—15jährige Fichte entgipfelt, richten sich von den horizontalen Aesten zunächst der Schnittfläche einer oder einige zur senkrechten Stellung schon in 2—3 Monaten empor. Es geschieht dies auch dann, wenn man die Spitzen der Aeste mit $^1/_2$ kg nicht übersteigenden Gewichten belastet.

Am unverletzt fortwachsenden Baume weichen die letzten Jahrestriebe von der ursprünglich schräg nach Oben gerichteten Stellung um mehrere Grade nach Oben hin ab, wenn die überstehende Beastung und Belaubung eine reiche und schattende ist. Dies ändert sich aber schon nach wenigen Jahren mit zunehmender Verlängerung des Astes; das Knie, welches die letzten Jahrestriebe bildete, streckt sich wieder in die Hauptrichtung des Astes.

Der Same der Krummholzkiefer, selbst wenn er von einem Mutterbaume stammt, liefert auch in den Gärten der Meeresebene drei im Wuchs verschiedene Abarten. Am seltensten sind die einschäftigen, lothrecht aufstrebenden Formen, selbst in der Rindebildung an die gemeine Kiefer erinnernd, und nur in Blüthe und Frucht der Mutterpflanze gleich. Die zweite Form treibt aus dem Wurzelstock mehrere Schafttriebe, die sich über dem Boden zum lothrechten Wuchse krümmen und eine Pyramide bilden. Die dritte Form entwickelt nur einen, höchstens zwei Wurzelstock-Schafttriebe, die zu der Benennung Knieholz dadurch Veranlassung gegeben haben, dass die Schafttriebe in 15—20 cm Höhe über dem Boden sich knieförmig niederlegen und am Boden hinwachsen, bis auf die 5—6 Endtriebe, die stets aufgerichtet sind. Da dies bis in's hohe Alter der Pflanze fortdauert, immer nur die Endtriebe aufgerichtet sind, so muss zwischen diesen und dem liegenden Stamme, also am 5—6jährigen Schafte ein Strecken stattfinden, was bei dem 5—6jährigen Alter des Knies nicht ohne eine Veränderung in der gegenseitigen Lagerung der Holzfasern geschehen kann. Die Worte Heliotropismus und Geotropismus bezeichnen recht gut das Strecken und Beugen, tragen aber Nichts zur Erklärung desselben bei, da es keineswegs der Stand der Sonne ist, welcher die Richtung des Pflanzenwuchses bestimmt, die Wanderung des Knies im Radius des liegenden Schafts nicht durch eine, der Schwerkraft ähnliche Hinneigung zum Boden sich ergiebt, sondern innerhalb des Knies ihre Begrenzung findet.

Elftes Kapitel.

Leben und Lebenskraft.

(Das Todte wird nur durch ihm fremde Kräfte, das Lebende durch sich selbst bewegt. Leben ist Selbstthätigkeit.)

§ 100. Schon in der Einleitung habe ich darauf hingewiesen, dass die Stoffe durch sich selbst sich nicht bewegen, sich nicht verändern können, dass jede Bewegung, jede Veränderung eines todten Körpers die Mitwirkung mindestens einer, ihm fremden Kraft fordere, dass das Resultat dieser Wechselwirkungen unter gleichen äusseren Einflüssen stets dasselbe sei.

Wenn der todte Stoff zum Mechanismus zusammengefügt ist, erfordert die Erfüllung des Zweckes der Maschine, ausser den stofflichen Kräften, die Mitwirkung einer zweiten, den Stoffen der Maschine fremden, schaffenden und leitenden Kraft, ohne deren Wirken die Maschine nicht sein würde, ohne deren Leitung sie ihre Zwecke nicht erfüllen könnte. Dem einfachsten Kunstwerk, jeder Vervollkommnung desselben, vom Floss der Steinzeit bis zum Dampfschiff der Neuzeit, muss der schöpferische Gedanke eines Baumeisters vorhergegangen sein. Das Schiff bedarf der Leitung durch einen Steuermann, wenn es die ihm vorgeschriebenen Ziele erreichen soll; es wird nie dahin gelangen wie Fisch und Pollenschlauch sich selbst zu steuern. Die Gewehrfabrik bedarf des Werkmeisters, wenn die, in den verschiedenen Werkstätten durch das Gesellenthum der arbeitenden Kräfte angefertigten, verschiedenen Gewehrtheile zum Gewehre zusammen passen sollen, der Wille des Werkmeisters entscheidet, ob es Büchsen, Flinten oder Pistolen sein werden, die aus den Werkstätten hervorgehen.

Diese zweite, schaffende, ordnende und leitende Kraft, ohne deren Mitwirkung der Mechanismus bewegungslos sein würde — ein perpetuum mobile ist noch nicht gefunden und wird nicht gefunden werden —, besitzt einen Träger in der Person des Baumeisters, Steuermannes, Werkführers. Sie muss eine einheitliche sein, wenn die, verschiedene Arbeit verrichtenden Maschinentheile auf einen einheitlichen Zweck zusammenwirken sollen, kann daher nicht an Einzeltheile der Maschine gebunden sein. Zum Unterschiede von den allgemeinen Naturkräften habe ich diese zweite Kraft Sonderkraft genannt.

Auch für das Lebendige kann man, neben den arbeitenden allgemeinen Naturkräften eine zweite schaffende, ordnende und leitende Kraft annehmen. Auch ihm muss der schöpferische Gedanke dem Schöpfungswerke vorhergegangen sein (S. 7). Die Idee des Schmetterlings ist schon im Ei ausgesprochen. Auch hier muss eine leitende Kraft die in tausenden von Werkstätten sich vollziehenden, verschiedenartigsten physikalischen und chemischen Verrichtungen zum einheitlichen Ziele, zur naturgesetzlichen Entwickelung des Individuums, der Art, Gattung führen. Die mikroskopisch kleine Zelle ist an sich sowohl wie in ihren mit der Jahreszeit wechselnden Verrichtungen ein Wunderwerk gegenüber dem vollendetsten Mechanismus, das befähigt ist, selbst in der feuchten Luft des Warmhauses während der Samen- und Winterruhe (S. 282 und 358) alle chemische Thätigkeit zu sistiren; das aus dem Zellkern die Eichel, aus dieser die Pflanze, in einem anderen Falle aus dem Zellkern die Faser, aus dieser die Zellfaser oder Gliedröhre oder den Markstrahl hervorruft; das selbst befähigt ist, Störungen des Verlaufes normaler, naturgesetzlicher Entwickelung zu beseitigen auf aussergewöhnlichem, aber doch naturgesetzlich vorgeschriebenem Wege (s. Reproduktion und Gallwuchs). In vielen Tausenden solcher kleinsten Werkstätten vollzieht sich das Baumleben in den verschiedenartigsten physikalischen und chemischen Processen, die sämmtlich einem und demselben Zwecke dienstbar sind, der gesetzlichen Entwickelung des Gesammtorganismus, die daher, wie im Mechanismus, unter der Herrschaft einer leitenden Sonderkraft stehen müssen. Hunderte von Lebenserscheinungen deuten auf deren Oberherrschaft. Die Widerstandskraft des Lebendigen gegen Einflüsse, die auf das Getödtete sofort und unfehlbar zerstörend einwirken; die gesetzlich verschiedene Lebensdauer nicht allein verschiedener Geschöpfe, sondern auch verschiedener Körpertheile desselben Geschöpfes, vor Allem aber der Umstand, dass unter gleichen inneren und äusseren Einflüssen aus denselben Rohstoffen der Ernährung in Form und Bestand Verschiedenes, aus verschiedenen Rohstoffen Gleichartiges gebildet wird, wie wir dies für geschlechtliche Unterschiede bei Zwillingsgeburten der Thiere und unter den Samenkörnern desselben Fruchtknotens eingeschlechtlicher Pflanzen annehmen müssen, wie es der frühreife, zuckerreiche und grossfrüchtige Grafensteiner, zusammenwachsend auf demselben Wildlingsstamme, mit dem spätreifen, herben und kleinfrüchtigen Wildapfel beweist.

Eine die Arbeitskräfte beherrschende Oberleitung muss daher auch im Organismus bestehen, im Zellkern wie in der Einzelzelle, im Gesammtorganismus wie im Universum. Sie nur vermag Ordnung zu bringen und zu erhalten in der unzählbaren Menge gleichzeitig nebeneinander verlaufender physikalischer und chemischer Bewegungen und Veränderungen. Es fehlt uns aber jede Kenntniss eines materiellen Trägers jener leitenden Kraft, wie wir sie für den Mechanismus besitzen, die sich dadurch noch mehr versteckt, dass sie nicht willkürlich, sondern an Naturgesetze gebunden ist.

Hier erst scheiden sich die Ansichten in Vitalismus und Universalmaterialismus (s. die Einl.). Ersterer nimmt eine körperlose Sonderkraft an, die, ohne selbst zu arbeiten, durch verschiedenartige Verwendung der in ihren Wirkungskreis fallenden Stoffe und deren Kräfte, in Form und Bestand Verschiedenes bildet. Der Universalmaterialismus hingegen, die heute herrschende Ansicht, erkennt die Nothwendigkeit einer Oberleitung nicht an, sie kennt nur an Stoffliches gebundene Kräfte und leitet alle Verschiedenheit des Lebendigen, sowohl in Form als Bestand, von mathematischen, physikalischen und chemischen Verschiedenheiten der zum Aufbau des Organismus verwendeten Stoffe ab, entsprechend den Worten des Dichters:

„Vier Elemente,
„Innig gesellt,
„Bilden das Leben,
„Bauen die Welt;"

im Sinne Schillers: Feuer, Wasser, Luft und Erde; im Sinne Schleiden's: Sauerstoff, Wasserstoff, Stickstoff und Kohlenstoff*).

Wie überall, so ist auch hier die letzte Ursache der Erscheinungen unserem Wissen entzogen. Summe und Gewicht von Wahrscheinlichkeiten müssen uns Wegweiser für das Glauben sein. Der Aether des Weltenraumes, als materieller Träger des Lichts und der Wärme gedacht, mehr oder weniger alle sogenannten Imponderabilien gehören in letzter Instanz hierher. Gewicht und Zahl der Wahrscheinlichkeiten liegen aber, wie wir hier und an vielen Stellen des Textes gesehen haben, unstreitig auf Seite des Vitalismus, während für die, diesem entgegenstehende Ansicht nicht eine einzige Wahrscheinlichkeit besteht. Einen Stoffwechsel, wie er dem ausgewachsenen Thiere eigenthümlich ist, kennt die nie auswachsende Pflanze nicht, und wenn es der Chemie gelungen ist, einige Pflanzensecrete aus unorganischen Stoffen darzustellen, so ist das in Bezug auf die vorliegende Controverse völlig bedeutungslos. Die daraus hergeleitete Hoffnung, es werde der Chemie einst gelingen, Lebendiges zu schaffen, hat nicht mehr Aussicht auf Erfüllung als die Construction eines perpetuum mobile. Man hat auf die grosse Zahl der Elemente und die unendliche Mannigfaltigkeit der dadurch möglichen Stoffverschiedenheiten des Organischen hingewiesen, allein da die Alkalien, Erden und Metalle, Phosphor, Schwefel und Kiesel mit dem Hauptbestande des Pflanzenkörpers, mit Zellstoff, Stärkemehl und Zucker nicht in chemische Verbindung treten, ist die Zahl der im Pflanzenkörper sich verbindenden Elemente keineswegs eine grosse und in vielen anorganischen Körpern, z. B. im kohlensauren Ammoniak eine grössere. In der Einleitung habe ich darauf hingewiesen, dass die Unfehlbarkeit, mit der die Kräfte der todten Körperwelt arbeiten, sich mit der Genauigkeit des photographischen Bildes, der telegraphischen Depesche vollzieht. Bestände im Verhältniss der Kraft zum Stoff kein Unterschied zwischen Todtem

---

*) Hierher auch des Pythagoras mystische Tetractys, der Urgrund alles Geschaffenen und Liebig's Popanz.

und Lebendigem, so müssten den Gestaltungsunterschieden nicht allein der Arten des Lebendigen, sondern auch der verschiedenen Körpertheile jeder Art, den Gestaltungsunterschieden zwischen Daumen und Zeigefinger, zwischen Blattstiel und Blatt stoffliche Unterschiede zum Grunde liegen, was mindestens höchst zweifelhaft ist.

Man hat gesagt: die Berufung auf eine Lebenskraft sei ein Hemmschuh eifrigen Forschens nach materiellen Ursachen der Lebenserscheinungen. Schreibt man den stofflichen Kräften alle Arbeitsleistung, der Lebenskraft nur die Oberleitung derselben zu, dann fällt selbstverständlich dieser Vorwurf. Ich hoffe, dass man mir zugestehen wird, mit allen mir zu Gebote stehenden Mitteln und Kräften nach materiellen Ursachen der Lebenserscheinungen geforscht zu haben. Wo mein Streben von einem günstigen Erfolge nicht gekrönt wurde, da habe ich dies eingestanden, und zu weiterem Forschen aufgefordert. Ich glaube dadurch dem Fortschritt der Wissenschaft mehr genützt zu haben, als durch ein Verhüllen des Unverstandenen durch Unverständliches.

Zwölftes Kapitel.

Krankheiten und Tod.

§ 101. Krankheiten sind Störungen der normalen Lebensprocesse des Pflanzenkörpers oder eines beschränkten Theiles desselben, insoweit diese Störungen aus Ursachen hervorgehen, die in der Pflanze selbst begründet sind. In dieser Beschränkung ist die Zahl der Pflanzenkrankheiten eine sehr geringe, viel geringer als die Krankheiten im Thierreiche, wahrscheinlich in Folge des mangelnden Nervensystems. Daher zählt schon Meyen in seiner Pathologie zu den Krankheiten nicht allein diejenigen, welche aus inneren Ursachen hervorgehen, sondern auch die Folgen von äusseren und inneren Verletzungen, und zwar 1) durch ungünstige klimatische Verhältnisse (Frostschaden, Dürre, Sonnenbrand etc.); 2) durch ungünstige Bodenverhältnisse (Versumpfung, Flachgründigkeit etc.); 3) durch mechanische Verletzungen von Menschenhand; 4) durch Thiere (besonders Insekten) und 5) durch Pflanzen (besonders durch cryptogamische Schmarotzerpflanzen).

Meyen zieht auch hieher alle Missbildungen und alle Missfärbungen der Pflanzen.

Die Grenzen, welche ich meinem Buche gesteckt habe, gestatten nicht die Behandlung der Krankheiten in dieser Ausdehnung, und kann ich mich um so eher dieser Arbeit entheben, als mein Sohn Robert die Pathologie der Pflanzen schon seit einer Reihe von Jahren zu seinem speciellen Studium gemacht und bereits Erfolge errungen hat, die es wahrscheinlich machen, dass auch diejenigen ansteckenden Krankheiten, für die sich noch keine Verletzungen durch Schmarotzerpflanzen haben nachweisen lassen, im Verlauf der Zeit als Folgen solcher sich ergeben werden.

Wie dem Leben aller Thiere, so ist auch dem einer grossen Zahl verschiedener Pflanzenarten ein Ziel gesetzt. Die meisten Grasarten, Erbsen und Bohnen, Kohlarten und Salate sind einjährige Pflanzen, d. h. sie gelangen schon im ersten Jahre zur Blüthe und Samenbildung, die ganze Pflanze stirbt unfehlbar mit vollendeter Samenreife. Bei anderen Pflanzengeschlechtern stirbt alljährlich nur der über dem Boden befindliche Pflanzentheil, die unterirdischen Stengeltheile und die Bewurzelung wird lebendig auf das kommende Jahr übertragen, wie beim Rohr und Schilf, beim Schierling, Huflattig, oder es bleiben Knollen, Rüben, Zwiebeln im Boden zurück.

Den Gewächsen dieser Gruppe stehen die ausdauernden Pflanzen gegenüber, die durch eine unbegrenzte Reihe von Jahren sich lebendig erhalten können, wenn sie, abgesehen von ihrer, allen Organismen zuständigen Vermehrung durch Samen, durch Steckreiser, Absenker, Pfropfreiser oder Okuliraugen verjüngt werden. Es gehören dahin die Palmen, Baumfarren und die grosse Zahl der Pflanzen, die wir im gewöhnlichen Leben Holzpflanzen nennen: Bäume und Gesträuche.

Dass im ungestörten Verlaufe der Entwickelung auch unter Letzteren eine Verschiedenheit der Lebensdauer naturgesetzlich ist, erscheint zwar in hohem Grade wahrscheinlich, lässt sich aber mit Sicherheit nicht nachweisen. Eichen, Eiben, Linden erreichen ein höheres Alter als Weiden, Pappeln, Birken, ob aber dieser Unterschied naturgesetzlich oder in einer verschiedenen Widerstandskraft des Stoffes gegen äussere Einflüsse begründet ist, lässt sich nicht erkennen, da es stets gewaltsame Verletzungen sind, welche den Tod des Baumes zur Folge haben.

Die von äusseren Verwundungen oder von, aus irgend welchen Ursachen abgestorbenen Baumtheilen ausgehenden Fäulnissprocesse, mögen dieselben durch parasitische Pilze hervorgerufen werden oder nicht, verbreiten sich früher oder später über einen grossen Theil des Bauminneren. Der noch gesunde feste Holzkörper vermindert sich trotz des nie aufhörenden Zuwachses immer mehr und endlich genügt ein Sturmwind, den Stamm zu zerbrechen oder zu werfen.

Dass aber Bäume sehr alt werden können, ohne der Kernfäule zu verfallen, zeigt der auf 2 m Höhe abgebrochene, nahe 4 m im Durchmesser haltende Stock einer Cypresse (Campoxylon m. B. III 2), den ich in einer Braunkohlengrube des Siebengebirgs auffand, woselbst er, durch einen kurz vorher geführten Stollen halbirt, genau die mittlere Längsschnittfläche der Beobachtung darbot. Bis zum Mittelpunkt vollkommen gesund und, wie das allen stehenden Fossilstämmen eigen ist, ohne alle Verschiebung und Verdrückung der Elementarorgane, ergaben Holzspäne, die ich dem Stocke vom Kerne bis zum Splint in 1 Fuss Entfernung entnommen habe, ein Alter des Baumes von 3100 Jahren! Der ohne Zweifel durch und durch gesunde Baum war in 2 m Höhe, wie ein Schwefelhölzchen durch Menschenhand, durch gewaltigen Sturm ohne Entwurzelung gebrochen worden; liegende Schaftlängen fanden sich daneben in Menge vor, theils als Boden, theils als Decke des Stollens, diese aber zur flachen Ellipse von einerseits 8, andererseits $^1/_2$ m Durchmesser zusammengedrückt.*)

Aber auch unter den Bäumen höchster Lebensdauer sind es gewisse Körpertheile, denen naturgesetzlich ein kurzes Leben zuständig ist. Ohne irgend eine äussere Veranlassung sterben die Blätter vieler Pflanzen regelmässig im Herbste. Wir nennen solche Pflanzen sommergrün, weil sie im laublosen Zustande überwintern; wir nennen sie immergrün, nicht weil die Blätter an ihnen immer grün bleiben, sondern weil deren Lebensdauer eine naturgesetzlich mehrjährige ist, neue Laubmengen gebildet werden, ehe die alte Belaubung abgeworfen wird. Die Lebensdauer der Blätter ist eine naturgesetzlich verschiedene bei verschiedenen Pflanzenarten. Während sie bei Larix eine einjährige, ist das in allem Uebrigen gleichgebaute Laub der Gattung Cedrus 4—6 jährig; während das Laub der Gattung Pinus (im weitesten Sinne) 3—4 jährig ist, erhält sich das Laub der Gattungen Abies und Picea 6—8 und unter Umständen 10 und mehr Jahre lebendig. Aehnliche Unterschiede finden bei den Laubholzbäumen statt, selbst unter den Arten derselben Gattung, z. B. Quercus, Prunus, Cotoneaster.

Wie die Blätter haben auch Blüthen und Früchte beschränkte Lebensdauer.

Hierher gehören auch die Schaftäste solcher Holzarten, deren Stamm, wie der der Lärche, auch im freien Stande und unter Lichtwirkung von Aesten sich reinigen.

Es gehören hierher die Oberhaut aller und die ältesten, die Borke bildenden Bastschichten derjenigen Holzarten, die, wie die Platane und die Birken, wie die Kiefern und Araukarien ihre Borkeschuppen ohne äussere Veranlassung abstossen.

*) Es ist mir nicht mehr gegenwärtig, welchem Formationsgliede der Tertiärzeit die Braunkohle der Grube Bleibtreu im Siebengebirge angehört. Erwägt man aber, dass die gesammte Tertiärzeit im Vergleich zu den ihr vorhergegangenen Epochen wahrscheinlich von kurzer Dauer gewesen ist, dass in der Grube Bleibtreu dreizehn durch loses Gebirge von einander getrennte Kohlenlager übereinander stehen; dass in einem dieser Lager eine einzelne Pflanze ein mehr als 3000jähriges Alter erreicht hat; dass dies Alter sicher nur einen Bruchtheil des Zeitraums umfasst, den die Bildung des Kohlenlagers erforderte, dem die Pflanze angehört, so gewinnen wir dadurch einen Blick in die Zeitdauer der Herausbildung der Erdrinde.

Verzeichniss der früheren botanischen Werke des Verfassers.

Während eines nahe fünfzigjährigen Zeitraumes hat der Verfasser dieser Schrift die Ergebnisse seiner physiologischen Studien — zum Theil in kleineren selbstständigen Abhandlungen, zum Theil in Zeitschriften — veröffentlicht. Es enthalten diese Schriften das Speciellere der hier zusammengestellten Mittheilungen, und wird es zweckmässig sein, ein der Zeitfolge nach geordnetes Verzeichniss derselben zu geben, um den Leser in den Stand zu setzen, sich eingehender mit Versuchen bekannt zu machen, die hier nur in Umrissen und in ihren Ergebnissen erwähnt werden konnten. Durch Angabe des Buchstaben und der Nummer der in nachfolgendem Verzeichniss aufgeführten Abhandlungen wird zugleich die Berufung auf diese sehr vereinfacht.

A. **Selbstständige Werke.**

1. Verwandlung der Pflanzenzelle in Pilze und Schwammgebilde. Entstehung der Weissfäule und Rothfäule im Kernholze äusserlich gesunder Bäume. Mit Abbildungen. Berlin 1833. Lüderitz.

2. Forstliches und forstnaturwissenschaftliches Conversations-Lexikon. Berlin 1834. Anhang.

3. Organische Chemie von Dr. J. Liebig. Braunschweig 1840. 1. Aufl. Seite 190—195: Meine Versuche über Ernährung der Pflanzen.

4. Theorie der Pflanzenbefruchtung. Mit Abbildungen. Braunschweig 1842. Vieweg. Beweise gegen die Schleiden'sche Befruchtungslehre. Einführung des Zellschlauchs in die Wissenschaft.

5. Vollständige Naturgeschichte der forstlichen Culturpflanzen Deutschlands. 120 T. Abbildungen. 4°. Berlin 1840—1851. Foerstner. Darin Beiträge zur Anatomie der Holzpflanzen, Entwickelungsgeschichte des Nadelholzkeims, Ueberwallung, Bekleidung, Lenticellen, Präventiv- und Adventiv-Knospenbildung, Oberhaut und sogenannte Spaltöffnungen.

6. Beiträge zur Entwickelungsgeschichte der Pflanzenzelle. Mit Abbildungen. Berlin 1843. Foerstner.

7. Leben der Pflanzenzelle. Mit Abbildungen. Berlin 1844. Foerstner.

8. Bestand und Wirkung der explosiven Baumwolle. Mit Abbildungen. Braunschweig 1847. Oehme u. Müller. Darin Anatomie der Bastfaser, Zerlegung der Zellwandung in Primitivfasern und Primitivkügelchen, Collodium.

9. Vergleichende Untersuchungen über den Wachsthumsgang der Rothbuche. Berlin 1847. Foerstner.

10. Ueber das Verhältniss des Brennwerths der Holz- und Torfarten. Braunschweig 1855. Vieweg. Darin über Saftgehalt, Saftsteigen, Bluten der Bäume.

11. Entwickelungsgeschichte des Pflanzenkeims. Mit 4 Tafeln Abbildungen in Farbendruck und Holzschnitten. Darin Entwickelung des Chlorophyll, Stärkemehl, Klebermehl, Zellwandung.

12. System und Anleitung zum Studium der Forstwirthschaftslehre. Leipzig 1858. Foerstner. Darin Wachsthumsgang der Fichte.

13. Lehrbuch für Förster. Band I. Mit Holzschnitten. 11. Auflage. Stuttgart 1877. Cotta. Darin Klimatologie, Bodenkunde, Pflanzenphysiologie, System und specielle Beschreibung der Waldpflanzen.

14. Ueber den Gerbstoff der Eiche. Stuttgart 1869. Cotta. Darin über Bildung, Verwendung und Bedeutung des Gerbmehls.

B. Abhandlungen in Zeitschriften.

I. Meine Jahresberichte. Band I. 1—4. Berlin 1837. Foerstner. Darin über die Vegetations-Perioden der Waldbäume und deren Beziehungen zur Holzstärke als Reservestoff. Untersuchungen über Organisation des Stammes der Waldbäume.

II. Allgemeine Forst- und Jagdzeitung.

1) Thaubildung durch wässrige Ausscheidung der Pflanzen. 1840. S. 17.
2) Bericht über Liebig's organische Chemie. 1840, S. 100. 1841, S. 253.
3) Künstliche Erzeugung neuer Holz- und Rindeschichten unter Glasverband. 1845. S. 221.
4) Pflanzenernährung. 1845. S. 221.
5) Ueberwallen der Nadelholzstöcke. 1846. S. 21.
6) Anatomische Unterschiede der europäischen Nadelhölzer. 1848. S. 439.
7) Wirkung der Kälte auf das Volumen der Bäume. 1849. S. 120.
8) Wurzelbildung an Pflänzlingen. 1849. S. 201.
9) Funktion der Blätter. 1856. S. 363.
10) Vegetationsperioden und Reservestoffe. 1856. S. 361.
11) Ueber den aus den Blättern zurücktretenden Bildungssaft. 1856. S. 367.
12) Ueber den Gehalt der Stöcke an Reservestoffen. 1856. S. 370.
13) Vegetationsperioden der Waldbäume. 1857. S. 281.
14) Bewegung der Wandersäfte. 1859. S. 129.
15) Entwickelungseigenthümlichkeit junger Kiefern. 1859. S. 411.
16) Initiale Holzbildung. 1859. S. 415.
17) Strecken der Holzpflanzen. 1859. S. 415.
18) Steigen des Safts. 1860. S. 257.
19) Der Schröpfsaft des Siebfasergewebes. 1860. S. 259.
20) Verdunstung. 1860. S. 260.
21) Bewegung des Safts in den Holzpflanzen. 1871. S. 41.
22) Bestimmung des Holz-, Wasser- und Luftgehaltes der deutschen Waldbäume. 1871. S. 81.
23) Periodische Schwankungen des Wassergehaltes der Bäume. 1871. S. 121.
24) Gerbstoff der Eiche. 1871. S. 249.
25) Ueber Generatio spontanea von Hoffmann. 1871, S. 358. 1872, S. 184.
26) Ueber den Lärchenkrebs. 1872. S. 184.
27) Ueber das Abwelken der Bäume mit belaubter Krone. 1872. S. 294. 296.
28) Das Bluten der Bäume. 1872. S. 299.
29) Temperatur der Baumluft. 1873. S. 1. 145.

30) Ueber das Bluten der Bäume aus alten Bohrlöchern. 1874. S. 4.
31) Das forstliche Versuchswesen. 1876. S. 1.
32) Materialismus und Vitalismus. 1876. S. 3.
33) Wassergehalt des Schaftholzes lebender Pflanzen. 1876. S. 6.
34) Verdunstungsmenge junger Holzpflanzen. 1876.
35) Photometrisches. 1877. S. 35.
36) Verdunstung. 1878. S. 1.

III. Botanische Zeitung von v. Mohl und v. Schlechtendal.
1) Entwickelungsgeschichte von Conferva reticulata. 1846. S. 193.
2) Anatomischer Bau des Holzes der recenten und der vorweltlichen Nadelhölzer. 1848, S. 122. 1853, S. 604.
3) Endosmotische Eigenschaften der Pflanzenhäute. 1853. S. 309.
4) Ueber die Oberhaut. 1853. S. 399.
5) Freiwilliges Bluten der Hainbuche. 1853. S. 478.
6) Adventivknospen der Lenticellen. 1853. S. 513.
7) Stearopten von Juniperus virginiana. 1853. S. 519.
8) Entwickelung des Jahresringes. 1853. S. 553.
9) Aufsaugung gefärbter Flüssigkeiten. 1853. S. 617.
10) Verhalten einer Maismehlart zur Wärme. 1853. S. 638.
11) Bildung sogenannter Knospenwurzeln. 1854. S. 1.
12) Ueber die Querwände in den Siebröhren. 1854. S. 51.
13) Funktionen des Zellkernes. 1854. S. 574. 877.
14) Verhalten des Zellkernes bei der Zellentheilung. 1854. S. 893.
15) Verhalten des Zellkernes bei der Zellhautentwickelung. 1855. S. 166.
16) Bildung der Zellwandung. 1855. S. 185. 222.
17) Entwickelung der Spiralfaser. 1855. S. 201.
18) Entstehung der Markstrahlen. 1855. S. 217.
19) Knospendecken von Salix, Magnolia. 1855. S. 223.
20) Beiträge zur Entwickelungsgeschichte der Pflanzenzelle: Vaucheria — Cladophora — Oedogonium — Spirogyra — Palmella — über den Zellkern — die sogenannten Ablagerungsschichten der Zellwand — Schwärmfäden der Antheridien. 1855. S. 393—513.
21) Ueber das Klebermehl. 1855. S. 881. 1856. S. 257.
22) Bau des Stärkemehls. 1855. S. 905. 1856. S. 349.
23) Wässrige Ausscheidungen der Blätter. 1855. S. 911.
24) Bewegung des Holzsafts. 1858. S. 328.
25) Anatomische Charaktere des Holzes der Laubholzpflanzen. 1859. S. 93.
26) Ueber abnorme Holzbildung. 1859. S. 109.
27) Bluten der Hainbuche. 1861. S. 17.
28) Der Schröpfsaft. 1861. S. 18.
29) Der Cambialsaft. 1861. S. 19.
30) Verdunstung. 1861. S. 19.
31) Verdunstung der Nadelhölzer im Winter. 1861. S. 20.
32) Oekonomie der Verdunstung. 1861. S. 21.
33) Unterschiede des Gehaltes an gelösten Stoffen im Wurzel- und im Gipfelsaft. 1861. S. 28.
34) Aufsaugung von Farbstoffen durch Wundflächen. 1861. S. 22.
35) Entlaubungsversuche an der Weymouthkiefer. 1862. S. 70.
36) Ringelung hängender Zweige. 1862. S. 81.
37) Folgen des Druckes einer Spirale auf die Saftbewegung im Baste. 1862. S. 81.
38) Ringelversuche an der Schwarzkiefer. 1862. S. 82.
39) Stecklinge in horizontaler Lage. 1862. S. 82.

40) Bewegung des Safts im Baste. 1862. S. 82.
41) Bluten der Eiche und des Wallnussbaums. 1862. S. 89.
42) Verhalten alter Bohrlöcher zur Säfteleitung. 1862. S. 90.
NB. Fortsetzung dieser Beobachtungsreihe in der Forst- und Jagdzeitung. 1872—1873.
43) Ueber die Bewegung des Ptychodesafts (Schlauchsafts). 1862. S. 91.
44) Bewegung des Safts in den Milchsaftgefässen. 1862. S. 97.
45) Die Schliesshaut des Tipfels der Nadelhölzer. 1862. S. 105.
46) Verdunstung der Zweigspitzen im unbelaubten Zustande. 1863. S. 261.
47) Bluten der Hainbuche im Jahre 1862. 1863. S. 269.
48) Bluten der Hainbuche, Rothbuche, Ahorne, Birken im Jahre 1863. 1863, S. 277.
49) Endosmotisches Verhalten der Holzfaser. 1863. S. 285.
50) Ringelversuche an der Linde. 1863. S. 286.
51) Ringelversuche an Nadelholzästen. 1863. S. 286.
52) Funktion des Siebfasergewebes bei der Säfteleitung. 1863. S. 287.
53) Zeit des Zuwachses der Baumwurzeln. 1863. S. 289.
54) Absterben der Faserwurzeln. 1863. S. 289.
55) Die Schliesshaut des Nadelholztipfels. 1863. S. 293.
56) Abscheidung von Gasen aus lufthaltigen Flüssigkeiten in capillaren Räumen. 1863. S. 301.
57) Einfluss der Verdunstung auf Hebung des Pflanzensafts. 1863. S. 302.
58) Das Gerbmehl. 1865. S. 53. 237.
59) Verhalten der Blätter zu atmosphärischer Feuchtigkeit. 1865. S. 238.
60) Pilzbildung im keimfreien Raume. 1868. S. 902.

IV. Nobbe, Landwirthschaftliche Versuchsstationen. Bd. X und XI enthält weitere Belege für Pilzbildung im keimfreien Raume.

V. Nördlinger, Kritische Blätter für Forstwissenschaft. Bd. LI. Heft 1 u. 2. In der Berichterstattung über das Willkomm'sche Werk: Die mikroskopischen Feinde des Waldes ist ein Theil meiner Erfahrungen zusammengestellt über Pilzbildung im keimfreien Raume, Entstehung von Rhizomorpha, Pflanzenkrankheiten.

VI. Karsten, Botanische Untersuchungen. 1867.
1) Zur Entwickelungsgeschichte des Zellkerns. S. 278—318.
2) Ueber den Bau der Pollenwandung und der Fovilla. S. 319–333. Mit Abbild.

VII. Sitzungsberichte der Wiener Akademie der Wissenschaften.
1) Entwickelungsfolge und Bau der Holzfaserwandung. Maiheft 1870. Mit 1 Tafel und Abbildungen.
2) Verjauchung todter organischer Stoffe. Mai 1870. 1 Tafel.
3) Ueber den Bau des Stärkemehls. März 1871. 1 Tafel.

VIII. Handelsblatt für Walderzeugnisse. 1875.
1) Vanilin. Nr. 1.
2) Beiträge zur Kenntniss des Holzes. Nr. 15—19.

Es gehören hierher noch eine Mehrzahl kürzerer Mittheilungen in den Jahresberichten des Harzer Forstvereins, des Hils-Solling und anderer Forstvereine, deren ich hier nicht erwähne, da sie, wenigstens grösstentheils, in den vorstehenden Abhandlungen ausführlicher enthalten sind.

Erklärungen zu den nachfolgenden Tafeln.

Taf. I.

Querschnitt aus dem 1jährigen Triebe der Eiche.

Fig. 1. Natürliche Grösse.
Fig. 2. 6malige Linearvergrösserung.
Fig. 3. Der in Fig. 2 mit * bezeichnete Ausschnitt in 80maliger Linearvergrösserung natürlicher Grösse.

a b Markzellen, erfüllt mit Gerbmehlkörnern, die in Form und Grösse den componirten Stärkemehlkörnern gleich sind. S. 112*, Fig. 68; S. 116, Fig. 70; S. 120, Fig. 71. Sowohl hier als in den Figuren 5 und 6 sind die Gerbmehl führenden Zellen durch dunklere Färbung ihres Inhalts kennbar gemacht. Hier, wie in der grünen Rinde, Fig. 3 *ef*, ist die Stellung der gerbmehlhaltigen Zellen eine, die im Mark stärkemehlhaltigen, in der grünen Rinde Grünmehl führenden Zellen mantelförmig umgebende. In den Grünmehl führenden Zellen der Rinde *(c)* habe ich das körnige Grünmehl in die Zeichnung nicht aufgenommen, um die Stellung der Gerbmehlzellen besser hervorzuheben. Im Mark und in den Markstrahlzellen bis zur Grenze des Holzkörpers *(m)* ist das Gerbmehl körnig, in der Rinde und in den Markstrahlzellen bis zur Grenze des Bastkörpers sind die Gerbmehlkörner jeder Zelle zu klumpiger Masse verschmolzen. S. 121, Fig. 72.

g Collenchym.

h Korkgewebe. S. 59, Fig. 45.

i Oberhäutchen.

k—r Faserbündel, getrennt durch Markstrahlen, von denen die primitiven ununterbrochen vom Mark nach der Rinde verlaufen, die sekundären (kleineren) Markstrahlen erst in den älteren Schichten der Faserbündel beginnen und vor der Aussengrenze derselben erlöschen, mit Ausnahme derjenigen, welche in Folge fortschreitender Metamorphose sich durch die primären Bastbündel *k* bis zur grünen Rinde fortsetzen.

Alle Markstrahlzellen führen Gerbmehl, das im Bereich des Holzkörpers körnig, im Bereich des Bastkörpers verschmolzen ist.

Die einzelnen Faserbündel begrenzen das Mark mit sehr langgestreckten, dickwandigen Fasern, die auch ihrer ungeregelten Stellung nach den Bastbündelfasern der Rindeseite (*k*) entsprechen. Mit den ihnen sich anschliessenden Spiralfasern (*r*) bilden sie das, was man den Markcylinder zu nennen pflegt. Bis zur Grenze des Holzkörpers (*n*) schliessen sich

---

*) Die citirten Seitennummern und Figuren beziehen sich auf den Text dieses Werkes und die demselben beigefügten Holzschnitte.

dem Markcylinder die dickwandigen, im Allgemeinen radial geordneten Holzfasern an (*o*), deren radiale Anordnung jedoch häufig gestört ist durch das Zwischentreten der weiträumigen Gliedröhren (*q*). Peripherische, häufig abgebrochene Schichten bildend, hat ein Theil der Fasern des Holzkörpers sich in Stärkemehl führende Zellfasern umgebildet (S. 57, Fig. 43), die ich Schichtzellfasern genannt habe, wenn sie peripherische Anordnung zeigen (*p*), nicht vereinzelt in der Umgebung der Gliedröhren stehen, mit diesen und dickwandigen Holzfasern Gliedröhrenbündel bildend (Fig. 4 *d*).

Die zuletzt gebildeten Holzfasern des Faserbündels (*n*) zeichnen sich durch geringen Durchmesser in der Richtung des Radius und dadurch aus, dass die Tipfel auf der dem Mark und der Rinde zugewendeten Seite stehen. Ich habe diese Holzfasern Breitfasern genannt. Taf. II zeigt bei *h* die im Verhältniss zur Tiefe grosse Breite deutlicher.

Der von *n* ab nach Aussen gewendete Theil der Faserbündel *n*—*k* wird nach der grünen Rinde hin begrenzt von dem primitiven Bastbündel *k*, das eines Theils durch die Dickwandigkeit der constituirenden Fasern, anderen Theils durch die nicht radiale, sondern ungeordnete Stellung derselben sich unterscheidet. Erst am zweijährigen Triebe und später tritt dies primäre Bastbündel dadurch in die grüne Rinde, dass sich zwischen ihm und dem radial geordneten Siebfasergewebe (*a*, *m*) Rindezellen einschieben. In der grünen Rinde erleiden dann diese Bündel eine Vervielfältigung durch Spaltung dadurch, dass sich zwischen den radialen Spalträumen Zellen der grünen Rinde einschieben.

Als Grundlage des Bastkörpers der Faserbündel (*n k*) betrachte ich das radial geordnete, dünnwandige, siebförmig getipfelte Fasergewebe, in das sich die Faserradien des Holzkörpers fortsetzen. Die Abbildung bezieht sich auf den Zustand der Winterruhe des einjährigen Eichentriebes, daher hier die zuletzt gebildeten Siebfasern des Bastes mit den zuletzt gebildeten Holzfasern des Holzkörpers unmittelbar aneinander liegen, Letztere von Ersteren durch die Dicke der Wandungen und das Fehlen des Zellschlauches unterschieden, der in Ersteren sich auch während der Winterruhe erhält. In dieser Schicht radial geordneten Siebfasergewebes, das ich hier schematisch nur in seinen Umrissen ausgeführt habe (genauer Fig. 5), verläuft eine nur durch die Markstrahlen unterbrochene Schicht dickwandiger, ungeordneter Bastfasern (*l*), die ich sekundär genannt habe, weil sie sich nur dadurch von den primären Bastbündeln unterscheiden, dass sie späterer Entstehung sind und nie vom Baste ab und in die grüne Rinde treten.

Fig. 4. Ein Theil des Holzkörpers aus Fig. 3, 250mal vergrössert.
- *a* Gerbmehl führende Markstrahlen,
- *b* Stärkemehl führende Zellfasern mit Zellschlauch ohne sekundäre Zellwandung,
- *c* dickwandige, einkammerige Holzfasern ohne Zellschlauch, der zur sekundären Holzwandung sich ausgebildet hat,
- *d* Gliedröhre und deren Tipfelverbindung mit den Holzfasern.

Fig. 5. Ein Theil des Bastkörpers (*n k*) aus Fig. 3 bei 250maliger Linearvergrösserung. Der obere Theil der Figur zeigt den Wechsel zwischen den jüngsten, dickwandigen Breitfasern des Holzkörpers und den jüngsten dünnwandigen, aber schlauchführenden Siebfasern des Bastkörpers im Markstrahl (*a*), den Wechsel zwischen körnigem und klumpigem Gerbmehl. Die Zeichnung ist hier bei dem grösseren Maassstabe streng der Vorlage nachgebildet. In dem entsprechenden Theile der Fig. 3 war das nicht ausführbar ohne undeutlich zu werden. In Fig. 5 hat sich die in Fig. 3 radiale Anordnung der Siebfasern nur in den Siebfaserschichten (Fig. 5 *d*) erhalten, in allen übrigen Theilen des Bastes ist sie durch das Zwischentreten der Gliedröhren (*h*) mehr oder weniger undeutlich geworden. Wie im Holzkörper, so sind auch hier die Gliedröhren (*h*) von Zellfasern umstellt (*f*) und es finden sich daher die vier Elemente des Holzkörpers: Markstrahlzellen, Zellfasern, Holzfasern und Gliedröhren (Fig. 4 *a b c d*) in verwandten Formen wieder (Fig. 5 *a f d h*). Vergl. S. 53 Fig. 39 und S. 27 Fig. 15 die Längenansicht dieser Elemente, zu denen hier noch die dickwandigen Bastbündelfasern (*e*) treten.

Taf. II.

Querschnitt aus Holz und Bast der Pappel (Populus serotinam).

Fig. 1. Zur Orientirung. Theil vom Querschnitt aus dem 2jährigen Triebe.

m Mark.

h Holz.

r Bast und Rinde. Die innere Schichtung mit angedeuteter radialer Stellung der Fasern bedeutet Bast, mit zwei unterbrochenen Lagen sekundärer Bastfaserbündel, denen die primitiven Bastbündel folgen.

Fig. 2. Querschnitt aus Holz und Bast der Spätlingpappel bei 300maliger Linearvergrösserung von der Breitfaserschicht des Holzkörpers (*h*) bis zum primitiven Bastfaserbündel (*p b*).

Die Abbildung bezieht sich auf die Zeit der Winterruhe, daher den letzten Breitfasern des Holzkörpers (*h m*) die letzten Breitfasern des Bastkörpers sich unmittelbar anschliessen, im Gegensatz zu S. 90 Fig. 63, woselbst *a* die Grenze des vorjährigen Holzringes, *b* die des vorjährigen Bastringes, die zwischen *a* und *b* liegenden Faserdurchschnitte den bis Ende Mai gebildeten Holz- und Bastschichten angehören.

Auf der Holzseite zeigen Taf. II *m* die Markstrahlen, *h r* die Gliedröhren, *f* die im Pappelholze nur sehr vereinzelt vorkommenden Zellfasern zwischen den nicht bezeichneten Holzfasern. Alle diese Organe sind mehr oder weniger dickwandig, durch Verwandlung ihres Zellschlauches in eine zweite innere Zellwandung (S. 72 Fig. 52), während die auf geringe Mächtigkeit reducirte primäre Zellwandung allein in das Fasergewebe des Bastkörpers sich fortsetzt, dort einen Zellschlauch einschliessend, den ich jedoch, der besseren Uebersicht wegen, in die Zeichnung nicht aufgenommen habe.

Den Elementen des Holzkörpers: Holzfaser, Zellfaser, Gliedröhre und Markstrahlzelle entsprechen im Bastkörper (*b t*) Siebfaser (*b z f*), Siebröhre (*s r*), Siebzellfaser (zwischen *z f* und *s r*) und Markstrahlzelle (*m*), S. 53, Fig. 39, es tritt hier aber noch ein fünftes Element hinzu, die dickwandige Bastbündelfaser, von denen z. B. ein primäres Bastbündel *b s* mehrere concentrische Lagen sekundärer Bastbündel bezeichnet, deren Grenzfasern theilweise zu Krystallkammerfasern (S. 57, Fig. 42) sich umgebildet haben.

Die Zahl der concentrischen Lagen sekundärer Bastbündel ist nicht übereinstimmend mit der Zahl der Holzringe, von denen alljährlich nur einer sich bildet. Meist ist sie um 1 oder 2 Schichten grösser, selten kleiner als der Trieb Jahre alt ist.

Taf. III.

Anatomie der Kieferknospe (Pinus Laricio).

Spiegelbild, d. h. dargestellt mit Berücksichtigung des Zahlen-, Grössen- und Stellungsverhältnisses der Einzelorgane und der Organsysteme.

Fig. 1. Knospe in natürlicher Grösse.

Fig. 2. Mittlerer Längenschnitt derselben.

a bedeutet Mark, *b* Rinde,

c Holzkörper, *d* Bastkörper,

x Knospenplumula, d. h. embryonischer Trieb für das nächste Jahr.

Fig. 3. Mitteltrieb der Knospe nach Ablösung des Bastes und der Rinde durch längeres Kochen und darauf folgendes Maceriren und Auswaschen. Der obere Theil der Figur zeigt die Trennung und Wiedervereinigung der Faserbündel durch die dazwischen tretenden Markstrahlen, am Grunde jeder Trennung die Abzweigung eines Faserbündels nach Aussen zum Blatt, deren der Trieb schon jetzt so viele zählt, als am ausgebildeten Jahrestriebe Blattpaare vorhanden sind (vergl. S. 171, Fig. 88). Der untere Theil der Figur zeigt die Schnittflächen der Quirlknospen und die Holzkörper der Nadelpaare des vorjährigen Triebes.

Fig. 4, 8. Querschnitt und Längenschnitt aus der Spitze der Knospenplumula, entsprechend dem Längenschnitte Fig. 8 ebendaher. In Fig. 8 bezeichnet die Hülfslinie *x x* die Höhe, aus welcher der Querschnitt Fig. 4 entnommen wurde und sind in beiden Figuren dieselben Theile mit denselben Buchstaben bezeichnet.

a Markgewebe, im Querschnitt (4) peripherischer Anordnung, im Längenschnitt (4) senkrechte Reihen bildend.

r Cambiales Zellgewebe; im Querschnitt radiale, im Längenschnitt senkrechte Reihen bildend.

s Rindegewebe; wie das Markgewebe im Querschnitt peripherischer, im Längenschnitt senkrechter Anordnung.

Vor *s* bereitet sich eine Blattausscheidung (hier Knospenschuppe) dadurch vor, dass in der Richtung des künftigen Verlaufes der Blattadern das cambiale Zellgewebe (*r*) sich in cambiales Fasergewebe umbildet. Ich habe über Entstehung der Faserbündel S. 151 ausführlich gesprochen und gebe das dort (S. 152, Fig. 85) schematisch dargestellte hier in den Figuren 12 und 13 in strenger Nachbildung. Die Unterschiede beider sind nicht so gross, dass das zur schematischen Darstellung erläuternd Gesagte nicht auch zur Erklärung der Figuren 12 und 13 ausreichend wäre, bis auf das Auftreten der sekundären Markstrahlen, die erst im Entwickelungszustande der Faserbündel *g* und *h* zwischen den Faserradien sich bilden, während in allen früheren Zuständen keine Spur von Markstrahlen zu finden ist (vergl. S. 57, Fig. 43, S. 168).

Das in Fig. 4 zur Knospenschuppe abweichende Faserbündel *s*, schon jetzt jederseits mit einem Terpentingefässe, ist in *t* und *u* vollständig vom Knospenstamme ausgeschieden. *t* und *u* Fig. 8 zeigt die Ausscheidung im Längenschnitt.

Fig. 9 den Längenschnitt bei stärkerer Vergrösserung und zwar von *p* bis *x* die Bildung des Fasergewebes aus dem cambialen Zellgewebe durch diagonale Längstheilung (p. Fig. 12 *a b*).

Fig. 9 a die Entstehung der ersten Spiralfasern in den innersten die Markzellen begrenzenden Cambialfasern, ausgezeichnet dadurch, dass hier Spiralfasern und linsenräumige Tipfelung in derselben Faserzelle sich bilden, wie dies Fig. 15 darstellt.

Fig. 9 *q*—*s* Markzelle, *b* Rindezelle, *m* Blatthügel, *n* der früheste Zustand der Blattachselknospe, deren weiter vorgeschrittene Entwickelung:

Fig. 4 *w* im Querschnitt.

Fig. 8 *p* im Längenschnitte derselben.

Fig. 10 zeigt die Ausscheidungen *a* eines einfachen Faserbündels zum Blatt (hier Knospenschuppe), zweier Faserbündel *b c* zur Blattachselknospe aus dem Bündelkreise des Plumulastammes, entsprechend dem Querschnitte:

Fig. 4 *w n*, woselbst *w* den Terminalknospenquerschnitt mit den durch Punkte angedeuteten Querschnitten der Blattausscheidungen *n* die beiden Faserbündel andeuten, die später die Blattrippen des Nadelpaares bilden.

Fig. 5, 6, 7. Querschnitte aus der Knospenplumula Fig. 2, Fig. 5 auf $^2/_3$ der Höhe; Fig. 6 auf $^1/_3$ der Höhe; Fig. 7 aus der Basis:

f s mit den Ausscheidungen *n* zu Knospenschuppen, *o o* zu Blattachselknospen; letztere in Quer- und Längenschnitt.

Fig. 7. *a* Mark.

b Rinde mit Terpentingefässen.

c Holzkörper mit Harzgängen.

d Bastkörper.

Fig. 11. Darstellung des Wechsels und des Ineinandergreifens der neuen und der alten Faserbildungen an der Basis der Knospenplumula Fig. 2.

a Mark.

b Rinde.
c Spitze des vorjährigen Holzkörpers mit den ohne Unterbrechung in die Neubildungen der Knospenplumula sich fortsetzenden Spiralfasern des Markcylinders (Fig. 15).
d f k Neubildungen an Bastfasern.

Fig. 14. Körperliche Ansicht eines jungen Faserbündels aus der Knospenplumula, in der Mitte derselben.
s Spiralfasern des Markcylinders.
c Holzfasern.
t Fasern des Bastkörpers mit Krystallkammerzellen.
p Cambialschicht.

Fig. 15. Spiralfasern des Markcylinders in 300maliger Linearvergrösserung, bei *p* eine Spiralfaser vor vollendeter Ausbildung.

Fig. 16. Systematische Zusammenstellung des Entwickelungsverlaufes einer Faserzelle von *h* nach *t* fortlaufend. Vergl. S. 72, Fig. 55.

Fig. 17, 20, 21. Entwickelung der Siebfaserzelle.

Fig. 18, 19. Anfang der Umbildung des cambialen Zellgewebes in cambiales Fasergewebe durch diagonale Theilung. Vergl. S. 151, Fig. 84, 85.

Fig. 22. Erstes Auftreten der Bastbündelfasern.

Taf. IV.

Blüthe-Längsschnitte.

Fig. 1 mit überständigen Staubfäden (Cornus).

Fig. 2 mit unterständigen Staubfäden (Acer).

Fig. 3 mit umständigen Staubfäden (Prunus).

Fig. 4. Pollenschlauch von Oenothera, in das Zellgewebe des Griffels dieser Pflanze hinabwachsend.

Fig. 5. Pollenschläuche von Mirabilis, in die vielästigen Narbenarme dieser Pflanze hinabwachsend und im Zellgewebe derselben zum Theil verschmelzend.

Fig. 6. Stück eines Narbenarmes von Campanula (*x b*). Einstülpung der Griffelhaare (*r d*). In die dadurch entstandene Höhlung eingezogener Pollen (S. 274).

Fig. 7. Durchschnitt des Eies von Corylus mit einfacher Eihaut.

Fig. 8. Durchschnitt des Eies von Tilia mit doppelter Eihülle.

Fig. 9—15. Verschiedene Haarbildungen. Die auffallenderen darunter Fig. 12 von Platanus, Fig. 13 Drüsenhaar von Rubus, Fig. 14 von Deutzia, Fig. 15 von Elaeagnus.

Taf. V.

Fig. 1—4. Zum Bau der Wurzel. S. 244.

Fig. 1. Thau- oder Saugwurzel im Sommer, mit Einschnürungen des dicken Rindekörpers. Fig. 2. *a* Triebwurzel, *b* Saugwurzeln im Frühjahre. An Letzteren ist im Herbst und Winter die dicke Rinde (Kork) zusammengefallen und braun geworden, wodurch die Dicke dieser Wurzeln auf $^1/_3$ ihrer ursprünglichen Dicke sich vermindert. Wenn nun im Frühjahre neue Triebe an diesen fadendünnen Trägern entstehen, so weichen sie sowohl durch ihre Dicke als durch ihre helle Färbung von letzteren ab.

Fig. 3. Spitze einer Triebwurzel der Kiefer im Längenschnitt.
a noch unfertiges centrales Faserbündel.
b Bastkörper.
c Rindekörper.
d Korkschicht.

x bezeichnet die Stelle, an welcher eine Mehrung des Zellgewebes durch Theilung stattfindet (punctum vegetationis), von welcher das für Faserbündel, Rinde und Kork entstehende cambiale Zellgewebe ausgeht, erst später diejenigen Formen annehmend, welche Fig. 4 zeigt.

Fig. 4. Triebwurzel, Längen- und Querschnitt, 5 Millimeter über der Triebspitze.
a das centrale Faserbündel
b Bast.
c Rinde.
d Kork. Weiteres: Naturgeschichte der Holzpflanzen (Taf. 18, Fig. 4—12).

Fig. 5. Ueberwallung einer Schalmwunde (S. 381).

Fig. 6. Ueberwallung eines Aststutzes (S. 381).

Fig. 7. Ueberwallung einer Ringwunde.

Fig. 8. Darstellung der Folgen des Druckes, welchen ein spiralig um einen Stamm gelegter Draht auf einen Baumstamm ausübt, nachdem dieser um so viel dicker geworden ist, dass der Spiraldraht so eng für den vergrösserten Umfang des Baumes geworden ist, dass der dadurch auf den Bast ausgeübte Druck ein tieferes Abwärtssinken des sekundären Bildungssafts nicht mehr gestattet.

Die Abbildung ist in sofern schematisch, als sie neben dem durch Schnitt blossgelegten Holzkörper die Holzringbildung im 1. (*a*) bis zum 7. (*g*) Jahre darstellt. Mit der Ableitung des lothrechten Säfteverlaufs in die Richtung der Spirale haben auch die nachgebildeten Holz- und Bastfasern dieselbe Richtung angenommen.

Fig. 9—14. Zum Entwickelungsverlaufe der schlafenden Augen (S. 227).

Fig. 9 *m* Mark.
h Holz.
b Bast.
c Rinde eines einjährigen Triebes.

Die in das Mark mündenden Ausscheidungen
a eines einfachen Faserbündels für das Blatt,
c eines markhaltigen Bündelkreises für die Blattachselknospe
sind von den normalen Bildungen in Nichts verschieden.

Fig. 10. Mit dem Hinzutreten eines zweiten Holz- und Bastringes im zweijährigen Triebe ist die Ausscheidung für das Blatt durch den neuen Jahresring unterbrochen, die Ausscheidung für die Blattachselknospe hingegen hat sich innerhalb des zweiten Jahresringes ergänzt durch ein eingelagertes Zwischenstück (*k*), das ich als intermediären Längezuwachs bezeichnet habe, dessen Axe nicht mehr schräg sondern rechtwinkelig zur Axe des Triebes liegt.

Fig. 11, 12. Fortsetzung des intermediären Längenzuwachses im 3- und 4jährigen Triebe, bis endlich, oft erst nach 100 Jahren.

Fig. 13 der intermediäre Zuwachs durch Zwischenbildung undurchsetzter Jahresringe erlischt und das schlafende Auge in Folge dessen für immer abstirbt, oder wie er

Fig. 14 sich in der Rinde als Kugelsprosse abschliesst (S. 230).

Taf. VI.

Fig. 1—5. Adventivknospenbildung. S. 384, § 94 2. c.

Fig. 1. Stück eines Querschnittes der Pappel, mit Ueberwallungswulst, auf nassem Sande unter Glasglocke erzeugt (S. 385).

Fig. 2. Der in Fig. 1 mit * bezeichnete Theil der radialen Spaltfläche vergrössert.
a b c d ist der alte Bastkörper mit dem primitiven (*i*) und den sekundären (*k k*) Bastbündeln, *e f g h* bezeichnet die äussersten Lagen des Holzkörpers. Zwischen Bast und Holz (*b d* u. *e f*) hat sich ein keilförmig nach unten sich zuschärfendes reproduktives Zellgewebe, der Lohdenkeil, gebildet, der nur mit dem Bastkörper in

organischer Verbindung steht, dem Holzkörper (*e f*) nur angepresst ist bis zu der Stelle, an welcher das reproduktive Zellgewebe sich auskeilt, woselbst die Verbindung von Holz und Bast fortbesteht. Es sind die innersten, jüngsten Cambialfasern des Bastes (*m*), welche sich beiderseits des Lohdenkeils zuerst in Zellfasern (S. 57), weiterhin in parenchymatisches Zellgewebe umbilden (*d m* u. *m f*) und damit den Bastkörper vom Holzkörper abdrängen. Dies Zellgewebe breitet sich dann wallähnlich über die Schnittflächen des Holzes und des Bastkörpers aus (*o o*), woran die Schnittfläche des Holzkörpers (*f g*) sich nicht betheiligt, wohl aber die der grünen Rinde und des Bastes (*c d*), von welchem letzteren Complexe des Siebfasergewebes ,in das reproducirte Zellgewebe hineintreten (*l l*), wahrscheinlich in Folge des durch den Schnitt verlorenen Reproduktionsvermögens. Durch metamorphische Rückbildung zu Faserzellen hat sich aus dem Zellgewebe des Ueberwallungswulstes das Faserbündel (*m*) in diese hinein verlängert, gespalten und zu zwei kuppelförmigen Faserbündeln ausgebildet, die gewissermassen das Skelett für das umgebende Zellgewebe sind.

Zugleich mit der Ausbildung des Ueberwallungswulstes bilden sich unfern der Aussenfläche desselben Knospenkeime, welche die Figur unter *p*, *q*, *r*, *s*, *t* darstellt, während der Ueberwallungswulst, der sich auf der unteren, mit dem nassen Sande in Berührung stehenden Schnittfläche bildet, nur Wurzelkeime (*g*) entwickelt.

In den Figuren 2—4 ist die Entwickelung der Knospenkeime unter stärkerer Vergrösserung dargestellt. Durch gesteigertes Tempo der Zellentheilung (S. 85) hat sich in Fig. 2*b* ein Zellennest gebildet, das in Fig. 3*b* durch kappenförmige Ausspaltung (S. 199, Fig. 94 u. S. 203) zu einem, dem Lichte zugewendeten, mit einem Oberhäutchen bekleideten aufsteigenden Knospenwärzchen abgeschlossen hat, das mit seinem Fuss in das grosszellige Gewebe des Ueberwallungswulstes unmittelbar übergeht. In Fig. 4 hat das aufsteigende Knospenwärzchen, nach Aussen wachsend, das Zellgewebe des Ueberwallungswulstes durchbrochen; es haben sich an seiner Basis zwei sich gegenüberstehende Primärblätter entwickelt, in welche die Anfänge des Faserbündelkreises (*a*) sich verzweigen.

Auch nach unten verlängert sich der so gebildete Knospenkeim im Zellgewebe des Ueberwallungswulstes wie die Wurzel im Boden oder besser wie das Würzelchen des Nadelholzkeims im Samenweiss (S. 146, Fig. 83) fortwachsend, und endlich mit dem Faserbündel des Ueberwallungswulstes in Verbindung tretend (Fig. 5*s*).

Der auf der unteren, dem Boden zugekehrten Schnittfläche sich bildende Ueberwallungswulst entwickelt stets nur Wurzelkeime, gleichviel, ob die am Baume früher nach Oben oder nach Unten gekehrte Schnittfläche dem nassen Sande aufgelegt wurde. Der Wurzelkeim unterscheidet sich vom Blattknospenkeim durch den Mangel aller Blattausscheidungen und eines Markkörpers, wie dies Fig. 7*w* im Vergleich mit Fig. 7*hp* zeigt.

Fig. 6. Längendurchschnitt eines Laubholzstockes.

a Stocklohde aus einem schlafenden Auge, die Markröhre derselben bis zur Markröhre des Stockes verlaufend (Taf. V, Fig. 9—14).

b Stocklohde aus Adventivknospen (Taf. VI Fig. 1—5) mit dem zwischen Holz und Bast hinabreichenden Lohdenkeil.

c Wurzellohde aus schlafendem Auge.

d Faserwurzel aus altem Stockholz (S. 249).

Fig. 7. Schematische Darstellung aus der Wurzel von Alnus incana, um die Unterschiede im Ursprunge der Wurzeln und der Wurzelbrut zu zeigen (S. 245 u. 246).

w Ursprung einer Wurzel durch Markstrahlmetamorphose.

k Ursprung einer Wurzelbrutknospe, darin von dem Wurzelausschlage verschieden, dass sich ein centraler Markkörper (*a*) im Innern des Markstrahl-Fasergewebes gebildet (*b b*) hat und dass die in *w* einfache Wurzelspitze Faserbündel (*c c*) ausscheidet, die zur Bildung von Knospendeckblättern Veranlassung geben und von der Wurzelbrutknospe nur darin verschieden, dass sie erst im dritten Jahresringe der Wurzel beginnt, also an der 3jährigen Wurzel entstanden ist (S. 249). Die Zahlen der Figur bezeichnen das Alter der Jahresringe des Holzes und des Bastes und die primitiven in die Rinde getretenen Bastbündel.

Fig. 8. Reproduktion neuer Rinde durch Bekleidung (S. 382) am blossgelegten Holzkörper unter Glasverband.

a b c d Querschnitt aus dem von Rinde und Bast entkleideten Holzkörper einer Eiche.

h h Grenze zwischen dem vorjährigen und dem neuen Holzringe, so weit derselbe im Jahre der Entrindung fertig gebildet war. In dem Maasse als die blossgelegten Markstrahlen (*e*) nach aussen keulenförmig anschwellen, die keulenförmigen Anschwellungen sich aneinander schliessen und zu einem Rindekörper (*f*) untereinander verwachsen, wird der Holzring *a b h h* allmälig resorbirt, worauf in dem gemeinschaftlichen Rindecallus neue Lagen Holz und Bast entstehen. Genaueres hierüber enthält meine Naturgeschichte der Holzpflanzen (Taf. 70, Fig. 1—3).

Pierer'sche Hofbuchdruckerei. Stephan Geibel & Co. in Altenburg.

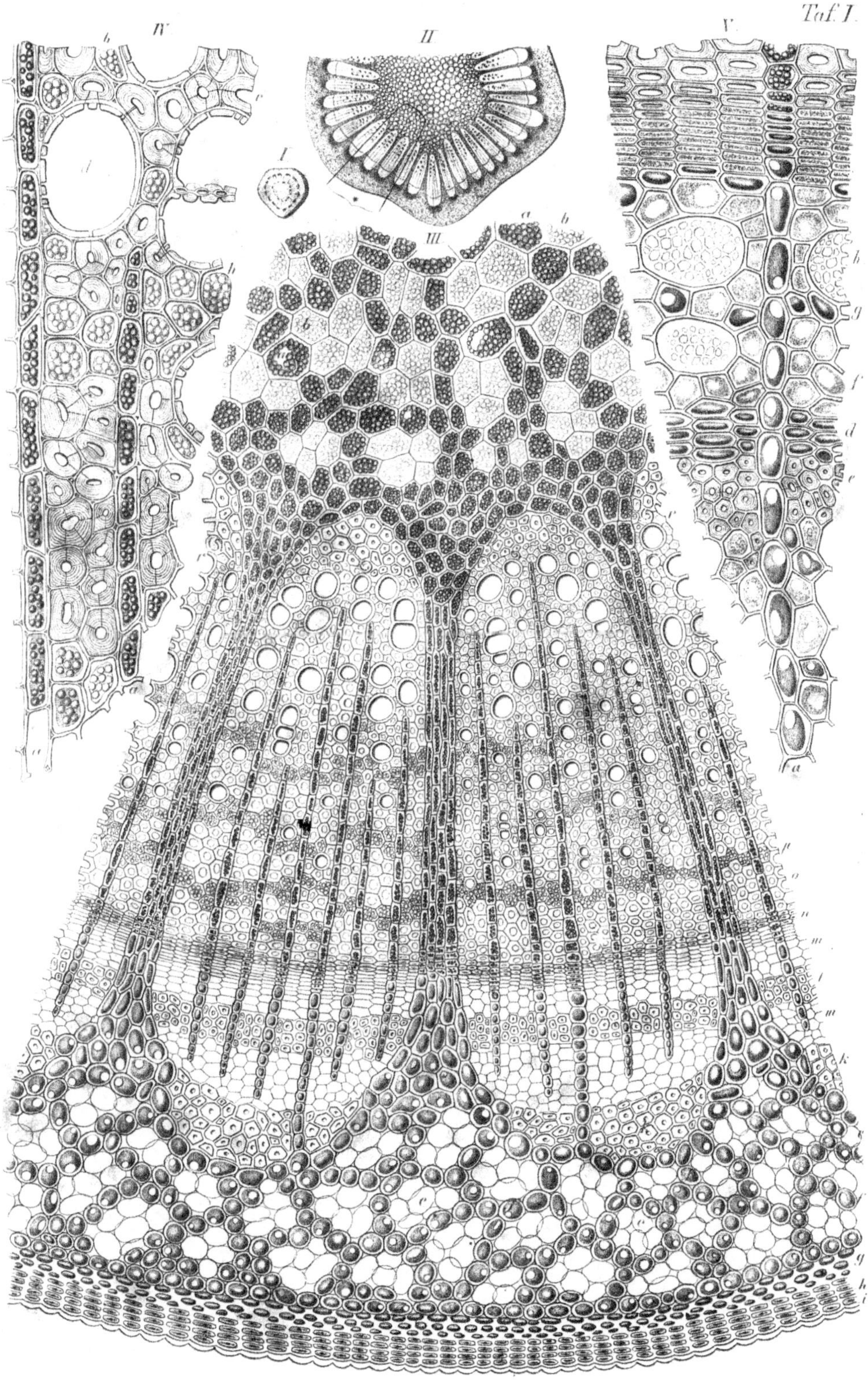

Th. Hartig obs. et del. Verlag v. Julius Springer W. A. Meyn lith. Berlin.

Eiche. Querschnitt des einjährigen Triebes.

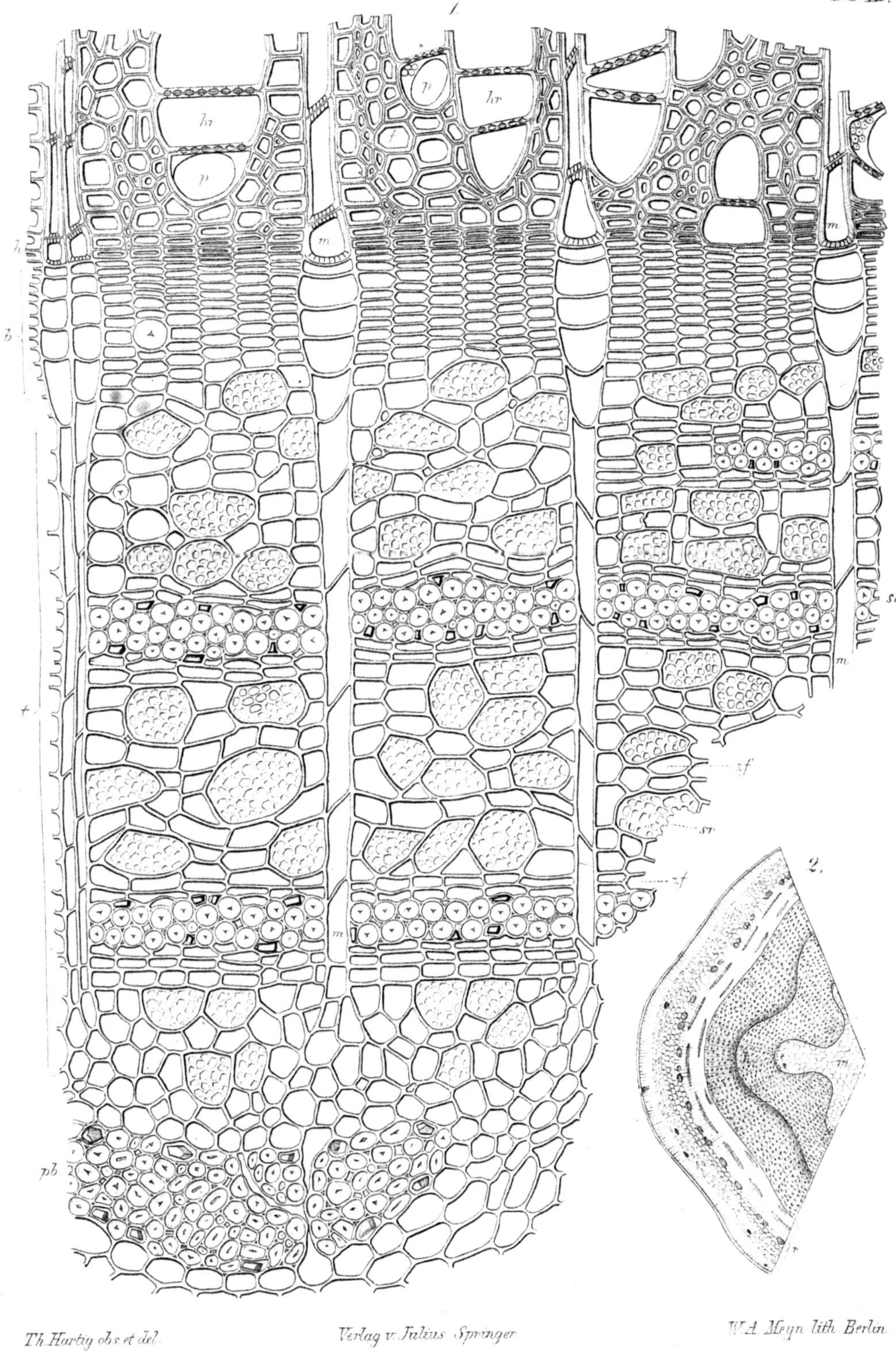

Th. Hartig obs. et del. Verlag v. Julius Springer. W. A. Meyn lith. Berlin.

Querschnitt aus Holz und Bast der Pappel

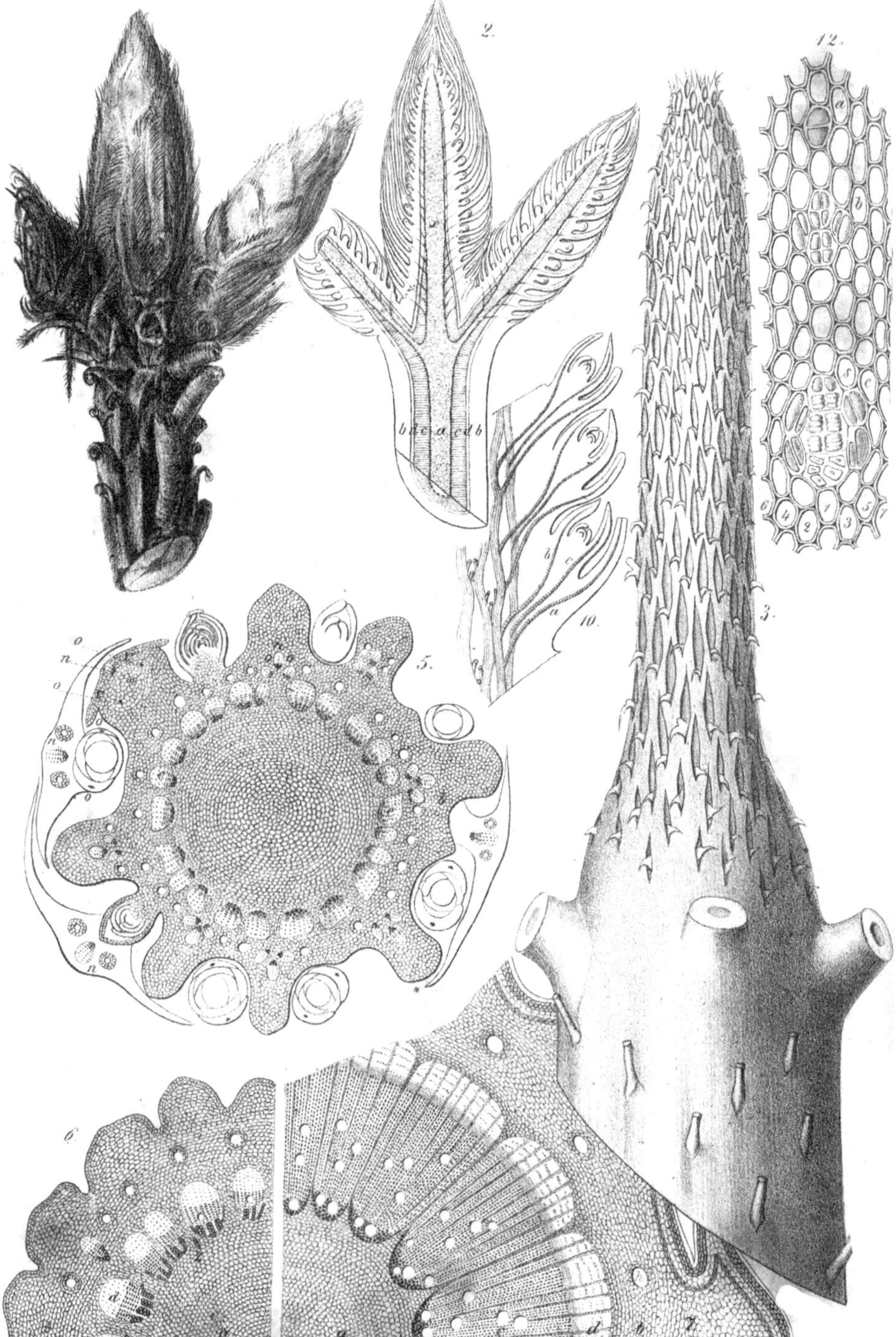

Th. Hartig obs et del

Ver

Anatomie d

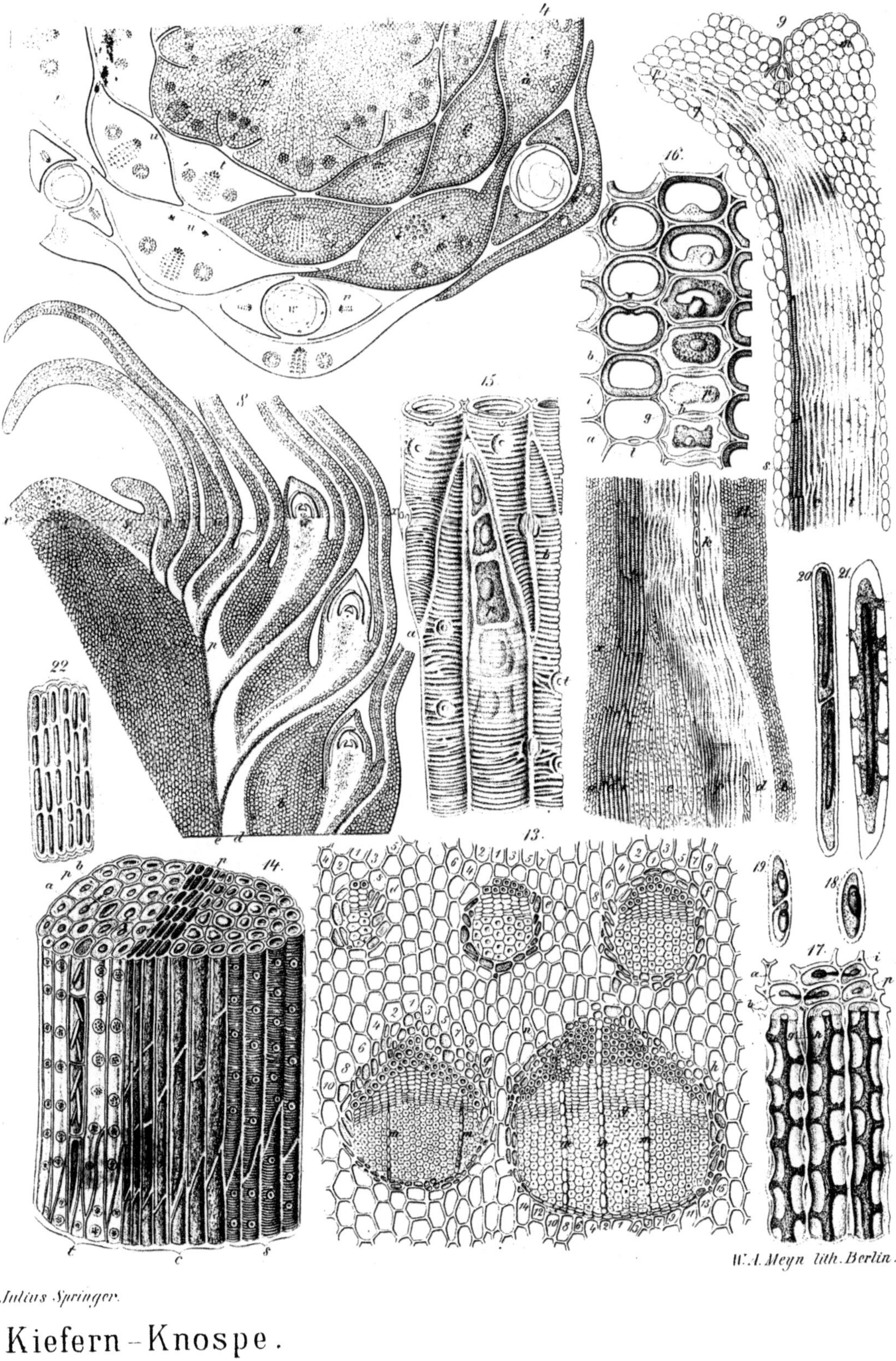

W. A. Meyn lith. Berlin.

Julius Springer.

Kiefern-Knospe.

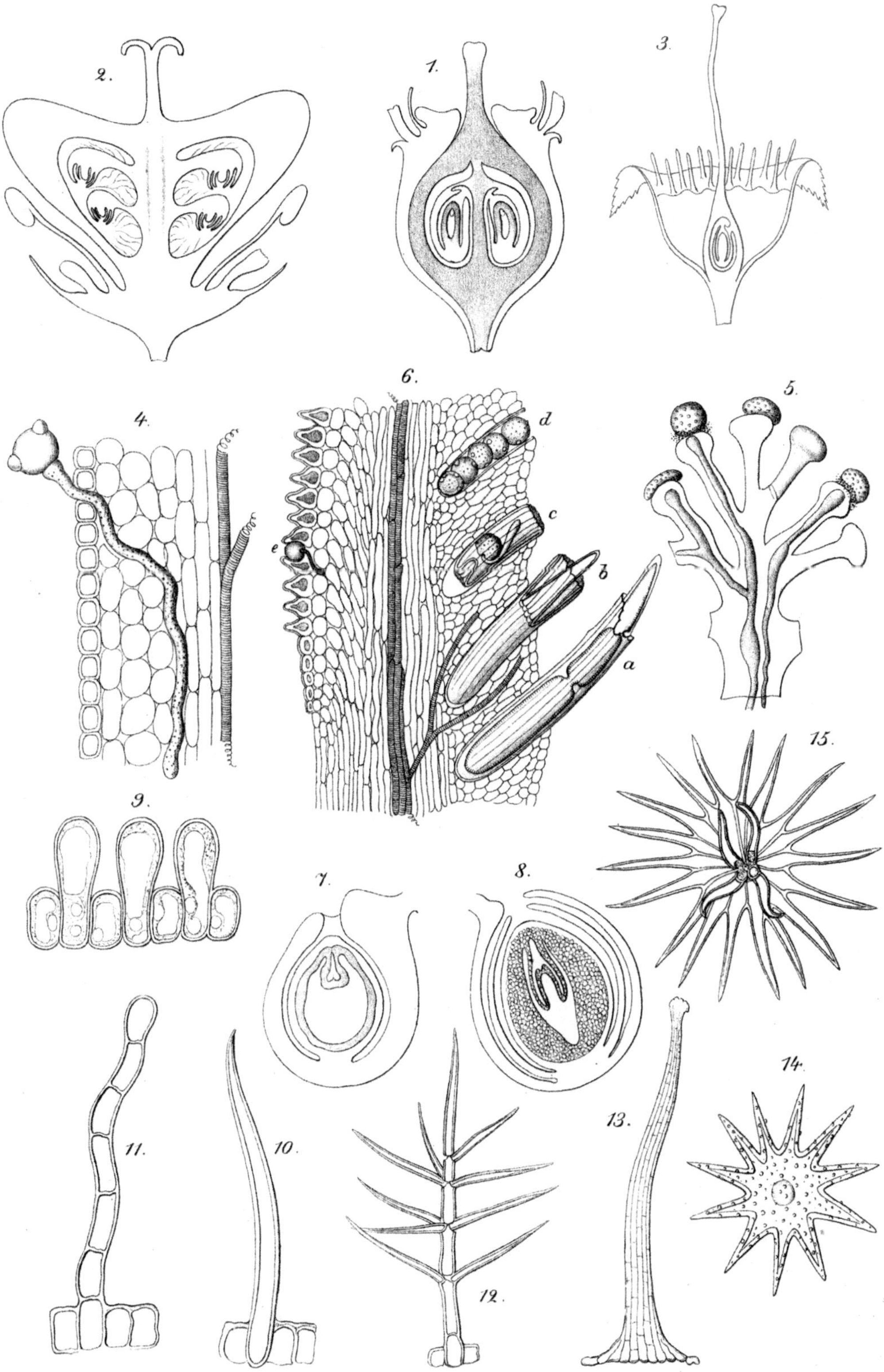

Th. Hartig obs. et del.　　Verlag v. Julius Springer.　　W. A. Meyn lith.

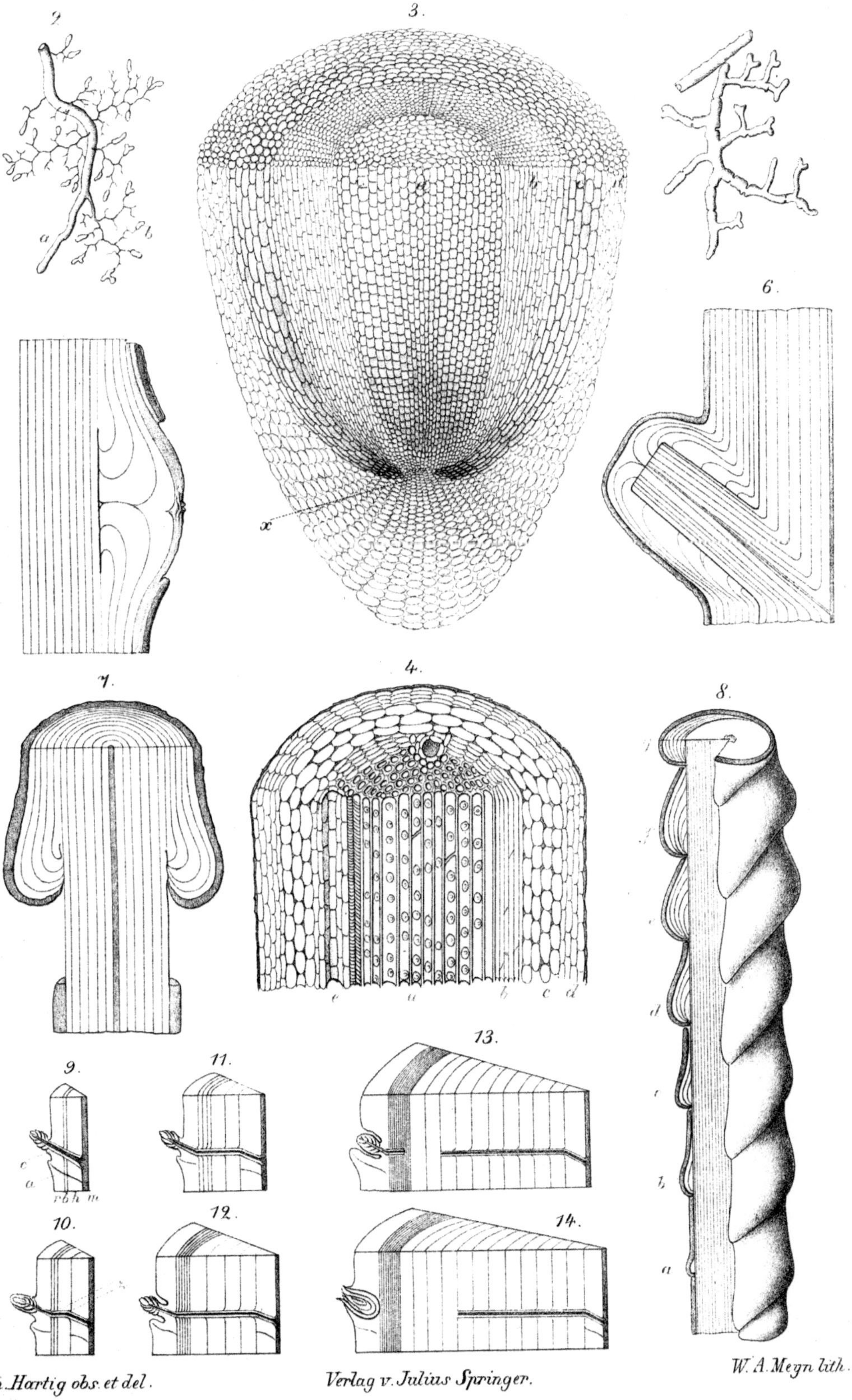

Th. Hartig obs. et del. Verlag v. Julius Springer. W. A. Meyn lith.

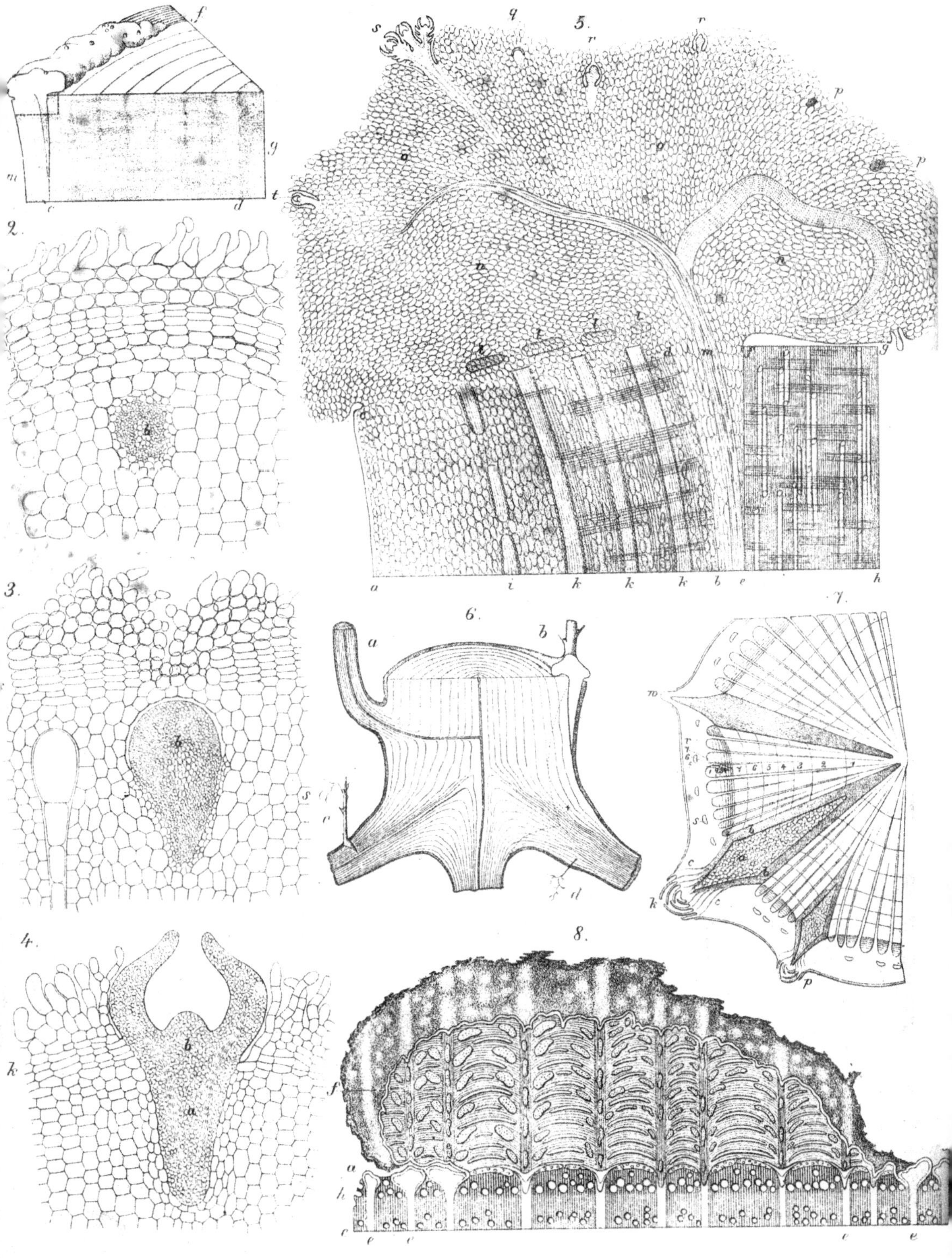

Th. Hartig obs. et del. Verlag v. Julius Springer. W. A. Meyn lith.

GPSR Compliance

The European Union's (EU) General Product Safety Regulation (GPSR) is a set of rules that requires consumer products to be safe and our obligations to ensure this.

If you have any concerns about our products, you can contact us on ProductSafety@springernature.com

In case Publisher is established outside the EU, the EU authorized representative is:

Springer Nature Customer Service Center GmbH
Europaplatz 3
69115 Heidelberg, Germany

Batch number: 10682323

Printed by Printforce, the Netherlands